电磁场与电磁波

DIANCICHANG YU DIANCIBO

主　编 聂　翔
副主编 黄朝军 贾建科

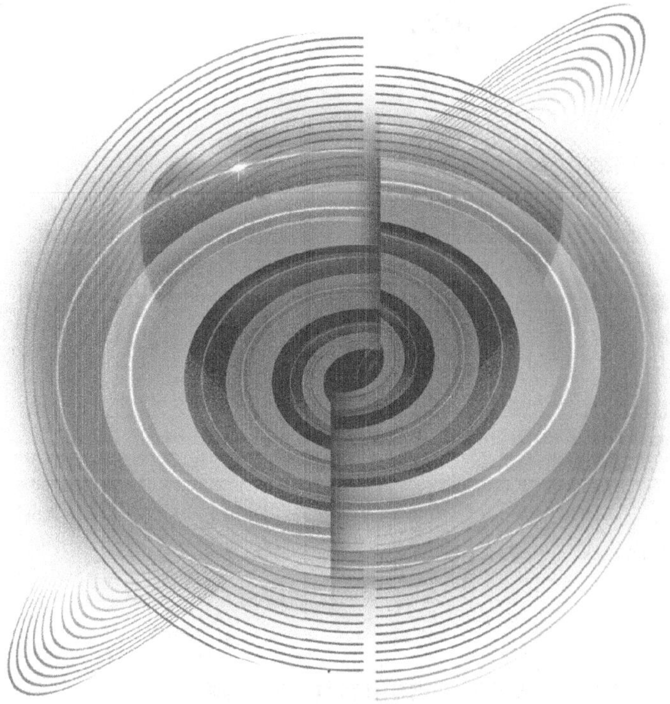

西安交通大学出版社
XI'AN JIAOTONG UNIVERSITY PRESS

内容简介

本书以电磁场分布和电磁波传播为主线、以电磁理论的工程应用为目标，讲述了电磁场与电磁波的基本理论和计算方法。全书共分8章，包括矢量分析基础、静态电磁场、时变电磁场、平面电磁波、电磁波的反射与折射、导行电磁波、电磁波的辐射和静态电磁场的解。为提高学生分析问题的能力，强化数学与基本电磁概念的融合，书中优选了大量例题，且每章都配有小结和习题。附录给出了电磁场量和单位、常用矢量公式以及部分习题答案。

本书内容精炼、条理清晰、突出理论与应用的结合，精心处理课程内容与大学物理以及后续课程内容的衔接与联系，注重知识的继承性和实践性。

本书可作为高等院校电子信息工程、通信工程、电子信息科学与技术以及电子科学与技术等专业的本科教材，也可作为有关教学和工程技术人员的参考书。

图书在版编目(CIP)数据

电磁场与电磁波 / 聂翔主编. —西安：西安交通大学出版社，2022.8(2023.8 重印)

ISBN 978-7-5693-2652-9

Ⅰ.①电… Ⅱ.①聂… Ⅲ.①电磁场-高等学校-教材 ②电磁波-高等学校-教材 Ⅳ.①O441.4

中国版本图书馆 CIP 数据核字(2022)第 102809 号

书　　名 电磁场与电磁波
主　　编 聂　翔
副 主 编 黄朝军　贾建科
责任编辑 李　佳
责任校对 王　欣

出版发行 西安交通大学出版社
(西安市兴庆南路 1 号　邮政编码 710048)
网　　址 http://www.xjtupress.com
电　　话 (029)82668357　82667874(市场营销中心)
(029)82668315(总编办)
传　　真 (029)82668280
印　　刷 西安日报社印务中心

开　　本 787 mm×1092 mm　1/16　**印张** 18.75　**字数** 470 千字
版次印次 2022 年 8 月第 1 版　2023 年 8 月第 2 次印刷
书　　号 ISBN 978-7-5693-2652-9
定　　价 53.90 元

如发现印装质量问题，请与本社市场营销中心联系。
订购热线：(029)82665248　(029)85667874
投稿热线：(029)82668818
读者信箱：19773706@qq.com

前　言

随着现代电子技术与通信技术的迅速发展，信息技术以前所未有的速度渗透到人们学习、生活和工作的各个方面。这就要求从事通信广播、电视电话、智能制造、卫星导航、遥控遥测、生物电子、家用电器、工业自动化、智能交通、无人驾驶、电力传输、地质勘探等的人员，以及从事涉及电子信息技术的科技工作者熟悉电磁场的基本知识，通晓电磁波传播的基本规律，掌握与电磁场、电磁波相关的工程问题的基本分析方法。

“电磁场与电磁波”课程作为电子通信、信息工程以及电气类专业必修的专业基础课，涉及的内容是这些专业的本科学生必须具备的知识结构的重要组成部分，同时也是一些交叉领域的学科生长点和新兴边缘学科发展的基础。随着电子信息技术不断地向人类社会深度渗透和广泛延展，以麦克斯韦方程组为基础的电磁理论将会进一步显示出生机与活力。学习这门课程不仅能加深对电磁规律的理解，而且有助于养成正确的逻辑思维方式，提高学生分析问题、解决问题的专业综合能力，更有助于提高对交叉边缘学科的介入和开创能力，提升学生适应现代社会的能力和职业竞争力，进而增强学生的终身学习能力和创新意识。

本书的内容参照教育部最新公布的《普通高等学校本科专业类教学质量国家标准》和电子信息与电气工程类专业工程认证的补充标准，依照电子信息与通信学科相关专业的“学科专业规范”以及“基础课程教学基本要求”进行编写。内容组织上以麦克斯韦方程组为主线，注重把静态场的相关内容融合到动态场中进行讨论。全书主要介绍宏观电磁场的分布规律和电磁波的传播特点、电磁辐射的基本特性以及电磁场与电磁波在工程应用中所涉及的基本分析方法。

全书共分 8 章，内容包括矢量场论基础、静态电磁场、时变电磁场、平面电磁波基础、均匀平面电磁波的反射与透射、导行电磁波、电磁波的辐射和静态电磁场的解。第 1 章矢量场论基础介绍了矢量场论的主要概念、定理、公式及其在电场和磁场中的具体应用，是学习电磁场与电磁波的基本数学工具；第 2 章静态电磁场的内容为麦克斯韦方程组在时不变条件下的特殊情况，包括静电场、恒定电场和稳恒磁场的基本知识及其工程应用；第 3 章时变电磁场主要分析以麦克斯韦方程组为核心的时变电磁场的基本性质和规律、时变场的能量传播特点和时谐场的基本规律，是电磁波的理论基础；第 4 章平面电磁波基础着重研究波动方程的均匀平面电磁波解，讨论均匀平面电磁波在无界理想介质和有耗媒质中的传播特点；第 5 章均匀平面电磁波的反射与透射讨论线极化均匀平面电磁波向不同介质分界面垂直入射和斜入射时的反射和透射问题；第 6 章导行电磁波讨论电磁波在有界空间的传播特性；第 7 章电磁波辐射，在电偶极子和磁偶极子辐射场的基础上介绍基本天线的辐射特性；第 8 章静态电磁场的解，重点介绍静态场的泊松方程和拉普拉斯方程的唯一性定理以及典型的求解方法，包括镜像法、分离变量法和有限差分法。书末附录给出了电磁常用物理量和单位、重要的矢量公式以及部分习题答案，便于读者学习和查询使用。全书可按 60 学时学习，在保证第 1～5 章必学内容的前提下，

第 6 章、第 7 章、第 8 章可按不同的内容组合，进行 40、48、52 学时的灵活安排。在保证基本学习要求的前提下，建议通过设置实验环节强化学生对电磁波的传播性质和电磁辐射的感性认识，并使学生形成对无线电收发系统的宏观认知。

为强化数学与基本电磁概念、定理的融合，提高学生理解、分析问题的能力，书中优选了一些例题和插图，且每章配有小结和习题。

本书是长期讲授“电磁场与电磁波”和“电磁场理论”课程的三位一线教师通过课程教学和工程实践的积累，参考国内外优秀教材精心编写而成的。其中第 1、2、3 章由黄朝军编写；第 6、7 章由贾建科编写；第 4、5、8 章和附录部分由聂翔编写，聂翔负责全书的组织、统稿工作。

本书在编写过程中，参考引用了国内兄弟院校教材的部分内容，优选吸收了少量近年国外优秀教材中具有良好工程背景的案例和习题，已将主要的参考文献列于书后，在此向这些作者表示诚挚的谢意。在本书编写和出版的过程中，得到了陕西理工大学教务处和物理与电信工程学院的鼓励及专项资金支持，在此一并表示感谢。

由于编者水平有限，书中难免存在疏漏或不妥之处，敬请广大读者批评指正。

编　者

2021 年 6 月 22 日

目　　录

第1章　矢量场论基础

电场和磁场都是矢量场，在分析电场和磁场的基本性质时，不仅需要定性分析，还需要定量计算。对于矢量问题的定量分析需要矢量代数，包括矢量积分和矢量微分，因此矢量分析是定量分析电磁场基本性质的重要工具。本章首先介绍场的基本概念，矢量场和标量场的数学描述，接着重点讨论标量场的梯度、矢量场的散度和旋度及其相互关系，在此基础上介绍矢量场的基本定理。

1.1　场的基本概念

1.1.1　场的定义及类型

场是物质存在的基本形态之一，其弥散于全空间，表现为物质时空环境中各种因素的相互作用。在实际科学问题中，场通常指的是物理量在某一给定空间区域的无穷集合，一种物理量就代表一种场。如在房间中，温度的分布确定了一个温度场；在某一地域，高度的分布确定了一个高度场；在空间中，电位的分布确定了一个电位场；地球表面重力的分布确定了重力场等。场的一个重要属性是它占有一定空间，场把物理状态作为空间和时间的函数来描述。而且，在此空间区域中，除了有限个点或某些表面外，场函数是处处连续的。若场函数所描述的物理状态与时间无关，则为静态场，反之，则为动态场或时变场。

依据场函数所描述的物理量在时空中每一点的值是标量、矢量还是张量，场可以分为标量场、矢量场和张量场3种。本书仅介绍标量场和矢量场的基本性质。标量场可用一个标量函数来描述，如温度场 $T(x,y,z,t)$、电位场 $\varphi(x,y,z,t)$ 等，标量场中关注的是标量场代表的物理量的大小。矢量场需要用矢量函数来描述，矢量场描述的物理量不仅需要确定大小，还需要确定其方向，如电场 $\boldsymbol{E}(x,y,z,t)$、流速场 $\boldsymbol{v}(x,y,z,t)$ 等。

为统一描述且不考虑场函数所描述的物理状态与时间之间的关系，本章中的标量场用标量函数 $\varphi(x,y,z)$ 表示，矢量场用矢量函数 $\boldsymbol{A}(x,y,z)$ 表示，且描述矢量场的矢量函数可以用分量形式表示

$$\boldsymbol{A}(x,y,z)=A_x\boldsymbol{e}_x+A_y\boldsymbol{e}_y+A_z\boldsymbol{e}_z \tag{1-1}$$

式中，$\boldsymbol{e}_x$、$\boldsymbol{e}_y$、$\boldsymbol{e}_z$ 为 x 轴、y 轴和 z 轴的正方向单位矢量；A_x、A_y、A_z 为矢量函数 $\boldsymbol{A}(x,y,z)$ 在直角坐标系中的坐标分量；矢量场 $\boldsymbol{A}(x,y,z)$ 的大小可用其模值表示为

$$A=|\boldsymbol{A}(x,y,z)|=\sqrt{A_x^2+A_y^2+A_z^2} \tag{1-2}$$

矢量场的方向可用方向余弦表示为

$$\cos\alpha=\frac{A_x}{A}=\frac{A_x}{\sqrt{A_x^2+A_y^2+A_z^2}} \tag{1-3}$$

$$\cos\beta=\frac{A_y}{A}=\frac{A_y}{\sqrt{A_x^2+A_y^2+A_z^2}} \tag{1-4}$$

$$\cos\gamma=\frac{A_z}{A}=\frac{A_z}{\sqrt{A_x^2+A_y^2+A_z^2}} \tag{1-5}$$

式中，α、β、γ 分别为矢量场 $\mathbf{A}(x,y,z)$ 与 x 轴、y 轴和 z 轴之间的夹角。

1.1.2　场的基本描述方法

1. 标量场的等值面

在研究场特性及变化规律时通常借助场图或者场线表示场变量在空间的分布情况。对于标量场，通常用等值面或等值线来描述标量场的空间分布。所谓等值面，是指在标量场中，使描述标量场的标量函数 $\varphi(x,y,z)$ 取相同数值的所有空间点组成的曲面。例如电位场的等值面，就是由电位相等的点组成的等电位面；温度场的等值面，就是由温度相同的点所组成的一个曲面（等温面）。等值面在二维空间就变为等值线，如地图上的等高线就是由高度相同的点连成的一条曲线。

图 1.1(a)为点电荷的某一等电位面，图 1.1(b)为一无限长均匀带电直线的某一等电位面，图 1.1(c)为一无限大均匀带电平面的某一等电位面。实际上，点电荷的等电位面是以点电荷所在位置为球心，半径为 r 的一簇同心球面，无限长均匀带电直线的等电位面是以带电直线为轴线的一簇同轴圆柱面，无限大均匀带电平面的等电位面是与均匀带电平面平行的一系列平面。

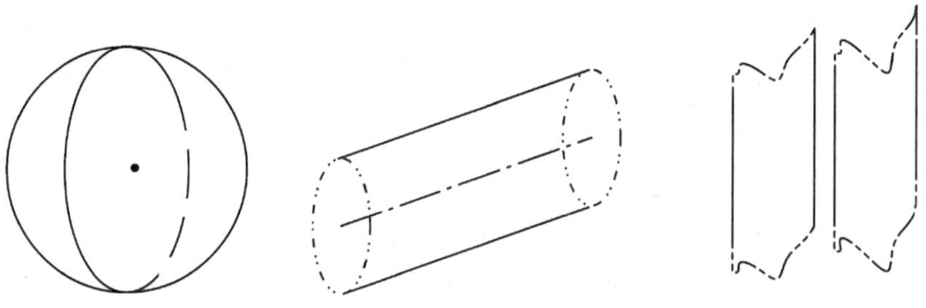

(a)点电荷的某一等电位面　(b)无限长均匀带点直线的某一等电位面　(c)无限长均匀带电平面的某一等电位面

图 1.1　点电荷、无限长均匀带电直线和无限大均匀带电平面的等电位面

标量场的等值面方程为

$$\varphi(x,y,z)=\text{const} \tag{1-6}$$

【例 1-1】　求标量场 $\varphi(x,y,z)=xy+(x+y)^2-xyz$ 通过点 $M(1,1,1)$ 的等值面方程。

解：点 M 的坐标为 $x_0=1, y_0=1, z_0=1$，则该点的标量场的值为

$$\varphi(x_0,y_0,z_0)=x_0y_0+(x_0+y_0)^2-x_0y_0z_0=4$$

故标量场过点 $M(1,1,1)$ 的等值面方程为

$$\varphi(x,y,z)=xy+(x+y)^2-xyz=4$$

2. 矢量场的矢量线

对于矢量场，不仅要考虑其中每一点的矢量的大小，还要考虑每一点的矢量的方向，通常

用矢量线来形象地描述矢量场，用空间某点矢量线的疏密程度反映该点矢量的大小，用空间某点矢量线的切线方向反映该点矢量的方向。如带正电的点电荷的矢量线就是点电荷的电场线，其是以点电荷所在位置为球心，沿半径方向的射线，如图 1.2 所示。载流直导线的磁场线是以载流直导线为轴线的一系列圆，如图 1.3 所示。

图 1.4 给出的是任意矢量场 $\boldsymbol{A}$ 的矢量线，其中 $\mathrm{d}\boldsymbol{l}$ 表示矢量场矢量线上任意一点的切线方向。根据矢量线的性质，在该点处矢量的方向与切线方向一致，即该点处的 $\boldsymbol{A}$ 与 $\mathrm{d}\boldsymbol{l}$ 方向一致，则有

$$\boldsymbol{A}\times\mathrm{d}\boldsymbol{l}=0 \tag{1-7}$$

式中，$\mathrm{d}\boldsymbol{l}=\boldsymbol{e}_x\mathrm{d}x+\boldsymbol{e}_y\mathrm{d}y+\boldsymbol{e}_z\mathrm{d}z$，由此可得直角坐标系中矢量场的矢量线方程为

$$\frac{\mathrm{d}x}{A_x}=\frac{\mathrm{d}y}{A_y}=\frac{\mathrm{d}z}{A_z} \tag{1-8}$$

因此，按照一定的规则，绘制出矢量线，既可以根据矢量线确定矢量场中各点矢量的方向，又可以根据矢量线的疏密程度，判别出矢量场中各点矢量的大小和变化趋势。

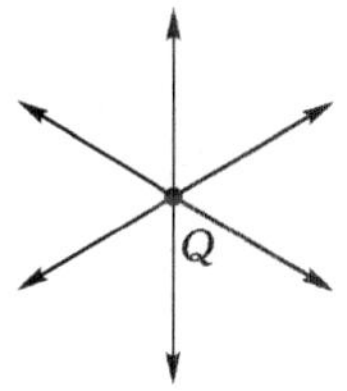

图 1.2　点电荷的电场线

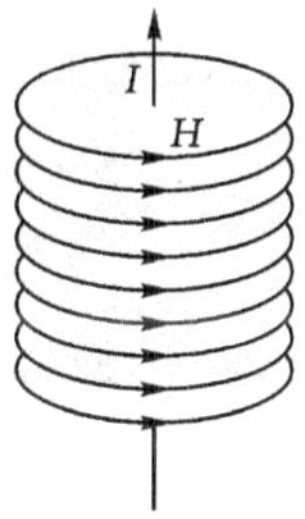

图 1.3　载流直导线的磁场线

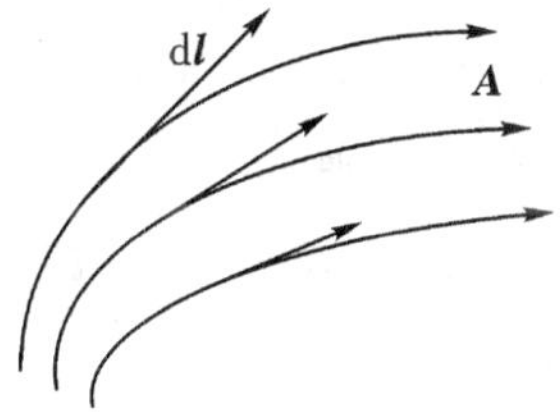

图 1.4　任意矢量场的矢量线

【例 1-2】　求矢量场 $\boldsymbol{A}=xy^2\boldsymbol{e}_x+x^2y\boldsymbol{e}_y+y^2z\boldsymbol{e}_z$ 的矢量线方程。

解：根据式(1-8)，矢量线应满足的微分方程为

$$\frac{\mathrm{d}x}{xy^2}=\frac{\mathrm{d}y}{x^2y}=\frac{\mathrm{d}z}{y^2z}$$

由此可得矢量线的方程为

$$\begin{cases} z=c_1x \\ x^2-y^2=c_2 \end{cases}$$

其中，c_1 和 c_2 是积分常数。

1.2　矢量运算

1.2.1　源点、场点及相关矢量的定义

在研究电磁场时，将激发电场和磁场的源所在的空间位置称为源点，而将要研究的空间点称为场点。通常用矢量 $\boldsymbol{r}'$ 表示源点的空间位置，用 $\boldsymbol{r}$ 表示场点的空间位置，源点和场点之间的位置关系用 $\boldsymbol{R}$ 表示，且 $\boldsymbol{R}=\boldsymbol{r}-\boldsymbol{r}'$，如图 1.5 所示，在直角坐标系中，$\boldsymbol{r}$、$\boldsymbol{r}'$、$\boldsymbol{R}$ 分别为

$$\boldsymbol{r}=x\boldsymbol{e}_x+y\boldsymbol{e}_y+z\boldsymbol{e}_z \tag{1-9}$$

$$\boldsymbol{r}'=x'\boldsymbol{e}_x+y'\boldsymbol{e}_y+z'\boldsymbol{e}_z \tag{1-10}$$

$$\boldsymbol{R}=(x-x')\boldsymbol{e}_x+(y-y')\boldsymbol{e}_y+(z-z')\boldsymbol{e}_z \tag{1-11}$$

图 1.5 中 P_0 为源点位置，P 为场点位置。

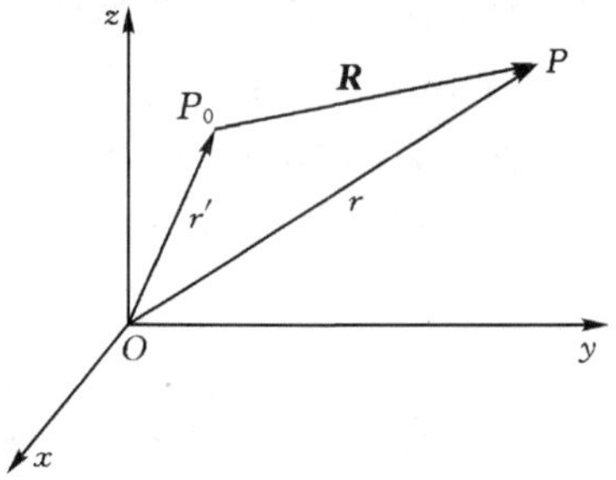

图 1.5　直角坐标系中源点与场点

1.2.2　矢量的基本运算

矢量之间的运算要遵循特殊的法则，矢量的运算不仅包括矢量与矢量之间的基本运算，也包括矢量与标量之间的运算，其中矢量与标量的运算只有乘除运算。当然矢量的运算还包括矢量的微分与积分等运算。下面就矢量的基本运算逐一进行介绍。

1. 矢量的加法

如图 1.6 所示，矢量的加法即求矢量的几何和，服从平行四边形规则。

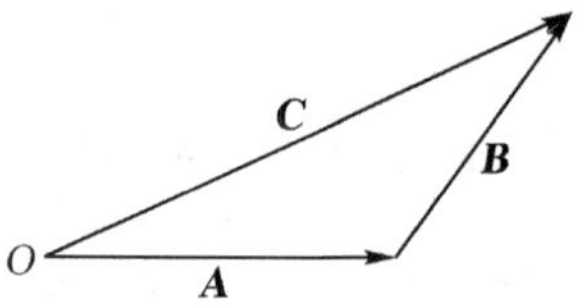

图 1.6　矢量的加法

$$\boldsymbol{C}=\boldsymbol{A}+\boldsymbol{B} \tag{1-12}$$

在直角坐标系中　$\boldsymbol{A}=A_x\boldsymbol{e}_x+A_y\boldsymbol{e}_y+A_z\boldsymbol{e}_z$，$\boldsymbol{B}=B_x\boldsymbol{e}_x+B_y\boldsymbol{e}_y+B_z\boldsymbol{e}_z$

则　$\boldsymbol{C}=(A_x+B_x)\boldsymbol{e}_x+(A_y+B_y)\boldsymbol{e}_y+(A_z+B_z)\boldsymbol{e}_z$

矢量加法满足交换律和结合律，即

$$\boldsymbol{A}+\boldsymbol{B}=\boldsymbol{B}+\boldsymbol{A},(\boldsymbol{A}+\boldsymbol{B})+(\boldsymbol{C}+\boldsymbol{D})=(\boldsymbol{A}+\boldsymbol{C})+(\boldsymbol{B}+\boldsymbol{D})$$

2. 矢量的减法

矢量减法可转换成加法运算，即

$$\boldsymbol{D}=\boldsymbol{A}-\boldsymbol{B}=\boldsymbol{A}+(-\boldsymbol{B}) \tag{1-13}$$

式中，$-\boldsymbol{B}$ 为矢量 $\boldsymbol{B}$ 的逆矢量，在直角坐标系中

$$\boldsymbol{D}=(A_x-B_x)\boldsymbol{e}_x+(A_y-B_y)\boldsymbol{e}_y+(A_z-B_z)\boldsymbol{e}_z$$

3. 矢量的乘法

矢量的乘法包括标量与矢量的乘法以及矢量与矢量的乘法。标量与矢量的乘法满足

$$k\boldsymbol{A}=kA_x\boldsymbol{e}_x+kA_y\boldsymbol{e}_y+kA_z\boldsymbol{e}_z \tag{1-14}$$

矢量与矢量的乘法分为标量积和矢量积两类，标量积是指两个矢量的点积，定义为

$$\boldsymbol{A}\cdot\boldsymbol{B}=|\boldsymbol{A}|\cdot|\boldsymbol{B}|\cos\theta \tag{1-15a}$$

式中，θ 为矢量 $\boldsymbol{A}$ 和 $\boldsymbol{B}$ 之间的夹角。由式(1-15a)可知，当两个非零矢量点积的结果为零时，这两个矢量一定是相互正交的。

在直角坐标系中，两个矢量的点积还可以用矢量的分量形式进行计算，即

$$\boldsymbol{A}\cdot\boldsymbol{B}=A_xB_x+A_yB_y+A_zB_z \tag{1-15b}$$

两个矢量的点积满足交换律和分配律，即

$$\boldsymbol{A}\cdot\boldsymbol{B}=\boldsymbol{B}\cdot\boldsymbol{A} \tag{1-16}$$

$$\boldsymbol{A}\cdot(\boldsymbol{B}+\boldsymbol{C})=\boldsymbol{A}\cdot\boldsymbol{B}+\boldsymbol{A}\cdot\boldsymbol{C} \tag{1-17}$$

矢量与矢量的矢量积是指两个矢量的叉积，其结果是一个矢量，矢量的叉积定义为

$$\boldsymbol{A}\times\boldsymbol{B}=\boldsymbol{e}_c|\boldsymbol{A}|\cdot|\boldsymbol{B}|\sin\theta \tag{1-18a}$$

式(1-18a)中，$\boldsymbol{e}_c$ 为垂直于 $\boldsymbol{A}$ 和 $\boldsymbol{B}$ 的单位矢量，且 $\boldsymbol{e}_c$ 与 $\boldsymbol{A}$ 和 $\boldsymbol{B}$ 之间满足右手螺旋正交关系。由式(1-18a)可知，当两个非零矢量叉积的结果等于零时，这两个矢量一定是互相平行的。

在直角坐标系中，常用矢量的分量形式计算两个矢量的叉积。表示如下：

$$\begin{aligned}\boldsymbol{A}\times\boldsymbol{B}&=(A_x\boldsymbol{e}_x+A_y\boldsymbol{e}_y+A_z\boldsymbol{e}_z)\times(B_x\boldsymbol{e}_x+B_y\boldsymbol{e}_y+B_z\boldsymbol{e}_z)\\&=(A_yB_z-A_zB_y)\boldsymbol{e}_x+(A_zB_x-A_xB_z)\boldsymbol{e}_y+(A_xB_y-A_yB_x)\boldsymbol{e}_z\end{aligned} \tag{1-18b}$$

式(1-18b)表示的两个矢量的叉积，可用行列式表示为

$$\boldsymbol{A}\times\boldsymbol{B}=\begin{vmatrix}\boldsymbol{e}_x & \boldsymbol{e}_y & \boldsymbol{e}_z\\ A_x & A_y & A_z\\ B_x & B_y & B_z\end{vmatrix} \tag{1-18c}$$

两个矢量的叉积不满足交换律，即 $\boldsymbol{A}\times\boldsymbol{B}\neq\boldsymbol{B}\times\boldsymbol{A}$，矢量叉积满足的基本关系如下：

$$\begin{aligned}&\boldsymbol{A}\times\boldsymbol{B}=-\boldsymbol{B}\times\boldsymbol{A}\\&\boldsymbol{A}\times(\boldsymbol{B}+\boldsymbol{C})=\boldsymbol{A}\times\boldsymbol{B}+\boldsymbol{A}\times\boldsymbol{C}\\&\boldsymbol{A}\times(\boldsymbol{B}\times\boldsymbol{C})\neq(\boldsymbol{A}\times\boldsymbol{B})\times\boldsymbol{C}\end{aligned} \tag{1-19}$$

基于矢量基本运算法则，可以推出三个矢量参与的点积或者叉积(混合积)的运算规则

$$\begin{aligned}&\boldsymbol{A}\cdot(\boldsymbol{B}\times\boldsymbol{C})=\boldsymbol{C}\cdot(\boldsymbol{A}\times\boldsymbol{B})=\boldsymbol{B}\cdot(\boldsymbol{C}\times\boldsymbol{A})\\&\boldsymbol{A}\times(\boldsymbol{B}\times\boldsymbol{C})=\boldsymbol{B}(\boldsymbol{A}\cdot\boldsymbol{C})-\boldsymbol{C}(\boldsymbol{A}\cdot\boldsymbol{B})\end{aligned} \tag{1-20}$$

【例 1-3】 已知 4 个矢量

$$\boldsymbol{r}_1=2\boldsymbol{e}_x-\boldsymbol{e}_y+\boldsymbol{e}_z,\ \boldsymbol{r}_2=\boldsymbol{e}_x+3\boldsymbol{e}_y-2\boldsymbol{e}_z$$

$$\boldsymbol{r}_3=-2\boldsymbol{e}_x+\boldsymbol{e}_y-3\boldsymbol{e}_z,\ \boldsymbol{r}_4=3\boldsymbol{e}_x+2\boldsymbol{e}_y+5\boldsymbol{e}_z$$

求满足 $\boldsymbol{r}_4=a\boldsymbol{r}_1+b\boldsymbol{r}_2+c\boldsymbol{r}_3$ 的标量 a、b、c。

解：根据题意对 4 个矢量的分量分别进行整理合并，得

$$3\boldsymbol{e}_x+2\boldsymbol{e}_y+5\boldsymbol{e}_z=(2a+b-2c)\boldsymbol{e}_x+(-a+3b+c)\boldsymbol{e}_y+(a-2b-3c)\boldsymbol{e}_z$$

即

$$\begin{aligned}2a+b-2c&=3\\-a+3b+c&=2\\a-2b-3c&=5\end{aligned}$$

解得

$$a=-2,\ b=1,\ c=-3$$

1.2.3　单位矢量及正交坐标系

既有大小又有方向的物理量叫作矢量，而大小为一个单位的矢量就是单位矢量，一个非零

矢量除以它的模，即为该矢量的单位矢量，其表达式为

$$e_A = \mathbf{A}/|\mathbf{A}| \tag{1-21}$$

由于 $\mathbf{A}$ 是非零矢量，单位矢量 e_A 具有确定的方向。一般而言，在不同的坐标系中单位矢量的性质是不一样的。例如在自然坐标系中，单位矢量通常用 e_τ 表示，其大小为 1，但方向随时变化；在直角坐标系中，单位矢量分别为 e_x、e_y 和 e_z，其大小和方向恒定不变，且三个单位矢量 e_x、e_y 和 e_z 满足右手正交关系；在圆柱坐标系中，单位矢量分别为 e_ρ、e_ϕ 和 e_z，虽然三个单位矢量依然满足右手正交关系，但其中只有 e_z 的大小和方向固定不变，e_ρ 和 e_ϕ 的大小不变，其方向随空间点的不同而变化；在球坐标系中，单位矢量分别为 e_r、e_θ 和 e_ϕ，三个单位矢量的大小不变，且依然满足右手正交关系，但三个单位矢量的方向随空间点的不同而不同。

为定量研究电磁场的性质，一般情况下会引入正交坐标系。所谓正交坐标系是指利用三条正交曲线组成的确定三维空间任意点位置的体系。三条正交曲线称为坐标轴，描述坐标轴的量称为坐标标量。常用的三种正交坐标系为直角坐标系、圆柱坐标系和球面坐标系。

1.3 常用正交坐标系

1.3.1 直角坐标系

在直角坐标系中，空间任意一点 P 的位置用 x、y、z 三个量来表示，如图 1.7 所示。其中各量的变化范围是 $-\infty<x<\infty$，$-\infty<y<\infty$，$-\infty<z<\infty$。P 点的三个坐标单位矢量为 e_x、e_y、e_z，其方向恒定不变，并指向 x、y、z 增加的方向，且 e_x、e_y、e_z 按满足右手正交关系

$$e_x \times e_y = e_z$$

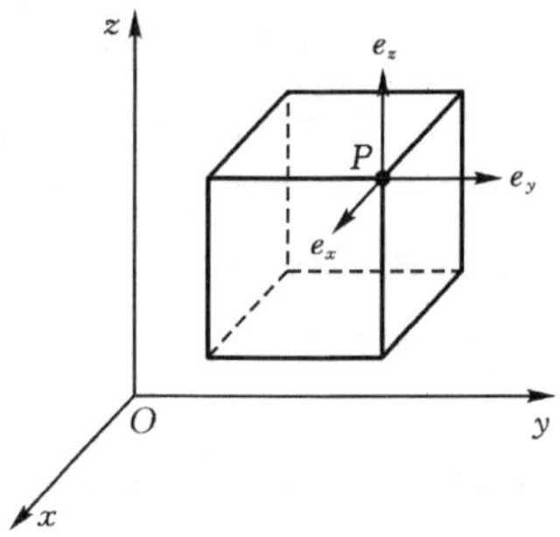

图 1.7　直角坐标系

矢量 $\mathbf{A}$ 可以表示为

$$\mathbf{A}(x,y,z) = A_x e_x + A_y e_y + A_z e_z$$

任意一点 P 点的位置矢量为以坐标原点为起点，指向 P 点的矢径

$$\mathbf{r} = xe_x + ye_y + ze_z$$

直角坐标系中，任意线元

$$\mathrm{d}\mathbf{l} = e_x \mathrm{d}l_x + e_y \mathrm{d}l_y + e_z \mathrm{d}l_z = e_x \mathrm{d}x + e_y \mathrm{d}y + e_z \mathrm{d}z$$

因此，直角坐标系中的拉梅系数(线元的分量与各自坐标增量之比)分别为

$$h_1 = \frac{\mathrm{d}l_x}{\mathrm{d}x} = 1,\ h_2 = \frac{\mathrm{d}l_y}{\mathrm{d}y} = 1,\ h_3 = \frac{\mathrm{d}l_z}{\mathrm{d}z} = 1$$

在直角坐标系中，矢量面元、三个单位矢量相垂直的三个面元以及体积元分别为

$$d\boldsymbol{S}=\boldsymbol{e}_x dS_x+\boldsymbol{e}_y dS_y+\boldsymbol{e}_z dS_z$$

$$dS_x=dydz,\ dS_y=dzdx,\ dS_z=dxdy$$

$$dV=dl_x dl_y dl_z=dxdydz$$

哈密顿算符定义为

$$\nabla=\frac{\partial}{\partial x}\boldsymbol{e}_x+\frac{\partial}{\partial y}\boldsymbol{e}_y+\frac{\partial}{\partial z}\boldsymbol{e}_z \tag{1-22}$$

哈密顿算符是一个矢量微分算符，是电磁场理论中简化计算的基本工具。需要注意的是，哈密顿算符∇本身并无意义，就是一个算符，同时又被看作是一个矢量，在运算时具有矢量和微分的双重功能。

在直角坐标系中，拉普拉斯算符定义为

$$\Delta=\nabla^2=\nabla\cdot\nabla=\frac{\partial^2}{\partial x^2}+\frac{\partial^2}{\partial y^2}+\frac{\partial^2}{\partial z^2} \tag{1-23}$$

拉普拉斯算符是 n 维欧几里得空间中的一个二阶微分算符。

1.3.2　圆柱坐标系

在圆柱坐标系中，空间任意一点 P 的位置用 ρ、ϕ、z 三个量来表示，如图 1.8 所示。

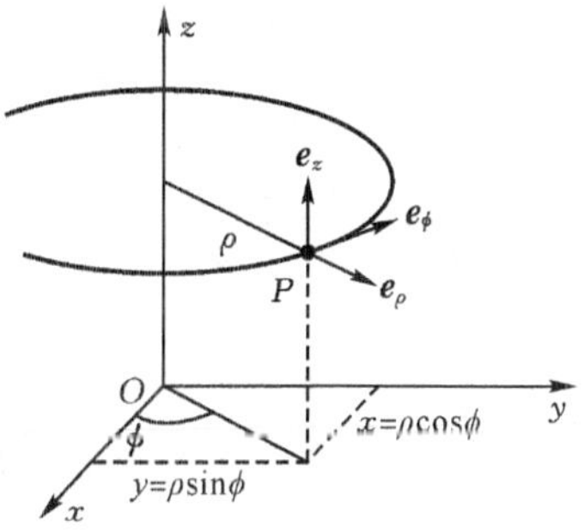

(a)圆柱坐标系的坐标

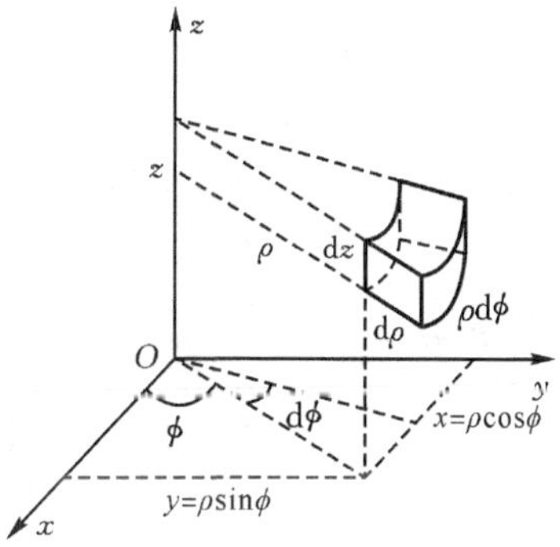

(b)圆柱坐标系ϕ的微分元

图 1.8　圆柱坐标系

图中各坐标量的变化范围是

$$0\leqslant\rho<\infty,0\leqslant\phi\leqslant 2\pi,-\infty<z<\infty$$

P 点的三个坐标单位矢量为 $\boldsymbol{e}_\rho$、$\boldsymbol{e}_\phi$ 和 $\boldsymbol{e}_z$，分别指向 ρ、ϕ、z 增加的方向。与直角坐标系的单位矢量不同，在三个单位矢量中，只有 $\boldsymbol{e}_z$ 为常矢量，$\boldsymbol{e}_\rho$ 和 $\boldsymbol{e}_\phi$ 的方向随 P 点位置的不同而变化，但 $\boldsymbol{e}_\rho$、$\boldsymbol{e}_\phi$、$\boldsymbol{e}_z$ 三者总保持正交，且遵循右手正交关系

$$\boldsymbol{e}_\rho\times\boldsymbol{e}_\phi=\boldsymbol{e}_z$$

在圆柱坐标系中，矢量 $\boldsymbol{A}$ 可以表示为

$$\boldsymbol{A}(\rho,\phi,z)=A_\rho\boldsymbol{e}_\rho+A_\phi\boldsymbol{e}_\phi+A_z\boldsymbol{e}_z$$

任意一点 P 的位置矢量可表示为

$$\boldsymbol{r}=\rho\boldsymbol{e}_\rho+z\boldsymbol{e}_z$$

式中虽然没有显示角度变量 ϕ，但 ϕ 会影响$\boldsymbol{e}_\rho$ 的方向。

在圆柱坐标系中，任意线元

$$\mathrm{d}\boldsymbol{l}=\mathrm{d}l_\rho\boldsymbol{e}_\rho+\mathrm{d}l_\phi\boldsymbol{e}_\phi+\mathrm{d}l_z\boldsymbol{e}_z=\mathrm{d}\rho\boldsymbol{e}_\rho+\rho\mathrm{d}\phi\boldsymbol{e}_\phi+\mathrm{d}z\boldsymbol{e}_z$$

即 $\mathrm{d}l_\rho=\mathrm{d}\rho$，$\mathrm{d}l_\phi=\rho\mathrm{d}\phi$，$\mathrm{d}l_z=\mathrm{d}z$，因此圆柱坐标系中的拉梅系数分别为

$$h_1=\frac{\mathrm{d}l_\rho}{\mathrm{d}\rho}=1,h_2=\frac{\mathrm{d}l_\phi}{\mathrm{d}\phi}=\rho,h_3=\frac{\mathrm{d}l_z}{\mathrm{d}z}=1$$

在圆柱坐标系中，与三个单位矢量相垂直的三个面元以及体积元分别为

$$\mathrm{d}\boldsymbol{S}=\boldsymbol{e}_\rho\mathrm{d}S_\rho+\boldsymbol{e}_\phi\mathrm{d}S_\phi+\boldsymbol{e}_z\mathrm{d}S_z$$

$$\mathrm{d}S_\rho=\rho\mathrm{d}\phi\mathrm{d}z,\ \mathrm{d}S_\phi=\mathrm{d}z\mathrm{d}\rho,\ \mathrm{d}S_z=\rho\mathrm{d}\rho\mathrm{d}\phi$$

$$\mathrm{d}V=\mathrm{d}l_\rho\mathrm{d}l_\phi\mathrm{d}l_z=\rho\mathrm{d}\rho\mathrm{d}\phi\mathrm{d}z$$

哈密顿算符与拉普拉斯算符分别定义为

$$\nabla=\frac{\partial}{\partial\rho}\boldsymbol{e}_\rho+\frac{1}{\rho}\frac{\partial}{\partial\phi}\boldsymbol{e}_\phi+\frac{\partial}{\partial z}\boldsymbol{e}_z \tag{1-24}$$

$$\Delta=\nabla^2=\frac{1}{\rho}\frac{\partial}{\partial\rho}\left(\rho\frac{\partial}{\partial\rho}\right)+\frac{1}{\rho^2}\frac{\partial^2}{\partial\phi^2}+\frac{\partial^2}{\partial z^2} \tag{1-25}$$

可以看出，相对于直角坐标系，在圆柱坐标系中哈密顿算符与拉普拉斯算符的表达式相对要复杂一些，其主要原因是圆柱坐标系的拉梅系数并不是全部为 1。

若引入广义坐标 u_1、u_2、u_3，单位矢量分别为 $\boldsymbol{e}_1$、$\boldsymbol{e}_2$、$\boldsymbol{e}_3$，拉梅系数分别为 h_1、h_2、h_3，则一般意义的哈密顿算符与拉普拉斯算符分别为

$$\nabla=\frac{1}{h_1}\frac{\partial}{\partial u_1}\boldsymbol{e}_1+\frac{1}{h_2}\frac{\partial}{\partial u_2}\boldsymbol{e}_2+\frac{1}{h_3}\frac{\partial}{\partial u_3}\boldsymbol{e}_3 \tag{1-26}$$

$$\nabla^2=\frac{1}{h_1h_2h_3}\left[\frac{\partial}{\partial u_1}\left(\frac{h_2h_3}{h_1}\frac{\partial}{\partial u_1}\right)+\frac{\partial}{\partial u_2}\left(\frac{h_3h_1}{h_2}\frac{\partial}{\partial u_2}\right)+\frac{\partial}{\partial u_3}\left(\frac{h_1h_2}{h_3}\frac{\partial}{\partial u_3}\right)\right] \tag{1-27}$$

1.3.3 球面坐标系

在球面坐标系（简称球坐标系）中，空间任意一点 P 的位置用 r、θ、ϕ 三个坐标变量表示，如图 1.9 所示。

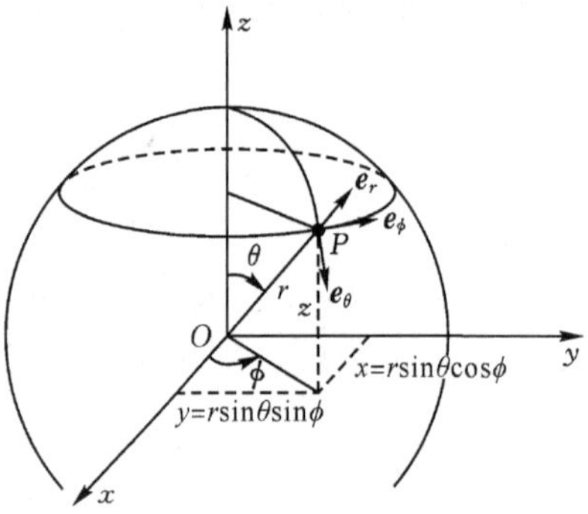

(a)球坐标系的坐标

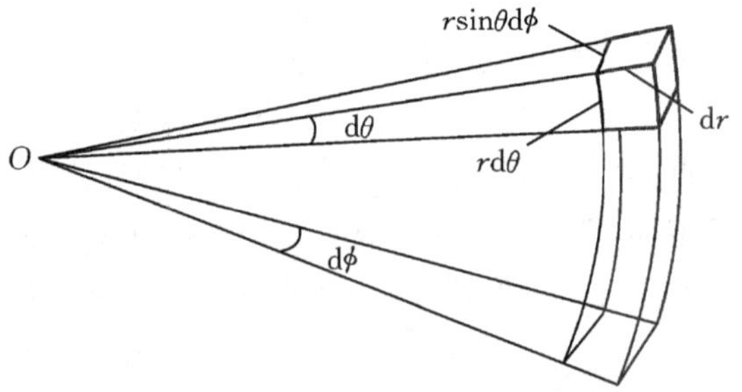

(b)球坐标系中的微分元

图 1.9 球面坐标系

r、θ、ϕ 分别为矢径长度、极角和方位角，各坐标变量的变化范围是

$$0\leqslant r<\infty,\ 0\leqslant\theta\leqslant\pi,\ 0\leqslant\phi\leqslant2\pi$$

P 点的三个坐标单位矢量为 $\boldsymbol{e}_r$、$\boldsymbol{e}_\theta$、$\boldsymbol{e}_\phi$，其中 $\boldsymbol{e}_r$ 的方向指向矢径向外延伸的方向；$\boldsymbol{e}_\theta$ 的方向垂直于矢径，并位于由矢径和 z 轴形成的平面(也称子午面)内，指向使 θ 角增大的方向；$\boldsymbol{e}_\phi$ 的方向也垂直于矢径，并垂直于由矢径和 z 轴形成的子午面，指向使 ϕ 角增大的方向。在球坐标系中，三个单位矢量都不是常矢量，但两两相互正交，并遵循右手正交关 系，整体呈现右手螺旋关系。可表示为

$$\boldsymbol{e}_r \times \boldsymbol{e}_\theta = \boldsymbol{e}_\phi$$

矢量 $\boldsymbol{A}$ 可以表示为

$$\boldsymbol{A}(r,\theta,\phi) = A_r\boldsymbol{e}_r + A_\theta\boldsymbol{e}_\theta + A_\phi\boldsymbol{e}_\phi$$

任意一点 P 点的位置矢量可表示为

$$\boldsymbol{r} = r\boldsymbol{e}_r$$

式中虽然没有显示极角 θ 和方位角 ϕ，但 θ 和 ϕ 的变化都将影响 $\boldsymbol{r}$ 的方向。

在球坐标系中，任意线元

$$\mathrm{d}\boldsymbol{l} = \mathrm{d}l_r\boldsymbol{e}_r + \mathrm{d}l_\theta\boldsymbol{e}_\theta + \mathrm{d}l_\phi\boldsymbol{e}_\phi = \mathrm{d}r\boldsymbol{e}_r + r\mathrm{d}\theta\boldsymbol{e}_\theta + r\sin\theta\mathrm{d}\phi\boldsymbol{e}_\phi$$

即 $\mathrm{d}l_r = \mathrm{d}r$，$\mathrm{d}l_\theta = r\mathrm{d}\theta$，$\mathrm{d}l_\phi = r\sin\theta\mathrm{d}\phi$，因此球坐标系中的拉梅系数分别为

$$h_1 = \frac{\mathrm{d}l_r}{\mathrm{d}r} = 1, h_2 = \frac{\mathrm{d}l_\theta}{\mathrm{d}\theta} = r, h_3 = \frac{\mathrm{d}l_\phi}{\mathrm{d}\phi} = r\sin\theta$$

矢量面元、与三个单位矢量相垂直的三个面元以及体积元分别为

$$\mathrm{d}\boldsymbol{S} = \boldsymbol{e}_r\mathrm{d}S_r + \boldsymbol{e}_\theta\mathrm{d}S_\theta + \boldsymbol{e}_\phi\mathrm{d}S_\phi$$

$$\mathrm{d}S_r = r^2\sin\theta\mathrm{d}\theta\mathrm{d}\phi,\ \mathrm{d}S_\theta = r\sin\theta\mathrm{d}r\mathrm{d}\phi,\ \mathrm{d}S_\phi = r\mathrm{d}r\mathrm{d}\theta$$

$$\mathrm{d}V = \mathrm{d}l_r\mathrm{d}l_\theta\mathrm{d}l_\varphi = r^2\sin\theta\mathrm{d}r\mathrm{d}\theta\mathrm{d}\phi$$

在球坐标系中，哈密顿算符与拉普拉斯算符分别为

$$\nabla = \frac{\partial}{\partial r}\boldsymbol{e}_r + \frac{1}{r}\frac{\partial}{\partial\theta}\boldsymbol{e}_\theta + \frac{1}{r\sin\theta}\frac{\partial}{\partial\phi}\boldsymbol{e}_\varphi \tag{1-28}$$

$$\nabla^2 = \frac{\partial}{r^2}\frac{\partial}{\partial r}\left(r^2\frac{\partial}{\partial r}\right) + \frac{1}{r^2\sin\theta}\frac{\partial}{\partial\theta}\left(\sin\theta\frac{\partial}{\partial\theta}\right) + \frac{1}{r^2\sin^2\theta}\frac{\partial^2}{\partial\phi^2} \tag{1-29}$$

对比直角坐标系和圆柱坐标系可以看出，球坐标系中哈密顿算符与拉普拉斯算符的表达式最复杂，其原因是圆柱坐标系的拉梅系数只有 h_2 不等于 1，而球坐标系中的拉梅系数 h_2 和 h_3 都不等于 1，利用式(1-26)和式(1-27)可以得到球坐标系中哈密顿算符与拉普拉斯算符的表达式如式(1-28)和式(1-29)所示。

1.3.4　坐标系之间的相互变换

坐标系是定量分析和研究电磁场规律的工具，但在某些情况下，熟悉坐标系之间的相互变换能够简化分析和计算过程，因此熟练掌握坐标系之间的相互变换有利于研究电磁场的基本规律。

1. 直角坐标系与圆柱坐标系的相互变换

由图 1.8(a)，根据各单位矢量的空间关系有

$$\boldsymbol{e}_x\cdot\boldsymbol{e}_\rho = \cos\phi, \boldsymbol{e}_y\cdot\boldsymbol{e}_\rho = \sin\phi, \boldsymbol{e}_x\cdot\boldsymbol{e}_\phi = -\sin\phi, \boldsymbol{e}_y\cdot\boldsymbol{e}_\phi = \cos\phi$$

由此可以得到圆柱坐标系单位矢量与直角坐标系单位矢量之间的变换关系矩阵为

$$\begin{bmatrix} \boldsymbol{e}_\rho \\ \boldsymbol{e}_\phi \\ \boldsymbol{e}_z \end{bmatrix} = \begin{bmatrix} \cos\phi & \sin\phi & 0 \\ -\sin\phi & \cos\phi & 0 \\ 0 & 0 & 1 \end{bmatrix} \begin{bmatrix} \boldsymbol{e}_x \\ \boldsymbol{e}_y \\ \boldsymbol{e}_z \end{bmatrix} \tag{1-30}$$

同样可以得到直角坐标系单位矢量与圆柱坐标系单位矢量之间的变换关系为

$$\begin{bmatrix} \boldsymbol{e}_x \\ \boldsymbol{e}_y \\ \boldsymbol{e}_z \end{bmatrix} = \begin{bmatrix} \cos\phi & -\sin\phi & 0 \\ \sin\phi & \cos\phi & 0 \\ 0 & 0 & 1 \end{bmatrix} \begin{bmatrix} \boldsymbol{e}_\rho \\ \boldsymbol{e}_\phi \\ \boldsymbol{e}_z \end{bmatrix} \tag{1-31}$$

根据相同的方法，可以将直角坐标系中的矢量分量用圆柱坐标系中的坐标分量表示为

$$\begin{bmatrix} A_x \\ A_y \\ A_z \end{bmatrix} = \begin{bmatrix} \cos\phi & -\sin\phi & 0 \\ \sin\phi & \cos\phi & 0 \\ 0 & 0 & 1 \end{bmatrix} \begin{bmatrix} A_\rho \\ A_\phi \\ A_z \end{bmatrix} \tag{1-32}$$

例如，在图 1.8(a)中，P 点在圆柱坐标系中的矢径为：$\boldsymbol{r}=\rho\boldsymbol{e}_\rho+z\boldsymbol{e}_z$，即 $A_\rho=\rho, A_\phi=0, A_z=z$，因此可得：$A_x=x=\rho\cos\phi, A_y=y=\rho\sin\phi, A_z=z$。

同理，可以做相反的变换，将圆柱坐标系中任意矢量的分量用直角坐标系的分量表示为

$$\begin{bmatrix} A_\rho \\ A_\phi \\ A_z \end{bmatrix} = \begin{bmatrix} \cos\phi & \sin\phi & 0 \\ -\sin\phi & \cos\phi & 0 \\ 0 & 0 & 1 \end{bmatrix} \begin{bmatrix} A_x \\ A_y \\ A_z \end{bmatrix} \tag{1-33}$$

2. 直角坐标系与球坐标系之间的相互变换

由图 1.9(a)，根据空间几何关系可得 $x=r\sin\theta\cos\phi, y=r\sin\theta\sin\phi, z=r\cos\theta$，而且有

$$\begin{aligned} &\boldsymbol{e}_r\cdot\boldsymbol{e}_x=\sin\theta\cos\phi, \quad \boldsymbol{e}_r\cdot\boldsymbol{e}_y=\sin\theta\sin\phi, \quad \boldsymbol{e}_r\cdot\boldsymbol{e}_z=\cos\theta \\ &\boldsymbol{e}_\theta\cdot\boldsymbol{e}_x=\cos\theta\cos\phi, \quad \boldsymbol{e}_\theta\cdot\boldsymbol{e}_y=\cos\theta\sin\phi, \quad \boldsymbol{e}_\theta\cdot\boldsymbol{e}_z=-\sin\theta \\ &\boldsymbol{e}_\phi\cdot\boldsymbol{e}_x=-\sin\phi, \quad \boldsymbol{e}_\phi\cdot\boldsymbol{e}_y=\cos\phi, \quad \boldsymbol{e}_\phi\cdot\boldsymbol{e}_z=0 \end{aligned} \tag{1-34}$$

式(1-34)可以整理成矩阵形式，得到球坐标系的单位矢量用直角坐标系的单位矢量表示为

$$\begin{bmatrix} \boldsymbol{e}_r \\ \boldsymbol{e}_\theta \\ \boldsymbol{e}_\phi \end{bmatrix} = \begin{bmatrix} \sin\theta\cos\phi & \sin\theta\sin\phi & \cos\theta \\ \cos\theta\cos\phi & \cos\theta\sin\phi & -\sin\theta \\ -\sin\phi & \cos\phi & 0 \end{bmatrix} \begin{bmatrix} \boldsymbol{e}_x \\ \boldsymbol{e}_y \\ \boldsymbol{e}_z \end{bmatrix} \tag{1-35}$$

对式(1-35)进行求逆运算，就可以得到用球坐标系的单位矢量来表示直角坐标系的单位矢量为

$$\begin{bmatrix} \boldsymbol{e}_x \\ \boldsymbol{e}_y \\ \boldsymbol{e}_z \end{bmatrix} = \begin{bmatrix} \sin\theta\cos\phi & \cos\theta\cos\phi & -\sin\phi \\ \sin\theta\sin\phi & \cos\theta\sin\phi & \cos\phi \\ \cos\theta & -\sin\theta & 0 \end{bmatrix} \begin{bmatrix} \boldsymbol{e}_r \\ \boldsymbol{e}_\theta \\ \boldsymbol{e}_\phi \end{bmatrix} \tag{1-36}$$

因此，直角坐标系中的任意矢量的分量可用球坐标系中的坐标分量表示为

$$\begin{bmatrix} A_x \\ A_y \\ A_z \end{bmatrix} = \begin{bmatrix} \sin\theta\cos\phi & \cos\theta\cos\phi & -\sin\phi \\ \sin\theta\sin\phi & \cos\theta\sin\phi & \cos\phi \\ \cos\theta & -\sin\theta & 0 \end{bmatrix} \begin{bmatrix} A_r \\ A_\theta \\ A_\phi \end{bmatrix} \tag{1-37}$$

同理，可以做相反的变换，将球坐标系中任意矢量的分量用直角坐标系的分量表示为

$$\begin{bmatrix} A_r \\ A_\theta \\ A_\phi \end{bmatrix} = \begin{bmatrix} \sin\theta\cos\phi & \sin\theta\sin\phi & \cos\theta \\ \cos\theta\cos\phi & \cos\theta\sin\phi & -\sin\theta \\ -\sin\phi & \cos\phi & 0 \end{bmatrix} \begin{bmatrix} A_x \\ A_y \\ A_z \end{bmatrix} \tag{1-38}$$

3. 圆柱坐标系与球坐标系的相互变换

根据式(1-31)和式(1-36)可以得到圆柱坐标系和球坐标系单位矢量之间的变换关系为

$$\begin{bmatrix} \boldsymbol{e}_r \\ \boldsymbol{e}_\theta \\ \boldsymbol{e}_\phi \end{bmatrix} = \begin{bmatrix} \sin\theta & 0 & \cos\theta \\ \cos\theta & 0 & -\sin\theta \\ 0 & 1 & 0 \end{bmatrix} \begin{bmatrix} \boldsymbol{e}_\rho \\ \boldsymbol{e}_\phi \\ \boldsymbol{e}_z \end{bmatrix} \tag{1-39}$$

用球坐标系的单位矢量表示圆柱坐标系的单位矢量为

$$\begin{bmatrix} \boldsymbol{e}_\rho \\ \boldsymbol{e}_\phi \\ \boldsymbol{e}_z \end{bmatrix} = \begin{bmatrix} \sin\theta & \cos\theta & 0 \\ 0 & 0 & 1 \\ \cos\theta & -\sin\theta & 0 \end{bmatrix} \begin{bmatrix} \boldsymbol{e}_r \\ \boldsymbol{e}_\theta \\ \boldsymbol{e}_\phi \end{bmatrix} \tag{1-40}$$

因此将圆柱坐标系中的任意矢量的分量可用球坐标系中的坐标分量表示为

$$\begin{bmatrix} A_\rho \\ A_\phi \\ A_z \end{bmatrix} = \begin{bmatrix} \sin\theta & \cos\theta & 0 \\ 0 & 0 & 1 \\ \cos\theta & -\sin\theta & 0 \end{bmatrix} \begin{bmatrix} A_r \\ A_\theta \\ A_\phi \end{bmatrix} \tag{1-41}$$

同理,可将球坐标系中任意矢量的分量用圆柱坐标系的分量表示为

$$\begin{bmatrix} A_r \\ A_\theta \\ A_\phi \end{bmatrix} = \begin{bmatrix} \sin\theta & 0 & \cos\theta \\ \cos\theta & 0 & -\sin\theta \\ 0 & 1 & 0 \end{bmatrix} \begin{bmatrix} A_\rho \\ A_\phi \\ A_z \end{bmatrix} \tag{1-42}$$

【例 1-4】 已知直角坐标系中,一矢量 $\boldsymbol{A}=3x\boldsymbol{e}_x+0.5y^2\boldsymbol{e}_y+0.25x^2y^2\boldsymbol{e}_z$ 过点 $P(3,4,12)$,求球坐标系中该矢量的表达式。

解:由式(1-38)可得

$$A_r=37.77, A_\theta=-2.95, A_\phi=-2.40$$

即得球坐标系中矢量 $\boldsymbol{A}$ 的表达式为

$$\boldsymbol{A}(r,\theta,\phi)=37.77\boldsymbol{e}_r-2.95\boldsymbol{e}_\theta-2.40\boldsymbol{e}_\phi$$

球坐标系中 P 点的坐标为(13,22.62°,53.13°)

根据题意,在 P 点可得矢量 $\boldsymbol{A}$ 的表达式为

$$\boldsymbol{A}=9\boldsymbol{e}_x+8\boldsymbol{e}_y+36\boldsymbol{e}_z$$

则该矢量的方位角 ϕ 和极角 θ 分别为

$$\phi=\arctan\frac{4}{3}=53.13^\circ, \theta=\arccos\frac{12}{13}=22.62^\circ$$

1.4　标量场的梯度

1.4.1　标量场的方向导数

在 1.1 节场的基本描述方法中,描述标量场的函数 $\varphi=\varphi(P)$ 的分布情况可以由等值面(三维空间分布)或等值线(二维平面分布)来描述。但等值面或者等值线方程只能大概了解标量 φ 在

场中的整体分布情况，这种描述对于详细研究标量场意义不大。要详细研究标量场的性质，必须对标量场的局部状态进行深入分析，即需要考察标量 φ 在场中各点的邻域内沿每一方向的变化情况，这里就需要引入标量函数的方向导数这一数学工具。

标量函数的方向导数是表示标量函数所描述的标量场沿某方向的空间变化率，其定义如下：设 P_0 是标量场 $\varphi=\varphi(P)$ 中的一个已知点，从 P_0 出发沿某一方向引一射线 $\boldsymbol{l}$，在 $\boldsymbol{l}$ 上 P_0 的邻近取一点 P，其长度 $\overline{PP_0}=\rho$，如图 1.10 所示。

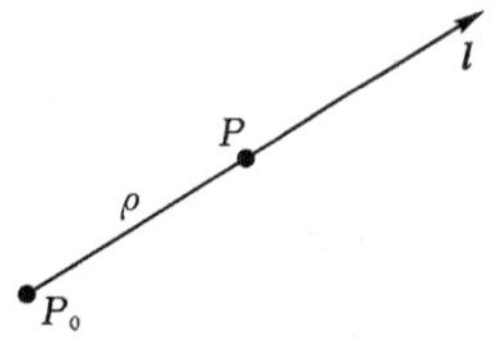

图 1.10　方向导数

若当 P 趋于 P_0 时（即 ρ 趋于零时），即 $\dfrac{\Delta\varphi}{\rho}=\dfrac{\varphi(P)-\varphi(P_0)}{\rho}$ 的极限存在，则称此极限为 $\varphi(P)$ 在点 P_0 处沿 $\boldsymbol{l}$ 方向的方向导数，表示为

$$\left.\frac{\partial\varphi}{\partial l}\right|_{P_0}=\lim_{P\to P_0}\frac{\varphi(P)-\varphi(P_0)}{\rho} \tag{1-43}$$

对方向导数的理解，需要注意以下几点：

(1)方向导数是函数 $\varphi=\varphi(P)$ 在点 P_0 处沿 $\boldsymbol{l}$ 方向对距离的变化率；

(2)当 $\partial\varphi/\partial l>0$ 时，表示在点 P_0 处函数 $\varphi=\varphi(P)$ 沿 $\boldsymbol{l}$ 方向是增加的；

(3)当 $\partial\varphi/\partial l<0$ 时，表示在点 P_0 处函数 $\varphi=\varphi(P)$ 沿 $\boldsymbol{l}$ 方向是减小的；

(4)方向导数既与点 P_0 有关，也与 $\boldsymbol{l}$ 方向有关，一般情况下，不同方向的方向导数是不一样的。

若函数 $\varphi=\varphi(x,y,z)$ 在点 $P_0(x_0,y_0,z_0)$ 处可微，直角坐标系中 $\varphi=\varphi(x,y,z)$ 过点 P_0 沿 $\boldsymbol{l}$ 方向的方向导数可由下式计算

$$\left.\frac{\partial\varphi}{\partial l}\right|_{M_0}=\frac{\partial\varphi}{\partial x}\cos\alpha+\frac{\partial\varphi}{\partial y}\cos\beta+\frac{\partial\varphi}{\partial z}\cos\gamma \tag{1-44}$$

式中，$\cos\alpha$、$\cos\beta$、$\cos\gamma$ 为 $\boldsymbol{l}$ 方向的方向余弦。

【例 1-5】 求标量场 $u=(x^2+y^2)/z$ 在 $P(1,\ 1,\ 2)$ 处沿 $\boldsymbol{l}=\boldsymbol{e}_x+2\boldsymbol{e}_y+2\boldsymbol{e}_z$ 的方向导数。

解：$\boldsymbol{l}$ 方向的方向余弦为

$$\cos\alpha=\frac{1}{\sqrt{1^2+2^2+2^2}}=\frac{1}{3},\cos\beta=\frac{2}{\sqrt{1^2+2^2+2^2}}=\frac{2}{3},\cos\gamma=\cos\beta=\frac{2}{3}$$

标量场对坐标的偏导数为

$$\frac{\partial u}{\partial x}=\frac{2x}{z},\frac{\partial u}{\partial y}=\frac{2t}{z},\frac{\partial u}{\partial z}=\frac{-(x^2+y^2)}{z^2}$$

标量场在 $\boldsymbol{l}$ 方向的方向导数为

$$\frac{\partial u}{\partial l}=\frac{\partial u}{\partial x}\cos\alpha+\frac{\partial u}{\partial y}\cos\beta+\frac{\partial u}{\partial z}\cos\gamma=\frac{1}{3}\frac{2x}{z}+\frac{2}{3}\frac{2y}{z}-\frac{2}{3}\frac{x^2+y^2}{z^2}$$

所以，在 $P(1,\ 1,\ 2)$ 处沿 $\boldsymbol{l}$ 方向的方向导数为

$$\left.\frac{\partial u}{\partial l}\right|_P=\frac{1}{3}\cdot 1+\frac{2}{3}\cdot 1-\frac{2}{3}\cdot\frac{2}{4}=\frac{2}{3}$$

1.4.2　标量场的梯度

方向导数可以描述标量场中某点标量沿某方向的变化率。但从场中某一点出发有无穷多个方向，通常不必要也不可能研究所有方向的变化率，而只需要关心沿哪一个方向变化率最大即可。根据标量场在 $\boldsymbol{l}$ 方向的方向导数 $\left.\frac{\partial\varphi}{\partial l}\right|_{P_0}=\frac{\partial\varphi}{\partial x}\cos\alpha+\frac{\partial\varphi}{\partial y}\cos\beta+\frac{\partial\varphi}{\partial z}\cos\gamma$ 得，在直角坐标系中，$\boldsymbol{l}$ 的单位矢量 $\boldsymbol{l}_0$ 为

$$\boldsymbol{l}_0=\cos\alpha\boldsymbol{e}_x+\cos\beta\boldsymbol{e}_y+\cos\gamma\boldsymbol{e}_z$$

令

$$\boldsymbol{G}=\frac{\partial\varphi}{\partial x}\boldsymbol{e}_x+\frac{\partial\varphi}{\partial y}\boldsymbol{e}_y+\frac{\partial\varphi}{\partial z}\boldsymbol{e}_z$$

则

$$\frac{\partial\varphi}{\partial l}=\boldsymbol{G}\cdot\boldsymbol{l}_0=|\boldsymbol{G}|\cos(\boldsymbol{G},\boldsymbol{l}_0)=\frac{\partial\varphi}{\partial x}\cos\alpha+\frac{\partial\varphi}{\partial y}\cos\beta+\frac{\partial\varphi}{\partial z}\cos\gamma \tag{1-45}$$

由式(1-45)可知，当 $\boldsymbol{l}$ 与 $\boldsymbol{G}$ 方向一致时，即 $\cos(\boldsymbol{G},\boldsymbol{l}_0)=1$ 时，标量场在场点处的方向导数最大，即沿矢量 $\boldsymbol{G}$ 方向的方向导数最大，此最大值为

$$\left.\frac{\partial\varphi}{\partial l}\right|_{\max}=|\boldsymbol{G}| \tag{1-46}$$

在标量场中，将最大变化率矢量 $\boldsymbol{G}$ 定义为标量场在 P 点处的梯度，用 $\mathrm{grad}\varphi$ 表示，其方向为函数 φ 在 P 点变化率最大的方向，其大小等于最大变化率矢量 $\boldsymbol{G}$ 的模值。标量函数的梯度可以用哈密顿算符表示，在直角坐标系中标量场的梯度表达式为

$$\mathrm{grad}\varphi=\nabla\varphi=\frac{\partial\varphi}{\partial x}\boldsymbol{e}_x+\frac{\partial\varphi}{\partial y}\boldsymbol{e}_y+\frac{\partial\varphi}{\partial z}\boldsymbol{e}_z \tag{1-47}$$

在圆柱坐标系和球坐标系中梯度的计算公式由附录给出。对梯度的理解请注意：

(1)标量场的梯度是一个矢量，是空间坐标点的函数；

(2)在空间某场点，沿任意方向的方向导数等于该点处的梯度在此方向上的投影；

(3)在标量场中，场点 P 处的梯度垂直于过该点的等值面，且指向使函数 $\varphi=\varphi(P)$ 增大的方向。

梯度满足的基本运算规则由附录 B 给出，需要时请读者查阅使用。

【例 1-6】 已知直角坐标系中，标量函数 $r=\sqrt{x^2+y^2+z^2}$，求 r 在 $P(1,0,1)$ 点处沿 $\boldsymbol{l}=\boldsymbol{e}_x+2\boldsymbol{e}_y+2\boldsymbol{e}_z$ 方向的方向导数。

解：已知 $r=\sqrt{x^2+y^2+z^2}$，则

$$\nabla r=\frac{\partial r}{\partial x}\boldsymbol{e}_x+\frac{\partial r}{\partial y}\boldsymbol{e}_y+\frac{\partial r}{\partial z}\boldsymbol{e}_z=\frac{x}{r}\boldsymbol{e}_x+\frac{y}{r}\boldsymbol{e}_y+\frac{z}{r}\boldsymbol{e}_z$$

故 r 在 $P(1,0,1)$ 点处的梯度为

$$\nabla r|_P=\frac{1}{\sqrt{2}}\boldsymbol{e}_x+\frac{1}{\sqrt{2}}\boldsymbol{e}_z$$

由 $\boldsymbol{l}=\boldsymbol{e}_x+2\boldsymbol{e}_y+2\boldsymbol{e}_z$，有

$$\boldsymbol{l}_0=\frac{\boldsymbol{l}}{|\boldsymbol{l}|}=\frac{1}{3}\boldsymbol{e}_x+\frac{2}{3}\boldsymbol{e}_y+\frac{2}{3}\boldsymbol{e}_z$$

所以 r 在 P 点处沿 $\boldsymbol{l}$ 方向的方向导数为

$$\left.\frac{\partial r}{\partial l}\right|_P=\nabla r\cdot\boldsymbol{l}_0=\frac{1}{\sqrt{2}}\cdot\frac{1}{3}+\frac{0}{\sqrt{2}}\cdot\frac{2}{3}+\frac{1}{\sqrt{2}}\cdot\frac{2}{3}=\frac{1}{\sqrt{2}}$$

1.4.3 静电场中电位的梯度与电场强度

在静电场中，电荷或者带电体激发电场，空间中一旦存在电荷或者带电体，电荷和带电体周围必将存在电场。电场可以脱离电荷而独立存在，在空间上具可叠加性；电场对置于其中的电荷与带电体有力的作用；在静电场中移动电荷或者带电体，电场力将对其做功。通常用电场强度 $\boldsymbol{E}$ 或电位 φ 来描述静电场的这种客观性质。在自由空间中，对于分布性问题的静电场，电场强度可由以下式子计算。

单个点电荷的电场强度

$$\boldsymbol{E}=\frac{q'}{4\pi\varepsilon_0}\frac{(\boldsymbol{r}-\boldsymbol{r}')}{|\boldsymbol{r}-\boldsymbol{r}'|^3} \tag{1-48}$$

离散点电荷系的电场强度

$$\boldsymbol{E}=\sum_{i=1}^{n}\frac{q_i}{4\pi\varepsilon_0}\frac{(\boldsymbol{r}-\boldsymbol{r}_i')}{|\boldsymbol{r}-\boldsymbol{r}_i'|^3} \tag{1-49}$$

体分布电荷的电场强度

$$\boldsymbol{E}(\boldsymbol{r})=\frac{1}{4\pi\varepsilon_0}\int_V\frac{\rho(\boldsymbol{r}')(\boldsymbol{r}-\boldsymbol{r}')}{|\boldsymbol{r}-\boldsymbol{r}'|^3}\mathrm{d}V' \tag{1-50}$$

面分布电荷的电场强度

$$\boldsymbol{E}(\boldsymbol{r})=\frac{1}{4\pi\varepsilon_0}\int_{S'}\frac{\rho_S(\boldsymbol{r}')(\boldsymbol{r}-\boldsymbol{r}')}{|\boldsymbol{r}-\boldsymbol{r}'|^3}\mathrm{d}S' \tag{1-51}$$

线分布电荷的电场强度

$$\boldsymbol{E}(\boldsymbol{r})=\frac{1}{4\pi\varepsilon_0}\int_l\frac{\rho_l(\boldsymbol{r}')(\boldsymbol{r}-\boldsymbol{r}')}{|\boldsymbol{r}-\boldsymbol{r}'|^3}\mathrm{d}l' \tag{1-52}$$

式(1-48)至式(1-52)中，$\boldsymbol{r}'$ 表示场源电荷所在空间位置，$\boldsymbol{r}$ 表示场点所在空间位置，ε_0 表示自由空间中的介电常数($\varepsilon_0=8.854\times10^{-12}$ F/m)，$\rho(\boldsymbol{r}')$、$\rho_S(\boldsymbol{r}')$、$\rho_l(\boldsymbol{r}')$ 分别表示体分布电荷密度、面分布电荷密度和线分布电荷密度，$\mathrm{d}V'$、$\mathrm{d}S'$、$\mathrm{d}l'$ 分别表示体元、面元和线元。

电位函数作为电场的辅助函数，是一个标量函数，在静电场中也可以用电位场这一标量场来描述电场的性质。自由空间中，对于分布性问题的静电场，电位函数可由以下系列式子计算。

单个点电荷的电位

$$\varphi=\frac{1}{4\pi\varepsilon_0}\frac{q'}{|\boldsymbol{r}-\boldsymbol{r}'|} \tag{1-53}$$

体分布电荷的电位

$$\varphi=\frac{1}{4\pi\varepsilon_0}\int_V\frac{\rho(\boldsymbol{r}')}{|\boldsymbol{r}-\boldsymbol{r}'|}\mathrm{d}V' \tag{1-54}$$

面分布电荷的电位

$$\varphi = \frac{1}{4\pi\varepsilon_0}\int_{S'} \frac{\rho_S(\boldsymbol{r}')}{|\boldsymbol{r}-\boldsymbol{r}'|}\mathrm{d}S' \tag{1-55}$$

线分布电荷的电位

$$\varphi = \frac{1}{4\pi\varepsilon_0}\int_{l} \frac{\rho_l(\boldsymbol{r}')}{|\boldsymbol{r}-\boldsymbol{r}'|}\mathrm{d}l' \tag{1-56}$$

在静电场中，电场力是一个保守力场，电场力做功与路径无关，电场强度与电位函数之间满足如下关系

$$\boldsymbol{E} = -\nabla\varphi \tag{1-57}$$

式(1-57)中，负号表示电场强度的方向从高电位指向低电位。

【例 1-7】 已知点电荷 q 位于坐标原点处，求点 $P(x,y,z)$ 处产生的电位和电场强度，并验证电场强度和电位函数之间满足 $\boldsymbol{E}=-\nabla\varphi$。

解：根据题意，由式(1-48)可知 P 点处的电场强度为

$$\boldsymbol{E} = \frac{q}{4\pi\varepsilon_0}\frac{\boldsymbol{r}}{r^3} = \frac{q}{4\pi\varepsilon r^2}\boldsymbol{e}_r$$

式中，$\boldsymbol{r}=x\boldsymbol{e}_x+y\boldsymbol{e}_y+z\boldsymbol{e}_z$，$r=\sqrt{x^2+y^2+z^2}$。

由式(1-53)可知 P 点处的电位函数的梯度为

$$\nabla\varphi = \nabla\left(\frac{q}{4\pi\varepsilon r}\right) = \frac{q}{4\pi\varepsilon}\nabla\left(\frac{1}{r}\right) = -\frac{q}{4\pi\varepsilon}\frac{\boldsymbol{r}}{r^3} = -\frac{q}{4\pi\varepsilon r^2}\boldsymbol{e}_r = -\boldsymbol{E}$$

即 $\boldsymbol{E}=-\nabla\varphi$。

【例 1-8】 半径为 a 的均匀带电圆环，带电量为 q，求圆环轴线上任一点 P 的电场强度和电位，并验证 $\boldsymbol{E}=-\nabla\varphi$。

解：如图 1.11 所示，在圆环上取线元 $\mathrm{d}l$，线元所带电荷量为 $\mathrm{d}q$，由于圆环均匀带电，因此，圆环的电荷线密度 $\rho_l=q/(2\pi a)$，即 $\mathrm{d}q=\rho_l\mathrm{d}l$。该线元在圆环轴线上任意一点 P 处激发的电场强度为

$$\mathrm{d}\boldsymbol{E} = \frac{1}{4\pi\varepsilon_0}\frac{\boldsymbol{r}-\boldsymbol{r}'}{|\boldsymbol{r}-\boldsymbol{r}'|^3}\mathrm{d}q$$

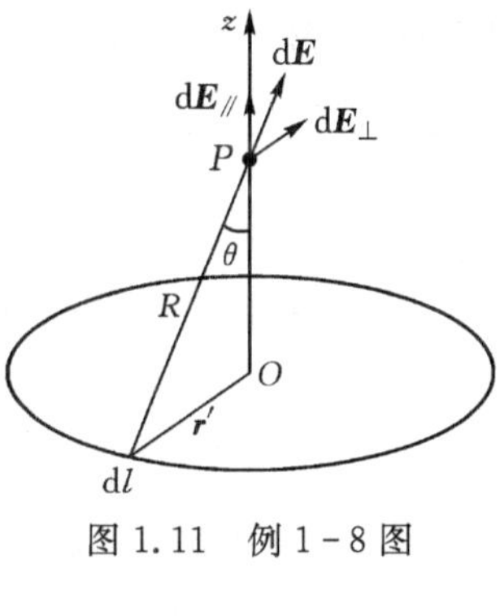

图 1.11　例 1-8 图

式中，$\boldsymbol{r}=z\boldsymbol{e}_z$，$|\boldsymbol{r}'|=a$，$|\boldsymbol{r}-\boldsymbol{r}'|^2=a^2+z^2$。线元 $\mathrm{d}l$ 在 P 点处的电场可分解为平行于 z 轴的分量 $\mathrm{d}\boldsymbol{E}_{//}$ 和垂直于 z 轴的分量 $\mathrm{d}E_{\perp}$，由于圆环均匀带电且关于 z 轴对称，故垂直于 z 轴的电场分量相互抵消，电场强度只有平行于 z 轴的分量，即

$$\boldsymbol{E}=\int \mathrm{d}\boldsymbol{E}_{/\!/}=\frac{1}{4\pi\varepsilon_0}\frac{1}{|\boldsymbol{r}-\boldsymbol{r}'|^2}\cos\theta\oint_l \rho_l \mathrm{d}l$$
$$=\frac{1}{4\pi\varepsilon_0}\frac{q}{2\pi a(a^2+z^2)}\cos\theta\oint_l \mathrm{d}l=\frac{1}{4\pi\varepsilon_0}\frac{q}{(a^2+z^2)}\cos\theta$$

根据图 1.11 可知，$\cos\theta=z/\sqrt{a^2+z^2}$，所以圆环轴线上任意一点 P 处的电场强度为

$$\boldsymbol{E}=\frac{1}{4\pi\varepsilon_0}\frac{qz}{(a^2+z^2)^{3/2}}\boldsymbol{e}_z$$

由式(1-56)可知，P 点处的电位函数为

$$\varphi=\frac{1}{4\pi\varepsilon_0}\int_l \frac{\rho_l(\boldsymbol{r}')}{|\boldsymbol{r}-\boldsymbol{r}'|}\mathrm{d}l=\frac{1}{4\pi\varepsilon_0}\frac{q}{(a^2+z^2)^{1/2}}$$

故，电位函数的梯度为

$$\nabla\varphi=\nabla\left(\frac{1}{4\pi\varepsilon_0}\frac{q}{(a^2+z^2)^{1/2}}\right)=-\frac{1}{4\pi\varepsilon_0}\frac{qz}{(a^2+z^2)^{3/2}}\boldsymbol{e}_z=-\boldsymbol{E}$$

即 $\boldsymbol{E}=-\nabla\varphi$。

实际上，$\boldsymbol{E}=-\nabla\varphi$ 对于所有的静电场都是成立的。不仅如此，对于所有的保守力场，描述该保守力场的力都可以用描述该保守力场的位函数的梯度来表示。

1.5 矢量场的通量与散度

1.5.1 矢量场的通量

前面已经分析过可用矢量线来形象地描述矢量场的分布，但矢量线只能定性地描述矢量场的分布，要定量地描述矢量场的大小，需要引入矢量场的通量的概念。矢量穿过一个曲面的通量用下式定义

$$\Psi=\int_S \boldsymbol{A}\cdot\mathrm{d}\boldsymbol{S}=\int_S \boldsymbol{A}\cdot\boldsymbol{n}\mathrm{d}S=\int_S A\,\mathrm{d}S\cos\theta \tag{1-58}$$

式中，$\boldsymbol{A}$ 为任意矢量；S 为矢量穿过的曲面；$\mathrm{d}\boldsymbol{S}$ 为曲面上的一个面元矢量；$\boldsymbol{A}\cdot\mathrm{d}\boldsymbol{S}$ 定义为矢量 $\boldsymbol{A}$ 穿过面元 $\mathrm{d}\boldsymbol{S}$ 的通量；$\boldsymbol{n}$ 为面元的法线方向的单位矢量；θ 为矢量 $\boldsymbol{A}$ 和面元 $\mathrm{d}\boldsymbol{S}$ 之间的夹角。曲面 S 既可以是开曲面，也可以是闭曲面，如图 1.12 所示。

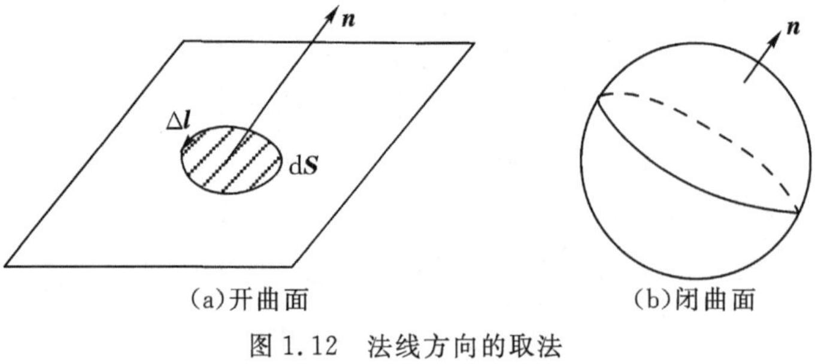

(a)开曲面　　(b)闭曲面

图 1.12　法线方向的取法

对于图 1.12(a)所示的开曲面，$\mathrm{d}\boldsymbol{S}$ 是曲面 S 上的一个面元，其由封闭曲线 $\Delta\boldsymbol{l}$ 围成，依照封闭曲线 $\Delta\boldsymbol{l}$ 的绕行方向将右手螺旋的拇指所指方向规定为面元法线方向单位矢量的正方向，用 $\boldsymbol{n}$ 表示，即

$$d\boldsymbol{S}=\boldsymbol{n}dS \tag{1-59}$$

对于图 1.12(b)所示的闭曲面，将曲面上面元的法线方向单位矢量规定为封闭曲面的外法线方向，矢量穿过封闭曲面的通量为

$$\Psi=\oint_S \boldsymbol{A}\cdot d\boldsymbol{S} \tag{1-60}$$

式中，$\Psi>0$，表示有净通量流出，说明封闭曲面 S 内必定有矢量场的源，此时封闭曲面内的场是发散的；若 $\Psi<0$，表示有净通量流入，说明封闭曲面 S 内有洞(负源)，此时封闭曲面内的场是汇聚的；若 $\Psi=0$，则表明封闭曲面内无源无洞，封闭曲面内的场既不汇聚也不发散。显然，对于封闭曲面而言，穿过封闭曲面的通量是矢量场封闭曲面所在空间聚散性的量度。

实际上，以上分析的实例就是静电场的高斯定理，通过封闭曲面的电通量 Ψ 等于该封闭曲面所包围电荷代数和的 $1/\varepsilon_0$ 倍。

$$\oint_S \boldsymbol{E}\cdot d\boldsymbol{S}=\frac{1}{\varepsilon_0}\sum q_i \tag{1-61}$$

式中，若 $\sum q_i>0$，则表示有电通量流出；若 $\sum q_i<0$，则表示有电通量流入。

闭合曲面的通量从宏观上建立了矢量场通过闭合曲面的通量与曲面内产生矢量场的源的关系。

1.5.2　矢量场的散度

矢量场的通量只能反映某一空间内场源总的特性，但没有反映场源分布特性，也不能反映场与场源之间的定量关系。为研究矢量场 $\boldsymbol{A}$ 在某一点附近的通量特性，考虑式(1-60)由一个封闭曲面所围，故当封闭曲面所围的体积趋于 0 时，则近似得到该点的矢量场的通量特性，即取极限

$$\lim_{\Delta V\to 0}\frac{\oint_S \boldsymbol{A}\cdot d\boldsymbol{S}}{\Delta V}$$

若此极限存在，则称此极限为矢量场 $\boldsymbol{A}$ 在某点的散度，记为 $\operatorname{div}\boldsymbol{A}$，即散度的定义式为

$$\operatorname{div}\boldsymbol{A}=\lim_{\Delta V\to 0}\frac{\oint_S \boldsymbol{A}\cdot d\boldsymbol{S}}{\Delta V} \tag{1-62}$$

矢量的散度是一个标量，是空间坐标点的函数，是矢量通过包含该点的任意闭合小曲面的通量与曲面元体积之比的极限。它表示从该点单位体积内散发出来的矢量 $\boldsymbol{A}$ 的通量(即通量密度)；也反映了矢量场 $\boldsymbol{A}$ 在该点通量源的强度。由式(1-61)可知，在无源区域，矢量场在各点的散度均为零。矢量场 $\boldsymbol{A}$ 的散度可用哈密顿算符表示为

$$\operatorname{div}\boldsymbol{A}=\nabla\cdot\boldsymbol{A} \tag{1-63}$$

计算矢量场的散度$\nabla\cdot\boldsymbol{A}$时，先按标量积规则展开，然后再做微分运算。在不同的坐标系中矢量场的散度$\nabla\cdot\boldsymbol{A}$的表达式是不一样的，在直角坐标系中

$$\begin{aligned}\nabla\cdot\boldsymbol{A}&=\left(\frac{\partial}{\partial x}\boldsymbol{e}_x+\frac{\partial}{\partial y}\boldsymbol{e}_y+\frac{\partial}{\partial z}\boldsymbol{e}_z\right)\cdot(A_x\boldsymbol{e}_x+A_y\boldsymbol{e}_y+A_z\boldsymbol{e}_z)\\&=\frac{\partial A_x}{\partial x}+\frac{\partial A_y}{\partial y}+\frac{\partial A_z}{\partial z}\end{aligned} \tag{1-64}$$

在圆柱坐标系和球面坐标系中，矢量场 **A** 散度的具体表达式在附录中列出，可查询使用。

1.5.3 散度定理

式(1-62)定义的矢量场的散度代表的是矢量场 **A** 通量的体密度，因此矢量场 **A** 散度的体积分等于该矢量穿过包围该体积的封闭曲面的总通量，即

$$\int_V \nabla\cdot \boldsymbol{A}\,\mathrm{d}V = \oint_S \boldsymbol{A}\cdot \mathrm{d}\boldsymbol{S} \tag{1-65}$$

式(1-65)称为散度定理，也称为高斯定理，其反映了矢量场的通量和通量源之间的关系。式(1-65)还给出了矢量函数的面积分与体积分的互换关系式，表明了区域 V 中场 **A** 与边界 S 上的场 **A** 之间的关系。

将闭合曲面 S 围成的体积 V 分成无穷多体积元 $\mathrm{d}V_i(i=1,2,\cdots,n)$，计算每个体积元的小封闭曲面 S_i 上穿过的通量，然后叠加。由散度的定义可得

$$\oint_{S_i} \boldsymbol{A}\cdot \mathrm{d}\boldsymbol{S}_i = (\nabla\cdot \boldsymbol{A})\Delta V_i \quad (i=1,2,\cdots,n)$$

由于相邻两个体积元有公共表面，公共表面上的通量对两个体积元来说恰好是等值异号，因此求和时就相互抵消了。事实上，除了邻近 S 面的体积元外，其余所有体积元都是由几个相邻体积元之间的公共表面包围而成，这些体积元的通量总和为零。而邻近 S 面的体积元中有部分表面是在 S 面上的面元 $\mathrm{d}\boldsymbol{S}$，这部分表面的通量没有被抵消，其总和刚好等于从封闭曲面 S 穿过的通量。因此有

$$\sum_{i=1}^{n}\oint_{S_i} \boldsymbol{A}\cdot \mathrm{d}\boldsymbol{S}_i = \oint_S \boldsymbol{A}\cdot \mathrm{d}\boldsymbol{S}$$

即

$$\oint_S \boldsymbol{A}\cdot \mathrm{d}\boldsymbol{S} = \sum_{i=1}^{n}(\nabla\cdot \boldsymbol{A})\Delta V_i = \int_V \nabla\cdot \boldsymbol{A}\mathrm{d}V \tag{1-66}$$

【例 1-9】 已知矢量场 $\boldsymbol{r}=x\boldsymbol{e}_x+y\boldsymbol{e}_y+z\boldsymbol{e}_z$，求该矢量场由内向外穿过圆锥面 $x^2+y^2=z^2$ 与平面 $z=H$ 所围成的封闭曲面的通量。

解：根据题意，圆锥面与平面围成的封闭曲面如图 1.13 所示，此封闭曲面可以分为两部分：一部分为圆锥的底面 S_1，另一部分为圆锥面 S_2。则矢量场穿过封闭曲面的通量为

$$\Psi = \oint_S \boldsymbol{r}\cdot \mathrm{d}\boldsymbol{S} = \int_{S_1} \boldsymbol{r}\cdot \mathrm{d}\boldsymbol{S} + \int_{S_2} \boldsymbol{r}\cdot \mathrm{d}\boldsymbol{S}$$

由于在圆锥侧面上 $\boldsymbol{r}$ 处处垂直于 $\mathrm{d}\boldsymbol{S}$，故

$$\int_{S_2} \boldsymbol{r}\cdot \mathrm{d}\boldsymbol{S} = \int_{S_2} r\mathrm{d}S\cos\theta = 0$$

所以，封闭曲面的通量为

$$\Psi = \oint_S \boldsymbol{r}\cdot \mathrm{d}\boldsymbol{S} = \int_{S_1} x\mathrm{d}y\mathrm{d}z + \int_{S_1} y\mathrm{d}z\mathrm{d}x + \int_{S_1} z\mathrm{d}x\mathrm{d}y$$

$$= \int_{S_1} H\mathrm{d}x\mathrm{d}y = H\int_{S_1} \mathrm{d}x\mathrm{d}y = \pi H^3$$

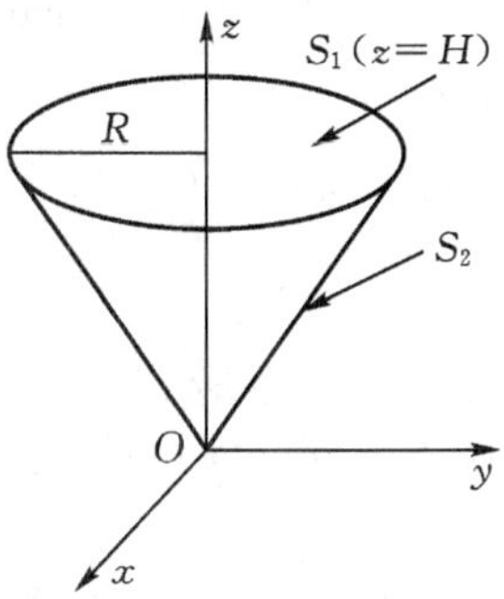

图 1.13　例 1-9 图

1.5.4　静电场、稳恒磁场的通量与散度

1. 静电场的通量与散度

静电场作为典型矢量场，其通量和散度对于研究静电场的特性具有十分重要的意义。根据矢量场的通量(1-58)和式(1-60)可知静电场的通量为

开曲面

$$\Psi=\int_S \boldsymbol{E}\cdot \mathrm{d}\boldsymbol{S}=\int_S \boldsymbol{E}\cdot \boldsymbol{n}\mathrm{d}S=\int_S E\mathrm{d}S\cos\theta \tag{1-67}$$

闭曲面

$$\Psi=\oint_S \boldsymbol{E}\cdot \mathrm{d}\boldsymbol{S} \tag{1-68}$$

相对而言，分析静电场对于封闭曲面的通量意义更大，其直接反映了封闭曲面中的静电场和激发静电场的源之间的关系。点电荷激发的静电场对于封闭曲面的通量可表示为

$$\Psi=\oint_S \boldsymbol{E}\cdot \mathrm{d}\boldsymbol{S}=\oint_S \frac{q}{4\pi\varepsilon_0}\frac{\boldsymbol{r}-\boldsymbol{r}'}{|\boldsymbol{r}-\boldsymbol{r}'|^3}\cdot \mathrm{d}\boldsymbol{S} \tag{1-69}$$

$\boldsymbol{r}$、$\boldsymbol{r}'$、$\mathrm{d}\boldsymbol{S}$ 如图 1.14 所示，分别表示场点位置矢量、点电荷位置矢量和封闭曲面上的矢量面元。在式(1-69) 中

$$\frac{\boldsymbol{r}-\boldsymbol{r}'}{|\boldsymbol{r}-\boldsymbol{r}'|^3}\cdot \mathrm{d}\boldsymbol{S}=\mathrm{d}\Omega \tag{1-70}$$

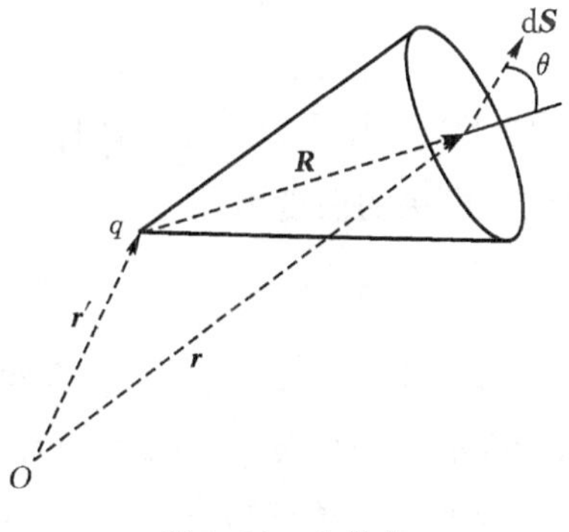

图 1.14　立体角

式(1-70)表示封闭曲面上的面元 d$\boldsymbol{S}$ 对点电荷所在位置空间点的立体角，对于整个曲面而言，曲面对某空间点所张的立体角为

$$\Omega = \int \mathrm{d}\Omega = \int_S \frac{\boldsymbol{r}-\boldsymbol{r}'}{|\boldsymbol{r}-\boldsymbol{r}'|^3} \cdot \mathrm{d}\boldsymbol{S} \tag{1-71}$$

若曲面是封闭的，则当 $\boldsymbol{r}'$在封闭曲面内部时，$\Omega=4\pi$；当 $\boldsymbol{r}'$不在封闭曲面内部时，$\Omega=0$。即任意封闭曲面对其内部任意一点所张立体角为 4π，对外部点所张立体角为 0。

因此对于点电荷激发电场关于闭合曲面的通量可以分为两种情况：当点电荷 q 位于封闭曲面内部时

$$\Psi = \oint_S \boldsymbol{E} \cdot \mathrm{d}\boldsymbol{S} = \oint_S \frac{q}{4\pi\varepsilon_0} \frac{\boldsymbol{r}-\boldsymbol{r}'}{|\boldsymbol{r}-\boldsymbol{r}'|^3} \cdot \mathrm{d}\boldsymbol{S} = \frac{q}{\varepsilon_0} \tag{1-72}$$

当点电荷 q 位于封闭曲面外部时

$$\Psi = \oint_S \boldsymbol{E} \cdot \mathrm{d}\boldsymbol{S} = \oint_S \frac{q}{4\pi\varepsilon_0} \frac{\boldsymbol{r}-\boldsymbol{r}'}{|\boldsymbol{r}-\boldsymbol{r}'|^3} \cdot \mathrm{d}S = 0 \tag{1-73}$$

根据电场的叠加原理可知，对于点电荷系所激发的电场关于闭合曲面的通量可表示为

$$\Psi = \oint_S \boldsymbol{E} \cdot \mathrm{d}\boldsymbol{S} = \frac{1}{\varepsilon_0}\sum_{i=1}^{n} q_i \tag{1-74}$$

式(1-74)实质上描述的是离散点电荷系的高斯定理，即对于静电场而言，电场强度关于某闭合曲面的通量(面积分)等于该闭合曲面内所围电荷代数和的 $1/\varepsilon_0$ 倍。需要注意的是，封闭曲面上的电场强度是由空间所有电荷共同激发的，不要片面地认为封闭曲面上的电场强度与封闭曲面外的电荷无关，只是封闭曲面外部的电荷激发的电场强度关于封闭曲面的通量为零。

对于连续分布的带电体，所激发的电场关于闭合曲面的高斯定理可由下式表示

$$\oint_S \boldsymbol{E} \cdot \mathrm{d}\boldsymbol{S} = \frac{1}{\varepsilon_0}\int_V \rho \mathrm{d}V \tag{1-75}$$

式中，V 是由封闭曲面所限定的体积。通常将式(1-74)和式(1-75)表示的高斯定理称为静电场中积分形式的高斯定理。积分形式的高斯定理可以用来计算具有平面对称、轴对称及球对称分布的静电场问题，研究此类静电场问题的关键是找到合理的高斯面(封闭曲面)，以便能够将电场强度从积分号中提取出来，使积分运算变成几何运算，从而简化求解问题的难度。应注意到，积分形式的高斯定理给出了通过闭合曲面的电场强度通量与闭合曲面内电荷之间的关系，但并没有说明某一点的情况。要分析一个点的情形，还需要利用散度定理对式(1-75)进行变形处理。

$$\oint_S \boldsymbol{E} \cdot \mathrm{d}\boldsymbol{S} = \int_V \nabla\cdot \boldsymbol{E}\mathrm{d}V = \frac{1}{\varepsilon_0}\int_V \rho \mathrm{d}V \tag{1-76}$$

式中，体积 V 是任意的，因此得到静电场的散度为

$$\nabla\cdot \boldsymbol{E} = \frac{\rho}{\varepsilon_0} \tag{1-77}$$

式(1-77)称为静电场高斯定理的微分形式。它说明，真空中任意一点的电场强度的散度等于该点的电荷密度与 ε_0 之比。静电场中微分形式的高斯定理描述了一点处的电场强度的空间变化和该点电荷密度的关系，尽管该点的电场强度是有空间的所有电荷激发的，可是这一点电场强度的散度仅仅取决于该点的电荷密度，而与其他电荷无关。微分形式的高斯定理可

以用来从电场分布研究电荷分布。

【例 1－10】 位于坐标原点处的点电荷产生电场，在此电场中任一点处的电位移矢量为

$$\boldsymbol{D}=\boldsymbol{e}_r\frac{q}{4\pi r^2}\quad\left(\boldsymbol{r}=x\boldsymbol{e}_x+y\boldsymbol{e}_y+z\boldsymbol{e}_z,\ r=|\boldsymbol{r}|,\ \boldsymbol{e}_r=\frac{\boldsymbol{r}}{|\boldsymbol{r}|}\right)$$

求穿过以原点为球心、R 为半径的球面的电通量。

解：根据题意，穿过以原点为球心、R 为半径的球面的电通量为

$$\Psi=\oint_S\boldsymbol{D}\cdot\mathrm{d}\boldsymbol{S}$$

对于球面而言，球面上的法线方向与面元 d$\boldsymbol{S}$ 的方向一致，因此

$$\Psi=\int_S D\mathrm{d}S=\frac{q}{4\pi R^2}\int_S\mathrm{d}S=\frac{q}{4\pi R^2}\cdot4\pi R^2=q$$

【例 1－11】 已知半径为 a 的球内、外的电场强度为

$$\boldsymbol{E}=\boldsymbol{e}_rE_0\frac{a^2}{r^2}\quad(r>a)$$

$$\boldsymbol{E}=\boldsymbol{e}_rE_0\left(\frac{5r}{2a}-\frac{3r^3}{2a^3}\right)\quad(r<a)$$

求空间的电荷分布。

解：由静电场高斯定理的微分形式$\nabla\cdot\boldsymbol{E}=\frac{\rho}{\varepsilon_0}$得，电荷密度为

$$\rho=\varepsilon_0\nabla\cdot\boldsymbol{E}$$

利用球坐标系中的散度公式

$$\nabla\cdot\boldsymbol{A}=\frac{1}{r^2}\frac{\partial}{\partial r}(r^2A_r)+\frac{1}{r\sin\theta}\frac{\partial}{\partial\theta}(\sin\theta A_\theta)+\frac{1}{r\sin\theta}\frac{\partial A_\varphi}{\partial\varphi}$$

可得

$$\rho=0\quad(r>a)$$

$$\rho=\varepsilon_0E_0\frac{15}{2a^3}(a^2-r^2)\quad(r<a)$$

2. 稳恒磁场的通量与散度

稳恒磁场也是典型的矢量场，其通量和散度对于稳恒磁场特性的研究具有十分重要的意义，根据矢量场的通量定义式(1－58)、式(1－60)可知稳恒磁场的通量为

开曲面

$$\Psi=\int_S\boldsymbol{B}\cdot\mathrm{d}\boldsymbol{S}=\int_S\boldsymbol{B}\cdot\boldsymbol{n}\mathrm{d}S=\int_S B\mathrm{d}S\cos\theta\tag{1-78}$$

闭曲面

$$\Psi=\oint_S\boldsymbol{B}\cdot\mathrm{d}\boldsymbol{S}\tag{1-79}$$

与静电场一样，分析稳恒磁场对于封闭曲面的通量意义更大。现以载流回路产生的磁感应强度为例来分析稳恒磁场在一个封闭曲面上的磁通量。根据毕奥-萨伐尔定律，载流回路 C 产生的磁感应强度为

$$\boldsymbol{B}=\frac{\mu_0}{4\pi}\oint_C\frac{I\mathrm{d}\boldsymbol{l}'\times\boldsymbol{R}}{R^3}\tag{1-80}$$

式中，$Id\boldsymbol{l}'$为载流回路 C 上的一段电流元；$\boldsymbol{R}$ 为电流元到场点的位置；μ_0 为自由空间（真空）的磁导率，则将式(1-80)代入式(1-79)可得

$$\oint_S \boldsymbol{B}\cdot d\boldsymbol{S}=\oint_S \frac{\mu_0}{4\pi}\oint_C \frac{Id\boldsymbol{l}'\times\boldsymbol{R}}{R^3}\cdot d\boldsymbol{S}=\oint_C \frac{\mu_0 Id\boldsymbol{l}'}{4\pi}\cdot\oint_S \frac{\boldsymbol{R}\times d\boldsymbol{S}}{R^3}$$

又因为 $\boldsymbol{R}/R^3=-\nabla(1/R)$，所以

$$\oint_S \boldsymbol{B}\cdot d\boldsymbol{S}=\oint_C \frac{\mu_0 Id\boldsymbol{l}'}{4\pi}\cdot\oint_S \frac{\boldsymbol{R}\times d\boldsymbol{S}}{R^3}=\oint_C \frac{\mu_0 Id\boldsymbol{l}'}{4\pi}\cdot\oint_S\left[-\nabla\left(\frac{1}{R}\right)\times d\boldsymbol{S}\right]$$

利用矢量恒等式

$$\int_V \nabla\times\boldsymbol{A}dV=-\oint_S \boldsymbol{A}\times d\boldsymbol{S}$$

可得

$$\oint_S \boldsymbol{B}\cdot d\boldsymbol{S}=\oint_C \frac{\mu_0 Id\boldsymbol{l}'}{4\pi}\cdot\int_V \nabla\times\nabla\left(\frac{1}{R}\right)dV$$

又由矢量恒等式

$$\nabla\times\nabla(\varphi)\equiv 0$$

可得

$$\nabla\times\nabla(1/R)=0$$

所以

$$\oint_S \boldsymbol{B}\cdot d\boldsymbol{S}=0 \tag{1-81}$$

式(1-81)表明磁感应强度穿过任意封闭曲面的通量恒为零，这一性质称为磁通连续性原理的积分形式，说明稳恒磁场的通量源为零，即磁感应线为闭合曲线。

利用式(1-81)结合散度定理可得

$$\oint_S \boldsymbol{B}\cdot d\boldsymbol{S}=\int_V \nabla\cdot\boldsymbol{B}dV=0$$

由于上式的积分区域是任意的，所以对于空间各点都有

$$\nabla\cdot\boldsymbol{B}=0 \tag{1-82}$$

式(1-82)为稳恒磁场的散度，也称为磁通连续性原理的微分形式，它表明磁感应强度是一个无散度源的场。

1.6 矢量场的环量与旋度

1.6.1 矢量场的环量

实际上，并不是所有的矢量场都是由通量源激发的。还存在另一类不同于通量源的矢量源，它所激发的矢量场的场线是闭合的，该矢量源激发的矢量场对于任意闭合曲面的通量恒为零。但在场所定义的空间中沿闭合路径的线积分不为零，如磁场沿任意闭合曲线的积分与通过闭合曲线所围曲面的电流成正比，此关系称为磁场的环路定理。

$$\oint_S \boldsymbol{B}(x,y,z)\cdot d\boldsymbol{l}=\mu_0 I=\mu_0\int_J \boldsymbol{J}(x,y,z)\cdot d\boldsymbol{S} \tag{1-83}$$

式(1-83)建立了磁场的环流（环量）与电流的关系。

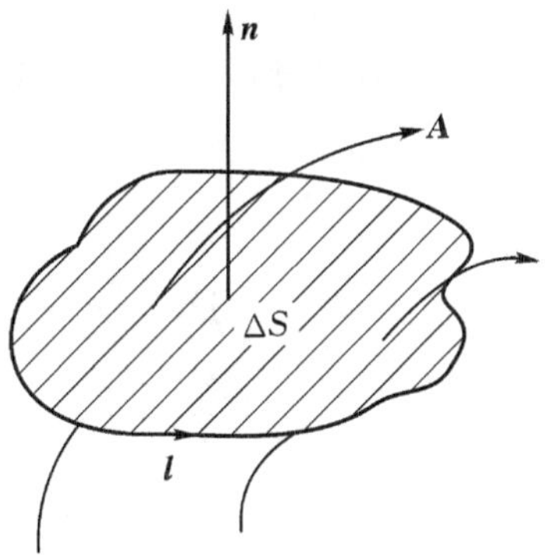

图 1.15　矢量场的环量

在矢量场中，矢量场 **A** 对于闭合曲线 C 的环量(环流)定义为该矢量场对闭合曲线 C 的线积分，如图 1.15 所示。即

$$\Gamma=\oint_C \boldsymbol{A}\cdot \mathrm{d}\boldsymbol{l}=\oint_C A\cos\theta \mathrm{d}l \tag{1-84}$$

矢量场的环量与矢量场的通量一样，都是描述矢量场特性的重要参量。若矢量场沿任意闭合回路的环量恒等于零，则该矢量场为无旋场，又称为保守场，如静电场、弹性力场等。若矢量场对于任意闭合回路的环量不为零，则该矢量场为有旋矢量场，能够激发有旋矢量场的源称为涡旋源。如磁场是有旋矢量场，电流是磁场的涡旋源。

1.6.2　矢量场的旋度

式(1-84)所表示的环量是矢量场 **A** 在大范围闭合曲线上的线积分，反映了闭合曲线内涡旋源分布的情况，但它不能反映每个空间点附近涡旋源的分布情况。从矢量分析的角度来看，仅知道矢量场的环量还不够，还需要知道矢量场在空间任意一点涡旋源和矢量场之间的关系。因此将矢量场环量中闭合曲线进行收缩，使其所围的面积 ΔS 趋近于零，若极限值存在，则该极限值就表示了空间某点涡旋源与矢量场之间的关系

$$\text{涡旋源强度}=\lim_{\Delta S\to 0}\frac{\oint_l \boldsymbol{A}\cdot \mathrm{d}l}{\Delta S} \tag{1-85}$$

式(1-85)就是环量面密度，或者称为环量强度。由于面元是有方向的，它与闭合曲线 C 的绕行方向成右手螺旋关系，因此，在给定点上，式(1-85)表示的极限对于不同的面元是不一样的。因此，做如下定义，称 **rot A** 为矢量场 **A** 的旋度，即

$$\mathbf{rot}\,\boldsymbol{A}=\boldsymbol{n}\lim_{\Delta S\to 0}\frac{\left[\oint_l \boldsymbol{A}\cdot \mathrm{d}\boldsymbol{l}\right]_{\max}}{\Delta S} \tag{1-86}$$

由式(1-86)可以看出，矢量场 **A** 的旋度是一个矢量，是空间坐标点的函数，其大小是矢量 **A** 在给定处的最大环量面密度，其方向就是当面元的取向使环量面密度最大时，该面元的方向 ***n***。矢量场 **A** 的旋度描述了矢量 **A** 在该点的涡旋源强度。若在某区域中各点的旋度等于零，即 **rot A＝0**，则称矢量场为无旋场或保守场。

矢量场 **A** 的旋度可用哈密顿算符与矢量场 **A** 的矢量积来表示，即

$$\mathbf{rot}\,\boldsymbol{A} = \nabla\times\boldsymbol{A} \tag{1-87}$$

计算时,先按矢量积的规则展开,然后再做微分运算。显然,在不同的坐标系中矢量场 $\boldsymbol{A}$ 的旋度的表达式是不一样的。

在直角坐标系中

$$\begin{aligned}\nabla\times\boldsymbol{A} &= \left(\frac{\partial}{\partial x}\boldsymbol{e}_x+\frac{\partial}{\partial y}\boldsymbol{e}_y+\frac{\partial}{\partial z}\boldsymbol{e}_z\right)\times(A_x\boldsymbol{e}_x+A_y\boldsymbol{e}_y+A_z\boldsymbol{e}_z)\\ &= \left(\frac{\partial A_z}{\partial y}-\frac{\partial A_y}{\partial x}\right)\boldsymbol{e}_x+\left(\frac{\partial A_z}{\partial x}-\frac{\partial A_x}{\partial z}\right)\boldsymbol{e}_y+\left(\frac{\partial A_y}{\partial x}-\frac{\partial A_x}{\partial y}\right)\boldsymbol{e}_z\end{aligned} \tag{1-88}$$

或者用行列表示为

$$\nabla\times\boldsymbol{A} = \begin{vmatrix}\boldsymbol{e}_x & \boldsymbol{e}_y & \boldsymbol{e}_z\\ \dfrac{\partial}{\partial x} & \dfrac{\partial}{\partial y} & \dfrac{\partial}{\partial z}\\ A_x & A_y & A_z\end{vmatrix} \tag{1-89}$$

附录 B 给出了圆柱坐标系和球面坐标系中旋度的计算式,也给出了与旋度计算相关的基本法则,供读者使用时查阅。

1.6.3 斯托克斯定理

因为旋度代表单位面积的环量,因此矢量场在闭合曲线 C 上的环量等于闭合曲线 C 所包围曲面 S 上旋度的总和,即

$$\int_S(\nabla\times\boldsymbol{A})\cdot\mathrm{d}\boldsymbol{S} = \oint_C\boldsymbol{A}\cdot\mathrm{d}\boldsymbol{l} \tag{1-90}$$

式(1-90)称为斯托克斯定理或斯托克斯公式。它将矢量旋度的面积分变换成该矢量的线积分,或将矢量 $\boldsymbol{A}$ 的线积分转换为该矢量旋度的面积分。式中 $\mathrm{d}\boldsymbol{S}$ 的方向与 $\mathrm{d}\boldsymbol{l}$ 的方向成右手螺旋关系。

【例 1-12】 求矢量 $\boldsymbol{A}=-y\boldsymbol{e}_x+x\boldsymbol{e}_y+c\boldsymbol{e}_z$($c$ 是常数)沿曲线 $\boldsymbol{l}$:$(x-2)^2+y^2=R^2$、$z=0$ 的环量(见图 1.16)。

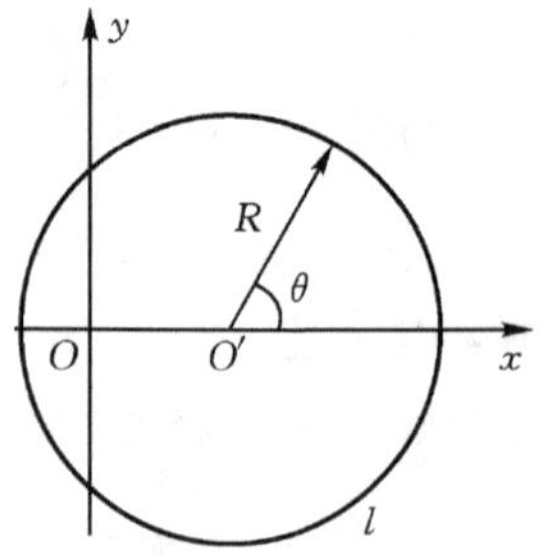

图 1.16 例 1-12 图

解:由于曲线 $\boldsymbol{l}$ 在 $z=0$ 上,因此 $\mathrm{d}z=0$,所以

$$\Gamma=\oint_l \boldsymbol{A}\cdot\mathrm{d}\boldsymbol{l}=\oint_l(-y\mathrm{d}x+x\mathrm{d}y)$$
$$=\int_0^{2\pi}-R\sin\theta\mathrm{d}(2+R\cos\theta)+\int_0^{2\pi}(2+R\cos\theta)\mathrm{d}(R\sin\theta)$$
$$=\int_0^{2\pi}R^2\sin^2\mathrm{d}\theta+\int_0^{2\pi}(2+R\cos\theta)R\cos\theta\mathrm{d}\theta$$
$$=\int_0^{2\pi}[R^2(\sin^2\theta+\cos^2\theta)+2R\cos\theta]\mathrm{d}\theta=2\pi R^2$$

【例 1 - 13】 求矢量场 $\boldsymbol{A}=x(z-y)\boldsymbol{e}_x+y(x-z)\boldsymbol{e}_y+z(y-x)\boldsymbol{e}_z$ 在点 $M(1,0,1)$ 处的旋度及沿 $\boldsymbol{n}=2\boldsymbol{e}_x+6\boldsymbol{e}_y+3\boldsymbol{e}_z$ 方向的环量面密度。

解：矢量场 $\boldsymbol{A}$ 的旋度为

$$\mathbf{rot}\ \boldsymbol{A}=\nabla\times\boldsymbol{A}=\begin{vmatrix}\boldsymbol{e}_x & \boldsymbol{e}_y & \boldsymbol{e}_z\\ \dfrac{\partial}{\partial x} & \dfrac{\partial}{\partial y} & \dfrac{\partial}{\partial z}\\ x(z-y) & y(x-z) & z(y-x)\end{vmatrix}$$
$$=(z+y)\boldsymbol{e}_x+(x+z)\boldsymbol{e}_y+(y+x)\boldsymbol{e}_z$$

在点 $M(1,0,1)$ 处的旋度为

$$\nabla\times\boldsymbol{A}\big|_M=\boldsymbol{e}_x+2\boldsymbol{e}_y+\boldsymbol{e}_z$$

$\boldsymbol{n}$ 方向的单位矢量为

$$\boldsymbol{n}_0=\frac{1}{\sqrt{2^2+6^2+3^2}}(2\boldsymbol{e}_x+6\boldsymbol{e}_y+3\boldsymbol{e}_z)=\frac{2}{7}\boldsymbol{e}_x+\frac{6}{7}\boldsymbol{e}_y+\frac{3}{7}\boldsymbol{e}_z$$

所以在点 $M(1,0,1)$ 处沿 $\boldsymbol{n}$ 方向的环量面密度为

$$\Gamma=\nabla\times\boldsymbol{A}\big|_M\cdot\boldsymbol{n}_0=\frac{2}{7}+\frac{6}{7}\cdot2+\frac{3}{7}=\frac{17}{7}$$

1.6.4 静电场与稳恒磁场的环量与旋度

1. 静电场的环量与旋度

静电场是一个典型的矢量场，除了要分析其散度特性之外，还需要研究它的旋度，这里以体分布电荷激发的静电场为例，讨论静电场的旋度特性。对于体分布电荷，自由空间中其电场强度为

$$\boldsymbol{E}(\boldsymbol{r})=\frac{1}{4\pi\varepsilon_0}\int_V\frac{\rho(\boldsymbol{r}')(\boldsymbol{r}-\boldsymbol{r}')}{|\boldsymbol{r}-\boldsymbol{r}'|^3}\mathrm{d}V'$$

利用矢量恒等式

$$\nabla\frac{1}{|\boldsymbol{r}-\boldsymbol{r}'|}=-\frac{\boldsymbol{r}-\boldsymbol{r}'}{|\boldsymbol{r}-\boldsymbol{r}'|^3}\tag{1-91}$$

则体分布电荷的电场强度可重写为

$$\boldsymbol{E}(\boldsymbol{r})=\frac{-1}{4\pi\varepsilon_0}\int_V\rho(\boldsymbol{r}')\nabla\left(\frac{1}{|\boldsymbol{r}-\boldsymbol{r}'|}\right)\mathrm{d}V'=-\nabla\left[\frac{1}{4\pi\varepsilon_0}\int_V\rho(\boldsymbol{r}')\left(\frac{1}{|\boldsymbol{r}-\boldsymbol{r}'|}\right)\mathrm{d}V'\right]\tag{1-92}$$

由静电场体分布电荷产生的电位可知

$$\varphi=\frac{1}{4\pi\varepsilon_0}\int_V\rho(\boldsymbol{r}')\left(\frac{1}{|\boldsymbol{r}-\boldsymbol{r}'|}\right)\mathrm{d}V'\tag{1-93}$$

即体分布电荷激发的电场强度可以用电位函数的负梯度表示

$$\boldsymbol{E} = -\nabla\varphi \tag{1-94}$$

由旋度的基本运算法则(见附录 B)可知

$$\nabla\times\boldsymbol{E} = -\nabla\times\nabla\varphi \equiv 0 \tag{1-95}$$

式(1-95)表明对于体分布电荷激发的静电场,其电场强度的旋度为零。实际上对于所有的静电场,其电场强度的旋度都为零,说明静电场是一个无旋场,是保守力场。

由于静电场是一个无旋场,所以静电场沿任意闭合回路的线积分(环量)均为零,即

$$\oint_l \boldsymbol{E}\cdot \mathrm{d}\boldsymbol{l} = 0 \tag{1-96}$$

在静电场中,电场强度沿某一路径从 P_0 点到 P 点的线积分与路径无关,仅仅取决于起点和终点的位置。由于电场强度可以表示为电位函数的负梯度 $\boldsymbol{E}=-\nabla\varphi$,所以

$$\int_{P_0}^{P}\boldsymbol{E}\cdot\mathrm{d}\boldsymbol{l} = \int_{P_0}^{P} -\nabla\varphi\cdot\mathrm{d}\boldsymbol{l} = -\int_{P_0}^{P}\left(\frac{\partial\varphi}{\partial x}\mathrm{d}x + \frac{\partial\varphi}{\partial y}\mathrm{d}y + \frac{\partial\varphi}{\partial z}\mathrm{d}z\right) = -\int_{P_0}^{P}\mathrm{d}\varphi \tag{1-97}$$

即

$$\varphi(P) - \varphi(P_0) = \int_{P}^{P_0}\boldsymbol{E}\cdot\mathrm{d}\boldsymbol{l} \tag{1-98}$$

式中,$\varphi(P)-\varphi(P_0)$ 为 P 与 P_0 两点之间的电位差(电压),为方便起见,通常在静电场中选取一个固定点作为电位零参考点,规定其电位为零,如在式(1-98)中取 P_0 点为零参考点时,P 点处的电位为

$$\varphi(P) = \int_{P}^{P_0}\boldsymbol{E}\cdot\mathrm{d}\boldsymbol{l} \tag{1-99}$$

需要注意的是,在静电场中零参考点的选取并没有固定的规律,一般视研究问题的方便程度进行选取。如研究电荷在有限分布区域的静电场问题时,通常选取无穷远处为电位零参考点。式(1-99)给出了静电场中电位的另一种求解方法。

2. 稳恒磁场的环量与旋度

对于稳恒磁场,以载流回路激发的磁场为例,研究其对任意一条闭合回路 C 的环量。如图 1.17 所示,C' 是载有电流为 I 的回路,P 点是任意一条闭合曲线 C 上的一点。

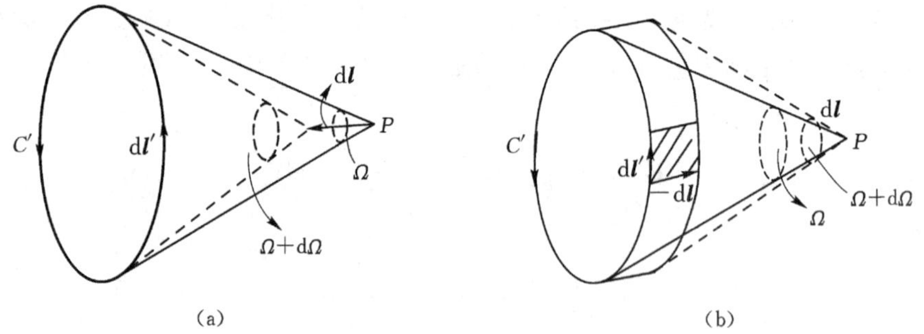

图 1.17 稳恒磁场的环量

根据载流回路激发的磁场的磁感应强度的求解表达式可得

$$\boldsymbol{B}\cdot\mathrm{d}\boldsymbol{l} = \frac{\mu_0 I}{4\pi}\oint_{C'}\frac{\mathrm{d}\boldsymbol{l}'\times\boldsymbol{R}}{R^3}\cdot\mathrm{d}\boldsymbol{l} = \frac{\mu_0 I}{4\pi}\oint_{C'}\frac{-\boldsymbol{R}}{R^3}\cdot(-\mathrm{d}\boldsymbol{l}\times\mathrm{d}\boldsymbol{l}') \tag{1-100}$$

由图 1.17 可知,假设回路 C' 对 P 点的立体角为 Ω,同时 P 点位移 $\mathrm{d}\boldsymbol{l}$ 引起的立体角增量

为 $d\Omega$,那么 P 点固定而回路 C' 位移 $d\boldsymbol{l}$ 所引起的立体角增量也为 $d\Omega$。$-d\boldsymbol{l}\times d\boldsymbol{l}'$ 是 $d\boldsymbol{l}'$ 位移 $-d\boldsymbol{l}$ 所形成的有向面积。注意到 $\boldsymbol{R}=\boldsymbol{r}-\boldsymbol{r}'$,则根据立体角的定义可知

$$d\Omega = \frac{(d\boldsymbol{l}\times d\boldsymbol{l}')\cdot(-\boldsymbol{R})}{R^3}$$

此立体角就是 P 点对回路 C' 移动 $d\boldsymbol{l}$ 时扫过的面积张的立体角，因此,磁场对闭合回路 $\boldsymbol{l}$ 的环量可以表示为

$$\oint_C \boldsymbol{B}\cdot d\boldsymbol{l} = \frac{\mu_0 I}{4\pi}\oint_C d\Omega$$

根据立体角的性质,当载流回路 C' 与积分回路 C 相交链时,$\oint_C d\Omega = 4\pi$；当载流回路 C' 与积分回路 C 不交链时 $\oint_C d\Omega = 0$。因此,当积分回路 C 和电流相交链时,可得

$$\oint_C \boldsymbol{B}\cdot d\boldsymbol{l} = \mu_0 I \tag{1-101}$$

当穿过积分回路 C 的电流是多个电流时,式(1-101)可改写为一般形式

$$\oint_C \boldsymbol{B}\cdot d\boldsymbol{l} = \mu_0 \sum I \tag{1-102}$$

式(1-102)就是稳恒磁场的环量,其本质是自由空间(真空)中安培环路定理的积分形式。式(1-102)表明在自由空间中,磁感应强度沿任意回路的环量等于自由空间的磁导率乘以与该回路相交链的电流的代数和。其中电流的正负由积分回路的绕行方向与电流方向是否符合右手螺旋关系来确定,若符合则电流取正,不符合则电流为负。对于具有对称分布的电流,可以利用安培环路定理的积分形式从电流求解磁场。

根据斯托克斯定理,可知式(1-102)可以表示为

$$\oint_C \boldsymbol{B}\cdot d\boldsymbol{l} = \int_S (\nabla\times\boldsymbol{B})\cdot d\boldsymbol{S} = \mu_0 \sum I$$

又由电流密度矢量 $\boldsymbol{J}$ 和电流强度 I 之间的关系

$$\sum I = \int_S \boldsymbol{J}\cdot d\boldsymbol{S}$$

可得

$$\oint_C \boldsymbol{B}\cdot d\boldsymbol{l} = \int_S (\nabla\times\boldsymbol{B})\cdot d\boldsymbol{S} = \mu_0 \int_S \boldsymbol{J}\cdot d\boldsymbol{S} \tag{1-103}$$

由于积分区域 S 是任意的,因而有

$$\nabla\times\boldsymbol{B}=\mu_0\boldsymbol{J} \tag{1-104}$$

式(1-104)为稳恒磁场的散度,也称为安培环路定理的微分形式,它表明稳恒磁场的涡旋源是电流。利用该式,可以根据磁场分布求解电流分布。

【例 1-14】 已知半径为 a,载有电流为 I 的无限长直导线在自由空间产生的磁感应强度为

$$\boldsymbol{B} = \boldsymbol{e}_\phi \frac{\mu_0 I r}{2\pi a^2} \quad (r\leqslant a)；\boldsymbol{B} = \boldsymbol{e}_\phi \frac{\mu_0 I}{2\pi r} \quad (r> a)$$

求自由空间任意点($r\neq 0$)磁感应强度的旋度 $\nabla\times\boldsymbol{B}$。

解:设电流方向为 $+z$ 方向,在圆柱坐标系中,当 $r\leqslant a$ 时,$\boldsymbol{J}=\dfrac{\boldsymbol{e}_z I}{\pi a^2}$,磁感应强度的旋度为

$$\nabla\times\boldsymbol{B}=\frac{1}{\rho}\begin{vmatrix}\boldsymbol{e}_\rho & \rho\boldsymbol{e}_\phi & \boldsymbol{e}_z\\ \frac{\partial}{\partial\rho} & \frac{\partial}{\partial\phi} & \frac{\partial}{\partial z}\\ B_\rho & \rho B_\phi & B_z\end{vmatrix}=\frac{1}{r}\begin{vmatrix}\boldsymbol{e}_\rho & r\boldsymbol{e}_\phi & \boldsymbol{e}_z\\ \frac{\partial}{\partial r} & \frac{\partial}{\partial\phi} & \frac{\partial}{\partial z}\\ 0 & r[\mu_0 Ir/(2\pi a^2)] & 0\end{vmatrix}=\mu_0\frac{I}{\pi a^2}\boldsymbol{e}_z=\mu_0\boldsymbol{J}$$

当 $r>a$ 时，磁感应强度的旋度为

$$\nabla\times\boldsymbol{B}=\frac{1}{\rho}\begin{vmatrix}\boldsymbol{e}_\rho & \rho\boldsymbol{e}_\phi & \boldsymbol{e}_z\\ \frac{\partial}{\partial\rho} & \frac{\partial}{\partial\phi} & \frac{\partial}{\partial z}\\ B_\rho & \rho B_\phi & B_z\end{vmatrix}=\frac{1}{r}\begin{vmatrix}\boldsymbol{e}_\rho & r\boldsymbol{e}_\phi & \boldsymbol{e}_z\\ \frac{\partial}{\partial r} & \frac{\partial}{\partial\phi} & \frac{\partial}{\partial z}\\ 0 & r[\mu_0 I/(2\pi r)] & 0\end{vmatrix}=0$$

说明电流是磁场的涡旋源，在无源处($r>a$)，$\nabla\times\boldsymbol{B}=0$。

1.7 拉普拉斯算符及拉普拉斯方程

在静电场中，关于静电场特性的研究有两种情况，一种是分布型问题，即已知电荷分布，求电场分布；另一种是边值型问题，即已知边界电位分布，求电场分布。这就需要知道电场强度和电位函数之间的关系。实际上，由于静电场是无旋场，电场强度和电位函数之间满足 $\boldsymbol{E}=-\nabla\varphi$，相对而言，求解电位函数远比求解电场强度方便和简单。一方面，电位函数是标量，在求解电位函数时不需要考虑方向问题；另一方面，对于分布型问题，求解电位函数的表达式(1-54)比求解电场强度的表达式(1-50)要简单，而对于边值型问题，一般不可能直接求解电场强度，只能通过电位函数满足的微分方程进行求解电位函数，然后由电位函数和电场强度之间的关系求解电场强度。在实际应用中，大多遇到的都是边值型问题，因此建立电位函数满足的微分方程，对于研究静电场具有十分重要的作用。

由于静电场是具有通量源的场(发散场)，在自由空间中有

$$\nabla\cdot\boldsymbol{E}=\frac{\rho}{\varepsilon_0} \tag{1-105}$$

同时，静电场又是无旋场，是位场，电场强度为电位函数的负梯度

$$\boldsymbol{E}=-\nabla\varphi \tag{1-106}$$

因此有

$$\nabla^2\varphi=-\frac{\rho}{\varepsilon_0} \tag{1-107}$$

式(1-107)为静电场中电位函数满足的泊松方程，该方程为二阶偏微分方程。当所讨论的区域没有电荷分布时，即 $\rho=0$ 时，式(1-107)变为

$$\nabla^2\varphi=0 \tag{1-108}$$

式(1-108)为电位函数满足的拉普拉斯方程，式(1-107)和式(1-108)中 ∇^2 为拉普拉斯算符。在不同的坐标系中电位函数的拉普拉斯方程的表达式是不一样的，在直角坐标系中

$$\nabla^2\varphi=\nabla\cdot\nabla\varphi=\frac{\partial^2\varphi}{\partial x^2}+\frac{\partial^2\varphi}{\partial y^2}+\frac{\partial^2\varphi}{\partial z^2}=0 \tag{1-109}$$

在圆柱坐标系和球坐标系中的计算式见附录 B，需要时查询使用。

以上分析的是标量拉普拉斯方程。矢量拉普拉斯算符由下式定义

$$\nabla^2 \boldsymbol{A} = \nabla(\nabla \cdot \boldsymbol{A}) - \nabla \times (\nabla \times \boldsymbol{A}) \tag{1-110}$$

对于直角坐标系，有

$$\nabla^2 \boldsymbol{A} = \boldsymbol{e}_x \nabla^2 A_x + \boldsymbol{e}_y \nabla^2 A_y + \boldsymbol{e}_z \nabla^2 A_z \tag{1-111}$$

式中，A_x、A_y、A_z 为直角坐标系中矢量 $\boldsymbol{A}$ 的坐标分量。对非直角坐标系的矢量拉普拉斯方程则需要根据式(1-111)进行计算。

1.8　亥姆霍兹定理

1.8.1　亥姆霍兹定理

对于标量场，引入了梯度进行分析。标量场的梯度是一个矢量，它给出了标量场中某点最大变化率的方向，这是由标量场 φ 对各坐标的偏微分决定的。对于矢量场，我们引入了散度和旋度。矢量场的散度是一个标量函数，它表示矢量场中某点的通量密度，是矢量场中某点通量源强度的度量。矢量场的散度取决于矢量场的各坐标分量对各自坐标的偏微分，所以散度是由场分量沿各自坐标方向上的变化率来决定的。矢量场的旋度是一个矢量函数，它表示矢量场中某点的最大环量强度，是矢量场中某点涡旋源强度的度量，它取决于矢量场的各坐标分量分别对与之垂直方向坐标的偏微分，所以旋度是由各场分量在与之正交方向上的变化率来决定的。

这些结果表明，散度表示矢量场中各点场与通量源之间的关系。而旋度表示场中各点场与涡旋源之间的关系。故场的散度和旋度一旦确定，则意味着场的通量源和涡旋源也就确定了，考虑到场是由源激发的，通量源和涡旋源的确定也就意味着场也确定。

亥姆霍兹定理：若矢量场 $\boldsymbol{F}(\boldsymbol{r})$在无限空间中处处单值，且其导数连续有界，而源分布在有限区域中，则矢量场由其散度和旋度唯一确定，并且可以表示为一个标量函数的梯度和一个矢量函数的旋度之和，即

$$\boldsymbol{F}(\boldsymbol{r}) = -\nabla\phi(\boldsymbol{r}) + \nabla \times \boldsymbol{A}(\boldsymbol{r}) \tag{1-112}$$

亥姆霍兹定理也称为矢量场的唯一性定理，即在无界空间区域，矢量场可由其散度和旋度唯一确定。

假设在无限空间中有两个矢量函数 $\boldsymbol{F}(\boldsymbol{r})$和 $\boldsymbol{G}(\boldsymbol{r})$，它们具有相同的散度和旋度，但这两个矢量函数不等，可令

$$\boldsymbol{F} = \boldsymbol{G} + \boldsymbol{g} \tag{1-113}$$

对式(1-113)两边取散度，得

$$\nabla \cdot \boldsymbol{F} = \nabla \cdot (\boldsymbol{G} + \boldsymbol{g}) = \nabla \cdot \boldsymbol{G} + \nabla \cdot \boldsymbol{g}$$

由于$\nabla \cdot \boldsymbol{F} = \nabla \cdot \boldsymbol{G}$，所以

$$\nabla \cdot \boldsymbol{g} = 0$$

对式(1-113)两边取旋度，得

$$\nabla \times \boldsymbol{F} = \nabla \times (\boldsymbol{G} + \boldsymbol{g}) = \nabla \times \boldsymbol{G} + \nabla \times \boldsymbol{g}$$

同样由于$\nabla \times \boldsymbol{F} = \nabla \times \boldsymbol{G}$，所以

$$\nabla \times \boldsymbol{g} = 0$$

由于矢量恒等式$\nabla\times\nabla\varphi=0$，可令

$$\boldsymbol{g}=\nabla\varphi \tag{1-114}$$

式中，φ是无限空间中取值的任意标量函数。由式(1-113)和式(1-114)可得

$$\nabla\cdot\nabla\varphi=\nabla^2\varphi=0 \tag{1-115}$$

由于满足拉普拉斯方程的函数不会出现极值，而φ又是无限空间上取值的任意标量函数，因此φ只能是一个常数，即$\varphi=c$，从而有$\boldsymbol{g}=\nabla\varphi=0$，于是假设不成立，$\boldsymbol{F}(\boldsymbol{r})$和$\boldsymbol{G}(\boldsymbol{r})$是相等的。即对于具有相同的散度和旋度的矢量场而言，该矢量场是唯一的。

在无限空间中一个既有散度又有旋度的矢量场可表示为一个无旋场$\boldsymbol{F}_{\mathrm{d}}$(有散度)和一个无散场$\boldsymbol{F}_{\mathrm{c}}$(有旋度)之和

$$\boldsymbol{F}=\boldsymbol{F}_{\mathrm{d}}+\boldsymbol{F}_{\mathrm{c}} \tag{1-116}$$

对于无旋场$\boldsymbol{F}_{\mathrm{d}}$来说，$\nabla\times\boldsymbol{F}_{\mathrm{d}}=0$，但这个场的散度不会处处为零。因为，任何一个物理场必然有源来激发它，若这个场的旋涡源和通量源都为零，那么这个场就不存在了。因此无旋场必然对应于有散场，根据矢量恒等式$\nabla\times\nabla\varphi=0$，可令

$$\boldsymbol{F}_{\mathrm{d}}=-\nabla\varphi \tag{1-117}$$

对于无散场$\boldsymbol{F}_{\mathrm{c}}$，$\nabla\cdot\boldsymbol{F}_{\mathrm{c}}=0$，但这个场的旋度不会处处为零，根据矢量恒等式$\nabla\cdot(\nabla\times\boldsymbol{A})=0$，可令

$$\boldsymbol{F}_{\mathrm{c}}=\nabla\times\boldsymbol{A} \tag{1-118}$$

即得到

$$\boldsymbol{F}(\boldsymbol{r})=-\nabla\varphi(\boldsymbol{r})+\nabla\times\boldsymbol{A}(\boldsymbol{r})$$

1.8.2 矢量场的分类

所有的场都是由源来激发的，没有源也就无所谓场，前面的分析可以知道矢量场的源包括两种：一种是散度源。散度源是标量，由矢量场的通量可知，散度源产生的矢量场在包围源的封闭曲面上的通量等于该封闭曲面内所包围的源的总和，源在一给定点的密度等于矢量场在该点的散度。另一种是旋度源。旋度源是矢量，旋度源产生的矢量场具有涡旋性质，根据矢量场的环量可知，穿过一曲面的旋度源等于沿此曲面边界的闭合回路的环量，在给定点上，旋度源的密度等于矢量场在该点的旋度。

矢量场按激发场的源可以分为无旋场、无散场、无旋无散场和有旋有散场。无旋场是仅有散度源激发而无旋度源激发的矢量场，对于无旋场而言，场矢量的旋度为零，场矢量可以表示为一个标量函数的负梯度，且场矢量的线积分与路径无关，场是保守场。如静电场就是典型的无旋场。若用$\boldsymbol{F}$表示无旋场的场矢量，则有

$$\nabla\times\boldsymbol{F}=\boldsymbol{0} \tag{1-119}$$

$$\boldsymbol{F}=-\nabla\varphi \tag{1-120}$$

$$\oint_l \boldsymbol{F}\cdot\mathrm{d}\boldsymbol{l}=0 \tag{1-121}$$

无散场是仅有旋度源激发而无散度源的矢量场，对于无散场而言，场矢量的散度为零，场矢量可以表示为另一个矢量函数的旋度。如稳恒磁场就是一个典型的无散场。若用$\boldsymbol{F}$表示无散场的场矢量，则有

$$\nabla \cdot \boldsymbol{F}=0 \tag{1-122}$$

$$\boldsymbol{F}=\nabla \times \boldsymbol{A} \tag{1-123}$$

无旋无散场通常指源在所讨论的区域之外。对于无旋无散场，若用 $\boldsymbol{F}$ 表示场矢量，则有

$$\nabla \cdot \boldsymbol{F}=0 \tag{1-124}$$

$$\nabla \times \boldsymbol{F}=\boldsymbol{0} \tag{1-125}$$

有旋有散场是指既有散度源又有旋度源激发的矢量场，这种矢量场可以分解为无旋场部分和无散场部分，若用 $\boldsymbol{F}$ 表示场矢量，则有

$$\boldsymbol{F}(\boldsymbol{r})=\boldsymbol{F}_{\mathrm{d}}(\boldsymbol{r})+\boldsymbol{F}_{\mathrm{c}}(\boldsymbol{r})=-\nabla \varphi(\boldsymbol{r})+\nabla \times \boldsymbol{A}(\boldsymbol{r}) \tag{1-126}$$

小结 1

本章介绍了场的基本概念，分析了场的定义、类型以及场的基本描述方法。介绍了矢量的基本运算规则和三种常用的正交坐标系：直角坐标系、圆柱坐标系和球面坐标系。重点介绍了分析标量场和矢量场的数学工具，对于标量场，分析了标量场的方向导数和梯度；对于矢量场，分析了矢量场的通量、散度、环量和旋度。本章还分析了静态场中位函数满足的泊松方程和拉普拉斯方程的基本形式，最后给出了矢量场的唯一性定理及矢量场的分类。本章主要结论如下：

(1) 场是物质存在的基本形态之一，其弥散于全空间，表现为物质时空环境中各种因素的相互作用。场可以分为标量场、矢量场和张量场三种。

(2) 标量场的等值面、方向导数和梯度。

①等值面。在标量场中，使描述标量场的标量函数 $\varphi(x,y,z)$ 取相同数值的所有空间点组成的曲面。

②方向导数。标量场的方向导数是表示标量函数 $\varphi(x,y,z)$ 所描述的标量场沿某方向的空间变化率。直角坐标系中 $\varphi=\varphi(x,y,z)$ 过点 M_0 沿 $\boldsymbol{l}$ 方向的方向导数为

$$\left.\frac{\partial \varphi}{\partial l}\right|_{M_0}=\frac{\partial \varphi}{\partial x}\cos\alpha+\frac{\partial \varphi}{\partial y}\cos\beta+\frac{\partial \varphi}{\partial z}\cos\gamma$$

③梯度。在标量场中，将最大变化率矢量 $\vec{G}$ 定义为标量场 $\varphi=\varphi(P)$ 在 P 点处的梯度。不同坐标系中标量场的梯度计算式见附录 B。

④方向导数和梯度的关系。

$$\left.\frac{\partial \varphi}{\partial l}\right|_{M_0}=\nabla \varphi \cdot \boldsymbol{l}$$

(3) 矢量场的矢量线、通量、散度、环量和旋度。

①矢量场的矢量线。矢量线是形象描述矢量场的假想曲线，用空间某点矢量线的疏密程度反映该点矢量场的大小，用空间某点矢量线的切线方向反映该点矢量场的方向。直角坐标系中矢量线方程为

$$\frac{\mathrm{d}x}{A_x}=\frac{\mathrm{d}y}{A_y}=\frac{\mathrm{d}z}{A_z}$$

②矢量场的通量。矢量场的通量是指描述矢量场的矢量函数 $\boldsymbol{A}$ 关于某一个曲面的面

积分。

$$\Psi = \int_S \boldsymbol{A} \cdot \mathrm{d}\boldsymbol{S} = \int_S \boldsymbol{A} \cdot \boldsymbol{n}\mathrm{d}S = \int_S A\mathrm{d}S\cos\theta \quad （开曲面）$$

$$\Psi = \oint_S \boldsymbol{A} \cdot \mathrm{d}\boldsymbol{S} \quad （闭合曲面）$$

静电场的电场强度通量 $\oint_S \boldsymbol{E} \cdot \mathrm{d}\boldsymbol{S} = \sum \frac{q}{\varepsilon_0}$

稳恒磁场的磁感应强度通量 $\oint_S \boldsymbol{B} \cdot \mathrm{d}\boldsymbol{S} = 0$

③矢量场的散度。矢量场的散度是一个标量，是空间坐标点的函数，是矢量通过包含该点的任意闭合小曲面的通量与曲面元体积之比的极限，它表示从该点单位体积内散发出来的矢量 $\boldsymbol{A}$ 的通量（即通量密度），也反映了矢量场 $\boldsymbol{A}$ 在该点通量源的强度。附录 B 给出了不同坐标系下矢量场的散度的计算公式。

矢量场的散度定理 $\int_V \nabla \cdot \boldsymbol{A}\, \mathrm{d}V = \oint_S \boldsymbol{A} \cdot \mathrm{d}\boldsymbol{S}$

静电场的散度 $\nabla \cdot \boldsymbol{E} = \frac{\rho}{\varepsilon_0}$

稳恒磁场的散度 $\nabla \cdot \boldsymbol{B} = 0$

④矢量场的环量。矢量场 $\boldsymbol{A}$ 对于闭合曲线 C 的环量（环流）定义为该矢量场对闭合曲线 C 的线积分。即

$$\Gamma = \oint_C \boldsymbol{A} \cdot \mathrm{d}\boldsymbol{l} = \oint_C A\cos\theta \mathrm{d}l$$

静电场的环量 $\oint_l \boldsymbol{E} \cdot \mathrm{d}\boldsymbol{l} = 0$

稳恒磁场的环量 $\oint_l \boldsymbol{B} \cdot \mathrm{d}\boldsymbol{l} = \mu_0 \sum I$

⑤矢量场的旋度。矢量场 $\boldsymbol{A}$ 的旋度是一个矢量，是空间坐标点的函数，其大小是矢量 $\boldsymbol{A}$ 在给定处的最大环量面密度，其方向就是当面元的取向使环量面密度最大时，该面元的方向 $\boldsymbol{n}$。矢量场 $\boldsymbol{A}$ 的旋度描述了矢量 $\boldsymbol{A}$ 在该点的涡旋源强度。不同坐标系下，矢量场的旋度计算式见附录 B。

矢量场的斯托克斯定理 $\int_S (\nabla \times \boldsymbol{A}) \cdot \mathrm{d}\boldsymbol{S} = \oint_C \boldsymbol{A} \cdot \mathrm{d}\boldsymbol{l}$

静电场的旋度 $\nabla \times \boldsymbol{E} = \boldsymbol{0}$

稳恒磁场的散度 $\nabla \times \boldsymbol{B} = \mu_0 \boldsymbol{J}$

(4) 亥姆霍兹定理总结了矢量场共同的性质，矢量场的源包括散度源和旋度源，矢量场可由矢量场的散度和旋度唯一确定。可以按照矢量场的源将矢量场进行分类，在研究矢量场时，应从研究矢量场的散度和旋度入手，散度方程和旋度方程决定矢量场的基本特性。

习题 1

1.1 在直角坐标系中，矢径 $\boldsymbol{r} = x\boldsymbol{e}_x + y\boldsymbol{e}_y + z\boldsymbol{e}_z$ 与各坐标轴之间的夹角为 α、β、γ。请用直角

坐标系的(x,y,z)来表示α、β、γ，并证明：$\cos^2\alpha+\cos^2\beta+\cos^2\gamma=1$

1.2 已知$\boldsymbol{A}=\boldsymbol{e}_x+2\boldsymbol{e}_y-3\boldsymbol{e}_z$，$\boldsymbol{B}=3\boldsymbol{e}_x+\boldsymbol{e}_y+2\boldsymbol{e}_z$，$\boldsymbol{C}=2\boldsymbol{e}_x-\boldsymbol{e}_z$，求：(1) 单位矢量$\boldsymbol{e}_A$，$\boldsymbol{e}_B$，$\boldsymbol{e}_C$；(2)$\boldsymbol{A}+\boldsymbol{B}$；(3) $\boldsymbol{A}-\boldsymbol{B}$；(4) $\boldsymbol{A}\cdot\boldsymbol{B}$；(5) $\boldsymbol{A}\times\boldsymbol{B}$；(6) $(\boldsymbol{A}\times\boldsymbol{B})\times\boldsymbol{C}$及$(\boldsymbol{A}\times\boldsymbol{C})\times\boldsymbol{B}$；(7)$(\boldsymbol{A}\times\boldsymbol{C})\cdot\boldsymbol{B}$及$(\boldsymbol{A}\times\boldsymbol{B})\cdot\boldsymbol{C}$。

1.3 已知$\boldsymbol{A}=\boldsymbol{e}_x+b\boldsymbol{e}_y+c\boldsymbol{e}_z$，$\boldsymbol{B}=-\boldsymbol{e}_x+3\boldsymbol{e}_y+4\boldsymbol{e}_z$，若$\boldsymbol{A}\perp\boldsymbol{B}$，则$b$和$c$满足什么关系；若$\boldsymbol{A}/\!/\boldsymbol{B}$，则$b$和$c$应取什么值？

1.4 已知$\boldsymbol{A}=8\boldsymbol{e}_x+6\boldsymbol{e}_y+\boldsymbol{e}_z$，$\boldsymbol{B}=a\boldsymbol{e}_y+b\boldsymbol{e}_z$，且$\boldsymbol{A}\perp\boldsymbol{B}$及$\boldsymbol{B}$的模为 1，则$a$和$b$应为多少？

1.5 求函数$\varphi=x^2y-xyz+z^2$在点(1,2,1)处沿方向角$\alpha=60°$、$\beta=45°$、$\gamma=30°$方向的方向导数。

1.6 设标量$\varphi=xy^2+yz^3$，矢量$\boldsymbol{l}=2\boldsymbol{e}_x+2\boldsymbol{e}_y-\boldsymbol{e}_z$，试求标量函数$\varphi$在点(2，−1，1)处沿矢量$\boldsymbol{l}$的方向上的方向导数。

1.7 分别求标量函数$\varphi=x^2yz+(x-y)^2$在点(1,0,1)和点(2,2,1)处的梯度。

1.8 已知矢量场$\boldsymbol{A}=x^2y\boldsymbol{e}_x+y^2z\boldsymbol{e}_y+z^2x\boldsymbol{e}_z$，求该矢量场的矢量线方程。

1.9 已知u和v都是x、y、z的函数，u和v的偏导数都存在且连续，证明：(1)$\nabla(u+v)=\nabla u+\nabla v$；(2) $\nabla(uv)=v\,\nabla u+u\,\nabla v$；(3) $\nabla(u^2)=2u\,\nabla u$。

1.10 证明：(1) $\nabla\cdot(\boldsymbol{A}+\boldsymbol{B})=\nabla\cdot\boldsymbol{A}+\nabla\cdot\boldsymbol{B}$；(2) $\nabla(\varphi\boldsymbol{A})=\varphi\,\nabla\cdot\boldsymbol{A}+\boldsymbol{A}\cdot\nabla\varphi$。

1.11 已知$\boldsymbol{A}$是任意的矢量函数，Φ是任意标量函数，证明：$\nabla\times(\Phi\boldsymbol{A})=\Phi\,\nabla\times\boldsymbol{A}+\nabla\Phi\times\boldsymbol{A}$

1.12 在圆柱坐标系中，P点的坐标为$(4,2\pi/3,3)$，分别求该点在直角坐标系和球面坐标系中的坐标。

1.13 已知$\boldsymbol{r}=x\boldsymbol{e}_x+y\boldsymbol{e}_y+z\boldsymbol{e}_z$，求：(1) $\nabla\cdot(\boldsymbol{r}/r^3)$；(2) $\nabla\cdot(r^n\boldsymbol{r})$。

1.14 已知$\boldsymbol{A}=\boldsymbol{e}_r3\sin\theta$，求该矢量球心在左边原点、半径为 5 的球面的通量。

1.15 若矢量$\boldsymbol{A}=\boldsymbol{e}_r\cos^2\varphi/r^3$，$1<r<2$，试求$\int_V\nabla\cdot\boldsymbol{A}\mathrm{d}V$，式中$V$为$\boldsymbol{A}$所在的区域。

1.16 在由$\rho=5$，$z=0$和$z=4$围成的圆柱形区域中，对矢量$\boldsymbol{A}=\boldsymbol{e}_\rho\rho^2+\boldsymbol{e}_z2z$验证散度定理。

1.17 已知半径为a的球内外电场分布为

$$\boldsymbol{E}=\begin{cases}E_0(a/r)^2\boldsymbol{e}_r, & r>a;\\ E_0(r/a)\boldsymbol{e}_r, & r<a\end{cases}$$

求电荷分布。

1.18 已知$\boldsymbol{r}=x\boldsymbol{e}_x+y\boldsymbol{e}_y+z\boldsymbol{e}_z$，$r=\sqrt{x^2+y^2+z^2}$，证明：(1)$\nabla\times\boldsymbol{r}=0$；(2) $\nabla\times(\boldsymbol{r}/r^3)=0$；(3) $\nabla\times[f(r)\boldsymbol{r}/r]=0$。

1.19 已知半径为a的无限长均匀载流直导线载有电流为I。求该载流直导线激发的磁场对以载流直导线轴线为轴的任意闭合回路的环量，并验证当$r<a$时，$\nabla\times\boldsymbol{B}=\mu_0\boldsymbol{J}$，其中$\boldsymbol{J}$为载流直导线的电流密度矢量。

1.20 已知三个矢量$\boldsymbol{A}$、$\boldsymbol{B}$、$\boldsymbol{C}$分别为

$$\boldsymbol{A}=\boldsymbol{e}_r\sin\theta\cos\phi+\boldsymbol{e}_\theta\cos\theta\cos\phi-\boldsymbol{e}_\phi\sin\phi$$

$$\boldsymbol{B}=\boldsymbol{e}_\rho z^2\sin\phi+\boldsymbol{e}_\phi z^2\cos\phi+\boldsymbol{e}_z(2\rho z\sin\phi)$$

$$\boldsymbol{C}=\boldsymbol{e}_x(3y^2-2x)+\boldsymbol{e}_yx^2+\boldsymbol{e}_z2z$$

试求哪些矢量可以由一个标量函数的梯度表示，哪些矢量可以由一个矢量函数的旋度表示。

1.21 在一对相距为 l 的点电荷 $+q$ 和 $-q$ 的静电场中，当距离 $l \gg 1$ 时，其空间电位函数的表达式为

$$\varphi(r,\theta,\varphi) = \frac{ql}{4\pi\varepsilon_0 r^2}\cos\theta$$

求其电场强度 $\boldsymbol{E}(r,\theta,\varphi)$。

1.22 设 $\boldsymbol{E}(x,y,z,t)$ 和 $\boldsymbol{H}(x,y,z,t)$ 是具有二阶连续偏导数的两个矢性函数，它们满足如下方程：

$$\nabla \cdot \boldsymbol{E}=0, \quad \nabla \times \boldsymbol{E}=-\frac{1}{c}\frac{\partial \boldsymbol{H}}{\partial t}$$

$$\nabla \cdot \boldsymbol{H}=0, \quad \nabla \times \boldsymbol{H}=\frac{1}{c}\frac{\partial \boldsymbol{E}}{\partial t}$$

试证明 $\boldsymbol{E}(x,y,z,t)$ 和 $\boldsymbol{H}(x,y,z,t)$ 均满足

$$\nabla^2 \boldsymbol{A}=\frac{1}{c^2}\frac{\partial^2 \boldsymbol{A}}{\partial t^2}$$

1.23 试证明下列函数满足拉普拉斯方程：

(1) $\varphi(x,y,z)=e^{-\gamma z}\sin\alpha x\sin\beta y \quad (\gamma^2=\alpha^2+\beta^2)$；

(2) $\varphi(\rho,\varphi,z)=\rho^{-n}\cos n\varphi$；

(3) $\varphi(r,\theta,\varphi)=r\cos\theta$。

第 2 章　静态电磁场

静态电磁场是指场量和激发场量的源都不随时间变化的电场和磁场，包括静电场、恒定电场和稳恒磁场。由于静态场不随时间变化，故电场和磁场是相互独立的。本章从激发场的场源出发，分别讨论自由空间中静态电磁场的基本方程、介质中静态电磁场的基本方程、能量分布以及储能元件。通过本章的学习，学生应掌握静态场的基本规律、基本场量的求解及计算；理解静态电磁场中电场和磁场与介质的相互作用机理；熟练运用静态场的边界条件求解电磁问题；熟悉电磁场中能量的分布特点和储能元件的基本性质。

2.1　自由空间中静态电磁场的基本方程

2.1.1　静电场的基本方程

1. 静电场的高斯定理

根据亥姆霍兹定理，在研究静电场特性时，若能确定静电场的散度和静电场的旋度，即确定静电场的源，则自由空间中的静电场也就唯一确定。因为静电场的散度和旋度反映的是静电场的场与源之间的关系。自由空间中，静电场的散度和旋度满足

$$\nabla\cdot \boldsymbol{E} = \frac{\rho}{\varepsilon_0} \tag{2-1}$$

$$\nabla\times \boldsymbol{E} = \boldsymbol{0} \tag{2-2}$$

式中，ρ 为静电场中体电荷密度；ε_0 为自由空间中的介电常数。式(2－1)和式(2－2)分别称为自由空间中静电场高斯定理和环路定理的微分形式。它们分别表明，自由空间中任意点处静电场的散度等于该点体电荷密度与自由空间介电常数的比值，自由空间中静电场的旋度处处为零，即自由空间中静电场是有散、无旋场。根据散度定理和斯托克斯定理，可由式(2－1)和式(2－2)推导出静电场高斯定理和环路定理的积分形式。

任取一体积 V 对式(2－1)两边进行体积分

$$\int_V \nabla\cdot \boldsymbol{E}\mathrm{d}V = \int_V \frac{\rho}{\varepsilon_0}\mathrm{d}V \tag{2-3}$$

将式(2－3)左边应用散度定理，将三维体积分转化为二维曲面积分，该曲面 S 为包围体积 V 的闭合曲面，体积分和曲面积分都表示穿过闭合曲面的电场强度的通量。等式右边电荷密度体积分得到闭合曲面所包围的体积 V 内的总电荷量，即

$$\oint_S \boldsymbol{E}\cdot \mathrm{d}\boldsymbol{S} = \int_V \frac{\rho}{\varepsilon_0}\mathrm{d}V = \sum \frac{q}{\varepsilon_0} \tag{2-4}$$

式(2－4)称为自由空间中静电场高斯定理的积分形式，它表明自由空间中静电场通过任意封闭曲面的总电通量，等于该封闭曲面内所包围的总电荷量与自由空间介电常数之比。

2. 静电场的环路定理

利用斯托克斯定理，选择任一曲面对式(2-2)两边进行面积分可得

$$\int_S \nabla\times \boldsymbol{E}\cdot d\boldsymbol{S}=\oint_l \boldsymbol{E}\cdot d\boldsymbol{l}=0 \tag{2-5}$$

式中，l 为曲面 S 的边界。式(2-5)表明：在静电场中，电场强度 $\boldsymbol{E}$ 沿任意闭合环路的积分等于零。从物理意义上讲，电场强度表示单位电荷所受到的电场力，$\boldsymbol{E}\cdot d\boldsymbol{l}$ 表示单位电荷在电场中移动 dl 距离时电场力所做的功。所以式(2-5)也表明：单位点电荷在静电场中沿任意闭合路径移动一周，电场力所做净功为零。即静电场是保守力场，静电场中电场力所做的功只与电荷的起点与终点位置有关，与电荷移动路径无关。

3. 静电场中的电位

由于静电场是有散、无旋场，静电场中电场强度可以表示为一个标量函数的负梯度，即

$$\boldsymbol{E}=-\nabla\varphi \tag{2-6}$$

式中，φ 称为电位函数，单位是伏特(V)，负号表示静电场中沿电场强度方向电位是降低的。实际上，在静电场中某一点处的电位所表示的物理意义为：单位正电荷在该点所具有的电位能量，数值上等于在电场力的作用下，将单位正电荷由该点移至电位参考点过程中电场力所做的功。

在第1章的学习中已经知道了在已知电荷分布的情况下如何求出空间电位。反之，在已知空间电位分布的情况下，可以用式(2-6)来确定电场分布。那么，该如何确定电荷分布呢？根据式(2-1)和式(2-6)可知

$$\nabla^2\varphi=-\frac{\rho}{\varepsilon_0} \tag{2-7}$$

式(2-7)是自由空间中静电场的电位所满足的泊松方程，当所讨论区域无电荷分布时(即 $\rho=0$)，则式(2-7)变为拉普拉斯方程

$$\nabla^2\varphi=0 \tag{2-8}$$

利用式(2-7)可在已知电位分布的情况下求解电荷分布，实际上，在无界自由空间中，式(2-7)的解为

$$\varphi=\frac{1}{4\pi\varepsilon_0}\int_V \frac{\rho(\boldsymbol{r}')}{|\boldsymbol{r}-\boldsymbol{r}'|}dV' \tag{2-9}$$

当电位表达式为式(2-9)时，取 $\boldsymbol{R}=\boldsymbol{r}-\boldsymbol{r}'=R\,\boldsymbol{e}_R$，则有

$$\begin{aligned}\nabla^2\varphi&=\nabla^2\frac{1}{4\pi\varepsilon_0}\int_V\frac{\rho(\boldsymbol{r}')}{R}dV'=\frac{1}{4\pi\varepsilon_0}\nabla^2\int_V\frac{\rho(\boldsymbol{r}')}{R}dV'\\&=\frac{1}{4\pi\varepsilon_0}\int_V\rho(\boldsymbol{r}')\,\nabla\cdot\nabla\left(\frac{1}{R}\right)dV'=\frac{-1}{4\pi\varepsilon_0}\int_V\rho(\boldsymbol{r}')\,\nabla\cdot\left(\frac{\boldsymbol{R}}{R^3}\right)dV'\end{aligned}$$

因为，当 $\boldsymbol{r}\neq\boldsymbol{r}'$ 时，$\nabla\cdot(\boldsymbol{R}/R^3)=0$，故积分可以缩小为以点 $\boldsymbol{r}$ 为中心的小球体 V'。当半径足够小时，积分成为

$$\nabla^2\varphi=-\frac{\rho(\boldsymbol{r})}{4\pi\varepsilon_0}\int_{V'}\nabla\cdot(\boldsymbol{R}/R^3)dV'=-\frac{\rho(\boldsymbol{r})}{4\pi\varepsilon_0}\oint_{S'}(\boldsymbol{R}/R^3)\cdot dS'$$

当电荷分布在 S' 所围的封闭曲面内时

$$\oint_{S'}(\boldsymbol{R}/R^3)\cdot dS'=4\pi$$

此即证明了$\nabla^2\varphi=-\frac{\rho}{\varepsilon_0}$,也说明式(2-9)是自由无界空间中式(2-7)的解。

【例 2-1】 若半径为 a 的导体球面的电位为 U_0,球外无电荷,求空间的电位。

解:根据题意,电位分布球对称,电位仅为 r 的函数。设球外电位为 φ,则

$$\nabla^2\varphi=0$$

在球坐标中,上式变为

$$\frac{1}{r^2}\frac{\mathrm{d}}{\mathrm{d}r}(r^2\frac{\mathrm{d}\varphi}{\mathrm{d}r})=0$$

对以上方程积分一次,得

$$(r^2\frac{\mathrm{d}\varphi}{\mathrm{d}r})=C_1\Rightarrow\frac{\mathrm{d}\varphi}{\mathrm{d}r}=\frac{C_1}{r^2}$$

再对上式积分一次,得

$$\varphi=-\frac{C_1}{r}+C_2$$

式中,C_1 和 C_2 是积分常数。由于在导体球面上($r=a$),电位为 U_0,球外无电荷,导体球是有限分布,故无穷远处($r\to\infty$),电位为零,即

$$U_0=-\frac{C_1}{a}+C_2,\ 0=C_2$$

这样解出两个常数为

$$C_1=-aU_0,C_2=0$$

所以球外电位为

$$\varphi=-\frac{aU_0}{r}$$

总之,自由空间中静电场的基本方程可归纳为两个积分形式的高斯定理和环路定理以及两个微分形式的高斯定理和环路定理。

4. 电偶极子的电位及电场

电偶极子是指由间距很小的两个等量异号点电荷组成的系统,如图 2.1 所示。自由空间中的电偶极子的电场和电位对分析介质的极化问题具有十分重要的作用。通常用电偶极矩 $\boldsymbol{p}$ 表示电偶极子的大小和空间取向,定义为点电荷的电荷量 q 乘以电偶极子在空间的有向距离 $\boldsymbol{l}$,即

$$\boldsymbol{p}=q\boldsymbol{l} \tag{2-10}$$

电偶极矩是一个矢量,方向由负电荷指向正电荷,取电偶极子的轴与 z 轴重合,电偶极子的中心在坐标原点,则电偶极子在自由空间中任意点 P 的电位为

$$\varphi=\frac{q}{4\pi\varepsilon_0}(\frac{1}{r_1}-\frac{1}{r_2}) \tag{2-11}$$

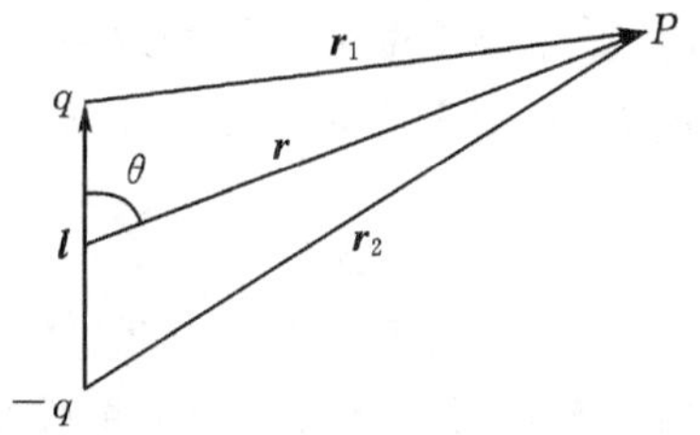

图 2.1　电偶极子

式中，r_1 和 r_2 分别表示点 P 到 q 和 $-q$ 的距离；r 表示坐标原点到 P 点的距离。当 $l \ll r$ 时，有

$$r_1=\left(r^2+\frac{l^2}{4}-2r\,\frac{l}{2}\cos\theta\right)^{\frac{1}{2}}\approx r\left(1-\frac{l}{r}\cos\theta\right)^{\frac{1}{2}}$$

因此

$$\frac{1}{r_1}\approx\frac{1}{r}\left(1+\frac{l}{2r}\cos\theta\right)$$

又由余弦定律，且 $l \ll r$，得

$$r_2=\left(r^2+\frac{l^2}{4}+2r\,\frac{l}{2}\cos\theta\right)^{\frac{1}{2}}\approx r\left(1+\frac{l}{r}\cos\theta\right)^{\frac{1}{2}},\ \frac{1}{r_2}\approx\frac{1}{r}\left(1-\frac{l}{2r}\cos\theta\right)$$

从而有

$$\varphi=\frac{ql\cos\theta}{4\pi\varepsilon_0 r^2}=\frac{\boldsymbol{p}\cdot\boldsymbol{r}}{4\pi\varepsilon_0 r^3} \tag{2-12}$$

根据电位和电场强度之间的关系式(2-6)，可知在球坐标系中电场强度的表达式为

$$\boldsymbol{E}=\frac{p}{4\pi\varepsilon_0 r^3}(\boldsymbol{e}_r 2\cos\theta+\boldsymbol{e}_\theta\sin\theta) \tag{2-13}$$

电偶极子的电场分布如图 2.2 所示，具有轴对称特性。电偶极子的电位和电场强度分别与 r^2 和 r^3 成反比，而单个点电荷的电位和电场强度分别与 r 和 r^2 成反比，这是因为在远区($l \ll r$)，正负电荷产生的电场有一部分会相互抵消。此外还有电四极子、电多极子等带电系统，其电位和电场分布也具有重要的作用。

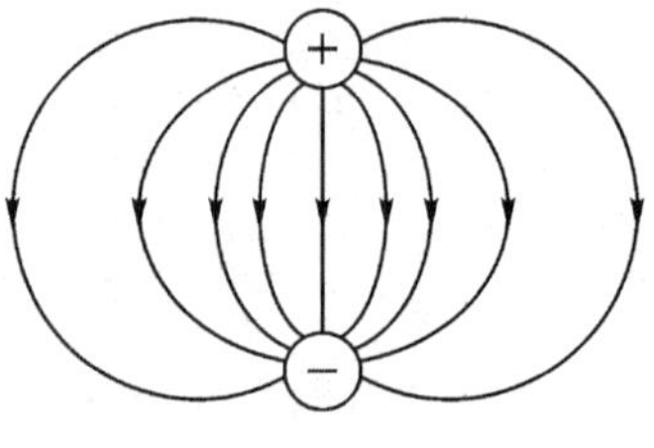

图 2.2　电偶极子的电场分布

2.1.2　恒定电场的基本方程

稳恒电场是不随时间变化的电场，是由稳恒运动的电荷引起的电场，也就是存在稳恒电流时的电场。一般情况下，稳恒电流通常存在于导体之中，因此描述稳恒电场时需要用到关于导体中描述电荷运动的一些物理量，如电流、电流密度矢量等物理量。

1. 恒定电流场的基本条件

1)电流密度矢量

相比电流只能描述导体中总电流的强弱，电流密度矢量 $\boldsymbol{J}$ 则能详细描述电荷在空间的流动情况，电流密度矢量的方向描述了导体中电荷的运动方向，电流密度矢量的大小描述了与电荷运动方向垂直的单位面积的电流，其定义式为

$$\boldsymbol{J}=\lim_{\Delta S\to 0}\frac{\Delta I}{\Delta S}\boldsymbol{n}=\frac{\mathrm{d}I}{\mathrm{d}S}\boldsymbol{n} \tag{2-14}$$

式中，$\boldsymbol{n}$ 指导体中某点正电荷的运动方向；ΔS 为与 $\boldsymbol{n}$ 垂直的面元；ΔI 为通过面元的电流。电流密度矢量的单位为$\mathrm{A/m^2}$，导体内每一点的电流密度矢量构成了一个电流场。

一般情况下，电流密度矢量 $\boldsymbol{J}$ 和面元 $\mathrm{d}\boldsymbol{S}$ 的方向并不相同，此时通过面积 S 的电流就等于

电流密度矢量在 S 上的通量，即

$$I=\int_S \boldsymbol{J}\cdot \mathrm{d}\boldsymbol{S}=\int_S J\cos\theta \mathrm{d}S \tag{2-15}$$

$$\boldsymbol{J}_S=\lim_{\Delta l\to 0}\frac{\Delta I}{\Delta l}\boldsymbol{n}=\frac{\mathrm{d}I}{\mathrm{d}l}\boldsymbol{n} \tag{2-16}$$

式(2－16)为线电流密度，Δl 为与 $\boldsymbol{n}$ 垂直的线元，ΔI 为通过线元的电流。

2)电荷守恒定律

电荷守恒定律是指，对于一个孤立系统，不论发生什么变化，其中所有电荷的代数和永远保持不变。电荷守恒定律表明，如果某一区域中的电荷增加或减少了，那么必定有等量的电荷进入或离开该区域；如果在一个物理过程中产生或消失了某种电荷，那么必定有等量的异号电荷同时产生或消失。

电荷守恒定律的数学表达式为

$$\int_S \boldsymbol{J}\cdot \mathrm{d}\boldsymbol{S}=-\frac{\mathrm{d}q}{\mathrm{d}t}=-\frac{\mathrm{d}}{\mathrm{d}t}\int_V \rho \mathrm{d}V \tag{2-17}$$

式中，V 是孤立系统边界 S 所限定的体积；ρ 是孤立系统内的电荷体密度。一般情况下电流密度矢量 $\boldsymbol{J}$ 是空间点 $\boldsymbol{r}$ 和时间 t 的函数，所以，式(2－17)还可写为

$$\int_S \boldsymbol{J}\cdot \mathrm{d}\boldsymbol{S}=-\int_V \frac{\partial\rho}{\partial t}\mathrm{d}V \tag{2-18}$$

式(2－18)也称为电流连续性方程的积分形式。对式(2－18)应用散度定理，可得

$$\int_V \left(\nabla\cdot \boldsymbol{J}+\frac{\partial\rho}{\partial t}\right)\mathrm{d}V=0 \tag{2-19}$$

要使式(2－19)对任意体积积分均成立，必须使被积函数为零，即

$$\nabla\cdot \boldsymbol{J}+\frac{\partial\rho}{\partial t}=0 \tag{2-20}$$

式(2　20)为电流连续性方程的微分式。

对于恒定电流而言，虽然带电粒子不断运动，但从宏观上看，可以认为某点的带电粒子离开之后，立即由相邻的带电粒子来补偿，以保证电流的恒定。也就是在导电媒质内，任意点的电荷分布不随时间发生变化，即

$$\frac{\partial\rho}{\partial t}=0 \tag{2-21}$$

因此，恒定电流场的条件，也就是恒定电流场的电流连续性方程的微分和积分形式分别变为

$$\nabla\cdot \boldsymbol{J}=0 \tag{2-22}$$

$$\oint_S \boldsymbol{J}\cdot \mathrm{d}\boldsymbol{S}=0 \tag{2-23}$$

式(2－23)表明，恒定电流场的电流线总是无起点、无终点的闭合曲线。

2. 恒定电流场与稳恒电场

恒定电流场与稳恒电场之间存在必然的联系，因为在导体内部自由电子是在稳恒电场的作用下发生定向运动，导体内的晶格点阵必然会阻碍自由电子的运动。而且自由电子和晶格点阵碰撞过程中还会发生能量转化，在碰撞过程中自由电子将自身的能量传递给晶格点阵，使

晶格点阵的热运动加剧，并使导体的温度上升，即电流的热效应。把这种由电能转换来的热能称为焦耳热，恒定电流场与稳恒电场之间以欧姆定律和焦耳定律相联系。

$$\boldsymbol{J} = \sigma \boldsymbol{E} \tag{2-24}$$

$$p = \boldsymbol{J} \cdot \boldsymbol{E} \tag{2-25}$$

式(2-24)是欧姆定律的微分形式，式(2-25)是焦耳定律的微分形式。需要注意，焦耳定律不适用于运流电流。因为对于运流电流而言，电场力对电荷所做的功转变为电荷的动能，而不是转变为电荷与晶格碰撞的热能。

3. 稳恒电场的基本方程

稳恒电场的方程可归纳如下，微分形式为

$$\nabla \cdot \boldsymbol{J} = 0 \tag{2-26}$$

$$\nabla \times \boldsymbol{E} = \boldsymbol{0} \tag{2-27}$$

积分形式为

$$\oint_S \boldsymbol{J} \cdot \mathrm{d}\boldsymbol{S} = 0 \tag{2-28}$$

$$\oint_l \boldsymbol{J} \cdot \mathrm{d}\boldsymbol{l} = 0 \tag{2-29}$$

在均匀导体内部，由于电场强度的旋度仍然为零，故恒定电场中电场强度也满足 $\boldsymbol{E} = -\nabla\varphi$，稳恒电场中电位满足拉普拉斯方程

$$\nabla^2 \varphi = 0 \tag{2-30}$$

4. 稳恒电场的边界条件

由于导电媒质的导电性质不同，引起稳恒电场在导电媒质分界面上的变化规律称为稳恒电场的边界条件。

根据矢量恒等式 $\boldsymbol{n} \times (\boldsymbol{n} \times \boldsymbol{F}) = \boldsymbol{n}(\boldsymbol{n} \cdot \boldsymbol{F}) - \boldsymbol{F}(\boldsymbol{n} \cdot \boldsymbol{n})$，任意一个矢量总可以表示为

$$\boldsymbol{F} = \boldsymbol{n}(\boldsymbol{n} \cdot \boldsymbol{F}) - \boldsymbol{n} \times (\boldsymbol{n} \times \boldsymbol{F}) \tag{2-31}$$

式(2-31)中，若 $\boldsymbol{n}$ 定义为媒质分界面的法线方向，则分界面上任一矢量总可以分解为和分界面垂直的分量 $\boldsymbol{n}(\boldsymbol{n} \cdot \boldsymbol{F})$ 和与分界面平行的分量 $\boldsymbol{n} \times (\boldsymbol{n} \times \boldsymbol{F})$，故在分析媒质分界面上电磁场满足的变化规律时通常分析媒质分界面的法向方向和切向方向即可。

将稳恒电场基本方程的积分形式应用到两种不同导体的分界面上(如图 2.3 所示)，可得出稳恒电场的边界条件为

$$\boldsymbol{n} \times (\boldsymbol{E}_2 - \boldsymbol{E}_1) = \boldsymbol{0} \tag{2-32}$$

$$\boldsymbol{n} \cdot (\boldsymbol{J}_2 - \boldsymbol{J}_1) = 0 \tag{2-33}$$

或者用分量式表示为

$$E_{1\mathrm{t}} = E_{2\mathrm{t}} \tag{2-34}$$

$$J_{1\mathrm{n}} = J_{2\mathrm{n}} \tag{2-35}$$

式(2-32)中，$\boldsymbol{n}$ 表示媒质分界面的法向方向，由介质 1 指向介质 2。式(2-34)中，下标 t 表示切向方向。稳恒电场的边界条件说明电流密度矢量在通过导电媒质分界面时其法向分量是连续的，电场强度的切向分量是连续的。

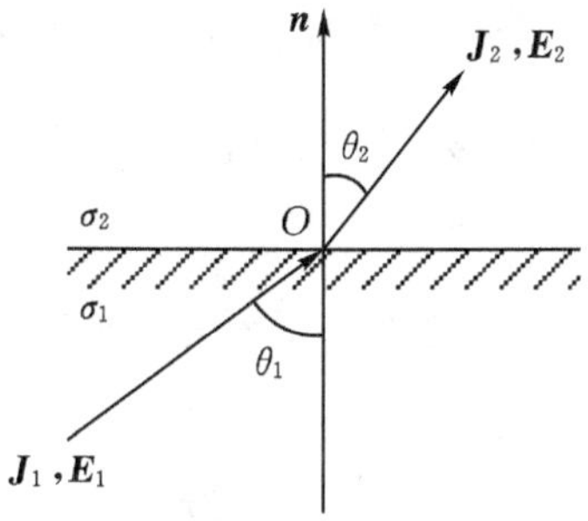

图 2.3　边界条件

根据稳恒电场中电场强度与电位的关系 $\boldsymbol{E}=-\nabla\varphi$，以及电流密度矢量和电场强度之间的关系 $\boldsymbol{J}=\sigma\boldsymbol{E}$，可得用电位函数表示的导电媒质的边界条件。

切向边界条件

$$\varphi_1=\varphi_2 \tag{2-36}$$

法向边界条件

$$\sigma_1\frac{\partial\varphi_2}{\partial n}=\sigma_2\frac{\partial\varphi_2}{\partial n} \tag{2-37}$$

当导体的电导率为常数时，恒定电流情形下，导体内部的电荷体密度为零，对分布均匀的导体，电荷只能分布在分界面上，其面密度为

$$\rho_S=D_{2n}-D_{1n}=\frac{\varepsilon_2J_{2n}}{\sigma_2}-\frac{\varepsilon_1J_{1n}}{\sigma_1}=J_n\left(\frac{\varepsilon_2}{\sigma_2}-\frac{\varepsilon_1}{\sigma_1}\right) \tag{2-38}$$

式中，$J_n=J_{1n}=J_{2n}$，当$\dfrac{\varepsilon_2}{\sigma_2}=\dfrac{\varepsilon_1}{\sigma_1}$时，分界面上的面电荷密度为零。

应用边界条件，可得

$$\frac{\tan\theta_1}{\tan\theta_2}=\frac{\sigma_1}{\sigma_2} \tag{2-39}$$

可以看出，若 $\sigma_1\gg\sigma_2$，即媒质 1 为良导体，媒质 2 为不良导体。只要 $\theta_1\neq\dfrac{\pi}{2}$，则 $\theta_2\approx0$，即在不良导体中，电场线近似与界面垂直，也即良导体的表面可以视为等位面。

【例 2-2】 设同轴线的内导体半径为 a，外导体半径为 b，内外导体间填充电导率为 σ 的导电媒质，如图 2.4 所示，求同轴线单位长度的漏电导。

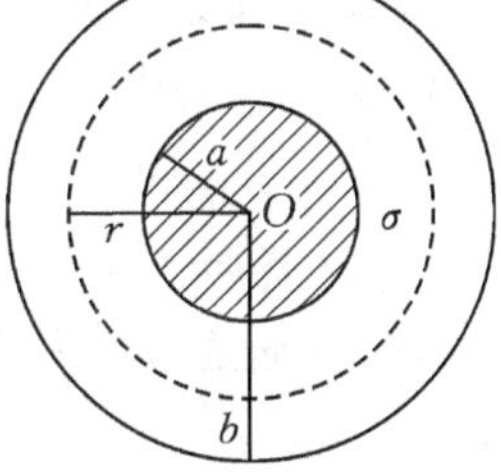

2.4　同轴线横截面

解：媒质内的漏电电流沿径向从内导体流向外导体，设沿轴向方向单位长度从内导体流向

外导体的电流为 I,则在媒质内 $a<r<b$,漏电流密度矢量和电场强度分别为

$$\boldsymbol{J}=\frac{I}{2\pi r}\boldsymbol{e}_r,\boldsymbol{E}=\frac{\boldsymbol{J}}{\sigma}=\frac{I}{2\pi\sigma r}\boldsymbol{e}_r$$

两导体之间的电位差为

$$U=\int_a^b \boldsymbol{E}\cdot \mathrm{d}\boldsymbol{r}=\frac{I}{2\pi\sigma}\ln\frac{b}{a}$$

所以单位长度的漏电导为

$$G_0=\frac{I}{U}=\frac{2\pi\sigma}{\ln\dfrac{b}{a}}$$

【例 2-3】 某同心球电容器的内、外半径为 a、b,其间填充电导率为 σ 的导电媒质,求该电容器的漏电电导。

解:媒质内的漏电电流沿径向从内导体流向外导体,设流过半径为 r 的任一同心球面的漏电电流为 I,则媒质内任一点的电流密度和电场为

$$\boldsymbol{J}=\frac{I}{4\pi r^2}\boldsymbol{e}_r,\boldsymbol{E}=\frac{I}{4\pi\sigma r^2}\boldsymbol{e}_r$$

内、外导体间的电压为

$$U=\int_a^b E\mathrm{d}r=\frac{I}{4\pi\sigma}\left(\frac{1}{a}-\frac{1}{b}\right)$$

漏电电导为

$$G=\frac{I}{U}=\frac{4\pi\sigma ab}{b-a}$$

也可以通过计算媒质内的焦耳损耗功率,并由 $P=I^2R$ 求出漏电电阻 R,然后再由电阻和电导之间的关系求电导,求解过程如下

$$P=\int_V \boldsymbol{J}\cdot\boldsymbol{E}\mathrm{d}V=\int_a^b\frac{I^2}{4\pi r^2}4\pi r^2\mathrm{d}r=\frac{I^2}{4\pi\sigma}\left(\frac{1}{a}-\frac{1}{b}\right)$$

$$R=\frac{P}{I^2}=\frac{1}{4\pi\sigma}\left(\frac{1}{a}-\frac{1}{b}\right)\Rightarrow G=\frac{1}{R}=\frac{4\pi\sigma ab}{b-a}$$

2.1.3 稳恒磁场的基本方程

1. 稳恒磁场的高斯定理

运动电荷既产生电场,也产生磁场,并且通过磁场对周围的其他运动电荷具有力的作用,在实际研究中引入磁感应强度 $\boldsymbol{B}$ 描述磁场的客观性质。实验和理论均指出,自由空间中,稳恒磁场的磁感应强度 $\boldsymbol{B}$ 的散度和旋度分别满足

$$\nabla\cdot\boldsymbol{B}=0 \tag{2-40}$$

$$\nabla\times\boldsymbol{B}=\mu_0\boldsymbol{J} \tag{2-41}$$

式(2-40)和式(2-41)分别为稳恒磁场的磁通连续性原理和环路定理的微分形式,它们表明稳恒磁场是一个无散、有旋场。

任取一体积 V 对式(2-40)两边进行体积分,并应用散度定理,得

$$\int_V\nabla\cdot\boldsymbol{B}\mathrm{d}V=\oint_S\boldsymbol{B}\cdot\mathrm{d}\boldsymbol{S}=0 \tag{2-42}$$

式(2－42)为磁通连续性原理的积分形式，表明磁感应强度穿过任意闭合曲面 S 的通量为零，即进入闭合曲面 S 的磁场线与离开闭合曲面的磁场线总是相等，说明磁场线是闭合曲线。

2．稳恒磁场的环路定理

式(2－41)对任意曲面 S 取面积分，并利用斯托克斯定理，得

$$\int_V \nabla\times \boldsymbol{B}\cdot \mathrm{d}\boldsymbol{S}=\oint_l \boldsymbol{B}\cdot \mathrm{d}\boldsymbol{l}=\mu_0\int_S \boldsymbol{J}\cdot \mathrm{d}\boldsymbol{S}=\mu_0\sum I \tag{2-43}$$

式(2－43)是恒定磁场的安培环路定理，式中积分环路 l 的绕向与电流密度矢量的方向满足右手螺旋关系，该式表明磁感应强度 $\boldsymbol{B}$ 沿任意闭合路径 l 的线积分在数值上等于通过路径 l 所围面积的总电流与自由空间磁导率 μ_0 的乘积。

【例 2－5】 自由空间中一半径为 a 的无限长导体圆柱，其中均匀流过电流 I，求导体内外的磁感应强度。

解：根据题意，取圆柱坐标系，设电流方向沿 z 轴，由于电流均匀分布，所以导体中的电流密度矢量为

$$\boldsymbol{J}=\frac{\boldsymbol{e}_z I}{\pi a^2}$$

应用安培环路定理

$$\oint_l \boldsymbol{B}\cdot \mathrm{d}\boldsymbol{l}=\mu_0\int_S \boldsymbol{J}\cdot \mathrm{d}\boldsymbol{S}$$

在 $r\leqslant a$ 处

$$2\pi rB=\mu_0 J\pi r^2\Rightarrow \boldsymbol{B}=\frac{\mu_0 Jr}{2}\boldsymbol{e}_\varphi=\frac{\mu_0 Ir}{2\pi a^2}\boldsymbol{e}_\varphi$$

在 $r>a$ 处

$$2\pi rB=\mu_0 I\Rightarrow \boldsymbol{B}=\frac{\mu_0 I}{2\pi r}\boldsymbol{e}_\varphi$$

3．稳恒磁场的矢量磁位

由于自由空间中稳恒磁场是一个无散、有旋场，磁感应强度 $\boldsymbol{B}$ 的散度处处为零，故可以引入一个辅助矢量 $\boldsymbol{A}$ 来定义磁感应强度 $\boldsymbol{B}$，如下

$$\boldsymbol{B}=\nabla\times \boldsymbol{A} \tag{2-44}$$

矢量 $\boldsymbol{A}$ 称为矢量磁位(简称磁矢位)，式(2－44)确定了矢量磁位的旋度。要确定一个矢量，不仅要知道其旋度，还要知道它的散度。在电磁场理论中，矢量磁位 $\boldsymbol{A}$ 的散度可以任意规定，对 $\nabla\cdot\boldsymbol{A}$ 所作的一种规定，称为一种规范，而且这种规定通常根据实际情况取适当的规范，使问题的分析得到最大程度简化。

在自由空间中，将式(2－44)带入稳恒磁场环路定理的微分形式，得

$$\nabla\times \boldsymbol{B}=\nabla\times\nabla\times \boldsymbol{A}=\nabla(\nabla\cdot \boldsymbol{A})-\nabla^2\boldsymbol{A}=\mu_0\boldsymbol{J} \tag{2-45}$$

由式(2－45)可以看出，当

$$\nabla\cdot \boldsymbol{A}=0 \tag{2-46}$$

式(2－45)可以最大程度简化，并将 $\nabla\cdot\boldsymbol{A}=0$ 这种规定称为稳恒磁场中矢量磁位 $\boldsymbol{A}$ 的库仑规范。在自由空间中，采用库仑规范的情况下，$\boldsymbol{A}$ 满足矢量泊松方程

$$\nabla^2\boldsymbol{A}=-\mu_0\boldsymbol{J} \tag{2-47}$$

若所讨论区域中无源($\boldsymbol{J}$ 处处为零),则所讨论区域中 $\boldsymbol{A}$ 满足矢量拉普拉斯方程

$$\nabla^2 \boldsymbol{A} = -\mu_0 \boldsymbol{J} \tag{2-48}$$

需要注意的是,$\nabla^2 \boldsymbol{A}$ 是一个矢量,其方向一般与 $\boldsymbol{A}$ 不同。仅直角坐标系才有

$$(\nabla^2 \boldsymbol{A})_i = \nabla^2 \boldsymbol{A}_i \quad (i = x, y, z) \tag{2-49}$$

直角坐标系中式(2-48)对应的三个标量泊松方程为

$$\begin{aligned} \nabla^2 A_x &= -\mu_0 J_x \\ \nabla^2 A_y &= -\mu_0 J_y \\ \nabla^2 A_z &= -\mu_0 J_z \end{aligned} \tag{2-50}$$

直角坐标系中式(2-48)的解为

$$\boldsymbol{A} = \frac{\mu_0}{4\pi}\int_{V'} \frac{\boldsymbol{J}(\boldsymbol{r}')}{R} \mathrm{d}V' \qquad (\boldsymbol{R} = \boldsymbol{r} - \boldsymbol{r}' = \boldsymbol{e}_R R) \tag{2-51}$$

对应的三个分量为

$$A_x = \frac{\mu_0}{4\pi}\int_{V'} \frac{J_x}{R} \mathrm{d}V' \;,\; A_y = \frac{\mu_0}{4\pi}\int_{V'} \frac{J_y}{R} \mathrm{d}V' \;,\; A_z = \frac{\mu_0}{4\pi}\int_{V'} \frac{J_z}{R} \mathrm{d}V' \tag{2-52}$$

式(2-51)表明,自由空间中任一点的矢量磁位是由全体电流决定的。而且由式(2-51)还可以知道 $\boldsymbol{r}'$ 的电流元 $\boldsymbol{J}(\boldsymbol{r}')\mathrm{d}V'$ 在场点处激发的矢量磁位与该电流元方向一致,即

$$\mathrm{d}\boldsymbol{A}(\boldsymbol{r}) = \frac{\mu_0}{4\pi} \frac{\boldsymbol{J}(\boldsymbol{r}')\mathrm{d}V'}{R} \tag{2-53}$$

若是面电流或线电流分布,则需要将式(2-51)的体积分变成面积分或线积分,写作

$$\boldsymbol{A} = \frac{\mu_0}{4\pi}\int_{S'} \frac{\boldsymbol{J}_S}{R} \mathrm{d}S' \tag{2-54}$$

$$\boldsymbol{A} = \frac{\mu_0}{4\pi}\int_{l'} \frac{I}{R} \mathrm{d}\boldsymbol{l}' \tag{2-55}$$

确定了矢量磁位 $\boldsymbol{A}$ 与电流密度矢量之间的关系,通过矢量磁位 $\boldsymbol{A}$ 取旋度就可以得到磁感应强度 $\boldsymbol{B}$。而且对式(2-51)、式(2-54)、式(2-55)两边取旋度,还可以进一步得到磁感应强度 $\boldsymbol{B}$ 与电流密度源 $\boldsymbol{J}$ 之间的关系。以式(2-55)为例,对其两边取旋度得

$$\boldsymbol{B} = \nabla \times \boldsymbol{A} = \frac{\mu_0}{4\pi} \nabla \times \int_{l'} \frac{I\mathrm{d}\boldsymbol{l}'}{R} \tag{2-56}$$

式(2-56)右边的积分是对电流分布的源区域进行的,而求旋度是对场点坐标进行的,因此式(2-56)可变换为

$$\boldsymbol{B} = \frac{\mu_0}{4\pi}\int_{l'} \nabla \times \frac{I\mathrm{d}\boldsymbol{l}'}{R} \tag{2-57}$$

利用矢量恒等式 $\nabla \times (\varphi \boldsymbol{A}) = \varphi \nabla \times \boldsymbol{A} + \nabla \varphi \times \boldsymbol{A}$,可得

$$\boldsymbol{B} = \frac{\mu_0 I}{4\pi}\left[\int_{l'} \frac{\nabla \times \mathrm{d}\boldsymbol{l}'}{R} + \int_{l'} \nabla \frac{1}{R} \times \mathrm{d}\boldsymbol{l}'\right] \tag{2-58}$$

式(2-58)中

$$\nabla \times \mathrm{d}\boldsymbol{l}' = \boldsymbol{0}, \nabla \frac{1}{R} = -\frac{\boldsymbol{R}}{R^3}$$

因此可得

$$\boldsymbol{B}=\frac{\mu_0}{4\pi}\int_{l'}\frac{I\mathrm{d}\boldsymbol{l}'\times\boldsymbol{R}}{R^3} \tag{2-59}$$

同样可以得到

$$\boldsymbol{B}=\frac{\mu_0}{4\pi}\int_{S'}\frac{\boldsymbol{J}_S\times\boldsymbol{R}}{R^3}\mathrm{d}S' \tag{2-60}$$

$$\boldsymbol{B}=\frac{\mu_0}{4\pi}\int_{V'}\frac{\boldsymbol{J}_V\times\boldsymbol{R}}{R^3}\mathrm{d}V' \tag{2-61}$$

式(2-59)、式(2-60)、式(2-61)描述的电流与磁感应强度之间的关系就是毕奥-萨伐尔定律。对比式(2-59)和式(2-55)可以看出，矢量磁位 d$\boldsymbol{A}$ 与电流元 $I\mathrm{d}\boldsymbol{l}'$方向相同，且成简单的线性关系；而磁感应强度 d$\boldsymbol{B}$ 与电流元 $I\mathrm{d}\boldsymbol{l}'$的方向互相垂直，d$\boldsymbol{B}$ 的方向不仅取决于 $I\mathrm{d}\boldsymbol{l}'$，还和源点 $I\mathrm{d}\boldsymbol{l}'$到场点的指向有关。因此，当电流分布已知时，在某些情况下计算矢量磁位比计算磁感应强度 $\boldsymbol{B}$ 简单。

磁通量的计算也可以用矢量磁位来表示，如下

$$\oint_S\boldsymbol{B}\cdot\mathrm{d}\boldsymbol{S}=\int_S\nabla\times\boldsymbol{B}\cdot\mathrm{d}\boldsymbol{S}=\oint_l\boldsymbol{B}\cdot\mathrm{d}\boldsymbol{l} \tag{2-62}$$

式中，l 是曲面 S 的有向闭合边界。

【例 2-6】 求长度为 l 的载流直导线的磁矢位和磁感应强度，载流直导线的电流强度为 I。

解：取如图 2.5 所示圆柱坐标系，磁失位只有 z 分量，场点坐标是(r,ϕ,z)，则

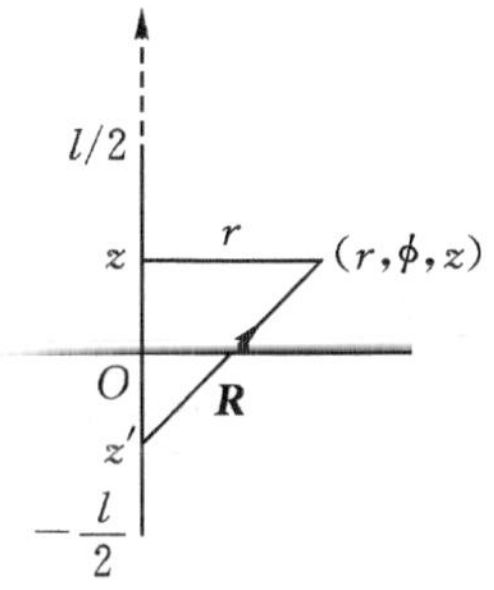

图 2.5　例 2-6 图

$$A_z=\frac{\mu_0 I}{4\pi}\int_{-\frac{l}{2}}^{\frac{1}{2}}\frac{\mathrm{d}z'}{[r^2+(z-z')^2]^{\frac{1}{2}}}$$

$$=\frac{\mu_0 I}{4\pi}\ln\frac{\left[\left(\frac{l}{2}-z\right)+\left(\frac{l}{2}-z\right)^2+r^2\right]^{\frac{1}{2}}}{\left[\left(\frac{l}{2}+z\right)+\left(\frac{-l}{2}-z\right)^2+r^2\right]^{\frac{1}{2}}}$$

当 $l\gg z$ 时，有　$$A_z=\frac{\mu_0 I}{4\pi}\ln\frac{\frac{l}{2}+\left[\left(\frac{l}{2}\right)^2+r^2\right]^{\frac{1}{2}}}{-\frac{l}{2}+z+\left[\left(-\frac{l}{2}\right)^2+r^2\right]^{\frac{l}{2}}}$$

若再取 $l\gg r$，则有　$$A_z=\frac{\mu_0 I}{4\pi}\ln\left(\frac{l}{r}\right)^2=\frac{\mu_0 I}{2\pi}\ln\frac{l}{r}$$

当 $l\to\infty$ 时，上式为无穷大。这是因为当电流分布在无限区域时，不能把无穷远处作为磁矢位的参考点，而以上的计算都是基于磁矢位的参考点在无穷远处。实际上，当电流分布在无限区域时，一般指定一个有限远处为磁矢位的参考点，就可以使磁矢位不为无穷大。当指定 $r=r_0$ 处为磁矢位的零点时，可以得出

$$A_z=\frac{\mu_0 I}{2\pi}\ln\frac{r_0}{r}$$

利用圆柱坐标系的旋度公式，就可以由上式求得无限长载流直导线激发的磁场的磁感应强度为

$$\boldsymbol{B}=\nabla\times\boldsymbol{A}=-\boldsymbol{e}_\phi\frac{\partial A_z}{\partial r}=\boldsymbol{e}_\phi\frac{\mu_0 I}{2\pi r}$$

4. 磁偶极子

磁偶极子是类比电偶极子而建立的物理模型，例如一根小磁针就可以视为一个磁偶极子。地磁场也可以看作是由磁偶极子产生的场。磁偶极子受到力矩的作用会发生转动，只有当力矩为零时，磁偶极子才会处于平衡状态。利用这个原理，可以进行磁场的测量。但由于没有发现单独存在的磁单极子，故将一个载有电流的圆形回路作为磁偶极子的模型。

图 2.6 是磁偶极子的示意图，取载流小圆环位于 xOy 平面，载流小圆环的半径为 a，电流为 I 并且中心在原点，这样电流分布具有对称性，所以磁矢位在球坐标系中只有 A_ϕ 分量，且 A_ϕ 只是 r 和 θ 的函数，与 ϕ 无关，故将场点选在 xOy 平面并不失一般性。球坐标系中

$$\boldsymbol{A}=\frac{\mu_0}{4\pi}\int_l\frac{I\,\mathrm{d}\boldsymbol{l}}{R}=\frac{\mu_0}{4\pi}\int_0^{2\pi}\frac{Ia\,\mathrm{d}\phi}{R}\boldsymbol{e}_\varphi \tag{2-63}$$

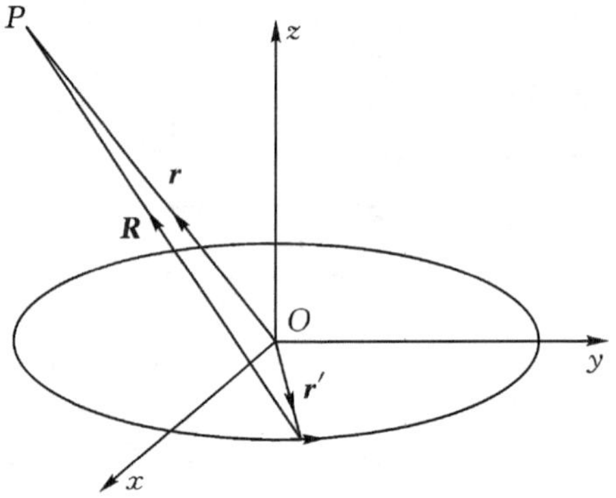

图 2.6　磁偶极子

考虑坐标之间的变换

$$\boldsymbol{e}_\phi=-\boldsymbol{e}_x\sin\phi+\boldsymbol{e}_y\cos\phi$$

则

$$\boldsymbol{A}=\frac{\mu_0 I}{4\pi}\int_0^{2\pi}\frac{-a\sin\phi\mathrm{d}\phi\boldsymbol{e}_x+a\cos\phi\mathrm{d}\phi\boldsymbol{e}_y}{R} \tag{2-64}$$

其中

$$R=(r^2+a^2-2\boldsymbol{r}\cdot\boldsymbol{r}')^{\frac{1}{2}}=r\left[1+\left(\frac{a}{r}\right)^2-\frac{2\boldsymbol{r}\cdot\boldsymbol{r}'}{r^2}\right]^{\frac{1}{2}},\quad |\boldsymbol{r}'|=a$$

当 $r\gg a$ 时

$$\frac{1}{R}=\frac{1}{r}\left[1+\left(\frac{a}{r}\right)^2-\frac{2\boldsymbol{r}\cdot\boldsymbol{r}'}{r^2}\right]^{-\frac{1}{2}}\approx\frac{1}{r}\left(1-\frac{2\boldsymbol{r}\cdot\boldsymbol{r}'}{r^2}\right)^{-\frac{1}{2}}\approx\frac{1}{r}\left(1+\frac{\boldsymbol{r}\cdot\boldsymbol{r}'}{r^2}\right)$$

又由图 2.6 有

$$\boldsymbol{r}=r(\boldsymbol{e}_x\sin\theta+\boldsymbol{e}_z\cos\theta),\boldsymbol{r}'=a(\boldsymbol{e}_x\cos\phi+\boldsymbol{e}_y\sin\phi)$$

所以

$$\frac{1}{R}\approx\frac{1}{r}\left(1+\frac{a}{r}\sin\theta\cos\varphi\right)$$

将以上各表达式代入式(2-64)可得

$$\begin{aligned}\boldsymbol{A}&=\frac{\mu_0 I}{4\pi}\int_0^{2\pi}\frac{-a\sin\phi\mathrm{d}\phi\boldsymbol{e}_x+a\cos\phi\mathrm{d}\phi\boldsymbol{e}_y}{R}\\&=\frac{\mu_0 I}{4\pi}\left[\int_0^{2\pi}\frac{1}{r}(-a\sin\varphi\mathrm{d}\varphi\boldsymbol{e}_x+a\cos\varphi\mathrm{d}\varphi\boldsymbol{e}_y)+\right.\\&\quad\left.\int_0^{2\pi}\frac{1}{r}\left(-\frac{a^2}{2r}\sin\theta\sin2\varphi\mathrm{d}\varphi\boldsymbol{e}_x+\frac{a^2}{r}\sin\theta\cos^2\varphi\mathrm{d}\varphi\boldsymbol{e}_y\right)\right]\\&=\frac{\mu_0 I}{4\pi}\int_0^{2\pi}\frac{1}{r^2}a^2\sin\theta\cos^2\phi\mathrm{d}\phi\boldsymbol{e}_y\\&=\boldsymbol{e}_y\frac{\mu_0}{4\pi}\frac{Ia^2\sin\theta}{r^2}\int_0^{2\pi}\frac{1}{2}\mathrm{d}\phi=\boldsymbol{e}_y\frac{\mu_0}{4\pi}\frac{I\pi a^2\sin\theta}{r^2}\end{aligned}$$

即

$$A_\varphi=A_y=\frac{\mu_0}{4\pi}\frac{I\pi a^2\sin\theta}{r^2}\tag{2-65}$$

若定义载流小圆环的磁矩为

$$\boldsymbol{m}=I\boldsymbol{S}=I\pi a^2\boldsymbol{e}_z\tag{2-66}$$

则

$$\boldsymbol{A}=\frac{\mu_0}{4\pi}\frac{\boldsymbol{m}\times\boldsymbol{r}}{r^3}\quad(r\gg a)\tag{2-67}$$

根据矢量磁位和磁感应强度之间的关系可得

$$\boldsymbol{B}=\nabla\times\boldsymbol{A}=\frac{1}{r^2\sin\theta}\begin{vmatrix}\boldsymbol{e}_r & r\boldsymbol{e}_\theta & r\sin\theta\boldsymbol{e}_\phi\\ \dfrac{\partial}{\partial r} & \dfrac{\partial}{\partial\theta} & \dfrac{\partial}{\partial\phi}\\ A_r & rA_\theta & r\sin\theta A_\varphi\end{vmatrix}=\frac{\mu_0 m}{4\pi r^3}(\boldsymbol{e}_r 2\cos\theta+\boldsymbol{e}_\theta\sin\theta)\tag{2-68}$$

实际上，对于任一载流回路，不论其形状和电流如何，只要其磁矩给定，远区的磁场表达式均相同。

位于 $\boldsymbol{r}'$ 处磁矩为 $\boldsymbol{m}$ 的磁偶极子，在点 $\boldsymbol{r}$ 处产生的磁矢位为

$$\boldsymbol{A}(\boldsymbol{r})=\frac{\mu_0}{4\pi}\frac{\boldsymbol{m}\times(\boldsymbol{r}-\boldsymbol{r}')}{|\boldsymbol{r}-\boldsymbol{r}'|^3}$$

位于外磁场 $\boldsymbol{B}$ 中的磁偶极子 $\boldsymbol{m}$，会受到磁场的作用力及其产生的力矩。作用力和力矩分别为

$$\boldsymbol{F}=(\boldsymbol{m}\cdot\nabla)\boldsymbol{B},\boldsymbol{T}=\boldsymbol{m}\times\boldsymbol{B}$$

2.2 介质中静态电磁场的基本方程

2.2.1 介质中静电场的基本方程

根据物质的电特性，可将物质分为导电物质和绝缘物质两类。也可将导电物质称为导体，将绝缘物质称为电介质。我们已经知道导体的特点是其内部有大量能自由运动的电荷，在外电场力的作用下，这些自由运动的电荷可以做宏观运动。相对而言，介质中的带电粒子被约束在介质的分子中，不能做宏观运动。在电场的作用下，介质内的带电粒子会发生微观位移，使分子产生极化，从而对外显现电性。

1. 介质的极化

从物质的结构来讲，任何物质的分子或原子都是由带正电的原子核和带负电的电子组成的。以其特性，分子可分为极性分子和非极性分子，极性分子是指分子的正负电荷中心不重合，无外加电场时，分子偶极矩不为零。本身是具有一个固有极矩的分子，如 H_2O 分子等；非极性分子是指分子的正负电荷中心重合，无外加电场时，分子偶极矩为零的分子，如 H_2、N_2、CCl_4 等分子。

介质的极化一般分为三种情况，分别为电子极化、离子极化和取向极化。电子极化是指组成原子的电子云在电场的作用下，电子云相对原子核发生位移，形成附加的电偶极矩。离子极化发生在等量异号电荷组成的离子型分子中，在电场作用下组成离子型分子的正负粒子，从其平衡位置发生位移，产生附加的电偶极矩。极性分子本身具有固有电偶极矩，无外加电场时，由于分子的热运动，使各个分子的电偶极矩杂乱无章地排列，从而其合成电矩为零。但在外加电场作用下，分子的电矩向电场方向转动，使得系统受到的总外力为零，总力矩为零，并且系统的能量最小，即达到一个稳定平衡，这样就产生了一个合成力矩，介质发生了极化，这种极化称为取向极化。

一般来讲，单原子分子的电介质只有电子极化；所有化合物都存在离子极化和电子极化，一些化合物甚至同时存在三种极化。尽管极化的微观过程不同，但当电介质处于外加电场中，介质一旦发生极化，极化介质中的每一个分子都是一个电偶极子，整个介质可以看成是真空中电偶极子有序排列的集合体。介质极化的宏观表现是一样的，即介质极化后，介质中所有电偶极子偶极矩的矢量和不再为零，介质将对外显电性。为表征电介质极化的强弱程度，引入极化强度 $\boldsymbol{P}$，极化强度是一个矢量，定义为介质中单位体积内电偶极子偶极矩的矢量和，写作

$$\boldsymbol{P}=\lim_{\Delta V\to 0}\frac{\sum \boldsymbol{p}}{\Delta V} \tag{2-69}$$

2. 极化介质的电位

当电介质受外加电场的作用极化后，就等效为真空中一系列电偶极子，极化介质产生的附加电场，实质就是这些电偶极子产生的电场，如图 2.7 所示。

设极化介质的体积为 V，表面积为 S，极化强度为 $\boldsymbol{P}$，现在计算介质外部任一点的电位。在介质中 $\boldsymbol{r}'$ 处取一个体积元 $\Delta V'$，因 $\boldsymbol{r}-\boldsymbol{r}'$ 远大于 $\Delta V'$ 的线度，故可将 $\Delta V'$ 中介质当成一偶极子，其偶极矩为 $\boldsymbol{p}=\boldsymbol{P}\Delta V'$，它在 $\boldsymbol{r}$ 处产生的电位是

$$\Delta\varphi(\boldsymbol{r})=\frac{\boldsymbol{P}(\boldsymbol{r}')\Delta V'}{4\pi\varepsilon_0}\cdot\frac{\boldsymbol{r}-\boldsymbol{r}'}{|\boldsymbol{r}-\boldsymbol{r}'|^3} \tag{2-70}$$

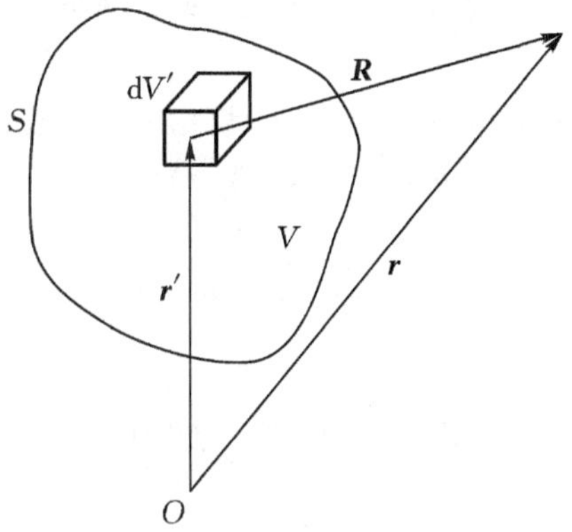

图 2.7　极化介质的电位

整个极化介质产生的电位为

$$\varphi(\boldsymbol{r}) = \frac{1}{4\pi\varepsilon_0}\int_V \frac{\boldsymbol{P}(\boldsymbol{r}') \cdot (\boldsymbol{r}-\boldsymbol{r}')}{|\boldsymbol{r}-\boldsymbol{r}'|^3} \cdot \mathrm{d}V' \tag{2-71}$$

利用

$$\nabla' \frac{1}{|\boldsymbol{r}-\boldsymbol{r}'|} = \frac{\boldsymbol{r}-\boldsymbol{r}'}{|\boldsymbol{r}-\boldsymbol{r}'|^3}$$

对式(2-71)进行变换可得

$$\varphi(\boldsymbol{r}) = \frac{1}{4\pi\varepsilon_0}\int_V \boldsymbol{P}(\boldsymbol{r}') \cdot \nabla' \frac{1}{|\boldsymbol{r}-\boldsymbol{r}'|}\mathrm{d}V' \tag{2-72}$$

再结合矢量恒等式

$$\nabla' \cdot (u\boldsymbol{A}) = u\,\nabla' \cdot \boldsymbol{A} + \nabla' u \cdot \boldsymbol{A}$$

可得

$$\begin{aligned}\varphi(\boldsymbol{r}) &= \frac{1}{4\pi\varepsilon_0}\int_V \nabla' \cdot \frac{\boldsymbol{P}(\boldsymbol{r}')}{|\boldsymbol{r}-\boldsymbol{r}'|}\mathrm{d}V' + \frac{1}{4\pi\varepsilon_0}\int_V \frac{-\nabla' \cdot \boldsymbol{P}(\boldsymbol{r}')}{|\boldsymbol{r}-\boldsymbol{r}'|}\mathrm{d}V' \\ &= \frac{1}{4\pi\varepsilon_0}\oint_S \frac{\boldsymbol{P}(\boldsymbol{r}') \cdot \boldsymbol{n}}{|\boldsymbol{r}-\boldsymbol{r}'|}\mathrm{d}S' + \frac{1}{4\pi\varepsilon_0}\int_V \frac{-\nabla' \cdot \boldsymbol{P}(\boldsymbol{r}')}{|\boldsymbol{r}-\boldsymbol{r}'|}\mathrm{d}V'\end{aligned} \tag{2-73}$$

式中，$\boldsymbol{n}$ 是 S 上某点的外法向单位矢量。式(2-72)中第一项与面分布电荷产生的电位表达式相同，第二项与体分布电荷产生的电位表达式相同，$\boldsymbol{P}(\boldsymbol{r}') \cdot \boldsymbol{n}$ 和 $-\nabla' \cdot \boldsymbol{P}(\boldsymbol{r}')$ 分别为有面电荷密度和体电荷密度的量纲，因此极化介质产生的电位可以看作是等效体分布电荷和等效面分布电荷在真空中共同产生的。等效体电荷密度和等效面电荷密度分别为

$$\rho_p(\boldsymbol{r}') = -\nabla' \cdot \boldsymbol{P}(\boldsymbol{r}') \tag{2-74}$$

$$\rho_S(\boldsymbol{r}') = \boldsymbol{P}(\boldsymbol{r}') \cdot \boldsymbol{n} \tag{2-75}$$

实际上，在上面的分析中，等效电荷也称为极化电荷或者束缚电荷。在应用中，通常将式(2-74)重写为

$$\rho_p(\boldsymbol{r}) = -\nabla \cdot \boldsymbol{P}(\boldsymbol{r}) \tag{2-76}$$

上面的分析中，虽然场点选取在介质外部，实际上，以上结果同样适用于介质内部任意一点电位的计算，根据式(2-73)计算的介质极化产生的电位就可以求介质极化产生的附加电场，当然在求总电场时还要加上外加电场。

【例 2-7】 一个半径为 a 的均匀极化介质球，极化强度是 $P_0\boldsymbol{e}_z$，求极化电荷分布及介质球的电偶极矩。

解：根据题意，取球坐标系，球心为坐标原点，极化电荷体密度为

$$\rho(\boldsymbol{r})=-\nabla\cdot\boldsymbol{P}(\boldsymbol{r})=0$$

极化电荷面密度为

$$\rho_S=\boldsymbol{P}\cdot\boldsymbol{n}=P_0\boldsymbol{e}_z\cdot\boldsymbol{e}_r=P_0\cos\theta$$

分布电荷对于原点的偶极矩

$$\boldsymbol{p}=\int_D\boldsymbol{r}\,\mathrm{d}q=\int_S\boldsymbol{r}\rho_S\,\mathrm{d}S$$

代入球面上各量

$$\boldsymbol{r}=a(\boldsymbol{e}_x\sin\theta\cos\phi+\boldsymbol{e}_y\sin\theta\sin\phi+\boldsymbol{e}_z\cos\theta),\ \mathrm{d}S=a^2\sin\theta\mathrm{d}\theta\mathrm{d}\phi$$

得

$$\boldsymbol{p}=\frac{\boldsymbol{e}_z4\pi a^3P_0}{3}$$

3. 电位移矢量及电介质中的场方程

将真空中高斯定理的微分形式推广到介质中，考虑到所有电荷都可以激发电场，则高斯定理的微分形式可以写为

$$\nabla\cdot\boldsymbol{E}=\frac{\rho+\rho_P}{\varepsilon_0}\tag{2-77}$$

将 $\rho_P=-\nabla\cdot\boldsymbol{P}$ 代入上式得

$$\nabla\cdot(\varepsilon_0\boldsymbol{E}+\boldsymbol{P})=\rho\tag{2-78}$$

表明，矢量 $\varepsilon_0\boldsymbol{E}+\boldsymbol{P}$ 的散度为自由电荷密度，定义此矢量为电位移矢量，并用 $\boldsymbol{D}$ 表示，即

$$\boldsymbol{D}=\varepsilon_0\boldsymbol{E}+\boldsymbol{P}\tag{2-79}$$

这样，介质中高斯定理的微分形式就变为

$$\nabla\cdot\boldsymbol{D}=\rho\tag{2-80}$$

在静态场情况下，介质中的电场强度的旋度仍为零，故介质中静电场的方程为

$$\nabla\cdot\boldsymbol{D}=\rho$$

$$\nabla\times\boldsymbol{E}=\boldsymbol{0}$$

与其相应的积分形式为

$$\oint_S\boldsymbol{D}\cdot\mathrm{d}\boldsymbol{S}=q$$

$$\oint_l\boldsymbol{E}\cdot\mathrm{d}\boldsymbol{l}=0$$

对式(2-79)做进一步分析，由于在分析介质中的静电问题时必须知道极化强度与电场强度之间的关系，而且这种关系由介质的固有特性决定，故称这种关系为组成关系。如果极化强度和电场强度同方向，则称这种介质为各向同性介质，若两者之间成正比，就称为各向同性线性介质。对于此类介质，电场强度和极化强度之间的组成关系为

$$\boldsymbol{P}=\varepsilon_0\chi_e\boldsymbol{E}\tag{2-81}$$

式中，χ_e 为介质的极化率，是一个无量纲常数，可通过查表获得。这样，对于各向同性线性介质，就有

$$\boldsymbol{D}=\varepsilon_0(1+\chi_e)\boldsymbol{E}=\varepsilon_0\varepsilon_r\boldsymbol{E}=\varepsilon\boldsymbol{E} \tag{2-82}$$

式(2-82)称为静电场中的本构关系，其中 $\varepsilon_r=1+\chi_e$ 称为介质的相对介电常数，ε 称为介质的绝对介电常数。对于均匀的各向同性线性介质，电位满足如下泊松方程

$$\nabla^2\varphi=-\frac{\rho}{\varepsilon} \tag{2-83}$$

2.2.2　静电场的边界条件

静电场的边界条件是由于电介质极化性质的不同引起的静电场在介质分界面上的变化规律。静电场的边界条件同样分为法向边界条件和切向边界条件。

1. 静电场的法向边界条件

静电场的法向边界条件各参量如图 2.8 所示。在介质分界面两侧做一个圆柱形闭合曲面，圆柱两底面分别在介质 1 和介质 2 中，圆柱两底面与介质分界面平行，面积为 ΔS。根据介质中的高斯定理，当圆柱的高趋于零时，有

$$\boldsymbol{D}_2\cdot\boldsymbol{n}\Delta S-\boldsymbol{D}_1\cdot\boldsymbol{n}\Delta S=q=\rho_S\Delta S$$

即

$$\boldsymbol{n}\cdot(\boldsymbol{D}_2-\boldsymbol{D}_1)=\rho_S \tag{2-84}$$

或

$$D_{2n}-D_{1n}=\rho_S \tag{2-85}$$

式中，ρ_S 为介质分界面上的自由电荷面密度。式(2-85)说明，在有自由电荷分布的分界面上，电位移矢量的法向分量在通过界面时不连续。若界面上无自由电荷分布，即 $\rho_S=0$ 时，边界条件变为

$$\boldsymbol{n}\cdot(\boldsymbol{D}_2-\boldsymbol{D}_1)=0 \tag{2-86}$$

或

$$D_{2n}-D_{1n}=0 \tag{2-87}$$

说明在没有自由电荷分布的分界面上，电位移矢量的法向分量在通过界面时是连续的。

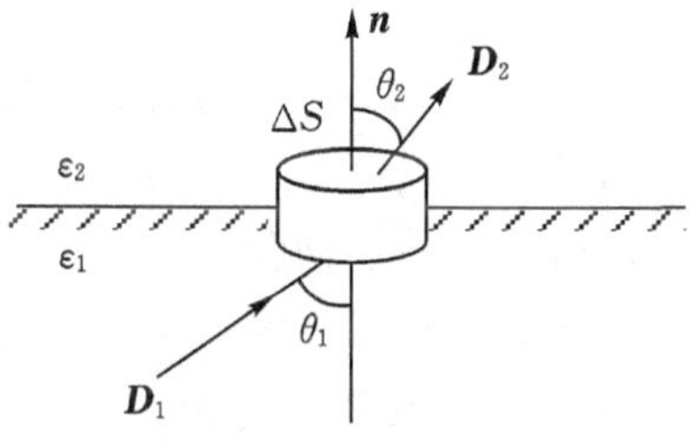

图 2.8　法向边界条件

2. 静电场的切向边界条件

如图 2.9 所示，设分界面两侧的电场强度分别为 $\boldsymbol{E}_2$、$\boldsymbol{E}_1$，在分界面上做一狭长矩形回路，回路绕向也如图 2.9 所示，回路的两条长边分别在分界面两侧且都与分界面平行。做电场强度沿矩形回路的积分，并令矩形回路的短边趋于零，则有

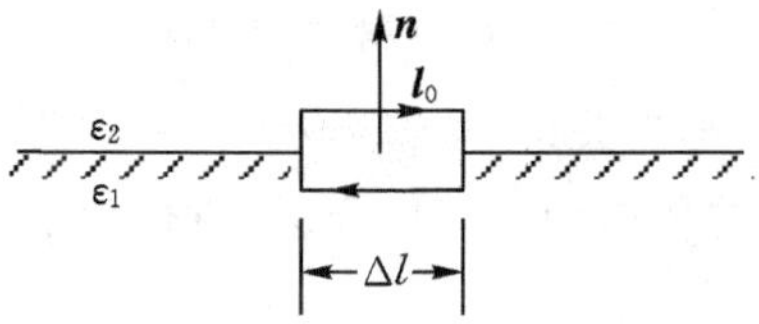

图 2.9　切向边界条件

$$\oint_l \boldsymbol{E} \cdot \mathrm{d}\boldsymbol{l} = \boldsymbol{E}_1 \cdot \Delta \boldsymbol{l}_1 + \boldsymbol{E}_2 \cdot \Delta \boldsymbol{l}_2 = 0$$

因为 $\Delta \boldsymbol{l}_1 = -\boldsymbol{l}_0 \Delta l, \Delta \boldsymbol{l}_2 = \boldsymbol{l}_0 \Delta l, \boldsymbol{l}_0$ 是单位矢量，上式变为

$$(\boldsymbol{E}_2 - \boldsymbol{E}_1) \cdot \boldsymbol{l}_0 = 0$$

考虑 $\boldsymbol{n} \perp \boldsymbol{l}_0$，故有

$$\boldsymbol{n} \times (\boldsymbol{E}_2 - \boldsymbol{E}_1) = \boldsymbol{0} \tag{2-88}$$

或

$$E_{2t} = E_{1t} \tag{2-89}$$

即电场强度的切向分量在分界面两侧是连续的。

3. 静电场边界条件的电位表示

对于法向边界条件，由于 $D_{1n} = \varepsilon_1 E_{1n} = -\varepsilon_1 \dfrac{\partial \varphi_1}{\partial n}, D_{2n} = \varepsilon_2 E_{2n} = -\varepsilon_2 \dfrac{\partial \varphi_2}{\partial n}$，所以由 $D_{2n} - D_{1n} = \rho_S$ 可得电位表示的法向边界条件为

$$\varepsilon_1 \frac{\partial \varphi_1}{\partial n} - \varepsilon_2 \frac{\partial \varphi_2}{\partial n} = \rho_S \tag{2-90}$$

当 $\rho_S = 0$ 时

$$\varepsilon_1 \frac{\partial \varphi_1}{\partial n} = \varepsilon_2 \frac{\partial \varphi_2}{\partial n} \tag{2-91}$$

式中，φ_1 和 φ_2 分别表示分界面两侧介质 1 和介质 2 中的电位。

对于切向边界条件，由于 $E_{2t} = E_{1t}$，即电场强度的切向分量是连续的，所以分界面两侧电位也是连续的，即

$$\varphi_1 = \varphi_2 \tag{2-92}$$

以上分析中需要注意的是，当电位移矢量法向分量在两种介质分界面连续时，并不意味着电场强度在两种介质分界面的法向分量也连续，电场强度在两种介质分界面的切向分量连续并不意味着电位移矢量在两种介质分界面的切向分量连续。

电场强度在介质分界面处的变化导致电场强度矢量在经过两种介质分界面时其方向必然会发生变化，如图 2.8 所示，设区域 1 和区域 2 内电场线与法向的夹角分别为 θ_1 和 θ_2，则它们之间满足

$$\frac{\tan\theta_1}{\tan\theta_2} = \frac{\varepsilon_1}{\varepsilon_2} \tag{2-93}$$

此外，当两种介质中一种是导体，一种是电介质时，则导体表面的边界条件可以简化为

$$E_t = 0 \tag{2-94}$$

$$D_n = \rho_S \tag{2-95}$$

式中，$\boldsymbol{E}$ 和 $\boldsymbol{D}$ 是导体外介质中的电场强度和电位移矢量，ρ_S 为导体表面自由电荷的面密度。

【例 2-8】 同心球电容器的内导体半径为 a，外导体内半径为 b，其间填充两种介质，上半部分的介电常数为 ε_1，下半部分的介电常数为 ε_2，如图 2.10 所示。设内、外导体带电量分别为 q 和 $-q$，求各部分的电位移矢量和电场强度。

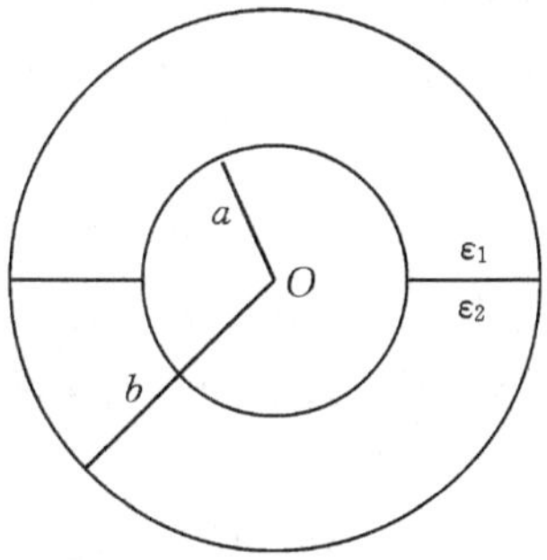

图 2.10　例 2-8 图

解：根据题意，两个极板间的场分布要同时满足介质分界面和导体表面的边界条件，故电场强度必然沿着半径方向。在介质分界面上，电场强度的切向分量连续，即上下两部分的电场强度满足下式

$$\boldsymbol{E}_1=\boldsymbol{E}_2=E\boldsymbol{e}_r$$

在半径为 r 的球面上($a<r<b$)，求 $\boldsymbol{D}$ 的面积分，有

$$2\pi\varepsilon_1 r^2 E_1+2\pi\varepsilon_2 r^2 E_2=2\pi(\varepsilon_1+\varepsilon_2)r^2 E=q$$

得

$$\boldsymbol{E}=\boldsymbol{e}_r\frac{q}{2\pi(\varepsilon_1+\varepsilon_2)r^2},\ \boldsymbol{D}_1=\boldsymbol{e}_r\frac{\varepsilon_1 q}{2\pi(\varepsilon_1+\varepsilon_2)r^2},\ \boldsymbol{D}_2=\boldsymbol{e}_r\frac{\varepsilon_2 q}{2\pi(\varepsilon_1+\varepsilon_2)r^2}$$

2.2.3　介质中稳恒磁场的基本方程

当自由空间中存在介质时，在外磁场的作用下，介质会被磁化。磁化的磁介质也会产生附加的磁场，这些附加磁场会叠加在原磁场上，从而改变原磁场的性质。根据附加磁场和原磁场的方向及大小，磁介质可以分为顺磁介质和抗磁介质。顺磁介质产生的附加磁场和原磁场的方向一致，它叠加在原磁场上可以使原磁场增强，如 Mn、Al、O_2、N_2 等物质。抗磁介质产生的附加磁场与原磁场的方向相反，它产生的附加磁场叠加在原磁场上会使原磁场减弱，如 Cu、Ag、Cl_2、H_2 等物质。也可以根据磁化介质产生的附加磁场的大小来对磁介质进行分类：一类是弱磁质，此类介质产生的附加磁场比较小，一般都远小于原磁场；还有一类是强磁质，一般情况下，强磁质通常指的是铁磁质，此类介质产生的磁场远大于原磁场，而且在原磁场没有之后，此类介质中还会有剩磁存在，如含有 Fe、Co、Ni 等成分的物质。

1. 介质的磁化

从物质的结构来讲，任何物质原子内部的电子总是沿轨道作公转运动，同时还作自旋运动。电子运动时所产生的效应与回路电流产生的效应相同，物质分子内所有电子运动对外部产生的磁效应总和可以用一个等效回路电流来表示，此等效回路电流称为分子电流，分子电流产生的磁矩称为分子磁矩。

在外磁场的作用下，磁介质都会产生感应磁矩，而且介质内部的固有磁矩会沿外磁场方向取向，这种现象称为介质的磁化。一般来讲，介质磁化的微观过程可能不同，但当介质处于外加磁场中时，介质一旦发生磁化，磁化介质可以看作是自由空间中沿一定方向排列的磁偶极子的集合。介质磁化的宏观表现是一样的，即介质磁化后，介质中所有磁偶极子磁矩的矢量和不再为零，介质将对外显磁性。为表征磁介质磁化的强弱程度，引入磁化强度 $\boldsymbol{M}$ 这一物理量。磁化强度是一个矢量，定义为介质中单位体积内磁偶极子磁矩的矢量和，写作

$$\boldsymbol{M}=\lim_{\Delta V\to 0}\frac{\sum \boldsymbol{m}}{\Delta V} \tag{2-96}$$

式中，$\boldsymbol{m}$ 是分子磁矩，求和对体积元 ΔV 内所有分子进行。磁化强度的单位是 A/m。若磁化介质中的体积元 ΔV 内，每一个分子磁矩的大小和方向全相同，单位体积内的分子数是 N，则磁化强度为

$$\boldsymbol{M}=\frac{N\boldsymbol{m}\Delta V}{\Delta V}=N\boldsymbol{m} \tag{2-97}$$

2. *磁化介质的磁化电流*

当场介质受外加磁场的作用磁化后，就等效为真空中一系列磁偶极子，磁化介质产生的附加磁场实质就是这些磁偶极子在自由空间中产生的磁场。介质磁化后其内部分子磁矩的排列趋于一致，使得在介质内部要产生某一个方向的净电流，同样在介质表面会产生宏观的面电流。

设 P 点为磁化介质外部一点，磁化介质内部 $\boldsymbol{r}'$ 处体积元 $\Delta V'$ 内的磁偶极矩为 $\boldsymbol{M}\Delta V'$，它在 $\boldsymbol{r}$ 处产生的磁矢位为

$$\Delta\boldsymbol{A}=\frac{\mu_0}{4\pi}\frac{\boldsymbol{M}(\boldsymbol{r}')\Delta V'\times(\boldsymbol{r}-\boldsymbol{r}')}{|\boldsymbol{r}-\boldsymbol{r}'|^3} \tag{2-98}$$

全部磁介质在 $\boldsymbol{r}$ 处产生的磁矢位为

$$\begin{aligned}\boldsymbol{A}&=\frac{\mu_0}{4\pi}\int_V\frac{\boldsymbol{M}(\boldsymbol{r}')\times(\boldsymbol{r}-\boldsymbol{r}')}{|\boldsymbol{r}-\boldsymbol{r}'|^3}\mathrm{d}V'=\frac{\mu_0}{4\pi}\int_V\boldsymbol{M}(\boldsymbol{r}')\times\nabla'\left(\frac{1}{|\boldsymbol{r}-\boldsymbol{r}'|}\right)\mathrm{d}V'\\&=\frac{\mu_0}{4\pi}\int_V\frac{\nabla'\times\boldsymbol{M}}{|\boldsymbol{r}-\boldsymbol{r}'|}\mathrm{d}V'-\frac{\mu_0}{4\pi}\int_V\nabla'\times\frac{\boldsymbol{M}}{|\boldsymbol{r}-\boldsymbol{r}'|}\mathrm{d}V'\end{aligned}$$

利用矢量恒等式

$$\int_V\nabla\times\boldsymbol{F}\mathrm{d}V=-\oint_S\boldsymbol{F}\times\mathrm{d}\boldsymbol{S}$$

可得

$$\boldsymbol{A}=\frac{\mu_0}{4\pi}\int_V\frac{\nabla'\times\boldsymbol{M}}{|\boldsymbol{r}-\boldsymbol{r}'|}\mathrm{d}V'+\frac{\mu_0}{4\pi}\int_V\frac{\boldsymbol{M}\times\boldsymbol{n}'}{|\boldsymbol{r}-\boldsymbol{r}'|}\mathrm{d}S' \tag{2-99}$$

式中，$\boldsymbol{n}'$ 是磁介质表面的单位外法向分量。式(2-99)的第一项与体分布电流产生的磁矢位表达式相同，第二项与面分布电流产生的磁矢位相同。因此，磁化介质产生的磁矢位可以看作是等效体电流和面电流在自由空间中共同产生的。等效体电流密度矢量 $\boldsymbol{J}_{\mathrm{m}}$ 和面电流密度矢量 $\boldsymbol{J}_{\mathrm{mS}}$ 分别为

$$\boldsymbol{J}_{\mathrm{m}}=\nabla\times\boldsymbol{M} \tag{2-100}$$

$$\boldsymbol{J}_{\mathrm{mS}}=\boldsymbol{M}\times\boldsymbol{n} \tag{2-101}$$

式中，$\boldsymbol{M}$ 为介质的磁化强度；$\boldsymbol{n}$ 为磁化介质表面的外法向单位矢量。磁等效电流也称为磁化电流或者束缚电流。

【例 2-9】 半径为 a、高为 L 的磁化介质柱（如图 2.11 所示），磁化强度为 $\boldsymbol{M}_0$（$\boldsymbol{M}_0$ 为常矢量，且与圆柱的轴线平行），求磁化电流 $\boldsymbol{J}_{\mathrm{m}}$ 和磁化面电流 $\boldsymbol{J}_{\mathrm{m}S}$。

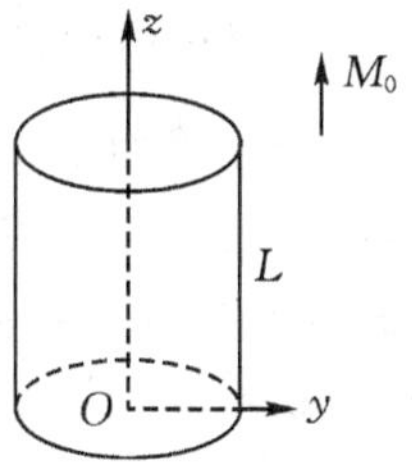

图 2.11　例 2-9 图

解：根据题意，取圆柱坐标系的 z 轴和磁介质柱的中轴线重合，磁介质的下底面位于 $z=0$ 处，上底面位于 $z=L$ 处。此时，$\boldsymbol{M}=M_0\boldsymbol{e}_z$，由式(2-100)和式(2-101)可得

体分布磁化电流为　　$\boldsymbol{J}_{\mathrm{m}}=\nabla\times\boldsymbol{M}=\nabla\times(M_0\boldsymbol{e}_z)=\boldsymbol{0}$

在下界面 $z=0$ 上，$\boldsymbol{n}=-\boldsymbol{e}_z$

$$\boldsymbol{J}_{\mathrm{m}S}=\boldsymbol{M}\times\boldsymbol{n}=M_0\boldsymbol{e}_z\times(-\boldsymbol{e}_z)=\boldsymbol{0}$$

在上界面 $z=L$ 上，$\boldsymbol{n}=\boldsymbol{e}_z$

$$\boldsymbol{J}_{\mathrm{m}S}=\boldsymbol{M}\times\boldsymbol{n}=M_0\boldsymbol{e}_z\times\boldsymbol{e}_z=\boldsymbol{0}$$

在圆柱界面 $r=a$ 上，$\boldsymbol{n}=\boldsymbol{e}_r$

$$\boldsymbol{J}_{\mathrm{m}S}=\boldsymbol{M}\times\boldsymbol{n}=M_0\boldsymbol{e}_z\times\boldsymbol{e}_r=M_0\boldsymbol{e}_\phi$$

3. *磁化强度及磁介质中的场方程*

在外磁场的作用下，磁介质内部将产生磁化电流 $\boldsymbol{J}_{\mathrm{m}}$，磁化电流 $\boldsymbol{J}_{\mathrm{m}}$ 和外加电流都产生磁场，此时自由空间中的安培环路定理中的电流应包括外加传导电流 I 和磁化电流 I_{m}，即

$$\oint_l \boldsymbol{B}\cdot\mathrm{d}\boldsymbol{l}=\mu_0(I+I_{\mathrm{m}})=\mu_0\int_S(\boldsymbol{J}+\boldsymbol{J}_{\mathrm{m}})\cdot\mathrm{d}\boldsymbol{S} \tag{2-102}$$

因 $\boldsymbol{J}_{\mathrm{m}}=\nabla\times\boldsymbol{M}$，故

$$\oint_l \boldsymbol{B}\cdot\mathrm{d}\boldsymbol{l}=\mu_0 I+\mu_0\oint_l \boldsymbol{M}\cdot\mathrm{d}\boldsymbol{l}$$

上式可改写为

$$\oint_l\left(\frac{\boldsymbol{B}}{\mu_0}-\boldsymbol{M}\right)\cdot\mathrm{d}\boldsymbol{l}=I$$

引入磁场强度矢量 $\boldsymbol{H}$，并令

$$\boldsymbol{H}=\frac{B}{\mu_0}-\boldsymbol{M} \tag{2-103}$$

式中，磁场强度 $\boldsymbol{H}$ 的单位为 A/m，则得到磁介质中安培环路定理的积分形式为

$$\oint_l \boldsymbol{H}\cdot\mathrm{d}\boldsymbol{l}=I \tag{2-104}$$

与之对应的微分形式为

$$\nabla\times\boldsymbol{H}=\boldsymbol{J} \tag{2-105}$$

即磁场强度的环量只与积分环路内的传导电流有关，而磁场强度的旋度是由对应场点的电流密度矢量决定的。

由于磁场线始终是闭合曲线，因此磁介质中磁通连续性原理依然成立，磁介质中的场方程归纳为磁通连续性原理和安培环路定理的积分形式，如下

$$\oint_S \boldsymbol{B}\cdot \mathrm{d}\boldsymbol{S}=0\ ,\quad \oint_l \boldsymbol{H}\cdot \mathrm{d}\boldsymbol{l}=\int_S \boldsymbol{J}\cdot \mathrm{d}\boldsymbol{S}=I$$

磁通连续性原理和安培环路定理的微分形式如下

$$\nabla\cdot\boldsymbol{B}=0 \qquad \nabla\times\boldsymbol{H}=\boldsymbol{J}$$

由于在磁介质中引入了磁场强度 $\boldsymbol{H}$，因此必须知道磁感应强度 $\boldsymbol{B}$ 和磁场强度 $\boldsymbol{H}$ 之间的关系才能最后求解出 $\boldsymbol{B}$。式(2-103)给出的 $\boldsymbol{B}$ 和 $\boldsymbol{H}$ 之间的关系称为本构关系，它表示磁介质的磁化特性。式(2-103)又可写为

$$\boldsymbol{B}=\mu_0(\boldsymbol{H}+\boldsymbol{M}) \tag{2-106}$$

一般情况下，通常用磁化强度 $\boldsymbol{M}$ 和磁场强度 $\boldsymbol{H}$ 之间的关系来表征磁介质的特性，并按照 $\boldsymbol{M}$ 和 $\boldsymbol{H}$ 之间的不同关系，将磁介质分为各向同性与各向异性、线性与非线性以及均匀与非均匀等类别，对于各向同性的线性均匀介质，$\boldsymbol{M}$ 和 $\boldsymbol{H}$ 之间满足

$$\boldsymbol{M}=\chi_{\mathrm{m}}\boldsymbol{H} \tag{2-107}$$

式中，χ_{m}是一个无量纲的常数，称为磁化率。非线性磁介质的磁化率与磁场强度有关，非均匀磁介质的磁化率是空间位置的函数，各向异性磁介质的 $\boldsymbol{M}$ 和 $\boldsymbol{H}$ 的方向不在同一方向上。顺磁介质的χ_{m}为正，抗磁介质的χ_{m}为负。在各向同性线性均匀的磁介质中有

$$\boldsymbol{B}=\mu_0(\boldsymbol{H}+\boldsymbol{M})=\mu_0(1+\chi_{\mathrm{m}})\boldsymbol{H}=\mu_{\mathrm{r}}\mu_0\boldsymbol{H}=\mu\boldsymbol{H} \tag{2-108}$$

式中，$\mu_{\mathrm{r}}=1+\chi_{\mathrm{m}}$为介质的相对磁导率，是一个无量纲数；$\mu=\mu_{\mathrm{r}}\mu_0$ 为介质的绝对磁导率，其单位与自由空间磁导率的单位相同，为 H/m。

对于铁磁质，$\boldsymbol{B}$ 和 $\boldsymbol{H}$ 的关系是非线性的，并且 $\boldsymbol{B}$ 不是 $\boldsymbol{H}$ 的单值函数，会出现磁滞现象，其中磁化率χ_{m}的变化范围很大，可达到10^6 量级。

同样，在磁介质中也可以定义矢量磁位 $\boldsymbol{B}=\nabla\times\boldsymbol{A}$，在库仑规范下，矢量磁位满足的微分方程为

$$\nabla^2\boldsymbol{A}=-\mu\boldsymbol{J} \tag{2-109}$$

【例 2-10】 如图 2.12 所示，同轴线的内导体半径为 a，外导体的内、外半径分别为 b、c，介质的磁导率为 μ。设内外导体流过反向的电流 I，求各区域的 $\boldsymbol{H}$、$\boldsymbol{B}$、$\boldsymbol{M}$。

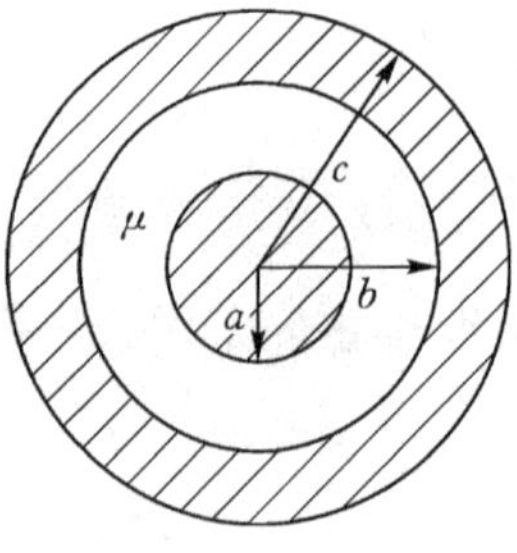

图 2.12 同轴线横截面

解：一般情况下，若不加以申明，对不良导体（不包括铁等磁性物质）取其磁导率为 μ_0，因为同轴线无限长，其磁场轴线无变化，磁场只有 ϕ 分量，且大小只是 r 的函数。分别在各区域使用式(2-101)，求出各区域的磁场强度 $\boldsymbol{H}$，然后由 $\boldsymbol{H}$ 求出 $\boldsymbol{B}$ 和 $\boldsymbol{M}$。

当 $r \leqslant a$ 时，电流在导体内均匀分布，且沿 $+z$ 方向，由安培环路定理知

$$\oint_l \boldsymbol{H} \cdot \mathrm{d}\boldsymbol{l} = \int_S \boldsymbol{J} \cdot \mathrm{d}\boldsymbol{S}$$

得

$$\boldsymbol{H} = \boldsymbol{e}_\phi \frac{Ir}{2\pi a^2}$$

考虑这一区域的磁导率为 μ_0，可得 $\boldsymbol{B}=\mu_0 \boldsymbol{H}=\boldsymbol{e}_\phi \dfrac{\mu_0 Ir}{2\pi a^2}$，$\boldsymbol{M}=\dfrac{B}{\mu_0}-\boldsymbol{H}=0$。

当 $a<r\leqslant b$ 时，与积分回路铰链的电流为 I，沿 $+z$ 方向，这一区域的磁导率为 μ，由安培环路定理可得

$$\boldsymbol{H}=\boldsymbol{e}_\phi \frac{I}{2\pi r}, \quad \boldsymbol{B}=\mu \boldsymbol{H}=\boldsymbol{e}_\phi \frac{\mu I}{2\pi r}$$

$$\boldsymbol{M}=\frac{B}{\mu_0}-\boldsymbol{H}=\boldsymbol{e}_\phi \frac{\mu-\mu_0}{\mu_0} \frac{I}{2\pi r}$$

当 $b<r\leqslant c$ 时，考虑外导体内电流均匀分布，与积分回路铰链的电流为

$$I'=I-\frac{c^2-r^2}{c^2-b^2}I$$

这一区域的磁导率为 μ_0，由安培环路定理可得

$$\boldsymbol{H}=\boldsymbol{e}_\phi \frac{I}{2\pi r}\frac{c^2-r^2}{c^2-b^2}, \quad \boldsymbol{B}=\boldsymbol{e}_\phi \frac{\mu_0 I}{2\pi r} \frac{c^2-r^2}{c^2-b^2}, \quad \boldsymbol{M}=\frac{\boldsymbol{B}}{\mu_0}-\boldsymbol{H}=0$$

当 $c<r$ 时，由安培环路定理得这一区域的 $\boldsymbol{H}$、$\boldsymbol{B}$、$\boldsymbol{M}$ 均为零。

2.2.4　稳恒磁场的边界条件

稳恒磁场的边界条件是由于磁介质磁化性质的不同引起的磁场在介质分界面上的变化规律。稳恒磁场的边界条件分为法向边界条件和切向边界条件。

1. 稳恒磁场的法向边界条件

如图 2.13 所示，在介质分界面两侧做一个圆柱形闭合曲面，圆柱两底面分别在介质 1 和介质 2 中，圆柱两底面与介质分界面平行，面积为 ΔS。根据磁通连续性原理，当圆柱面的高度趋于零时，有

$$\boldsymbol{B}_2 \cdot \boldsymbol{n}\Delta S-\boldsymbol{B}_1 \cdot \boldsymbol{n}\Delta S=0$$

即

$$\boldsymbol{n} \cdot (\boldsymbol{B}_2 - \boldsymbol{B}_1) = 0 \tag{2-110}$$

或

$$B_{2\mathrm{n}} = B_{1\mathrm{n}} \tag{2-111}$$

以上两式说明，磁感应强度的法向分量在两种介质的分界面上是连续的。

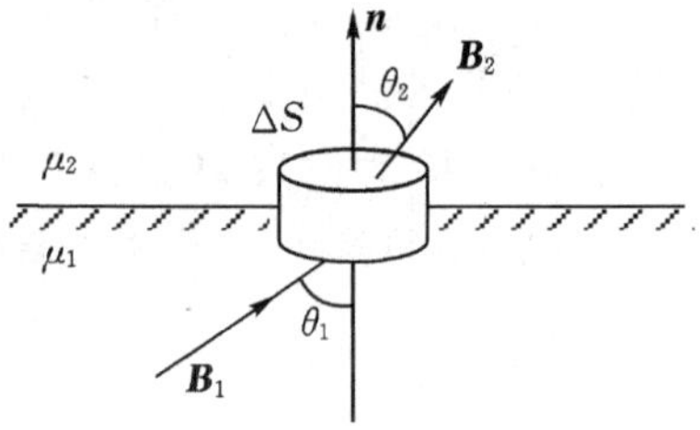

图 2.13

2. 稳恒磁场的切向边界条件

如图 2.14 所示，设分界面两侧的磁场强度分别为 $\boldsymbol{H}_2$、$\boldsymbol{H}_1$，在分界面两侧做一狭长矩形回路，回路绕向如图 2.14 所示，回路的两条长边分别在分界面两侧，回路的高 $h\to0$，令 $\boldsymbol{n}$ 表示分界面上 Δl 中点处的法向单位矢量，$\boldsymbol{l}_\circ$ 表示该点的切向单位矢量，$\boldsymbol{b}_\circ$ 为垂直于 $\boldsymbol{n}$、$\boldsymbol{l}_\circ$ 的单位矢量，将式(2－104)用于这一回路，有

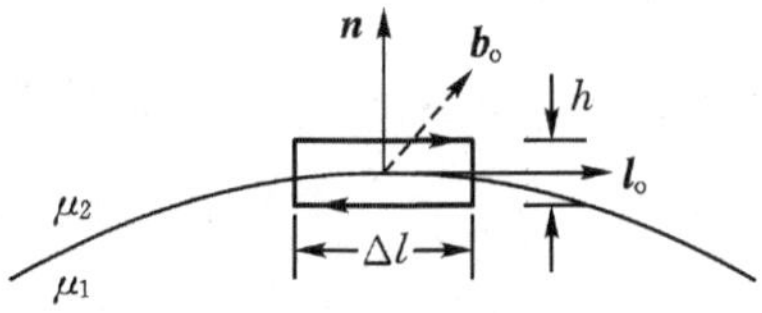

图 2.14 切向边界条件

$$\oint_l \boldsymbol{H}\cdot \mathrm{d}\boldsymbol{l} = (\boldsymbol{H}_2\cdot \boldsymbol{l}_\circ - \boldsymbol{H}_1\cdot \boldsymbol{l}_\circ)\Delta l = \int_S \boldsymbol{J}\cdot \mathrm{d}\boldsymbol{S}$$

当界面上的电流可以看作是面电流时，则

$$\int_S \boldsymbol{J}\cdot \mathrm{d}\boldsymbol{S} = \boldsymbol{J}_S\cdot \boldsymbol{b}_\circ\Delta l$$

于是有

$$(\boldsymbol{H}_2\cdot \boldsymbol{l}_\circ - \boldsymbol{H}_1\cdot \boldsymbol{l}_\circ)\Delta l = \boldsymbol{J}_S\cdot \boldsymbol{b}_\circ\Delta l$$

考虑到 $\boldsymbol{l}_\circ=\boldsymbol{b}_\circ\times\boldsymbol{n}$，得

$$(\boldsymbol{b}_\circ\times\boldsymbol{n})\cdot(\boldsymbol{H}_2-\boldsymbol{H}_1)=\boldsymbol{J}_S\cdot\boldsymbol{b}_\circ$$

结合矢量恒等式$(\boldsymbol{A}\times\boldsymbol{B})\cdot\boldsymbol{C}=(\boldsymbol{B}\times\boldsymbol{C})\cdot\boldsymbol{A}$ 可得

$$[\boldsymbol{n}\times(\boldsymbol{H}_2-\boldsymbol{H}_1)]\cdot\boldsymbol{b}_\circ=\boldsymbol{J}_S\cdot\boldsymbol{b}_\circ$$

因此磁介质分界面上磁场强度的切向边界条件为

$$\boldsymbol{n}\times(\boldsymbol{H}_2-\boldsymbol{H}_1)=\boldsymbol{J}_S \tag{2-112}$$

说明在有界面电流分布的分界面上，磁场强度的切向分量在界面两侧是不连续的。

若介质分界面上无面电流分布($\boldsymbol{J}_S=\boldsymbol{0}$)，则切向边界条件变为

$$\boldsymbol{n}\times(\boldsymbol{H}_2-\boldsymbol{H}_1)=\boldsymbol{0} \tag{2-113}$$

以上分析中需要注意的是，当磁感应强度法向分量在两种介质分界面连续时，并不意味着磁场强度在两种介质分界面的法向分量也连续，磁场强度在两种介质分界面的切向分量连续

并不意味着磁感应强度切向分量在两种介质分界面连续。

磁感应强度在介质分界面处方向的变化可用磁感应强度和介质分界面法线方向的夹角来表示，如图 2.8 所示。设区域 1 和区域 2 内磁感应强度与法向的夹角分别为 θ_1 和 θ_2，则它们之间满足

$$\frac{\tan\theta_1}{\tan\theta_2} = \frac{\mu_1}{\mu_2} \tag{2-114}$$

上式表明，磁场线在介质分界面上通常要改变方向。若介质 1 为铁磁材料，介质 2 为空气，此时 $\mu_2 \ll \mu_1$，因而 $\theta_2 \ll \theta_1$，即 $B_2 \ll B_1$，即铁磁材料内部的磁感应强度远远大于外部的磁感应强度，外部的磁场线几乎与铁磁材料表面垂直。

2.3　静电场的能量

2.3.1　电场能量

每一个带电系统的建立，都要经过其带电量从零到终值的变化过程，在此过程中，外力必须对系统做功。根据能量守恒定律，这些外力所做的功将转换为带电系统的电能。假设由 n 个带电体组成的系统，若每个带电体的最终电位分别为 φ_1、φ_2、φ_n，最终电荷分别为 q_1、$q_2 \cdots q_n$。带电系统的能量与建立系统的过程无关，仅仅与系统的最终状态有关。假设在建立系统过程中的任一时刻，各个带电体的电量均是各自终值的 α 倍($\alpha < 1$)，即带电量为 αq_i，电位为 $\alpha\varphi_i$，经过一段时间，第 i 个带电体的电量增量为 $\mathrm{d}(\alpha q_i)$，外源对它所做的功为 $\alpha\varphi_i \mathrm{d}(\alpha q_i)$。这样，外源对 n 个带电体所做的功为

$$\mathrm{d}A = \sum_{i=1}^{n} q_i\varphi_i a \,\mathrm{d}a \tag{2-115}$$

因而，电场能量的增量为

$$\mathrm{d}W_e = \sum_{i=1}^{n} q_i\varphi_i a \,\mathrm{d}a \tag{2-116}$$

在整个荷电过程中，电场的储能为

$$W_e = \int \mathrm{d}W_e = \sum_{i=1}^{n} q_i\varphi_i \int_0^1 a\,\mathrm{d}a = \frac{1}{2}\sum_{i=1}^{n} q_i\varphi_i \tag{2-117}$$

电场能量的表达式可以推广到分布电荷的带电体中。对于体分布电荷，可将其分割为一系列体积元为 ΔV，电荷量为 $\rho\Delta V$ 的带电体系。当 $\Delta V \to 0$ 时，就可利用式(2-117)得到体分布电荷的能量为

$$W_e = \int_V \frac{1}{2}\rho(r)\varphi(r)\mathrm{d}V \tag{2-118}$$

式中，$\varphi(r)$ 为 $\rho\mathrm{d}V$ 电荷所在点的电位。同理，可分别求得面分布和线分布电荷的电场能量为

$$W_e = \int_S \frac{1}{2}\rho_S(r)\varphi(r)\mathrm{d}S \tag{2-119}$$

$$W_e = \int_l \frac{1}{2}\rho_l(r)\varphi(r)\mathrm{d}l \tag{2-120}$$

2.3.2　电能分布及电能密度

电场能量的计算表达式中含有电荷或者电荷密度，似乎电能是储存在电荷分布空间之中

的。实际上，只要是在有电场的地方，移动带电体都要做功，说明电场能量是储存于电场所在的空间的。如图 2.15 所示，设在空间某区域有体分布电荷和面分布电荷，体电荷分布在 S 和 S' 限定的区域 V 内，面电荷分布在导体表面 S 上，则该系统的能量为

$$W_e = \int_V \frac{1}{2}\rho\varphi \mathrm{d}V + \int_S \frac{1}{2}\rho_S\varphi \mathrm{d}S \tag{2-121}$$

带入 $\rho=\nabla\cdot\boldsymbol{D}$，$\rho_S=\boldsymbol{D}\cdot\boldsymbol{n}$，有

$$W_e = \frac{1}{2}\int_V \varphi\,\nabla\cdot\boldsymbol{D}\mathrm{d}V + \frac{1}{2}\int_S \varphi\boldsymbol{D}\cdot\mathrm{d}\boldsymbol{S} \tag{2-122}$$

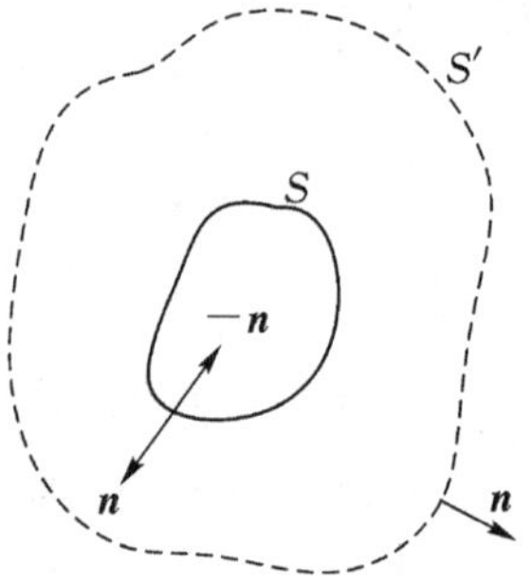

图 2.15 静电场能量

由于区域 V 以外没有电荷，故可以将体积分扩展到整个空间，而面积分仍在导体表面进行。结合矢量恒等式

$$\varphi\,\nabla\cdot\boldsymbol{D}=\nabla\cdot(\varphi\boldsymbol{D})-\boldsymbol{D}\cdot\nabla\varphi=\nabla\cdot(\varphi\boldsymbol{D})+E\cdot\boldsymbol{D}$$

则

$$W_e = \frac{1}{2}\int_V \nabla\cdot(\varphi\boldsymbol{D})\mathrm{d}V + \frac{1}{2}\int_V \boldsymbol{D}\cdot\boldsymbol{E}\mathrm{d}V + \frac{1}{2}\int_S \varphi\boldsymbol{D}\cdot\boldsymbol{n}\mathrm{d}S$$

而

$$\frac{1}{2}\int_V \nabla\cdot(\varphi\boldsymbol{D})\mathrm{d}V = \frac{1}{2}\oint_{S+S'} \varphi\boldsymbol{D}\cdot\mathrm{d}\boldsymbol{S} = \frac{1}{2}\int_{S'} \varphi\boldsymbol{D}\cdot\mathrm{d}\boldsymbol{S}' + \frac{1}{2}\int_S \varphi\boldsymbol{D}\cdot(-\boldsymbol{n})\mathrm{d}S$$

故系统的电场能量为

$$W_e = \frac{1}{2}\int_V \boldsymbol{E}\cdot\boldsymbol{D}\mathrm{d}V + \frac{1}{2}\int_{S'} \varphi\boldsymbol{D}\cdot\mathrm{d}\boldsymbol{S}' \tag{2-123}$$

式中，V 已经扩展到无穷大，故 S' 在无穷远处。对于分布在有限区域的电荷，$\varphi\propto 1/R$，$D\propto 1/R^2$，$S'\propto 1/R^2$，因此当 $R\to\infty$ 时，式(2-123)中的面积分项为零，因此

$$W_e = \frac{1}{2}\int_V \boldsymbol{E}\cdot\boldsymbol{D}\mathrm{d}V \tag{2-124}$$

式(2-124)中的积分在电场分布的空间进行，被积函数定义为电场中某点单位体积中储存的静电能量，称为静电场的能量体密度，以 w_e 来表示，即

$$w_e = \frac{1}{2}\boldsymbol{E}\cdot\boldsymbol{D} \tag{2-125}$$

对于各向同性介质有

$$w_e = \frac{1}{2}\varepsilon E^2 \tag{2-126}$$

【例 2-11】 若真空中电荷 q 均匀分布在半径为 a 的球体内，计算电场能量。

解：用高斯定理可以得到球内外的电场强度分别为

$$\boldsymbol{E}=\boldsymbol{e}_r\frac{qr}{4\pi\varepsilon_0 a^3},(r<a);\quad \boldsymbol{E}=\boldsymbol{e}_r\frac{q}{4\pi\varepsilon_0 r^2},\quad (r>a)$$

由式(2-126)和式(2-124)得电场能量为

$$W_e=\frac{1}{2}\varepsilon_0\ (q/4\pi\varepsilon_0)^2\left[\int_0^a (r/a^3)^2 4\pi r^2\mathrm{d}r+\int_a^\infty r^{-4}4\pi r^2\mathrm{d}r\right]=\frac{3q^2}{20\pi\varepsilon_0 a}$$

【例 2-12】 若一同轴线内导体半径为 a，外导体内半径为 b，之间填充介电常数为 μ 的介质，当内外导体之间的电压为 U(外导体的电位为零)时，求单位长度内的电场能量。

解：根据题意，设内导体单位长度带电量为 ρ_l，则导体间的电场强度根据高斯定理有

$$\boldsymbol{E}=\boldsymbol{e}_r\frac{\rho_l}{2\pi\varepsilon r}\quad (a<r<b)$$

两导体之间的电压为

$$U=\frac{\rho_l}{2\pi\varepsilon}\ln\frac{b}{a}$$

即

$$\rho_l=\frac{2\pi\varepsilon U}{\ln(b/a)},\boldsymbol{E}=\boldsymbol{e}_r\frac{U}{r\ln(b/a)}\quad (a<r<b)$$

所以单位长度的电场能量为

$$W_e=\frac{1}{2}\int_V\boldsymbol{E}\cdot\boldsymbol{D}\mathrm{d}V=\frac{1}{2}\int_V\varepsilon E^2\mathrm{d}V=\int_a^b\frac{\varepsilon U^2}{2r^2\ \ln^2(b/a)}2\pi r\mathrm{d}r=\frac{\pi\varepsilon U^2}{\ln(b/a)}$$

2.3.3　求电场力的虚位移法 *

原则上，带电体之间的相互作用力可以用库仑定律来计算。但在实际应用中，除了少数简单情形外，一般情况下，用电荷元受力的矢量积分计算带电体受到的外电场作用力非常困难。可以通过电场的能量来求电场力，并将这种方法称为虚位移法。

虚位移法求带电导体所受电场力的思路是：假设在电场力 $\boldsymbol{F}$ 的作用下，受力导体有一个位移 $\mathrm{d}\boldsymbol{r}$，从而电场力做功 $\boldsymbol{F}\cdot\mathrm{d}\boldsymbol{r}$。因这个位移会引起电场强度的改变，这样电场能量就要产生一个增量 $\mathrm{d}W_e$。再根据能量守恒定律，电场力作功及场能增量之和应该等于外源供给带电系统的能量 $\mathrm{d}W_b$，即

$$\mathrm{d}W_b=\boldsymbol{F}\cdot\mathrm{d}\boldsymbol{r}+\mathrm{d}W_e \tag{2-127}$$

式中，$\boldsymbol{F}$ 是真实力；位移 $\mathrm{d}\boldsymbol{r}$ 仅存在于设想中，并未实际发生，在该虚位移过程中，系统的状态并未改变。因此，可按某物理量(如电荷、电位等)保持不变来设想虚位移，以求得到可解的关系式。

1. 电荷不变

如果在虚位移过程中，各个导体的电荷量不变，就意味着各导体都不连接外源，此时外源对系统做功 $\mathrm{d}W_b$ 为零，即

$$\boldsymbol{F}\cdot\mathrm{d}\boldsymbol{r}=-\mathrm{d}W_e \tag{2-128}$$

因此，在虚位移的方向上，电场力为

$$F_r=-\left.\frac{\partial W_e}{\partial r}\right|_q \tag{2-129}$$

或写成矢量形式

$$F = -\nabla W_e|_q \tag{2-130}$$

式中，下标 q 表示各导体上电荷量不变。

2. 电位不变

如果在虚位移过程中，各个导体的电位不变，就意味着各导体都和恒压电源相连接。为保持各导体的电位不变，各电源必须向导体输出电荷。假定为保持电位 φ_i，输出了电量 dq_i，其间电源做功为

$$dA_i = dq_i\varphi_i \tag{2-131}$$

从而电源对全体导体做的总功为

$$dW_b = \sum_{i=1}^{n}\varphi_i dq_i \tag{2-132}$$

系统电场能量的增量为

$$dW_e = \frac{1}{2}\sum_{i=1}^{n}\varphi_i dq_i = \frac{1}{2}dW_b \tag{2-133}$$

带入式(2-127)得

$$dW_b = F\cdot dr + dW_e = 2dW_e \tag{2-134}$$

即

$$F\cdot dr = dW_e \tag{2-135}$$

因此，在虚位移的方向上，电场力为

$$F_r = \left.\frac{\partial W_e}{\partial r}\right|_{\varphi} \tag{2-136}$$

或写成矢量形式

$$F = -\nabla W_e|_{\varphi} \tag{2-137}$$

式中，下标 φ 表示各导体上电位不变。

需要注意的是，尽管在电荷不变和电位不变条件下，电场力的表达式不同，但最终计算出来的电场力是相同的。

【例 2-13】 若平板电容器极板面积为 S，间距为 x，电极之间的电压为 U，求极板之间的作用力。

解：设一个极板在 yOz 平面内，第二个极板的坐标为 x，此时电容器的储能为

$$W_e = \frac{1}{2}CU^2 = \frac{U^2\varepsilon_0 S}{2x}$$

当电位不变时，第二个极板受力为

$$F_x = \left.\frac{\partial W_e}{\partial x}\right|_{\varphi} = -\frac{U^2\varepsilon_0 S}{2x^2}$$

当电荷不变时，考虑到

$$U = Ex = \frac{qx}{\varepsilon_0 S}$$

将能量表达式改写为

$$W_e = \frac{1}{2}qU = \frac{q^2 x}{2\varepsilon_0 S}$$

故当电量不变时，第二个极板受力为

$$F_x=-\frac{\partial W_e}{\partial x}\bigg|_q=-\frac{q^2}{2\varepsilon_0 S}=-\frac{U^2\varepsilon_0 S}{2x^2}$$

即两种方法的计算结果相同，式中负号表示两极板之间的作用力为吸引力。

2.3.4　导体系统的电容

对多导体组成的系统而言，每个导体的电位及其电荷面密度完全取决于各导体的几何形状、相对位置和导体间介质的特性等系统结构参数。为了描述这种关系，必须引入电位系数、电容系数以及部分电容的概念。

1. 电位系数

带电导体在空间任一点引起的电位正比于导体所带的电量，根据叠加原理，空间任一点的电位由各导体上电荷的分布共同决定。考虑由 n 个导体组成的系统，设第 j 个导体的电荷量为 q_j，则空间任一点的电位可写为

$$\varphi=\sum_{j=1}^{n}p_j q_j \tag{2-138}$$

式中，p_j 与各电荷无关，其值仅取决于导体系统的结构参数。第 i 个导体的电位则可写为

$$\varphi_i=\sum_{j=1}^{n}\varphi_{ij}=\sum_{j=1}^{n}p_{ij}q_j\quad(i=1,2,\cdots,n) \tag{2-139}$$

式中，p_{ij} 称为电位系数，表明导体 j 上电荷对导体 i 电位的贡献，其物理意义是当导体 j 带有单位正电荷，而其他导体都不带电时，导体 i 的电位。由此称 p_{ii} 为自电位系数，p_{ij} 为互电位系数，且满足

$$p_{jj}>p_{ij}\geqslant 0\quad(j=1,2,\cdots,n;i\neq j) \tag{2-140}$$

而且电位系数具有互易性质，即

$$p_{ij}=p_{ji} \tag{2-141}$$

2. 电容系数

由电位系数可写出

$$q_i=\sum_{j=1}^{n}\beta_{ij}\varphi_j\quad(i=1,2,\cdots,n)\,,\quad \beta_{ij}=A_{ij}/\det(p) \tag{2-142}$$

式中，A_{ij} 是 p_{ij} 的代数余子式，β_{ij} 称为电容系数，其值仅取决于导体系统的结构参数。其中 β_{jj} 为导体 j 的自电容系数，β_{ij} 为导体 i 和导体 j 的互电容系数。电容系数也具有互易性，即

$$\beta_{ij}=\beta_{ji} \tag{2-143}$$

电容系数的物理意义是：当导体 j 的电位是 1 V，而其余导体均接地时，导体 i 上感应的电荷量。由其物理意义，可知

$$\beta_{ii}>0 \tag{2-144}$$

$$\beta_{ij}\leqslant 0\quad(i\neq j) \tag{2-145}$$

因为感应电荷的量值不可能多于引起感应的源电荷的量值，故有

$$\beta_{ii}\geqslant\sum_{j\neq i}^{n}|\beta_{ij}|,\quad \sum_{j}^{n}\beta_{ij}\geqslant 0 \tag{2-146}$$

3. 部分电容

方程组(2-142)可展开写为

$$\left.\begin{aligned}q_1 &= (\beta_{11}+\beta_{12}+\cdots+\beta_{1n})\varphi_1-\beta_{12}(\varphi_1-\varphi_2)-\cdots-\beta_{1n}(\varphi_1-\varphi_n)\\q_2 &= -\beta_{21}(\varphi_2-\varphi_1)+(\beta_{21}+\beta_{22}+\cdots+\beta_{2n})\varphi_2-\cdots-\beta_{2n}(\varphi_2-\varphi_n)\\&\vdots\\q_n &= -\beta_{n1}(\varphi_n-\varphi_1)-\beta_{n2}(\varphi_n-\varphi_2)-\cdots+(\beta_{n1}+\beta_{n2}+\cdots+\beta_{nn})\varphi_n\end{aligned}\right\} \tag{2-147}$$

由于 $\beta_{ij}=\beta_{ji}$，比照两导体构成的电容器，可定义导体 i 和导体 j 之间的互部分电容

$$C_{ij}=\frac{-\beta_{ij}(\varphi_i-\varphi_j)}{\varphi_i-\varphi_j}=-\beta_{ij} \tag{2-148}$$

显然 $C_{ij}\geqslant 0$，且 $C_{ij}=C_{ji}$。而 φ_i 是相对于无穷远处的电位，比照孤立导体电容的定义，可定义导体的自部分电容为

$$C_{ii}=\sum_{j=1}^{n}\beta_{ij}\frac{\varphi_i}{\varphi_i}=\sum_{j=1}^{n}\beta_{ij} \tag{2-149}$$

显然 $C_{ii}\geqslant 0$。利用部分电容，可将式(2-147)改写为

$$\left.\begin{aligned}q_1 &= C_{11}\varphi_1+C_{12}(\varphi_1-\varphi_2)+\cdots+C_{1n}(\varphi_1-\varphi_n)\\q_2 &= C_{21}(\varphi_2-\varphi_1)+C_{22}\varphi_2+\cdots+C_{2n}(\varphi_2-\varphi_n)\\&\vdots\\q_n &= C_{n1}(\varphi_n-\varphi_1)+C_{n2}(\varphi_n-\varphi_2)+\cdots+C_{nn}\varphi_n\end{aligned}\right\} \tag{2-150}$$

综上可知，任何两个未被屏蔽的导体之间都有互部分电容。任何未被屏蔽的导体与大地之间也有电容，这就是该导体的自部分电容。如三个导体静电平衡体系的等效电路如图 2.16 所示。

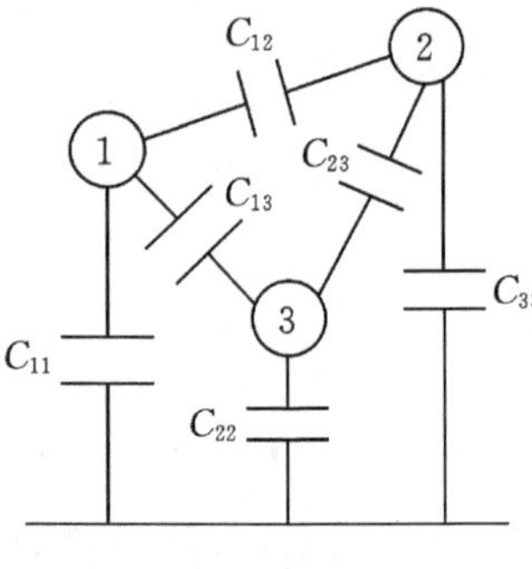

图 2.16 部分电容

两个导体组成的系统是实际中广泛应用的导体系统，若两个导体分别带电 Q 和 $-Q$，且它们之间的电位差不受外界影响，则此系统构成一个电容器，如平行板电容器、球形电容器、圆柱形电容器等。电容器是电子技术中应用最广的储能元件之一，电容器的电容与电位系数之间的关系为

$$C=\frac{1}{p_{11}+p_{22}-p_{21}} \tag{2-151}$$

【例 2-14】 如图 2.17 所示，导体球及与其同心的导体球壳构成一个双导体系统。若导体球的半径为 a，薄球壳的半径为 b，求电位系数、电容系数和部分电容。

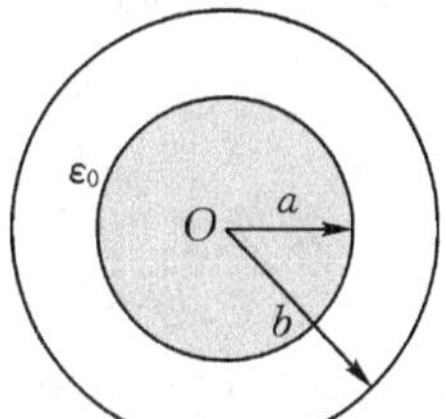

图 2.17　例 2-14 图

解：根据题意，设导体球带电为 q_1，球壳电量为零，无限远处为电位零参考点，由球对称性可得

$$\varphi_1=\frac{q_1}{4\pi\varepsilon_0 a}=p_{11}q_1,\quad \varphi_2=\frac{q_1}{4\pi\varepsilon_0 b}=p_{21}q_1$$

$$p_{11}=\frac{1}{(4\pi\varepsilon_0 a)},\quad p_{21}=\frac{1}{4\pi\varepsilon_0 b}$$

再设导体球的电荷量为零，球壳带电荷为 q_2，可得

$$\varphi_2=\frac{q_2}{(4\pi\varepsilon_0 b)}=p_{22}q_2,\quad \varphi_1=\varphi_2=p_{12}q_2$$

$$p_{22}=p_{12}=\frac{1}{4\pi\varepsilon_0 b}$$

根据电容系数和电位系数的关系，可得电容系数为

$$\beta_{11}=\frac{4\pi\varepsilon_0 ab}{b-a},\quad \beta_{12}=\beta_{21}=-\frac{4\pi\varepsilon_0 ab}{b-a},\quad \beta_{22}=\frac{4\pi\varepsilon_0 b^2}{b-a}$$

部分电容为

$$C_{11}=\beta_{11}+\beta_{12}=0$$

$$C_{12}=\beta_{21}=-\beta_{12}=\frac{4\pi\varepsilon_0 ab}{b-a}$$

$$C_{22}=\beta_{21}+\beta_{22}=4\pi\varepsilon_0 b$$

2.4　稳恒磁场的能量

2.4.1　自感与互感

1. 自感

由回路或者线圈自身电流变化产生的磁通量的变化，而在自己回路中激起电磁感应的现象称为自感现象。由自感产生的感应电动势称为自感电动势。

在线性磁介质中，给一个线圈或回路通入电流，其周围就会产生磁场，线圈或回路中就有磁通量通过。通入线圈的电流越大，磁场就越强，通过线圈或回路的磁通量就越大。实验证明通过线圈或回路的磁通量和通入的电流是成正比的，它们的比值叫作自感系数，也叫作电感。若回路由细导线绕成 N 匝，则磁通量是各匝的磁通之和，称为总磁通或者磁链，用 Ψ 表示。对于密绕线圈，可以近似认为各匝的磁通相等，从而有 $\Psi=N\phi$。

所以，一个回路的自感定义为回路的磁链和回路电流之比，用 L 表示，即

$$L=\frac{N\phi}{I}=\frac{\Psi}{I} \tag{2-152}$$

自感系数的单位为亨(H)、毫亨(mH)或微亨(μH)，其物理意义是：如果通电线圈的电流在 1 s 内改变 1 A 时产生的自感电动势是 1 V，这个线圈的自感系数就是 1 H。需要注意的是，决定线圈自感系数的因素并不是回路是否载有电流，而是取决于回路或线圈的形状、长短、匝数以及线圈中是否有铁芯。一般来讲，线圈越粗、越长、匝数越密，它的自感系数就越大。另外，有铁芯的线圈的自感系数比没有铁芯时大得多。

2. 互感

当一个线圈中的电流变化时，附近其他线圈中出现的电磁感应现象称为互感现象。相应产生的电动势称为互感电动势。同样可以引进互感系数来描述这种电磁感应的能力。如图 2.18 所示，用 $\boldsymbol{\Psi}_{12}$ 表示载流回路 C_1 的磁场在回路 C_2 上产生的磁链，显然 $\boldsymbol{\Psi}_{12}$ 与回路 C_1 上的电流 I_1 成正比，这一比值称为互感 M_{12}，即

$$M_{12}=\frac{\boldsymbol{\Psi}_{12}}{I_1} \tag{2-153}$$

互感的单位与自感相同。同样可以用回路 C_2 的磁场在回路 C_1 上产生的磁链 $\boldsymbol{\Psi}_{21}$ 与电流 I_2 的比来定义互感 M_{21}，即

$$M_{21}=\frac{\boldsymbol{\Psi}_{21}}{I_2} \tag{2-154}$$

而且 $M_{12}=M_{21}=M$。

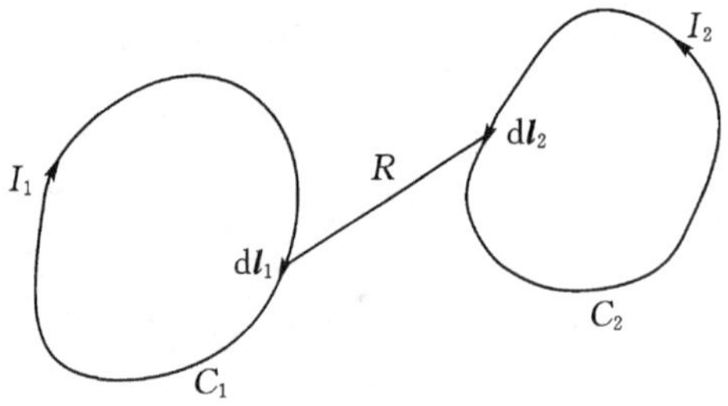

图 2.18 互感

如图 2.18 所示，当导线的直径远小于回路的尺寸而且也远小于两个回路之间的最近距离时，两回路都可以用轴线的几何回路代替。为简化计算过程，设两个回路都只有一匝，当回路 C_1 载有电流 I_1 时，C_2 上的磁链为

$$\boldsymbol{\Psi}_{12}=\phi_{12}=\int_{S_2}\boldsymbol{B}\cdot \mathrm{d}\boldsymbol{S}_2=\oint_{C_2}\boldsymbol{A}_{12}\cdot \mathrm{d}\boldsymbol{l}_2$$

式中，$\boldsymbol{A}_{12}$ 为回路 C_1 的电流 I_1 在 C_2 上的磁矢位，即

$$\boldsymbol{A}_{12}=\frac{\mu_0 I_1}{4\pi}\oint_{C_1}\frac{\mathrm{d}\boldsymbol{l}_1}{R}$$

故而

$$\boldsymbol{\Psi}_{12}=\frac{\mu_0 I_1}{4\pi}\oint_{C_2}\oint_{C_1}\frac{\mathrm{d}\boldsymbol{l}_1\cdot \mathrm{d}l_2}{R}$$

$$M_{12}=\frac{\boldsymbol{\Psi}_{12}}{I_1}=\frac{\mu_0}{4\pi}\oint_{C_2}\oint_{C_1}\frac{\mathrm{d}\boldsymbol{l}_1\cdot \mathrm{d}\boldsymbol{l}_2}{R} \tag{2-155}$$

同样可以得到

$$M_{21}=\frac{\Psi_{21}}{I_2}=\frac{\mu_0}{4\pi}\oint_{C_2}\oint_{C_1}\frac{\mathrm{d}\boldsymbol{l}_1\cdot\mathrm{d}\boldsymbol{l}_2}{R}\tag{2-156}$$

从以上的分析中可以看出，$M_{12}=M_{21}=M$，说明互感具有互易性，而且还说明互感的大小也取决于回路的尺寸、形状以及介质的磁导率和回路的匝数，与回路是否带电无关。互感的计算公式称为诺依曼公式，互感可正可负，主要取决于回路正向的选择。对于自感的计算，也可以利用诺伊曼公式，只是需要考虑载流导线的横截面积。

2.4.2　磁场能量

磁场建立过程中本身储存的能量称为磁场能量，简称磁能。在一个线圈或回路中建立磁场，电流从零增加到稳定值的过程中，电源要反抗自感电动势做功。与这部分功相联系着的能量称为自感磁能。若在两个或两个以上存在互感作用的线圈或回路中分别通入电流时，电源除反抗自感电动势做功外，还要反抗线圈间的互感电动势而做功。和反抗互感电动势做功相联系的能量称为互感磁能。根据能量守恒，这些自感磁能和互感磁能之和就构成了磁场的能量。

为了简单起见，先计算两个分别载有电流 I_1 和 I_2 的电流回路系统所储存的磁场能量。假定回路的形状、相对位置不变，同时忽略焦耳热损耗。在建立磁场的过程中，两回路的电流分别为 $i_1(t)$ 和 $i_2(t)$。最初，$i_1=0$，$i_2=0$；最终，$i_1=I_1$，$i_2=I_2$。在这一过程中，电源做的功转变成磁场能量。因为系统的总能量只与系统最终的状态有关，与建立状态的方式无关，为计算这个能量，先假定回路 2 的电流为零，求出回路 1 中的电流 i_1 从零增加到 I_1 时，电源做的功 W_1；其次，假设回路 1 中的电流 I_1 不变，求出回路 2 中的电流 i_2 从零增加到 I_2 时，电源做的功 W_2。从而得出在这一过程中，电源对整个回路系统做的总功 $W_m=W_1+W_2$。

当保持回路 2 的电流 $i_2=0$ 时，回路 1 中的电流 i_1 在 $\mathrm{d}t$ 时间内有一个增量 $\mathrm{d}i_1$，周围空间的磁场将发生改变，回路 1 和 2 的磁通分别有增量 $\mathrm{d}\Psi_{11}$ 和 $\mathrm{d}\Psi_{12}$，相应地在两个回路中要产生感应电动势 $\varepsilon_1=-\mathrm{d}\Psi_{11}/\mathrm{d}t$ 和 $\varepsilon_2=-\mathrm{d}\Psi_{12}/\mathrm{d}t$。感应电动势的方向总是阻止电流增加。因而，为使回路 1 中的电流得到增量 $\mathrm{d}i_1$，必须在回路 1 中外加电压 $U_1=-\varepsilon_1$；为使回路 2 电流为零，也必须在回路 2 加上电压 $U_2=-\varepsilon_2$。所以在 $\mathrm{d}t$ 时间里，电源做功为

$$\mathrm{d}W_1=U_1i_1\mathrm{d}t+U_2i_2\mathrm{d}t=U_1i_1\mathrm{d}t=-\varepsilon_1i_1\mathrm{d}t=i_1\mathrm{d}\Psi_{11}=L_1i_1\mathrm{d}i_1$$

在回路的电流从零增加到 I_1 的过程中，电源做功为

$$W_1=\int\mathrm{d}W_1=\int_0^{I_1}L_1i_1\mathrm{d}i_1=\frac{L_1I_1^2}{2}\tag{2-157}$$

当回路 1 的电流 I_1 保持不变时，使回路 2 的电流 i_2 从零增加到 I_2，电源做的功为 W_2。若在 $\mathrm{d}t$ 时间内，电流 i_2 有增量 $\mathrm{d}i_2$，这时回路 1 中感应电动势为 $\varepsilon_{21}=-\mathrm{d}\Psi_{21}/\mathrm{d}t$，回路 2 中的感应电动势为 $\varepsilon_2=-\mathrm{d}\Psi_{22}/\mathrm{d}t$。为克服感应电动势，必须在两个回路上加上与感应电动势反向的电压。在 $\mathrm{d}t$ 时间内，电源做功为

$$\mathrm{d}W_2=U_1I_1\mathrm{d}t+U_2i_2\mathrm{d}t=-\varepsilon_{21}I_1\mathrm{d}t-\varepsilon_2i_2\mathrm{d}t=M_{21}I_1\mathrm{d}i_2+L_2i_2\mathrm{d}i_2$$

积分得回路 1 电流保持不变时，电源做功总量为

$$W_2=\int\mathrm{d}W_2=\int_0^{I_2}(M_{21}I_1+L_2i_2)\mathrm{d}i_2=M_{21}I_1I_2+\frac{1}{2}L_2I_2^2\tag{2-158}$$

系统建立过程中，电源对整个电流回路系统所做的总功为

$$W_m = W_1 + W_2 = \frac{1}{2}L_1 I_1^2 + M I_1 I_2 + \frac{1}{2}L_2 I_2^2 \tag{2-159}$$

利用磁通定义，可以将上式重写为

$$\begin{aligned} W_m &= \frac{1}{2}(L_1 I_1 + M_{21} I_2) I_1 + \frac{1}{2}(M_{12} I_1 + L_2 I_2) I_2 \\ &= \frac{1}{2}(\Psi_{11} + \Psi_{21}) I_1 + \frac{1}{2}(\Psi_{12} + \Psi_{22}) I_2 = \frac{1}{2}\Psi_1 I_1 + \frac{1}{2}\Psi_2 I_2 \end{aligned} \tag{2-160}$$

式中，$\Psi_1 = \Psi_{11} + \Psi_{21}$是与回路 1 铰链的总磁通；$\Psi_2 = \Psi_{12} + \Psi_{22}$是与回路 2 铰链的总磁通。对于由 N 个电流回路构成的系统，其磁能为

$$W_m = \frac{1}{2}\sum_{i=1}^{N}\Psi_i I_i \tag{2-161}$$

式中，Ψ_i 表示的是回路 i 的总磁通，其表达式为

$$\Psi_i = \sum_{j=1}^{N}\Psi_{ji} = \sum_{j=1}^{N} M_{ji} I_j \tag{2-162}$$

若用矢量磁位表示回路 i 上的总磁通，则

$$\Psi_i = \oint_{C_i} \boldsymbol{A} \cdot \mathrm{d}\boldsymbol{l}_i \tag{2-163}$$

式中，$\boldsymbol{A}$ 是 N 个电流回路在 $\mathrm{d}\boldsymbol{l}$ 处的总矢量磁位，这样就可以得到用矢量磁位描述的磁场能量，即

$$W_m = \frac{1}{2}\sum_{i=1}^{N} I_i \oint_{C_i} \boldsymbol{A} \cdot \mathrm{d}\boldsymbol{l}_i \tag{2-164}$$

对于分布电流有 $I\mathrm{d}\boldsymbol{l}_i = \boldsymbol{J}\mathrm{d}V$，将其代入上式得

$$W_m = \frac{1}{2}\int_V \boldsymbol{J} \cdot \boldsymbol{A}\mathrm{d}V \tag{2-165}$$

上式的积分区域是电流分布的空间。将上式的积分区域扩展到全空间，并不影响积分值。

2.4.3 磁场分布及磁能密度

由于$\nabla\times\boldsymbol{H} = \boldsymbol{J}$，$\boldsymbol{B} = \nabla\times\boldsymbol{A}$，所以，式(2-165)可以改写为

$$\begin{aligned} W_m &= \frac{1}{2}\int_V \boldsymbol{J} \cdot \boldsymbol{A}\mathrm{d}V = \frac{1}{2}\int_V \boldsymbol{A} \cdot (\nabla\times \boldsymbol{H})\mathrm{d}V \\ &= \frac{1}{2}\int_V [\boldsymbol{H} \cdot (\nabla\times \boldsymbol{A}) - \nabla\cdot (\boldsymbol{A}\times\boldsymbol{H})]\mathrm{d}V \\ &= \frac{1}{2}\int_V \boldsymbol{H} \cdot \boldsymbol{B}\mathrm{d}V + \frac{1}{2}\oint_S (\boldsymbol{H}\times\boldsymbol{A}) \cdot \mathrm{d}\boldsymbol{S} \end{aligned} \tag{2-166}$$

当积分区域扩展到全空间时，考虑到 $A \propto \frac{1}{R}$，$H \propto \frac{1}{R^2}$，$S' \propto \frac{1}{R^2}$，因此当 $R \to \infty$时，式(2-166)中的面积分项为零，因而有

$$W_m = \frac{1}{2}\int_V \boldsymbol{H} \cdot \boldsymbol{B}\mathrm{d}V \tag{2-167}$$

式(2-167)说明磁能存在于磁场之中。只要磁场存在，在磁场中移动载流导线或载流线

圈，磁场一定对其做功。式(2-167)中的积分在磁场分布的空间进行，被积函数$\frac{\boldsymbol{H}\cdot\boldsymbol{B}}{2}$定义为磁场中某点单位体积中储存的磁能，称为稳恒磁场的能量体密度，以 w_m 来表示，即

$$w_m = \frac{1}{2}\boldsymbol{H}\cdot\boldsymbol{B} \tag{2-168}$$

对于各向同性的线性均匀介质有

$$w_m = \frac{1}{2}\mu H^2 = \frac{1}{2\mu}B^2 \tag{2-169}$$

【例 2-15】 求无限长圆柱导体单位长度的内自感。

解：设导体半径为 a，通过的电流为 I，则距离轴心 r 处的磁感应强度为

$$B_\phi = \frac{\mu_0 I r}{2\pi a^2}$$

故单位长度的磁场能量为

$$W_{mi} = \frac{1}{2}\int \boldsymbol{H}\cdot\boldsymbol{B}\mathrm{d}V = \frac{1}{2\mu_0}\int B^2\mathrm{d}V = \frac{1}{2\mu_0}\int_0^a B^2 2\pi r\mathrm{d}r\int_0^1 \mathrm{d}z = \frac{\mu_0 I^2}{16\pi}$$

单位长度的内自感为

$$L_i = \frac{2W_{mi}}{I^2} = \frac{\mu_0}{8\pi}$$

2.4.4 求磁场力的虚位移法 *

同静电场中求电场力一样，原则上，一个回路在磁场中受到的力，可以用安培定律来计算，但大多数情况下用安培定律计算太复杂，而用虚位移法求解则方便得多。用虚位移法求磁场力时，假设某一个载流回路在磁场力的作用下发生了一个虚位移，这时回路的互感要发生变化，磁场能量也要产生变化，然后根据能量守恒定律，求出磁场力。需要注意的是，这种方法只是假设产生了位移，实际情况下载流回路并不会产生位移。

同样，为便于分析，我们仍然讨论由两个载流回路 C_1 和 C_2 构成的系统，然后将结果推广到一般情形。假设回路 C_1 在磁场力的作用下发生了一个很小的位移 $\mathrm{d}\boldsymbol{r}$，而回路 C_2 不动，虚位移法求磁场力可以分为磁链不变和电流不变两种情况。

1. 磁链不变

当磁链不变时，各个回路中的感应电动势为零，所以电源不做功。磁场力做的功必来自磁场能量的减少。如将回路 C_1 受到的磁场力记为 $\boldsymbol{F}$，它做的功为 $\boldsymbol{F}\cdot\mathrm{d}\boldsymbol{r}$，所以

$$\boldsymbol{F}\cdot\mathrm{d}\boldsymbol{r} = -\Delta W_m$$

即磁场力可表示为

$$F_r = -\left.\frac{\partial W_m}{\partial r}\right|_\Psi \tag{2-170}$$

或写成矢量形式为

$$\boldsymbol{F} = -\nabla W_m\big|_\Psi \tag{2-171}$$

2. 电流不变

当各个回路的电流不变时，各回路的磁链会发生变化，在各回路中会产生感应电动势，电

源要做功。在回路 d$\boldsymbol{r}$ 产生位移时，电源做功为

$$\Delta W_b = I_1 \Delta \Psi_1 + I_2 \Delta \Psi_2$$

磁场能量变化为

$$\Delta W_m = \frac{1}{2}(I_1 \Delta \Psi_1 + I_2 \Delta \Psi_2)$$

根据能量守恒定律，电源做的功等于磁场能量的增量与磁场力对外做功之和，即

$$\Delta W_b = \Delta W_m + \boldsymbol{F} \cdot \mathrm{d}\boldsymbol{r}$$

$$\boldsymbol{F} \cdot \Delta \boldsymbol{r} = \Delta W_m$$

磁场力为

$$\boldsymbol{F} = \nabla W_m \big|_I \tag{2-172}$$

小结 2

1. 静电场的基本方程

(1)高斯定理的积分形式和微分形式。

$$\oint_S \boldsymbol{E} \cdot \mathrm{d}\boldsymbol{S} = \int_V \frac{\rho}{\varepsilon_0} \mathrm{d}V = \frac{1}{\varepsilon_0} \sum q, \nabla \cdot \boldsymbol{E} = \frac{\rho}{\varepsilon_0}$$

(2)环路定理的积分形式和微分形式。

$$\int_S \nabla \times \boldsymbol{E} \cdot \mathrm{d}\boldsymbol{S} = \oint_l \boldsymbol{E} \cdot \mathrm{d}\boldsymbol{l} = 0, \nabla \times \boldsymbol{E} = 0$$

(3)静电场中的电位与电场强度及电位满足的方程。

电位与电场强度：$\boldsymbol{E} = -\nabla\varphi$

电位满足的泊松方程及拉普拉斯方程：$\nabla^2 \varphi = -\rho/\varepsilon_0$，$\nabla^2 \varphi = 0$

(4)静电场的性质。

自由空间中任意点处静电场的散度等于该点体电荷密度与自由空间介电常数的比值，自由空间中静电场的旋度处处为零，即自由空间中静电场是有散、无旋场。

(5)电偶极子的电位及电场。

$$\varphi = \frac{ql\cos\theta}{4\pi\varepsilon_0 r^2} = \frac{\boldsymbol{p} \cdot \boldsymbol{r}}{4\pi\varepsilon_0 r^3}, \boldsymbol{E} = \frac{p}{4\pi\varepsilon_0 r^3}(\boldsymbol{e}_r 2\cos\theta + \boldsymbol{e}_\theta \sin\theta)$$

2. 稳恒电场的基本方程

(1) 电流连续性方程的积分形式和微分形式。

$$\int_S \boldsymbol{J} \cdot \mathrm{d}\boldsymbol{S} = -\int_V \frac{\partial \rho}{\partial t} \mathrm{d}V, \qquad \nabla \cdot \boldsymbol{J} + \frac{\partial \rho}{\partial t} = 0$$

(2) 稳恒电场的基本方程。

微分形式：$\nabla \cdot \boldsymbol{J} = 0$，　$\nabla \times \boldsymbol{E} = 0$

积分形式：$\oint_S \boldsymbol{J} \cdot \mathrm{d}\boldsymbol{S} = 0$，　$\oint_l \boldsymbol{E} \cdot \mathrm{d}\boldsymbol{l} = 0$

(3) 稳恒电场中电场强度与电位及电位满足的方程。

电位与电场强度：$\boldsymbol{E} = -\nabla\varphi$，　电位方程：$\nabla^2 \varphi = 0$

(4) 稳恒电场的边界条件。

切向边界条件：$\boldsymbol{n}\times(\boldsymbol{E}_2-\boldsymbol{E}_1)=\boldsymbol{0}$，　$\varphi_1=\varphi_2$

法向边界条件：$\boldsymbol{n}\cdot(\boldsymbol{J}_2-\boldsymbol{J}_1)=0$，　$\sigma_1\dfrac{\partial\varphi_2}{\partial n}=\sigma_2\dfrac{\partial\varphi_2}{\partial n}$

3. 稳恒磁场的基本方程

(1)磁通连续性原理的积分形式和微分形式。

$$\int_V \nabla\cdot\boldsymbol{B}\mathrm{d}V=\oint_S\boldsymbol{B}\cdot\mathrm{d}\boldsymbol{S}=0,\qquad \nabla\cdot\boldsymbol{B}=0$$

(2)安培环路定理的积分形式和微分形式。

$$\int_V \nabla\times\boldsymbol{B}\cdot\mathrm{d}\boldsymbol{S}=\oint_l\boldsymbol{B}\cdot\mathrm{d}\boldsymbol{l}=\mu_0\int_S\boldsymbol{J}\cdot\mathrm{d}\boldsymbol{S}=\mu_0\sum I,\qquad \nabla\times\boldsymbol{B}=\mu_0\boldsymbol{J}$$

(4)稳恒磁场的矢量磁位。

$$\boldsymbol{B}=\nabla\times\boldsymbol{A},\nabla\cdot\boldsymbol{A}=0,\nabla^2\boldsymbol{A}=-\mu_0\boldsymbol{J},\boldsymbol{A}=\frac{\mu_0}{4\pi}\int_{V'}\frac{\boldsymbol{J}}{R}\mathrm{d}V'$$

$$\oint_S\boldsymbol{B}\cdot\mathrm{d}\boldsymbol{S}=\int_S\nabla\times\boldsymbol{B}\cdot\mathrm{d}\boldsymbol{S}=\oint_l\boldsymbol{A}\cdot\mathrm{d}\boldsymbol{l}$$

(5)磁偶极子的矢量磁位和磁感应强度。

$$\boldsymbol{A}=\frac{\mu_0}{4\pi}\frac{\boldsymbol{m}\times\boldsymbol{r}}{\boldsymbol{r}^3},\quad \boldsymbol{B}=\frac{\mu_0 m}{4\pi r^3}(\boldsymbol{e}_r 2\cos\theta+\boldsymbol{e}_\theta\sin\theta)$$

4. 介质中静电场的基本方程

(1)极化电荷分布：$\rho_p(\boldsymbol{r})=-\nabla\cdot\boldsymbol{P}(\boldsymbol{r})$，$\rho_{Sp}(\boldsymbol{r})=\boldsymbol{P}(\boldsymbol{r})\cdot\boldsymbol{n}$。

(2)电位移矢量：$\boldsymbol{D}=\varepsilon_0\boldsymbol{E}+\boldsymbol{P}$；对各向同性介质：$\boldsymbol{D}=\varepsilon_0(1+x_e)\boldsymbol{E}=\varepsilon_0\varepsilon_r\boldsymbol{E}=\varepsilon\boldsymbol{E}$。

(3)介质中的高斯定理和环路定理。

积分形式：$\oint_S\boldsymbol{D}\cdot\mathrm{d}\boldsymbol{S}=q,\oint_l\boldsymbol{E}\cdot\mathrm{d}\boldsymbol{l}=0$；微分形式：$\nabla\cdot\boldsymbol{D}=\rho,\nabla\times\boldsymbol{E}=0$。

(4)静电场边界条件。

电场强度和电位移矢量表示：$\boldsymbol{n}\cdot(\boldsymbol{D}_2-\boldsymbol{D}_1)=\rho_S$，$\boldsymbol{n}\times(\boldsymbol{E}_2-\boldsymbol{E}_1)=0$。

电位表示：$\varepsilon_1\dfrac{\partial\varphi_1}{\partial n}-\varepsilon_2\dfrac{\partial\varphi_2}{\partial n}=\rho_S$，　$\varphi_1=\varphi_2$。

5. 介质中稳恒磁场的基本方程

(1)磁化电流：$\boldsymbol{J}_\mathrm{m}=\nabla\times\boldsymbol{M}$，$\boldsymbol{J}_{\mathrm{mS}}=\boldsymbol{M}\times\boldsymbol{n}$。

(2)磁场强度：$\boldsymbol{H}=\dfrac{\boldsymbol{B}}{\mu_0}-\boldsymbol{M}$；各向同性介质：$\boldsymbol{B}=\mu_0(1+x_m)\boldsymbol{H}=\mu_r\mu_0\boldsymbol{H}=\mu\boldsymbol{H}$。

(3)磁通连续性原理和安培环路定理。

积分形式：$\oint_S\boldsymbol{B}\cdot\mathrm{d}\boldsymbol{S}=0,\oint_l\boldsymbol{H}\cdot\mathrm{d}\boldsymbol{l}=\int_S\boldsymbol{J}\cdot\mathrm{d}\boldsymbol{S}=I$；微分形式：$\nabla\cdot\boldsymbol{B}=0,\nabla\times\boldsymbol{H}=\boldsymbol{J}$

(4)稳恒磁场边界条件。

$$\boldsymbol{n}\cdot(\boldsymbol{B}_2-\boldsymbol{B}_1)=0,\quad \boldsymbol{n}\times(\boldsymbol{H}_2-\boldsymbol{H}_1)=\boldsymbol{J}_S$$

6. 静电场的能量

(1) $W_e=\dfrac{1}{2}\int_V\boldsymbol{E}\cdot\boldsymbol{D}\mathrm{d}V,w_e=\dfrac{1}{2}\boldsymbol{E}\cdot\boldsymbol{D}$(对各向同性介质 $w_e=\dfrac{1}{2}\varepsilon E^2$)。

(2) 电场力的虚位移求解。

$$\text{电荷不变}:\boldsymbol{F}=-\nabla W_e\big|_q,\quad \text{电位不变}:\boldsymbol{F}=-\nabla W_e\big|_\varphi$$

(3) 线性介质中，多导体系统之间存在电位系数、电容系数和部分电容。这些量只与导体的形状、大小、相对位置有关，与导体所带电荷量和导体的电位无关。

7. 稳恒磁场的能量

(1)电感：线性介质中，载流回路的磁链与引起这个磁链的电流成正比，其比值为电感。电感分为自感和互感。电感仅仅与回路的形状、大小、相对位置及介质特性有关，与磁链和电流无关。

(2) $W_m=\dfrac{1}{2}\int_V \boldsymbol{H}\cdot\boldsymbol{B}\mathrm{d}V$，$w_m=\dfrac{1}{2}\boldsymbol{H}\cdot\boldsymbol{B}$（各向同性介质：$w_m=\dfrac{1}{2}\mu H^2=\dfrac{1}{2\mu}B^2$）。

(3)磁场力的虚位移求解。

磁链不变：$F=-\nabla W_m\big|_\Psi$；电流不变：$F=\nabla W_m\big|_I$。

习题 2

2.1 总量为 q 的电荷均匀分布在半径为 a 的球体中，求空间的电场和电位分布。

2.2 半径为 a 的无限长均匀带电圆柱，电荷密度为 ρ，求空间的电场分布和电位分布。

2.3 总量为 q 的电荷均匀分布在半径为 a 的球体中，若球体以角速度 ω 绕一直径匀速旋转，求球内的电流密度。

2.4 球形电容器内外电极半径分别为 a、b，其间填充电导率为 σ 的导电媒质，当外加电压为 U 时，计算功率损耗，并求电阻。

2.5 一均匀极化的圆柱形介质的极化强度沿其轴线方向，大小为 P，介质柱的高度为 H，半径为 a，求体极化电荷及面极化电荷分布。

2.6 假设 $x<0$ 的区域为空气，$x>0$ 的区域为电介质，电介质的介电常数为 $4\varepsilon_0$，若空气中的电场强度为 $\boldsymbol{E}_1=3\boldsymbol{e}_x+4\boldsymbol{e}_y+5\boldsymbol{e}_z$，求电介质中的电场强度。

2.7 一半径为 a 的导体球表面套一层厚度为 $b-a$ 的电介质，电介质的介电常数为 ε，假设导体球带电 q，求空间电位分布，并求介质层中的电场能量。

2.8 证明极化介质中，极化电荷体密度与自由电荷体密度之间满足

$$\rho_p=-\frac{\varepsilon-\varepsilon_0}{\varepsilon}\rho$$

2.9 在无界非均匀导电媒质中，若有恒定电流存在，证明媒质中的自由电荷密度为

$$\rho=\boldsymbol{E}\cdot\left(\nabla\varepsilon-\frac{\varepsilon}{\sigma}\nabla\sigma\right)$$

2.10 平行板电容器极板间由两种介质完全填充，厚度分别为 d_1 和 d_2，介电常数分别为 ε_1 和 ε_2，电导率分别为 σ_1 和 σ_2，求当外加电压 U_0 时，分界面上的自由电荷面密度。

2.11 内外半径分别为 a、b 的无限长空心圆柱体中均匀分布着轴向电流 I，求空间的磁感应强度 $\boldsymbol{B}$。

2.12 两个半径都为 a 的圆柱体，轴间距离为 d，$d<2a$。除两圆柱重叠部分外，柱内有大

小相等、方向相反的电流，电流密度矢量大小为 J，求重叠区域的磁感应强度 $\boldsymbol{B}$。

2.13 半径为 a 的长圆柱面上有密度为的面电流 J_S，电流方向分别沿圆周方向和沿轴线方向，分别求两种情况下空间的磁感应强度 $\boldsymbol{B}$。

2.14 一对无限长的平行导线，相距为 $2a$，线上载有大小相等、方向相反的电流 I，求空间的矢量磁位 $\boldsymbol{A}$，并求磁感应强度 $\boldsymbol{B}$。

2.15 由无限长载流直导线的磁感应强度 $\boldsymbol{B}$ 求矢量磁位，并验证 $\nabla\times\boldsymbol{A}=\boldsymbol{B}$。

2.16 一个高为 L，半径为 a 的圆柱状磁介质，沿轴线方向均匀磁化，磁化强度为 $\boldsymbol{M}_0$，求它的磁矩。

2.17 球心在原点，半径为 a 的磁化介质球中，$\boldsymbol{M}=\boldsymbol{e}_z M_0\dfrac{z^2}{a^2}$，$M_0$ 为常数，求磁化电流的体密度和面密度。

2.18 已知在半径为 a 的无限长导体圆柱内有恒定电流 I，电流方向沿轴线方向，设导体的磁导率为 μ_1，其外充满磁导率为 μ_2 的均匀介质，求空间的磁场强度、磁感应强度和磁化电流分布，并求介质中磁场的能量。

2.19 证明磁介质内部磁化电流是传导电流的 (μ_r-1) 倍。

2.20 同轴线内外导体的半径分别为 a、b，证明其所储存的电能有一半是在半径为 $c=\sqrt{ab}$ 的圆柱内。

2.21 将两个半径都为 a 的球形液滴当作导体球，当它们带电后，电势为 U_0，当此两液滴合并在一起（假定仍为球形）后，求其电位。

2.22 真空中有两个导体球的半径都为 a，两球心距离为 d，且 $d\gg a$，计算两个导体之间的电容。

2.23 空气绝缘的同轴线，内导体的半径为 a，外导体的内半径为 b，通过的电流为 I，设外导体壳的厚度很薄，其储存的能量可以忽略不计。计算同轴线单位长度的储能，并求单位长度的自感。

2.24 一个长直导线和一个圆环（半径为 a）在同一平面内，圆心与导线的距离为 d 是不变的，求它们之间的互感。

2.25 间距为 d 的两平行金属板，竖直插入介电常数为 ε 的液体内，设液体的密度为 ρ，当两板间加电压为 U_0 时，求板间液面升高的高度。

2.26 空气中有一个半径为 a 的导体球均匀带电，电荷总量为 Q，求导体球面上的电荷单位面积受到的电场力。

2.27 设形状完全相同的导体平面，长为 l、宽为 b、两导体板的间隔为 d，两导体板分别有方向相反的面电流 J_S，且 $l\gg d$、$b\gg d$。求其中一块导体板面电流所受的力。

第3章　时变电磁场

时变电磁场是指随时间变化的电场和磁场,时变场与静态场有显著差别。对于静态场,场量和激发场量的源都不随时间变化,电场和磁场相互独立,互不影响,可以分别对电场和磁场独立研究。但对于时变场而言,电场和磁场不仅是空间的函数,还是时间的函数,电场和磁场不可分割地构成统一的电磁场。随时间变化的电场会激发磁场,随时间变化的磁场也会激发电场,电场和磁场不再独立,而是相互依存、相互转化的。相互激励的电场和磁场可以脱离激励源,在空间形成电磁波,时变场的能量以电磁波的形式在空间传播。时变电磁场由于时变而产生的效应在现代科学技术中有着重要作用,并推动着现代技术的飞速发展。如现代的电子信息系统,不论是通信、雷达、广播、电视,还是导航、遥控遥测、信息对抗、电子干扰等技术,都是通过电磁波传递信息来进行工作的。

时变电磁场的核心理论是麦克斯韦方程组,是1865年由麦克斯韦在总结前人工作的基础上提出的,他提出涡旋电场和位移电流假说,将静态场、恒定电场、时变场的电磁基本特性用一组统一的电磁场基本方程概括起来,形成了完整的电磁场理论,这一理论奠定了经典电磁学的基础,为无线电技术和现代电子通信技术发展开辟了广阔的前景。

本章主要分析时变电磁场的基本性质和规律。通过学习应掌握麦克斯韦方程组的物理意义及其应用、时变场的能量传播特点和时谐场的基本规律,理解动态位与场量的关系。

3.1　法拉第电磁感应定律

3.1.1　法拉第电磁感应定律

时变电磁场中,电场和磁场相互激发,随时间变化的电场产生磁场,随时间变化的磁场产生电场,最早发现时变磁场产生时变电场的是英国科学家法拉第,1831年,他在实验中观察和发现:当导线回路所交链的磁通量随时间改变时,回路中将产生感应电动势,从而引起感应电流,并且发现感应电动势正比于磁通(或磁链)的时间变化率,这一结论称为法拉第定律。感应电动势的实际方向由楞次定律说明:感应电动势在导电回路中引起的感应电流所产生的磁通会阻止导电回路中磁通的变化。法拉第定律和楞次定律相结合就是法拉第电磁感应定律,其数学表达式为

$$\mathscr{E}=-\frac{\mathrm{d}\Phi}{\mathrm{d}t}=-\frac{\mathrm{d}}{\mathrm{d}t}\int_{S}\boldsymbol{B}\cdot\mathrm{d}\boldsymbol{S} \tag{3-1}$$

式中,负号表明感应电动势的方向,是楞次定律的体现;$\mathscr{E}$为感应电动势;Φ为穿过曲面S和回路l铰链的全磁通,磁通Φ的正方向与感应电动势$\mathscr{E}$的正方向成右手螺旋关系,如图3.1所示。当回路线圈不止一匝时,如回路线圈为N匝,则可以将回路看成是由N个一匝线圈串联而成,其感应电动势为

$$\mathscr{E} = -\frac{\mathrm{d}\Phi}{\mathrm{d}t} = -\frac{\mathrm{d}}{\mathrm{d}t}\sum_{i=1}^{N}\Phi_i \tag{3-2}$$

若定义一个非保守感应电场 $\boldsymbol{E}_{\mathrm{ind}}$沿闭合路径 l 的积分为回路中的感应电动势，则有

$$\oint_l \boldsymbol{E}_{\mathrm{ind}} \cdot \mathrm{d}\boldsymbol{l} = -\frac{\mathrm{d}\Phi}{\mathrm{d}t} \tag{3-3}$$

如果空间还同时存在库仑场 $\boldsymbol{E}_{\mathrm{c}}$，则空间总电场 $\boldsymbol{E}$ 为感应电场 $\boldsymbol{E}_{\mathrm{ind}}$和库仑场 $\boldsymbol{E}_{\mathrm{c}}$ 之和，即 $\boldsymbol{E}=\boldsymbol{E}_{\mathrm{c}}+\boldsymbol{E}_{\mathrm{ind}}$，由于库仑场 $\boldsymbol{E}_{\mathrm{c}}$ 的环路积分为零，故有

$$\oint_l \boldsymbol{E} \cdot \mathrm{d}\boldsymbol{l} = -\frac{\mathrm{d}\Phi}{\mathrm{d}t} = -\frac{\mathrm{d}}{\mathrm{d}t}\int_S \boldsymbol{B} \cdot \mathrm{d}\boldsymbol{S} \tag{3-4}$$

由于式(3-4)中并没有包含回路本身的特性，所以可将式(3-4)中的 l 看成是任意的闭合路径，而不一定是导电回路。式(3-4)是用场量表示的法拉第电磁感应定律的积分形式，适用于所有情况。引起回路铰链的磁通发生变化的原因可以是磁感应强度 $\boldsymbol{B}$ 随时间变化，也可以是闭合回路自身的运动，如大小、形状以及位置的变化等。

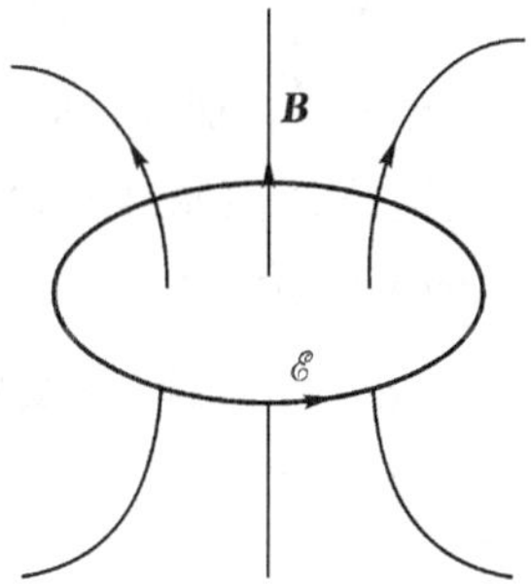

图 3.1　法拉第电磁感应定律

3.1.2　涡旋电场

如果式(3-4)中只有磁感应强度 $\boldsymbol{B}$ 随时间变化，而闭合回路的形状、大小不变且相对磁场没有机械运动，即闭合回路是静止回路，这种情况有

$$\oint_l \boldsymbol{E} \cdot \mathrm{d}\boldsymbol{l} = -\frac{\mathrm{d}}{\mathrm{d}t}\int_S \boldsymbol{B} \cdot \mathrm{d}\boldsymbol{S} = -\int_S \frac{\partial \boldsymbol{B}}{\partial t} \cdot \mathrm{d}\boldsymbol{S} \tag{3-5}$$

利用矢量场的斯托克斯定理，可将式(3-5)写为

$$\int_S (\nabla\times \boldsymbol{E}) \cdot \mathrm{d}\boldsymbol{S} = -\int_S \frac{\partial \boldsymbol{B}}{\partial t} \cdot \mathrm{d}\boldsymbol{S} \tag{3-6}$$

式(3-6)对任意面积均成立，所以

$$\nabla\times \boldsymbol{E} = -\frac{\partial \boldsymbol{B}}{\partial t} \tag{3-7}$$

式(3-7)为法拉第电磁感应定律的微分形式，表明随时间变化的磁场将激发电场。时变电场是一有旋场，其场源是随时间变化的磁场，这一电场是涡旋场，也称随时间变化的磁场激发的电场为感应电场。

上面的分析假定回路是静止回路，当回路和磁场都发生变化时，式(3-7)是否仍然成立，即回路相对磁场有机械运动，磁场的大小也随时间变化。设回路 l 以速度 v 在 Δt 时间内从 l_a

的位置移到 l_b 的位置，回路 l 由 l_a 运动到 l_b 的位置时扫过的体积 V 的侧面积是 S_c，如图 3.2 所示。则穿过该回路的磁通量的变化率为

$$\frac{\mathrm{d}\Phi}{\mathrm{d}t}=\lim_{\Delta t\to 0}\frac{1}{\Delta t}\left[\int_{S_b}\boldsymbol{B}(t+\Delta t)\cdot\mathrm{d}\boldsymbol{S}-\int_{S_a}\boldsymbol{B}(t)\cdot\mathrm{d}\boldsymbol{S}\right]\tag{3-8}$$

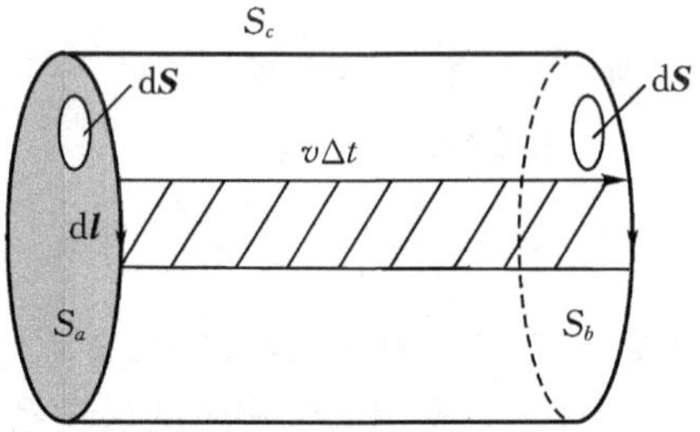

图 3.2　磁场中的运动回路

式中，$\boldsymbol{B}(t+\Delta t)$是在时间 $t+\Delta t$ 时刻由 l_b 围住的曲面 S_b 上的磁感应强度，$\boldsymbol{B}(t)$是在 t 时刻由 l_a 围住的曲面 S_a 上的磁感应强度。

由于没有磁单级的存在，磁场线始终是闭合曲线，不论是静磁场还是时变磁场，磁场关于闭合曲面的面积分为零，即静磁场的磁通连续性原理在时变电磁场中依然成立。故在 $t+\Delta t$ 时刻通过封闭曲面 $S=S_a+S_c+S_b$ 上的磁通量为零。

$$\oint_S\boldsymbol{B}(t+\Delta t)\cdot\mathrm{d}\boldsymbol{S}=\int_{S_b}\boldsymbol{B}(t+\Delta t)\cdot\mathrm{d}\boldsymbol{S}-\int_{S_a}\boldsymbol{B}(t+\Delta t)\cdot\mathrm{d}\boldsymbol{S}+\int_{S_c}\boldsymbol{B}(t+\Delta t)\cdot\mathrm{d}\boldsymbol{S}=0\tag{3-9}$$

当 $\Delta t\to 0$ 时，利用泰勒级数，有

$$\boldsymbol{B}(t+\Delta t)=\boldsymbol{B}(t)+\frac{\partial\boldsymbol{B}}{\partial t}\Delta t+\frac{1}{2!}\frac{\partial\boldsymbol{B}}{\partial t}(\Delta t)^2+\cdots\tag{3-10}$$

从而

$$\begin{aligned}\int_{S_a}\boldsymbol{B}(t+\Delta t)\cdot\mathrm{d}\boldsymbol{S}&=\int_{S_a}\boldsymbol{B}(t)\cdot\mathrm{d}\boldsymbol{S}+\Delta t\int_{S_a}\frac{\partial\boldsymbol{B}}{\partial t}\cdot\mathrm{d}\boldsymbol{S}+\cdots\\\int_{S_c}\boldsymbol{B}(t+\Delta t)\cdot\mathrm{d}\boldsymbol{S}&=\int_{S_c}\boldsymbol{B}(t)\cdot\mathrm{d}\boldsymbol{S}+\Delta t\int_{S_c}\frac{\partial\boldsymbol{B}}{\partial t}\cdot\mathrm{d}\boldsymbol{S}+\cdots\end{aligned}\tag{3-11}$$

对于侧面 S_c，其面积元可表示为 $\mathrm{d}\boldsymbol{S}=\mathrm{d}\boldsymbol{l}\times\boldsymbol{v}\Delta t$，当 $\Delta t\to 0$ 时，

$$\begin{aligned}\int_{S_c}\boldsymbol{B}(t+\Delta t)\cdot\mathrm{d}\boldsymbol{S}&=\Delta t\int_{l_a}\boldsymbol{B}(t)\cdot(\mathrm{d}\boldsymbol{l}\times v)+\Delta t^2\int_{l_a}\frac{\partial\boldsymbol{B}}{\partial t}\cdot(\mathrm{d}\boldsymbol{l}\times v)+\cdots\\&=-\Delta t\int_{l_a}(\boldsymbol{B}\times\boldsymbol{v})\cdot\mathrm{d}\boldsymbol{l}+\Delta t^2\int_{l_a}\frac{\partial\boldsymbol{B}}{\partial t}\cdot(\mathrm{d}\boldsymbol{l}\times v)+\cdots\end{aligned}\tag{3-12}$$

将式(3-12)、式(3-11)代入式(3-9)可得

$$\int_{S_b}\boldsymbol{B}(t+\Delta t)\cdot\mathrm{d}\boldsymbol{S}-\int_{S_a}\boldsymbol{B}(t)\cdot\mathrm{d}\boldsymbol{S}=\Delta t\left[\int_{S_a}(\partial\boldsymbol{B}/\partial t)\cdot\mathrm{d}\boldsymbol{S}+\int_{l_a}(\boldsymbol{B}\times v)\cdot\mathrm{d}\boldsymbol{l}\right]+\Delta t\text{ 的高次项}\tag{3-13}$$

因此，回路 l 由 l_a 运动到 l_b 的位置时，穿过该回路的磁通量的时间变化率为

$$\frac{\mathrm{d}\Phi}{\mathrm{d}t}=\int_S\frac{\partial\boldsymbol{B}}{\partial t}\cdot\mathrm{d}\boldsymbol{S}+\oint_l(\boldsymbol{B}\times v)\cdot\mathrm{d}\boldsymbol{l}=\int_S\frac{\partial\boldsymbol{B}}{\partial t}\cdot\mathrm{d}\boldsymbol{S}+\int_S\nabla\times(\boldsymbol{B}\times v)\cdot\mathrm{d}\boldsymbol{S}\tag{3-14}$$

运动回路中的感应电动势为

$$\varepsilon=-\frac{\mathrm{d}\Phi}{\mathrm{d}t}=\oint_l \boldsymbol{E}'\cdot\mathrm{d}\boldsymbol{l}=-\int_S\frac{\partial\boldsymbol{B}}{\partial t}\cdot\mathrm{d}\boldsymbol{S}+\oint_l(v\times\boldsymbol{B})\cdot\mathrm{d}\boldsymbol{l}\tag{3-15}$$

上式表明运动回路中的感应电动势由两部分组成：一部分是由时变磁场引起的，称为感生电动势，相应的电场为感生电场；另一部分是由回路运动引起的，称为动生电动势，相应的电场称为动生电场。故空间的总电场 $\boldsymbol{E}$ 应包括库仑场 $\boldsymbol{E}_c$、感生电场 $\boldsymbol{E}_{ind}$ 和动生电场 $\boldsymbol{E}_d$，即

$$\boldsymbol{E}=\boldsymbol{E}_c+\boldsymbol{E}_{ind}+\boldsymbol{E}_d\tag{3-16}$$

式中，$\boldsymbol{E}'=\boldsymbol{E}_{ind}+\boldsymbol{E}_d$ 为时变磁场产生的电场，即感应电场，该电场是一个涡旋场，其沿闭合路径的积分不再为零。

这样，式(3-15)可以改写为

$$\oint_l \boldsymbol{E}\cdot\mathrm{d}\boldsymbol{l}=-\int_S\frac{\partial\boldsymbol{B}}{\partial t}\cdot\mathrm{d}\boldsymbol{S}\tag{3-17}$$

式(3-17)是一般意义上的法拉第电磁感应定律的积分形式，对应的微分形式为

$$\nabla\times\boldsymbol{E}=-\frac{\partial\boldsymbol{B}}{\partial t}\tag{3-18}$$

需要注意的是，式(3-17)和式(3-18)中的电场强度应该为空间总的电场强度，这样激发电场的源就包括静止电荷和时变磁场。

【例 3-1】 如图 3.3 所示，一个矩形金属框的宽度 d 是常数，其滑动的一边以匀速 v 向右移动，求：下列情况下线框里的感应电动势。

(1)磁感应强度恒定均匀，$\boldsymbol{B}=B_0\boldsymbol{e}_z$；

(2)$\boldsymbol{B}=B_0\sin(\omega t)\boldsymbol{e}_z$。

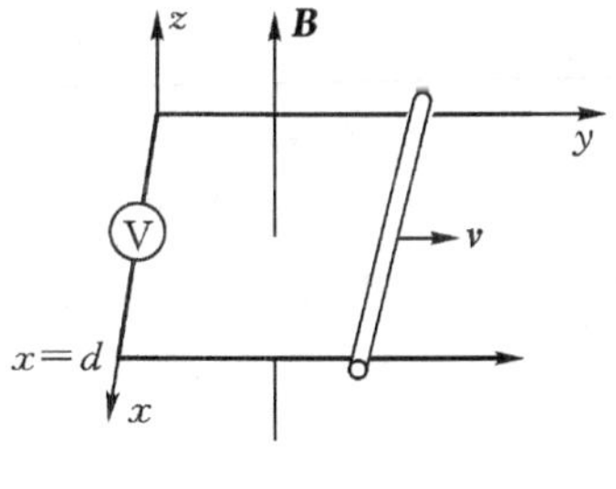

图 3.3　例 3-1 图

解：根据题意，当磁感应强度恒定均匀时，根据

$$\varepsilon_{ind}=-\frac{\partial}{\partial t}\int_S\boldsymbol{B}\cdot\mathrm{d}\boldsymbol{S}$$

代入 $\boldsymbol{B}=B_0\boldsymbol{e}_z$，$\mathrm{d}\boldsymbol{S}=\boldsymbol{e}_z\mathrm{d}x\mathrm{d}y$，可得

$$\varepsilon_{ind}=-\frac{\partial}{\partial t}\int_0^d\int_0^{y_0+vt}B_0\,\mathrm{d}x\mathrm{d}y=-\frac{\partial}{\partial t}[B_0d(y_0+vt)]=-B_0dv$$

当 $\boldsymbol{B}=B_0\sin(\omega t)\boldsymbol{e}_z$ 时

$$\begin{aligned}\varepsilon_{ind}&=-\frac{\partial}{\partial t}\int_0^d\int_0^{y_0+vt}B_0\sin(\omega t)\,\mathrm{d}x\mathrm{d}y=-\frac{\partial}{\partial t}[B_0\sin(\omega t)(y_0+vt)d]\\&=-B_0\omega\cos(\omega t)(y_0+vt)d-B_0\sin(\omega t)vd\end{aligned}$$

3.2 位移电流

3.2.1 安培环路定理的局限

法拉第于 1843 年通过实验证实，电荷守恒定律在任何时刻都成立，电荷守恒定律的数学描述即电流连续性方程为

$$\oint_S \boldsymbol{J} \cdot \mathrm{d}\boldsymbol{S} = -\frac{\mathrm{d}Q}{\mathrm{d}t} \tag{3-19}$$

式(3-19)表明单位时间流出包围体积 V 的闭合曲面 S 的电荷量等于闭合曲面 S 内每单位时间所减少的电荷量 $-\mathrm{d}Q/\mathrm{d}t$。利用散度定理，对静止体积有

$$\oint_S \boldsymbol{J} \cdot \mathrm{d}\boldsymbol{S} = \int_V \nabla\cdot \boldsymbol{J}\mathrm{d}V = -\frac{\partial}{\partial t}\int_V \rho \mathrm{d}V = -\int_V \frac{\partial \rho}{\partial t}\mathrm{d}V \tag{3-20}$$

上式对任意体积均成立，故得到电流连续性方程的微分形式为

$$\nabla\cdot \boldsymbol{J} = -\frac{\partial \rho}{\partial t} \tag{3-21}$$

静态场中安培环路定理的积分和微分形式分别为

$$\oint_l \boldsymbol{H} \cdot \mathrm{d}\boldsymbol{l} = \int_S \boldsymbol{J} \cdot \mathrm{d}\boldsymbol{S} \tag{3-22}$$

$$\nabla\times \boldsymbol{H} = \boldsymbol{J} \tag{3-23}$$

根据矢量恒等式

$$\nabla \cdot (\nabla\times \boldsymbol{A}) = 0$$

可得静态场中

$$\nabla\cdot \boldsymbol{J} = 0 \tag{3-24}$$

比较式(3-21)和式(3-23)发现两者相互矛盾。式(3-21)是一般情形下的电荷守恒定律，当体积 V 内的电荷量不随时间发生变化，即 $\mathrm{d}Q/\mathrm{d}t=0$ 时，也即在恒定电流情况下，式(3-21)和式(3-23)相统一。但当体积 V 内的电荷量随时间发生变化，即 $\mathrm{d}Q/\mathrm{d}t\neq 0$ 时，也即在时变场情况下，式(3-21)和式(3-23)相矛盾。显然，恒定磁场中推导的安培环路定理不适用时变场问题。

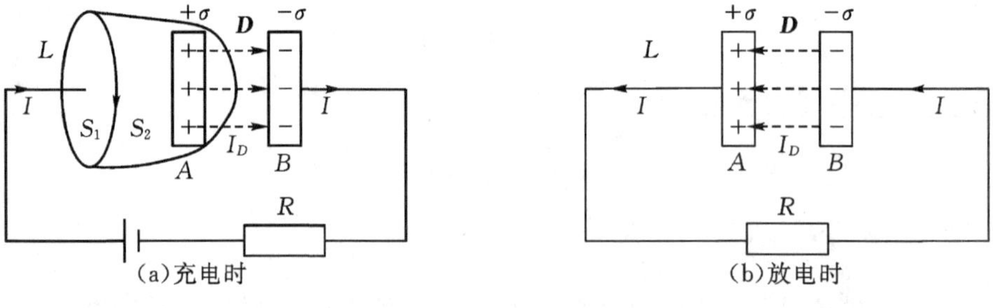

图 3.4　含有电容器的电路中传导电流不连续

为说明上述问题，以图 3.4 所示含有电容器的电路在充放电时的情况进行分析。图 3.4(a)中 S_1 和 S_2 是以闭合曲线 L 为边界的两个曲面，根据传导电流的性质，在电容器两极板间，传导电流是中断的，因此，对于 S_1 和 S_2 两个曲面来讲，电流只穿过曲面 S_1 而不穿过曲面 S_2，因此，在

电容充放电的过程中会出现下面的情况

$$\oint_l \boldsymbol{H} \cdot \mathrm{d}\boldsymbol{l} = \int_{S_1} \boldsymbol{J} \cdot \mathrm{d}\boldsymbol{S} = i, \quad \oint_l \boldsymbol{H} \cdot \mathrm{d}\boldsymbol{l} = \int_{S_2} \boldsymbol{J} \cdot \mathrm{d}\boldsymbol{S} = 0$$

这两个式子是互相矛盾的。

3.2.2　位移电流

在如图 3.4 所示的电容器充放电过程中，电容器极板间的电场随着极板上电量的变化而变化，而且电场变化的方向与电流的方向一致。充电时电场增强，电位移矢量关于时间的变化率$\partial \boldsymbol{D}/\partial t$ 由正极指向负极，与传导电流方向相同；放电时电场减弱，$\partial \boldsymbol{D}/\partial t$ 由负极指向正极，与传导电流也相同。

麦克斯韦于 1862 年提出位移电流概念，他将$\partial \boldsymbol{D}/\partial t$也视为一种电流，并定义这种由电场随时间变化而引起的与传导电流以同一方式激发磁场的等效电流为位移电流，并用 $\boldsymbol{J}_\mathrm{d}$ 表示。根据电流连续性方程$\nabla \cdot \boldsymbol{J} = -\partial \rho/\partial t$，及电位移矢量的高斯定理$\nabla \cdot \boldsymbol{D} = \rho$，可得

$$\nabla \cdot \left(\boldsymbol{J} + \frac{\partial \boldsymbol{D}}{\partial t}\right) = 0 \tag{3-25}$$

定义位移电流密度矢量为

$$\boldsymbol{J}_\mathrm{d} = \frac{\partial \boldsymbol{D}}{\partial t} \tag{3-26}$$

位移电流密度和电流密度矢量的量纲一样，其单位是 $\mathrm{A/m^2}$，位移电流强度为

$$I_\mathrm{d} = \int_S \boldsymbol{J}_\mathrm{d} \cdot \mathrm{d}\boldsymbol{S} = \frac{\partial}{\partial t}\int_S \boldsymbol{D} \cdot \mathrm{d}\boldsymbol{S} \tag{3-27}$$

位移电流的引入，扩大了电流的概念，空间的电流除了自由电荷在电场力作用下发生定向移动形成的传导电流之外，还有由电场随时间变化而引起的等效电流的位移电流。在电路中，传导电流中断的地方必有位移电流存在，位移电流与传导电流以相同的方式激发磁场，即随时间变化的电场也会产生磁场。一般来讲，在有传导电流存在的导体中位移电流很小，可以忽略不计。将位移电流和传导电流相加之后称为全电流，即

$$I = I_\mathrm{c} + I_\mathrm{d} \tag{3-28}$$

或

$$\boldsymbol{J} = \boldsymbol{J}_\mathrm{c} + \boldsymbol{J}_\mathrm{d} \tag{3-29}$$

将式(3-25)在任一体积上积分，并应用高斯定理可得

$$\int_V \nabla \cdot \left(\boldsymbol{J} + \frac{\partial \boldsymbol{D}}{\partial t}\right)\mathrm{d}V = \int_V \nabla \cdot (\boldsymbol{J} + \boldsymbol{J}_\mathrm{d})\mathrm{d}V = \oint_S (\boldsymbol{J} + \boldsymbol{J}_\mathrm{d}) \cdot \mathrm{d}\boldsymbol{S} = 0 \tag{3-30}$$

式(3-28)表明，通过闭合曲面的传导电流与位移电流之和的通量恒等于零，即全电流在空间任选的闭合曲面上是连续的。

3.2.3　全电流安培环路定理

麦克斯韦以全电流代替传导电流，把稳恒磁场中的安培环路定理推广到时变场，得

$$\nabla \times \boldsymbol{H} = \boldsymbol{J} + \frac{\partial \boldsymbol{D}}{\partial t} \tag{3-31}$$

式(3-31)为全电流安培环路定理的微分形式，将其对任意曲面进行积分，可得

$$\int_S (\nabla\times \boldsymbol{H})\cdot \mathrm{d}\boldsymbol{S} = \int_S \boldsymbol{J}\cdot \mathrm{d}\boldsymbol{S} + \int_S \frac{\partial \boldsymbol{D}}{\partial t}\cdot \mathrm{d}\boldsymbol{S} \tag{3-32}$$

利用斯托克斯定理，式(3-32)可重写为

$$\oint_l \boldsymbol{H}\cdot \mathrm{d}\boldsymbol{l} = \int_S \left(\boldsymbol{J} + \frac{\partial \boldsymbol{D}}{\partial t}\right)\cdot \mathrm{d}\boldsymbol{S} = I + I_d = I + \int_S \frac{\partial \boldsymbol{D}}{\partial t}\cdot \mathrm{d}\boldsymbol{S} \tag{3-33}$$

式(3-33)为全电流安培环路定理的积分形式，该式说明，磁场强度沿任意闭合回路的积分等于该路径所包围曲面上的全电流，激发磁场的源包括传导电流和变化的电场。

位移电流密度矢量 $\boldsymbol{J}_d=\partial \boldsymbol{D}/\partial t$，而 $\boldsymbol{D}=\varepsilon_0\boldsymbol{E}+\boldsymbol{P}$，所以有

$$\boldsymbol{J}_d = \frac{\partial \boldsymbol{D}}{\partial t} = \varepsilon_0\frac{\partial \boldsymbol{E}}{\partial t} + \frac{\partial \boldsymbol{P}}{\partial t} \tag{3-34}$$

式(3-34)说明，在一般介质中位移电流由两部分构成：一部分是由电场随时间的变化所引起的，它在真空中同样存在，但它并不代表任何形式的电荷运动，只是在产生磁效应方面和一般意义下的电流等效；另一部分是由极化强度变化所引起的，可称为极化电流，它束缚于原子中的电荷运动。

实际上，在空间中除了传导电流、位移电流之外，还存在运流电流 I_v。运流电流是带电粒子做机械运动所形成的电流，其一般不存在于固体导电回路之中。

这样，空间电流就包括 I_c、I_d 和 I_v，并将三者之和称为空间的全电流。即

$$\boldsymbol{J} = \boldsymbol{J}_c + \boldsymbol{J}_d + \boldsymbol{J}_v \tag{3-35}$$

即式(3-31)中的 $\boldsymbol{J}$ 还应包括 $\boldsymbol{J}_c$ 和 $\boldsymbol{J}_v$。需要注意的是，$\boldsymbol{J}_c$ 和 $\boldsymbol{J}_v$ 分别存在于不同媒质中，对于固体导电媒质(电导率 $\sigma\neq 0$)，其中只有传导电流，没有运流电流。对式(3-35)取散度，可得

$$\nabla\cdot(\boldsymbol{J}_c + \boldsymbol{J}_d + \boldsymbol{J}_v) = 0 \tag{3-36}$$

对任意封闭曲面积分，有

$$\oint_S (\boldsymbol{J}_c + \boldsymbol{J}_d + \boldsymbol{J}_v)\cdot \mathrm{d}\boldsymbol{S} = \int_V \nabla\cdot(\boldsymbol{J}_c + \boldsymbol{J}_d + \boldsymbol{J}_v)\mathrm{d}V = 0 \tag{3-37}$$

即对于任意封闭曲面有

$$I_c + I_d + I_v = 0 \tag{3-38}$$

式(3-38)说明，穿过任意封闭曲面的各类电流之和恒为零，这就是全电流连续性原理。将其应用于只有传导电流的回路中，可知节点处传导电流的代数和为零，即基尔霍夫电流定律。

【例 3-2】 计算铜中的位移电流密度和传导电流密度的比值。设铜中的电场大小为 $E_0\sin\omega t$，铜的电导率 $\sigma=5.8\times10^7$ S/m，$\varepsilon\approx\varepsilon_0$。

解：铜中的传导电流大小为 $J_c=\sigma E=\sigma E_0\sin\omega t$

铜中的位移电流大小为 $J_d=\partial D/\partial t=\varepsilon\partial E/\partial t=\varepsilon E_0\cos\omega t$

则

$$\frac{J_d}{J_c}=\frac{\omega\varepsilon}{\sigma}=\frac{2\pi f\,10^{-9}/(36\pi)}{5.8\times10^7}=9.6\times10^{-19}f$$

式中，f 为电场的频率。可以看出，一般情况下，在导电媒质中位移电流远远小于传导电流，故在导电媒质中位移电流一般可以忽略不计。

【例 3-3】 在无源的自由空间中，已知某电磁波的磁场强度

$$\boldsymbol{H}=\boldsymbol{e}_y 2.63\times10^{-5}\cos(3\times10^9 t-10z)$$

求由此电磁波产生的位移电流密度。

解：根据题意，在无源的自由空间中只有位移电流，由式(3-31)得

$$\boldsymbol{J}_{\mathrm{d}}=\frac{\partial \boldsymbol{D}}{\partial t}=\begin{vmatrix} \boldsymbol{e}_x & \boldsymbol{e}_y & \boldsymbol{e}_z \\ \dfrac{\partial}{\partial x} & \dfrac{\partial}{\partial y} & \dfrac{\partial}{\partial z} \\ 0 & H_y & 0 \end{vmatrix}=-\boldsymbol{e}_x\frac{\partial H_y}{\partial z}=-\boldsymbol{e}_x 2.63\times10^{-4}\sin(3\times10^{9}t-10z)$$

3.3　麦克斯韦方程组与时谐电磁场

麦克斯韦方程组是在对宏观电磁现象的实验规律进行分析总结的基础上，经过扩充推广得到的。麦克斯韦方程组揭示了电场与磁场之间、电磁场与电荷、电流之间的相互关系，是一切宏观现象所遵循的普遍规律，它包含深刻而丰富的物理意义，是电磁运动最简单的数学语言描述。所以，麦克斯韦方程组是电磁场的基本方程，是经典电磁理论的基石，也是研究电磁问题的出发点。

3.3.1　麦克斯韦方程组

麦克斯韦方程组包含电磁场的高斯定理和环路定理，其微分形式的方程组如下

$$\nabla\times\boldsymbol{H}=\boldsymbol{J}_{\mathrm{c}}+\frac{\partial\boldsymbol{D}}{\partial t}\qquad \text{全电流定律} \tag{3-39a}$$

$$\nabla\times\boldsymbol{E}=\frac{-\partial\boldsymbol{B}}{\partial t}\qquad \text{法拉第电磁感应定律} \tag{3-39b}$$

$$\nabla\cdot\boldsymbol{B}=0\qquad \text{磁通连续性原理} \tag{3-39c}$$

$$\nabla\cdot\boldsymbol{D}=\rho\qquad \text{高斯定理} \tag{3-39d}$$

它们建立在库仑、安培、法拉第等所提供的实验事实和麦克斯韦假设的位移电流概念的基础上，也把任何时刻在空间任一点上的电场和磁场的时空关系与同一时空点的场源联系在一起。其对应的积分形式为

$$\oint_l \boldsymbol{H}\cdot \mathrm{d}\boldsymbol{l}=\int_S\left(\boldsymbol{J}_{\mathrm{c}}+\frac{\partial\boldsymbol{D}}{\partial t}\right)\cdot \mathrm{d}\boldsymbol{S} \tag{3-40a}$$

$$\oint_l \boldsymbol{E}\cdot \mathrm{d}\boldsymbol{l}=-\int_S\frac{\partial\boldsymbol{B}}{\partial t}\cdot \mathrm{d}\boldsymbol{S} \tag{3-40b}$$

$$\oint_S \boldsymbol{B}\cdot \mathrm{d}\boldsymbol{S}=0 \tag{3-40c}$$

$$\oint_S \boldsymbol{D}\cdot \mathrm{d}\boldsymbol{S}=\int_V \rho \mathrm{d}V \tag{3-40d}$$

对麦克斯韦方程组的理解，应注意以下几个方面：

(1)式(3-39a)和式(3-40a)是修正后的安培环路定理，表明电流和时变电场都是激发磁场的源；式(3-39b)和式(3-40b)是法拉第电磁感应定律，表明时变磁场产生时变电场，时变磁场也是激发电场的源。修正后的安培环路定理和法拉第电磁感应定律这两个方程是麦克斯韦方程组的核心，说明时变电场和时变磁场相互激发，在空间形成统一的时变电磁场，而且时变电磁场可以脱离场源单独存在，在空间形成电磁波。

由麦克斯韦方程组可以推出电磁场的波动方程，并能计算出这种电磁波的传播速度与已

测出的光速是一样的，麦克斯韦进而推断光速也是一种电磁波，并预言可能存在与可见光不同的其他电磁波。这一著名预见后来在1887年被德国物理学家赫兹的实验所证实，并促使了无线电报的实现。

在自由空间中，对式(3-39a)两边取旋度得

$$\nabla\times\nabla\times\boldsymbol{H}=\nabla(\nabla\cdot\boldsymbol{H})-\nabla^2\boldsymbol{H}=\nabla\times\boldsymbol{J}_c+\nabla\times(\partial\boldsymbol{D}/\partial t)$$

由于自由空间中 $\boldsymbol{D}=\varepsilon_0\boldsymbol{E},\boldsymbol{B}=\mu_0\boldsymbol{H},\boldsymbol{J}_c=0,\rho=0$，且

$$\nabla\times\frac{\partial\boldsymbol{D}}{\partial t}=\frac{\partial}{\partial t}(\nabla\times\boldsymbol{D})=\varepsilon_0\frac{\partial}{\partial t}(\nabla\times\boldsymbol{E})=-\mu_0\varepsilon_0\frac{\partial}{\partial t}(\frac{\partial\boldsymbol{H}}{\partial t})=-\mu_0\varepsilon_0\frac{\partial^2\boldsymbol{H}}{\partial t^2}$$

$$\nabla\cdot\boldsymbol{H}=\frac{1}{\mu_0}\nabla\cdot\boldsymbol{B}=0$$

所以有

$$\nabla^2\boldsymbol{H}-\mu_0\varepsilon_0\frac{\partial^2\boldsymbol{H}}{\partial t^2}=0 \tag{3-41}$$

同理，对(3-39b)两边取旋度并利用式(3-39a)、式(3-39c)、式(3-39d)和自由空间的性质得

$$\nabla^2\boldsymbol{E}-\mu_0\varepsilon_0\frac{\partial^2\boldsymbol{E}}{\partial t^2}=0 \tag{3-42}$$

式(3-41)和式(3-42)是磁场和电场在自由空间中满足的波动方程，其中

$$\frac{1}{\sqrt{\mu_0\varepsilon_0}}=3\times10^8\,\mathrm{m/s}=C \tag{3-43}$$

式(3-43)表示自由空间中电磁波以光的速度传播。

(2)麦克斯韦方程式(3-39c)和式(3-40c)表示磁通连续性，即空间的磁场线是无头无尾的闭合曲线，说明磁场是无通量源的场。反映了空间中不存在自由磁荷，或者更为严格地说，在人类研究所能达到的领域，至今还没有发现自由磁荷。麦克斯韦方程式(3-39d)和式(3-40d)是电场的高斯定理，它对时变电荷和静止电荷都成立，说明电场是有通量源的场。

(3)时变电磁场中，电场的散度和旋度都不为零，所以电场线起始于正电荷而终止于负电荷；而磁场的散度恒为零，旋度不为零，所以磁场线是与电流铰链的闭合曲线，并且磁场线还和电场线互相铰链，但在远离场源的无源区域，电场和磁场的散度都为零，这时电场线和磁场线将自行闭合，相互铰链，在空间形成电磁波。

(4)一般情况下，时变电磁场的场矢量和源既是空间坐标的函数，又是时间的函数。若场矢量不随时间变化，则时变场的麦克斯韦方程式都将退化为静态场方程。

(5)在线性媒质中，麦克斯韦方程组是线性方程组，可以应用叠加原理。

(6)麦克斯韦方程组中的四个方程式只有三个是独立的，式(3-39c)可以由其他方程式推导而得，而且麦克斯韦方程组中还包含了电流连续性方程。

证明：对方程式(3-39b)两边取散度可得

$$\nabla\cdot(\nabla\times\boldsymbol{E})=-\nabla\cdot\frac{\partial\boldsymbol{B}}{\partial t}=-\frac{\partial}{\partial t}(\nabla\cdot\boldsymbol{B})$$

上式中左边恒等于零，所以

$$\frac{\partial}{\partial t}(\nabla\cdot\boldsymbol{B})=0$$

如果假设过去或将来某一时刻，$\nabla \cdot \boldsymbol{B}$ 在空间每一点上都为零，则 $\nabla \cdot \boldsymbol{B}$ 在任何时刻处处为零，即

$$\nabla \cdot \boldsymbol{B}=0$$

同样，将式(3－39a)两边取散度，并代入式(3－39d)，则可以推导出电流连续性方程

$$\nabla \cdot \boldsymbol{J}=-\partial \rho / \partial t$$

由麦克斯韦方程组推导出电流连续性方程，一方面表明麦克斯韦方程组的普遍性，广泛到电荷守恒定律也被包含在内；另一方面也表明场源 $\boldsymbol{J}$ 和 ρ 是不完全独立的，随意给定的 $\boldsymbol{J}$ 和 ρ 有可能导致麦克斯韦方程组内部矛盾而无解。因此在实际工程问题中，尤其是无初值的时谐场情况，常在给定场源 $\boldsymbol{J}$ 条件下求电磁场，如时谐波的辐射问题。反过来，只给定场源 ρ 则不行，因为给定场源 ρ 用电流连续性方程只能确定 J 的散度，而根据矢量场唯一性定理，仅知道 $\boldsymbol{J}$ 的散度并不能唯一确定 $\boldsymbol{J}$，因此也不能唯一地解出电磁场。

3.3.2　本构关系

在麦克斯韦方程组中没有限定 $\boldsymbol{E}$、$\boldsymbol{D}$、$\boldsymbol{B}$ 和 $\boldsymbol{H}$ 之间的关系，称为非限定形式。但是，麦克斯韦方程组中有 $\boldsymbol{E}$、$\boldsymbol{D}$、$\boldsymbol{B}$、$\boldsymbol{H}$、$\boldsymbol{J}$ 5 个矢量和 1 个标量 ρ，共 16 个标量，而麦克斯韦方程组中独立的标量方程只有 7 个，由式(3－39a)、式(3－39b)和电流连续性方程组成。因此，仅由麦克斯韦方程组还不能完全确定 $\boldsymbol{E}$、$\boldsymbol{D}$、$\boldsymbol{B}$ 和 $\boldsymbol{H}$，还需要 9 个标量方程才能唯一确定 $\boldsymbol{E}$、$\boldsymbol{D}$、$\boldsymbol{B}$ 和 $\boldsymbol{H}$。这 9 个标量方程就是描述电磁媒质与场矢量之间关系的本构方程。一般而言，表征媒质宏观电磁特性的本构关系为

$$\boldsymbol{D}=\varepsilon_0 \boldsymbol{E}+\boldsymbol{P}, \boldsymbol{B}=\mu_0(\boldsymbol{H}+\boldsymbol{M}), \boldsymbol{J}=\sigma \boldsymbol{E} \tag{3-44}$$

对于各向同性的线性均匀媒质，本构关系可以简化如下

$$\boldsymbol{D}=\varepsilon \boldsymbol{E}, \boldsymbol{B}=\mu \boldsymbol{H}, \boldsymbol{J}=\sigma \boldsymbol{E} \tag{3-45}$$

式中，ε、μ、σ 是描述媒质宏观电磁特性的一组参数，分别称为媒质的介电常数、磁导率和电导率。自由空间中，$\varepsilon=\varepsilon_0$、$\mu=\mu_0$、$\sigma=0$。实际应用中，常用 σ 的取值来表征媒质的导电特性，$\sigma=0$ 的媒质为理想介质，$\sigma \to \infty$ 的媒质为理想导体，σ 介于两者之间的媒质统称为导电媒质。

综上所述，若所讨论的区域中的介质是各向同性的线性均匀介质，则麦克斯韦方程组可用电场强度 $\boldsymbol{E}$ 和磁场强度 $\boldsymbol{H}$ 两个场量表示。

$$\nabla \times \boldsymbol{H}=\boldsymbol{J}+\varepsilon \frac{\partial \boldsymbol{E}}{\partial t} \tag{3-46a}$$

$$\nabla \times \boldsymbol{E}=-\mu \frac{\partial \boldsymbol{H}}{\partial t} \tag{3-46b}$$

$$\nabla \cdot \boldsymbol{H}=0 \tag{3-46c}$$

$$\nabla \cdot \boldsymbol{E}=\frac{\rho}{\varepsilon} \tag{3-46d}$$

式(3－46)称为麦克斯韦方程组的限定形式。

3.3.3　洛仑兹力

麦克斯韦方程组说明了场源 $\boldsymbol{J}$ 和 ρ 如何激发电磁场，即电磁场如何受电流和电荷的作用。然而，在实际的电磁问题中，场源 $\boldsymbol{J}$ 和 ρ 往往也不能事先给定，它们也受电磁场的反作用。因

此，还需要洛仑兹力公式来描述这种反作用。

电荷包括运动电荷和静止电荷，它们都激发电磁场，电磁场反过来对电荷有作用力。当空间同时存在电场和磁场时，以恒速 $\boldsymbol{v}$ 运动的点电荷 q 所受的力为

$$\boldsymbol{F} = q(\boldsymbol{E} + \boldsymbol{v} \times \boldsymbol{B}) \tag{3-47}$$

如果电荷是连续分布的，其密度为 ρ，则电荷系统所受的电磁场力密度为

$$\boldsymbol{f} = \rho(\boldsymbol{E} + \boldsymbol{v} \times \boldsymbol{B}) = \rho\boldsymbol{E} + \boldsymbol{J} \times \boldsymbol{B} \tag{3-48}$$

式(3-47)和式(3-48)为洛仑兹力方程。麦克斯韦方程和洛仑兹力方程正确反映了电磁场的运动规律以及场与带电物质的相互作用规律，构成了经典电磁理论的基础。

【例 3-4】 证明均匀导电媒质内部，不会有永久的自由电荷分布。

证明：将 $\boldsymbol{J}=\sigma\boldsymbol{E}$ 带入电流连续性方程，考虑到媒质均匀，有

$$\nabla \cdot (\sigma \boldsymbol{E}) + \frac{\partial \rho}{\partial t} = \sigma(\nabla \cdot \boldsymbol{E}) + \frac{\partial \rho}{\partial t} = 0$$

由于 $$\nabla \cdot \boldsymbol{D} = \rho, \quad \nabla \cdot (\varepsilon \boldsymbol{E}) = \rho, \quad \varepsilon \nabla \cdot \boldsymbol{E} = \rho$$

故可得 $$\frac{\partial \rho}{\partial t} + \frac{\sigma}{\varepsilon} \cdot \rho = 0$$

所以任意瞬间的电荷体密度为 $\rho(t) = \rho_0 \mathrm{e}^{-(\sigma/\varepsilon)t}$

上式表明电荷体密度按指数规律衰减，最终流至并分布于导体的外表面。

【例 3-5】 已知在无源的自由空间中，$\boldsymbol{E}=\boldsymbol{e}_x E_0 \cos(\omega t - \beta z)$，其中 E_0 和 β 为常数，求磁场强度 $\boldsymbol{H}$。

解：根据题意可知 $\boldsymbol{J}=0, \rho=0$，由法拉第电磁感应定律的微分形式有

$$\nabla \times \boldsymbol{E} = \begin{vmatrix} \boldsymbol{e}_x & \boldsymbol{e}_y & \boldsymbol{e}_z \\ \dfrac{\partial}{\partial x} & \dfrac{\partial}{\partial y} & \dfrac{\partial}{\partial z} \\ E_x & 0 & 0 \end{vmatrix} = -\mu_0 \frac{\partial \boldsymbol{H}}{\partial t}$$

可得 $$\boldsymbol{e}_y E_0 \beta \sin(\omega t - \beta z) = -\mu_0 \frac{\partial}{\partial t}(\boldsymbol{e}_x H_x + \boldsymbol{e}_y H_y + \boldsymbol{e}_z H_z)$$

由上式可得 $$H_x = 0,\ H_z = 0,\ -\mu_0 \partial H_y / \partial t = E_0 \beta \sin(\omega t - \beta z)$$

即 $$\boldsymbol{H} = \boldsymbol{e}_y (E_0 \beta / \mu_0 \omega) \cos(\omega t - \beta z)$$

3.3.4 时谐电磁场

在时变电磁场中，场量和场源除了是空间的函数外，还是时间的函数，适用于任何时间变化规律。在实际应用中有一种特殊的时间变化规律的电磁场是工程应用中最为常见的，即时谐电磁场。时谐电磁场也称为正弦电磁场，这种电磁场的场矢量在空间任一点的每一个坐标分量随时间以相同的频率做正弦或余弦变化。时谐电磁场的优点是：当场源是单频正弦时间函数时，由于麦克斯韦方程组是线性偏微分方程组，所以场源所激励的场强矢量的各个分量在正弦稳态的情况下仍是同频率的正弦时间函数，由此建立的时变电磁场可得到显著的简化，微分方程可以转化为代数方程，空间和时间的四维场矢量可以降到空间的三维函数；其次，根据傅里叶变换理论，任何周期性的或非周期性的时变电磁场都可分解为多个不同频率的正弦电磁场的叠加或积分；最为重要的是，当前工程技术中大多的激励源都采用正弦激励，因此研究

时谐电磁场的形式更具实用性。

1. 时谐电磁场的复数表示

时谐电磁场的任一坐标分量随时间做正弦变化时，其振幅和初相也都是空间坐标的函数。如电场强度，在直角坐标系中可表示为

$$\boldsymbol{E}(x,y,z,t)=\boldsymbol{e}_x E_x(x,y,z,t)+\boldsymbol{e}_y E_y(x,y,z,t)+\boldsymbol{e}_z E_z(x,y,z,t)$$

各坐标分量为

$$\begin{aligned} E_x(x,y,z,t) &= E_{xm}(x,y,z)\cos[\omega t+\phi_x(x,y,z)] \\ E_y(x,y,z,t) &= E_{ym}(x,y,z)\cos[\omega t+\phi_y(x,y,z)] \\ E_z(x,y,z,t) &= E_{zm}(x,y,z)\cos[\omega t+\phi_z(x,y,z)] \end{aligned} \tag{3-49}$$

式中，E_{xm}、E_{ym}、E_{zm}分别为各坐标分量的振幅值；ϕ_x、ϕ_y、ϕ_z 分别为各坐标分量的初相位；ω 是角频率。

实际上，对于所有具有正弦或余弦形式的物理量，都可以利用复数或相量来描述正弦电磁场的场量，以达到使数学运算简化的目的，即对时间变量进行降阶减元的目的。仍以电场强度各坐标分量为例，如下

$$\begin{aligned} E_x(x,y,z,t) &= \mathrm{Re}[E_{xm}(x,y,z)\mathrm{e}^{\mathrm{j}[\omega t+\phi_x(x,y,z)]}] = \mathrm{Re}[E_{xm}\mathrm{e}^{\mathrm{j}\phi_x}\mathrm{e}^{\mathrm{j}\omega t}] = \mathrm{Re}[\dot{E}_{xm}\mathrm{e}^{\mathrm{j}\omega t}] \\ E_y(x,y,z,t) &= \mathrm{Re}[E_{ym}(x,y,z)\mathrm{e}^{\mathrm{j}[\omega t+\phi_z(x,y,z)]}] = \mathrm{Re}[E_{ym}\mathrm{e}^{\mathrm{j}\phi_y}\mathrm{e}^{\mathrm{j}\omega t}] = \mathrm{Re}[\dot{E}_{ym}\mathrm{e}^{\mathrm{j}\omega t}] \\ E_z(x,y,z,t) &= \mathrm{Re}[E_{zm}(x,y,z)\mathrm{e}^{\mathrm{j}[\omega t+\phi_z(x,y,z)]}] = \mathrm{Re}[E_{zm}\mathrm{e}^{\mathrm{j}\phi_z}\mathrm{e}^{\mathrm{j}\omega t}] = \mathrm{Re}[\dot{E}_{zm}\mathrm{e}^{\mathrm{j}\omega t}] \end{aligned} \tag{3-50}$$

式中，$\dot{E}_{xm}=E_{xm}\mathrm{e}^{\mathrm{j}\phi_x}$、$\dot{E}_{ym}=E_{ym}\mathrm{e}^{\mathrm{j}\phi_y}$、$\dot{E}_{zm}=E_{zm}\mathrm{e}^{\mathrm{j}\phi_z}$ 分别为各场分量的复振幅，它们仅是空间坐标的函数，与时间无关。由于它们包含了场量的初相位，故也称各场分量的相量。E_{xm}、E_{ym}、E_{zm} 是实数，$\dot{E}_{xm}$、$\dot{E}_{ym}$、$\dot{E}_{zm}$ 是复数，但只要将 $\dot{E}_{xm}$、$\dot{E}_{ym}$、$\dot{E}_{zm}$ 分别乘以 $\mathrm{e}^{\mathrm{j}\omega t}$ 并取其实部就可以得到 E_{xm}、E_{ym}、E_{zm}，即满足如下对应关系

$$\begin{aligned} E_x(x,y,z,t) &\leftrightarrow \dot{E}_{xm}(x,y,z) = E_{xm}(x,y,z)\mathrm{e}^{\mathrm{j}\phi_x(x,y,z)} \\ E_y(x,y,z,t) &\leftrightarrow \dot{E}_{ym}(x,y,z) = E_{ym}(x,y,z)\mathrm{e}^{\mathrm{j}\phi_y(x,y,z)} \\ E_z(x,y,z,t) &\leftrightarrow \dot{E}_{zm}(x,y,z) = E_{zm}(x,y,z)\mathrm{e}^{\mathrm{j}\phi_z(x,y,z)} \end{aligned} \tag{3-51}$$

因此，通常将 $\dot{E}_{xm}=E_{xm}\mathrm{e}^{\mathrm{j}\phi_x}$ 称为 $E_x(x,y,z,t)=E_{xm}(x,y,z)\cos[\omega t+\phi_x(x,y,z)]$ 的复数形式，这样给定函数 $E_x(x,y,z,t)=E_{xm}(x,y,z)\cos[\omega t+\phi_x(x,y,z)]$ 有唯一的复数 $\dot{E}_{xm}=E_{xm}\mathrm{e}^{\mathrm{j}\phi_x}$ 与之对应，反之亦然。其他场分量也具有相同的性质。由于

$$\partial E_x(x,y,z,t)/\partial t = -E_{xm}(x,y,z)\omega\cdot\sin[\omega t+\phi_x(x,y,z) = \mathrm{Re}[\mathrm{j}\omega\dot{E}_{xm}\mathrm{e}^{\mathrm{j}\omega t}] \tag{3-52}$$

所以，采用复数表示时，正弦量对时间的偏导数等于该正弦量的复数形式乘以 $\mathrm{j}\omega$，即

$$\begin{aligned} \partial E_x(x,y,z,t)/\partial t &\leftrightarrow \mathrm{j}\omega\dot{E}_{xm}(x,y,z) \\ \partial E_y(x,y,z,t)/\partial t &\leftrightarrow \mathrm{j}\omega\dot{E}_{ym}(x,y,z) \\ \partial E_z(x,y,z,t)/\partial t &\leftrightarrow \mathrm{j}\omega\dot{E}_{zm}(x,y,z) \end{aligned} \tag{3-53}$$

同理，电场强度矢量也可以用复数形式表示为

$$\begin{aligned}\boldsymbol{E}(x,y,z,t) &= \mathrm{Re}[(\boldsymbol{e}_x E_{xm}\mathrm{e}^{\mathrm{j}\phi_x} + \boldsymbol{e}_y E_{ym}\mathrm{e}^{\mathrm{j}\phi_y} + \boldsymbol{e}_z E_{zm}\mathrm{e}^{\mathrm{j}\phi_z})\mathrm{e}^{\mathrm{j}\omega t}] \\ &= \mathrm{Re}[\boldsymbol{e}_x \dot{E}_{xm} + \boldsymbol{e}_y \dot{E}_{ym} + \boldsymbol{e}_z \dot{E}_{zm})\mathrm{e}^{\mathrm{j}\omega t}] = \mathrm{Re}[\dot{E}\mathrm{e}^{\mathrm{j}\omega t}]\end{aligned} \tag{3-54}$$

式中，$\dot{\boldsymbol{E}}=\boldsymbol{e}_x\dot{E}_{xm}+\boldsymbol{e}_y\dot{E}_{ym}+\boldsymbol{e}_y\dot{E}_{zm}$称为电场强度的复振幅矢量或复矢量，它只是空间坐标的函数，而与时间无关，通过这样的表示方法，就可以把时间 t 和空间 x、y、z 的四维矢量函数简化为空间的三维函数，即

$$\boldsymbol{E}(x,y,z,t)\leftrightarrow\dot{\boldsymbol{E}}(x,y,z) = \boldsymbol{e}_x\dot{\boldsymbol{E}}_{xm} + \boldsymbol{e}_y\dot{\boldsymbol{E}}_{ym} + \boldsymbol{e}_z\dot{\boldsymbol{E}}_{zm} \tag{3-55}$$

相反，若要由场量的复数形式得出其瞬时值，只要将其复振幅矢量乘以 $\mathrm{e}^{\mathrm{j}\omega t}$ 并取实部，便得到其相应的瞬时值

$$\boldsymbol{E}(x,y,z,t) = \mathrm{Re}[\dot{\boldsymbol{E}}(x,y,z)\mathrm{e}^{\mathrm{j}\omega t}] \tag{3-56}$$

2. 麦克斯韦方程的复数形式

需要注意的是，在复数运算中，对复数的微分和积分是分别对其实部和虚部进行的，并不改变其实部和虚部的性质，故有 $\mathrm{L}(\mathrm{Re}\dot{a})=\mathrm{Re}(\mathrm{L}\dot{a})$，其中 L 表示实线性算子，如$\partial/\partial t$、$\nabla$、$\mathrm{d}t$ 以及积分等。通常在已知时谐电磁场的情况下，为书写方便常将表示复量的符号“·”省去。因此

$$\nabla\times\boldsymbol{H}(t)=\boldsymbol{J}_c(t)+\frac{\partial\boldsymbol{D}(t)}{\partial t}$$

可写成复数形式

$$\nabla\times\mathrm{Re}[\boldsymbol{H}\mathrm{e}^{\mathrm{j}\omega t}]=\mathrm{Re}[\boldsymbol{J}\mathrm{e}^{\mathrm{j}\omega t}]+\frac{\partial}{\partial t}\mathrm{Re}[\boldsymbol{D}\mathrm{e}^{\mathrm{j}\omega t}]$$

考虑到复数运算的性质，有

$$\begin{aligned}&\mathrm{Re}[\nabla\times\boldsymbol{H}\mathrm{e}^{\mathrm{j}\omega t}]=\mathrm{Re}[\boldsymbol{J}\mathrm{e}^{\mathrm{j}\omega t}]+\mathrm{Re}[\mathrm{j}\omega\boldsymbol{D}\mathrm{e}^{\mathrm{j}\omega t}]\\ &\mathrm{Re}[\nabla\times\boldsymbol{H}\mathrm{e}^{\mathrm{j}\omega t}-\boldsymbol{J}\mathrm{e}^{\mathrm{j}\omega t}-\mathrm{j}\omega\boldsymbol{D}\mathrm{e}^{\mathrm{j}\omega t}]=0\\ &\mathrm{Re}[(\nabla\times\boldsymbol{H}-\boldsymbol{J}-\mathrm{j}\omega\boldsymbol{D})\mathrm{e}^{\mathrm{j}\omega t}]=0\end{aligned}$$

故对任意时刻 t，有

$$\nabla\times\boldsymbol{H} = \boldsymbol{J}+\mathrm{j}\omega\boldsymbol{D} \tag{3-57a}$$

同理可得麦克斯韦方程组中式(3-39b)至式(3-39d)对应的复数形式为

$$\nabla\times\boldsymbol{E} = -\mathrm{j}\omega\boldsymbol{B} \tag{3-57b}$$

$$\nabla\cdot\boldsymbol{B} = 0 \tag{3-57c}$$

$$\nabla\cdot\boldsymbol{D} = \rho \tag{3-57d}$$

式(3-57)为复数形式的麦克斯韦方程组的微分形式，对于积分形式的麦克斯韦方程组和本构关系，可以采用相同的办法进行变换。

【例 3-6】 请将下列用复数形式表示的场矢量变换成瞬时值，或作相反的变换。

(1)$\dot{\boldsymbol{E}}=\boldsymbol{e}_x\dot{\boldsymbol{E}}_0$；(2)$\dot{\boldsymbol{E}}=\boldsymbol{e}_x\mathrm{j}\dot{\boldsymbol{E}}_0\mathrm{e}^{-\mathrm{j}kz}$；(3)$\boldsymbol{E}=\boldsymbol{e}_xE_0\cos(\omega t-kz)+\boldsymbol{e}_y2E_0\sin(\omega t-kz)$；(4)$\boldsymbol{E}=\boldsymbol{e}_zE_0\sin(k_xx)\sin(k_yy)\mathrm{e}^{-\mathrm{j}k_zz}$。

解：(1)$\boldsymbol{E}(r,t)=\mathrm{Re}[\boldsymbol{e}_xE_0\mathrm{e}^{\mathrm{j}\phi_x}\mathrm{e}^{\mathrm{j}\omega t}]=\boldsymbol{e}_xE_0\cos(\omega t+\phi_x)$

(2) $\boldsymbol{E}(r,t)=\mathrm{Re}[\boldsymbol{e}_x E_0 \mathrm{e}^{\mathrm{j}(\frac{\pi}{2}-kz)}\mathrm{e}^{\mathrm{j}\omega t}]=\boldsymbol{e}_x E_0\cos(\omega t-kz+\frac{\pi}{2})$

(3) $\boldsymbol{E}(r,t)=\mathrm{Re}[\boldsymbol{e}_x E_0 \mathrm{e}^{\mathrm{j}(\omega t-kz)}-\boldsymbol{e}_y 2E_0\mathrm{e}^{\mathrm{j}(\omega t-kz+\frac{\pi}{2})}]$，$\boldsymbol{E}(r)=(\boldsymbol{e}_x-2\mathrm{j}\boldsymbol{e}_y)E_0\mathrm{e}^{-\mathrm{j}kz}$

(4) $\boldsymbol{E}(r,t)=\mathrm{Re}[\boldsymbol{E}(r)e^{\mathrm{j}\omega t}]=\boldsymbol{e}_z E_0\sin(k_x x)\sin(k_y y)\cos(\omega t-k_z z)$

3.4　时变电磁场的边界条件

麦克斯韦方程组的微分形式可以解决在单一均匀媒质中的时变电磁场问题，但在实际应用中，这种单一媒质的情况几乎没有，通常是在所研究的场域中有不同的媒质。由于媒质的电磁特性不同，如在媒质分界面上可能存在束缚电荷、束缚电流、自由电荷、自由电流等影响因素，这些影响因素的存在必将导致在不同媒质分界面上时变场性质的变化，这种变化规律就称为时变电磁场在媒质分界面的边界条件。边界条件是用来描述时变电磁场的场矢量在越过媒质分界面时场矢量变化规律的一组场方程，是研究场域问题的关键。根据广义矢量的定义，任何一个矢量都可以分解为两个相互垂直的分量，即切向分量和法向分量。因此，时变电磁场在媒质分界面的边界条件也可以分解为法向边界条件和切向边界条件。分析时变电磁场边界条件的思路是将麦克斯韦方程组的积分形式应用于媒质的分界面，当方程各种积分区域无限缩小且趋于边界面上的一个点时，所得方程的极限结果。

3.4.1　一般媒质分界面的边界条件

1. 法向边界条件

任意两媒质的分界面如图 3.5 所示，媒质的电磁参数分别为$(\mu_1,\varepsilon_1,\sigma_1)$，$(\mu_2,\varepsilon_2,\sigma_2)$。图中 $\boldsymbol{F}$ 为广义矢量，可以是电场也可以是磁场，规定自媒质 1 指向媒质 2 的媒质界面法线方向为正方向，用单位矢量 $\boldsymbol{n}$ 表示，在分界面上取一底面为 ΔS，高为 h 的圆柱状封闭曲面，圆柱的上下底面分别位于分界面的两侧且紧贴分界面($h\to 0$)，圆柱的上下底面积 ΔS 很小，可以认为在 ΔS 上场矢量是均匀的。

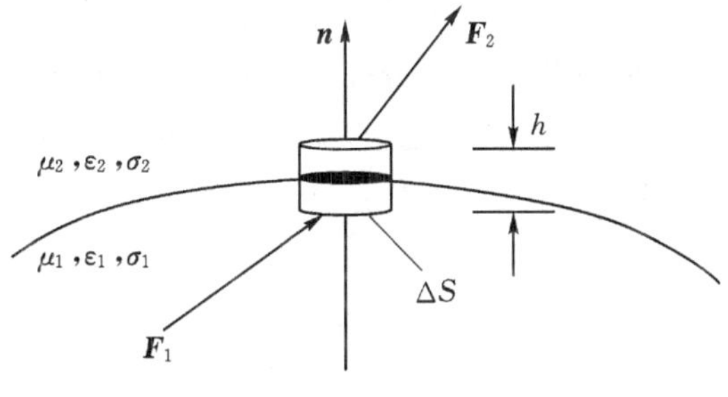

图 3.5　法向分量边界条件

将积分形式麦克斯韦方程组中电场的高斯定理应用于图 3.5 所示的圆柱形封闭曲面，以 $\boldsymbol{D}_1$ 和 $\boldsymbol{D}_2$ 分别表示媒质 1 和媒质 2 中的电位移矢量，当圆柱面的高度 $h\to 0$ 时，圆柱面的侧面对通量的贡献可以忽略不计，即

$$\oint_S \boldsymbol{D}\cdot \mathrm{d}\boldsymbol{S}=\boldsymbol{D}_1\cdot\Delta S\boldsymbol{n}+\boldsymbol{D}_2\cdot(-\Delta S\boldsymbol{n})=\boldsymbol{n}\cdot(\boldsymbol{D}_1-\boldsymbol{D}_2)\Delta S$$

若分界面的薄层内有自由电荷，则当圆柱面的高 $h\to 0$ 时，圆柱面内包围的总电荷为

$$\int_V \rho \mathrm{d}V = \lim_{h\to 0}\rho h\,\Delta S = \rho_S \Delta S$$

所以，电位移矢量的法向分量边界条件的矢量形式为

$$\boldsymbol{n}\cdot(\boldsymbol{D}_2 - \boldsymbol{D}_1) = \rho_S \tag{3-58}$$

或者标量形式为

$$D_{2n} - D_{1n} = \rho_S \tag{3-59}$$

若分界面上没有自由电荷，则有

$$\boldsymbol{n}\cdot(\boldsymbol{D}_2 - \boldsymbol{D}_1) = 0 \quad 或 \quad D_{2n} = D_{1n} \tag{3-60}$$

由于 $\boldsymbol{D}=\varepsilon\boldsymbol{E}$，所以当分界面上没有自由电荷时，用电场强度表示的法向边界条件为

$$\varepsilon_2 E_{2n} = \varepsilon_1 E_{1n} \tag{3-61}$$

综上，当媒质分界面有自由面电荷分布时，电位移矢量的法向分量是不连续的，有一等于面电荷密度 ρ_S 的突变。当媒质分界面没有自由电荷分布时，电位移矢量的法向分量连续，但需要注意的是，电场强度矢量的法向分量始终不连续。

同理，将积分形式麦克斯韦方程组中磁场的磁通连续性与原理应用于图 3.5 所示的圆柱形封闭曲面，计算穿过封闭曲面的磁通量，可以得到磁感应强度矢量的法向分量的边界条件，其矢量形式的边界条件为

$$\boldsymbol{n}\cdot(\boldsymbol{B}_2 - \boldsymbol{B}_1) = 0 \tag{3-62}$$

标量形式的法向边界条件

$$B_{2n} = B_{1n} \tag{3-63}$$

由于 $\boldsymbol{B}=\mu\boldsymbol{H}$，所以用磁场强度表示的法向边界条件为

$$\mu_2 H_{2n} = \mu_1 H_{1n} \tag{3-64}$$

说明在媒质分界面上磁感应强度的法向分量始终是连续的，而磁场强度的法向分量则不连续，当然，若两种媒质的磁导率相同，则其磁场强度的法向分量也是连续的。

2. 切向边界条件

任意两媒质的分界面如图 3.6 所示，媒质的电磁参数分别为($\mu_1,\varepsilon_1,\sigma_1$)，($\mu_2,\varepsilon_2,\sigma_2$)，在分界面两侧作一狭长矩形回路，回路的两条长边分别在分界面两侧且紧贴分界面，矩形回路的高 $h\to 0$，用 $\boldsymbol{n}$(由媒质 1 指向媒质 2)表示分界面上 Δl 中点处的法向单位矢量，$\boldsymbol{l}_\mathrm{o}$ 表示该点的切向单位矢量，$\boldsymbol{b}_\mathrm{o}$ 为垂直于 $\boldsymbol{n}$、$\boldsymbol{l}_\mathrm{o}$ 的单位矢量，三者之间满足

$$\boldsymbol{l}_\mathrm{o} = \boldsymbol{b}_\mathrm{o} \times \boldsymbol{n} \tag{3-65}$$

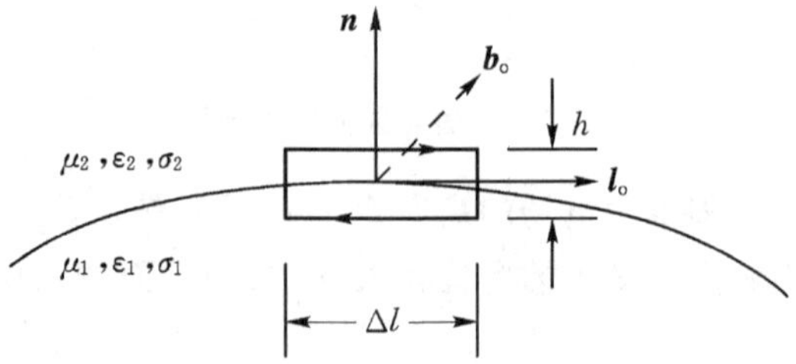

图 3.6　切向分量边界条件

将积分形式的全电流安培环路定理应用于图 3.6 中的矩形回路，当 $h\to 0$ 时，可得

$$\oint_l \boldsymbol{H} \cdot \mathrm{d}\boldsymbol{l} = \boldsymbol{H}_2 \cdot \Delta \boldsymbol{l}_o + \boldsymbol{H}_1 \cdot (-\Delta \boldsymbol{l}_o) = \boldsymbol{l}_o \cdot (\boldsymbol{H}_2 - \boldsymbol{H}_1)\Delta l = \boldsymbol{b}_o \times \boldsymbol{n} \cdot (\boldsymbol{H}_2 - \boldsymbol{H}_1)\Delta l$$

式中，$\boldsymbol{H}_1$ 和 $\boldsymbol{H}_2$ 是媒质 1 和媒质 2 中的磁场强度矢量，由于$\partial \boldsymbol{D}/\partial t$ 有限，而 $h \to 0$，所以

$$\int_S \frac{\partial \boldsymbol{D}}{\partial t} \cdot \mathrm{d}\boldsymbol{S} = \lim_{h \to 0} \frac{\partial \boldsymbol{D}}{\partial t} \cdot \boldsymbol{b}_o h \Delta l = 0$$

如果分界面的薄层内存在自由电流，则在回路所围的面积上有

$$\int_S \boldsymbol{J} \cdot \mathrm{d}\boldsymbol{S} = \lim_{h \to 0} \boldsymbol{J} \cdot \boldsymbol{b}_o h \Delta l = \boldsymbol{J}_S \cdot \boldsymbol{b}_o \Delta l$$

结合以上三式，可得

$$\boldsymbol{b}_o \cdot \boldsymbol{n} \times (\boldsymbol{H}_2 - \boldsymbol{H}_1) = \boldsymbol{J}_S \cdot \boldsymbol{b}_o$$

由于 $\boldsymbol{b}_o$ 是任意单位矢量，且 $\boldsymbol{n} \times \boldsymbol{H}$ 与 $\boldsymbol{J}_S$ 共面，所以可得磁场强度矢量在媒质分界面切向边界条件的矢量形式为

$$\boldsymbol{n} \times (\boldsymbol{H}_2 - \boldsymbol{H}_1) = \boldsymbol{J}_S \tag{3-66a}$$

或者标量形式的切向边界条件

$$H_{2t} - H_{1t} = J_S \tag{3-66b}$$

若分界面上没有自由面电流，则有

$$H_{1t} = H_{2t} \quad 或 \quad B_{1t}/\mu_1 = B_{2t}/\mu_2 \tag{3-67}$$

以上分析表明：若媒质分界面有自由电流，那么越过分界面时，磁场强度矢量的切向分量不连续；若媒质分界面没有自由电流时，越过分界面时，磁场强度矢量的切向分量连续。但一般情况下磁感应强度的切向分量是不连续的，除非在分界面没有自由电流，且两种媒质的磁导率相等的情况下，磁感应强度的切向分量才是连续的。

同理，将积分形式的麦克斯韦方程组中的法拉第电磁感应定律用于图 3.6，求电场矢量的环量可以得到电场强度的切向边界条件，其矢量形式为

$$\boldsymbol{n} \times (\boldsymbol{E}_2 - \boldsymbol{E}_1) = 0 \tag{3-68a}$$

写成分量形式可以表示为

$$E_{1t} = E_{2t} \quad 或 \quad D_{1t}/\varepsilon_1 = D_{2t}/\varepsilon_2 \tag{3-68b}$$

即电场强度的切向分量在越过媒质分界面时始终是连续的，而电位移矢量的切向分量在越过媒质分界面时则不连续。

需要注意的是，对于无初值的时变电磁场，从切向分量的边界条件和边界上的电流连续性方程可以导出法向分量的边界条件，分界面上的边界条件不是独立的。对于一般形式的时变电磁场边界条件中，自由面电流密度和自由面电荷密度满足边界上的连续性方程为

$$\nabla_t \cdot \boldsymbol{J}_S + (J_{2n} - J_{1n}) = -\partial \rho_S/\partial t \tag{3-69}$$

3.4.2　理想介质的边界条件

当两种媒质都是理想介质时，由于理想介质的 $\sigma=0$，且理想介质中或者理想介质的表面上不会存在自由面电流和自由面电荷，即 $\boldsymbol{J}_S=0$，$\rho_S=0$。所以两种理想介质分界面上的边界条件的矢量形式和标量形式分别为

$$\boldsymbol{n} \times (\boldsymbol{H}_2 - \boldsymbol{H}_1) = 0, H_{1t} = H_{2t}$$

$$\boldsymbol{n} \times (\boldsymbol{E}_2 - \boldsymbol{E}_1) = 0, E_{1t} = E_{2t}$$

$$\boldsymbol{n}\cdot(\boldsymbol{B}_2-\boldsymbol{B}_1)=0, B_{1n}=B_{2n}$$

$$\boldsymbol{n}\cdot(\boldsymbol{D}_2-\boldsymbol{D}_1)=0, D_{1n}=D_{2n}$$

即在两种理想介质的分界面上，电场强度矢量、磁场强度矢量的切向分量都是连续的；磁感应强度矢量和电位移矢量的法向分量也都是连续的。

3.4.3 理想导体的边界条件

对于理想导体，其电导率 $\sigma\to\infty$，在理想导体内部不存在电场，而且时变条件下，理想导体内部也不存在电磁场，即导体内部所有场矢量均为零，若设 $\boldsymbol{n}$ 是理想导体的外法向单位矢量，$\boldsymbol{E}$、$\boldsymbol{D}$、$\boldsymbol{B}$、$\boldsymbol{H}$ 为理想导体外部的电磁场，则理想导体表面的边界条件为

$$\boldsymbol{n}\times\boldsymbol{H}=\boldsymbol{J}_S$$

$$\boldsymbol{n}\times\boldsymbol{E}=0$$

$$\boldsymbol{n}\cdot\boldsymbol{B}=0$$

$$\boldsymbol{n}\cdot\boldsymbol{D}=\rho_S$$

即对于理想导体而言，电场线垂直于理想导体表面，而磁场线平行于理想导体表面。

【例 3-7】 设 $z=0$ 的平面为空气与理想导体的分界面，$z<0$ 一侧为理想导体，分界面处的磁场强度为 $\boldsymbol{H}(x,y,0,t)=\boldsymbol{e}_x H_0\sin ax\cos(\omega t-ay)$。试求理想导体表面上的电流分布、电荷分布以及分界面处的电场强度。

解：根据理想导体分界面上的边界条件，可求得理想导体表面上的电流分布

$$\boldsymbol{J}_S=\boldsymbol{n}\times\boldsymbol{H}==\boldsymbol{e}_y H_0\sin ax\cos(\omega t-ay)\ (\boldsymbol{n}=\boldsymbol{e}_z)$$

由分界面上的电流连续性方程

$$\nabla_t\cdot\boldsymbol{J}_S+(J_{2n}-J_{1n})=-\frac{\partial\rho_S}{\partial t}$$

有
$$-\frac{\partial\rho_S}{\partial t}=\frac{\partial}{\partial y}[H_0\sin ax\cos(\omega t-ay)]=aH_0\sin ax\sin(\omega t-ay)$$

所以
$$\rho_S=\left(\frac{aH_0}{\omega}\right)\sin ax\cos(\omega t-ay)+c(x,y)$$

假设 $t=0$ 时，$\rho_S=0$，由边界条件 $\boldsymbol{n}\cdot\boldsymbol{D}=\rho_S$ 以及 $\boldsymbol{n}$ 的方向可得

$$\boldsymbol{D}(x,y,0,t)=\boldsymbol{e}_z\left(\frac{aH_0}{\omega}\right)\sin ax[\cos(\omega t-ay)-\cos ay]$$

$$\boldsymbol{E}(x,y,0,t)=\boldsymbol{e}_z\left(\frac{aH_0}{\omega\varepsilon_0}\right)\sin ax[\cos(\omega t-ay)-\cos ay]$$

【例 3-8】 证明在无初值的时变场条件下，法向分量的边界条件已含于切向分量的边界条件之中，即只有两个切向分量的边界条件是独立的。因此，在解电磁场边值问题中只需代入两个切向分量的边界条件。

证明：根据麦克斯韦方程，在分界面两侧的媒质中有

$$\nabla\times\boldsymbol{E}_1=-\frac{\partial\boldsymbol{B}_1}{\partial t},\nabla\times\boldsymbol{E}_2=-\frac{\partial\boldsymbol{B}_2}{\partial t}$$

将矢性微分算符和场矢量都分解为切向分量和法向分量，即令

$$\boldsymbol{E}=\boldsymbol{E}_t+\boldsymbol{E}_n, \nabla=\nabla_t+\nabla_n$$

则有
$$(\nabla_t+\nabla_n)\times(\boldsymbol{E}_t+\boldsymbol{E}_n)=-\partial(\boldsymbol{B}_t+\boldsymbol{B}_n)/\partial t$$

$$(\nabla_t\times\boldsymbol{E}_t)_n+(\nabla_t\times\boldsymbol{E}_n)_t+(\nabla_n\times\boldsymbol{E}_t)_t+(\nabla_n\times\boldsymbol{E}_n)=-\partial\boldsymbol{B}_n/\partial t-\partial\boldsymbol{B}_t/\partial t$$

即

$$\nabla_t\times\boldsymbol{E}_t=-\frac{\partial\boldsymbol{B}_n}{\partial t},\ \nabla_n\times\boldsymbol{E}_n=0,\ \nabla_n\times\boldsymbol{E}_t+\nabla_t\times\boldsymbol{E}_n=-\partial\boldsymbol{B}_t/\partial t$$

对于媒质 1 和媒质 2 分别有

$$\nabla_t\times\boldsymbol{E}_{1t}=-\frac{\partial\boldsymbol{B}_{1n}}{\partial \mathrm{t}},\nabla_t\times\boldsymbol{E}_{2t}=-\partial\boldsymbol{B}_{2n}/\partial t$$

由此可得

$$\nabla_t\times(\boldsymbol{E}_{1t}-\boldsymbol{E}_{2t})=-\partial(\boldsymbol{B}_{1n}-\boldsymbol{B}_{2n})/\partial t$$

代入切向分量的边界条件 $E_{1t}=E_{2t}$，有

$$\partial(\boldsymbol{B}_{1n}-\boldsymbol{B}_{2n})/\partial t=\partial[\boldsymbol{n}\cdot(\boldsymbol{B}_1-\boldsymbol{B}_2)]/\partial t=0$$

上式对在任意情况均成立，则必然有

$$\boldsymbol{n}\cdot(\boldsymbol{B}_1-\boldsymbol{B}_2)=0$$

说明磁场的法向边界条件已包含于电场的切向边界条件之中。

作为实际应用，以时谐场为例，对于时谐场情况有$\partial/\partial t\rightarrow \mathrm{j}\omega$，即

$$\mathrm{j}\omega[\boldsymbol{n}\cdot(\boldsymbol{B}_1-\boldsymbol{B}_2)]=0$$

由于 $\omega\neq0$，所以有 $\boldsymbol{n}\cdot(\boldsymbol{B}_1-\boldsymbol{B}_2)=0$，即 $B_{1n}=B_{2n}$。

同理，将式(3-31)中场量和矢性微分算符分解成切向分量和法向分量，得

$$(\nabla_t+\nabla_n)\times(\boldsymbol{H}_t+\boldsymbol{H}_n)=(\boldsymbol{J}_t+\boldsymbol{J}_n)+\partial(\boldsymbol{D}_t+\boldsymbol{D}_n)/\partial t$$

$$(\nabla_t\times\boldsymbol{H}_t)_n+(\nabla_t\times\boldsymbol{H}_n)_t+(\nabla_n\times\boldsymbol{H}_t)_t+(\nabla_n\times\boldsymbol{H}_n)_n=\boldsymbol{J}_t+\partial\boldsymbol{D}_t/\partial t+\boldsymbol{J}_n+\partial\boldsymbol{D}_n/\partial t$$

$$\nabla_t\times\boldsymbol{H}_t=\boldsymbol{J}_n+\frac{\partial\boldsymbol{D}_n}{\partial t}$$

即

$$\nabla_n\times\boldsymbol{H}_n=0$$

$$\nabla_n\times\boldsymbol{H}_t+\nabla_t\times\boldsymbol{H}_n=\boldsymbol{J}_t+\frac{\partial\boldsymbol{D}_t}{\partial t}$$

由于法向分量对分界面两侧的媒质都成立，故

$$\nabla_t\times\boldsymbol{H}_{1t}=\boldsymbol{J}_{1n}+\partial\boldsymbol{D}_{1n}/\partial t,\ \nabla_t\times\boldsymbol{H}_{2t}=\boldsymbol{J}_{2n}+\partial\boldsymbol{D}_{2n}/\partial t$$

利用

$$\boldsymbol{H}_{1t}=(\boldsymbol{n}\times\boldsymbol{H}_1)\times\boldsymbol{n},\boldsymbol{H}_{2t}=(\boldsymbol{n}\times\boldsymbol{H}_2)\times\boldsymbol{n}$$

可得

$$\nabla_t\times[\boldsymbol{n}\times(\boldsymbol{H}_1-\boldsymbol{H}_2)\times\boldsymbol{n}]=\partial(\boldsymbol{D}_{1n}-\boldsymbol{D}_{2n})/\partial t+(\boldsymbol{J}_{1n}-\boldsymbol{J}_{2n})$$

代入切向边界条件式(3—66a)，得

$$\nabla_t\times(\boldsymbol{J}_S\times\mathbf{n})=\partial(\boldsymbol{D}_{1n}-\boldsymbol{D}_{2n})/\partial t+(\boldsymbol{J}_{1n}-\boldsymbol{J}_{2n})$$

即

$$\boldsymbol{J}_S(\nabla_t\cdot\boldsymbol{n})-\boldsymbol{n}(\nabla_t\cdot\boldsymbol{J}_S)-\boldsymbol{n}\cdot(\boldsymbol{J}_1-\boldsymbol{J}_2)=\boldsymbol{n}\cdot\frac{\partial}{\partial t}(\boldsymbol{D}_1-\boldsymbol{D}_2)$$

由于

$$\nabla_t\cdot\boldsymbol{n}=0,\nabla_t\cdot\boldsymbol{J}_S+(J_{1n}-J_{2n})=-\partial\rho_S/\partial t$$

因此有

$$\boldsymbol{n}\frac{\partial\rho_S}{\partial t}=\boldsymbol{n}\frac{\partial}{\partial t}[\boldsymbol{n}\cdot(\boldsymbol{D}_1-\boldsymbol{D}_2)],\ \frac{\partial}{\partial t}[\boldsymbol{n}\cdot(\boldsymbol{D}_1-\boldsymbol{D}_2)-\rho_S]=0$$

对于时谐场情况，$\partial/\partial t\rightarrow \mathrm{j}\omega$，即 $\mathrm{j}\omega[\boldsymbol{n}\cdot(\boldsymbol{D}_1-\boldsymbol{D}_2)-\rho_S]=0$

由于 $\omega\neq0$，所以有 $\boldsymbol{n}\cdot(\boldsymbol{D}_1-\boldsymbol{D}_2)=\rho_S$

以上结果同样说明电场的法向边界条件已含于磁场的切向边界条件之中。

【例 3-9】 已知内截面为 $a\times b$ 的矩形金属波导，如图 3.7 所示，金属波导中的时变电磁场的各场分量为

$$E_y=E_{y0}\sin(\pi x/a)\cos(\omega t-k_z z)$$

$$H_x=H_{x0}\sin(\pi x/a)\cos(\omega t-k_z z)$$

$$H_z=H_{z0}\cos(\pi x/a)\sin(\omega t-k_z z)$$

试求波导中的位移电流分布和波导内壁上的电荷即电流分布，设波导内部为真空。

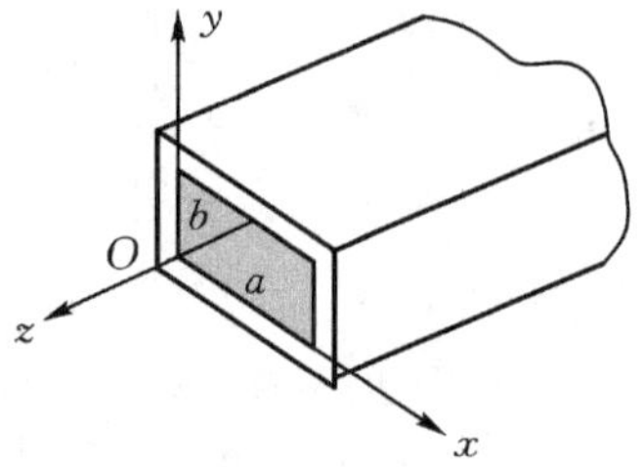

图 3.7 矩形波导

解：(1) 根据位移电流密度矢量的定义，有

$$\boldsymbol{J}_d=\partial\boldsymbol{D}/\partial t=\boldsymbol{e}_y E_{y0}\varepsilon\omega\sin(\pi x/a)\sin(\omega t-k_z z)$$

(2) 在 $y=0$ 的内壁上 $\rho_S=\boldsymbol{e}_y\cdot(\varepsilon\boldsymbol{E})=\varepsilon_0 E_{y0}\sin(\pi x/a)\cos(\omega t-k_z z)$

$$\boldsymbol{J}_S=\boldsymbol{e}_y\times(\boldsymbol{H}_x+\boldsymbol{H}_z)=-\boldsymbol{e}_z H_{x0}\sin(\pi x/a)\cos(\omega t-k_z z)+\boldsymbol{e}_x H_{z0}\cos(\pi x/a)\sin(\omega t-k_z z)$$

在 $y=b$ 的内壁上 $\rho_S=-\boldsymbol{e}_y\cdot(\varepsilon\boldsymbol{E})=-\varepsilon_0 E_{y0}\sin(\pi x/a)\cos(\omega t-k_z z)$

$$\boldsymbol{J}_S=-\boldsymbol{e}_y\times(\boldsymbol{H}_x+\boldsymbol{H}_z)=\boldsymbol{e}_z H_{x0}\sin(\pi x/a)\cos(\omega t-k_z z)-\boldsymbol{e}_x H_{z0}\cos(\pi x/a)\sin(\omega t-k_z z)$$

(3) 在 $x=0$ 的侧壁上，$H_x=0$

$$\boldsymbol{J}_S=\boldsymbol{e}_x\times\boldsymbol{e}_z H_{z0}\sin(\omega t-k_z z)=-\boldsymbol{e}_y H_{z0}\sin(\omega t-k_z z)$$

在 $x=a$ 的侧壁上，$H_x=0$

$$\boldsymbol{J}_S=-\boldsymbol{e}_x\times\boldsymbol{e}_z[-H_{z0}\sin(\omega t-k_z z)]=\boldsymbol{e}_y H_{z0}\sin(\omega t-k_z z)$$

在 $x=0$ 及 $x=a$ 的侧壁上，因为 $E_y=0$，所以 $\rho_S=0$。

3.5 时变电磁场的能量与能流

电磁场是一种特殊形式的物质，能量是物质的主要属性之一。对于静态场，由于电场和磁场相互独立，能量分别储存于电场和磁场中；对于时变场，由于电场和磁场相互激发、相互依存，构成一个统一的整体，所以能量储存于电磁场中。从能量角度来看，时变电荷与时变电流将电能转换成电磁能量，空间中电磁能量分别以电场能和磁场能的形式存在并相互转化，而且时变电磁场在空间形成电磁波，电磁波将携带电磁能量在空间中传播，因此时变电磁场中一定存在能量的流动，而且能量还会随着电磁波的传播距离而衰减。同时，考虑到时变场中，电场、磁场都随时间变化，所以空间各点的电场能量、磁场能量都会随时间变化，这种变化对于研究时变电磁场的特性具有重要作用，因此要对时变电磁场的能量和能流的变化规律进行分析和研究。

3.5.1 坡印亭定理

坡印亭定理是英国物理学家坡印亭在 1884 年提出的，该定理给出了电磁能流和电磁场量

之间的关系，反映了电磁能量所遵循的自然界物质运动过程中的能量守恒和转化定律。

在线性、各向同性的无源导电媒质中，若媒质的电磁参数分别为 μ、ε 和 σ，则麦克斯韦方程组中的全电流安培环路定理和法拉第电磁感应定律可写成

$$\nabla\times \boldsymbol{H} = \sigma\boldsymbol{E} + \frac{\partial \boldsymbol{D}}{\partial t} \tag{3-70}$$

$$\nabla\times \boldsymbol{E} = \frac{-\partial \boldsymbol{B}}{\partial t} \tag{3-71}$$

对式(3－70)和式(3－71)进行运算，将 $\boldsymbol{H}$ 点乘式(3－71)再减去 $\boldsymbol{E}$ 点乘式(3－70)，可得

$$\boldsymbol{H}\cdot(\nabla\times \boldsymbol{E}) - \boldsymbol{E}\cdot(\nabla\times \boldsymbol{H}) = -\boldsymbol{H}\cdot\partial\boldsymbol{B}/\partial t - \boldsymbol{E}\cdot(\sigma\boldsymbol{E}) - \boldsymbol{E}\cdot\partial\boldsymbol{D}/\partial t \tag{3-72}$$

对于各向同性线性媒质有

$$\boldsymbol{H}\cdot\frac{\partial\boldsymbol{B}}{\partial t} = \frac{1}{2}\frac{\partial(\boldsymbol{B}\cdot\boldsymbol{H})}{\partial t} = \frac{1}{2}\frac{\partial(\mu\boldsymbol{H}\cdot\boldsymbol{H})}{\partial t} = \frac{1}{2}\frac{\partial}{\partial t}(\mu H^2)$$

$$\boldsymbol{E}\cdot\frac{\partial\boldsymbol{D}}{\partial t} = \frac{1}{2}\frac{\partial(\boldsymbol{D}\cdot\boldsymbol{E})}{\partial t} = \frac{1}{2}\frac{\partial(\varepsilon\boldsymbol{E}\cdot\boldsymbol{E})}{\partial t} = \frac{1}{2}\frac{\partial}{\partial t}(\varepsilon E^2)$$

$$\boldsymbol{E}\cdot(\sigma\boldsymbol{E}) = \sigma E^2$$

所以，式(3－72)的右半部分可整理成

$$-\frac{\partial}{\partial t}\left(\frac{1}{2}\boldsymbol{B}\cdot\boldsymbol{H} + \frac{1}{2}\boldsymbol{D}\cdot\boldsymbol{E}\right) - \sigma E^2 = -\frac{\partial}{\partial t}\left(\frac{1}{2}\mu H^2 + \frac{1}{2}\varepsilon E^2\right) - \sigma E^2 \tag{3-73}$$

式(3－73)中，$\frac{1}{2}\boldsymbol{D}\cdot\boldsymbol{E} = \frac{1}{2}\varepsilon E^2 = w_e$、$\frac{1}{2}\boldsymbol{B}\cdot\boldsymbol{H} = \frac{1}{2}\mu H^2 = w_m$ 分为时变电磁场中的电场和磁场的能量体密度，$\sigma E^2 = \boldsymbol{J}\cdot\boldsymbol{E} = P$ 为时变电磁场在媒质单位体积中的焦耳损耗功率。

利用矢量恒等式

$$\nabla\cdot(\boldsymbol{E}\times\boldsymbol{H}) = \boldsymbol{H}\cdot(\nabla\times\boldsymbol{E}) - \boldsymbol{E}\cdot(\nabla\times\boldsymbol{H})$$

可以得到

$$\nabla\cdot(\boldsymbol{E}\times\boldsymbol{H}) = -\frac{\partial}{\partial t}\left(\frac{1}{2}\boldsymbol{B}\cdot\boldsymbol{H} + \frac{1}{2}\boldsymbol{D}\cdot\boldsymbol{E}\right) - \sigma E^2 = -\frac{\partial}{\partial t}\left(\frac{1}{2}\mu H^2 + \frac{1}{2}\varepsilon E^2\right) - \sigma E^2 \tag{3-74}$$

将式(3－74)对任意体积积分，并利用散度定理可得

$$\oint_S(\boldsymbol{E}\times\boldsymbol{H})\cdot d\boldsymbol{S} = -\frac{\partial}{\partial t}\int_V\left(\frac{1}{2}\boldsymbol{B}\cdot\boldsymbol{H} + \frac{1}{2}\boldsymbol{D}\cdot\boldsymbol{E}\right)dV - \int_V \boldsymbol{J}\cdot\boldsymbol{E}dV \tag{3-75}$$

式(3－75)中的积分面积是包围媒质中某一区域体积的封闭曲面。

若利用电场能量 W_e、磁场能量 W_m 及焦耳热功率 P_V 表示，则式(3－75)可以重写为

$$\begin{aligned}-\oint_S(\boldsymbol{E}\times\boldsymbol{H})\cdot d\boldsymbol{S} &= \frac{\partial}{\partial t}\int_V\left(\frac{1}{2}\mu H^2 + \frac{1}{2}\varepsilon E^2\right)dV + \int_V \sigma E^2 dV \\ &= \frac{\partial}{\partial t}(W_e + W_m) + P_V\end{aligned} \tag{3-76}$$

式中，$W_e = \int_V \frac{1}{2}\varepsilon E^2 dV$；$W_m = \int_V \frac{1}{2}\mu H^2 dV$；$P_V = \int_V \boldsymbol{J}\cdot\boldsymbol{E}dV$。

式(3－76)表明：对于空间任何封闭曲面 S 所限定的体积 V，单位时间电磁能量的增加率加上焦耳热功率等于单位时间进入闭合曲面 S 内的电磁功率。这一结论称为坡印亭定理，式(3－75)和式(3－76)都为各向同性线性媒质中的坡印亭定理的数学表达式。坡印亭定理是电磁场能量守恒的具体表现，是宏观电磁现象的一个普遍定理，它不仅适用于时变场，也适用于静态场。

3.5.2 坡印亭矢量

坡印亭矢量用 $\boldsymbol{S}$ 表示，定义为单位时间内流过与电磁波传播方向相垂直的单位面积上的电磁能量，也称为功率流密度。在时变电磁场中由于场矢量都是时间的函数，故坡印亭矢量也称为瞬时电磁功率流密度。$\boldsymbol{S}$ 的方向代表电磁波传播的方向，也是电磁能量流动的方向，其表达式为

$$\boldsymbol{S}=\boldsymbol{E}\times\boldsymbol{H} \tag{3-77}$$

引入坡印亭矢量之后，坡印亭定理可以表示为

$$-\oint_S \boldsymbol{S}\cdot \mathrm{d}\boldsymbol{S}=-\frac{\partial}{\partial t}\int_V (w_\mathrm{e}+w_\mathrm{m})\mathrm{d}V-\int_V \boldsymbol{J}\cdot\boldsymbol{E}\mathrm{d}V \tag{3-78}$$

需要注意的是，空间任一点能量密度的变化是坡印亭矢量的散度 $\nabla\cdot\boldsymbol{S}$，而不是坡印亭矢量 $\boldsymbol{S}$ 本身。

在静电场和静磁场中，由于电流为零($\boldsymbol{J}=0$)以及电场能量密度和磁场能量密度关于时间的变化率为零，即

$$\frac{\partial}{\partial t}\left(\frac{1}{2}\boldsymbol{B}\cdot\boldsymbol{H}+\frac{1}{2}\boldsymbol{D}\cdot\boldsymbol{E}\right)=0$$

所以在静电场和静磁场中

$$\oint_S \boldsymbol{S}\cdot\mathrm{d}\boldsymbol{S}=\oint_S (\boldsymbol{E}\times\boldsymbol{H})\cdot\mathrm{d}\boldsymbol{S}=0$$

说明在静电场和静磁场中，空间任一点单位时间流出包围体积 V 表面的总能量为零，即没有电磁能量流动。因此，在静电场和静磁场中，$\boldsymbol{S}=\boldsymbol{E}\times\boldsymbol{H}$ 并不代表电磁功率流密度。

在恒定电流的电场和磁场情况下，由于电场能量密度和磁场能量密度关于时间的变化率依然为零，所以由坡印亭定理可知

$$-\oint_S \boldsymbol{S}\cdot\mathrm{d}\boldsymbol{S}=-\oint_S (\boldsymbol{E}\times\boldsymbol{H})\cdot\mathrm{d}\boldsymbol{S}=\int_V \boldsymbol{J}\cdot\boldsymbol{E}\mathrm{d}V$$

因此，恒定电流场中坡印亭矢量 $\boldsymbol{S}=\boldsymbol{E}\times\boldsymbol{H}$ 可以代表通过单位面积的电磁功率流，它说明，在无源区域，通过 S 面流入 V 内的电磁功率等于 V 内的损耗功率。

在时变电磁场中，坡印亭矢量 $\boldsymbol{S}=\boldsymbol{E}\times\boldsymbol{H}$ 代表瞬时功率流密度，它通过对任意截面的面积分代表瞬时功率。

【例 3-10】 试求一段半径为 b，电导率为 σ，载有直流电流 I 的长直导线表面的坡印亭矢量，并验证坡印亭定理。

解：设一段长度为 l 的长直导线，其轴线与 z 轴重合，直流电流均匀分布在长直导线的横截面上，于是有

$$\boldsymbol{J}=\frac{\boldsymbol{e}_z I}{\pi b^2},\boldsymbol{E}=\frac{\boldsymbol{J}}{\sigma}=\frac{\boldsymbol{e}_z I}{\pi b^2\sigma}$$

在导线表面 $\boldsymbol{H}=\dfrac{\boldsymbol{e}_\phi I}{2\pi b}$

因此，导线表面上的坡印亭矢量为 $\boldsymbol{S}=\boldsymbol{E}\times\boldsymbol{H}=\dfrac{-\boldsymbol{e}_r I^2}{2\sigma\pi^2 b^3}$

由坡印亭定理有

$$-\oint_S \boldsymbol{S}\cdot \mathrm{d}\boldsymbol{S} = -\oint_S \boldsymbol{S}\cdot \boldsymbol{e}_r \mathrm{d}S = \left(\frac{I^2}{2\sigma\pi^2 b^3}\right)2\pi bl = I^2\left(\frac{l}{\sigma\pi b^2}\right) = I^2 R = P$$

式中，R 为导线段的电阻。上式表明，从导线表面流入的电磁能流等于导线内部欧姆热损耗功率 P，即验证了坡印亭定理。

【例 3-11】 一同轴线的内导体半径为 a，外导体半径为 b，内、外导体间为空气，内、外导体均为理想导体，载有直流电流 I，内、外导体间的电压为 U，求同轴线的传输功率和能流密度矢量。

解：根据高斯定理和安培环路定律，分别求出同轴线内、外导体间的电场和磁场

$$\boldsymbol{E}=\frac{U}{r\ln\frac{b}{a}}\boldsymbol{e}_r,\boldsymbol{H}=\frac{I}{2\pi r}\boldsymbol{e}_\phi,(a<r<b)$$

内外导体间任意横截面上的能流密度矢量为 $\boldsymbol{S}=\boldsymbol{E}\times\boldsymbol{H}=\dfrac{UI}{2\pi r^2\ln\frac{b}{a}}\boldsymbol{e}_z$

上式说明电磁能量沿 z 轴方向流动，由电源向负载传输。通过同轴线内外导体间任意横截面的功率为

$$P=\int_{S'}\boldsymbol{S}\cdot \mathrm{d}\boldsymbol{S}'=\int_a^b \frac{UI}{2\pi r^2\ln\frac{b}{a}}\cdot 2\pi r\mathrm{d}r = UI$$

这一结果与电路理论中的结果一致。但需要注意，这个结果是在不包括导体本身在内的横截面上积分得到的，说明功率全部是从内外导体之间的空间通过的，导体本身并不能传输能量，导体的作用只是引导电磁能量。这种解释只能用电磁场的观点来理解，用电路理论是无法解释的。

3.5.3 复坡印亭矢量及复坡印亭定理

复坡印亭矢量是将场矢量用复数形式表示所获得的与时间无关的复功率流密度。以时谐电磁场为例来分析复坡印亭矢量，对于时谐电磁场，电场强度和磁场强度的每一个坐标分量都随时间做周期性的简谐变化，这种情况下，电磁场中每一点处的瞬时功率流密度的时间平均值更具有实际意义。

时谐电磁场中，场矢量的复数表达式为

$$\boldsymbol{E}(t)=\mathrm{Re}[\boldsymbol{E}\mathrm{e}^{\mathrm{j}\omega t}]=\frac{1}{2}[\boldsymbol{E}\mathrm{e}^{\mathrm{j}\omega t}+\boldsymbol{E}^*\mathrm{e}^{-\mathrm{j}\omega t}] \tag{3-79}$$

$$\boldsymbol{H}(t)=\mathrm{Re}[\boldsymbol{H}\mathrm{e}^{\mathrm{j}\omega t}]=\frac{1}{2}[\boldsymbol{H}\mathrm{e}^{\mathrm{j}\omega t}+\boldsymbol{H}^*\mathrm{e}^{-\mathrm{j}\omega t}] \tag{3-80}$$

坡印亭矢量的瞬时值可写为

$$\begin{aligned}\boldsymbol{S}(t)&=\boldsymbol{E}(t)\times\boldsymbol{H}(t)=\frac{1}{2}[\boldsymbol{E}\mathrm{e}^{\mathrm{j}\omega t}+\boldsymbol{E}^*\mathrm{e}^{-\mathrm{j}\omega t}]\times\frac{1}{2}[\boldsymbol{H}\mathrm{e}^{\mathrm{j}\omega t}+\boldsymbol{H}^*\mathrm{e}^{-\mathrm{j}\omega t}]\\&=\frac{1}{2}\times\frac{1}{2}[\boldsymbol{E}\times\boldsymbol{H}^*+\boldsymbol{E}^*\times\boldsymbol{H}]+\frac{1}{2}\times\frac{1}{2}[\boldsymbol{E}\times\boldsymbol{H}\mathrm{e}^{\mathrm{j}2\omega t}+\boldsymbol{E}^*\times\boldsymbol{H}^*\mathrm{e}^{-\mathrm{j}2\omega t}]\\&=\frac{1}{2}\mathrm{Re}[\boldsymbol{E}\times\boldsymbol{H}^*]+\frac{1}{2}\mathrm{Re}[\boldsymbol{E}\times\boldsymbol{H}\mathrm{e}^{\mathrm{j}2\omega t}]\end{aligned} \tag{3-81}$$

它在一个周期 $T=\frac{2\pi}{\omega}$ 内的时间平均值为

$$\boldsymbol{S}_{av}=\frac{1}{T}\int_0^T\boldsymbol{S}(t)\,\mathrm{d}t=\mathrm{Re}\left[\frac{1}{2}\boldsymbol{E}\times\boldsymbol{H}^*\right]=\mathrm{Re}[\boldsymbol{S}] \tag{3-82}$$

式中，$\boldsymbol{S}$ 称为复坡印亭矢量，其定义为

$$\boldsymbol{S}=\frac{1}{2}\boldsymbol{E}\times\boldsymbol{H}^* \tag{3-83}$$

复坡印亭矢量 $\boldsymbol{S}$ 与时间 t 无关，表示复功率流密度，其实部为平均功率流密度(有功功率流密度)，虚部为无功功率流密度。需要注意的是，式(3-83)中的电场强度和磁场强度是复振幅值而不是有效值；$\boldsymbol{E}^*$、$\boldsymbol{H}^*$ 是 $\boldsymbol{E}$、$\boldsymbol{H}$ 的共轭复数，$\boldsymbol{S}_{av}$ 称为平均能流密度矢量或平均坡印亭矢量。

类似地，可以得到电场能量密度、磁场能量密度和导电损耗功率密度的复数表达式如下

$$w_e(t)=\frac{1}{2}\boldsymbol{D}(t)\cdot\boldsymbol{E}(t)=\frac{1}{4}\mathrm{Re}[\boldsymbol{E}\cdot\boldsymbol{D}^*]+\frac{1}{4}\mathrm{Re}[\boldsymbol{E}\cdot\boldsymbol{D}\mathrm{e}^{-\mathrm{j}2\omega t}] \tag{3-84}$$

$$w_m(t)=\frac{1}{2}\boldsymbol{B}(t)\cdot\boldsymbol{H}(t)=\frac{1}{4}\mathrm{Re}[\boldsymbol{B}\cdot\boldsymbol{H}^*]+\frac{1}{4}\mathrm{Re}[\boldsymbol{B}\cdot\boldsymbol{H}\mathrm{e}^{-\mathrm{j}2\omega t}] \tag{3-85}$$

$$p(t)=\boldsymbol{J}(t)\cdot\boldsymbol{E}(t)=\frac{1}{2}\mathrm{Re}[\boldsymbol{J}\cdot\boldsymbol{E}^*]+\frac{1}{2}\mathrm{Re}[\boldsymbol{J}\cdot\boldsymbol{E}\mathrm{e}^{-\mathrm{j}2\omega t}] \tag{3-86}$$

在一个周期 $T=2\pi/\omega$ 内，电场能量密度的时间平均值 $w_{av,e}$、磁场能量密度的时间平均值 $w_{av,m}$ 和导电损耗功率密度的时间平均值 p_{av} 分别为

$$w_{av,e}=\frac{1}{4}\mathrm{Re}[\boldsymbol{E}\cdot\boldsymbol{D}^*],\ w_{av,m}=\frac{1}{4}\mathrm{Re}[\boldsymbol{B}\cdot\boldsymbol{H}^*],\ p_{av}=\frac{1}{2}\mathrm{Re}[\boldsymbol{J}\cdot\boldsymbol{E}^*]$$

同样，当场量用复数形式表示时，坡印亭定理相应的也称为复坡印亭定理。由于

$$\begin{aligned}\nabla\cdot\left(\frac{1}{2}\boldsymbol{E}\times\boldsymbol{H}^*\right)&=\frac{1}{2}\boldsymbol{H}^*\cdot(\nabla\times\boldsymbol{E})-\frac{1}{2}\boldsymbol{E}\cdot(\nabla\times\boldsymbol{H}^*)\\&=\frac{1}{2}\boldsymbol{H}^*\cdot(-\mathrm{j}\omega\boldsymbol{B})-\frac{1}{2}\boldsymbol{E}\cdot(\boldsymbol{J}^*-\mathrm{j}\omega\boldsymbol{D})\\&=-\frac{1}{2}\boldsymbol{E}\cdot\boldsymbol{J}^*-\mathrm{j}2\omega\left(\frac{1}{4}\boldsymbol{B}\cdot\boldsymbol{H}^*-\frac{1}{4}\boldsymbol{E}\cdot\boldsymbol{D}^*\right)\end{aligned} \tag{3-87}$$

或者写为

$$-\nabla\cdot\left(\frac{1}{2}\boldsymbol{E}\times\boldsymbol{H}^*\right)=\frac{1}{2}\boldsymbol{E}\cdot\boldsymbol{J}^*+\mathrm{j}2\omega\left(\frac{1}{4}\boldsymbol{B}\cdot\boldsymbol{H}^*-\frac{1}{4}\boldsymbol{E}\cdot\boldsymbol{D}^*\right) \tag{3-88}$$

式(3-88)表示了作为点函数的功率密度关系。对其两边取体积分，并应用散度定理，可得

$$-\oint_S\left(\frac{1}{2}\boldsymbol{E}\times\boldsymbol{H}^*\right)\cdot\mathrm{d}\boldsymbol{S}=\mathrm{j}2\omega\int_V\left(\frac{1}{4}\boldsymbol{B}\cdot\boldsymbol{H}^*-\frac{1}{4}\boldsymbol{E}\cdot\boldsymbol{D}^*\right)\mathrm{d}V+\int_V\frac{1}{2}\boldsymbol{E}\cdot\boldsymbol{J}^*\,\mathrm{d}V \tag{3-89}$$

式(3-89)就是用复矢量表示的坡印亭定理，称为复坡印亭定理。

需要注意的是，在前面的分析中，一直认为描述媒质电磁性质的一组电磁参数 μ、ε、σ 是实数。实际上研究表明，一般情况下(特别是高频时变电磁场作用下)，描述媒质电磁特性的宏观电磁参数是复数，其实部和虚部都是频率的函数，且虚部总是负数。即电磁参数 μ、ε、σ 可以表示为

$$\varepsilon_c=\varepsilon'(\omega)-\mathrm{j}\varepsilon''(\omega),\ \mu_c=u'(\omega)-\mathrm{j}u''(\omega),\ \sigma_c=\sigma'(\omega)-\mathrm{j}\sigma''(\omega)$$

ε_c、μ_c、σ_c 分别称为复介电常数、复磁导率和复电导率。但对于电导率还需要针对具体的导电媒质，若导电媒质是金属导体，则其电导率在直到红外的整个射频范围内均可看做是实数，且与频率无关。这些复数宏观电磁参数表明，同一媒质在不同频率的时变电磁场作用下，可以呈现不同的媒质特性，并将这一性质称为媒质的色散特性。

通常情况下，复数宏观电磁参数还可以用来反映媒质对电磁能量的损耗。如电导率 $\sigma\neq0$ 的媒质中，时变电磁场的电场在其中产生的传导电流密度矢量为 $\boldsymbol{J}_c=\sigma\boldsymbol{E}$，传导电流的存在必将引起功率损耗，根据能量守恒，时变电磁场的能量必将减少，即时变电磁场产生的电磁波的幅度会衰减。媒质中单位体积的导电功率损耗时间平均值为

$$p_{av}=\frac{1}{2}\mathrm{Re}[\boldsymbol{J}_c\cdot\boldsymbol{E}^*]=\frac{1}{2}\sigma E_m^2$$

若只考虑媒质中 $\varepsilon_c=\varepsilon'(\omega)-\mathrm{j}\varepsilon''(\omega)$ 所反映的能量损耗，则媒质中位移电流密度为

$$\boldsymbol{J}_d=\mathrm{j}\omega\varepsilon_c\boldsymbol{E}=\mathrm{j}\omega[\varepsilon'(\omega)-\mathrm{j}\varepsilon''(\omega)]\boldsymbol{E}=\mathrm{j}\omega\varepsilon'(\omega)\boldsymbol{E}+\omega\varepsilon''(\omega)\boldsymbol{E}$$

其中，与 $\boldsymbol{E}$ 同相的位移电流分量会引起功率损耗，由此式可以求出单位体积极化功率损耗的时间平均值为

$$p=\frac{1}{2}\mathrm{Re}[\boldsymbol{J}_d\cdot\boldsymbol{E}^*]=\frac{1}{2}\omega\varepsilon''(\omega)E_m^2$$

式中，E_m 为电场矢量的振幅。上式表明，单位体积的极化损耗功率与 $\varepsilon''(\omega)$ 成正比。同理，可以得出媒质的磁化损耗，媒质中单位体积的磁化损耗功率与 $\mu''(\omega)$ 成正比，$p=\omega\mu''(\omega)H_m^2/2$。

一般情况下，通常用损耗角的正切值来反映媒质在给定频率上的损耗大小。损耗角定义为复介电常数和复磁导率的幅角，分别用 δ_ε 和 δ_μ 表示，即

$$\tan\delta_\varepsilon=\frac{\varepsilon''(\omega)}{\varepsilon'(\omega)},\qquad \tan\delta_\mu=\frac{\mu''(\omega)}{\mu'(\omega)}$$

考虑媒质的电磁参数都为复数，全电流安培环路定理可以表示为

$$\begin{aligned}\nabla\times\boldsymbol{H}&=\sigma\boldsymbol{E}+\mathrm{j}\omega(\varepsilon'-\mathrm{j}\varepsilon'')\boldsymbol{E}=(\sigma+\omega\varepsilon'')\boldsymbol{E}+\mathrm{j}\omega\varepsilon'\boldsymbol{E}\\&=\mathrm{j}\omega\left[\varepsilon'-\mathrm{j}\left(\varepsilon''+\frac{\sigma}{\omega}\right)\right]\boldsymbol{E}=\mathrm{j}\omega\varepsilon_c\boldsymbol{E}\end{aligned}\tag{3-90}$$

上式表明，导电媒质中的传导电流和位移电流可以用一个等效的位移电流代替；导电媒质的电导率和介电常数的总效应可用一个等效复介电常数表示，即

$$\varepsilon_c=\varepsilon'-\mathrm{j}\left(\varepsilon''+\frac{\sigma}{\omega}\right)\tag{3-91}$$

式(3-91)表明，ε'' 与 σ/ω 的能量损耗作用等效，且 σ/ω 代表媒质的导电损耗。引入复等效介电常数，电导率变成等效复介电常数的虚数部分，因此也可以把导体视为一种等效的有耗电介质。引入复介电常数和复磁导率后，有耗媒质和理想介质中的麦克斯韦方程组在形式上就完全相同了，因此可以采用同一种方法分析时变电磁场的特性。

引入复数宏观电磁参数之后，媒质中的复坡印亭定理可以表示为

$$
\begin{aligned}
&-\oint_S\left(\frac{1}{2}\boldsymbol{E}\times\boldsymbol{H}^*\right)\cdot \mathrm{d}\boldsymbol{S}=\mathrm{j}2\omega\int_V\left(\frac{1}{4}\boldsymbol{B}\cdot\boldsymbol{H}^*-\frac{1}{4}\boldsymbol{E}\cdot\boldsymbol{D}^*\right)\mathrm{d}V+\int_V\frac{1}{2}\boldsymbol{E}\cdot\boldsymbol{J}^*\,\mathrm{d}V\\
&=\int_V\frac{\mathrm{j}\omega}{2}\boldsymbol{B}\cdot\boldsymbol{H}^*\,\mathrm{d}V-\int_V\frac{\mathrm{j}\omega}{2}\boldsymbol{E}\cdot\boldsymbol{D}^*\,\mathrm{d}V+\int_V\frac{1}{2}\boldsymbol{E}\cdot\boldsymbol{J}^*\,\mathrm{d}V\\
&=\int_V\frac{\mathrm{j}\omega}{2}(\mu'-\mathrm{j}\mu'')\boldsymbol{H}\cdot\boldsymbol{H}^*\,\mathrm{d}V-\int_V\frac{\mathrm{j}\omega}{2}(\varepsilon'+\mathrm{j}\varepsilon'')\boldsymbol{E}^*\cdot\boldsymbol{E}\mathrm{d}V+\int_V\frac{1}{2}\sigma E^2\,\mathrm{d}V\\
&=\int_V\left(\frac{1}{2}\omega\mu''H^2+\frac{1}{2}\mathrm{j}\omega\mu'H^2\right)\mathrm{d}V-\int_V\left(\frac{1}{2}\omega\mu''E^2-\frac{1}{2}\mathrm{j}\omega\varepsilon'E^2\right)\mathrm{d}V+\int_V\frac{1}{2}\sigma E^2\,\mathrm{d}V\\
&=\int_V\left(\frac{1}{2}\sigma E^2+\frac{1}{2}\omega\varepsilon''E^2+\frac{1}{2}\omega\mu''E^2\right)\mathrm{d}V+\mathrm{j}2\omega\int_V\left(\frac{1}{4}\mu'H^2-\frac{1}{4}\varepsilon'E^2\right)\mathrm{d}V\\
&=\int_V(p_{\mathrm{av,c}}+p_{\mathrm{av,e}}+p_{\mathrm{av,m}})\,\mathrm{d}V+\mathrm{j}2\omega\int_V(w_{\mathrm{av,m}}-w_{\mathrm{av,e}})\,\mathrm{d}V
\end{aligned}
\tag{3-92}
$$

式(3-92)中,$p_{\mathrm{av,c}}$、$p_{\mathrm{av,e}}$、$p_{\mathrm{av,m}}$分别是单位体积内的导电损耗功率、极化损耗功率和磁化损耗功率的时间平均值;$w_{\mathrm{av,m}}$和$w_{\mathrm{av,e}}$分别是电场和磁场能量密度的时间平均值。式(3-92)也是时变电磁场中电磁能量守恒与转换定律的体现。

【例 3-12】 已知自由空间中,某电磁波的电场强度复矢量为

$$\boldsymbol{E}(z)=\boldsymbol{e}_yE_0\mathrm{e}^{-\mathrm{j}kz}\ \mathrm{V/m}\quad (k、E_0\text{ 为常数})$$

求:(1) 磁场强度复矢量;(2) 坡印亭矢量的瞬时值;(3) 平均坡印亭矢量。

解:根据题意,自由空间对应着$\boldsymbol{J}=0,\rho=0,\varepsilon=\varepsilon_0,\mu=\mu_0$。

(1)由$\nabla\times\boldsymbol{E}=-\mathrm{j}\omega\mu_0\boldsymbol{H}$得

$$\boldsymbol{H}(z)=-\frac{1}{\mathrm{j}\omega\mu_0}\nabla\times\boldsymbol{E}(z)=-\boldsymbol{e}_x\frac{1}{\mathrm{j}\omega\mu_0}\frac{\partial}{\partial z}(E_0\mathrm{e}^{-\mathrm{j}kz})=-\boldsymbol{e}_x\frac{kE_0}{\omega\mu_0}\mathrm{e}^{-\mathrm{j}kz}$$

(2)电场、磁场的瞬时值为 $\boldsymbol{E}(z,t)=\mathrm{Re}[\boldsymbol{E}(z)\mathrm{e}^{\mathrm{j}\omega t}]=\boldsymbol{e}_yE_0\cos(\omega t-kz)$

$$\boldsymbol{H}(z,t)=\mathrm{Re}[\boldsymbol{H}(z)\mathrm{e}^{\mathrm{j}\omega t}]=-\boldsymbol{e}_x\left(\frac{kE_0}{\omega\mu_0}\right)\cos(\omega t-kz)$$

所以,坡印亭矢量的瞬时值为

$$\boldsymbol{S}=\boldsymbol{E}(z,t)\times\boldsymbol{H}(z,t)=\boldsymbol{e}_z\left(\frac{kE_0^2}{\omega\mu_0}\right)\cos^2(\omega t-kz)$$

(3)平均坡印亭矢量为

$$\boldsymbol{S}_{\mathrm{av}}=\frac{1}{2}\mathrm{Re}[\boldsymbol{E}(z)\times\boldsymbol{H}^*(z)]==\boldsymbol{e}_z\frac{1}{2}\frac{kE_0^2}{\omega\mu_0}$$

3.5.4 唯一性定理

对于时变电磁场,所有问题的求解都可以基于麦克斯韦方程组来完成,那么利用麦克斯韦方程组求解电磁场问题的解是否唯一?在什么条件下所得到的解是唯一的?即要知道时变电磁场解的唯一性条件,时变电磁场的唯一性定理给出了明晰的界定。

时变电磁场的唯一性定理(简称唯一性定理)的表述:在以闭合曲面 S 为边界的有界区域 V 内,若给定 $t=0$ 时刻的电场强度和磁场强度,且在 $t>0$ 时给定封闭曲面 S 上电场强度的切向分量和磁场强度的切向分量,那么,在 $t>0$ 时,区域内的电磁场可由麦克斯韦方程组唯一地确定。

唯一性定理的意义在于,它指出了求解电磁场问题获得唯一解所必须满足的条件,为电磁

场问题的求解提供了理论依据。

唯一性定理的简单证明如下。

假设有两组解($\boldsymbol{E}_1$,$\boldsymbol{H}_1$)和($\boldsymbol{E}_2$,$\boldsymbol{H}_2$)都是体积 V 中满足麦克斯韦方程组和边界条件的解，在 $t=0$ 时刻它们在 V 内所有点上 $\boldsymbol{E}_1=\boldsymbol{E}_2$、$\boldsymbol{H}_1=\boldsymbol{H}_2$，但在 $t>0$ 的所有时刻 $\boldsymbol{E}_1\neq\boldsymbol{E}_2$、$\boldsymbol{H}_1\neq\boldsymbol{H}_2$。设媒质是线性的，则麦克斯韦方程组也是线性的。根据麦克斯韦方程组的线性性质，两组解的差 $\Delta\boldsymbol{E}=\boldsymbol{E}_2-\boldsymbol{E}_1$，$\Delta\boldsymbol{H}=\boldsymbol{H}_2-\boldsymbol{H}_1$ 也必定是麦克斯韦方程组的解。将这组差值解应用于坡印亭定理有

$$-\oint_S(\Delta\boldsymbol{E}\times\Delta\boldsymbol{H})\cdot\boldsymbol{n}\mathrm{d}S=\frac{\partial}{\partial t}\int_V\left(\frac{1}{2}\varepsilon\,|\Delta\boldsymbol{E}|^2+\frac{1}{2}\mu\,|\Delta\boldsymbol{H}|^2\right)\mathrm{d}V+\int_V\sigma\,|\Delta\boldsymbol{E}|^2\mathrm{d}V$$

因为在边界 S 上，电场的切向分量或者磁场的切向分量已经给定，所以电场 $\Delta\boldsymbol{E}$ 的切向分量或者磁场 $\Delta\boldsymbol{H}$ 的切向分量必为零，即

$$\boldsymbol{n}\times\Delta\boldsymbol{E}=0\quad\text{或者}\quad\boldsymbol{n}\times\Delta\boldsymbol{H}=0$$

所以

$$\boldsymbol{n}\cdot(\Delta\boldsymbol{E}\times\Delta\boldsymbol{H})=\Delta\boldsymbol{H}\cdot(\boldsymbol{n}\times\Delta\boldsymbol{E})=\Delta\boldsymbol{E}\cdot(\Delta\boldsymbol{H}\times\boldsymbol{n})=0$$

即 $\Delta\boldsymbol{E}\times\Delta\boldsymbol{H}$ 在边界面 S 上的法向分量为零，即应用坡印亭定理所得表达式左端的积分为零。因此

$$\frac{\partial}{\partial t}\int_V\left(\frac{1}{2}\varepsilon\,|\Delta\boldsymbol{E}|^2+\frac{1}{2}\mu\,|\Delta\boldsymbol{H}|^2\right)\mathrm{d}V=-\int_V\sigma\,|\Delta\boldsymbol{E}|^2\mathrm{d}V$$

上式右端总是小于等于零的，而左端代表能量的积分在 $t>0$ 的所有时刻只能大于或等于零。这样，上面的等式要成立，只能是等式两边都为零，也就是差值 $\Delta\boldsymbol{E}=\boldsymbol{E}_2-\boldsymbol{E}_1$，$\Delta\boldsymbol{H}=\boldsymbol{H}_2-\boldsymbol{H}_1$ 在 $t\geqslant0$ 时刻恒为零，这就意味着区域 V 内的电磁场 $\boldsymbol{E}$、$\boldsymbol{H}$ 只有唯一的一组解，不可能有两组或多组不同的解。

需要注意的是，时变电磁场唯一性定理的条件只是给定了电场 $\boldsymbol{E}$ 或者磁场 $\boldsymbol{H}$ 在边界面上的切向分量。也就是说，对于一个被闭合曲面 S 所包围的体积 V，如果闭合曲面 S 上电场 $\boldsymbol{E}$ 的切向分量给定；或者闭合曲面 S 上磁场 $\boldsymbol{H}$ 的切向分量给定；或者闭合曲面 S 上一部分区域给定电场 $\boldsymbol{E}$ 的切向分量，其余部分给定磁场 $\boldsymbol{H}$ 的切向分量，那么区域 V 内的电磁场 $\boldsymbol{E}$、$\boldsymbol{H}$ 是唯一确定的。另一方面，为了能由麦克斯韦方程组解出时变电磁场，一般需要同时应用边界面上的电场 $\boldsymbol{E}$ 的切向分量和磁场 $\boldsymbol{H}$ 的切向分量边界条件。因此，对于时变电磁场，只要满足边界条件就能保证解的唯一性。

3.6　时变电磁场的位函数

3.6.1　时变电磁场的波动方程

时变电磁场中电场和磁场均随时间变化，电场和磁场相互激励，相互依存，构成一个统一的整体，并在空间以电磁波的形式传播。基于麦克斯韦方程组，可以导出时变电磁场中场矢量满足的波动方程

1. 无源、无耗线性媒质中的波动方程

无源无耗线性媒质中，有 $\boldsymbol{J}=0$，$\rho=0$，$\sigma=0$。麦克斯韦方程组变为

$$\begin{cases}\nabla\times \boldsymbol{H} = \varepsilon \dfrac{\partial \boldsymbol{E}}{\partial t} \\ \nabla\times \boldsymbol{E} = -\mu \dfrac{\partial \boldsymbol{H}}{\partial t} \\ \nabla\cdot \boldsymbol{H} = 0 \\ \nabla\cdot \boldsymbol{E} = 0\end{cases} \tag{3-93}$$

对式(3－93)中的第一式两边取旋度,可得

$$\nabla\times\nabla\times\boldsymbol{H}=\nabla(\nabla\cdot\boldsymbol{H})-\nabla^2\boldsymbol{H}=\varepsilon\,\nabla\times\frac{\partial \boldsymbol{E}}{\partial t}=\varepsilon\,\frac{\partial}{\partial t}(\nabla\times\boldsymbol{E})$$

由于

$$\nabla\times\boldsymbol{E}=-\mu\frac{\partial \boldsymbol{H}}{\partial t},\nabla\cdot\boldsymbol{H}=0$$

所以有

$$\nabla^2\boldsymbol{H}-\mu\varepsilon\frac{\partial^2\boldsymbol{H}}{\partial t^2}=\nabla^2\boldsymbol{H}-\frac{1}{v^2}\frac{\partial^2\boldsymbol{H}}{\partial t^2}=0 \tag{3-94}$$

同理,对式(3－93)中的第二式两边取旋度,并结合式(3－93)中的第一式和第四式,可得

$$\nabla^2\boldsymbol{E}-\mu\varepsilon\frac{\partial^2\boldsymbol{E}}{\partial t^2}=\nabla^2\boldsymbol{E}-\frac{1}{v^2}\frac{\partial^2\boldsymbol{E}}{\partial t^2}=0 \tag{3-95}$$

式(3－94)和式(3－95)表示在无源、无耗线性媒质中,时变电磁场 $\boldsymbol{H}$ 和 $\boldsymbol{E}$ 必须满足的齐次波动方程。其中∇^2为矢量拉普拉斯算符;$v=\dfrac{1}{\sqrt{\mu\varepsilon}}$为时变电磁场在媒质中的传播速度。如果媒质为自由空间,即 $v=\dfrac{1}{\sqrt{\mu_0\varepsilon_0}}\approx3\times10^8\,\mathrm{m/s}$,近似为光的传播速度。

在无源、无耗线性媒质中,可以通过求解式(3－94)和式(3－95)得到电磁场量 $\boldsymbol{H}$ 和 $\boldsymbol{E}$。求解此类矢量方程一般有两种方法:一种是直接寻求满足该矢量波动方程的解;另一种是将该矢量波动方程转化为标量波动方程,通过求解标量波动方程的解来得到矢量函数的解。需要注意的是,在不同的坐标系中由矢量波动方程得到的标量波动方程的形式是不一样的,如以式(3－95)为例,在直角坐标系中,与之对应的标量波动方程为

$$\frac{\partial^2 E_x}{\partial x^2}+\frac{\partial^2 E_x}{\partial y^2}+\frac{\partial^2 E_x}{\partial z^2}-\mu\varepsilon\frac{\partial^2 E_x}{\partial t^2}=0$$

$$\frac{\partial^2 E_y}{\partial x^2}+\frac{\partial^2 E_y}{\partial y^2}+\frac{\partial^2 E_y}{\partial z^2}-\mu\varepsilon\frac{\partial^2 E_y}{\partial t^2}=0$$

$$\frac{\partial^2 E_z}{\partial x^2}+\frac{\partial^2 E_z}{\partial y^2}+\frac{\partial^2 E_z}{\partial z^2}-\mu\varepsilon\frac{\partial^2 E_z}{\partial t^2}=0$$

对于时谐电磁场,可由复数形式的麦克斯韦方程组导出无源、无耗线性媒质中复数形式的波动方程

$$\nabla^2\boldsymbol{E}+k^2\boldsymbol{E}=0 \tag{3-96}$$

$$\nabla^2\boldsymbol{H}+k^2\boldsymbol{H}=0 \tag{3-97}$$

式中

$$k=\omega\sqrt{\mu\varepsilon} \tag{3-98}$$

式(3－98)定义的 k 称为时变电磁场中电磁波的传播常数或者角波数，若写成矢量形式 $\boldsymbol{k}$ 则表示时变电磁场中电磁波的传播矢量，其方向表示电磁能流的传播方向。也把式(3－96)和式(3－97)描述的复数矢量波动方程称为矢量齐次亥姆霍兹方程。

若研究的区域是无源、有耗的线性媒质，即介电常数和磁导率都是复数，这种情况下只需要将相应的介电常数和磁导率用复介电常数和复磁导率表示即可，波动方程的形式不变，相应地传播常数 k 也变为复数 $k_c=\omega\sqrt{\mu_c\varepsilon_c}$；若研究的区域是无源导电媒质，则需要用等效复介电常数 $\varepsilon_c=\varepsilon'-j\left(\varepsilon''+\dfrac{\sigma}{\omega}\right)$ 代替波动方程中的介电常数 ε 即可，波动方程的形式不变。

2. 有源情况下线性媒质中的波动方程

当外加场源不为零时，在线性媒质中麦克斯韦方程组为

$$\begin{cases}\nabla\times\boldsymbol{H}=\boldsymbol{J}+\varepsilon\dfrac{\partial\boldsymbol{E}}{\partial t}\\ \nabla\times\boldsymbol{E}=-\mu\dfrac{\partial\boldsymbol{H}}{\partial t}\\ \nabla\cdot\boldsymbol{H}=0\\ \nabla\cdot\boldsymbol{E}=\dfrac{\rho}{\varepsilon}\end{cases}\tag{3-99}$$

与无源、无耗线性媒质中波动方程的推导过程一样，可推得有源线性媒质中的波动方程为

$$\nabla^2\boldsymbol{H}-\mu\varepsilon\frac{\partial^2\boldsymbol{H}}{\partial t^2}=-\nabla\times\boldsymbol{J}\tag{3-100}$$

$$\nabla^2\boldsymbol{E}-\mu\varepsilon\frac{\partial^2\boldsymbol{E}}{\partial t^2}=\mu\frac{\partial\boldsymbol{J}}{\partial t}+\frac{\nabla\rho}{\varepsilon}\tag{3-101}$$

式(3－100)和式(3－101)是非齐次的，将这两个方程称为有源区域的非齐次矢量波动方程。由于外加场源一般来讲都比较复杂，所以，根据区域中的源分布，直接求解非齐次矢量波动方程非常困难。为简化非齐次矢量波动方程的求解，通过分析式(3－100)和式(3－101)中的各量发现，若电场 $\boldsymbol{E}$ 只取决于电荷密度 ρ，磁场 $\boldsymbol{H}$ 只取决于电流密度 $\boldsymbol{J}$，则方程可以得到最大程度的简化。结合静态场中电场矢量 $\boldsymbol{E}$ 和磁场矢量 $\boldsymbol{H}$ 采用位函数求解，可以使问题的求解得到简化。我们在时变场中同样引进位函数，只是时变场中场矢量 $\boldsymbol{E}$、$\boldsymbol{H}$ 和场源都是随时间变化的，故时变场中引进的位函数也一定是随时间变化的动态位函数，我们习惯上将之称为动态位函数。

【例 3－13】 在无源区求均匀导电媒质中电场强度和磁场强度满足的波动方程。

解：考虑到各向同性、线性、均匀的导电媒质和无源区域，设媒质的电导率为 σ，介电常数为 ε、磁导率为 μ，则由麦克斯韦方程有

$$\nabla\times\nabla\times\boldsymbol{E}=\nabla\times\left(-\mu\frac{\partial\boldsymbol{H}}{\partial t}\right)$$

即

$$\nabla(\nabla\cdot\boldsymbol{E})-\nabla^2\boldsymbol{E}=-\mu\frac{\partial(\nabla\times\boldsymbol{H})}{\partial t}$$

又根据题意，无源、线性、均匀条件有

$$\nabla\cdot\boldsymbol{E}=0,\nabla\times\boldsymbol{H}=\sigma\boldsymbol{E}+\varepsilon\frac{\partial\boldsymbol{E}}{\partial t}$$

所以电场强度满足的波动方程为

$$\nabla^2 \boldsymbol{E} - \mu\varepsilon \frac{\partial^2 \boldsymbol{E}}{\partial t^2} - \mu\sigma \frac{\partial \boldsymbol{E}}{\partial t} = 0$$

同理，对微分形式的麦克斯韦方程组中全电流安培环路定理两边取旋度，并利用磁通连续性原理和法拉第电磁感应定律可得磁场满足的波动方程为

$$\nabla^2 \boldsymbol{H} - \mu\varepsilon \frac{\partial^2 \boldsymbol{H}}{\partial t^2} - \mu\sigma \frac{\partial \boldsymbol{H}}{\partial t} = 0$$

3.6.2 时变电磁场中的动态位函数

时变电磁场中，磁感应强度的散度恒为零，因此，时变电磁场中仍然可以定义磁感应强度为一个矢量函数的旋度，即

$$\boldsymbol{B} = \nabla \times \boldsymbol{A} \tag{3-102}$$

由于在时变场中场矢量是随时间变化的，故式(3-101)中的 $\boldsymbol{A}$ 也一定是空间和时间的函数，将其称为动态矢量磁位。将式(3-102)代入

$$\nabla \times \boldsymbol{E} = -\frac{\partial \boldsymbol{B}}{\partial t}$$

得

$$\nabla \times \boldsymbol{E} = -\frac{\partial (\nabla \times \boldsymbol{A})}{\partial t}$$

即

$$\nabla \times \left(\boldsymbol{E} + \frac{\partial \boldsymbol{A}}{\partial t} \right) = 0$$

根据矢量恒等式 $\nabla \times (\nabla \varphi) = 0$，可以令

$$\boldsymbol{E} + \frac{\partial \boldsymbol{A}}{\partial t} = -\nabla \varphi$$

则

$$\boldsymbol{E} = -\nabla \varphi - \frac{\partial \boldsymbol{A}}{\partial t} \tag{3-103}$$

式(3-103)中的矢量磁位 $\boldsymbol{A}$ 的单位是 T · m 或 Wb/m；φ 是标量电位，单位是 V。这样，如果 $\boldsymbol{A}$ 和 φ 是已知的，则可以由式(3-101)和(3-102)来确定 $\boldsymbol{B}$ 和 $\boldsymbol{E}$。需要注意的是，满足式(3-101)和式(3-102)的 $\boldsymbol{A}$ 和 φ 并不是唯一的，因为式(3-101)只确定了 $\boldsymbol{A}$ 的旋度，根据亥姆霍兹定理，要唯一确定 $\boldsymbol{A}$ 和 φ 还需要知道 $\boldsymbol{A}$ 的散度，从而得到一组确定的 $\boldsymbol{A}$ 和 φ 的值，然后再代入式(3-102)和式(3-103)得到均满足麦克斯韦方程的电场 $\boldsymbol{E}$ 和磁场 $\boldsymbol{B}$。因此，确定矢量磁位 $\boldsymbol{A}$ 的散度是求解电场 $\boldsymbol{E}$ 和磁场 $\boldsymbol{B}$ 的关键。

根据矢量磁位 $\boldsymbol{A}$ 和标量磁位 φ 的定义，在均匀线性媒质中 $\boldsymbol{A}$ 和 φ 必然满足波动方程，根据

$$\nabla \cdot \boldsymbol{E} = -\frac{\rho}{\varepsilon}$$

可得

$$\nabla \cdot \left(-\nabla \varphi - \frac{\partial \boldsymbol{A}}{\partial t}\right) = \nabla^2 \varphi + \frac{\partial}{\partial t}(\nabla \cdot \boldsymbol{A}) = -\frac{\rho}{\varepsilon} \tag{3-104}$$

根据

$$\nabla\times\boldsymbol{H}=\boldsymbol{J}+\varepsilon\frac{\partial\boldsymbol{E}}{\partial t}$$

可得

$$\nabla\times(\frac{1}{\mu}\nabla\times\boldsymbol{A})=\boldsymbol{J}+\varepsilon\frac{\partial\boldsymbol{E}}{\partial t}=\boldsymbol{J}+\frac{\partial}{\partial t}\varepsilon(-\frac{\partial\boldsymbol{A}}{\partial t}-\nabla\varphi)$$

即

$$\nabla^2\boldsymbol{A}-\varepsilon\mu\frac{\partial^2\boldsymbol{A}}{\partial t^2}=-\mu\boldsymbol{J}+\nabla(\nabla\cdot\boldsymbol{A}+\mu\varepsilon\frac{\partial\varphi}{\partial t}) \tag{3-105}$$

这样就得到一组方程

$$\begin{cases}\nabla^2\boldsymbol{A}-\varepsilon\mu\dfrac{\partial^2\boldsymbol{A}}{\partial t^2}=-\mu\boldsymbol{J}+\nabla(\nabla\cdot\boldsymbol{A}+\mu\varepsilon\dfrac{\partial\varphi}{\partial t})\\ \nabla^2\varphi+\dfrac{\partial}{\partial t}(\nabla\cdot\boldsymbol{A})=-\dfrac{\rho}{\varepsilon}\end{cases} \tag{3-106}$$

这一组方程都包含 $\boldsymbol{A}$ 和 φ，对这一组方程进行分析可知，若令

$$\nabla\cdot\boldsymbol{A}=-\mu\varepsilon\frac{\partial\varphi}{\partial t} \tag{3-107}$$

则式(3-105)变为

$$\nabla^2\boldsymbol{A}-\varepsilon\mu\frac{\partial^2\boldsymbol{A}}{\partial t^2}=-\mu\boldsymbol{J} \tag{3-108}$$

式(3-104)变为

$$\nabla^2\varphi-\mu\varepsilon\frac{\partial^2\varphi}{\partial t^2}=-\frac{\rho}{\varepsilon} \tag{3-109}$$

即方程组(3-106)得到最大程度的简化，写为

$$\begin{cases}\nabla^2\boldsymbol{A}-\varepsilon\mu\dfrac{\partial^2\boldsymbol{A}}{\partial t^2}=-\mu\boldsymbol{J}\\ \nabla^2\varphi-\mu\varepsilon\dfrac{\partial^2\varphi}{\partial t^2}=-\dfrac{\rho}{\varepsilon}\end{cases} \tag{3-110}$$

这两个彼此相似而独立的线性二阶微分方程在数学形式上称为达朗贝尔方程。这一组方程显示，矢量磁位 $\boldsymbol{A}$ 仅由 $\boldsymbol{J}$ 决定，即 $\boldsymbol{A}$ 的源是 $\boldsymbol{J}$；标量电位 φ 仅由 ρ 决定，即 φ 的源是 ρ。而且一旦求得标量电位 φ，还可以由式(3-107)确定矢量磁位 $\boldsymbol{A}$ 的散度。由于矢量磁位 $\boldsymbol{A}$ 的散度的每一种规定都称为一种规范，在时变电磁场中将式(3-106)确定的矢量磁位 $\boldsymbol{A}$ 的散度的规定称为洛伦兹规范和洛伦兹条件。洛伦兹规范结合式(3-101)所确定的 $\boldsymbol{A}$ 的旋度，则唯一地确定了 $\boldsymbol{A}$，同时也就唯一地确定了 φ。由这一组唯一确定的 $\boldsymbol{A}$ 和 φ，就可以由式(3-102)和式(3-103)来确定场矢量 $\boldsymbol{B}$ 和 $\boldsymbol{E}$。当然若不采用洛伦兹规范，而是采用另外的规范定义矢量磁位 $\boldsymbol{A}$ 的散度 $\nabla\cdot\boldsymbol{A}$，则得到 $\boldsymbol{A}$ 和 φ 的方程将不同于式(3-108)和式(3-109)，并得到另外一组 $\boldsymbol{A}$ 和 φ 的解，但最后得到的 $\boldsymbol{B}$ 和 $\boldsymbol{E}$ 则是一样的。

方程(3-110)也显示，当所研究的区域无时变场时，即场矢量和源都不随时间变化，则矢量磁位的方程退化为静态场中磁矢位的矢量泊松方程；而标量电位的方程退化为静电场中电位的标量泊松方程。同样矢量磁位的洛伦兹规范也退化为稳恒磁场中的库仑规范。

对于时谐场，以上的表达式可以用复数形式表示为

$$\boldsymbol{B} = \nabla \times \boldsymbol{A} \tag{3-111}$$

$$\boldsymbol{E} = -\nabla \varphi - \mathrm{j}\omega \boldsymbol{A} \tag{3-112}$$

洛伦兹规范变为

$$\nabla \cdot \boldsymbol{A} = -\mathrm{j}\omega\mu\varepsilon\varphi \tag{3-113}$$

$\boldsymbol{A}$ 和 φ 的方程变为

$$\nabla^2 \boldsymbol{A} + k^2 \boldsymbol{A} = -\mu \boldsymbol{J} \tag{3-114}$$

$$\nabla^2 \varphi + k^2 \varphi = -\frac{\rho}{\varepsilon} \tag{3-115}$$

式中，$k^2 = \omega^2 \mu\varepsilon$。通过以上分析，采用位函数使原来求解电磁场量 $\boldsymbol{E}$ 和 $\boldsymbol{H}$ 的六个标量分量变为求 $\boldsymbol{A}$ 和 φ 的四个标量分量。而且，因为标量位 φ 可以由洛伦兹规范求得，即

$$\varphi = \frac{\nabla \cdot \boldsymbol{A}}{-\mathrm{j}\omega\mu\varepsilon} \tag{3-116}$$

这样，在实际应用中引入动态位函数 $\boldsymbol{A}$ 和 φ 之后可以使时变电磁场中场量的计算大为简化。因此动态位函数的引入具有十分重要的实际应用意义。

【例 3－14】 已知时变电磁场中矢量位 $\boldsymbol{A} = \boldsymbol{e}_x A_{\mathrm{m}} \sin(\omega t - kz)$，其中 A_{m}、k 是常数，求电场强度、磁场强度和坡印亭矢量。

解：根据题意，已知矢量磁位 $\boldsymbol{A}$，则

$$\boldsymbol{B} = \nabla \times \boldsymbol{A} = \frac{\boldsymbol{e}_y \partial A_x}{\partial t} = -\boldsymbol{e}_y k A_{\mathrm{m}} \cos(\omega t - kz)$$

$$\boldsymbol{H}(z,t) = \frac{\boldsymbol{B}}{\mu} = -\boldsymbol{e}_y \frac{k}{\mu} A_{\mathrm{m}} \cos(\omega t - kz)$$

又根据洛伦兹规范 $\mu\varepsilon\left(\frac{\partial \varphi}{\partial t}\right) = -\nabla \cdot \boldsymbol{A} = 0$，可得

$$\varphi = C$$

对于时谐场，洛伦兹规范转化为 $\mathrm{j}\omega\mu\varepsilon\varphi = -\nabla \cdot \boldsymbol{A} = 0$，故可得

$$\varphi = 0$$

所以

$$\boldsymbol{E}(z,t) = -\nabla\varphi - \frac{\partial \boldsymbol{A}}{\partial t} = -\boldsymbol{e}_x \omega A_{\mathrm{m}} \cos(\omega t - kz)$$

坡印亭矢量的瞬时值为

$$\boldsymbol{S}(t) = \boldsymbol{E}(z,t) \times \boldsymbol{H}(z,t) = \boldsymbol{e}_z \left(\frac{\omega k}{\mu}\right) A_{\mathrm{m}}^2 \cos(\omega t - kz)$$

小结 3

1. 法拉第电磁感应定律

积分形式：$\oint_l \boldsymbol{E} \cdot \mathrm{d}\boldsymbol{l} = -\int_S \frac{\partial \boldsymbol{B}}{\partial t} \cdot \mathrm{d}\boldsymbol{S}$，微分形式：$\nabla \times \boldsymbol{E} = -\frac{\partial \boldsymbol{B}}{\partial t}$

2. 位移电流密度矢量 $\boldsymbol{J}_{\mathrm{d}} = \partial \boldsymbol{D} / \partial t$

3. 全电流安培环路定理

积分形式：$\oint_l \boldsymbol{H}\cdot \mathrm{d}\boldsymbol{l}=\int_S\left(\boldsymbol{J}+\frac{\partial \boldsymbol{D}}{\partial t}\right)\cdot \mathrm{d}\boldsymbol{S}$，微分形式：$\nabla\times\boldsymbol{H}=\boldsymbol{J}+\frac{\partial \boldsymbol{D}}{\partial t}$

全电流连续性原理：$\oint_S(\boldsymbol{J}_c+\boldsymbol{J}_d+\boldsymbol{J}_v)\cdot \mathrm{d}\boldsymbol{S}=\int_V \nabla\cdot(\boldsymbol{J}_c+\boldsymbol{J}_d+\boldsymbol{J}_v)\mathrm{d}V=0$

4. 麦克斯韦方程组

积分形式：

$$\oint_l \boldsymbol{H}\cdot \mathrm{d}\boldsymbol{l}=\int_S\left(\boldsymbol{J}_c+\frac{\partial \boldsymbol{D}}{\partial t}\right)\cdot \mathrm{d}\boldsymbol{S},\quad \oint_l \boldsymbol{E}\cdot \mathrm{d}\boldsymbol{l}=-\int_S \frac{\partial \boldsymbol{B}}{\partial t}\cdot \mathrm{d}\boldsymbol{S},$$

$$\oint_S \boldsymbol{B}\cdot \mathrm{d}\boldsymbol{S}=0,\quad \oint_S \boldsymbol{D}\cdot \mathrm{d}\boldsymbol{S}=\int_V \rho \mathrm{d}V$$

微分形式：$\nabla\times\boldsymbol{H}=\boldsymbol{J}_c+\frac{\partial \boldsymbol{D}}{\partial t}$，$\nabla\times\boldsymbol{E}=-\frac{\partial \boldsymbol{B}}{\partial t}$，$\nabla\cdot\boldsymbol{B}=0$，$\nabla\cdot\boldsymbol{D}=\rho$

5. 限定形式的麦克斯韦方程组

$$\nabla\times\boldsymbol{H}=\boldsymbol{J}+\varepsilon\frac{\partial \boldsymbol{E}}{\partial t},\nabla\times\boldsymbol{E}=-\mu\frac{\partial \boldsymbol{H}}{\partial t},\nabla\cdot\boldsymbol{H}=0,\nabla\cdot\boldsymbol{E}=\frac{\rho}{\varepsilon}$$

6. 媒质的本构关系

一般媒质　　　$\boldsymbol{D}=\varepsilon_0\boldsymbol{E}+\boldsymbol{P},\boldsymbol{B}=\mu_0(\boldsymbol{H}+\boldsymbol{M}),\boldsymbol{J}=\sigma\boldsymbol{E}$

各向同性线性均匀媒质(简单媒质)$\boldsymbol{D}=\varepsilon\boldsymbol{E}$，$\boldsymbol{B}=\mu\boldsymbol{H}$，$\boldsymbol{J}=\sigma\boldsymbol{E}$，式中 ε、μ、σ 分别为媒质的介电常数、磁导率和电导。

7. 洛仑磁力

$$\boldsymbol{F}=q(\boldsymbol{E}+\boldsymbol{v}\times\boldsymbol{B}),\quad \boldsymbol{f}=\rho(\boldsymbol{E}+\boldsymbol{v}\times\boldsymbol{B})=\rho\boldsymbol{E}+\boldsymbol{J}\times\boldsymbol{B}$$

8. 时谐电磁场

时谐电磁场的场矢量在空间任一点随时间以相同频率做正弦或余弦变化。时谐场的麦克斯韦方程组为

$$\nabla\times\boldsymbol{H}=\boldsymbol{J}+\mathrm{j}\omega\boldsymbol{D},\nabla\times\boldsymbol{E}=-\mathrm{j}\omega\boldsymbol{B},\nabla\cdot\boldsymbol{B}=0,\nabla\cdot\boldsymbol{D}=\rho$$

9. 时变电磁场的边界条件

(1)一般媒质分界面的边界条件

法向边界条件　　　$\boldsymbol{n}\cdot(\boldsymbol{D}_2-\boldsymbol{D}_1)=\rho_S,\boldsymbol{n}\cdot(\boldsymbol{B}_2-\boldsymbol{B}_1)=0$；

切向边界条件　　　$\boldsymbol{n}\times(\boldsymbol{E}_2-\boldsymbol{E}_1)=0,\boldsymbol{n}\times(\boldsymbol{H}_2-\boldsymbol{H}_1)=\boldsymbol{J}_S$

(2)理想介质的边界条件

$$\boldsymbol{n}\times(\boldsymbol{H}_2-\boldsymbol{H}_1)=0,\boldsymbol{n}\times(\boldsymbol{E}_2-\boldsymbol{E}_1)=0,\boldsymbol{n}\cdot(\boldsymbol{B}_2-\boldsymbol{B}_1)=0,\boldsymbol{n}\cdot(\boldsymbol{D}_2-\boldsymbol{D}_1)=0$$

(3) 理想导体的边界条件

$$\boldsymbol{n}\times\boldsymbol{H}=0,\boldsymbol{n}\times\boldsymbol{E}=0,\boldsymbol{n}\cdot\boldsymbol{B}=0,\ \boldsymbol{n}\cdot\boldsymbol{D}=0$$

10. 坡印亭定理

(1)内容：对于空间任何封闭曲面 S 所限定的体积 V，单位时间电磁能量的增加率加上焦耳热功率等于单位时间进入闭合曲面 S 内的电磁功率。坡印亭定理是电磁场能量守恒的具体表现，是宏观电磁现象的一个普遍定理，它不仅适用于时变场，也适用于静态场。

(2) 坡印亭矢量 $\boldsymbol{S}=\boldsymbol{E}\times\boldsymbol{H}$，复坡印亭矢量 $\boldsymbol{S}=\frac{1}{2}\boldsymbol{E}\times\boldsymbol{H}^*$。

11. 唯一性定理

在以闭合曲面 S 为边界的有界区域 V 内，若给定 $t=0$ 时刻的电场强度和磁场强度，且在

$t>0$时给定封闭曲面 S 上电场强度的切向分量和磁场强度的切向分量，那么，在 $t>0$ 时，区域内的电磁场可由麦克斯韦方程组唯一地确定。

12. 时变电磁场的波动方程

(1)齐次波动方程 $\nabla^2\boldsymbol{H}-\mu\varepsilon\dfrac{\partial^2\boldsymbol{H}}{\partial t^2}=0,\nabla^2\boldsymbol{E}-\mu\varepsilon\dfrac{\partial^2\boldsymbol{E}}{\partial t^2}=0$。

(2)非齐次波动方程$\nabla^2\boldsymbol{H}-\mu\varepsilon\dfrac{\partial^2\boldsymbol{H}}{\partial t^2}=-\nabla\times\boldsymbol{J},\nabla^2\boldsymbol{E}-\mu\varepsilon\dfrac{\partial^2\boldsymbol{H}}{\partial t^2}=\mu\dfrac{\partial\boldsymbol{J}}{\partial t}+\dfrac{\nabla\rho}{\varepsilon}$。

13. 时变电磁场中的动态位 $\boldsymbol{B}=\nabla\times\boldsymbol{A},\boldsymbol{E}=-\nabla\varphi-\dfrac{\partial\boldsymbol{A}}{\partial t}$

14. 时变电磁场中的洛伦兹规范$\nabla\cdot\boldsymbol{A}=-\mu\varepsilon\dfrac{\partial\varphi}{\partial t}$

15. 达朗贝尔方程$\nabla^2\boldsymbol{A}-\varepsilon\mu\dfrac{\partial^2\boldsymbol{A}}{\partial t^2}=-\mu\boldsymbol{J}$，$\nabla^2\varphi-\mu\varepsilon\dfrac{\partial^2\varphi}{\partial t^2}=-\dfrac{\rho}{\varepsilon}$

习题 3

3.1 单极发电机为一个在均匀磁场 $\boldsymbol{B}$ 中绕轴旋转的金属圆盘，若圆盘的半径为 a，角速度为 ω，圆盘与磁场垂直，求感应电动势。

3.2 一个电荷 q，以恒定速度 $v(v\ll c)$沿半径为 a 的圆形平面 S 的轴线向此平面移动，当两者相距为 d 时，求通过 S 的位移电流。

3.3 假设电场是时谐电磁场，若海水的电导率为 $\sigma=4$ S/m，相对介电常数为 $\varepsilon_r=81$，铜的电导率为 $\sigma=5.8\times10^7$ S/m，相对介电常数为 $\varepsilon_r=1$。当时谐场的频率为 $f=1$ MHz 时，分别确定海水和铜中位移电流与传导电流大小的比值。

3.4 一圆柱形电容器内导体半径为 a，外导体内半径为 b，外导体的厚度忽略不计，长度为 l，电极间的介电常数为 ε，当电极间加外加电压 $u=U_m\sin\omega t$ 时，求介质中的位移电流密度及穿过半径为 $r(a<r<b)$ 的圆柱面的位移电流。并证明此位移电流等于电容器引线中的传导电流。

3.5 若自由空间中的磁感应强度为 $\boldsymbol{B}=\boldsymbol{e}_y0.01\cos(6\pi\times10^8t)\cos(2\pi z)$，求自由空间中的位移电流密度矢量。

3.6 已知无源的自由空间中，电场强度为 $\boldsymbol{E}=\boldsymbol{e}_x100\mathrm{e}^{-\alpha z}\cos(\omega t-\beta z)$，其中 α、β 为常数，求磁场强度。

3.7 证明麦克斯韦方程组中包含了电荷守恒定律。

3.8 将下列场矢量的瞬时值与复数值相互表示。

(1)$\boldsymbol{E}(t)=\boldsymbol{e}_yE_{ym}\cos(\omega t-kx+\alpha)+\boldsymbol{e}_zE_{zm}\sin(\omega t-kx+\alpha)$

(2)$\boldsymbol{H}(t)=\boldsymbol{e}_xH_mk\left(\dfrac{a}{\pi}\right)\sin\left(\dfrac{ax}{\pi}\right)\sin(kz-\omega t)+\boldsymbol{e}_zH_m\sin(\omega t-kx+\alpha)\cos\left(\dfrac{\pi x}{a}\right)\cos(kz-\omega t)$

(3)$E_{xm}=2\mathrm{j}E_0\sin\theta\cos(k_xx\cos\theta)\mathrm{e}^{-\mathrm{j}kz\sin\theta}$

(4)$E_{zm}=E_0\sin(k_xx)\sin(k_yy)\mathrm{e}^{-\mathrm{j}k_zz}$

3.9 已知电磁波的合成电场的瞬时值为 $\boldsymbol{E}(z,t)=\boldsymbol{E}_1(z,t)+\boldsymbol{E}_2(z,t)$，式中

$$\boldsymbol{E}_1(z,t)=\boldsymbol{e}_x\sin(10^8\pi t-kz),\boldsymbol{E}_2(z,t)=\boldsymbol{e}_x 2\cos\left(10^8\pi t-kz-\frac{\pi}{3}\right)$$

求合成磁场的瞬时值及复值。

3.10 证明媒质分界面上没有自由面电荷和自由面电流($\rho_S=0,\boldsymbol{J}_S=0$)时,分界面上只有两个切向分量是独立的,即法向分量已经包含在切向分量的边界条件之中。

3.11 在两导体平板 $z=0$ 和 $z=d$ 之间的空气中传输的电磁波,其电场强度矢量为

$$\boldsymbol{E}=\boldsymbol{e}_y E_0\sin\left(\frac{\pi z}{d}\right)\cos(\omega t-k_x x)$$

其中,k_x 为常数。求(1) 磁场强度矢量 $\boldsymbol{H}$;(2) 两导体表面上的面电流密度 $\boldsymbol{J}_S$。

3.12 理想导电壁($\sigma\to\infty$)限定的区域($0\leqslant x\leqslant a$)内存在一个如下电磁场

$$E_y=H_0\mu\omega\left(\frac{a}{\pi}\right)\sin\left(\frac{ax}{\pi}\right)\sin(kz-\omega t)$$

$$H_x=H_0 k\left(\frac{a}{\pi}\right)\sin\left(\frac{ax}{\pi}\right)\sin(kz-\omega t)$$

$$H_z=H_0\cos\left(\frac{ax}{\pi}\right)\cos(kz-\omega t)$$

求此电磁场满足的边界条件以及导体壁上的电流密度。

3.13 一段由理想导体构成的同轴线,同轴线的内导体半径为 a,外导体内半径为 b,长度为 l,同轴线两端用理想导体板短路。已知在区域 $a\leqslant r\leqslant b,0\leqslant z\leqslant l$ 内的电磁场为

$$\boldsymbol{E}=\boldsymbol{e}_r\left(\frac{A}{r}\right)\sin(kz),H=\boldsymbol{e}_\theta\left(\frac{B}{r}\right)\cos(kz)$$

(1) 确定 A、B 之间的关系;(2) 确定 k;(3) 求 $r=a$ 及 $r=b$ 面上的 ρ_S 和 $\boldsymbol{J}_S$。

3.14 一根半径为 a 的长直圆柱体上通过直流电流 I。假设导体的电导率 σ 为有限值,求导体表面附近的坡印亭矢量,并计算长度为 l 的导体所损耗的功率。

3.15 一振幅为 50 V/m,频率为 1 GHz 的电场存在于相对介电常数为 2.5,损耗角正切为 0.001 的有耗媒质中,求单位体积媒质中消耗的功率。

3.16 已知无源的自由空间中,电场强度矢量为 $\boldsymbol{E}=\boldsymbol{e}_y E_0\sin(\omega t-kz)$。求(1) 磁场强度 $\boldsymbol{H}$;(2) ω/k;(3)坡印亭矢量的时间平均值。

3.17 已知某真空区域中时变电磁场的时变磁场瞬时值为

$$\boldsymbol{H}(y,t)=\boldsymbol{e}_x\sqrt{2}\cos 20x\sin(\omega t-k_y y)$$

求电场强度的复数形式、能量密度及能流密度矢量的平均值。

3.18 已知真空中某电磁波的电场强度矢量为

$$\boldsymbol{E}=\boldsymbol{e}_x E_0\cos\left[\frac{2\pi(z-ct)}{\lambda_0}\right]+\boldsymbol{e}_y E_0\sin\left[\frac{2\pi(z-ct)}{\lambda_0}\right]$$

式中,λ_0 为波长,c 为光速。求(1) 求 $\boldsymbol{H}(z,t)$ 和 $\boldsymbol{S}(z,t)$;(2) 对于给定的 z 值,确定电场强度矢量随时间变化的轨迹;(3) 磁场能量密度、电场能量密度和坡印亭矢量的时间平均值。

3.19 设真空中同时存在两个时谐场,其电场强度分别为 $\boldsymbol{E}_1=\boldsymbol{e}_x E_{10}\mathrm{e}^{-\mathrm{j}k_1 z}$,$\boldsymbol{E}_2=\boldsymbol{e}_x E_{20}\mathrm{e}^{-\mathrm{j}k_2 z}$。分别求总的平均功率流密度和两个时谐场的平均功率流密度。

3.20 证明真空中无源区域的麦克斯韦方程组、坡印亭矢量、能量密度在下列变换

$\boldsymbol{E}'=\boldsymbol{E}\cos\theta+c\boldsymbol{B}\sin\theta,\boldsymbol{B}'=-\left(\frac{\boldsymbol{E}}{c}\right)\sin\theta+\boldsymbol{B}\cos\theta$ 中不变，其中 $c=\frac{1}{\sqrt{\mu_0\varepsilon_0}}$，$\theta$ 为任意的恒定角度。

3.21 证明均匀、线性、各向同性导电媒质中，无源区域的时谐电磁场满足波动方程

$$\nabla^2\boldsymbol{E}-\mathrm{j}\omega\varepsilon\sigma\boldsymbol{E}+\omega^2\mu\varepsilon\boldsymbol{E}=0$$

$$\nabla^2\boldsymbol{H}-\mathrm{j}\omega\mu\sigma\boldsymbol{H}+\omega^2\mu\varepsilon\boldsymbol{H}=0$$

3.22 证明有源区域内电场强度矢量和磁场强度矢量满足有源波动方程

$$\nabla^2\boldsymbol{E}-\mu\varepsilon\frac{\partial^2\boldsymbol{E}}{\partial t^2}=\frac{1}{\varepsilon}\nabla\rho+\mu\frac{\partial\boldsymbol{J}}{\partial t}$$

$$\nabla^2\boldsymbol{H}-\mu\varepsilon\frac{\partial^2\boldsymbol{H}}{\partial t^2}=-\nabla\times\boldsymbol{J}$$

3.23 在麦克斯韦方程组中，若忽略$\frac{\partial\boldsymbol{D}}{\partial t}$或$\frac{\partial\boldsymbol{B}}{\partial t}$，证明磁矢位和标量电位满足

$$\nabla^2\mathbf{A}=-\mu\boldsymbol{J}\text{，}\nabla^2\varphi=-\frac{\rho}{\varepsilon}$$

3.24 证明时变电磁场中洛伦兹条件和电流连续性方程是等效的。

3.25 证明自由空间中场矢量在下列变换中

$$\boldsymbol{E}'=\boldsymbol{E}\cos\theta+c\boldsymbol{B}\sin\theta,\boldsymbol{B}'=-\left(\frac{\boldsymbol{E}}{c}\right)\sin\theta+\boldsymbol{B}\cos\theta$$

总能量密度$\frac{1}{2}\varepsilon_0E^2+\frac{1}{2}\mu_0H^2$ 也具有不变性。其中 $c=\frac{1}{\sqrt{\mu_0\varepsilon_0}}$，$\theta$ 为任意的恒定角度。

第 4 章　平面电磁波基础

麦克斯韦方程组用数学形式概括了宏观电磁现象的基本性质，它告诉我们在空间任意点，时变电场将激发时变磁场，时变磁场反过来又产生时变电场；与此同时，时变电磁场会在位置上向邻近点推移。由此可以想象，当空间存在一个激发时变电磁场的波源时，必定会产生离开波源以一定速度向外传播的电磁波动，这种以有限速度传播的电磁波动称为电磁波。已知的电磁波谱覆盖了很宽的频率范围，广播电台发射的无线电波、电视信号、移动终端的收发信号、雷达波束、微波遥感信号、可见光、X 射线、γ 射线都是电磁波。

在电磁振动由电磁波源(也称为辐射源)向空间传播的过程中，空间电磁场中具有相同相位的点构成的面为等相位面，亦称波阵面。波阵面为平面的电磁波称为平面电磁波。如果在平面波阵面上，每点的电场强度 $\boldsymbol{E}$ 均相同，磁场强度 $\boldsymbol{H}$ 也相同，这种电磁波被称为均匀平面电磁波。在距离辐射源很远的小区域内，球面或圆柱面波阵面上的一小部分可视为平面，该处的电磁波可视为均匀平面电磁波。

本章从麦克斯韦方程组出发，导出波动方程，再分析这些方程在特定的边界条件和初始条件下的解，着重研究波动方程的均匀平面电磁波解，讨论均匀平面电磁波在无界理想介质和有耗媒质中的传播特点。

4.1　波动方程

1864 年，麦克斯韦基于自己建立的方程组推导出了波动方程，得到了电磁波速度的一般表达式，并由此预言电磁波的存在及电磁波与光波的同一性。1887 年，赫兹以实验事实证实了麦克斯韦关于电磁波的预言。下面我们从麦克斯韦方程组导出波动方程。

4.1.1　一般形式的电磁波动方程

考虑线性各向同性且均匀的无源媒质，媒质介电常数 ε、磁导率 μ 和电导率 σ 大小不随外场强弱和方向变化，也不随场点坐标变化，这种媒质在工程中称为简单媒质。除非另有说明，本书提到的媒质都是简单媒质。在有限导电媒质中存在由欧姆定律决定的传导电流密度，若媒质中不包含激励场的电荷和电流，就可以视为无源媒质。在这样的条件下，$\rho=0$、$\boldsymbol{J}=\sigma\boldsymbol{E}$，$\boldsymbol{E}$ 和 $\boldsymbol{H}$ 满足的麦克斯韦方程为

$$\nabla\times\boldsymbol{E}=-\mu\frac{\partial\boldsymbol{H}}{\partial t}\tag{4-1a}$$

$$\nabla\times\boldsymbol{H}=\sigma\boldsymbol{E}+\varepsilon\frac{\partial\boldsymbol{E}}{\partial t}\tag{4-1b}$$

$$\nabla\cdot\boldsymbol{H}=0\tag{4-1c}$$

$$\nabla \cdot \boldsymbol{E}=0 \tag{4-1d}$$

为进一步找到电场强度和磁场强度各自的时空变化特性，对式(4－1a)取旋度得

$$\nabla\times\nabla\times\boldsymbol{E}=-\mu\nabla\times\frac{\partial \boldsymbol{H}}{\partial t} \tag{4-2}$$

利用矢量恒等式

$$\nabla\times\nabla\times\boldsymbol{E}=\nabla(\nabla\cdot\boldsymbol{E})-\nabla^2\boldsymbol{E}$$

将式(4－1d)代入上式得到

$$\nabla\times\nabla\times\boldsymbol{E}=-\nabla^2\boldsymbol{E}$$

对式(4－2)改变对时间和空间的微分顺序，可以重写为

$$\nabla^2\boldsymbol{E}=\mu\frac{\partial}{\partial t}(\nabla\times\boldsymbol{H})$$

将式(4－1b)代入上式得到

$$\nabla^2\boldsymbol{E}=\mu\sigma\frac{\partial \boldsymbol{E}}{\partial t}+\mu\varepsilon\frac{\partial^2\boldsymbol{E}}{\partial t^2} \tag{4-3}$$

电场强度矢量波动方程包含了三个形式相同的标量微分方程。同样的思路，也可推出磁场强度所满足的波动方程

$$\nabla^2\boldsymbol{H}=\mu\sigma\frac{\partial \boldsymbol{H}}{\partial t}+\mu\varepsilon\frac{\partial^2\boldsymbol{H}}{\partial t^2} \tag{4-4}$$

由式(4－3)和式(4－4)给定的 6 个独立方程称为波动方程。从以上推导过程可以看出，波动方程包含了电场、磁场的旋度性质和散度性质，反映了交变电磁场的相互关系以及电场、磁场与源的关系。波动方程的解是交变电磁场波动规律的定量体现。研究电磁波的问题可归结为在给定的边界条件和初始条件下求波动方程的解。

4.1.2 均匀平面电磁波的波动方程

当式(4－1b)中的传导电流与位移电流相比可以忽略时，可以把媒质视为无耗媒质，也称为理想介质($\sigma=0$)。于是，由式(4－3)和式(4－4)可以得到电磁波在无耗媒质中的波动方程

$$\nabla^2\boldsymbol{E}-\mu\varepsilon\frac{\partial^2\boldsymbol{E}}{\partial t^2}=0 \tag{4-5}$$

$$\nabla^2\boldsymbol{H}-\mu\varepsilon\frac{\partial^2\boldsymbol{H}}{\partial t^2}=0 \tag{4-6}$$

式(4－5)和式(4－6)称为时变亥姆霍兹方程，是矢量齐次波动方程，实际包含 6 个独立的标量方程。式中没有一阶项，表明电磁场在无耗媒质中传播时不会产生能量损耗。

在自由空间中，以小天线为中心的波源所发射的电磁波，在特定半径的球面上各点的电场和磁场的相位都是相同的，这样的电磁波称为球面波。当半径很大时，大球面上的一个极小局部上的电磁波可视为平面波。

均匀平面波是平面电磁波的一种特例，它的特性及讨论方法简单，又能表征电磁波的重要性和主要的性质，它也是许多更为复杂波型的基础，应用均匀平面波可以合成许多复杂的波型。在研究同轴电缆中的电磁波、自由空间传播的电磁波等时更是离不开均匀平面波的概念，因此研究均匀平面波的参量和传播特性是必要的，有实际意义的。

均匀平面电磁波的场强大小和方向在波阵面上处处相等，它的波动方程可通过将式(4－5)

和式(4-6)简化成一维波动方程得到。图 4.1 表示以 $+z$ 方向传播的均匀平面电磁波，其等相位面与 xOy 面平行。

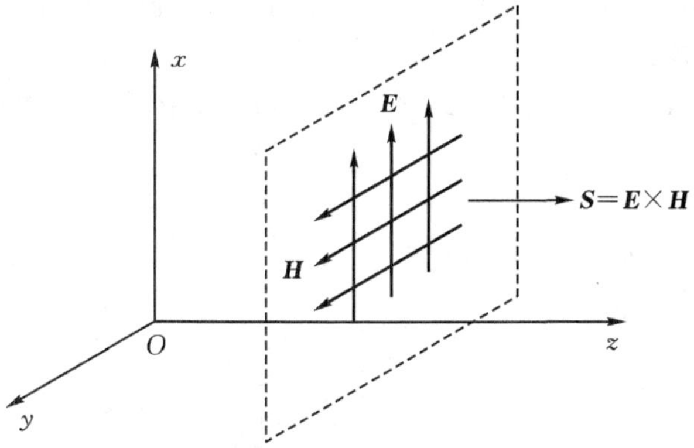

图 4.1　均匀平面波的传播

对于图 4.1 所示的均匀平面波，由定义可直接写出

$$\frac{\partial \boldsymbol{E}}{\partial x}=\frac{\partial \boldsymbol{E}}{\partial y}=0 \tag{4-7a}$$

$$\frac{\partial \boldsymbol{H}}{\partial x}=\frac{\partial \boldsymbol{H}}{\partial y}=0 \tag{4-7b}$$

将式(4-7b)代入麦克斯韦第二方程(4-1b)，得出

$$\nabla\times \boldsymbol{H}=\begin{vmatrix} \boldsymbol{e}_x & \boldsymbol{e}_y & \boldsymbol{e}_z \\ \dfrac{\partial}{\partial x} & \dfrac{\partial}{\partial y} & \dfrac{\partial}{\partial z} \\ H_x & H_y & H_z \end{vmatrix}=-\boldsymbol{e}_x\frac{\partial H_y}{\partial z}+\boldsymbol{e}_y\frac{\partial H_x}{\partial z}$$
$$=\varepsilon\left(\boldsymbol{e}_x\frac{\partial E_x}{\partial t}+\boldsymbol{e}_y\frac{\partial E_y}{\partial t}+\boldsymbol{e}_y\frac{\partial E_z}{\partial t}\right) \tag{4-8}$$

方程两端在同一方向的分量相等，即有

$$\frac{\partial H_y}{\partial z}=-\varepsilon\frac{\partial E_x}{\partial t} \tag{4-9a}$$

$$\frac{\partial H_x}{\partial z}=\varepsilon\frac{\partial E_y}{\partial t} \tag{4-9b}$$

$$\frac{\partial E_z}{\partial t}=0 \tag{4-9c}$$

式(4-9c)说明电场分量 E_z 不随时间变化，意味着电场没有与传播方向平行的分量，也称为无纵向分量。电场 $\boldsymbol{E}$ 的分量位于与波的传播方向垂直的平面上，只有横向分量，可表示为

$$\boldsymbol{E}=\boldsymbol{e}_xE_x+\boldsymbol{e}_yE_y \tag{4-10}$$

同样，将式(4-7a)代入麦克斯韦第一方程式(4-1a)，可以推知磁场分量 H_z 不随时间变化，磁场也无纵向分量，只有横向分量，可表示为

$$\boldsymbol{H}=\boldsymbol{e}_xH_x+\boldsymbol{e}_yH_y \tag{4-11}$$

由此可见，均匀平面波的电场和磁场均无传播方向的分量，只有与传播方向垂直的分量。图 4.1 展示了在平面电磁波的行进过程中，由相互垂直的电场、磁场构成的平面不仅与传播方

向垂直，而且在该平面上电场强度或磁场强度的相位是处处相等的。因此，平面电磁波的电场和磁场都在与传播方向相垂直的横截面内没有纵向分量，这种电磁波被称为横电磁波（Transverse Electromagnetic Wave，TEM）。图 4.1 给出了 TEM 波的电场强度、磁场强度和传播方向之间的右手螺旋关系。

将式(4－10)、式(4－11)分别代入式(4－5)、式(4－6)中，得到亥姆霍兹方程的标量形式

$$\frac{\partial^2 E_x}{\partial z^2} = \mu\varepsilon \frac{\partial^2 E_x}{\partial t^2} \tag{4-12a}$$

$$\frac{\partial^2 E_y}{\partial z^2} = \mu\varepsilon \frac{\partial^2 E_y}{\partial t^2} \tag{4-12b}$$

$$\frac{\partial^2 H_x}{\partial z^2} = \mu\varepsilon \frac{\partial^2 H_x}{\partial t^2} \tag{4-13a}$$

$$\frac{\partial^2 H_y}{\partial z^2} = \mu\varepsilon \frac{\partial^2 E_y}{\partial t^2} \tag{4-13b}$$

方程(4－12)和方程(4－13)构成了描述均匀平面波的一维波动方程组。

4.2 理想介质中的均匀平面电磁波

4.2.1 齐次波动方程的均匀平面波解

无耗的简单媒质称为理想介质。均匀平面波在理想介质中传播时，若电磁场随时间按余弦或正弦规律变化，可用复数 $\boldsymbol{E}e^{j\omega t}$ 表示，于是一维波动方程(4－12a)简化为

$$\frac{\partial^2 E_x}{\partial z^2} = -\omega^2 \mu\varepsilon E_x \tag{4-14}$$

式中，ω 是场强随时间变化的角频率，单位为弧度/秒(rad/s)。

$$\omega = 2\pi f = \frac{2\pi}{T} \tag{4-15}$$

式中，f 和 T 分别为电磁波波源的振荡频率和周期，令

$$k = \omega\sqrt{\mu\varepsilon} \tag{4-16}$$

由此可以把电场波动方程(4－14)改写为一维的简谐振动方程

$$\frac{\partial^2 E_x}{\partial z^2} + k^2 E_x = 0 \tag{4-17}$$

方程(4－17)的通解为

$$E_x = A_1 e^{-jkz} + A_2 e^{jkz} \tag{4-18}$$

式中，A_1 和 A_2 为由初始条件决定的待定常数，通常为复数，它们各自包含初相位的信息。$A_1 = A_{1m}e^{j\theta_{x1}}$，$A_2 = A_{2m}e^{j\theta_{x2}}$，式(4－18)可写为

$$E_x = A_{1m}e^{-j(kz-\theta_{x1})} + A_{2m}e^{j(kz+\theta_{x2})} \tag{4-19}$$

式(4－19)为电场强度的复数表达式，相应的瞬时表达式为(采用余弦表示)

$$E_x = \mathrm{Re}\left[\left(A_{1m}e^{-j(kz-\theta_{x1})} + A_{2m}e^{j(kz+\theta_{x2})}\right)e^{j\omega t}\right]$$

即

$$E_x(z,t) = A_{1m}\cos(\omega t - kz + \theta_{x1}) + A_{2m}\cos(\omega t + kz + \theta_{x2}) \tag{4-20}$$

同理，求解方程(4-12b)得到电场强度沿 y 方向分量的解，其复数表达式为

$$E_y = A'_{1m}e^{-j(kz-\theta_{y1})} + A'_{2m}e^{j(kz+\theta_{y2})} \tag{4-21}$$

对应的瞬时表达式为

$$E_y(z,t) = A'_{1m}\cos(\omega t - kz + \theta_{y1}) + A'_{2m}\cos(\omega t + kz + \theta_{y2}) \tag{4-22}$$

4.2.2　均匀平面波的传播特性

由式(4-20)和式(4-22)可以看出，kz 是函数相位的一部分，表示波源的电磁振动状态在传播距离 z 时相位变化的程度，其中

$$k = \omega\sqrt{\mu\varepsilon} = \frac{2\pi f}{v} \tag{4-23}$$

式中，v 为波速，$v=1/\sqrt{\mu\varepsilon}$。因为波源的周期 T 是频率的倒数，而且波源的相位在一个周期内传播的距离是一个波长，所以

$$k = \frac{2\pi}{vT} = \frac{2\pi}{\lambda} \tag{4-24}$$

式中，k 为相位常数，表示电磁振动状态传播单位距离时的相位变化。

随着 z 的增大，沿着 $+z$ 方向传播的电磁振动比波源处电磁振动滞后的时间就越长，相应产生的相位滞后就越多，我们用负号表示相位的滞后，这样的波称为前向行波；反之，随着 z 的增大，前向行波的反射波是沿着 $-z$ 方向传播的，相位会超前，用正号表示，这种波称为后向行波。实际空间的电磁波往往是前向行波与后向行波的合成波，式(4-20)和式(4-22)的第一项表示的是前向行波，第二项表示的是后向行波。

为突出均匀平面波的传播性质，下面讨论沿 $+z$ 方向传播的均匀平面波。假设电场强度只有 x 方向分量。如图 4.2 所示为理想介质中电场强度在 x 方向，磁场强度在 y 方向，沿 $+z$ 方向传播的均匀平面波的空间示意图，对应电场强度的瞬时表达式为

$$E_x(z,t) = E_m\cos(\omega t - kz + \theta_x) \tag{4-25}$$

式中，E_m 是电场强度的振幅，θ_x 表示电场强度的初始相位。此时谐波对应的复数形式为

$$E_x(z) = E_m e^{-j(kz-\theta_x)} = E_{0m}e^{-jkz} \tag{4-26}$$

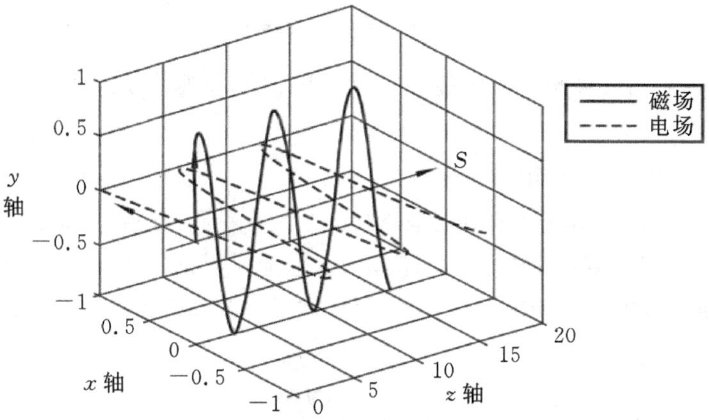

图 4.2　沿 z 轴正向传播的均匀平面波

式(4-1a)的时谐形式是 $\nabla\times\boldsymbol{E}=-j\omega\mu\boldsymbol{H}$，由此可以求出此列前向行波的磁场强度

$$\boldsymbol{H}=\frac{\mathrm{j}}{\omega\mu}\nabla\times\boldsymbol{E}=\frac{\mathrm{j}}{\omega\mu}\begin{vmatrix}\boldsymbol{e}_x & \boldsymbol{e}_y & \boldsymbol{e}_z\\ \dfrac{\partial}{\partial x} & \dfrac{\partial}{\partial y} & \dfrac{\partial}{\partial z}\\ E_x(z) & 0 & 0\end{vmatrix}=\boldsymbol{e}_y\frac{\mathrm{j}}{\omega\mu}\frac{\partial}{\partial z}E_x(z) \tag{4-27}$$

把式(4-26)代入式(4-27)得

$$\boldsymbol{H}=\boldsymbol{e}_y\frac{\mathrm{j}}{\omega\mu}\frac{\partial}{\partial z}(E_{0\mathrm{m}}\mathrm{e}^{-\mathrm{j}kz})=\boldsymbol{e}_y\frac{k}{\omega\mu}E_{0\mathrm{m}}\mathrm{e}^{-\mathrm{j}kz}=\boldsymbol{e}_y\frac{k}{\omega\mu}E_x(z) \tag{4-28}$$

式(4-28)说明磁场只有 y 方向分量，而且电场强度分量与磁场强度分量的比值与 z 坐标无关，写作

$$\frac{E_x(z)}{H_y(z)}=\frac{\omega\mu}{k}=\sqrt{\frac{\mu}{\varepsilon}}=\eta \tag{4-29}$$

由式(4-25)可得此列电磁波的等相位面方程为

$$\omega t-kz+\theta_x=C \tag{4-30}$$

式中，C 为常数。

将式(4-30)对时间 t 微分，可得到等相位面向前推进的速度，称为相速，用 v_{p} 表示。如图4.3所示，即

$$v_{\mathrm{p}}=\frac{\mathrm{d}z}{\mathrm{d}t}=\frac{\omega}{k} \tag{4-31}$$

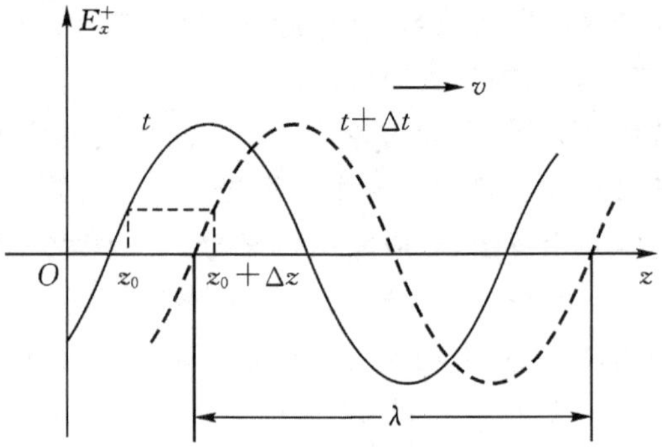

图 4.3 前向行波的相速示意图

对于在无限大均匀的理想介质中传播的均匀平面波，相速等于波速，即

$$v_{\mathrm{p}}=v=1/\sqrt{\mu\varepsilon}=c/\sqrt{\mu_{\mathrm{r}}\varepsilon_{\mathrm{r}}} \tag{4-32}$$

式中，c 为真空中的光速，$c=3.0\times10^8$ m/s。

由于 E_x 的单位为 V/m，H_y 的单位是 A/m，所以 η 是具有阻抗的量纲，单位为欧姆(Ω)。由式(4-29)可知，η 是由媒质的本征参数决定的，称为媒质的本征阻抗(或特性阻抗)。从定义本身看，它是电磁波电场的振幅与磁场的振幅值之比，故又称为波阻抗。在自由空间中

$$\eta=\eta_0=\sqrt{\frac{\mu_0}{\varepsilon_0}} \tag{4-33}$$

由式(4.28)可知前向行波对应的磁场强度只有 y 分量，即

$$H_y=\frac{E_{x\mathrm{m}}}{\eta}\cos(\omega t-kz+\theta_x) \tag{4-34}$$

对理想介质而言，η 为实数，表示纯电阻，所以 E_x 和 H_y 在传播过程中同一时间的相位是相同的，如图 4.4 左图所示。可见电场、磁场和传播方向相互垂直，且满足右手螺旋法则。

类似地，我们可以推导出沿 $+z$ 方向传播的电磁波的电场 E_y 分量及其对应的 H_x 分量的表达式，若用复数表达形式，有

$$E_y = E_{ym}\mathrm{e}^{-\mathrm{j}(kz-\varphi_y)} \tag{4-35}$$

$$H_x = -\frac{E_{ym}}{\eta}\mathrm{e}^{-\mathrm{j}(kz-\varphi_y)} \tag{4-36}$$

式中，负号是由右手螺旋法则决定的，当电场强度方向为 y 轴正方向时，磁场强度方向为 x 轴负方向，如图 4.4 右图所示。

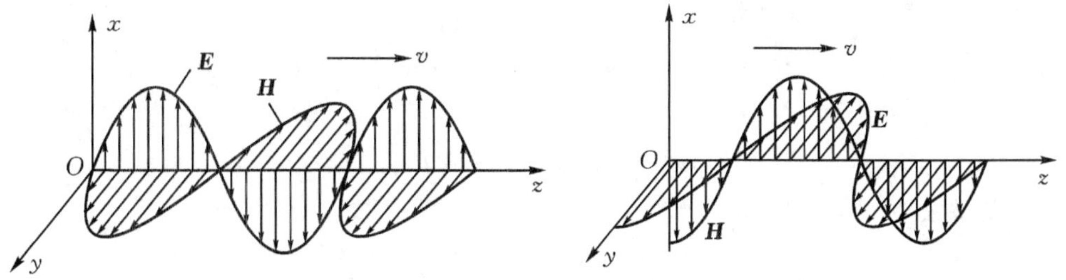

图 4.4　理想介质中沿 z 正向传播的均匀平面波的 $\boldsymbol{E}$ 和 $\boldsymbol{H}$ 的关系图

实际上，从式(4-27)的计算中可以得到电场与磁场之间的更为简洁的矢量关系，即

$$\boldsymbol{H} = \boldsymbol{e}_z \times \frac{\boldsymbol{E}}{\eta} \tag{4-37}$$

也可以表示成

$$\boldsymbol{E} = \eta\boldsymbol{H} \times \boldsymbol{e}_z \tag{4-38}$$

图 4.4 中电场、磁场与传播方向之间的右手螺旋关系正是以上两个矢量式的形象体现。

在电磁场中，已知电场能量密度和磁场能量密度分别表示为

$$w_e = \frac{\varepsilon\,|\boldsymbol{E}|^2}{2} \tag{4-39}$$

$$w_m = \frac{\mu\,|\boldsymbol{H}|^2}{2} \tag{4-40}$$

在理想介质中，由于 $|\boldsymbol{E}| = \eta|\boldsymbol{H}|$，因此均匀平面波的电场能量密度等于磁场能量密度。而电磁能量密度可以表示为

$$w = w_e + w_m = \frac{1}{2}\varepsilon\,|\boldsymbol{E}|^2 + \frac{1}{2}\mu\,|\boldsymbol{H}|^2 = \varepsilon\,|\boldsymbol{E}|^2 = \mu\,|\boldsymbol{H}|^2 \tag{4-41}$$

均匀平面波的瞬时坡印亭矢量为

$$\boldsymbol{S} = \boldsymbol{E}\times\boldsymbol{H} = \boldsymbol{E}\times\left(\boldsymbol{e}_z\times\frac{\boldsymbol{E}}{\eta}\right) = \frac{\boldsymbol{e}_z\,|\boldsymbol{E}|^2}{\eta} \tag{4-42}$$

对应的平均坡印亭矢量为

$$\boldsymbol{S}_{av} = \frac{1}{2}\mathrm{Re}[\boldsymbol{E}\times\boldsymbol{H}^*] = \frac{1}{2\eta}\mathrm{Re}[\boldsymbol{E}\times(\boldsymbol{e}_z\times\boldsymbol{E}^*)] = \boldsymbol{e}_z\,\frac{1}{2\eta}|\boldsymbol{E}|^2 \tag{4-43}$$

上式表明，均匀平面波电磁能量是沿着波的传播方向流动的。

通过以上的讨论，可以把理想介质中均匀平面波的性质概括如下：电场和磁场都在与传播

方向相垂直的横截面内没有纵向分量，为 TEM 波；波阻抗 η 为实数，电场和磁场在传播过程中同一时间的相位是相同的；电场和磁场的振幅是不变的，是等幅波；电磁波的相速等于波速，与电磁波的频率无关，我们称这种平面波为非色散波；电场能量密度等于磁场能量密度。

【例 4－1】 设有一频率为 300 MHz，电场强度为 100 mV/m 的均匀平面波在水中沿 z 方向传播。已知水的相对磁导率 $\mu_r=1$，相对介电常数 $\varepsilon_r=78$，且设水为理想介质即水面的电场强度初始值为零，且水在 z 方向可看作伸展到无穷远。试求：(1) 电磁波的波长和相位常数；(2) 波阻抗；(3) 水中电场强度的复数形式；(4) 磁场强度的瞬时表达式；(5) 电磁波的平均功率密度。

解：(1) 电磁波的波长和相位常数

$$f=300\ \text{MHz}=3.0\times10^8\ \text{Hz},\quad \omega=2\pi f=6\pi\times10^8\ \text{rad/s}$$

因此，电磁波的相位常数为

$$k=\omega\sqrt{\mu\varepsilon}=\omega\sqrt{78\times\varepsilon_0\mu_0}=55.5\ \text{rad/m}$$

又

$$k=\omega\sqrt{\mu\varepsilon}=\omega/v=2\pi/vT=2\pi/\lambda$$

故电磁波的波长为

$$\lambda=2\pi/k=0.113\ \text{m}$$

(2) 波阻抗为

$$\eta=\sqrt{\mu/\varepsilon}=\eta_0\sqrt{\mu_r/\varepsilon_r}=\frac{377}{\sqrt{78}}\ \Omega=45.0\ \Omega$$

(3) 水中电场强度的复数形式

此电磁波沿 z 方向传播。设电场方向是 x 方向，磁场方向是 y 方向，无反射波。按式 (4－26)，水中电场强度的复数形式可以表示为

$$E_x(z)=E_m e^{-j(kz-\theta_x)}=E_{0m}e^{-jkz}=0.1e^{-j(55.5z-\theta_x)}$$

(4) 磁场强度的瞬时表达式，由式 (4－37) 可以直接求出 $\boldsymbol{H}$ 的复数形式为

$$\boldsymbol{H}=\boldsymbol{e}_z\times\boldsymbol{E}/\eta=\boldsymbol{e}_y 3.24\times10^{-3}e^{-j(55.5z-\theta_x)}$$

要得到电磁波场量的瞬时形式，需要使用初始条件求出电场强度的初相位

$$\boldsymbol{E}(z,t)=\boldsymbol{e}_x\text{Re}(0.1e^{-j(55.5z-\theta_x)}e^{j\omega t})=\boldsymbol{e}_x 0.1\cos(6\pi\times10^8 t-55.5z+\theta_x)$$

又已知 $E(0,0)=0.1\cos\theta_x=0$，求得 $\theta_x=\frac{\pi}{2}$，同理可以得到磁场强度的瞬时表达式

$$\boldsymbol{H}(z,t)=\boldsymbol{e}_y 3.24\times10^{-3}\cos\left(6\pi\times10^8 t-55.5z+\frac{\pi}{2}\right)$$

(5) 电磁波的平均功率密度为

$$\begin{aligned}\boldsymbol{S}_{av}&=\frac{1}{2}\text{Re}[\boldsymbol{E}\times\boldsymbol{H}^*]=\frac{1}{2}\text{Re}[\boldsymbol{e}_x\times\boldsymbol{e}_y 0.1e^{-j(55.5z-\frac{\pi}{2})}3.24\times10^{-3}e^{+j(55.5z-\frac{\pi}{2})}]\\&=\boldsymbol{e}_z 1.26\times10^{-4}\end{aligned}$$

说明该电磁波的功率流密度为 126 mW/m^2，方向沿 $+z$ 方向。

4.2.3 沿任意方向传播的均匀平面电磁波

前面讨论了沿坐标轴方向传播的均匀平面波，但在处理电磁波对分界面斜入射问题时，在设定分界面与某个坐标面平行后，波的传播方向是沿任意方向的。如图 4.5 所示为沿任意方

向的均匀平面电磁波，传播方向的单位矢量为$\boldsymbol{e}_s$，令电磁波波源的位置为坐标原点，波源至等相位面(简称波面)的距离为 d，坐标原点的电场强度为$\boldsymbol{E}_0$，则波面上 P_0点的电场强度应为

$$\boldsymbol{E}(P_0)=\boldsymbol{E}_0\mathrm{e}^{-\mathrm{j}kd}$$

令 P 为波面上的任一点，坐标为(x,y,z)，其位置矢量 $\boldsymbol{r}$ 为

$$\boldsymbol{r}=x\boldsymbol{e}_x+y\boldsymbol{e}_y+z\boldsymbol{e}_z$$

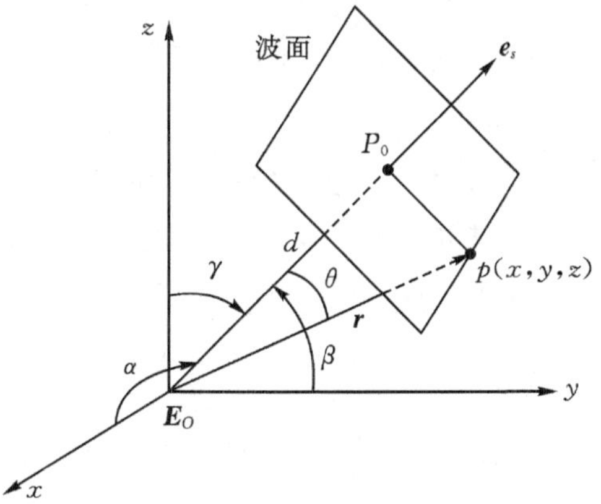

图 4.5　沿任意方向传播的均匀平面电磁波

令位置矢量 $\boldsymbol{r}$ 与传播方向 $\boldsymbol{e}_s$ 的夹角为 θ，则距离 d 可以表示为

$$d=r\cos\theta=\boldsymbol{r}\cdot\boldsymbol{e}_s$$

对均匀平面波，电磁波的传播方向与等相位面垂直，在等相位面内不同点的电磁场的场量大小和方向相同。这样，P 点的电场强度就可以表示为

$$\boldsymbol{E}=\boldsymbol{E}_0\mathrm{e}^{-\mathrm{j}k\boldsymbol{e}_s\cdot\boldsymbol{r}}$$

定义电磁波的波矢量 $\boldsymbol{k}$，其大小为相位常数 k，方向为$\boldsymbol{e}_s$。P 点的电场强度可改写为

$$\boldsymbol{E}=\boldsymbol{E}_0\mathrm{e}^{-\mathrm{j}\boldsymbol{k}\cdot\boldsymbol{r}} \tag{4-44}$$

由图 4.5 知，传播方向 $\boldsymbol{e}_s$ 与坐标轴 x、y、z 的夹角分别为 α、β、γ，则传播方向$\boldsymbol{e}_s$ 可表示

$$\boldsymbol{e}_s=\boldsymbol{e}_x\cos\alpha+\boldsymbol{e}_y\cos\beta+\boldsymbol{e}_z\cos\gamma$$

传播矢量可表示为

$$\boldsymbol{k}=\boldsymbol{e}_x k\cos\alpha+\boldsymbol{e}_y k\cos\beta+\boldsymbol{e}_z k\cos\gamma=\boldsymbol{e}_x k_x+\boldsymbol{e}_y k_y+\boldsymbol{e}_z k_z$$

这样，P 点的电场强度更为常见地被表示为

$$\boldsymbol{E}=\boldsymbol{E}_0\mathrm{e}^{-\mathrm{j}(k_x x+k_y y+k_z z)}=\boldsymbol{E}_0\mathrm{e}^{-\mathrm{j}k(x\cos\alpha+y\cos\beta+z\cos\gamma)}$$

结合波矢量的定义，从式(4-27)的计算中可以得到与式(4-44)相应的磁场矢量

$$\boldsymbol{H}=\frac{1}{\eta}\boldsymbol{e}_s\times\boldsymbol{E}=\frac{1}{\eta}\boldsymbol{e}_s\times\boldsymbol{E}_0\mathrm{e}^{-\mathrm{j}k\boldsymbol{e}_s\cdot\boldsymbol{r}}=\frac{1}{\eta}\boldsymbol{e}_s\times\boldsymbol{E}_0\mathrm{e}^{-\mathrm{j}\boldsymbol{k}\cdot\boldsymbol{r}} \tag{4-45}$$

通过式(4-1b)的时谐形式可以求出在理想介质中已知电磁波磁场矢量时的电场矢量

$$\boldsymbol{E}=\eta\boldsymbol{H}\times\boldsymbol{e}_s \tag{4-46}$$

式(4-45)和式(4-46)表明，电场矢量 $\boldsymbol{E}$ 和磁场矢量 $\boldsymbol{H}$ 都位于与传播方向$\boldsymbol{e}_s$ 垂直的平面内，且 $\boldsymbol{E}$ 和 $\boldsymbol{H}$ 相互垂直，$\boldsymbol{E}$、$\boldsymbol{H}$、$\boldsymbol{k}$ 三者符合右手螺旋关系。相应的平均坡印亭矢量为

$$\boldsymbol{S}_{\mathrm{av}}=\frac{1}{2}\mathrm{Re}[\boldsymbol{E}(\boldsymbol{r})\times\boldsymbol{H}^*(\boldsymbol{r})]=\boldsymbol{e}_s\frac{1}{2\eta}E_0^2 \tag{4-47}$$

【例 4-2】 已知空气中的某均匀平面波的电场强度为

$$\boldsymbol{E}=(\boldsymbol{e}_x+\boldsymbol{e}_y E_{y0})\mathrm{e}^{-\mathrm{j}6.28(-0.6x+0.8y)}$$

式中 E_{y0} 为常数。试求:(1)电磁波的传播方向 $\boldsymbol{e}_s$;(2)平面波的频率及波长;(3)电场强度的 y 分量 E_{y0};(4)电磁波的磁场强度;(5)电磁波的波强。

解:由给定的电场强度可以看出这是一列在 xOy 面内传播的电磁波,电场的振动方向也在 xOy 面内,结合波矢量的定义和式(4-44)有

(1)电磁波的传播方向为 $\boldsymbol{e}_s=-0.6\,\boldsymbol{e}_x+0.8\,\boldsymbol{e}_y$

(2)传播常数、波长、频率分别为

$k=6.28\sqrt{0.6^2+0.8^2}=6.28\ \mathrm{rad/m}$, $\lambda=2\pi/k=1.0\ \mathrm{m}$, $f=c/\lambda=300\ \mathrm{MHz}$

(3)由 $\boldsymbol{k}\cdot\boldsymbol{E}=0$,求得电场强度的 y 分量 $E_{y0}=0.75$

(4)由式(4-45)可求得电磁波的磁场强度

$$\boldsymbol{H}=\frac{1}{\eta}\boldsymbol{e}_s\times\boldsymbol{E}=\frac{1}{377}(-0.6\boldsymbol{e}_x+0.8\boldsymbol{e}_y)\times(\boldsymbol{e}_x+0.75\,\boldsymbol{e}_y)\mathrm{e}^{-\mathrm{j}6.28(-0.6x+0.8y)}$$

即

$$\boldsymbol{H}=\boldsymbol{e}_z\,\frac{-1.25}{377}\mathrm{e}^{-\mathrm{j}6.28(-0.6x+0.8y)}$$

(5)由式(4-47)可求得电磁波的平均坡印亭矢量,也就是电磁波的波强

$$\begin{aligned}\boldsymbol{S}_{\mathrm{av}}&=\frac{1}{2}\mathrm{Re}[\boldsymbol{E}(\boldsymbol{r})\times\boldsymbol{H}^*(\boldsymbol{r})]\\&=\frac{1}{2}\mathrm{Re}\left[(\boldsymbol{e}_x+0.75\,\boldsymbol{e}_y)\mathrm{e}^{-\mathrm{j}6.28(-0.6x+0.8y)}\times\frac{-1.25\boldsymbol{e}_z}{377}\mathrm{e}^{\mathrm{j}6.28(-0.6x+0.8y)}\right]\end{aligned}$$

化简得

$$\boldsymbol{S}_{\mathrm{av}}=\frac{1.25}{2\eta}(\boldsymbol{e}_y-0.75\,\boldsymbol{e}_x)=\frac{1.25^2}{2\eta}(-0.6\boldsymbol{e}_x+0.8\boldsymbol{e}_y)$$

因此

$$\boldsymbol{S}_{\mathrm{av}}=\boldsymbol{e}_s\,\frac{1}{2\eta}E_0^2,\quad \eta=377\ \Omega,\quad E_0=|\boldsymbol{E}|=1.25\ \mathrm{V/m}$$

4.3 有耗媒质中的均匀平面电磁波

电磁波在传播过程中,被传播介质吸收往往是难以忽略的,此时称传播介质为有耗媒质。土壤、海水、石墨和煤矿等都是无线电和电子工程中经常遇到的有耗媒质,研究电磁波在有耗媒质中的传播特性具有很强的工程价值。电磁波在有耗媒质中会形成传导电流而产生焦耳热,因此有耗媒质也称为导电媒质。电磁波在有耗媒质中传播会发生能量损耗,导致波的幅值随传播距离增大而下降。研究表明,幅值下降的同时,波的相位也会发生变化,致使传输波的波形发生畸变。作为入门课程,不考虑媒质的极化损耗和磁化损耗,主要讨论 μ 和 ε 为实常量但电导率 $\sigma\neq0$ 的有耗媒质(即导电媒质)中传播的均匀平面波。

4.3.1 有耗媒质中的均匀平面电磁波

随时间按余弦或正弦规律变化的时谐电磁场,其复数形式的麦克斯韦方程为

$$\nabla\times\boldsymbol{H}=\sigma\boldsymbol{E}+\mathrm{j}\omega\varepsilon\boldsymbol{E}=\mathrm{j}\omega\varepsilon_{\mathrm{c}}\boldsymbol{E} \tag{4-48a}$$

$$\nabla\times\boldsymbol{E}=-\mathrm{j}\omega\mu\boldsymbol{H} \tag{4-48b}$$

$$\nabla\cdot\boldsymbol{H}=0 \tag{4-48c}$$

$$\nabla\cdot\boldsymbol{E}=0 \tag{4-48d}$$

在不考虑极化损耗的情况下，除了等效介电常数为复数以外，有耗媒质中的麦克斯韦方程与理想介质中的麦克斯韦方程形式相同。从式(4－48)出发，类似式(4－5)和式(4－6)的推导，可以得到有耗媒质中的波动方程为

$$\nabla^2\boldsymbol{E}+k_c^2\boldsymbol{E}=0 \tag{4-49}$$

$$\nabla^2\boldsymbol{H}+k_c^2\boldsymbol{H}=0 \tag{4-50}$$

式中，$k_c=\omega\sqrt{\mu\varepsilon_c}$，为有耗媒质的波数，为一复数。

在分析有耗媒质中电磁波的传播时，通常会将式(4－49)和式(4－50)改写为

$$\nabla^2\boldsymbol{E}-\gamma^2\boldsymbol{E}=0 \tag{4-51}$$

$$\nabla^2\boldsymbol{H}-\gamma^2\boldsymbol{H}=0 \tag{4-52}$$

式中，$\gamma=\mathrm{j}k_c=\mathrm{j}\omega\sqrt{\mu\varepsilon_c}$，定义为传播常数，是一个复数。

对沿$+z$方向传播的均匀平面电磁波，仍然假定电场强度沿x方向，只有$\boldsymbol{E}_x$分量，则波动方程式(4－51)的解为

$$\boldsymbol{E}=\boldsymbol{e}_xE_{xm}\mathrm{e}^{-\gamma z}$$

令传播常数$\gamma=\alpha+\mathrm{j}\beta$，代入上式得

$$\boldsymbol{E}=\boldsymbol{e}_xE_{xm}\mathrm{e}^{-\alpha z}\mathrm{e}^{-\mathrm{j}\beta z} \tag{4-53}$$

式(4－53)中，$\mathrm{e}^{-\mathrm{j}\beta z}$是相位因子；$\beta$称为相位常数，单位为弧度每米(rad/m)；$\mathrm{e}^{-\alpha z}$表示电场强度的振幅随传播距离$z$的增加而呈指数衰减；$\alpha$则称为衰减常数，表示电磁波每传播一个单位距离，其场强振幅的衰减量，单位为奈培每米(Np/m)，Np是一个很大的单位，工程上常用分贝(dB)作为衰减量单位

$$1\ \mathrm{Np}=20\lg\mathrm{e}\ \mathrm{dB}=8.686\ \mathrm{dB}$$

与式(4－53)对应的电场强度的瞬时值形式为

$$\begin{aligned}\boldsymbol{E}(z,t)&=\mathrm{Re}[\boldsymbol{E}(z)\mathrm{e}^{\mathrm{j}\omega t}]=\mathrm{Re}[\boldsymbol{e}_xE_{xm}\mathrm{e}^{-\alpha z}\mathrm{e}^{-\mathrm{j}\beta z}]\\&=\boldsymbol{e}_xE_{xm}\mathrm{e}^{-\alpha z}\cos(\omega t-\beta z)\end{aligned} \tag{4-54}$$

由方程$\nabla\times\boldsymbol{E}=-\mathrm{j}\omega\mu\boldsymbol{H}$可求得有耗媒质中的磁场强度为

$$\boldsymbol{H}=\boldsymbol{e}_y\sqrt{\frac{\varepsilon_c}{\mu}}E_{xm}\mathrm{e}^{-\gamma z}=\boldsymbol{e}_yE_{xm}\mathrm{e}^{-\gamma z}/\eta_c \tag{4-55}$$

式(4－55)中，η_c是有耗媒质本征阻抗，常将其表示为

$$\eta_c=\sqrt{\frac{\mu}{\varepsilon_c}}=|\eta_c|\mathrm{e}^{\mathrm{j}\phi} \tag{4-56}$$

将式(4－56)代入式(4－55)可得有耗媒质中磁场强度的瞬时值形式为

$$\boldsymbol{H}=\boldsymbol{e}_y(E_{xm}/|\eta_c|)\mathrm{e}^{-\alpha z}\cos(\omega t-\beta z-\phi) \tag{4-57}$$

由式(4－54)和式(4－57)可见，随着z的增大，电场强度和磁场强度的振幅以$\mathrm{e}^{-\alpha z}$因子衰减；同时，电场的相位超前磁场相位ϕ。

由式(4－55)可以推知，磁场强度复矢量与电场强度复矢量之间满足关系

$$\boldsymbol{H}=\boldsymbol{e}_z\times\frac{\boldsymbol{E}}{\eta_c} \tag{4-58}$$

式(4-58)表明，在有耗媒质中，电场 $\boldsymbol{E}$、磁场 $\boldsymbol{H}$ 与传播方向 $\boldsymbol{e}_z$ 之间仍然满足相互垂直，并遵守右手螺旋关系，如图 4.6 所示。

将 $\varepsilon_c=\frac{\varepsilon-j\sigma}{\omega}$ 代入式(4-56)，可得到

$$\eta_c=\sqrt{\frac{\mu}{\varepsilon-j\sigma/\omega}}=\left(\frac{\mu}{\varepsilon}\right)^{\frac{1}{2}}\left[1+\left(\frac{\sigma}{\omega\varepsilon}\right)^2\right]^{-\frac{1}{4}}e^{j\frac{1}{2}\arctan\left(\frac{\sigma}{\omega\varepsilon}\right)}$$

即

$$|\eta_c|=\left(\frac{\mu}{\varepsilon}\right)^{\frac{1}{2}}\left[1+\left(\frac{\sigma}{\omega\varepsilon}\right)^2\right]^{-\frac{1}{4}},\quad \phi=\frac{1}{2}\arctan\left(\frac{\sigma}{\omega\varepsilon}\right) \tag{4-59}$$

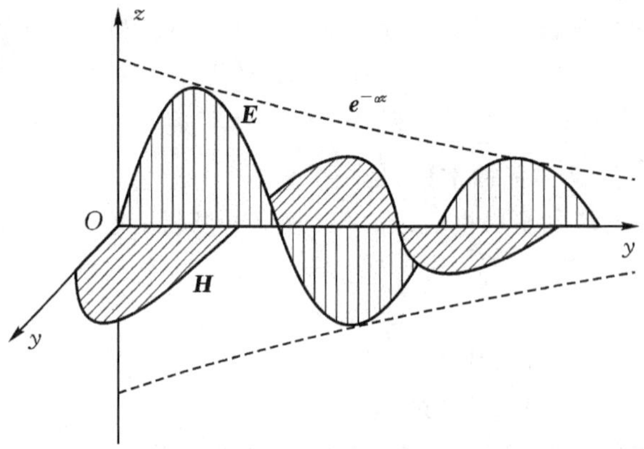

图 4.6 有耗媒质中平面波的电场和磁场

由传播常数的定义式 $\gamma=\alpha+j\beta$ 和式 $\gamma=jk_c$ 可以得到

$$\gamma^2=\alpha^2+\beta^2+j2\alpha\beta=-\omega^2\mu\varepsilon_c=-\omega^2\mu\varepsilon+j\omega\sigma$$

由此解得衰减常数和相位常数为

衰减常数 $$\alpha=\omega\sqrt{\varepsilon\mu/2\left[\sqrt{1+(\sigma/\omega\varepsilon)^2}-1\right]} \tag{4-60}$$

相位常数 $$\beta=\omega\sqrt{\varepsilon\mu/2\left[\sqrt{1+(\sigma/\omega\varepsilon)^2}+1\right]} \tag{4-61}$$

由式(4-61)可求得在有耗媒质中电磁波的相速为

$$v_p=\frac{dz}{dt}=\frac{\omega}{\beta}=\frac{1}{\sqrt{(\mu\varepsilon/2)\left[\sqrt{1+(\sigma/\omega\varepsilon)^2}+1\right]}} \tag{4-62}$$

式(4-62)表明，其相速不仅与媒质参数有关，还与频率有非线性关系。即在同一种有耗媒质中，各个频率分量的电磁波以不同的相速传播，经过一段距离后，各个频率分量之间的相位关系将发生变化，导致信号失真，这种现象称为色散，相应的媒质又称为色散媒质。

由式(4-53)和式(4-55)求得电磁波的平均电场能量密度和平均磁场能量密度为

$$w_{eav}=\frac{1}{4}\mathrm{Re}[\varepsilon_c\boldsymbol{E}\cdot\boldsymbol{E}^*]=\frac{\varepsilon}{4}E_{xm}^2e^{-2\alpha z} \tag{4-63}$$

$$w_{mav}=\frac{1}{4}\mathrm{Re}[\mu\boldsymbol{H}\cdot\boldsymbol{H}^*]=\frac{\mu}{4}\frac{E_{xm}^2}{|\eta_c|^2}e^{-2\alpha z}=\frac{\varepsilon}{4}E_{xm}^2e^{-2\alpha z}\left[1+\left(\frac{\sigma}{\omega\varepsilon}\right)^2\right]^{\frac{1}{2}} \tag{4-64}$$

以上两式说明，在有耗媒质中，电磁波的平均磁场能量密度大于平均电场能量密度。只有在理想介质中时，二者才是相等的。

由式(4-53)和式(4-58)可得到有耗媒质中电磁波的平均坡印亭矢量为

$$\boldsymbol{S}_{\mathrm{av}}=\frac{1}{2}\mathrm{Re}[\boldsymbol{E}\times(\frac{1}{\eta_{\mathrm{c}}}\boldsymbol{e}_z\times\boldsymbol{E})^*]=\frac{1}{2}\mathrm{Re}[\boldsymbol{e}_z\frac{1}{|\eta_{\mathrm{c}}|}|\boldsymbol{E}|^2\mathrm{e}^{\mathrm{j}\phi}]=\boldsymbol{e}_z\frac{E_{xm}^2}{2|\eta_{\mathrm{c}}|}\mathrm{e}^{-2\alpha z}\cos\phi \tag{4-65}$$

由式(4-65)可见,随着传播距离的增加,坡印亭矢量的平均值也呈指数规律下降;电磁波的能量传输效率与媒质本征阻抗的相角 ϕ 有直接关系,ϕ 越小传输效率越高。

4.3.2 低损耗媒质中的均匀平面波

当媒质的损耗正切值满足条件$\frac{\sigma}{\omega\varepsilon}\ll 1$时,媒质中位移电流占主导地位,传导电流的影响很小,媒质特性与理想介质比较接近,电磁波的衰减损耗较弱,称之为低损耗媒质,也称弱导电媒质。此时,电磁波的传播常数为

$$\gamma=\mathrm{j}\omega\sqrt{\mu\varepsilon(1-\mathrm{j})(\sigma/\omega\varepsilon)}\approx\mathrm{j}\omega\sqrt{\mu\varepsilon}(1-\mathrm{j}\sigma/2\omega\varepsilon)$$

由此求得衰减常数和相位常数近似为

$$\alpha\approx\frac{\sigma}{2}\sqrt{\frac{\mu}{\varepsilon}},\text{单位为 Np/m},\beta\approx\omega\sqrt{\mu\varepsilon},\text{单位为 rad/m} \tag{4-66}$$

本征阻抗可近似为

$$\eta_{\mathrm{c}}=\sqrt{\frac{\mu}{\varepsilon}}\left(1+\frac{\sigma}{\mathrm{j}\omega\varepsilon}\right)^{-\frac{1}{2}}\approx\sqrt{\frac{\mu}{\varepsilon}}\left(1+\mathrm{j}\frac{\sigma}{2\omega\varepsilon}\right) \tag{4-67}$$

以纯净水为例,$\mu=\mu_0$,当频率 $f=100$ MHz 时,$\varepsilon_{\mathrm{r}}=78.2$,$\sigma=2\times10^{-4}$ S/m,代入式(4-65)得

$$\frac{\sigma}{\omega\varepsilon}=2.3\times10^{-4},\alpha=\frac{\sigma}{2}\sqrt{\frac{\mu}{\varepsilon}}\approx4.26\times10^{-3}\ \mathrm{Np/m}$$

上式说明衰减常数 α 比较小,电磁波每前进 1 m,场振幅仅衰减千分之 4.26。而对于传输电缆中常用的低损耗介质材料,如聚乙烯和聚四氟乙烯塑料等,电导率非常低,对应的衰减常数小到 10^{-10} 以下,一般的传输距离是可以忽略这种介质损耗的。

式(4-66)表明,电导率 σ 对相位常数 β 的影响是可以忽略的。说明电磁波的相速与频率是无关的,β 的表达式与理想介质相同。弱导电媒质可近似为非色散媒质。

式(4-67)表明,本征阻抗的虚部是可以忽略的,电场强度与磁场强度几乎同相,本征阻抗的相角 $\phi\approx0$,与理想介质中的情况相近。

4.3.3 强导电媒质中的均匀平面波

当 $\sigma/\omega\varepsilon\gg1$ 时,媒质中的传导电流比位移电流大得多。由于焦耳热引起的损耗很大,电磁波的幅度快速衰减。这种高损耗媒质称为强导电媒质,也称为良导体。此时,电磁波的传播常数为

$$\gamma=\mathrm{j}\omega\sqrt{\mu\varepsilon\left(1-\mathrm{j}\frac{\sigma}{\omega\varepsilon}\right)}\approx\mathrm{j}\omega\sqrt{\frac{\mu\sigma}{\mathrm{j}\omega}}=\frac{1+j}{\sqrt{2}}\sqrt{\omega\mu\sigma}$$

衰减系数和相位常数分别为

$$\alpha\approx\beta\approx\sqrt{\pi f\mu\sigma} \tag{4-68}$$

同理,良导体的本征阻抗为

$$\eta_{\mathrm{c}}=\sqrt{\frac{\mu}{\varepsilon_{\mathrm{c}}}}\approx\sqrt{\frac{\mathrm{j}\omega\mu}{\sigma}}=(1+\mathrm{j})\sqrt{\frac{\pi f\mu}{\sigma}}=\sqrt{\frac{2\pi f\mu}{\sigma}}\mathrm{e}^{\mathrm{j}\frac{\pi}{4}} \tag{4-69}$$

此式表明，在良导体中传播的电磁波电场的相位超前磁场 45°。

由式(4－62)可得强导电媒质中电磁波的相速为

$$v_p=\frac{\omega}{\beta}=\frac{\omega}{\sqrt{\pi f\mu\sigma}}=\sqrt{\frac{2\omega}{\mu\sigma}} \tag{4-70}$$

式(4－70)说明相速是频率的函数，是色散波，还可以看出相速与$\sqrt{\sigma}$成反比，电导率越大，电磁波的相速越小，电磁波传播越慢。例如，频率为 1 MHz 的电磁波在铜里($\sigma=5.8\times10^7$ S/m)传播时，其相位的传播速度为 415.2 m/s，与空气中的声速是一个数量级。

式(4－63)和式(4－64)说明，良导体内的磁场能量密度远远大于电场能量密度，这是因为 σ 很大时，电场强度虽然很小，但电流密度较大，使得磁场强度较大。

良导体中电磁波传输时会迅速衰减，电磁波进入良导体越深，电磁场的幅度衰减越大，电磁能量就越小，绝大部分电磁场的能量集中在良导体表面，这就是趋肤效应。

工程上，使用趋肤深度描述趋肤效应的强弱，定义为当电磁波进入良导体一段距离使其场量幅度(电场、磁场、电流密度等)衰减到原来(表面)幅度的 1/e 时对应的距离，用 δ 表示

$$\delta=1/\alpha=1/\sqrt{\pi f\mu\sigma} \tag{4-71}$$

显然，频率越高，媒质的导电能力越强，趋肤深度 δ 就越小，趋肤效应就越强。由于良导体的趋肤深度 δ 非常小，电磁波的能量大部分集中于良导体表面的薄层内，所以很薄的金属片甚至镀层对无线电都会产生良好的屏蔽作用。实际上，电磁波传播 5δ 的距离后，其振幅衰减至 1%以下，可认为波已衰减为零了。对于 $\sigma=\infty$ 的理想导体，$\delta=0$，说明电磁波不能透入理想导体中。例如，中频变压器的屏蔽铝罩、晶体管的金属外壳，对应厚度的屏蔽罩或金属外壳就能起到隔离内外部电磁场互相影响的作用。为便于工程应用和理解趋肤效应，表 4.1 给出了电磁波在几种导体中的趋肤深度。

表 4.1　五种频率电磁波在铜中的各参数比较($\sigma=5.8\times10^7$ S/m)

材料	电导率 $\delta/(\mathrm{s\cdot m^{-1}})$	相对磁导率	趋肤深度 δ			
			60 Hz/cm	1 kHz/mm	1 MHz/mm	3 GHz/μm
铝	3.54×10^7	1.00	1.1	2.7	0.085	1.6
铜	5.8×10^7	1.00	0.85	2.1	0.066	1.2
银	6.15×10^7	1.00	0.83	2.03	0.064	1.17
锡	0.87×10^7	1.00	2.21	5.41	0.171	3.12
锌	1.86×10^7	1.00	1.51	3.70	0.117	3.14
金	4.5×10^7	1.00	0.97	2.38	0.075	1.4
镍	1.3×10^7	1×10^2	0.18	4.4	0.014	0.26
铬	3.8×10^7	1.00	1.0	2.6	0.081	1.5
黄铜	1.59×10^7	1.00	1.63	3.98	0.126	2.30
石墨	1.0×10^5	1.00	20.5	50.3	1.59	20.0
坡莫和金	0.16×10^7	2×10^4	0.037	0.092	0.0029	0.053
海水	约 5.0	1.00	3×10^3	7×10^3	2×10^3	非良导体
磁性铁	1.0×10^7	2×10^2	0.14	0.35	0.011	0.20

将式(4－69)表示为

$$\eta_c = R_s + jX_s$$

则

$$R_s = X_s = \sqrt{\frac{\pi f \mu}{\sigma}} = \frac{1}{\sigma\delta} \tag{4-72}$$

上式中，X_s 称为表面电抗，相应的阻抗称为表面阻抗；R_s 表示厚度为 δ、单位长度(L 为 1)单位宽度(W 为 1)的导体块的直流电阻，称为良导体的表面电阻率，简称表面电阻，如图 4.7 所示。

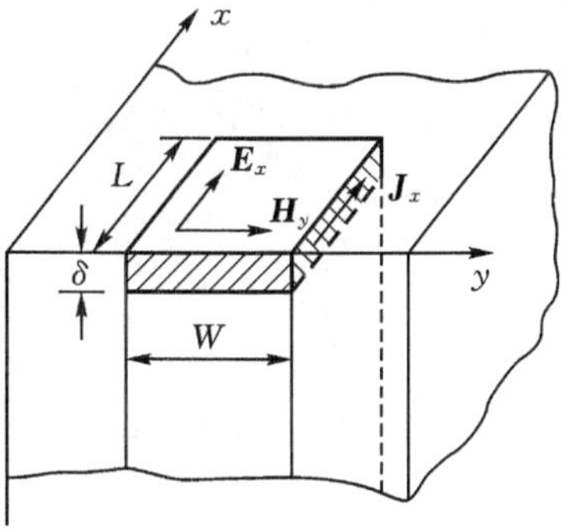

图 4.7　良导体的表面电阻

式(4－72)表明，R_s 与 $\sqrt{f}$ 成正比。是因为随着电磁波频率的提高，趋肤效应引起传导电流更加集中在导体的表面附近，使得高频传导电流的截面积减小。因此，高频时良导体的电阻远远大于直流或低频时的电阻。

由式(4－54)可得穿入良导体内 z 处的传导电流密度为

$$\boldsymbol{J} = \boldsymbol{e}_x J_x = \boldsymbol{e}_x \sigma E_x = \boldsymbol{e}_x \sigma E_0 e^{-(1+j)\alpha z}$$

单位宽度上，良导体上形成的总电流为

$$J_s = \int_0^\infty J_x \mathrm{d}z = \frac{\sigma E_0}{(1+j)\alpha} = \frac{\sigma\delta}{(1+j)} E_0 = H_0$$

上式中，E_0 和 H_0 分别为良导体表面处的电场和磁场的复振幅。从电路的观点看，此电流通过表面电阻消耗的热功率为

$$P_c = \frac{1}{2}|\boldsymbol{J}_s|^2 R_s = \frac{1}{2}|\boldsymbol{E}_0|^2 \sqrt{\frac{\sigma}{2\omega\mu}} \tag{4-73}$$

从场的观点出发，通过对平均坡印亭矢量在矩形($W \times L$)上进行面积分可以求出良导体中每单位表面宽度的平均损耗功率，计算结果与式(4－73)相同。但式(4－73)说明，随着频率的提高，良导体在单位宽度上产生的焦耳热功率变小了，因此提高载波频率有利于降低电磁波传播过程中由良导体产生的焦耳损耗。

【例 4－3】 海水的电磁参数是 $\varepsilon_r = 81$，$\sigma = 4$ S/m，$\mu_r = 1$。试计算频率为 30 kHz 和3 GHz 的平面波分别在海水中传播时，电磁波的相位常数、衰减常数、相速、本征阻抗和趋肤深度。

解：(1)当 $f = 30$ kHz 时，海水的损耗正切为

$$\frac{\sigma}{\omega\varepsilon} = \frac{4 \times 10^{12}}{2\pi \times 30 \times 10^3 \times 81 \times 8.85} = 2.96 \times 10^4 \gg 1$$

海水可视为良导体,因此衰减系数和相位常数分别为

$$\alpha=\sqrt{\pi f\mu\sigma}=0.69\ \mathrm{Np/m},\ \beta=\sqrt{\pi f\mu\sigma}=0.69\ \mathrm{rad/m}$$

海水的本征阻抗和电磁波的波长分别为

$$\eta_c=\sqrt{\frac{\pi f\mu}{\sigma}}(1+\mathrm{j})=0.172(1+\mathrm{j})\ \Omega,\ \lambda=\frac{2\pi}{\beta}=9.10\ \mathrm{m}$$

电磁波的趋肤深度和相速分别为

$$\delta=\frac{1}{\alpha}=1.45\ \mathrm{m},\ v=\frac{\omega}{\beta}=\frac{2\pi f}{\beta}=2.73\times10^5\ \mathrm{m/s}$$

(2)当 $f=3$ GHz 时,海水的损耗正切为

$$\frac{\sigma}{\omega\varepsilon}=\frac{4\times10^{12}}{2\pi\times3\times10^9\times81\times8.85}=0.296$$

此时,海水既不是弱导电媒质也不是良导体,由式(4-59)和式(4-60)求得 α 和 β 分别为

$$\alpha=\omega\sqrt{\frac{\varepsilon\mu}{2}\left[\sqrt{1+\left(\frac{\sigma}{\omega\varepsilon}\right)^2}-1\right]}=82.9\ \mathrm{Np/m}$$

$$\beta=\omega\sqrt{\frac{\varepsilon\mu}{2}\left[\sqrt{1+\left(\frac{\sigma}{\omega\varepsilon}\right)^2}+1\right]}=571.2\ \mathrm{rad/m}$$

海水的 η_c 和电磁波的 λ 分别为

$$\eta_c=\sqrt{\frac{\mu}{\varepsilon_c}}=\sqrt{\frac{\dfrac{\mu}{\varepsilon}}{1-\dfrac{\mathrm{j}\sigma}{\omega\varepsilon}}}=357.7+\mathrm{j}51.8\Omega$$

$$\lambda=\frac{2\pi}{\beta}=10.99\ \mathrm{mm}$$

电磁波的 δ 和 v_p 分别为

$$\delta=\frac{1}{\alpha}=12.6\ \mathrm{mm},\ v_p=\frac{\omega}{\beta}=\frac{2\pi f}{\beta}=1.10\times10^7\mathrm{m/s}$$

上述计算结果表明,同一种媒质对不同频率的电磁波会呈现不同的传播属性,依据损耗正切的值判定媒质的类型是分析问题的基础。

海水在 30 kHz 时是良导体,而在 3 GHz 时是普通的有耗媒质,在如此宽的频率范围内,电磁波的衰减都是很快的,说明在海水中通过电磁波是无法实现无线通信的。从趋肤深度看,低频电磁波更有利于实现短距离无线传播,微波段的趋肤深度在毫米量级,无法实现信息传送。因此,在海水中,潜艇之间要实现无线通信,需要将收发天线移至海水表面附近,利用海水表面的导波作用形成表面波,或者利用电离层对于电磁波的“反射”作用形成的反射波作为传输媒质实现无线通信。

【例 4-4】 证明电磁波在强导电媒质内传播时,场强每经过一个波长,振幅衰减 55 dB。

证明:电磁波在强导电媒质内传播时,$\alpha\approx\beta\approx\sqrt{\pi f\mu\sigma}$,$\beta=2\pi/\lambda$,电场强度表示为

$$\boldsymbol{E}=\boldsymbol{e}_xE_{xm}\mathrm{e}^{-\alpha z}\mathrm{e}^{-\mathrm{j}\beta z}\approx\boldsymbol{e}_xE_{xm}\mathrm{e}^{-\frac{2\pi}{\lambda}z}\mathrm{e}^{-\mathrm{j}\beta z}$$

经过一个波长后,场强振幅为

$$\frac{|\boldsymbol{E}(z)|}{|\boldsymbol{E}(z+\lambda)|}=\frac{\mathrm{e}^{-\alpha(z+\lambda)}}{\mathrm{e}^{-\alpha z}}=\mathrm{e}^{-\alpha\lambda}\approx\mathrm{e}^{-\frac{2\pi}{\lambda}\lambda}=\mathrm{e}^{-2\pi}$$

用分贝表示

$$20\lg\frac{|\boldsymbol{E}(z)|}{|\boldsymbol{E}(z+\lambda)|}=20\lg e^{-2\pi}=20\lg 0.002=-55\ \text{dB}$$

这个结果表明，电磁波在强导电媒质内每传播一个周期，场量的振幅就会衰减 55 dB。

4.4 电磁波的极化

在 4.1 节的讨论中，假定沿 $+z$ 方向传播的电磁波的电磁场是在 xOy 面内的特定方向。实际上，这只是一种特例。一般情况下，沿特定方向传播的 TEM 波，电磁场的大小和方向是随着时间变化的。为定量描述这种变化属性，引入电磁波的极化概念。

电场强度的方向随时间变化的规律称为电磁波的极化特性。通俗地讲，极化是指在电磁波的传播路径上，空间某点电场强度矢量的端点随时间变化的轨迹。若某点的电场强度矢量随时间沿直线振荡，称为线极化波；若某点的电场强度矢量的端点随时间沿圆周运动时，称为圆极化波；若电场强度矢量的端点沿椭圆运动，称为椭圆极化波。当多个同频率的电磁波在同一方向传播时，极化应按所有波叠加后的合成波定义。

极化特性是电磁波的一个重要特征，正确判定电磁波的极化状态是处理电磁波传播问题的前提。在处理两媒质交界面上电磁波的反射和透射问题时，电磁场的变化特征与波的极化特性有关，判定极化特性是正确处理边界问题的必要条件；接收天线只有与发射天线的极化配置一致才能做到电磁信号的最佳接收。

4.4.1 线极化波

设某一平面波的电场强度的瞬时值为

$$E_x(z,t)=E_{xm}\cos(\omega t-kz) \tag{4-74}$$

在空间任一固定点 z，电场强度矢量的末端随时间的变化轨迹是与 x 轴平行的直线，这种平面波的极化特性称为线极化，其极化方向为 x 方向。为便于理解，图 4.8 分别给出了沿 $+z$ 方向传播的 x 方向线极化波的 E 端点随时间的变化轨迹图和某一瞬时的空间波形图。

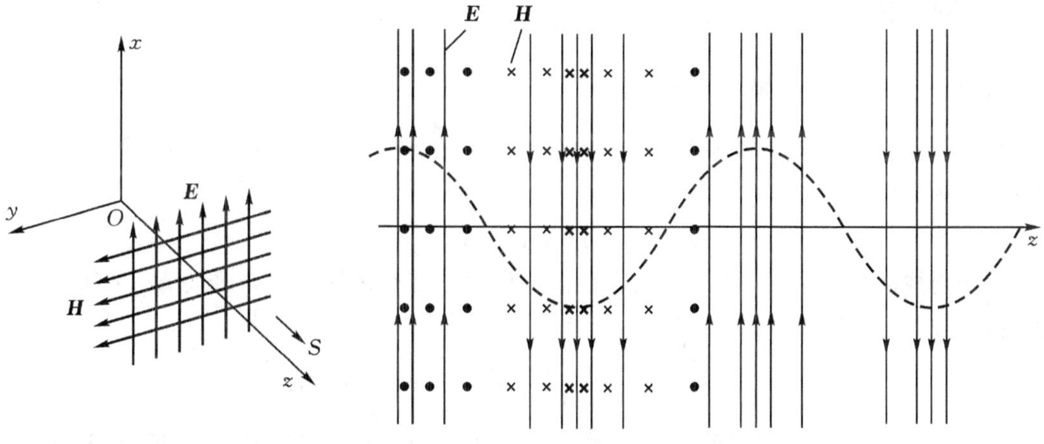

图 4.8　沿 $+z$ 方向传播的 x 方向线极化波

设另一同频率的 y 方向极化的线极化平面波的瞬时值为

$$E_y(z,t)=E_{ym}\cos(\omega t-kz) \tag{4-75}$$

上述两个相互正交的线极化波振幅不同，但相位相同，它们合成后，其瞬时值的大小为

$$E(z,t)=\sqrt{E_x^2(z,t)+E_y^2(z,t)}=\sqrt{E_{xm}^2+E_{ym}^2}\cos(\omega t-kz)$$

可见，合成波的大小随时间的变化仍为余弦函数，合成波的方向与 x 轴的夹角 α 为

$$\tan\alpha=\frac{E_y(z,t)}{E_x(z,t)}=\frac{E_{ym}}{E_{xm}} \tag{4-76}$$

上式表明，合成波的极化方向与时间无关，电场强度矢量末端的变化轨迹是与 x 轴夹角为 α 的一条直线。

如图 4.9(a)所示，合成波电场强度的大小随时间作余弦变化，矢量末端轨迹是位于Ⅰ、Ⅲ象限的直线，故为线极化波。

如果两个相互正交的线极化平面波具有不同振幅但相位差为 π 时，式(4-76)仍为常量，但是一个负值。如图 4.9(b)所示，合成波电场矢量的末端轨迹是位于Ⅱ、Ⅳ象限的一条直线，仍是线极化波。

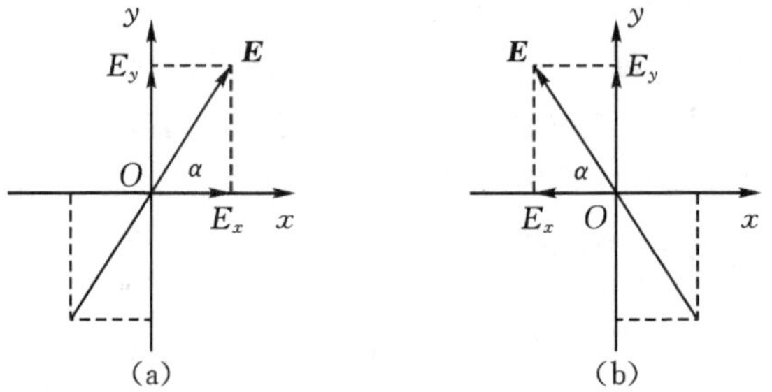

图 4.9　线极化波

上述分析说明，两个相位相同或互为反相，振幅不等的空间相互正交的线极化平面波合成后仍然形成一个线极化平面波。反之，任一线极化波可以分解为两个相位相同或反相，振幅不等的空间相互正交的线极化波。

4.4.2　圆极化波

若 $\varphi_y-\varphi_x=\frac{\pi}{2}$，但振幅皆为 E_m，由式(4-74)和式(4-75)可得

$$E_x(z,t)=E_m\cos(\omega t-kz),E_y(z,t)=E_m\cos(\omega t-kz+0.5\pi)=-E_m\sin(\omega t-kz)$$

合成波电场强度的大小为

$$E(z,t)=\sqrt{E_x^2(z,t)+E_y^2(z,t)}=E_m$$

说明合成波在任一点 z 处电场矢量的末端随时间变化的轨迹是半径为 E_m 的圆，因此称为圆极化波。合成电场与 x 轴的夹角为

$$\alpha=\arctan\left[-\frac{\sin(\omega t-kz)}{\cos(\omega t-kz)}\right]=-(\omega t-kz) \tag{4-77}$$

上式说明，对于某一固定的 z 点，夹角 α 为时间 t 的函数。电场强度矢量的方向随时间不断地旋转，但其大小不变。因此，合成波的电场强度矢量的端点轨迹为一个圆，这种变化规律称为圆极化。当 t 增加时，夹角 α 不断地减小，合成波矢量随着时间的旋转方向与传播方向构

成左旋关系，这种圆极化波称为左旋圆极化波。

若 $\varphi_x-\varphi_y=\frac{\pi}{2}$，但振幅皆为 E_m，由式(4-77)可推得

$$\alpha=\arctan\left[\frac{\sin(\omega t-kz)}{\cos(\omega t-kz)}\right]=(\omega t-kz)$$

合成波电场强度矢量的端点轨迹仍为一个圆，当 t 增加时，夹角 α 不断地增大，合成波矢量随着时间的推移其旋转方向与传播方向构成右旋关系，这种圆极化波称为右旋圆极化波。图 4.10 分别给出了对于某一固定的 z 点夹角与时间 t 的关系和右旋圆极化波的空间示意。

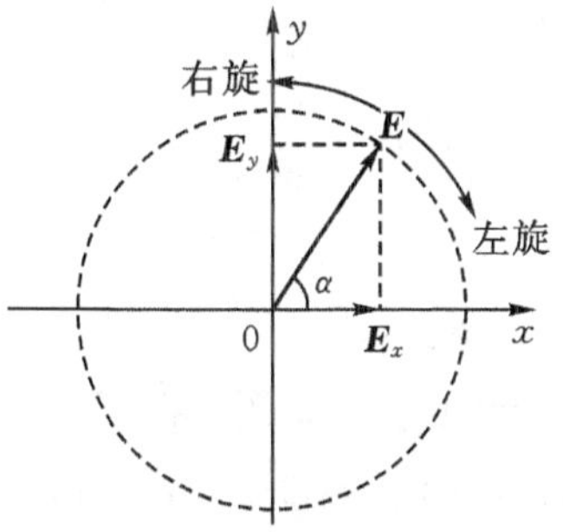

(a)圆极化波的左旋与右旋

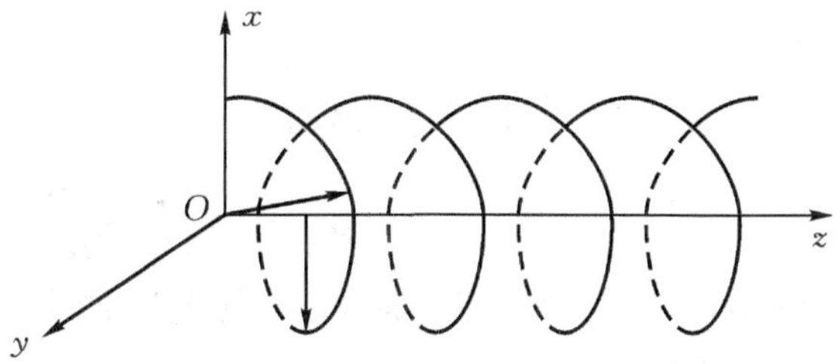

(b)右旋圆极化波空间示意图

图 4.10　圆极化波

以上分析表明，两个振幅相等、相位相差 $\frac{\pi}{2}$ 的空间相互正交的线极化波，合成后形成一个圆极化波。反之，一个圆极化波也可以分解为两个振幅相等、相位相差 $\frac{\pi}{2}$ 的空间相互正交的线极化波。

4.4.3　椭圆极化波

一般情况下，上述两个相互正交的线极化波具有不同振幅及不同相位，即

$$E_x(z,t)=E_{xm}\cos(\omega t-kz)$$

$$E_y(z,t)=E_{ym}\cos(\omega t-kz+\varphi)$$

对任一特定点 z，合成波的两个正交分量满足下列轨迹方程

$$\left(\frac{E_x}{E_{xm}}\right)^2+\left(\frac{E_y}{E_{ym}}\right)^2-\frac{2E_xE_y}{E_{xm}E_{ym}}\cos\varphi=\sin^2\varphi \tag{4-78}$$

这是一个非标准形式的椭圆方程，它表示合成波矢量的端点轨迹是一个椭圆，这种平面波称为椭圆极化波。图 4.11 给出了合成波电场矢量末端的轨迹图。该椭圆的长轴与 x 轴的夹角 θ 为

$$\tan2\theta=\frac{2E_{xm}E_{ym}}{E_{xm}^2-E_{ym}^2}\cos(-\varphi)$$

合成电场矢量 $\boldsymbol{E}$ 与 x 轴的夹角 α 为

$$\tan\alpha=\frac{E_{ym}\cos(\omega t-kz+\varphi)}{E_{xm}\cos(\omega t-kz)}$$

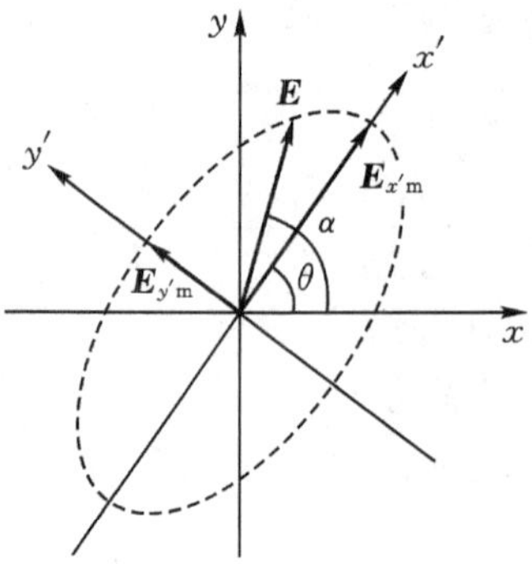

图 4.11 椭圆极化磁波

合成矢量随时间 t 的旋转角速度为

$$\frac{\mathrm{d}\alpha}{\mathrm{d}t}=\frac{E_{xm}E_{ym}\omega\sin(-\varphi)}{E_{xm}^2\cos^2(\omega t-kz)+E_{ym}^2\cos^2(\omega t-kz+\varphi)}$$

上式说明，当 $-\pi<\varphi<0$ 时，即 E_y 分量比 E_x 滞后，α 随时间是逐渐增加的，合成电场末端轨迹与 $+z$ 传播方向形成右手螺旋关系，合成波为右旋椭圆极化波；当 $0<\varphi<\pi$ 时，E_y 分量比 E_x 超前，合成电场末端轨迹与 $+z$ 传播方向形成左手螺旋关系，合成波为左旋椭圆极化波。

式(4-78)表明，线极化波、圆极化波均可看作椭圆极化波的特殊情况。反过来，各种极化波可以视为线极化波的合成。因此，线极化平面波的传播特性是处理各种实际问题的基础。

电磁波的极化特性在工程应用中十分重要。空间传播的电磁波将在接收天线上产生感应电动势，而来波中电场矢量的极化特性是由发射天线的极化特性所确定的，为了有效接收，接收天线与发射天线必须具有相同的极化性质，这是天线工作最基本的原则之一。在很多情况下，无线电系统必须利用圆极化波才能正常工作，例如由于火箭等飞行器在飞行过程中，其状态和位置在不断地变化，可能出现火箭上的天线收不到地面控制信号而造成失控的情况，采用圆极化波发射和接收，此种失控情况将不会出现；同样的道理，在电子对抗系统中，大多采用圆极化波进行工作。

【例 4-5】 求得电磁波在某区域内的电场强度为

$$\boldsymbol{E}=(3\boldsymbol{e}_x+\mathrm{j}4\boldsymbol{e}_y)\mathrm{e}^{-0.5z}\mathrm{e}^{-\mathrm{j}0.6z}$$

试求电磁波的极化性质。

解：时域中的电场强度为

$$E_x(z,t)=3\mathrm{e}^{-0.5z}\cos(\omega t-0.6z)$$

$$E_y(z,t)=4\mathrm{e}^{-0.5z}\cos(\omega t-0.6z+0.5\pi)$$

可以看出此电磁波是沿 $+z$ 方向传播的振幅按指数衰减的均匀平面电磁波，其可视为两列相互正交、频率相等、传播方向相同、振幅不等的线极化波的合成波。合成波的电场强度末端轨迹由式(4-78)给出，对应的相位差为

$$\varphi=\varphi_y-\varphi_x=\frac{\pi}{2}$$

所以，顺着 $+z$ 方向看 $\boldsymbol{E}$ 末端在行进中扫出的轨迹在 xOy 面上的投影是一个椭圆，该椭圆的长轴与 x 轴的夹角 θ 为 0，即是一个长轴与 x 轴重合的正椭圆。对某一固定点 z，在一个

时间周期内合成波电场强度矢量末端依次扫出的轨迹是长轴与 x 轴重合的椭圆。因此该电磁波是椭圆极化波。

进一步分析可以发现，E_y 分量比 E_x 超前 $\frac{\pi}{2}$，合成波的电场矢量与 x 轴的夹角是随时间减小的，对应合成电场末端轨迹与 $+z$ 传播方向形成左手螺旋关系，合成波为左旋椭圆极化波。

4.5　相速与群速

电磁波在媒质中传播时，会因为焦耳热、电极化、磁化产生损耗或者其他因素使得电磁波的相速随频率而产生变化，这种现象就是色散。本节讨论有色散存在时，如何分析携带有效信息的电磁波的传播。

4.5.1　群速的引入及定义

单一频率电磁波的传播速度就是其等相位面的前进速度，因此也称为相速度 v_p。在理想介质中，平面电磁波的相速为 $v_p=\frac{1}{\sqrt{\mu\varepsilon}}$，取决于媒质的电磁参数，而与电磁波的频率无关。在有耗媒质中，因为相位常数 β 是频率的函数，使得相速 $v_p=\omega/\beta$ 与频率成非线性关系，不同频率的电磁波等相位面的前进速度也不相同，这种相速度随频率变化的现象称为色散。除了传导电流会引起色散外，在微波频段因媒质的电极化迟滞和磁化迟滞也会引起色散，由波导装置所引导的导行电磁波也会出现色散现象。

稳态的单一频率的时谐波是不能携带任何信息的，实际的信号都是具有一定频率带宽的带限信号，实际信号对载波进行调制，形成调制波后才能传递，调制波传播的速度才是信号传递的速度。由于携带信息的调制波是由很多频率成分组成的，调制波在色散媒质中传播时，不同的频率成分相速是不同的，因此，用相速无法描述调制波的传播速度，故引入群速来表示调制波传播的快慢程度。

群速是指调制波在传递过程中表现出的共同速度，这个速度代表能量的传播速度，用 v_g 表示。下面以窄带调制电磁波在色散媒质中的传播为例，讨论群速的具体表达式。

设携带信息的调制波沿 $+z$ 方向传播，调制波的上、下限角频率分别为 $\omega+\Delta\omega$ 和 $\omega-\Delta\omega$，在色散媒质中的相位常数分别为 $\beta+\Delta\beta$ 和 $\beta-\Delta\beta$。在工程实际中，带限信号的频带是远远小于载波频率的，因此，$\Delta\omega\ll\omega$，$\Delta\beta\ll\beta$。这两个频率成分（极化性质是相同的）对应的行波可表示为

$$E_1=E_m e^{j(\omega+\Delta\omega)t}e^{-j(\beta+\Delta\beta)z}$$

$$E_2=E_m e^{j(\omega-\Delta\omega)t}e^{-j(\beta-\Delta\beta)z}$$

合成波为

$$E=E_1+E_1=2E_m\cos(\Delta\omega t-\Delta\beta z)e^{j(\omega t-\beta z)}$$

由此可见，合成波为振幅调制波，其振幅函数代表一个变化缓慢的波，它叠加在高频载波上形成合成波的幅度包络线，称为合成波的波包，如图 4.12 所示。

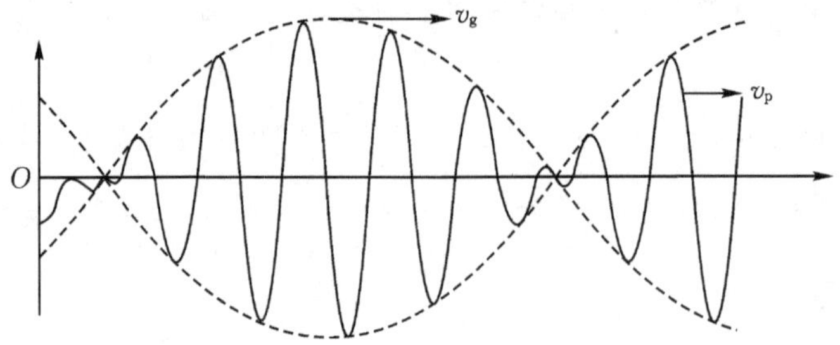

图 4.12　相速与群速

调制波的信号是由波包在传播方向上的运动进行传递的，群速即指波包上恒定相位点的移动速度，由振幅函数的相位恒定条件 $\Delta\omega t-\Delta\beta z=$常数，可求出波包的相速

$$v_g=\frac{dz}{dt}=\frac{\Delta\omega}{\Delta\beta}$$

由于 $\Delta\omega\ll\omega$，上式可以表示为

$$v_g=\frac{d\omega}{d\beta} \tag{4-79}$$

4.5.2　相速与群速的关系

无色散时，电磁波的相位常数 $\beta=\omega\sqrt{\mu\varepsilon}$ 与角频率 ω 成线性关系，波的群速为

$$v_g=\frac{d\omega}{d\beta}=\frac{1}{\sqrt{\mu\varepsilon}}=\frac{\omega}{\beta}=v_p \tag{4-80}$$

上式说明相速与频率无关时，群速等于相速，不会产生色散。这是信息传播的理想状态，调制波的波包在传输过程中保持形状不变，带限信号加载到载波上后实现了无失真传播。

一般情况下

$$v_g=\frac{d\omega}{d\beta}=\frac{d(v_p\beta)}{d\beta}=v_p+\beta\frac{dv_p}{d\beta}=v_p+\frac{\omega}{v_p}\frac{dv_p}{d\omega}v_g$$

由此可得

$$v_g=\frac{v_p}{1-\dfrac{\omega}{v_p}\dfrac{dv_p}{d\omega}} \tag{4-81}$$

当 $\dfrac{dv_p}{d\omega}<0$ 时，相速随频率升高而减小，由式(4-81)可知，群速是小于相速的，这种情况称为正常色散。

若 $\dfrac{dv_p}{d\omega}>0$，相速会随频率升高而增大，由式(4-81)可知，群速是大于相速的，这种情况称为反常色散。

波的强度与振幅的平方成正比，所以在波包传播过程中，波的能量绝大部分被振幅最大部分所携带，因而当波包的最大值传到时，观察者才接收到波，所以群速度就是波的能量的传播速度。在色散严重的媒质中，由于不同频率的波的相速度差别很大，波包在传播过程中很快变形。此时群速度失去意义，式(4-81)也就随着失效了。因此，群速度的概念仅用于描述色散较弱的窄带信号调制波的传播。

小结 4

(1)在无界理想介质中传播时,均匀平面电磁波的电场强度和磁场强度的振幅不变,它们在时间上同相,在空间上互相垂直,并与电磁波传播方向三者构成右手螺旋关系。这种均匀平面波可以表示为

$$\boldsymbol{E}=\boldsymbol{E}_0\mathrm{e}^{-\mathrm{j}\boldsymbol{k}\cdot\boldsymbol{r}},\boldsymbol{H}=\boldsymbol{H}_0\mathrm{e}^{-\mathrm{j}\boldsymbol{k}\cdot\boldsymbol{r}}$$

$$\boldsymbol{H}=\boldsymbol{e}_s\times\frac{\boldsymbol{E}}{\eta},\boldsymbol{E}=\eta\boldsymbol{H}\times\boldsymbol{e}_s$$

$$\boldsymbol{S}_{\mathrm{av}}=\frac{1}{2}\mathrm{Re}[\boldsymbol{E}(\boldsymbol{r})\times\boldsymbol{H}^*(\boldsymbol{r})]=\boldsymbol{e}_s\frac{1}{2\eta}E_0^2$$

$$\boldsymbol{k}=\omega\sqrt{\mu\varepsilon}\,\boldsymbol{e}_s,\eta=\sqrt{\frac{\mu}{\varepsilon}}$$

(2)均匀平面波在有耗媒质中传播时,电场强度和磁场强度在空间上仍互相垂直,且与电磁波传播方向三者构成右手螺旋关系。但是,电场和磁场的振幅按指数函数衰减,它们在时间上不再同相。此外,电磁波的波长变短、相速减慢,这种电磁波可以表示为

$$\boldsymbol{E}(z,t)=\boldsymbol{e}_xE_{x\mathrm{m}}\mathrm{e}^{-\alpha z}\cos(\omega t-\beta z)$$

$$\boldsymbol{H}(z,t)=\boldsymbol{e}_y(\frac{E_{x\mathrm{m}}}{|\eta_{\mathrm{c}}|})\mathrm{e}^{-\alpha z}\cos(\omega t-\beta z-\phi)$$

$$\boldsymbol{S}_{\mathrm{av}}=\boldsymbol{e}_z\frac{E_{x\mathrm{m}}^2}{2|\eta_{\mathrm{c}}|}\mathrm{e}^{-2\alpha z}\cos\phi$$

$$\eta_{\mathrm{c}}=\sqrt{\frac{\mu}{\varepsilon-\frac{\mathrm{j}\sigma}{\omega}}},|\eta_c|=\left(\frac{\mu}{\varepsilon}\right)^{\frac{1}{2}}\left[1+\left(\frac{\sigma}{\omega\varepsilon}\right)^2\right]^{-\frac{1}{4}},\phi=\frac{1}{2}\arctan\left(\frac{\sigma}{\omega\varepsilon}\right)$$

$$\alpha=\omega\sqrt{\frac{\varepsilon\mu}{2}\left[\sqrt{1+\left(\frac{\sigma}{\omega\varepsilon}\right)^2}-1\right]}$$

$$\beta=\omega\sqrt{\frac{\varepsilon\mu}{2}\left[\sqrt{1+\left(\frac{\sigma}{\omega\varepsilon}\right)^2}+1\right]}$$

(3)在电磁波的传播过程中,空间固定点上电场强度矢量的空间取向随时间变化的方式称为极化。当构成电场强度矢量的两个相互垂直的分量的相位相同或相位相差 180°时,电场强度矢量的极化方式为线极化;当这两个相互垂直的分量的相位相差 90°,且两个分量振幅相等时,电场强度矢量的极化方式为圆极化;当这两个相互垂直的分量的振幅和相位均为任意值时,电场强度矢量的极化方式为椭圆极化,其轨迹方程为

$$\left(\frac{E_x}{E_{x\mathrm{m}}}\right)^2+\left(\frac{E_y}{E_{y\mathrm{m}}}\right)^2-\frac{2E_xE_y}{E_{x\mathrm{m}}E_{y\mathrm{m}}}\cos\varphi=\sin^2\varphi$$

$$\varphi=\varphi_y-\varphi_x$$

(4)在正弦电磁场作用下,媒质的电磁特性通常与频率有关,这种电磁参量与频率有关的介质称为色散媒质。电磁波的相速度随频率而变的现象称为色散。相速是单色波等相位面变化的速度,而群速才是电磁信号传播的速度。

习题 4

4.1 单选题

(1)以下关于均匀平面波的描述,错误的是(　　)。

A. 电场和磁场的振幅沿着传播方向变化;

B. 电场和磁场的方向和振幅保持不变;

C. 电场和磁场在空间相互垂直且与电磁波传播方向成右手螺旋关系;

D. 均匀平面波是 TEM 波。

(2)时变电磁场的波动性是指(　　)。

A. 时变的电场和磁场互相激励,彼此为源,由近及远向外传播;

B. 电场以电荷为源,由近及远向外传播;

C. 磁场以电流为源,由近及远向外传播;

D. 电场和磁场的源互相独立,互不相干。

(3)下面对于趋肤效应的说法,错误的是(　　)。

A. 趋肤深度是指波进入到导体内,幅度衰减为导体表面幅度的 1/e 处的深度;

B. 媒质导电性越好,波在媒质中的衰减越慢;

C. 频率越高,趋肤深度越小;

D. 媒质导电性越好,趋肤深度越小。

(4)关于群速和相速,下面的说法不正确的是(　　)。

A. 相速是指信号恒定相位点的移动速度;

B. 在导电媒质中,相速与频率有关;

C. 相速代表信号的能量传播的速度;

D. 群速是指信号包络面上恒定相位点的移动速度。

4.2 一均匀平面电磁波在真空中沿 $+z$ 方向传播,其电场强度的瞬时值为

$$\boldsymbol{E}(z,\ t)=\boldsymbol{e}_x 20\sqrt{2}\sin(6\pi\times10^8 t-2\pi z)\ \text{mV/m}$$

求:(1)波的频率、波长和相速;(2)电场强度及磁场强度的复矢量表示式;(3)复能流密度矢量。

4.3 频率为 100 MHz 的均匀平面电磁波,在无耗媒质($\varepsilon_r=4,\mu_r=1$)中沿 $+z$ 方向传播,令其电场强度 $\boldsymbol{E}=\boldsymbol{e}_x E_x$。当 $t=0, z=0.125$ m 时,电场幅值为 100 μV/m。(1)求 $\boldsymbol{E}$ 的瞬时表达式;(2)求 $\boldsymbol{H}$ 的复数表达式;(3)求平均坡印亭矢量。

4.4 一均匀平面电磁波在理想介质中沿 $+y$ 方向传播,其电场强度的瞬时形式为

$$\boldsymbol{E}(y,t)=\boldsymbol{e}_z 0.377\cos(10^9 t-5y)\ \text{V/m}$$

求:(1)介质的相对介电常数;(2)电磁波的相位传播速度和波长;(3)介质的本征阻抗;(4) 电磁波磁场强度的瞬时形式及电场强度和磁场强度的复数形式;(5) 电磁波的波强。

4.5 频率为 100 MHz 的均匀平面电磁波在某介质($\sigma=0,\mu=\mu_0,\varepsilon=9\varepsilon_r$)中传播,已知电磁波电场强度的复数形式为

$$\boldsymbol{E}(z)=\boldsymbol{e}_x 4\mathrm{e}^{-\mathrm{j}kz}+\boldsymbol{e}_y 3\mathrm{e}^{-\mathrm{j}(kz-\frac{\pi}{3})}\ \text{mV/m}$$

求:(1) 波的相速、波长、相移常数和波阻抗;(2)电场强度和磁场强度的瞬时形式;(3)电磁波

的平均坡印亭矢量。

4.6 某卫星转播的节目中心频率为 3.928 GHz，它在 A 地的等效全向辐射功率为 $P=36$ dBW。试求：(1) A 地面站接收的功率流密度，设它离卫星37900 km；(2)求地面站处电场强度和磁场强度振幅，并以自选的坐标写出其瞬时值表示式；(3)若 B 地离卫星 38170 km，则接收信号比 A 地至少延迟了多久？

4.7 分别判断以下电磁波的极化方式

(1)$E_x=-A\sin(\omega t+kz)$，$E_y=A\sin(\omega t+kz-90°)$；

(2)$E_x=A\cos(\omega t-kz)$，$E_y=-A\sin(\omega t-kz-270°)$；

(3)$E_x=A\cos(\omega t-kz)$，$E_y=2A\cos(\omega t-kz+90°)$；

(4)$E_x=A\cos(\omega t-kz)$，$E_y=2A\cos(\omega t-kz-90°)$。

4.8 空气中传播的平面波有以下两个分量：

$$E_x=5\cos(\omega t-kz)\,\mathrm{V/m},\quad E_y=6\cos(\omega t-kz-60°)\,\mathrm{V/m}$$

求：(1)电场强度、磁场强度复矢量；(2)此波的极化状态；(3)电磁波的波强。

4.9 在自由空间中沿 $+z$ 方向传播的均匀平面波的电场强度复振幅为

$$\boldsymbol{E}=(E_1\boldsymbol{e}_x+\mathrm{j}E_2\boldsymbol{e}_y)\mathrm{e}^{-\mathrm{j}kz}\ \mathrm{V/m},\quad (E_1\neq E_2)$$

上式中，E_1 和 E_2 为已知常数。(1)令平面波为 3.0 cm 微波，写出电场强度的瞬时表示式；(2)求平面波的极化状态；(3)利用波阻抗的定义求磁场强度的复振幅；(4)求该均匀平面电磁波的平均坡印亭矢量。

4.10 在自由空间传播的均匀平面波的电场强度复矢量为

$$\boldsymbol{E}=\boldsymbol{e}_x0.1\mathrm{e}^{-\mathrm{j}20\pi z}+\boldsymbol{e}_y0.1\mathrm{j}\mathrm{e}^{-\mathrm{j}20\pi z}\ \mathrm{mV/m}$$

试求：(1)此波的传播方向、波长及频率；(2)此波的极化状态；(3)此波的磁场强度复矢量及其瞬时式；(4)平面波的波强即平均坡印亭矢量。

4.11 真空中某电磁波的电场复矢量为

$$\boldsymbol{E}(r)=(-\mathrm{j}\boldsymbol{e}_x-2\boldsymbol{e}_y+\mathrm{j}\sqrt{3}\boldsymbol{e}_z)\mathrm{e}^{-\mathrm{j}\,0.05\pi(\sqrt{3}x+z)}$$

试求：(1)该波电场强度的瞬时值 $\boldsymbol{E}(r,t)$；(2)电磁波的极化性质；(3)磁感应强度的复矢量及复能流密度矢量。

4.12 已知某真空区域中的平面波为 TEM 波，其电场强度为

$$\boldsymbol{E}=[\boldsymbol{e}_x+E_{y0}\boldsymbol{e}_y+(2+\mathrm{j}5)\boldsymbol{e}_z]\mathrm{e}^{-\mathrm{j}2.3(-0.6x+0.8y-\mathrm{j}0.6z)}$$

试求：(1)该波是否是均匀平面波？(2)求平面波的频率及波长；(3) 求该平面波的极化特性；(4)求电场强度的 y 分量 E_{y0}。

4.13 为抑制无线电干扰某特定空间内的设备，通常采用 5 个趋肤深度厚度的铜皮包裹进行屏蔽，若需要屏蔽的频率范围为 100 kHz 至 10 GHz，求铜皮的厚度至少为多少，铜的电磁参数为 $\mu=\mu_0$，$\varepsilon=\varepsilon_0$，$\sigma=5.8\times10^7$ S/m。

4.14 微波炉利用磁控管输出 2.45 GHz 的微波加热食品，在该频率上牛排的等效介电常数 $\varepsilon=40\varepsilon_0$，损耗角正切 $\tan\delta=0.3$。求：(1)微波进入牛排的穿透深度；(2)在牛排内 8 mm 处的微波场强是表面处的百分比。

第 5 章　均匀平面电磁波的反射与透射

第 4 章研究了均匀平面波在无界简单媒质中的传播规律，而在很多情况下，电磁波是在有界媒质中传播的。而且，其在传播途径中遇到不同媒质的分界面会产生反射和透射（折射）现象。在分界面两侧，由于媒质的电磁特性不同，波的传播特性会发生变化。

假定两种媒质的分界面为无限大平面，通常把投射到分界面上的波称为入射波，与入射波在同一媒质中传播的波称为反射波，进入分界面另一侧传播的波称为透射波或折射波。根据电磁场的边界条件，在分界面上时变的入射波电磁场将感应出随时间变化的电荷或电流，形成新的波源。新波源产生向分界面两侧传播的电磁波，其中反射波与折射波的特性由分界面两侧媒质的参数确定。

本章我们将要研究的问题是在已知入射波的频率、振幅、极化、传播方向和两种媒质特性的条件下，确定反射波和透射波，进而研究不同媒质中合成电磁波的传播规律和特性。任意极化的入射波，总可以分解为两个相互垂直的线极化波，所以我们只讨论线极化均匀平面电磁波向无限大不同介质分界面垂直入射和斜入射时的反射和透射问题。下面从电磁波的垂直入射开始讨论。

5.1　电磁波的垂直入射

5.1.1　对理想导体的垂直入射

如图 5.1 所示，自由空间中的均匀平面波由左向右沿 $+z$ 方向投射于理想导体表面上，自由空间与理想导体分界面为 xOy 平面。

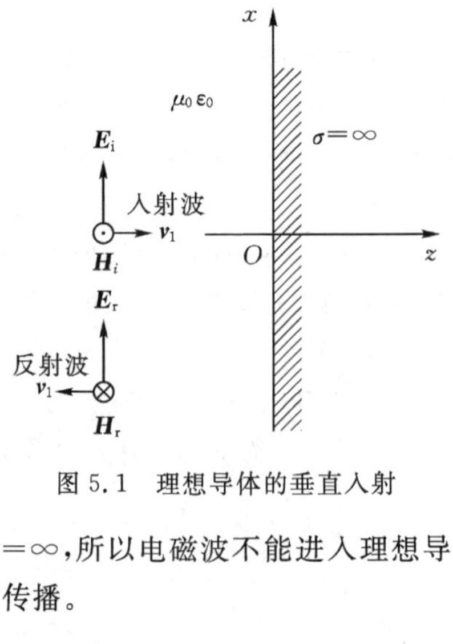

图 5.1　理想导体的垂直入射

由于理想导体的电导率 $\sigma=\infty$，所以电磁波不能进入理想导体一侧，由分界面上感应电流所产生的反射波将沿 $-z$ 方向传播。

设入射波为 x 方向线极化波，则入射波的电场强度和磁场强度表示为

$$\boldsymbol{E}_{\mathrm{i}} = E_{\mathrm{i0}} \mathrm{e}^{-\mathrm{j}kz} \boldsymbol{e}_x \tag{5-1}$$

$$\boldsymbol{H}_{\mathrm{i}} = \frac{E_{\mathrm{i0}}}{\eta} \mathrm{e}^{-\mathrm{j}kz} \boldsymbol{e}_y \tag{5-2}$$

式中，E_{i0} 是入射波的振幅，下标 i 代表入射波。

反射波电场强度可表示为

$$\boldsymbol{E}_{\mathrm{r}} = E_{\mathrm{r0}} \mathrm{e}^{\mathrm{j}kz} \boldsymbol{e}_x \tag{5-3}$$

式中，E_{r0} 是反射波电场强度的振幅，下标 r 代表反射波。

在自由空间内任一点的场是入射波与反射波叠加的结果，即

$$\boldsymbol{E}_{\mathrm{i}} = (E_{\mathrm{i0}} \mathrm{e}^{-\mathrm{j}kz} + E_{\mathrm{r0}} \mathrm{e}^{\mathrm{j}kz}) \boldsymbol{e}_x \tag{5-4}$$

自由空间与理想导体界面的边界条件要求界面上电场强度切向分量为零，将 $z=0$ 代入式(5-4)中，得

$$E_{\mathrm{i0}} + E_{\mathrm{r0}} = 0$$

即

$$E_{\mathrm{r0}} = -E_{\mathrm{i0}} \tag{5-5}$$

因此，反射波电场强度可表示为

$$\boldsymbol{E}_{\mathrm{r}} = -E_{\mathrm{i0}} \mathrm{e}^{\mathrm{j}kz} \boldsymbol{e}_x \tag{5-6}$$

利用平面波特性，可求得相应的反射波磁场强度为

$$\boldsymbol{H}_{\mathrm{r}} = -\frac{E_{\mathrm{r0}}}{\eta} \mathrm{e}^{\mathrm{j}kz} \boldsymbol{e}_y = \frac{E_{\mathrm{i0}}}{\eta} \mathrm{e}^{\mathrm{j}kz} \boldsymbol{e}_y \tag{5-7}$$

由于反射波沿 $-z$ 方向传播，式(5-6)表明 $\boldsymbol{E}_r$ 在 $-x$ 方向，因此 $\boldsymbol{H}_r$ 应在 $+y$ 方向。

合成电场强度和磁场强度分别为

$$\boldsymbol{E} = \boldsymbol{e}_x E_{\mathrm{i0}} (\mathrm{e}^{-\mathrm{j}kz} - \mathrm{e}^{\mathrm{j}kz}) = -\boldsymbol{e}_x \mathrm{j} 2 E_{\mathrm{i0}} \sin kz \tag{5-8}$$

$$\boldsymbol{H} = \boldsymbol{e}_y \frac{E_{\mathrm{i0}}}{\eta} (\mathrm{e}^{-\mathrm{j}kz} + \mathrm{e}^{\mathrm{j}kz}) = \boldsymbol{e}_y \frac{2E_{\mathrm{i0}}}{\eta} \cos kz \tag{5-9}$$

于是，在 $z<0$ 的自由空间内，合成场 $\boldsymbol{E}$ 和 $\boldsymbol{H}$ 的瞬时值为

$$\boldsymbol{E} = \boldsymbol{e}_x 2E_{\mathrm{i0}} \sin kz \sin \omega t \tag{5-10}$$

$$\boldsymbol{H} = \boldsymbol{e}_y \frac{2E_{\mathrm{i0}}}{\eta} \cos kz \cos \omega t \tag{5-11}$$

由式(5-10)可知，当 $kz = -n\pi$ 时，即

$$z = -\frac{n\lambda}{2}, n = 0,1,2\cdots \tag{5-12}$$

则

$$\sin kz = 0$$

因此，在任意时刻，由式(5-10)确定的 z 点上，电场强度的值总为零，该点称为电场强度的波节点。

当 $kz = -(2n+1)\pi/2$，即

$$z = -(2n+1)\lambda/4, n = 0,1,2,\cdots \tag{5-13}$$

则

$$|\sin kz| = 1$$

可见，由式(5-10)确定的 z 点上，任意时刻均为电场强度的最大值，该点称为电场强度的波腹点。

从式(5-11)中不难看出，电场强度 $\boldsymbol{E}$ 的波节点与磁场强度 $\boldsymbol{H}$ 的波腹点相对应，电场强度的波腹点与磁场强度的波节点相对应，如图 5.2 所示。

这种波节点和波腹点位置固定的波称为驻波，波节点处值为零的驻波称为纯驻波。

合成波的电场与磁场不仅随 z 坐标的变化特性不同，而且存在时间上的90°相位差，使得合成波的平均坡印亭矢量为

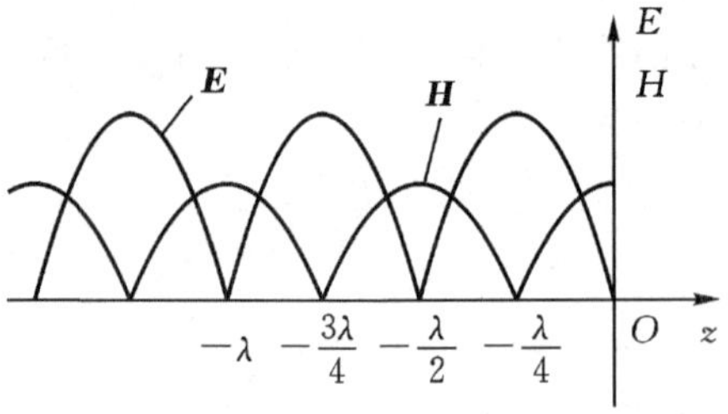

图 5.2　纯驻波示意图

$$\boldsymbol{S}_{av} = \frac{1}{2}\mathrm{Re}(\boldsymbol{E}\times\boldsymbol{H}^*) = \frac{1}{2}\mathrm{Re}\left(-4\mathrm{j}\,\frac{E_{i0}^2}{\eta}\sin kz\cos kz\right)\boldsymbol{e}_z = 0$$

此式说明，向 $+z$ 方向传输的入射功率密度与向 $-z$ 方向传输的反射功率密度等值反向，使得平均功率密度等于零。因此，在纯驻波情况下，只有电能和磁能的相互交换而无能量传输。

细心的读者会发现，行波电场、磁场的相位是随着 z 坐标连续变化的，而合成驻波电场、磁场的相位在 z 方向上的半个正弦范围内是没有变化的，而与相邻的半个正弦之间有180°相差。

若入射波为圆极化波，例如左旋圆极化波的电场强度表达式为

$$\boldsymbol{E}_i = E_{i0}(\boldsymbol{e}_x + \mathrm{j}\boldsymbol{e}_y)\mathrm{e}^{-\mathrm{j}kz} \tag{5-14}$$

边界条件决定了界面上电场强度切向分量为零，反射波电场强度为

$$\boldsymbol{E}_r = -E_{i0}(\boldsymbol{e}_x + \mathrm{j}\boldsymbol{e}_y)\mathrm{e}^{\mathrm{j}kz} \tag{5-15}$$

合成波电场强度为

$$\boldsymbol{E} = \boldsymbol{E}_i + \boldsymbol{E}_r = -2\mathrm{j}E_{i0}\sin kz(\boldsymbol{e}_x + \mathrm{j}\boldsymbol{e}_y) \tag{5-16}$$

在式(5-15)中，反射波的电场强度 y 分量仍超前 x 分量 $\pi/2$，但由于传播方向为 $-z$ 方向，因此相对于 $-z$ 方向，反射波变成了右旋圆极化波。

这个性质有重要的意义，对于依靠目标反射工作的雷达，如发射天线发射的是右旋圆极化波，则接收天线必须具有接收左旋圆极化波的能力，否则将接收不到信号。

5.1.2　对理想介质的垂直入射

当平面波垂直入射于无限大理想介质分界面时，将会发生反射和透射现象。如图 5.3 所示，$z=0$ 平面为两理想介质分界面。

设入射波为 x 方向线极化波，则入射波的电场强度和磁场强度为

$$\boldsymbol{E}_{\mathrm{i}} = E_{\mathrm{i0}}\mathrm{e}^{-\mathrm{j}k_1 z}\boldsymbol{e}_x \tag{5-17}$$

$$\boldsymbol{H}_{\mathrm{i}} = \frac{E_{\mathrm{i0}}}{\eta}\mathrm{e}^{-\mathrm{j}k_1 z}\boldsymbol{e}_y \tag{5-18}$$

式中，E_{i0} 为入射波电场强度振幅；k_1 为介质 1 中的相位常数。

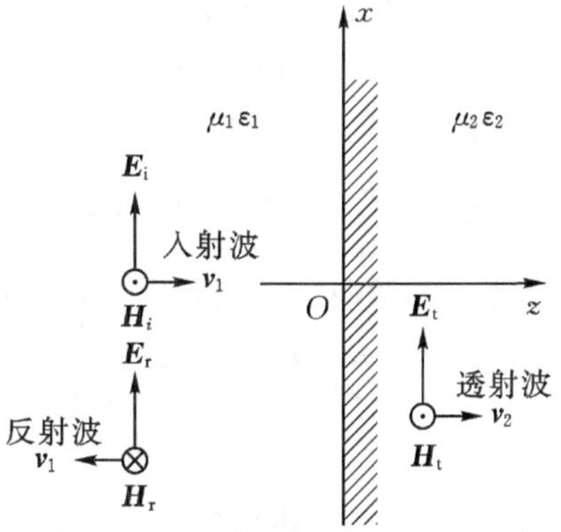

图 5.3　对理想介质的垂直入射

反射波沿 $-z$ 方向传播，其电场强度和磁场强度为

$$\boldsymbol{E}_{\mathrm{r}} = E_{\mathrm{r0}}\mathrm{e}^{\mathrm{j}k_1 z}\boldsymbol{e}_x \tag{5-19}$$

$$\boldsymbol{H}_{\mathrm{r}} = -\frac{E_{\mathrm{r0}}}{\eta}\mathrm{e}^{\mathrm{j}k_1 z}\boldsymbol{e}_y \tag{5-20}$$

式中，E_{r0} 为反射波电场强度振幅。

透射波沿 $+z$ 方向传播，其电场强度和磁场强度为

$$\boldsymbol{E}_{\mathrm{t}} = E_{\mathrm{t0}}\mathrm{e}^{-\mathrm{j}k_2 z}\boldsymbol{e}_x \tag{5-21}$$

$$\boldsymbol{H}_{\mathrm{t}} = \frac{E_{\mathrm{t0}}}{\eta}\mathrm{e}^{-\mathrm{j}k_2 z}\boldsymbol{e}_y \tag{5-22}$$

式中，E_{t0} 为透射波电场强度振幅；k_2 为介质 2 中的相位常数。

根据介质分界面两侧电场强度和磁场强度的切向分量分别连续的边界条件，在 $z=0$ 处有 $E_{1\mathrm{t}} = E_{2\mathrm{t}}$ 和 $H_{1\mathrm{t}} = H_{2\mathrm{t}}$，即

$$E_{\mathrm{i0}} + E_{\mathrm{r0}} = E_{\mathrm{t0}} \tag{5-23}$$

$$\frac{E_{\mathrm{i0}}}{\eta_1} - \frac{E_{\mathrm{r0}}}{\eta_1} = \frac{E_{\mathrm{t0}}}{\eta_2} \tag{5-24}$$

式中，η_1 和 η_2 分别是入射介质和透射介质的波阻抗。

由式(5-23)和式(5-24)解得

$$E_{\mathrm{r0}} = \frac{\eta_2 - \eta_1}{\eta_2 + \eta_1}E_{\mathrm{i0}} \tag{5-25}$$

$$E_{\mathrm{t0}} = \frac{2\eta_2}{\eta_2 + \eta_1}E_{\mathrm{i0}} \tag{5-26}$$

令

$$\Gamma = \frac{E_{\mathrm{r0}}}{E_{\mathrm{i0}}} = \frac{\eta_2 - \eta_1}{\eta_2 + \eta_1} \tag{5-27}$$

$$T = \frac{E_{t0}}{E_{r0}} = \frac{2\eta_2}{\eta_1 + \eta_2} \tag{5-28}$$

式中，Γ 称为反射系数，即分界面上反射波电场强度与入射波电场强度之比；T 称为透射系数或折射系数，即分界面上透射波电场强度与入射波电场强度之比。

由式(5－27)和式(5－28)可见，Γ 与 T 之间的关系为

$$T = 1 + \Gamma \tag{5-29}$$

应用 $E_{r0} = \Gamma E_{i0}$，得到介质 1 中合成波的电场强度和磁场强度分别为

$$\boldsymbol{E}_1 = E_{i0}(\mathrm{e}^{-\mathrm{j}kz} + \Gamma \mathrm{e}^{\mathrm{j}kz})\,\boldsymbol{e}_x \tag{5-30}$$

$$\boldsymbol{H}_1 = \frac{E_{i0}}{\eta_1}(\mathrm{e}^{-\mathrm{j}kz} - \Gamma \mathrm{e}^{\mathrm{j}kz})\,\boldsymbol{e}_y \tag{5-31}$$

应用 $E_{t0} = TE_{i0}$ 可得，介质 2 中的透射波电场强度和磁场强度分别为

$$\boldsymbol{E}_t = TE_{t0}\,\mathrm{e}^{-\mathrm{j}k_2 z}\,\boldsymbol{e}_x \tag{5-32}$$

$$\boldsymbol{H}_t = \frac{TE_{i0}}{\eta}\mathrm{e}^{-\mathrm{j}k_2 z}\,\boldsymbol{e}_y \tag{5-33}$$

将式(5－30) 展开，可将介质 1 中电场强度的空间部分表示为

$$\boldsymbol{E}_1 = \boldsymbol{e}_x E_{i0}[(1+\Gamma)\mathrm{e}^{-\mathrm{j}k_1 z} + \mathrm{j}2\Gamma \sin k_1 z] \tag{5-34}$$

式(5－34)表明，介质 1 中的合成波电场包括两部分：含有因子 $\mathrm{e}^{-\mathrm{j}k_1 z}$ 的项是行波分量，它是振幅为$(1+\Gamma)E_{i0}$、沿$+z$ 方向传播的波；另一项是振幅为 $2\Gamma E_{i0}$ 的驻波分量。

如图 5.4 所示，我们称这类波为行驻波(或混合波)。它的电场最大值和最小值分布在空间的固定位置上，即也有固定的波腹点和波节点，因为还存在行波分量，故波节点场量不再为零。式(5－32)表明透射波是单向行波。在讨论行驻波时常引入驻波系数，其定义是

$$S = \frac{|E|_{\max}}{|E|_{\min}} = \frac{1+|\Gamma|}{1-|\Gamma|} \tag{5-35}$$

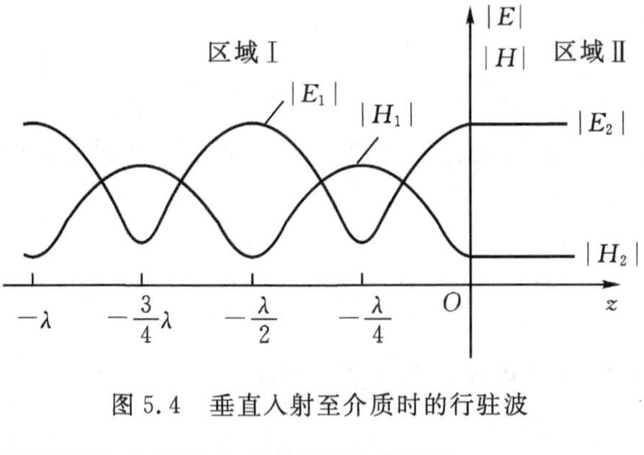

图 5.4　垂直入射至介质时的行驻波

入射波、反射波和透射波的平均功率流密度可分别表示为

$$\begin{aligned}\boldsymbol{S}_{iav} &= \frac{1}{2}\mathrm{Re}(\boldsymbol{E}_i \times \boldsymbol{H}_i^*) \\ &= \frac{1}{2}\mathrm{Re}\left[\boldsymbol{e}_x E_{i0}\mathrm{e}^{-\mathrm{j}k_1 z} \times \boldsymbol{e}_y \frac{E_{i0}}{\eta_1}\mathrm{e}^{\mathrm{j}k_1 z}\right] \\ &= \frac{\boldsymbol{e}_z E_{i0}^2}{2\eta_1}\end{aligned} \tag{5-36}$$

$$\boldsymbol{S}_{rav}=\frac{1}{2}\mathrm{Re}(\boldsymbol{E}_r\times\boldsymbol{H}_r^*)=-\boldsymbol{e}_z\Gamma^2\frac{E_{i0}^2}{2\eta_1} \tag{5-37}$$

$$\boldsymbol{S}_{tav}=\frac{1}{2}\mathrm{Re}(\boldsymbol{E}_t\times\boldsymbol{H}_t^*)=\boldsymbol{e}_zT^2\frac{E_{i0}^2}{2\eta_2} \tag{5-38}$$

由此得到

$$S_{rav}+S_{tav}=\frac{E_{i0}^2}{2\eta_1}=S_{iav} \tag{5-39}$$

式(5-39)表明,反射功率与透射功率之和等于入射功率。这是电磁能量守恒定律的必然结果。

【例 5-1】 已知介质 1 为空气,介质 2 为非磁性理想介质($\varepsilon_2=2.1\varepsilon_0,\mu_0=\mu_0,\sigma_2=0$)。入射波从空气中垂直入射到介质 2 表面。设入射波的频率为 1.0 GHz,电场振幅为10.0 mV/m。(1)求反射系数和透射系数;(2)写出介质 1、2 中的电场和磁场表示式;(3)求入射波、反射波和透射波的平均功率流密度。

解:(1)两介质的波阻抗分别为

$$\eta_1=\sqrt{\frac{\mu_1}{\varepsilon_1}}=\sqrt{\frac{\mu_0}{\varepsilon_0}}=377\ \Omega,\eta_2=\sqrt{\frac{\mu_2}{\varepsilon_2}}=\sqrt{\frac{\mu_0}{2.1\varepsilon_0}}=260.2\ \Omega$$

故反射系数为 $\Gamma=\frac{\eta_2-\eta_1}{\eta_2+\eta_1}=\frac{260.2-377}{260.2+377}=-0.183$

透射系数为 $T=\frac{2\eta_2}{\eta_2+\eta_1}=\frac{2\times260.2}{260.2+377}=0.817$

(2)设入射波沿 $+z$ 方向传播,入射波的电场沿 x 轴取向,则入射波的电场和磁场为

$$k_1=\omega\sqrt{\mu_1\varepsilon_1}=2\pi\times10^9\sqrt{\mu_0\varepsilon_0}=20.94\ \mathrm{rad/m}$$

$$\boldsymbol{E}_i=\boldsymbol{e}_x10\mathrm{e}^{-\mathrm{j}k_1z}\ \mathrm{V/m},\ \boldsymbol{H}_i=\boldsymbol{e}_y0.03\mathrm{e}^{-\mathrm{j}k_1z}\ \mathrm{A/m}$$

反射波的电场和磁场表示式分别为

$$\boldsymbol{E}_r=\boldsymbol{e}_x\Gamma E_{i0}\mathrm{e}^{\mathrm{j}20.94z}=-1.83\mathrm{e}^{\mathrm{j}20.94z}\ \mathrm{V/m}$$

$$\boldsymbol{H}_r=-\boldsymbol{e}_y\frac{\Gamma E_{i0}}{\eta_1}\mathrm{e}^{\mathrm{j}20.94z}=\boldsymbol{e}_y0.0049\mathrm{e}^{\mathrm{j}20.94z}\ \mathrm{A/m}$$

介质 1 中合成波的电场强度表示式为

$$\boldsymbol{E}_1=\boldsymbol{E}_i+\boldsymbol{E}_r=\boldsymbol{e}_x10\mathrm{e}^{-\mathrm{j}20.94z}-\boldsymbol{e}_x1.83\mathrm{e}^{\mathrm{j}20.94z}\ \mathrm{V/m}$$

磁场强度为

$$\boldsymbol{H}_1=\boldsymbol{H}_i+\boldsymbol{H}_r=\boldsymbol{e}_y0.0265\mathrm{e}^{-\mathrm{j}20.94z}+\boldsymbol{e}_y0.0049\mathrm{e}^{\mathrm{j}20.94z}\ \mathrm{A/m}$$

介质 2 中只有透射波,故

$$\boldsymbol{E}_2=\boldsymbol{e}_xTE_{i0}\mathrm{e}^{-\mathrm{j}k_2z}=\boldsymbol{e}_x8.17\mathrm{e}^{-\mathrm{j}k_2z}\ \mathrm{V/m}$$

$$\boldsymbol{H}_2=\boldsymbol{e}_y\frac{TE_{i0}}{\eta_2}\mathrm{e}^{-\mathrm{j}k_2z}=\boldsymbol{e}_y0.0314\mathrm{e}^{-\mathrm{j}k_2z}\ \mathrm{A/m}$$

$$k_2=\omega\sqrt{\mu_2\varepsilon_2}=2\pi\times10^9\sqrt{2.1\mu_0\varepsilon_0}=30.34\ \mathrm{rad/m}$$

(3)入射波、反射波和透射波的平均功率流密度分别为

$$\boldsymbol{S}_{iav}=\boldsymbol{e}_z\frac{E_{i0}^2}{2\eta_1}=\boldsymbol{e}_z\frac{10^2}{2\times377}=\boldsymbol{e}_z133\ \mu\mathrm{W/m^2}$$

$$\boldsymbol{S}_{\mathrm{rav}} = -\boldsymbol{e}_z \frac{\Gamma^2 E_{\mathrm{i0}}^2}{2\eta_1} = -\boldsymbol{e}_z \frac{(-0.183)^2 \times 10^2}{2 \times 377} = -\boldsymbol{e}_z 5.0\ \mu\mathrm{W/m^2}$$

$$\boldsymbol{S}_{\mathrm{tav}} = \boldsymbol{e}_z \frac{T^2 E_{\mathrm{i0}}^2}{2\eta_2} = \boldsymbol{e}_z \frac{(0.817)^2 \times 10^2}{2 \times 260.2} = \boldsymbol{e}_z 128\ \mu\mathrm{W/m^2}$$

5.1.3 对有耗媒质的垂直入射

若分界面两侧为有损耗媒质,可用复介电常数 ε_c 代替实数 ε 来进行讨论。分析方法与上述方法向同。设入射波为 x 方向的线极化波,沿 $+z$ 方向传播,$z=0$ 平面为有耗媒质分界面。则入射波电场强度和磁场强度分别表示为

$$\boldsymbol{E}_{\mathrm{i}} = \boldsymbol{e}_x E_{\mathrm{i0}} \mathrm{e}^{-\gamma_1 z} \tag{5-40}$$

$$\boldsymbol{H}_{\mathrm{i}} = \boldsymbol{e}_y \frac{E_{\mathrm{i0}}}{\eta_{\mathrm{c1}}} \mathrm{e}^{-\gamma_1 z} \tag{5-41}$$

式中,$\gamma_1 = \alpha_1 + \mathrm{j}\beta_1$,$\eta_{\mathrm{c1}} = \sqrt{\mu_1/\varepsilon_{\mathrm{c1}}} = |\eta_{\mathrm{c1}}| \mathrm{e}^{\mathrm{j}\theta_{\mathrm{c1}}}$ 。

在 $z = 0$ 分界面处,反射系数和透射系数分别为

$$\Gamma = \frac{\eta_{\mathrm{c2}} - \eta_{\mathrm{c1}}}{\eta_{\mathrm{c2}} + \eta_{\mathrm{c1}}} = |\Gamma| \mathrm{e}^{\mathrm{j}\theta_\Gamma} \tag{5-42}$$

$$T = \frac{2\eta_{\mathrm{c2}}}{\eta_{\mathrm{c2}} + \eta_{\mathrm{c1}}} = |T| \mathrm{e}^{\mathrm{j}\theta_T} \tag{5-43}$$

媒质 1 中的合成电场强度和磁场强度分别为

$$\boldsymbol{E}_1 = \boldsymbol{e}_x E_{\mathrm{i0}} [\mathrm{e}^{-(\alpha_1 + \mathrm{j}\beta_1)z} + |\Gamma| \mathrm{e}^{\mathrm{j}\theta_\Gamma} \mathrm{e}^{(\alpha_1 + \mathrm{j}\beta_1)z}] \tag{5-44}$$

$$\boldsymbol{H}_1 = \boldsymbol{e}_y \frac{E_{\mathrm{i0}}}{\eta_{\mathrm{c1}}} [\mathrm{e}^{-(\alpha_1 + \mathrm{j}\beta_1)z} \mathrm{e}^{-\mathrm{j}\theta_{\mathrm{c1}}} + |\Gamma| \mathrm{e}^{\mathrm{j}\theta_\Gamma} \mathrm{e}^{-\mathrm{j}\theta_{\mathrm{c1}}} \mathrm{e}^{(\alpha_1 + \mathrm{j}\beta_1)z}] \tag{5-45}$$

由式(5-44)、式(5-45)可求得媒质 1 中的平均坡印亭矢量为

$$\begin{aligned} \boldsymbol{S}_{\mathrm{1av}} &= \frac{1}{2} \mathrm{Re}(\boldsymbol{E}_1 \times \boldsymbol{H}_1^*) \\ &= \frac{E_{\mathrm{i0}}^2}{2\eta_{\mathrm{c1}}} [\mathrm{e}^{-2\alpha_1 z} \cos\theta_{\mathrm{c1}} - |\Gamma|^2 \mathrm{e}^{2\alpha_1 z} \cos\theta_{\mathrm{c1}} - 2|\Gamma| \sin(2\beta_1 z + \theta_\Gamma) \sin\theta_{\mathrm{c1}}] \end{aligned} \tag{5-46}$$

由式(5-46)可以看出,媒质 1 中合成电磁波的平均功率密度并不简单地等于入射波的平均功率密度(式中第 1 项)减去反射波的平均功率密度(式中第 2 项),还包括了入射波和反射波交叉耦合引起的平均功率密度(式中第 3 项)。

媒质 2 中透射波的平均坡印亭矢量为

$$\boldsymbol{S}_{\mathrm{2av}} = \frac{1}{2} \mathrm{Re}(\boldsymbol{E}_{\mathrm{t}} \times \boldsymbol{H}_{\mathrm{t}}) = \boldsymbol{e}_z \frac{E_{\mathrm{i0}}^2}{2\eta_{\mathrm{c2}}} |T|^2 \mathrm{e}^{2\alpha_2 z} \cos\theta_{\mathrm{c2}} \tag{5-47}$$

【例 5-2】 频率为 300 MHz 沿 x 方向极化的均匀平面波,从自由空间垂直入射至 $z = 0$ 处的导电媒质($\varepsilon_{\mathrm{r2}} = 18$,$\sigma_2 = 0.6$ S/m)分界面上,若分界面上入射波电场强度的振幅为 10 V/m,分别求出反射波、透射波的平均功率密度。

解:媒质 1 为自由空间,因此衰减常数为 0。相位常数和波阻抗分别为

$$\beta_1 = \omega\sqrt{\mu_0 \varepsilon_0} = \frac{2\pi f}{C} = 2\pi\ \mathrm{rad/m}\ ,\ \eta_1 = \sqrt{\frac{\mu_0}{\varepsilon_0}} = 120\pi\ \Omega$$

入射波的电场强度、磁场强度可分别表示为

$$\boldsymbol{E}_{\mathrm{i}} = \boldsymbol{e}_x 10\mathrm{e}^{-\mathrm{j}2\pi z}\ \mathrm{V/m}\ ,\ \boldsymbol{H}_{\mathrm{i}} = \boldsymbol{e}_y \frac{1}{12\pi}\mathrm{e}^{-\mathrm{j}2\pi z}\ \mathrm{A/m}$$

在媒质 2 中,代入已知的参量,计算出损耗角正切和复介电常数

$$\tan\delta_2 = \frac{\sigma_2}{\omega\varepsilon_2} = 2\ ,\ \varepsilon_{\mathrm{c}2} = \varepsilon_2(1-\mathrm{j}\tan\delta_2) = 18\varepsilon_0(1-\mathrm{j}2) = 40.25\varepsilon_0\angle-63.44^\circ$$

因此,电磁波在媒质 2 的传播常数和波阻抗分别为

$$\gamma_2 = \mathrm{j}\omega\sqrt{\mu_2\varepsilon_{\mathrm{c}2}} = 21+\mathrm{j}34\ ,\ \eta_{\mathrm{c}2} = \sqrt{\frac{\mu_0}{\varepsilon_{\mathrm{c}2}}} = 59.42\angle 31.72^\circ = 50.55+\mathrm{j}31.24$$

进而求出电磁波的反射系数和透射系数分别为

$$\Gamma = \frac{\eta_{\mathrm{c}2}-\eta_1}{\eta_{\mathrm{c}2}+\eta_1} = 0.765\angle 170.35^\circ\ ,\ T = \frac{2\eta_{\mathrm{c}2}}{\eta_{\mathrm{c}2}+\eta_1} = 0.277\angle 27.54^\circ$$

反射波的电场、磁场可表示为

$$\boldsymbol{E}_{\mathrm{r}} = \boldsymbol{e}_x 7.65\mathrm{e}^{\mathrm{j}170.35^\circ}\mathrm{e}^{\mathrm{j}2\pi z}\ \mathrm{V/m}\ ,\ \boldsymbol{H}_{\mathrm{r}} = -\boldsymbol{e}_z\times\frac{\boldsymbol{E}_{\mathrm{r}}}{\eta_1} = -\boldsymbol{e}_y 0.02\mathrm{e}^{\mathrm{j}170.35^\circ}\mathrm{e}^{\mathrm{j}2\pi z}\ \mathrm{A/m}$$

媒质 2 中的透射波场量可表示为

$$\boldsymbol{E}_{\mathrm{t}} = \boldsymbol{e}_x 2.77\mathrm{e}^{-21z}\mathrm{e}^{\mathrm{j}(27.54^\circ-34z)}\ \mathrm{V/m}\ ,\ \boldsymbol{H}_{\mathrm{t}} = \boldsymbol{e}_y 0.05\mathrm{e}^{-21z}\mathrm{e}^{-\mathrm{j}(4.18^\circ+34z)}\ \mathrm{A/m}$$

反射波的平均功率密度为

$$\boldsymbol{S}_{\mathrm{rav}} = \frac{1}{2}\mathrm{Re}(\boldsymbol{E}_{\mathrm{r}}\times\boldsymbol{H}_{\mathrm{r}}^*) = -\boldsymbol{e}_z 78\ \mathrm{mW/m^2}$$

媒质 2 中透射波的平均功率密度为

$$\boldsymbol{S}_{\mathrm{tav}} = \frac{1}{2}\mathrm{Re}(\boldsymbol{E}_{\mathrm{t}}\times\boldsymbol{H}_{\mathrm{t}}^*) = \boldsymbol{e}_z\frac{2.77^2}{2\times 59.42}\mathrm{e}^{-42z}\cos(31.72^\circ) = \boldsymbol{e}_z 55\mathrm{e}^{-42z}\ \mathrm{mW/m^2}$$

5.1.4　多层介质的垂直入射

在工程实际中,常利用电磁波在多层介质中的反射和透射特性来完成某种特定的功能。在良导体的表面上涂敷 $\lambda/4$ 厚的介质层,在介质层向着自由空间的一侧再涂以厚度 d 的有损耗媒质,这种结构可以消除电磁波在良导体表面产生的反射。这样,由自由空间、有耗媒质、$\lambda/4$ 介质层和良导体构成了多层媒质结构。雷达罩是利用三层或更多层介质构成的多层介质结构将整个雷达天线包围覆盖起来的装置。飞机上涂敷适当的吸波材料,可以达到隐身目的,其基本理论依据也在于此。

平面电磁波投射到多层介质时,将在介质内部发生波的多次反射和透射。作为原理性研究,下面讨论由三层简单无耗的平板型介质层构成的多层介质,如图 5.5 所示。

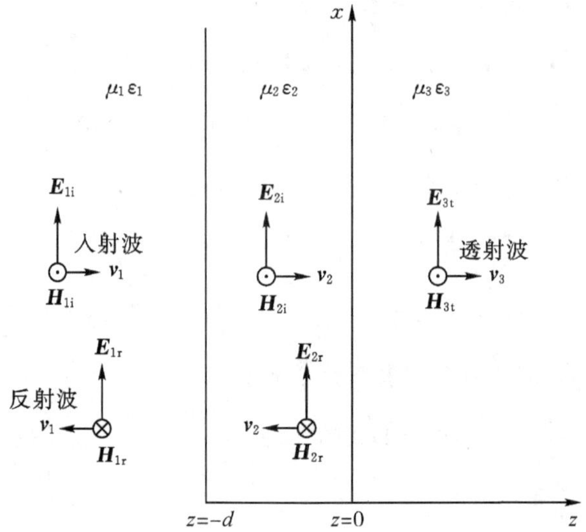

图 5.5　三层介质的垂直入射

设在介质 1 中有一沿 $+z$ 方向传播的均匀平面波，垂直入射到介质 1 和介质 2 间的平面界面Ⅰ($z=-d$)上，波的一部分被反射，另一部分透射入介质 2 中。透射入介质 2 中的波垂直入射到介质 2 与介质 3 间的界面Ⅱ上，在界面Ⅱ上($z=0$)，波的一部分被反射，另一部分透射入介质 3 中。由界面Ⅱ反射的波向界面Ⅰ返回，在界面Ⅰ上又发生反射和向介质 1 的透射，此透射波在介质 1 内构成又一个反射波。不难理解，在介质 2 中的波将无限多次的在界面Ⅰ和Ⅱ上产生反射和透射。其结果为在介质 1 中存在无限多个来自介质 2 的透射波，构成了介质 1 中总反射波的一部分；在介质 3 中存在无限多个透射波，构成了介质 3 中总的透射波。

由于多重反射和透射的复杂性，使求解多层介质中波的传播变得复杂起来。作为入门级讨论，我们采用边界条件法进行分析。

设入射波电场强度为沿 x 方向的线极化波，介质 1 中($z\leqslant -d$)的电场是入射波电场和总的反射波电场之和。即

$$\boldsymbol{E}_1=\boldsymbol{e}_x(E_{1i}\mathrm{e}^{-\mathrm{j}k_1(z+d)}+E_{1r}\mathrm{e}^{\mathrm{j}k_1(z+d)}) \tag{5-48}$$

相应的介质 1 中的磁场为

$$\boldsymbol{H}_1=\boldsymbol{e}_y\frac{1}{\eta_1}(E_{1i}\mathrm{e}^{-\mathrm{j}k_1(z+d)}-E_{1r}\mathrm{e}^{\mathrm{j}k_1(z+d)}) \tag{5-49}$$

按同样的思路，可写出在介质 2 中($-d\leqslant z\leqslant 0$)电磁波的电场和磁场分别为

$$\boldsymbol{E}_2=\boldsymbol{e}_x(E_{2i}\mathrm{e}^{-\mathrm{j}k_2z}+E_{2r}\mathrm{e}^{\mathrm{j}k_2z})\ ,\ \boldsymbol{H}_2=\boldsymbol{e}_y\frac{1}{\eta_2}(E_{2i}\mathrm{e}^{-\mathrm{j}k_2z}-E_{2r}\mathrm{e}^{\mathrm{j}k_2z}) \tag{5-50}$$

在介质 3 中($z\geqslant 0$)只有透射波，其电场和磁场分别为

$$\boldsymbol{E}_{3t}=\boldsymbol{e}_xE_{3t}\mathrm{e}^{-\mathrm{j}k_3z}\ ,\ \boldsymbol{H}_{3t}=\boldsymbol{e}_y\frac{E_{3t}}{\eta_3}\mathrm{e}^{-\mathrm{j}k_3z} \tag{5-51}$$

利用界面Ⅰ和Ⅱ上电场强度和磁场强度的切向分量分别连续的边界条件，在 $z=0$ 处有

$$E_{2i}+E_{2r}=E_{3t}\ ,\quad \frac{E_{2i}}{\eta_2}+\frac{E_{2r}}{\eta_2}=\frac{E_{3t}}{\eta_3} \tag{5-52}$$

在 $z=-d$ 处，连续性的边界条件可以表示为

$$E_{1i}+E_{1r}=E_{2i}e^{jk_2d}+E_{2r}e^{-jk_2d}\ ,\ \frac{1}{\eta_1}(E_{1i}-E_{1r})=\frac{1}{\eta_2}(E_{2i}e^{jk_2d}-E_{2r}e^{-jk_2d}) \qquad (5-53)$$

利用式(5－52)和式(5－53)关于电场和磁场的四个边界条件，可以得到 E_{1r} 、E_{2i} 、E_{2r} 及 E_{3t} 和入射波电场 E_{1i} 的关系。对于更多层的介质分界面的分析，工程上常采用基于传输线的等效波阻抗概念进行分析，这部分内容会在微波技术中进行讨论。

【例 5－3】 为保护天线，在天线外用理想介质材料制作一个天线罩。已知天线辐射的电磁波的频率为 3.0 GHz，射向天线罩时可近似视为均匀平面波。为了保证天线辐射的电磁波垂直入射到天线罩时能顺利通过天线罩，需要电磁波遇到天线罩时没有反射。已知天线罩的电磁参数为 $\varepsilon_r=2.25$ 、$\mu_r=1$，求满足要求的天线罩的厚度。

解：这种情况对应介质 1、3 为空气，介质 2 是天线罩，要保证介质 1 与天线罩界面上的反射波为零，需要满足

$$k_2d=n\pi\ ,\ n=1,2,3\cdots$$

所以，天线罩需要的最小厚度为

$$d=\frac{\pi}{k_2}=\frac{\lambda_2}{2}=\frac{\lambda_0}{2\sqrt{\varepsilon_r}}$$

而

$$f=3.0\times10^9\ \text{Hz}\ ,\ \lambda_0=\frac{c}{f}=0.1\ \text{m}$$

所以，对两侧为空气的天线罩，其最小厚度为

$$d=\frac{0.1\ \text{m}}{2\sqrt{2.25}}=0.0333\ \text{m}=3.33\ \text{cm}$$

5.2　均匀平面波对平面边界的斜入射

当电磁波的入射方向与分界面的法线有一定夹角时，这种入射方式称为斜入射。在斜入射时，反射波传播方向与透射波传播方向都要偏离入射波的传播方向，偏离的程度不但与入射角有关，而且还与分界面两侧介质的特性有关。下面的分析将表明，电磁波斜入射时，在一定条件下会出现全反射和全透射现象。

定义一个入射面如图 5.6 所示，由分界面的法线和入射波的波矢量构成的平面，称为入射面，如图 5.6 中的 xOz 面。分界面的法线与入射波波矢量之间的锐角称为入射角，而与反射波的波矢量和透射波的波矢量之间的夹角，分别称为反射角和透射角。

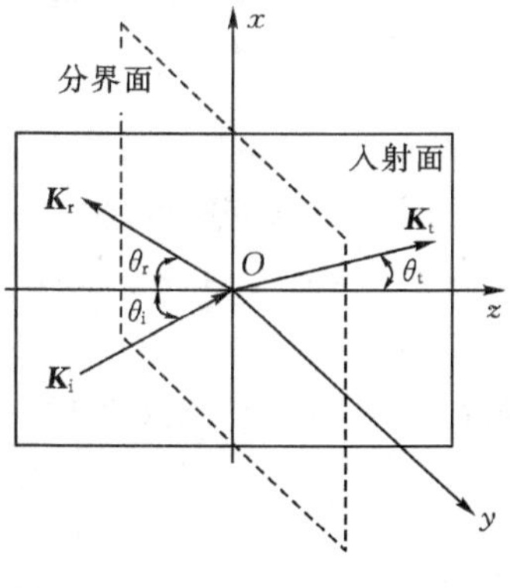

图 5.6　入射波、反射波和折射波

入射波的电场矢量 $\boldsymbol{E}_\text{i}$ 与波矢量 $\boldsymbol{K}_\text{i}$ 垂直，但与入射平面一般情况下成任意角度。可以将其分解为与入射平面垂直的分量和与入射平面平行的分量。把电场分量与入射平面垂直的平面波称为垂直极化波；把电场分量与入射平面平行的平面波称为平行极化波。下面分别对两种情况进行研究。

5.2.1 垂直极化波对理想介质的斜入射

垂直极化波以入射角 θ_i 斜入射到两种媒质的分界面上，如图 5.7 所示。这时入射波的电场矢量与入射面垂直，即沿 y 方向极化，可表示为

$$\boldsymbol{E}_i(\boldsymbol{r})=\boldsymbol{e}_y E_{\text{i0}}\text{e}^{-\text{j}\boldsymbol{k}_\text{i}\cdot\boldsymbol{r}}$$

式中，$\boldsymbol{k}_\text{i}$ 为入射波的波矢量，其表达式为

$$\boldsymbol{k}_\text{i}=\boldsymbol{e}_\text{i}k_1=\boldsymbol{e}_x k_{\text{i}x}+\boldsymbol{e}_z k_{\text{i}z}=\boldsymbol{e}_x k_1\sin\theta_\text{i}+\boldsymbol{e}_z k_1\cos\theta_\text{i}$$

$$k_1=\omega\sqrt{\mu_1\varepsilon_1}$$

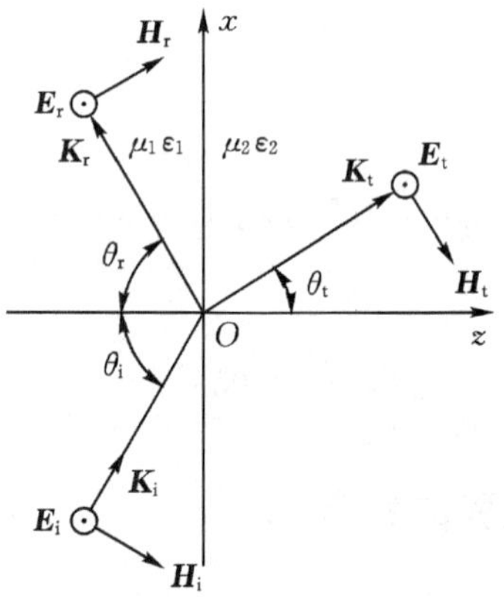

图 5.7 垂直极化波的斜入射

故入射波电场矢量可写为

$$\boldsymbol{E}_\text{i}(x,z)=\boldsymbol{e}_y E_{\text{i0}}\text{e}^{-\text{j}k_{\text{i}x}x-\text{j}k_{\text{i}z}z} \tag{5-54}$$

入射波的磁场为

$$\begin{aligned}\boldsymbol{H}_\text{i}(x,z)&=\boldsymbol{e}_\text{i}\times\boldsymbol{E}_\text{i}(x,z)/\eta_1=\boldsymbol{e}_x H_{\text{i}x}+\boldsymbol{e}_z H_{\text{i}z}\\&=E_{i0}(-\boldsymbol{e}_x\cos\theta_\text{i}+\boldsymbol{e}_z\sin\theta_\text{i})\frac{\text{e}^{-\text{j}k_\text{i}xx-\text{j}k_{\text{i}z}z}}{\eta_1}\end{aligned} \tag{5-55}$$

反射波电场矢量为

$$\boldsymbol{E}_\text{r}(\boldsymbol{r})=\boldsymbol{e}_y\Gamma_\perp E_{\text{i0}}\text{e}^{-\text{j}\boldsymbol{k}_\text{r}\cdot\boldsymbol{r}}$$

式中，$\Gamma_\perp=E_{\text{r0}}/E_{\text{i0}}$ 为垂直极化入射时的电场反射系数。反射波的波矢量为

$$\boldsymbol{k}_\text{r}=\boldsymbol{e}_\text{r}k_1=\boldsymbol{e}_x k_{\text{r}x}-\boldsymbol{e}_z k_{\text{r}z}=\boldsymbol{e}_x k_1\sin\theta_\text{r}-\boldsymbol{e}_z k_1\cos\theta_\text{r}$$

故反射波电场矢量可写为

$$\boldsymbol{E}_\text{r}(x,z)=\boldsymbol{e}_y\Gamma_\perp E_{\text{i0}}\text{e}^{-\text{j}k_{\text{r}x}x+\text{j}k_{\text{r}z}z} \tag{5-56}$$

反射波的磁场强度为

$$\begin{aligned}\boldsymbol{H}_{\mathrm{r}}(x,z)&=\boldsymbol{e}_{\mathrm{r}}\times\frac{\boldsymbol{E}_{\mathrm{r}}(x,z)}{\eta_1}=\boldsymbol{e}_xH_{\mathrm{r}x}+\boldsymbol{e}_zH_{\mathrm{r}z}\\&=\Gamma_{\perp}\ E_{\mathrm{i0}}(\boldsymbol{e}_x\cos\theta_{\mathrm{r}}+\boldsymbol{e}_z\sin\theta_{\mathrm{r}})\frac{\mathrm{e}^{-\mathrm{j}k_{\mathrm{r}x}x+\mathrm{j}k_{\mathrm{r}z}z}}{\eta_1}\end{aligned}\tag{5-57}$$

透射波的电场为

$$\boldsymbol{E}_{\mathrm{t}}(\boldsymbol{r})=\boldsymbol{e}_yT_{\perp}\ E_{\mathrm{i0}}\mathrm{e}^{-\mathrm{j}\boldsymbol{k}_{\mathrm{t}}\cdot\boldsymbol{r}}$$

式中，$T_{\perp}=E_{\mathrm{t0}}/E_{\mathrm{i0}}$ 为垂直极化入射时的电场透射系数；$\boldsymbol{k}_{\mathrm{t}}$ 为透射波的波矢量，$\boldsymbol{k}_t$ 的表达式为

$$\boldsymbol{k}_{\mathrm{t}}=\boldsymbol{e}_{\mathrm{t}}k_2=\boldsymbol{e}_xk_{\mathrm{t}x}+\boldsymbol{e}_zk_{\mathrm{t}z}=\boldsymbol{e}_xk_2\sin\theta_{\mathrm{t}}+\boldsymbol{e}_zk_2\cos\theta_{\mathrm{t}}$$

其中

$$k_2=\omega\sqrt{\mu_2\varepsilon_2}$$

故透射波的电场矢量可写为

$$\boldsymbol{E}_{\mathrm{t}}(x,z)=\boldsymbol{e}_yT_{\perp}\ E_{\mathrm{i0}}e^{-\mathrm{j}k_{\mathrm{t}x}x-\mathrm{j}k_{\mathrm{t}z}z}\tag{5-58}$$

透射波的磁场强度为

$$\begin{aligned}\boldsymbol{H}_{\mathrm{t}}(x,z)&=\boldsymbol{e}_{\mathrm{t}}\times\frac{\boldsymbol{E}_{\mathrm{t}}(x,z)}{\eta_2}=\boldsymbol{e}_xH_{\mathrm{t}x}+\boldsymbol{e}_zH_{\mathrm{t}z}\\&=T_{\perp}\ E_{\mathrm{i0}}(-\boldsymbol{e}_x\cos\theta_{\mathrm{t}}+\boldsymbol{e}_z\sin\theta_{\mathrm{t}})\frac{\mathrm{e}^{-\mathrm{j}k_{\mathrm{t}x}x-\mathrm{j}k_{\mathrm{t}z}z}}{\eta_2}\end{aligned}\tag{5-59}$$

利用分界面上电场切向分量连续的边界条件，由入射波、反射波和透射波的电场表示式，即式(5-54)、式(5-56)和式(5-58)，可得当 $z=0$ 时，有

$$\mathrm{e}^{-\mathrm{j}k_{\mathrm{i}x}x}+\Gamma_{\perp}\ \mathrm{e}^{-\mathrm{j}k_{\mathrm{r}x}x}=T_{\perp}\ \mathrm{e}^{-\mathrm{j}k_{\mathrm{t}x}x}\tag{5-60}$$

式(5-60)对分界面上任意的 x 值都应满足。而当 $x=0$ 时，上式变为

$$1+\Gamma_{\perp}=T_{\perp}\tag{5-61}$$

可以看出，要保证式(5-60)对分界面上任意的 x 值都成立，必须满足以下条件

$$k_{\mathrm{i}x}=k_{\mathrm{r}x}=k_{\mathrm{t}x},k_{ix}=k_1\sin\theta_{\mathrm{i}},k_{rx}=k_1\sin\theta_{\mathrm{r}},k_{tx}=k_2\sin\theta_{\mathrm{t}}\tag{5-62}$$

在分界面上，入射波、反射波和透射波的波矢量的切向分量连续，具体体现在式(5-62)中。通常称式(5-62)为相位匹配条件，由式中的第一个等式得

$$\theta_{\mathrm{r}}=\theta_{\mathrm{i}}\tag{5-63}$$

此式就是反射定律，表明反射角等于入射角。由式(5-62)中的第二个等式得

$$k_1\sin\theta_{\mathrm{i}}=k_2\sin\theta_{\mathrm{t}}\tag{5-64}$$

式(5-64)称为斯涅耳折射定律。折射定律可以用折射率表示为

$$\frac{\sin\theta_{\mathrm{i}}}{\sin\theta_{\mathrm{t}}}=\frac{\omega\sqrt{\mu_2\varepsilon_2}}{\omega\sqrt{\mu_1\varepsilon_1}}=\frac{\sqrt{\mu_{\mathrm{r2}}\varepsilon_{\mathrm{r2}}}}{\sqrt{\mu_{\mathrm{r1}}\varepsilon_{\mathrm{r1}}}}=\frac{n_2}{n_1}\tag{5-65}$$

由上面的讨论可见，已知入射波及介质特性，就可以确定反射波、透射波的传播方向。

利用分界面上磁场强度切向分量连续的边界条件，由入射波、反射波和透射波的磁场强度表示式，即式(5-55)、式(5-57)和式(5-59)，可得当 $z=0$ 时，有

$$-\frac{\cos\theta_{\mathrm{i}}}{\eta_1}+\Gamma_{\perp}\frac{\cos\theta_{\mathrm{r}}}{\eta_1}=-T_{\perp}\frac{\cos\theta_{\mathrm{t}}}{\eta_2}\tag{5-66}$$

$$1-\Gamma_{\perp}=\frac{\eta_1\cos\theta_{\mathrm{t}}}{\eta_2\cos\theta_{\mathrm{i}}}T_{\perp}\tag{5-67}$$

联立求解式(5-66)和式(5-67)，得

$$\Gamma_{\perp}=\frac{E_{r0}}{E_{i0}}=\frac{\eta_2\cos\theta_i-\eta_1\cos\theta_t}{\eta_2\cos\theta_i+\eta_1\cos\theta_t} \tag{5-68a}$$

$$T_{\perp}=\frac{E_{t0}}{E_{i0}}=\frac{2\eta_2\cos\theta_i}{\eta_2\cos\theta_i+\eta_1\cos\theta_t} \tag{5-68b}$$

式(5-68a)和(5-68b)为垂直极化波的斯涅耳公式。对于非磁性介质，$\mu_1=\mu_2=\mu_0$，可简化表示为

$$\Gamma_{\perp}=\frac{n_1\cos\theta_i-n_2\cos\theta_t}{n_1\cos\theta_i+n_2\cos\theta_t}=-\frac{\sin(\theta_i-\theta_t)}{\sin(\theta_i+\theta_t)}=\frac{\cos\theta_i-\sqrt{\frac{\varepsilon_2}{\varepsilon_1}-\sin^2\theta_i}}{\cos\theta_i+\sqrt{\frac{\varepsilon_2}{\varepsilon_1}-\sin^2\theta_i}} \tag{5-69a}$$

$$T_{\perp}=\frac{2n_1\cos\theta_i}{n_1\cos\theta_i+n_2\cos\theta_t}=\frac{2\cos\theta_i\sin\theta_t}{\sin(\theta_i+\theta_t)}=\frac{2\cos\theta_i}{\cos\theta_i+\sqrt{\frac{\varepsilon_2}{\varepsilon_1}-\sin^2\theta_i}} \tag{5-69b}$$

上述反射系数和透射系数的公式称为垂直极化波的斯涅耳公式。由此可见，垂直入射时，$\theta_i=\theta_t=0$，式(5-68a)和式(5-68b)分别依次简化为式(5-27)和式(5-28)。透射系数总是正值；当 $\varepsilon_1>\varepsilon_2$ 时，由折射定律知 $\theta_i>\theta_t$，反射系数是正值；反之，当 $\varepsilon_1<\varepsilon_2$ 时，反射系数是负值。

【例 5-4】 在半无限介质中，一时谐均匀平面波斜入射到与空气相交的分界面上，如图5.7所示，已知 $\mu_1=\mu_2=\mu_0$，$\varepsilon_1=4\varepsilon_0$，$\varepsilon_2=\varepsilon_0$，入射波的电场强度为

$$\boldsymbol{E}_i(\boldsymbol{r})=\boldsymbol{e}_y 0.3e^{-jx-j\sqrt{3}z}\ \text{mV/m}$$

试求：(1)入射波的波长、相速、频率和磁场强度；(2)入射角、反射角和透射角；(3)反射波的电场和磁场；(4)透射波的平均功率密度。

解：(1)由已知的电场强度，可推知入射电磁波的波矢量为

$$k_{ix}=1,\ k_{iz}=\sqrt{3},\ k_i=k_1=\sqrt{k_{ix}^2+k_{iz}^2}=2,\ \boldsymbol{e}_i=\frac{\boldsymbol{k}_i}{k_i}=\frac{1}{2}\boldsymbol{e}_x+\frac{\sqrt{3}}{2}\boldsymbol{e}_y$$

则入射波的波长为

$$\lambda_i=\frac{2\pi}{k_i}=3.14\ \text{m}$$

入射波的相速、频率分别为

$$v_{ip}=\frac{1}{\sqrt{\mu_1\varepsilon_1}}=\frac{c}{\sqrt{\varepsilon_r}}=1.5\times10^8\ \text{m/s},\ f=\frac{v_{ip}}{\lambda_i}=47.75\times10^6\ \text{Hz}$$

入射波的磁场强度为

$$\boldsymbol{H}_i(\boldsymbol{r})=\boldsymbol{e}_i\times\frac{\boldsymbol{E}_i(\boldsymbol{r})}{\eta_1}=(-\boldsymbol{e}_x\sqrt{3}+\boldsymbol{e}_z)\frac{e^{-jx-j\sqrt{3}z}}{4\pi}\ \text{mA/m}$$

(2)由 $k_{ix}=k_i\sin\theta_i=1$ 求得入射角和反射角分别为

$$\theta_i=30^\circ,\ \theta_r=\theta_i=30^\circ$$

根据折射定律求得折射角，即透射角为

$$\sin\theta_t=k_1\sin\theta_i/k_2=\sqrt{4}\sin30^\circ=1,\ \theta_t=90^\circ$$

(3)据式(5-68a)，求得反射系数为

$$\Gamma_{\perp}=\frac{120\pi\cos30^\circ-60\pi\cos90^\circ}{120\pi\cos30^\circ+60\pi\cos90^\circ}=1$$

由式(5-56)求得反射波的波矢量和电场强度分别为

$$\boldsymbol{k}_r = \boldsymbol{e}_x k_1 \sin\theta_r - \boldsymbol{e}_z k_1 \cos\theta_r = \boldsymbol{e}_x - \sqrt{3}\,\boldsymbol{e}_z$$

$$\boldsymbol{E}_r(r) = \boldsymbol{e}_y \Gamma_\perp E_{i0} e^{-jk_{rx}x + jk_{rz}z} = \boldsymbol{e}_y 0.3 e^{-jx + j\sqrt{3}z}\ \text{mV/m}$$

由式(5-57)求得反射波的磁场为

$$\boldsymbol{H}_r(\boldsymbol{r}) = \frac{(\boldsymbol{e}_x\sqrt{3} + \boldsymbol{e}_z)e^{-jx + j\sqrt{3}z}}{4\pi}\ \text{mA/m}$$

(4)空气中的透射波矢量为

$$k_2 = \omega\sqrt{\varepsilon_0\mu_0} = 2\pi f\sqrt{\varepsilon_0\mu_0} = 1,\ k_{tx} = k_2\sin\theta_t = 1, k_{tz} = k_2\cos\theta_t = 0$$

据式(5-68b)求得透射系数为

$$T_\perp = \frac{2\times 120\pi\cos 30^\circ}{120\pi\cos 30^\circ - 60\pi\cos 90^\circ} = 2$$

据式(5-58)求得透射波的电场为

$$\boldsymbol{E}_t(\boldsymbol{r}) = \boldsymbol{e}_y 0.6 e^{-jx}\ \text{mV/m}$$

由式(5-59)求得透射波的磁场为

$$\boldsymbol{H}_t(\boldsymbol{r}) = \frac{0.6}{120\pi}(-\boldsymbol{e}_x\cos 90^\circ + \boldsymbol{e}_z\sin 90^\circ)e^{-jk_{tx}x - jk_{tz}z} = \boldsymbol{e}_z 1.6 e^{-jx}\ \mu\text{A/m}$$

故透射波的平均功率密度为

$$\boldsymbol{S}_{av} = \frac{1}{2}\text{Re}[\boldsymbol{E}_t(\boldsymbol{r})\times \boldsymbol{H}_t^*(\boldsymbol{r})]$$

$$= \frac{1}{2}\text{Re}[\boldsymbol{e}_y 0.6\times 10^{-3}e^{-jx}\times \boldsymbol{e}_z 1.6\times 10^{-6}e^{jx}] = \boldsymbol{e}_x 4.8\times 10^{-10}\ \text{W/m}^2$$

此结果表明,在本题所给条件下的透射波功率是沿分界平面传播的。

5.2.2 平行极化波对理想介质表面的斜入射

如图 5.8 所示,入射波的电场与入射面平行,入射波的磁场必然垂直于入射面。分析方法与垂直极化时完全类似,利用分界面上电场强度和磁场强度切向分量连续的边界条件,再结合反射定律和折射定律,由入射波、反射波和透射波的电场强度、磁场强度表示式,得

$$E_{i0}\cos\theta_i - E_{r0}\cos\theta_r = E_{t0}\cos\theta_t \tag{5-70a}$$

$$\frac{E_{i0} + E_{r0}}{\eta_1} = \frac{E_{t0}}{\eta_2} \tag{5-70b}$$

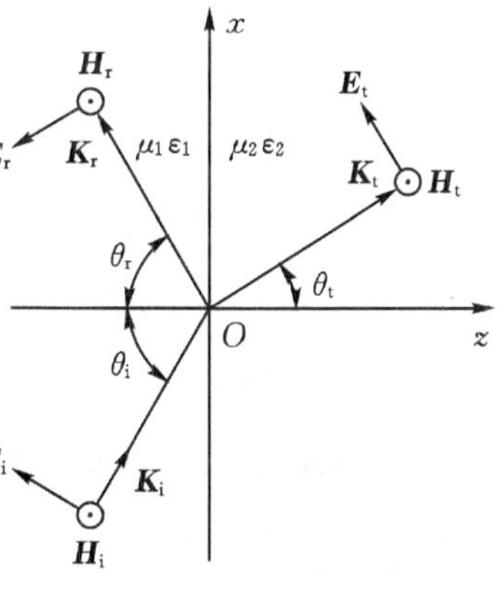

图 5.8　平行极化波的斜入射

联立式(5-70a)和式(5-70b)解得到平行极化波入射情况下电场强度的反射系数和透射系数

$$\Gamma_{/\!/} = \frac{E_{r0}}{E_{i0}} = \frac{\eta_1 \cos\theta_i - \eta_2 \cos\theta_t}{\eta_1 \cos\theta_i + \eta_2 \cos\theta_t} \tag{5-71a}$$

$$T_{/\!/} = \frac{E_{t0}}{E_{i0}} = \frac{2\eta_2 \cos\theta_i}{\eta_1 \cos\theta_i + \eta_2 \cos\theta_t} \tag{5-71b}$$

式(5-71a)和式(5-71b)称为平行极化波的斯涅耳公式。对于非磁性介质，$\mu_1 = \mu_2 = \mu_0$，式(5-71a)可简化为

$$\Gamma_{/\!/} = \frac{n_2 \cos\theta_i - n_1 \cos\theta_t}{n_2 \cos\theta_i + n_1 \cos\theta_t} = \frac{\tan(\theta_i - \theta_t)}{\tan(\theta_i + \theta_t)}$$

即

$$\Gamma_{/\!/} = \frac{(\varepsilon_2/\varepsilon_1)\cos\theta_i - \sqrt{(\varepsilon_2/\varepsilon_1) - \sin^2\theta_i}}{(\varepsilon_2/\varepsilon_1)\cos\theta_i + \sqrt{(\varepsilon_2/\varepsilon_1) - \sin^2\theta_i}} \tag{5-72a}$$

式(5-71b)可简化为

$$T_{/\!/} = \frac{2n_1 \cos\theta_i}{n_2 \cos\theta_i + n_1 \cos\theta_t} = \frac{2\cos\theta_i \sin\theta_t}{\sin(\theta_i + \theta_t)\cos(\theta_i - \theta_t)}$$

即

$$T_{/\!/} = \frac{2\sqrt{\varepsilon_2/\varepsilon_1}\cos\theta_i}{(\varepsilon_2/\varepsilon_1)\cos\theta_i + \sqrt{(\varepsilon_2/\varepsilon_1) - \sin^2\theta_i}} \tag{5-72b}$$

式(5-71)和(5-72)说明，透射系数总是正数，而反射系数可正可负。

值得注意的是，上述有关垂直极化和平行极化的公式有许多重要应用。进一步研究表明，若把介电常数 ε 换成复介电常数，这些公式也可以推广到有耗媒质。

【例 5-5】 右旋圆极化平面波以入射角 60°自介质 1 向介质 2 斜入射，如图 5.9 所示。若两种介质的电磁参数为 $\varepsilon_{r1}=1$、$\varepsilon_{r2}=9$、$\mu_{r1}=\mu_{r2}=1$，平面波的频率为 300 MHz，试求入射波、反射波及折射波的表示式及其极化特性。

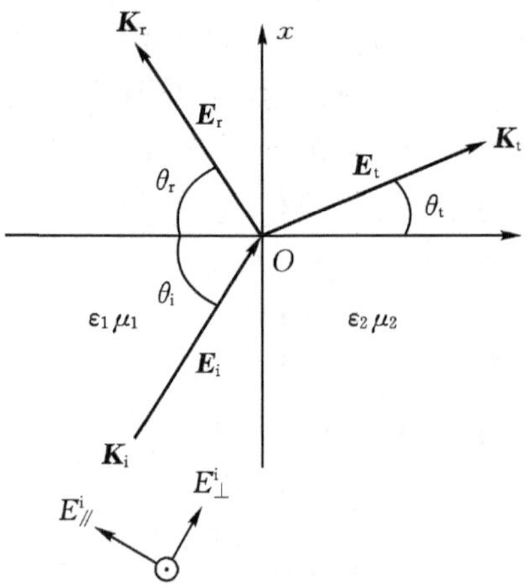

图 5.9　圆极化波的斜入射

解：由 $f = 300$ MHz，求得入射波的波长和相位常数为

$$\lambda_1 = \frac{c}{f} = 1.0\ , \ k_1 = \frac{2\pi}{\lambda_1} = 2\pi$$

又 $\theta_{\mathrm{i}} = 60°$，可得入射波方向的单位矢量为

$$\boldsymbol{e}_{\mathrm{i}} = \frac{\sqrt{3}}{2}\boldsymbol{e}_x + \frac{1}{2}\boldsymbol{e}_z$$

因此，右旋圆极化入射波电场强度的 $\boldsymbol{E}^{\mathrm{i}}_{/\!/}$ 、$\boldsymbol{E}^{\mathrm{i}}_{\perp}$ 分量以及 $\boldsymbol{E}^{\mathrm{i}}$ 表示为

$$\boldsymbol{E}^{\mathrm{i}}_{/\!/}(x,z) = (\boldsymbol{e}_x - \sqrt{3}\boldsymbol{e}_z)E_{\mathrm{i0}}\mathrm{e}^{-\mathrm{j}\pi(\sqrt{3}x+z)}$$

$$\boldsymbol{E}^{\mathrm{i}}_{\perp}(x,z) = -2\mathrm{j}\boldsymbol{e}_y E_0\mathrm{e}^{-\mathrm{j}\pi(\sqrt{3}x+z)}$$

$$\boldsymbol{E}^{\mathrm{i}}(x,z) = (\boldsymbol{e}_x - \sqrt{3}\boldsymbol{e}_z - 2\mathrm{j}\boldsymbol{e}_y)E_{\mathrm{i0}}\mathrm{e}^{-\mathrm{j}\pi(\sqrt{3}x+z)}$$

把已知参数代入式(5-69)和式(5-72)，求出垂直极化与平行极化分量的反射系数和透射系数

$$\Gamma_{\perp} = -0.703,\ T_{\perp} = 0.297,\ \Gamma_{/\!/} = 0.221,\ T_{/\!/} = 0.407$$

由此，结合反射定律可以求出反射波的电场强度为

$$\begin{aligned}\boldsymbol{E}^{\mathrm{r}}(x,z) &= \boldsymbol{E}^{\mathrm{r}}_{/\!/}(x,z) + \boldsymbol{E}^{\mathrm{r}}_{\perp}(x,z)\\ &= [0.221(-\boldsymbol{e}_x - \sqrt{3}\boldsymbol{e}_z) + 0.703(2\mathrm{j}\boldsymbol{e}_y)]E_{\mathrm{i0}}\mathrm{e}^{-\mathrm{j}\pi(\sqrt{3}x-z)}\end{aligned}$$

可以看出，平行极化与垂直极化分量反射系数的大小、正负不同，使得反射波变为椭圆极化波，且是左旋的。

由透射系数和折射定律可以求出透射波的电场强度为

$$\begin{aligned}\boldsymbol{E}^{\mathrm{t}}(x,z) &= \boldsymbol{E}^{\mathrm{t}}_{/\!/}(x,z) + \boldsymbol{E}^{\mathrm{t}}_{\perp}(x,z)\\ &= \left[0.407\left(\boldsymbol{e}_x\frac{\sqrt{33}}{3} - \boldsymbol{e}_z\frac{\sqrt{3}}{3}\right) + 0.297(-\boldsymbol{e}_y 2\mathrm{j})\right]E_{\mathrm{i0}}\mathrm{e}^{-\mathrm{j}\pi(\sqrt{3}x+\sqrt{33}z)}\end{aligned}$$

其中

$$k_2 = 6\pi\left(\boldsymbol{e}_x\frac{\sqrt{3}}{6} + \boldsymbol{e}_z\frac{\sqrt{33}}{6}\right),\ \theta_{\mathrm{t}} = \arcsin\left(\frac{\sqrt{3}}{6}\right) = 16.8°$$

可以看出，透射波也变成了椭圆极化波，但仍为右旋极化。

5.3　均匀平面波对理想导体的斜入射

在图 5.7 和图 5.8 中，假定第一种媒质为理想介质，第二种媒质为理想导电体，这样就获得了均匀平面波对理想导体斜入射的两种基本形式：垂直极化和平行极化。此时两种介质的电导率分别为 $\sigma_1 = 0$，$\sigma_2 = \infty$，对应的波阻抗分别为

$$\eta_1 = \sqrt{\mu_1/\varepsilon_1},\quad \eta_{\mathrm{c2}} = \sqrt{\mu_2/(\varepsilon_2 - \mathrm{j}\sigma_2/\omega)} \to 0$$

理想导体的波阻抗 $\eta_{\mathrm{c2}} \to 0$，故令式(5-68a)和(5-68b)中 $\eta_2 = \eta_{\mathrm{c2}} = 0$，可得垂直极化的反射系数和透射系数

$$\Gamma_{\perp} = -1,\quad T_{\perp} = 0 \tag{5-73a}$$

令式(5-71a)和式(5-71b)中 $\eta_2 = \eta_{\mathrm{c2}} = 0$，可得平行极化的反射系数和透射系数

$$\Gamma_{/\!/} = 1,\quad T_{/\!/} = 0 \tag{5-73b}$$

此结果表明，当平面波向理想导体表面斜投射时，无论入射角如何，电磁波都不能透入理想导体。

5.3.1 垂直极化波对理想导体的斜入射

将式(5 - 73a)代入式(5 - 54)和式(5 - 56),得到垂直极化的电磁波斜入射时介质 1 中的电场强度为

$$\boldsymbol{E}_1(x,z) = -2\mathrm{j}E_{i0}\sin(k_{iz}z)\mathrm{e}^{-\mathrm{j}k_{ix}x}\,\boldsymbol{e}_y$$

由图 5.7 可知式中

$$k_{ix} = k_1\sin\theta_i\ ,\ k_{iz} = k_1\cos\theta_i$$

即

$$E_{1y}(x,z) = -2\mathrm{j}E_{i0}\sin(k_1 z\cos\theta_i)\mathrm{e}^{-\mathrm{j}k_1 x\sin\theta_i} \tag{5-74}$$

将式(5 - 73a)代入式(5 - 55)和式(5 - 57)得到介质 1 中的磁场强度

$$H_{1x} = -2E_{i0}\cos\theta_i\cos(k_1 z\cos\theta_i)\frac{\mathrm{e}^{-\mathrm{j}k_1 x\sin\theta_i}}{\eta_1} \tag{5-75a}$$

$$H_{1z} = -\mathrm{j}2E_{i0}\sin\theta_i\sin(k_1 z\cos\theta_i)\frac{\mathrm{e}^{-\mathrm{j}k_1 x\sin\theta_i}}{\eta_1} \tag{5-75b}$$

以上 3 式定量反映了介质 1 中由入射波和反射波合成的电磁波的性质,下面给出具体分析。

合成电磁波是沿 x 方向传播的横电波(TE 波),因子 $\mathrm{e}^{-\mathrm{j}k_1 x\sin\theta_i}$ 表明合成波沿 $+x$ 方向传播,此方向上的相位常数为 $k_1\sin\theta_i$,故相速度为

$$v_{px} = \frac{\omega}{k_1\sin\theta_i} = \frac{1}{\sqrt{\mu_1\varepsilon_1}\sin\theta_i} = \frac{v_1}{\sin\theta_i}$$

合成电磁波在传播方向上没有电场分量,但存在磁场分量($H_{1x}\neq 0$),因此为横电波。

合成电磁波的振幅与 z 坐标有关,而等相位面是与 x 轴垂直的平面,所以合成波为非均匀平面电磁波。合成电磁波沿 z 方向的分布是驻波。电场强度的波节点位置离分界面($z=0$)的距离可以由式(5 - 74)求得

$$z = -\frac{n\lambda_1}{2}\cos\theta_i \quad (n = 0,1,2,\cdots) \tag{5-76}$$

这也是 $\boldsymbol{H}_1$ 的 z 分量 $\boldsymbol{H}_{1z}$ 的波节点,$\boldsymbol{H}_1$ 的 x 分量 H_{1x} 的波腹点。

如果在 E_{1y}、H_{1z} 的波节点,即 $z=-\dfrac{n\lambda}{2}\cos\theta_i$ 处放置理想导体片,则因原来的电磁场满足理想导体表面的边界条件($\boldsymbol{E}_t = 0,\boldsymbol{H}_n = 0$),所以理想导体片的放置不会影响电磁场的分布。换句话说,在两块平行的理想导体板之间也可以存在如式(5 - 74)和式(5 - 75)所示的 TE 波。可见,电磁波可以在理想导体限定的区域中沿导体表面传播,这时把两块理想导体板称为平行板波导,而在波导中传播的波称为导行电磁波或导波。

合成波的坡印亭矢量有两个分量。由式(5 - 74)和式(5 - 75)可见,坡印亭矢量有 x,z 两个分量,它们的时间平均值分别为

$$\boldsymbol{S}_{avz} = \frac{1}{2}\mathrm{Re}(\boldsymbol{e}_y E_{1y}\times\boldsymbol{e}_x H_{1x}^*) = -\boldsymbol{e}_z 0$$

$$\boldsymbol{S}_{avx} = \frac{1}{2}\mathrm{Re}(\boldsymbol{e}_y E_{1y}\times\boldsymbol{e}_z H_{1z}^*) = \boldsymbol{e}_x\frac{2}{\eta_1}E_{i0}^2\sin\theta_i\sin^2(k_1 z\cos\theta_i)$$

说明合成波在 z 方向是驻波,不存在能量的传播;在 x 方向是行波,存在实际功率的传播。

【例 5 - 6】 当垂直极化的平面波以 θ_i 角度由空气向无限大的理想导电平面投射时,如图

5.10 所示，若入射波电场振幅为 E_{i0}，试求理想导电平面上的表面电流密度及空气中的平均能流密度。

解：令理想导电平面为 $z=0$ 平面，如图 5.10 所示。那么，表面电流 $\boldsymbol{J}_S$ 为

$$\boldsymbol{J}_S=\boldsymbol{e}_n\times\boldsymbol{H}_1=-\boldsymbol{e}_z\times\boldsymbol{e}_x H_{1x}\big|_{z=0}$$

将(5－75a)代入上式，求得

$$\boldsymbol{J}_S=\boldsymbol{e}_y\frac{2E_{i0}}{\eta_0}\cos\theta_i e^{-jk_1x\sin\theta_i}$$

空气中能流密度的平均值

$$\boldsymbol{S}_{av}=\frac{1}{2}\mathrm{Re}(\boldsymbol{S}_c)=\frac{1}{2}\mathrm{Re}(\boldsymbol{E}_1\times\boldsymbol{H}_1^*)=\frac{1}{2}\mathrm{Re}[\boldsymbol{e}_yE_{1y}\times(\boldsymbol{e}_xH_{1x}^*+\boldsymbol{e}_zH_{1z}^*)]$$

将式(5－74)和(5－75)的三个场分量代入上式，并化简整理得空气中的合成电磁波的波强为

$$\boldsymbol{S}_{av}=\boldsymbol{e}_x2(E_{i0})^2\sin\theta_i\sin^2(k_1z\cos\theta_i)/\eta_0$$

说明合成波在 x 方向存在实际功率的传播，但传播的平均功率受 z 坐标的限制。

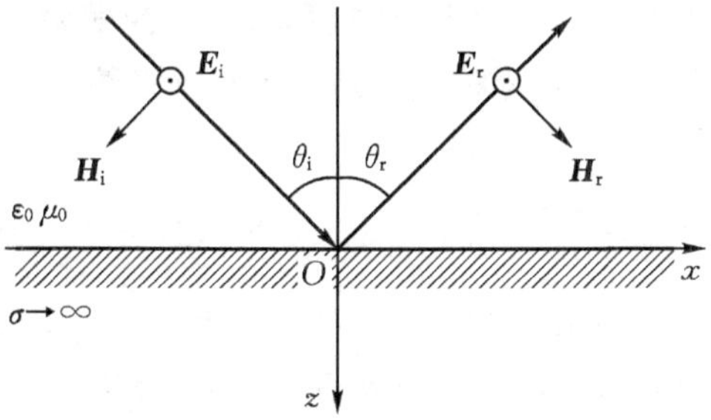

图 5.10　垂直极化波对理想导体的斜入射

5.3.2　平行极化波对理想导体的斜入射

如图 5.11 所示，对于平行极化波的斜入射，由式(5－73b)可知介质 1 的电场强度的 x 分量为

$$E_x=E_{i0}\cos\theta_i e^{-jk_1(x\sin\theta_i+z\cos\theta_i)}-E_{i0}\cos\theta_i e^{-jk_1(x\sin\theta_i-z\cos\theta_i)}$$

用欧拉公式展开后整理合并得

$$E_x=-2jE_{i0}\cos\theta_i\sin(k_1z\cos\theta_i)e^{-jk_1x\sin\theta_i} \tag{5-77a}$$

同样的思路可以求得合成电磁波电场强度的 z 分量及磁场强度分别为

$$E_z=-2E_{i0}\sin\theta_i\cos(k_1z\cos\theta_i)e^{-jk_1x\sin\theta_i} \tag{5-77b}$$

$$H_y=\frac{2E_{i0}\cos(k_1z\cos\theta_i)e^{-jk_1x\sin\theta_i}}{\eta_i} \tag{5-78}$$

对于 z 坐标来说，入射波和反射波是沿相反方向传播的，而且 $\theta_i=\theta_r$，则入射波、反射波沿 z 方向有相同的相速度，所以，沿 z 方向一定形成驻波分布。沿 z 方向的驻波分布规律完全取决于理想导体的边界条件。

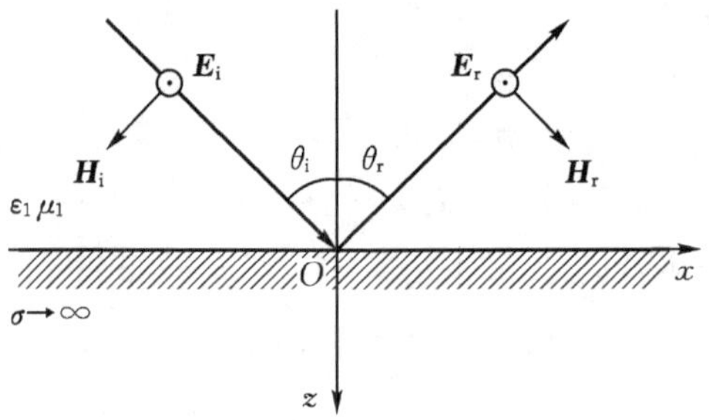

图 5.11　平行极化波对理想导体的斜入射

对于 x 方向来说，入射波和反射波是沿着相同的方向传播的，而且二者沿 x 方向具有相同的相速度。所以，合成波的所有场分量沿 x 方向均为行波状态。

值得注意的是，以上讨论的沿 x 方向传播的合成电磁波已不再是 TEM 波。因为它们都包含纵向（x 方向）的场分量。图 5.11 所示的平行极化波的合成波沿 x 方向传播，它包含纵向电场分量 E_x，但磁场仍然只有横向分量，所以称这种波为横磁波，用 TM 波来表示。同样，合成电磁波的振幅与 z 坐标有关，而等相位面是与 x 轴垂直的平面，所以合成波为非均匀平面电磁波。

如果在 E_x 的波节点，即 $z = -\frac{n\lambda_1}{2}\cos\theta_i$，($n = 0,1,2,\cdots$) 处放置理想导体片，则因原来的电磁场满足理想导体表面的边界条件（$\boldsymbol{E}_t = \boldsymbol{e}_x E_x + \boldsymbol{e}_y E_y = 0, \boldsymbol{H}_n = H_z = 0$），所以理想导体片的放置不会影响电磁场的分布。这也就意味着，在两块平行的理想导体板之间可以存在如式(5－77)和(5－78)所示的 TE 波。可见，电磁波可以在理想导体限定的区域中沿导体表面传播，由两块理想导体板形成的平行板波导，可以传输 TM 波或 TE 波。

5.4　均匀平面电磁波的全透射与全反射

前面我们分析了均匀平面电磁波向媒质分界面的斜入射。由式(5－68)、式(5－69)、式(5－71)及式(5－72)可知，对于非磁性媒质，不论是垂直极化还是平行极化的斜入射，透射系数总是正值，而反射系数既可以是正值也可以是负值。因此，如果反射系数为零，那么斜入射后，电磁波将全部透入媒质 2；如果反射系数的模为 1，那么斜入射后，电磁波将被分界面全部反射。

以均匀平面电磁波自空气斜入射于某弱磁质（$\varepsilon_r = 2.25$）为例，计算垂直极化和平行极化斜入射时的反射系数、透射系数随入射角的变化关系，具体使用式(5－69)和式(5－72)进行计算，结果如图 5.12 所示。由图 5.12(a)可见，垂直极化波斜入射时，反射系数和透射系数均不为零；平行极化波斜入射时，如图 5.12(b)所示，当 $\theta_i = 56.3°$ 时，反射系数为零，故平行极化斜入射的电磁波全部透入媒质 2，媒质 1 中无反射波。在这一节中我们具体讨论产生全透射和全反射所需要的条件。

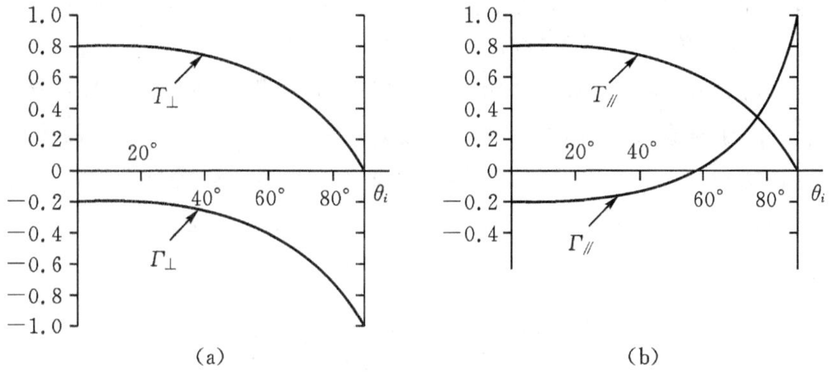

图 5.12　反射系数、透射系数与入射角之间的变化关系

5.4.1　介质分界面上电磁波的全反射

均匀平面电磁波斜入射时的反射系数、透射系数不仅与介质特性有关，而且依赖于入射波的极化形式和入射角。在满足一定条件下，会产生反射系数的模 $|\Gamma|=1$，出现只有反射波而没有折射波的现象，这种现象称为全反射。

对于弱磁质，由反射系数公式(5－69a)和式(5－72a)知，只要

$$\frac{\varepsilon_2}{\varepsilon_1}-\sin^2\theta=0\text{，即 }\theta_i=\arcsin\sqrt{\frac{\varepsilon_2}{\varepsilon_1}}=\theta_c \tag{5-79}$$

则无论是平行极化波，还是垂直极化波，以 θ_c 斜入射时，均有 $\Gamma_\perp=\Gamma_{/\!/}=1$；而当入射角继续增大时，即 $\theta_c<\theta_i\leqslant 90°$，反射系数成为复数而其模仍为 1，即

$$\Gamma_\perp=|\Gamma_\perp|\,e^{j\varphi_\perp}=e^{j\varphi_\perp},\Gamma_{/\!/}=|\Gamma_{/\!/}|\,e^{j\varphi}=e^{j\varphi}$$

由式(5－79)所确定的入射角度称为临界角，记为 θ_c。注意，$\varepsilon_2<\varepsilon_1$ 是式(5－79)成立的必然要求。

综上所述，对于弱磁质，均匀平面电磁波产生全反射的条件有两个。首先，入射波自媒质 1 向媒质 2 斜入射时，必须满足 $\varepsilon_2<\varepsilon_1$。工程上把折射率大的媒质称为波密媒质，折射率相对较小的媒质称为波疏媒质，对于弱磁质而言，产生全反射的先决条件就是电磁波从波密媒质斜入射至波疏媒质。其次，电磁波的入射角等于或大于临界角，即 $\theta_c\leqslant\theta_i\leqslant 90°$。

当 $\theta_c\leqslant\theta_i\leqslant 90°$时，由透射系数公式(5－69b)和式(5－72b)可得 $|T_\perp|\neq 0$、$|T_{/\!/}|\neq 0$，说明媒质 2 中还存在透射波。由折射定律，可得

$$\sin\theta_t=\sqrt{\frac{\varepsilon_1}{\varepsilon_2}}\sin\theta_i=N>1\text{ ，}\cos\theta_t=\sqrt{1-\sin^2\theta_t}=-j\sqrt{N^2-1} \tag{5-80}$$

将式(5－80)代入式(5－58)求得垂直极化波入射到分界平面时产生的透射波电场为

$$\boldsymbol{E}_t(x,z)=\boldsymbol{e}_y T_\perp\ E_{i0}\,e^{-jk_2Nx}\,e^{-k_2(\sqrt{N^2-1})z} \tag{5-81}$$

由式(5－81)可见，媒质 2 中的透射波是沿 x 方向传播的，其振幅沿 x 方向不变，而沿与之垂直的 z 方向衰减。因透射波的等振幅面垂直于 z 轴，而等相位面垂直于 x 轴，使得等相位面上电磁波的振幅值是不均匀的，所以透射波是一种非均匀平面波，如图 5.13 所示。当 $\theta_i=\theta_c$ 时，透射波振幅的衰减常数 $\alpha=0$；当 $\theta_i>\theta_c$ 时，$N>1$，衰减常数 $\alpha>0$；θ_i 越大，N 越大，

衰减常数 α 越大，透射波振幅沿 z 方向衰减越快。若衰减常数 α 足够大，则透射波只能集中于分界面附近，沿分界面传播，因此把这种电磁波称为表面波。同理，对平行极化波全反射的透射波进行分析，可以得出与垂直极化波相似的衰减性质，会形成集中于分界面附近，沿分界面传播的表面波。对于垂直极化波，表面波的电磁场分量 $E_x = 0$ 、$H_x \neq 0$ ，沿传播方向 x 没有电场强度分量，称为 TE 波。对于平行极化波，这种表面波的电磁场分量 $E_x \neq 0$ 、$H_x = 0$ ，沿传播方向 x 没有磁场强度分量，形成 TM 波。这种表面波的相速度为

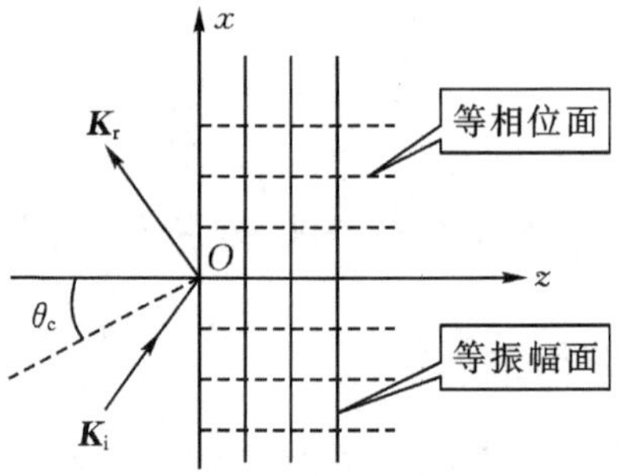

图 5.13　全反射时的透射波

$$v_{px} = \frac{\omega}{k_1 \sin\theta_i} = \frac{1}{\sqrt{\mu_0 \varepsilon_0 \varepsilon_{1r}} \sin\theta_i} = \frac{c}{\sqrt{\varepsilon_{1r}} \sin\theta_i}$$

因为在全反射条件下，$\sin\theta_i \geqslant \sin\theta_c = \sqrt{\frac{\varepsilon_{r2}}{\varepsilon_{r1}}}$ ，所以表面波的相速为

$$\frac{\omega}{k_1} < v_{px} < \frac{\omega}{k_2}$$

可见，透射波的相速度比平面波在媒质 2 中的相速度小，而比平面波在媒质 1 中的相速度大。媒质 2 中的相速度最大时就是自由空间的光速，因此这种透射波的相速度总小于光速，也称为慢波。

【例 5-7】 如图 5.14 所示为光纤的剖面，其中光纤芯线的折射率为 n_1 ，包层的折射率为 n_2 ，且 $n_1 > n_2$ 。设光束从折射率为 n_0 的介质斜入射进入光纤，若在芯线与包层的分界面上发生全反射，则可使光束按图 5.14 所示的方式沿光纤轴向传播。现给定 n_1 和 n_2 ，试确定能在光纤中产生全反射的进入角 ϕ 。

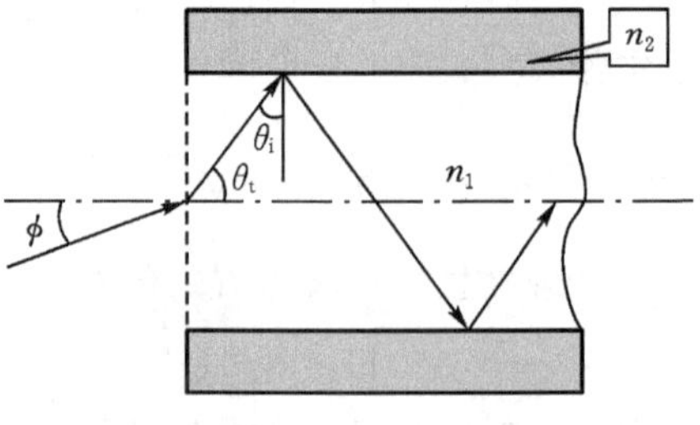

图 5.14　光纤示意图

解：光纤中产生全反射的进入角可由全反射条件和图 5.14 所示的各角度之间的关系求出。三种媒质都为弱磁质，媒质的折射率 $n = \sqrt{\varepsilon_r}$ 。全反射条件要求

$$\theta_i \geqslant \arcsin\left(\frac{n_2}{n_1}\right)\text{，而 } \theta_t = \frac{\pi}{2} - \theta_i$$

因此

$$\theta_t \leqslant \frac{\pi}{2} - \theta_i$$

由折射定律知全反射的进入角 ϕ 须满足

$$\sin\phi = \frac{n_1}{n_0}\sin\theta_t \leqslant \frac{n_1}{n_0}\cos\theta_c = \frac{n_1}{n_0}\sqrt{1-(\frac{n_2}{n_1})^2} \tag{5-82}$$

若光束是从空气中进入光纤，即 $n_0 = 1$，则有

$$\sin\phi \leqslant \sqrt{n_1^2 - n_2^2}$$

某光纤的纤芯折射率为 $n_1 = 1.5$，包层折射率 $n_2 = 1.48$，则有 $\phi \leqslant 14.13°$。在上述条件下，只要光束进入角小于 14.13°，光束即可被光纤"俘获"，发生多重全反射而在其中传播。

入射到光纤端面的光并不能全部被光纤所传输，只是在某个角度范围内的入射光才可以。将由式(5-82)确定的进入角上限的正弦值称为光纤的数值孔径，用 NA 标识。光纤的数值孔径 NA 大些利于光纤的对接，不同厂家生产的光纤的数值孔径不同。

5.4.2　介质分界面上电磁波的全透射

若平面波从媒质 1 入射到媒质 2 时，在媒质分界面上不产生反射，电磁波功率将全部透射到媒质 2 中，这种现象称为全透射。发生全透射时，平面波的入射角称为布儒斯特角 θ_B。

发生全透射时，在媒质分界面上不产生反射，说明反射系数等于零，由此就可求出 θ_B。下面按照垂直极化及平行极化两种情况，并在媒质 $\mu_r = 1$ 的弱磁条件下进行讨论。

对于垂直极化波，由式(5-69a)，令其分子为零，即 $\Gamma_{\perp} = 0$，则有

$$\cos\theta_i = \sqrt{\frac{\varepsilon_2}{\varepsilon_1} - \sin^2\theta_i}$$

此式只有在 $\varepsilon_1 = \varepsilon_2$ 时才成立。因此，对于垂直极化波，没有任何入射角能使反射系数等于零。或者说，垂直极化波不存在布儒斯特角，只有平行极化波才有布儒斯特角。

对于平行极化波，由式(5-72a)，令其分子为零，即 $\Gamma_{/\!/} = 0$，则有

$$\frac{\varepsilon_2\cos\theta_i}{\varepsilon_1} = \sqrt{\frac{\varepsilon_2}{\varepsilon_1} - \sin^2\theta_i}$$

解上式得

$$\theta_i = \arcsin\sqrt{\frac{\varepsilon_2}{\varepsilon_1 + \varepsilon_2}} = \theta_B \tag{5-83}$$

由式(5-72a)推知，此时

$$\theta_B + \theta_t = \frac{\pi}{2}$$

结合折射定律，有

$$\sqrt{\frac{\varepsilon_2}{\varepsilon_1}} = \frac{\sin\theta_B}{\sin\left(\frac{\pi}{2} - \theta_B\right)} = \tan\theta_B \text{ 或 } \tan\theta_B = \sqrt{\frac{\varepsilon_2}{\varepsilon_1}} \tag{5-84}$$

综上，对于弱磁质，产生全透射的条件有两个。首先，均匀平面电磁波必须是平行极化斜入射；其次，入射角等于布儒斯特角，即 $\theta_i=\theta_B$ 。

因为，当入射角等于布儒斯特角时，平行极化波在介质分界面上不发生反射，而将能量全部传输到媒质 2。所以，对于沿任意方向极化的入射波，若 $\theta_i=\theta_B$ ，到达介质分界面时，其平行极化分量将全部进入媒质 2，而在反射波中仅包含垂直极化波分量，即起到了极化滤波的作用，或者说起到了使反射波成为垂直极化波的作用。所以，也称 θ_B 为“极化角”，或者“起偏振角”。显然，如果圆极化波以布儒斯特角 θ_B 斜入射时，其反射波就变成为只含垂直极化分量的线极化波，光学中通常利用这种原理来实现极化滤波。

【例 5－8】 一个线极化均匀平面波从自由空间斜入射到某理想介质分界面上，该理想介质的结构参数为 $\mu_r=1$ ，$\varepsilon_r=3$ ，$\sigma=0$ ，如果入射波的电场与入射面的夹角为 45°。试求：(1)入射角 θ_i 为何值时，反射波为垂直极化波；(2)此时反射波的平均功率占入射波的百分比。

解：(1) 由已知条件可知入射波中包括垂直极化分量和平行极化分量，且两分量的大小相等，均为 $\dfrac{E_{i0}}{\sqrt{2}}$ ，当入射角 $\theta_i=\theta_B$ 时，平行极化波将无反射，反射波中就只有垂直极化分量，由式(5－84)或式(5－83)求得

$$\theta_B=\arctan\sqrt{\frac{3}{1}}=60^\circ \text{ 或 } \theta_B=\arcsin\sqrt{\frac{3}{1+3}}=60^\circ$$

(2)当 $\theta_i=60^\circ$ 时，垂直极化波的反射系数可由(5－69a)式求出

$$\Gamma_\perp=\frac{\cos\theta_i-\sqrt{\dfrac{\varepsilon_2}{\varepsilon_1}-\sin^2\theta_i}}{\cos\theta_i+\sqrt{\dfrac{\varepsilon_2}{\varepsilon_1}-\sin^2\theta_i}}=\frac{\dfrac{1}{2}-\sqrt{3-\left(\dfrac{\sqrt{3}}{2}\right)^2}}{\dfrac{1}{2}+\sqrt{3-\left(\dfrac{\sqrt{3}}{2}\right)^2}}=-\frac{1}{2}$$

由此，得到反射波平均能流密度为

$$S_{av}^r=\frac{1}{2\eta_1}E_{r0}^2=\frac{1}{2\eta_1}\left(\Gamma_\perp\frac{E_{i0}}{\sqrt{2}}\right)^2=\frac{1}{16\eta_1}E_{i0}^2$$

而入射波的平均能流密度为

$$S_{av}^i=\frac{E_{i0}^2}{2\eta_1}$$

因此，反射波的平均功率占入射波的百分比为

$$\frac{S_{av}^r}{S_{av}^i}=\frac{1}{8}=12.5\%$$

此结果说明，入射波中垂直分量功率的一部分被反射回自由空间中，而透射波中既包含了平行极化成分，也包含了部分垂直极化成分。反射波是电场强度方向与入射面垂直的线极化波，而透射波的电场强度的方向会由于垂直极化分量的减少不再与折射面(与入射面是同一个平面)呈 45° 角。

小结 5

本章主要讨论了均匀平面电磁波向无限大不同介质分界面垂直入射和斜入射时的反射和

透射问题。

1. 均匀平面波对平面边界的垂直入射

(1)均匀平面波对理想导体垂直入射会在空气侧形成驻波,电磁参量分别为

$$\boldsymbol{E}(z,t)=\boldsymbol{e}_x 2E_{i0}\sin kz\sin\omega t\ ,\ \boldsymbol{H}(z,t)=\boldsymbol{e}_y\frac{2E_{i0}}{\eta}\cos kz\cos\omega t$$

(2)均匀平面波对理想介质垂直入射会在入射侧形成行驻波,具体参数分别为

$$\Gamma=\frac{\eta_2-\eta_1}{\eta_2+\eta_1}\ ,\ T=\frac{2\eta_2}{\eta_1+\eta_2}$$

$$T=1+\Gamma\ \text{,驻波系数:}\ S=\frac{1+|\Gamma|}{1-|\Gamma|}$$

$$\text{波强关系:}\ S_{\mathrm{rav}}+S_{\mathrm{tav}}=\frac{E_{i0}^2}{2\eta_1}=S_{\mathrm{iav}}$$

(3)对有耗媒质的垂直入射

$$\Gamma=\frac{\eta_{c2}-\eta_{c1}}{\eta_{c2}+\eta_{c1}}=|\Gamma|\mathrm{e}^{\mathrm{j}\theta_\Gamma}\ ,\ T=\frac{2\eta_{c2}}{\eta_{c2}+\eta_{c1}}=|T|\mathrm{e}^{\mathrm{j}\theta_T}$$

$$S_{1\mathrm{av}}=\frac{E_{i0}^2}{2\eta_{c1}}[\mathrm{e}^{-2\alpha_1 z}\cos\theta_{c1}-|\Gamma|^2\mathrm{e}^{2\alpha_1 z}\cos\theta_{c1}-2|\Gamma|\sin(2\beta_1 z+\theta_\Gamma)\sin\theta_{c1}]$$

$$\boldsymbol{S}_{2\mathrm{av}}=\frac{1}{2}\mathrm{Re}(\boldsymbol{E}_t\times\boldsymbol{H}_t)=\boldsymbol{e}_x\frac{E_{i0}^2}{2\eta_{c2}}|T|^2\mathrm{e}^{2\alpha_2 z}\cos\theta_{c2}$$

2. 均匀平面波对平面边界的斜入射

(1)对理想介质(弱磁质)的斜入射

$$\Gamma_\perp=\frac{\eta_2\cos\theta_i-\eta_1\cos\theta_t}{\eta_2\cos\theta_i+\eta_1\cos\theta_t}\ ,\ T_\perp=\frac{2\eta_2\cos\theta_i}{\eta_2\cos\theta_i+\eta_1\cos\theta_t}$$

$$\Gamma_{/\!/}=\frac{\eta_1\cos\theta_i-\eta_2\cos\theta_t}{\eta_1\cos\theta_i+\eta_2\cos\theta_t}\ ,\ T_{/\!/}=\frac{2\eta_2\cos\theta_i}{\eta_1\cos\theta_i+\eta_2\cos\theta_t}$$

(2)对理想导体的斜入射

$$\eta_1=\sqrt{\frac{\mu_1}{\varepsilon_1}}\ ,\quad \eta_{c2}=\sqrt{\mu_2\Big/\left(\varepsilon_2-\frac{\mathrm{j}\sigma_2}{\omega}\right)}\to 0$$

垂直极化电磁波斜入射至理想导体时,合成电磁波是沿 x 方向传播的横电波(TE 波);平行极化波的合成波沿 x 方向的为横磁波(TM 波);合成波在 z 方向上的分量为驻波。

3. 均匀平面电磁波的全透射与全反射

(1)电磁波从波密媒质斜入射至波疏媒质,入射角等于或大于临界角,即 $\theta_c\leqslant\theta_i\leqslant 90^\circ$ 时,会产生全反射现象。

$$\theta_c=\arcsin\sqrt{\frac{\varepsilon_2}{\varepsilon_1}}\ ,\quad \theta_B=\arcsin\sqrt{\frac{\varepsilon_2}{(\varepsilon_1+\varepsilon_2)}}$$

(2)均匀平面电磁波的全透射。

当入射角等于布儒斯特角时,平行极化波在介质分界面上不发生反射,而将能量全部传输到媒质 2,发生电磁波的全透射现象。

对于沿任意方向极化的入射波,若 $\theta_i=\theta_B$,到达介质分界面时,其平行极化分量将全部进入媒质 2,而在反射波中仅包含垂直极化波分量,即起到了极化滤波的作用,或者说起到了使

反射波成为垂直极化波的作用。

习题 5

5.1 填空题

(1)自由空间中传播的均匀平面电磁波，其电场强度矢量的瞬时值表达式为

$$\boldsymbol{E}=(4\boldsymbol{e}_z+3\boldsymbol{e}_y)\cos(16\pi\times10^8 t-kx)$$

则电磁波的频率为________，相位常数 k 是________，平均电磁场能量密度为________，平均能流密度矢量为________。

(2)频率为 900 MHz 的线极化均匀平面波，电场有效值为 1 V/m，空气中垂直投射到 $\varepsilon_r=4$，$\mu_r=1$ 的理想介质平面上，则反射系数为________，透射波的电场有效值为________。

(3)一右旋圆极化电磁波从媒质参数为 $\varepsilon_r=3$，$\mu_r=1$ 的介质斜入射到空气中，要使电场的平行极化分量不产生反射，入射角应为________；要使电磁波在界面上产生全反射，入射角必须大于或等于________；全反射发生后，反射电磁波的极化属性为________；若任意极化的电磁波从空气入射至该介质界面上，需要反射波为线极化波，入射角应为________。

(4)据电磁波传播过程中电场强度、磁场强度与传播方向之间的关系，电磁波可以分为________、________和________三种类型。均匀平面波属于________波；平行极化波由空气斜入射至理想导体后，在导体表面的空气侧形成的合成波是________波；而垂直极化波由空气斜入射至理想导体界面后，在导体表面的空气侧形成的合成波是________波。

5.2 单选题

(1)空气中，均匀平面波电场强度 $\boldsymbol{E}=\boldsymbol{e}_x10\mathrm{e}^{\mathrm{j}(-3\pi z+\frac{\pi}{4})}+\boldsymbol{e}_y10\mathrm{e}^{\mathrm{j}(-3\pi z-\frac{\pi}{4})}$ mV/m，则波的极化方式是(　　)。

A. 线极化；　　B. 左旋圆极化；　　C. 右旋圆极化；　　D. 椭圆极化

(2)均匀平面波由空气垂直入射到理想导体表面时产生全反射，反射波与入射波叠加形成驻波，其电场强度和磁场强度的波腹位置(　　)。

A. 相同；　　B. 相差 $\frac{\lambda}{4}$；　　C. 相差 $\frac{\lambda}{2}$；　　D. 相差 λ

(3)在两种介质中插入一定厚度的介质板，某频率的电磁波在三种介质中传播不发生反射，该介质板的厚度为(　　)。

A. 任意厚度；　　B. $\frac{1}{4}$介质波长的奇数倍；

C. $\frac{1}{2}$介质波长的整数倍；　　D. 介质波长的整数倍

(4)自由空间某频率的电磁波垂直入射于一定厚度的介质板上，如果不发生反射，该介质板的厚度为(　　)。

A. 任意厚度；　　B. $\frac{1}{4}$介质波长的奇数倍；

C. $\frac{1}{2}$介质波长的整数倍；　　D. 以上都不对

(5)下列哪种情况下，可以发生全透射现象(　　)。

A. 平行极化波斜入射，θ_i 等于 θ_B；　　B. 平行极化波斜入射，θ_i 大于 θ_B；

C. 垂直极化波斜入射，θ_i 大于 θ_B；　　D. 垂直极化波斜入射，θ_i 等于 θ_B

(6)平面波以不为零的角度 θ_i 由介质 1(折射率为 n_1)入射到介质 2(折射率为 n_2)的分界面上，则折射波为零的必要条件是(　　)。

A. $n_1 < n_2$；　　B. 入射波平行极化；

C. 入射波垂直极化；　　D. $n_1 > n_2$

5.3 均匀平面波从介质 1 入射到与介质 2 的平面分界面上，已知 $\mu_1 = \mu_2 = \mu_0$，$\sigma_1 = \sigma_2 = 0$。求使入射波的平均功率的 10%被反射时相对介电常数的比值 $\frac{\varepsilon_{r2}}{\varepsilon_{r1}}$，以及折射率的比值$\frac{n_2}{n_1}$。

5.4 实验中，某频率为 $f = 10.0$ GHz，振幅为 100 V/m，电场沿 y 方向极化的均匀平面波从空气沿 $-z$ 方向垂直入射到 $z = 0$ 的一无损耗介质表面，介质的 $\varepsilon_r = 2.56$，$\mu_r = 1$。求：(1)电磁波在介质中的波阻抗、传播常数；(2)空气中的电场、磁场的复数表达式和介质中的电场、磁场的瞬时表达式。

5.5 某圆极化波自空气中垂直入射于一介质板上，介质板的本征阻抗为 η_2，入射波电场为

$$\boldsymbol{E}_i = E_{i0}(\boldsymbol{e}_x + \mathrm{j}\boldsymbol{e}_y)\mathrm{e}^{-\mathrm{j}kz} \text{ V/m}$$

求反射波与透射波的电场以及极化属性。

5.6 某频率为 $f = 100$ MHz，x 方向极化的均匀平面波从空气沿 $-z$ 方向垂直入射到 $z=0$的理想导体表面上，设入射波电场振幅为 6 mV/m，求：(1)入射波电场强度的复数表达式；(2)入射波磁场强度的复数表达式；(3)反射波磁场强度的瞬时表达式；(4)理想导体表面 $z=0$处的感应电流密度。

5.7 均匀平面波垂直入射到两种无耗弱磁电介质分界面上，当反射系数与透射系数的大小相等时，求：(1)入射介质中电磁波的驻波比；(2)相对介电常数的比值$\frac{\varepsilon_{r2}}{\varepsilon_{r1}}$以及折射率的比值$\frac{n_2}{n_1}$。

5.8 均匀平面波从空气中以 45°的入射角进入折射率为 $n_2 = 2$ 的玻璃中，试分别就下列两种情况计算电场反射系数和入射波能量被反射的百分比。(1)入射波为垂直极化波；(2)入射波为平行极化波。

5.9 均匀平面电磁波自空气入射到理想导体表面($z = 0$)。已知入射波电场

$$\boldsymbol{E}_i(x,z) = 5(\boldsymbol{e}_x + \boldsymbol{e}_z\sqrt{3})\mathrm{e}^{-\mathrm{j}6(-\sqrt{3}x+z)} \text{ V/m}$$

试求：(1) 反射波电场和磁场；(2) 理想导体表面的面电荷密度和面电流密度。

5.10 一角频率为 ω 的均匀平面波由空气向理想导体平面斜入射，入射角为 θ_i，入射电场强度振幅为 10 V/m，电场矢量和入射面垂直，求：(1)空气中总的电场强度和磁场强度；(2)边界面上的感应电流密度；(3)波在空气中的平均坡印亭矢量。

第6章　导行电磁波

第5章讨论了均匀平面电磁波在无界空间中的传播及其对分界平面的反射与透射现象，本章开始讨论电磁波在有界空间的传播，即导行系统中的电磁波，也称为导行电磁波。导行系统是指约束和引导电磁波定向传输的装置，被引导的电磁波称为导行波或导波。常见的导行系统有双导体传输线、规则金属波导和介质传输线。图6.1是常见的导行系统。图6.1(a)是双导体传输线，它由两根或两根以上平行导体构成，因其传输的电磁波是横电磁波(TEM波)或准TEM波，故又称为TEM波传输线，主要包括平行双线、同轴线、带状线和微带线等；图6.1(b)是规则金属波导，因电磁波在管内传播，故称为波导，主要包括矩形波导、圆波导、脊形波导和椭圆波导等；图6.1(c)是介质传输线，因电磁波沿传输线表面传播，故称为表面波波导，主要包括介质波导、镜像线和单根表面波传输线等。

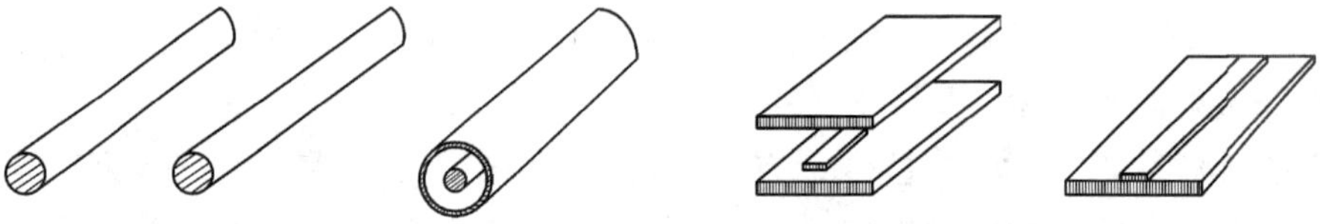

(a)

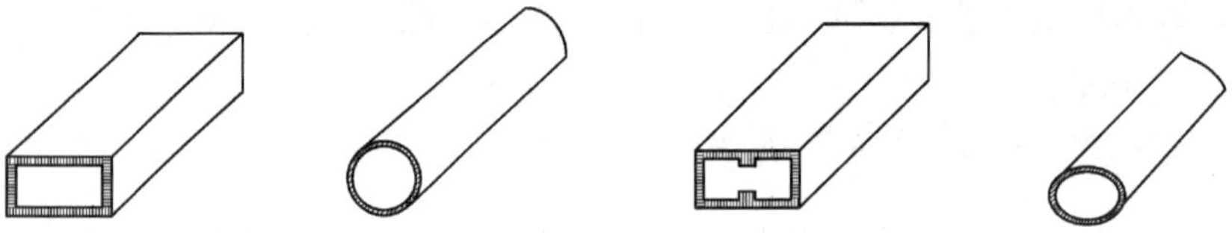

(b)

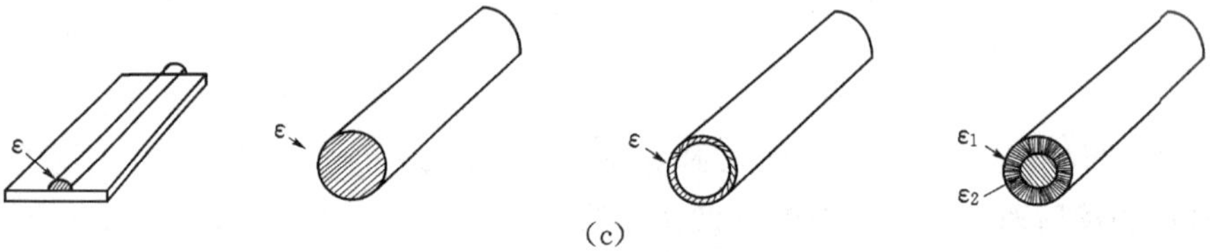

(c)

图6.1　常见导行系统

导行系统中的电磁波传输问题属于时变电磁场的波动问题，由波动方程的解可以得到导行系统中电磁场的分布和电磁波的传输特性。本章将通过求解波动方程并结合边界条件，分析导行系统中电磁波的传输特点，重点讨论矩形波导、圆柱形波导和同轴线中导行电磁波的传播问题以及矩形谐振器中的场分布及相关参数。最后，通过引入分布参数，用“路”的方法即等效传输线法分析平行双导线和同轴线中电磁波的传播特性。

6.1　沿均匀导行系统传输的波的一般规律

一个截面均匀的导波系统如图6.2所示。为讨论简单又不失一般性，作如下假设：

(1)波导的横截面沿 z 轴方向是均匀的，即波导内的电场和磁场分布只与坐标 x，y 有关，与坐标 z 无关；

(2)波导壁是理想导体，即 $\sigma=\infty$；

(3)波导内填充的媒质为理想媒质，即 $\sigma=0$，且各向同性；

(4)所讨论的区域内没有源分布，即 $\rho=0$，$\boldsymbol{J}=0$；

(5)波导内的电磁场是时谐场，角频率为 ω。

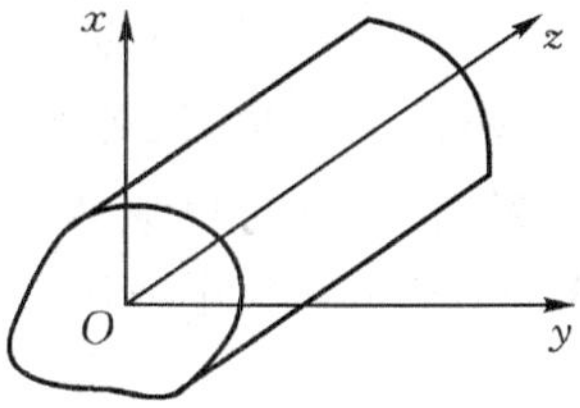

图 6.2　任意截面的均匀波导

设波导内的电磁波沿 $+z$ 方向传播，对于角频率为 ω 的时谐电磁场，根据假设条件(1)和(2)可将其电磁场量表示为

$$\boldsymbol{E}(x,y,z)=\boldsymbol{E}(x,y)\,\mathrm{e}^{-\gamma z} \tag{6-1}$$

$$\boldsymbol{H}(x,y,z)=\boldsymbol{H}(x,y)\mathrm{e}^{-\gamma z} \tag{6-2}$$

式中，γ 称为传播常数，表征导波系统中电磁波的传播特性；$\boldsymbol{E}(x,y)$、$\boldsymbol{H}(x,y)$ 为导波系统中的场分布。

理想介质中、无源区域中电磁场量满足的麦克斯韦方程为

$$\nabla\times\boldsymbol{E}=-\mathrm{j}\omega\mu\boldsymbol{H} \tag{6-3}$$

$$\nabla\times\boldsymbol{E}=\mathrm{j}\omega\varepsilon\boldsymbol{E} \tag{6-4}$$

根据假设条件(3)和(4)，波导内的电磁场量满足理想介质中、无源区域中的麦克斯韦方程。将以上两式在直角坐标系中展开，可得到 6 个标量方程

$$\frac{\partial E_z}{\partial y}+\gamma E_y=-\mathrm{j}\omega\mu H_x \tag{6-5}$$

$$-\frac{\partial E_z}{\partial x}-\gamma E_x=-\mathrm{j}\omega\mu H_y \tag{6-6}$$

$$\frac{\partial E_y}{\partial x}-\frac{\partial E_x}{\partial y}=-\mathrm{j}\omega\mu H_z \tag{6-7}$$

$$\frac{\partial H_z}{\partial y}+\gamma H_y=\mathrm{j}\omega\mu E_x \tag{6-8}$$

$$-\frac{\partial H_z}{\partial y}-\gamma H_x=\mathrm{j}\omega\mu E_y \tag{6-9}$$

$$\frac{\partial H_y}{\partial x}-\frac{\partial H_x}{\partial y}=\mathrm{j}\omega\mu E_z \tag{6-10}$$

在以上 6 个方程中，可将波导中的横向场分量用纵向场分量表示为

$$H_x=-\frac{1}{k_\mathrm{c}^2}\left(\gamma\frac{\partial H_z}{\partial x}-\mathrm{j}\omega\varepsilon\frac{\partial E_z}{\partial y}\right) \tag{6-11}$$

$$H_y=-\frac{1}{k_c^2}\left(\gamma\frac{\partial H_z}{\partial y}+j\omega\varepsilon\frac{\partial E_z}{\partial x}\right) \tag{6-12}$$

$$E_x=-\frac{1}{k_c^2}\left(\gamma\frac{\partial E_z}{\partial x}+j\omega\mu\frac{\partial H_z}{\partial y}\right) \tag{6-13}$$

$$E_y=-\frac{1}{k_c^2}\left(\gamma\frac{\partial E_z}{\partial y}-j\omega\mu\frac{\partial H_z}{\partial x}\right) \tag{6-14}$$

式中，$k_c^2=\gamma^2+k^2$，$k=\omega\sqrt{\mu\varepsilon}$ 。

由式(6-11)到式(6-14)可知，均匀规则波导中的横向场分量可由纵向场分量确定，要求解波导中的场，只需要求解波导中的纵向场分量。这种求解导波系统的方法称为纵向场分量法，也可以利用矢量亥姆霍兹方程求解。同时还可以根据纵向场分量 E_z 和 H_z 的存在与否，将波导中传输的电磁波分为横电磁波(TEM 波)、横电波(TE 波)和横磁波(TM 波)。下面分别讨论这三种模式的电磁波。

6.1.1 TEM 波

横电磁波也称 TEM 波。横电磁波的电场和磁场只存在于与电磁波传播方向相垂直的平面内，即 TEM 波在波的传播方向上没有电场、磁场分量。对于沿 $+z$ 方向传播的 TEM 波，满足 $E_z=0$、$H_z=0$。要使式(6-11)到式(6-14)有非零解，必有 $k_c^2=0$，因此 TEM 波必满足

$$\gamma^2+k^2=0 \tag{6-15}$$

从而得到规则波导中 TEM 波的传播特性。

传播常数 $$\gamma=\alpha+j\beta=jk=j\omega\sqrt{\mu\varepsilon}$$

相速 $$v_p=\frac{1}{\sqrt{\mu\varepsilon}}$$

波阻抗 $$Z_{TEM}=\frac{E_x}{H_y}=\frac{\gamma}{j\omega\varepsilon}=\sqrt{\frac{\mu}{\varepsilon}}=\eta$$

以上式子说明导波系统中 TEM 波的传播特性与无界空间中均匀平面波的传播特性相同。

单导体波导系统中不能传播 TEM 波。如果单导体波导系统内存在 TEM 波，磁场只存在横向分量，磁力线应在横向平面内闭合。依据麦克斯韦方程，在波导内存在纵向的传导电流或位移电流，但单导体波导内没有纵向传导电流。又因为 TEM 波的纵向电场 $E_z=0$，所以也没有纵向的位移电流，因此单导体波导系统内不能传播 TEM 波。

6.1.2 TM 波和 TE 波

横磁波也称 TM 波。横磁波的磁场只存在于与传播方向相垂直的平面内，即 TM 波在传播方向上没有磁场分量。对于沿 $+z$ 方向传播的 TM 波，满足 $H_z=0$。根据式(6-11)到式(6-14)，得到 TM 波的横向场分量与纵向电场分量的关系为

$$H_x=\frac{j\omega\varepsilon}{k_c^2}\frac{\partial E_z}{\partial y},\quad H_y=-\frac{j\omega\varepsilon}{k_c^2}\frac{\partial E_z}{\partial x} \tag{6-16}$$

$$E_x=-\frac{\gamma}{k_c^2}\frac{\partial E_z}{\partial x},\quad E_y=-\frac{\gamma}{k_c^2}\frac{\partial E_z}{\partial y} \tag{6-17}$$

横电波也称 TE 波，其电场强度只存在于与传播方向相垂直的平面内，而在传播方向上没有电场分量。对于沿 $+z$ 方向传播的 TE 波，满足 $E_z=0$。根据式(6-11) 到式(6-14) 可得 TE 波横向场分量和纵向磁场分量的关系为

$$H_x=-\frac{\gamma}{k_c^2}\frac{\partial H_z}{\partial x},\quad H_y=-\frac{\gamma}{k_c^2}\frac{\partial H_z}{\partial y} \tag{6-18}$$

$$E_x=-\frac{j\omega\mu}{k_c^2}\frac{\partial H_z}{\partial y},\quad E_y=\frac{j\omega\mu}{k_c^2}\frac{\partial H_z}{\partial x} \tag{6-19}$$

6.1.3　导波的传输特性

1. 传输条件和截止波长

导波的场量都有传播因子 $e^{-\gamma z}$，γ 为传播常数，$\gamma=\alpha+j\beta$，根据 $k_c^2=\gamma^2+k^2$ 推导可知

$$\gamma=\sqrt{k_c^2-k^2} \tag{6-20}$$

对于理想导波系统，$k=\omega\sqrt{\mu\varepsilon}$，为实数，$k_c$ 由导波系统横截面的边界条件决定，也是实数。由于工作频率的不同，传播常数 γ 可能有三种不同情况：

(1)$k_c^2<k^2$，即 $\gamma=j\beta$，根据式(6-1) 可知导波系统中导波的场为

$$\boldsymbol{E}(x,y,z)=\boldsymbol{E}(x,y)e^{-j\beta z}$$

场是沿 $+z$ 轴方向无衰减传输的行波，称其为传输状态。

(2)$k_c^2>k^2$，即 $\gamma=\alpha$，根据式(6-1) 可知导波系统中导波的场为

$$\boldsymbol{E}(x,y,z)=\boldsymbol{E}(x,y)e^{-\alpha z}$$

显然场沿 $+z$ 轴以指数规律衰减，不是传输波，称其为截止状态。

(3)$k_c^2=k^2$，即 $\gamma=0$，这是介于传输与截止之间的一种状态，称其为临界状态。此时波数 k 等于截止波数 k_c，即 $k=k_c$，令

$$k=k_c=\omega_c\sqrt{\mu\varepsilon}$$

则截止频率和截止波长分别为

$$f_c=\frac{k_c}{2\pi\sqrt{\mu\varepsilon}} \tag{6-21}$$

$$\lambda_c=\frac{2\pi}{k_c} \tag{6-22}$$

当 $k_c^2<k^2$ 时，导波处于传输状态，则导波系统传输 TE 波和 TM 波的条件为

$$f>f_c\text{或 }\lambda<\lambda_c \tag{6-23}$$

截止条件为

$$f<f_c\text{或 }\lambda>\lambda_c \tag{6-24}$$

对于 TEM 波，由于截止波数 $k_c=0$，即 $f_c=0$，所以 TEM 波在任何频率下均处于传输状态，即 TEM 波不存在截止频率。

2. 波导波长

导行系统中，导模相邻等相位面之间的距离或相位差为 2π 的相位面之间的距离称为该导模的波导波长，用 λ_g 表示，根据波长的定义可知

$$\lambda_g = \frac{2\pi}{\beta} \tag{6-25}$$

导波在传输状态下，传播常数 $\gamma = \mathrm{j}\beta$，而 $\beta = \sqrt{k^2 - k_c^2}$，同时将 $k = \frac{2\pi}{\lambda}$，$k_c = \frac{2\pi}{\lambda_c}$ 代入式(6－25) 可得

$$\lambda_g = \frac{\lambda}{\sqrt{1-\left(\frac{\lambda}{\lambda_c}\right)^2}} \tag{6-26}$$

对于 TEM 波，$\lambda_c = \infty$，由式(6－26) 可得

$$\lambda_g = \lambda = \frac{\lambda_0}{\sqrt{\mu_r \varepsilon_r}} \tag{6-27}$$

3. 相速和群速

相速指导模等相位面移动的速度，其表达式写作

$$v_p = \frac{\omega}{\beta} = \frac{v}{\sqrt{1-\left(\frac{\lambda}{\lambda_c}\right)^2}} \tag{6-28}$$

式中，$v = \frac{c}{\sqrt{\mu_r \varepsilon_r}}$。

对于 TEM 波，由于 $\lambda_c = \infty$，则有

$$v_p = v = \frac{c}{\sqrt{\mu_r \varepsilon_r}} \tag{6-29}$$

由式(6－28) 可知，TE 波和 TM 波的相速大于光速(或介质中的光速)。相速是波的等相位面移动的速度，并不是能量传播的速度。根据相对论，任何物质运动的速度都不会超过光速，而 TE 波和 TM 波的相速不是物质的真实运动速度。

群速是指具有相近的角频率 ω 和波数 k 的波群在传输过程中的共同速度，也指波包移动速度或窄带信号的传播速度。群速是能量传播的速度，可表示为

$$v_g = \frac{\mathrm{d}\omega}{\mathrm{d}\beta} = \frac{1}{\frac{\mathrm{d}\beta}{\mathrm{d}\omega}} \tag{6-30}$$

将 $\beta = \sqrt{k^2 - k_c^2}$ 代入上式可得

$$v_g = v\sqrt{1-\left(\frac{\lambda}{\lambda_c}\right)^2} \tag{6-31}$$

对于 TEM 波，$\lambda_c = \infty$，则

$$v_g = v_p = v \tag{6-32}$$

由式(6－32) 和式(6－35) 可知，TE 波和 TM 波的相速和群速随频率而变化，该现象称为波的色散，因此 TE 波和 TM 波称为色散波。而 TEM 波的相速和群速与频率无关，称为非色散波。

4. 波阻抗

导行系统中导模的横向电场和横向磁场之比称为导波的波阻抗。则由式(6－16) 和

式(6－17)可知，TM 波的波阻抗为

$$Z_{TM}=\frac{\beta}{\omega\varepsilon}=\sqrt{\frac{\mu}{\varepsilon}}\frac{\beta}{k}=\eta\sqrt{1-\left(\frac{\lambda}{\lambda_c}\right)^2} \tag{6-33}$$

由式(6－18)和式(6－19)可知，TE 波的波阻抗为

$$Z_{TE}=\frac{\omega\mu}{\beta}=\sqrt{\frac{\mu}{\varepsilon}}\frac{k}{\beta}=\frac{\eta}{\sqrt{1-\left(\frac{\lambda}{\lambda_c}\right)^2}} \tag{6-34}$$

式中，$\eta=\sqrt{\frac{\mu}{\varepsilon}}$ 为媒质的固有阻抗。对空气而言，$\eta=\eta_0=\sqrt{\frac{\mu_0}{\varepsilon_0}}=377\ \Omega$。

5. 传输功率

导波沿无耗规则导行系统 $+z$ 方向传输的平均功率为

$$P_0=\mathrm{Re}\left[\int_S\frac{1}{2}(\boldsymbol{E}_t\times\boldsymbol{H}_t^*)\cdot\boldsymbol{e}_z\mathrm{d}S\right]=\frac{1}{2|Z|}\int_S|E_t|^2\mathrm{d}S=\frac{|Z|}{2}\int_S|H_t|^2\mathrm{d}S \tag{6-35}$$

式中，$Z=Z_{TM}$(或 Z_{TE} 或 Z_{TEM})。

6.2　矩形波导

矩形波导是截面形状为矩形的金属波导管，是最早使用的导行系统之一，至今仍被广泛使用，特别是高功率系统、毫米波系统和一些精密测试设备等。矩形波导是单导体系统，不能传输 TEM 波，能传输 TE 波和 TM 波。如图 6.3 所示的矩形波导，宽边尺寸为 a，窄边尺寸为 b，波导内填充理想介质，波导壁为理想导体。下面分析矩形波导中 TM 波和 TE 波的场分布及其在矩形波导中的传输特性。

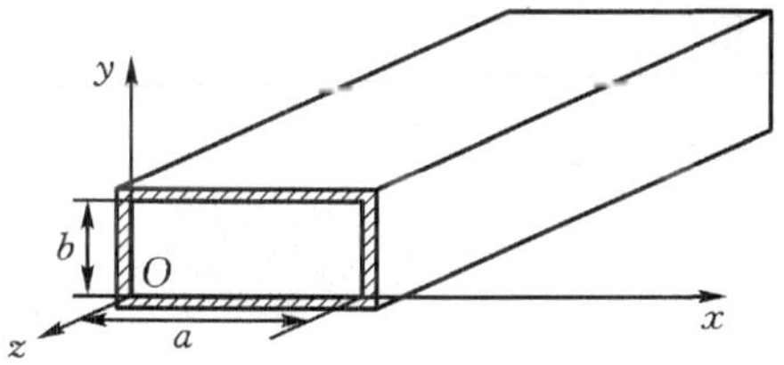

图 6.3　矩形波导

6.2.1　矩形波导中的场分布

1. 矩形波导中 TM 波的场分布

波导内传输 TM 波时，$H_z=0$。由式(6－16)和式(6－17)可知，波导内的电磁场量由 E_z 确定。在矩形波导中 E_z 满足的波动方程为

$$\frac{\partial E_z^2}{\partial x^2}+\frac{\partial E_z^2}{\partial y^2}+\frac{\partial E_z^2}{\partial z^2}+k^2E_z^2=0 \tag{6-36}$$

由均匀导波系统的假设可知 $E_z(x,y,z)=E_z(x,y)\mathrm{e}^{-\gamma z}$，将其代入式(6－36)可得

$$\left(\frac{\partial^2}{\partial x^2}+\frac{\partial^2}{\partial y^2}+k_c^2\right)E_z(x,y)=0 \tag{6-37}$$

式中，$k_c^2=\gamma^2+k^2$，称其为截止波数。值得注意的是，运算中场量沿 $+z$ 方向变化的因子 $e^{-\gamma z}$ 均被省略。利用分离变量法求解该方程，设其解为

$$E_z(x,y)=f(x)g(y) \tag{6-38}$$

式中，$f(x)$ 表示只含变量 x 的函数，$g(y)$ 表示只含变量 y 的函数。将式(6-42)代入式(6-41)，等式两边同除以 $f(x)g(y)$ 得

$$-\frac{1}{f(x)}\frac{d^2f(x)}{dx^2}=\frac{1}{g(y)}\frac{d^2g(y)}{dy^2}+k_c^2 \tag{6-39}$$

式(6-39)中，等式左边仅是 x 的函数，等式右边仅是 y 的函数，要使等式对任意 x 和 y 都成立，必须各等于常数。因此令

$$\frac{1}{f(x)}\frac{d^2f(x)}{dx^2}=-k_x^2 \tag{6-40}$$

$$\frac{1}{g(y)}\frac{d^2g(y)}{dy^2}=-k_y^2 \tag{6-41}$$

$$k_x^2+k_y^2=k_c^2 \tag{6-42}$$

则式(6-40)和式(6-41)的通解为

$$f(x)=C_1\cos k_x x+C_2\sin k_x x \tag{6-43}$$

$$g(y)=C_3\cos k_y y+C_4\sin k_y y \tag{6-44}$$

式中，C_1、C_2、C_3、C_4 以及 k_x、k_y 均为待定常数，下面利用边界条件确定待定常数。由 6.1 节导行系统的假设可知，矩形波导壁为理想导体，而理想导体的表面切向场为零，因此 E_z 满足的边界条件为

$$E_z\big|_{x=0}=0,\quad E_z\big|_{x=a}=0 \tag{6-45}$$

$$E_z\big|_{y=0}=0,\quad E_z\big|_{y=a}=0 \tag{6-46}$$

将式(6-45)代入式(6-43)，得

$$C_1=0,\quad k_x=\frac{m\pi}{a}\quad (m=1,2,3,\cdots)$$

$$f(x)=C_2\sin\left(\frac{m\pi x}{a}\right) \tag{6-47}$$

同理将式(6-46)代入式(6-44)得

$$C_3=0,\quad k_y=\frac{n\pi}{b}\quad (n=1,2,3,\cdots)$$

$$g(y)=C_4\sin\frac{n\pi y}{b} \tag{6-48}$$

所以，可得到矩形波导中 TM 波的纵向场分量

$$E_z(x,y,z)=E_z(x,y)e^{-\gamma z}=E_m\sin\left(\frac{m\pi x}{a}\right)\sin\left(\frac{n\pi y}{b}\right)e^{-\gamma z} \tag{6-49}$$

式中，$E_m=C_2C_4$ 由激励源强度决定。

由式(6-42)可得截止波数为

$$k_c=\sqrt{k_x^2+k_y^2}=\sqrt{\left(\frac{m\pi}{a}\right)^2+\left(\frac{n\pi}{b}\right)^2} \tag{6-50}$$

将式(6-49)代入式(6-16)和式(6-17)可得矩形波导中其他横向场分量

$$E_x = -\frac{\gamma}{k_c^2}\left(\frac{m\pi}{a}\right)E_m\cos\left(\frac{m\pi}{a}x\right)\sin\left(\frac{n\pi}{b}y\right)e^{-\gamma z} \tag{6-51}$$

$$E_y = -\frac{\gamma}{k_c^2}\left(\frac{n\pi}{b}\right)E_m\sin\left(\frac{m\pi}{a}x\right)\cos\left(\frac{n\pi}{b}y\right)e^{-\gamma z} \tag{6-52}$$

$$H_x = \frac{j\omega\varepsilon}{k_c^2}\left(\frac{n\pi}{b}\right)E_m\sin\left(\frac{m\pi}{a}x\right)\cos\left(\frac{n\pi}{b}y\right)e^{-\gamma z} \tag{6-53}$$

$$H_y = -\frac{j\omega\varepsilon}{k_c^2}\left(\frac{m\pi}{a}\right)E_m\cos\left(\frac{m\pi}{a}x\right)\sin\left(\frac{n\pi}{b}y\right)e^{-\gamma z} \tag{6-54}$$

式(6－49)、式(6－51)和式(6－54)表征了矩形波导中 TM 波的场结构，取不同的 m 和 n 值，代表不同的 TM 波场结构模式，对应于 m、n 的每一种组合即为一种可能的传播模式，用 TM_{mn} 表示。所以波导中有无限多个 TM 模式。由式(6－49)可知 m、n 不能取零值，所以矩形波导中 TM_{00}、TM_{0n}、TM_{m0} 波型不存在，TM_{11} 是 TM 波中最简单的波形。由式(6－49)还可知，下标 m 表示在 x 方向上场量变化的半波数，下标 n 表示在 y 方向上场量变化的半波数。

2. 矩形波导中 TE 波的场分布

波导内传输 TE 波时，$E_z=0$。由式(6－18)和式(6－19)可知，波导内的电磁场量由 H_z 确定。根据求解矩形波导中 TM 波的方法，可求得 *TE* 波各场分量的表达式为

$$E_x = \frac{j\omega\mu}{k_c^2}\left(\frac{n\pi}{b}\right)H_m\cos\left(\frac{m\pi}{a}x\right)\sin\left(\frac{n\pi}{b}y\right)e^{-\gamma z} \tag{6-55}$$

$$E_y = -\frac{j\omega\mu}{k_c^2}\left(\frac{m\pi}{a}\right)H_m\sin\left(\frac{m\pi}{a}x\right)\cos\left(\frac{n\pi}{b}y\right)e^{-\gamma z} \tag{6-56}$$

$$H_x = \frac{\gamma}{k_c^2}\left(\frac{m\pi}{a}\right)H_m\sin\left(\frac{m\pi}{a}x\right)\cos\left(\frac{n\pi}{b}y\right)e^{-\gamma z} \tag{6-57}$$

$$H_y = \frac{\gamma}{k_c^2}\left(\frac{n\pi}{b}\right)H_m\cos\left(\frac{m\pi}{a}x\right)\sin\left(\frac{n\pi}{b}y\right)e^{-\gamma z} \tag{6-58}$$

$$H_z = H_m\cos\left(\frac{m\pi}{a}x\right)\cos\left(\frac{n\pi}{b}y\right)e^{-\gamma z} \tag{6-59}$$

式中，截止波数 $k_c=\sqrt{k_x^2+k_y^2}=\sqrt{\left(\frac{m\pi}{a}\right)^2+\left(\frac{n\pi}{b}\right)^2}$。

式(6－55)到式(6－59)表征了矩形波导中 TE 波的场结构，取不同的 m 和 n 值，代表不同的 TE 波模式，对应于 m、n 的每一种组合即为一种可能的传播模式，用 TE_{mn} 表示。所以波导中有无限多个 TE 模式。m 或 n 可以取零值，但不能同时取零值，所以矩形波导中 TE_{0n}、TE_{m0} 波型存在。下标 m 表示在 x 方向上场量变化的半波数，下标 n 表示在 y 方向上场量变化的半波数。

6.2.2　矩形波导的传播特性

1. 传输条件和截止波长

由式(6－20)可知 TE 波和 TM 波的传播常数 γ 为

$$\gamma = \sqrt{k_c^2 - k^2} = \alpha + j\beta$$

由 6.1 节的导波的传输特性分析可知：当 $k>k_c$ 时，$\gamma=j\beta$，导波处于传输状态；当 $k=k_c$ 时，

$\gamma=0$,导波处于截止状态。由式(6-21)可得矩形波导的截止频率

$$f_c=\frac{k_c}{2\pi\sqrt{\mu\varepsilon}}=\frac{1}{2\pi\sqrt{\mu\varepsilon}}\sqrt{\left(\frac{m\pi}{a}\right)^2+\left(\frac{n\pi}{b}\right)^2} \tag{6-60}$$

相应的截止波长为

$$\lambda_c=\frac{2\pi}{k_c}=\frac{2}{\sqrt{\left(\frac{m}{a}\right)^2+\left(\frac{n}{b}\right)^2}} \tag{6-61}$$

由上述分析可得以下结论：

(1)矩形波导的传输条件:工作频率大于截止频率,即 $f>f_c$;工作波长小于截止波长,即 $\lambda<\lambda_c$。当 $f<f_c$ 或 $\lambda>\lambda_c$ 时,所有场分量的振幅将按指数规律衰减,相应的导波模式称为消失模或截止模。

(2)简并模:导行系统中不同模式导波的截止频率 λ_c 相同的现象称为模式简并,相应的导模称为简并模。从式(6-61)可知相同波型指数 m 和 n 的 TM_{mn} 和 TE_{mn} 模的 λ_c 相同,所以除 TE_{m0} 和 TE_{0n} 模外,矩形波导的导模都具有简并模。

2. 波导波长

由式(6-26)知,矩形波导的波导波长为

$$\lambda_g=\frac{\lambda}{\sqrt{1-\left(\frac{\lambda}{\lambda_c}\right)^2}} \tag{6-62}$$

式中,λ 为工作波长;λ_c 为截止波长;且 $\lambda_g>\lambda$,即矩形波导波长大于在无界空间中电磁波的波长。

3. 相速

由式(6-28)可知,矩形波导中导波的相速为

$$v_p=\frac{\omega}{\beta}=\frac{\omega}{\sqrt{\omega^2\mu\varepsilon-\left(\frac{m\pi}{a}\right)^2-\left(\frac{n\pi}{b}\right)^2}}=\frac{v}{\sqrt{1-\left(\frac{\lambda}{\lambda_c}\right)^2}} \tag{6-63}$$

式中,$v=\frac{1}{\sqrt{\mu\varepsilon}}$是无界空间中的相速度,且 $v_p>v$,即电磁波在波导中传输的相速大于在无界空间中的相速度。

4. 波阻抗

由式(6-33)可知,矩形波导中,TM 波的波阻抗为

$$Z_{TM}=\frac{\beta}{\omega\varepsilon}=\sqrt{\frac{\mu}{\varepsilon}}\frac{\beta}{k}=\eta\sqrt{1-\left(\frac{\lambda}{\lambda_c}\right)^2} \tag{6-64}$$

由式(6-34)可知,矩形波导中,TE 波的波阻抗为

$$Z_{TE}=\frac{\omega\mu}{\beta}=\sqrt{\frac{\mu}{\varepsilon}}\frac{k}{\beta}=\frac{\eta}{\sqrt{1-\left(\frac{\lambda}{\lambda_c}\right)^2}} \tag{6-65}$$

式中,$\eta=\sqrt{\frac{\mu}{\varepsilon}}$为媒质的固有阻抗。对空气而言,$\eta=\eta_0=\sqrt{\frac{\mu_0}{\varepsilon_0}}=377\ \Omega$。

【例 6-1】 实验室常用 BJ-100 型矩形波导，其横截面尺寸 $a\times b=22.86\times 10.16\ \text{mm}^2$，当信号波长分别为 9 cm、6 cm、4 cm、2 cm 时，试求空气波导内存在的可传输波型。

解：由式(6-61)可求得 BJ-100 型矩形波导对应的截止波长分别为

TE_{10}　　$\lambda_c=2a=45.72\ \text{mm}$；

TE_{20}　　$\lambda_c=a=22.86\ \text{mm}$；

TE_{30}　　$\lambda_c=\dfrac{2a}{3}=15.24\ \text{mm}$；

TE_{01}　　$\lambda_c=2b=20.32\ \text{mm}$；

TE_{02}　　$\lambda_c=b=10.16\ \text{mm}$

简并模　TE_{11} 和 TM_{11}　　$\lambda_c=18.567\ \text{mm}$；

简并模　TE_{21} 和 TM_{21}　　$\lambda_c=15.187\ \text{mm}$；

简并模　TE_{12} 和 TM_{12}　　$\lambda_c=9.92\ \text{mm}$

矩形波导的传输条件是 $\lambda<\lambda_c$。当 $\lambda=9\ \text{cm}=90\ \text{mm}$ 时，对所有波型截止，该波长的波不能通过波导；当 $\lambda=7\ \text{cm}=70\ \text{mm}$ 时，也不能传输；当 $\lambda=4\ \text{cm}=40\ \text{mm}$ 时，只能传播 TE_{10} 模；当 $\lambda=2\ \text{cm}=20\ \text{mm}$ 时，能传输 TE_{10} 模和 TE_{20} 模。

6.2.3 矩形波导的主模

1. 矩形波导主模

通常把截止频率最低的导波模式称为主模。在矩形波导中宽边大于窄边，即 $a>b$，所以由式(6-60)可知，矩形波导 TE_{10} 波的截止频率比 TE_{01} 波的截止频率低，TE_{10} 波是截止频率最低的模式，因此 TE_{10} 波是矩形波导的主模。TE_{10} 模式具有以下突出优点：可以实现单模传输电磁波；具有最宽的工作频带；场结构简单，电场只有 y 分量，在波导中可以获得单方向极化；在给定频率下衰减最小；在截止波长相同条件下，波导尺寸最小。所以，TE_{10} 模是矩形波导中最常用的工作模式，有必要详细讨论其工作特性。

首先讨论它的场结构。将 $m=1, n=0$ 代入截止波数计算式可得 $k_c=\dfrac{\pi}{a}$，则 TE_{10} 模的传输特性参数为

$$f_c=\frac{k_c}{2\pi\sqrt{\mu\varepsilon}}=\frac{1}{2a\sqrt{\mu\varepsilon}} \tag{6-66}$$

$$\lambda_c=\frac{2\pi}{k_c}=2a \tag{6-67}$$

$$\gamma=\mathrm{j}\beta=\mathrm{j}\sqrt{\omega^2\mu\varepsilon-\left(\frac{\pi}{a}\right)^2} \tag{6-68}$$

由式 (6-55)到式 (6-59)可得 TE_{10} 模的场分量表达式为

$$E_y=-\mathrm{j}\omega\mu\left(\frac{a}{\pi}\right)H_m\sin\left(\frac{\pi x}{a}\right)\mathrm{e}^{-\mathrm{j}\beta z} \tag{6-69}$$

$$H_x=\mathrm{j}\beta\left(\frac{a}{\pi}\right)H_m\sin\left(\frac{\pi x}{a}\right)\mathrm{e}^{-\mathrm{j}\beta z} \tag{6-70}$$

$$H_z=H_m\cos\left(\frac{\pi x}{a}\right)\mathrm{e}^{-\mathrm{j}\beta z} \tag{6-71}$$

$$H_y = E_x = E_z = 0 \tag{6-72}$$

TE_{10}模场分量的瞬时表达式为

$$E_y(x,y,z,t) = \omega\mu\left(\frac{a}{\pi}\right)H_m \sin\left(\frac{\pi x}{a}\right)\sin(\omega t - \beta z) \tag{6-73}$$

$$H_x(x,y,z,t) = -\beta\left(\frac{a}{\pi}\right)H_m \sin\left(\frac{\pi x}{a}\right)\sin(\omega t - \beta z) \tag{6-74}$$

$$H_z(x,y,z,t) = H_m \cos\left(\frac{\pi x}{a}\right)\cos(\omega t - \beta z) \tag{6-75}$$

由式(6-73)到式(6-75)可知，TE_{10}模只有 E_y、H_z、H_x 三个场分量，这三个场分量沿 y 方向无变化，呈均匀分布。其电场只有 E_y 分量，沿 x 方向呈正弦分布，在波导宽边有半个驻波分布，在 $x=\frac{a}{2}$处电场最强，在 $x=0$ 和 $x=a$ 处电场为零。电场沿 z 方向呈正弦分布。TE_{10}模的电场分布如图 6.4 所示。

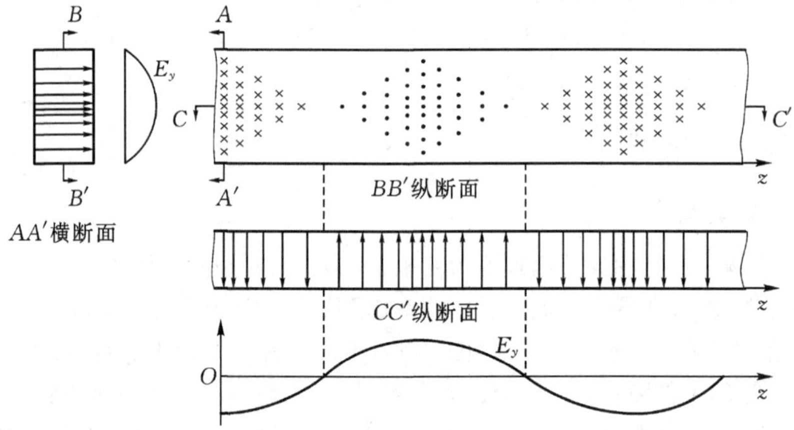

图 6.4　TE_{10}模的电场分布

TE_{10}模的磁场有 H_z、H_x 两个分量。H_x 在 $x=\frac{a}{2}$处最强，在 $x=0$ 和 $x=a$ 处为零，沿 x 方向和 z 方向呈正弦分布；H_z 在 $x=\frac{a}{2}$处为零，在 $x=0$ 和 $x=a$ 处有最大值；H_z 和 H_x 这两个分量形成与波导宽边平行的闭合磁力线。TE_{10}模的磁场分布如图 6.5所示。

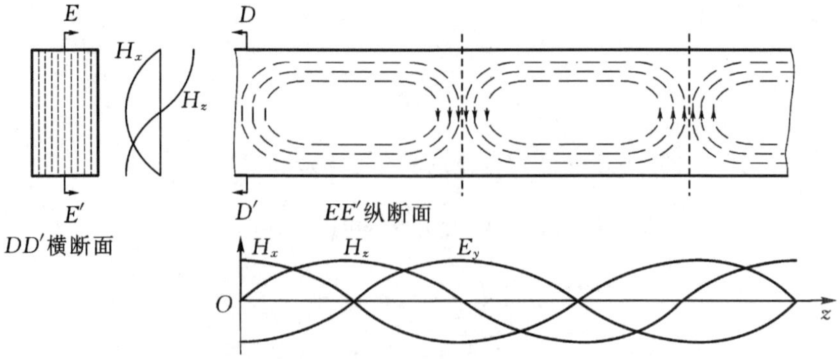

图 6.5　TE_{10}模的磁场分布

TE_{10}模的完整电磁场结构如图 6.6 所示，随着时间 t 增加，TE_{10} 模的场结构以相速 v_p 沿 $+z$ 方向运动。

当波导中有电磁能量传输时，由于磁场的感应，波导内壁会产生感应的面电流，即波导的传导电流。由于波导内壁是电导率极高的良导体，近似可看作理想导体。在微波频段，其集肤深度在微米数量级，因此波导内壁的感应电流可看成表面电流，也称管壁电流。

由理想导体表面边界条件可知，波导内壁的管壁电流密度 $\boldsymbol{J}_s$ 为

$$\boldsymbol{J}_s = \boldsymbol{e}_n \times \boldsymbol{H} \tag{6-76}$$

式中，$\boldsymbol{e}_n$ 是波导内壁的法向单位矢量，$\boldsymbol{H}$ 是波导内壁的切向磁场。将TE_{10}模磁场的各分量代入式(6-76)可得矩形波导中传输TE_{10}模时的管壁电流分布(设 $t=0$)。

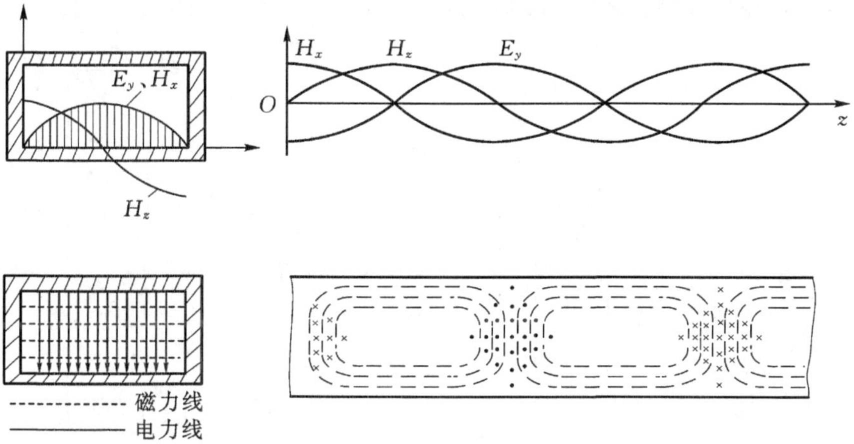

图 6.6　TE_{10}模的场分布图

$$\boldsymbol{J}_s\big|_{x=0} = \boldsymbol{e}_x \times \boldsymbol{H} = -\boldsymbol{e}_y H_z\big|_{x=0} = -\boldsymbol{e}_y H_m \cos\beta z \tag{6-77}$$

$$\boldsymbol{J}_s\big|_{x=a} = -\boldsymbol{e}_x \times \boldsymbol{E} = -\boldsymbol{e}_y H_z\big|_{x=a} = -\boldsymbol{e}_y H_m \cos\beta z \tag{6-78}$$

$$\boldsymbol{J}_s\big|_{y=0} = \boldsymbol{e}_y \times \boldsymbol{E} = -\boldsymbol{e}_x H_z\big|_{y=0} - \boldsymbol{e}_z H_x\big|_{y=0}$$

即

$$\boldsymbol{J}_s\big|_{y=0} = \boldsymbol{e}_x H_m \cos\left(\frac{\pi x}{a}\right)\cos\beta z - \boldsymbol{e}_z \beta\left(\frac{a}{\pi}\right) H_m \sin\left(\frac{\pi x}{a}\right)\sin\beta z \tag{6-79}$$

$$\boldsymbol{J}_s\big|_{y=b} = -\boldsymbol{J}_s\big|_{y=0} \tag{6-80}$$

根据式 (6-77)到式(6-80)可绘出矩形波导的管壁电流分布，如图 6.7 所示。

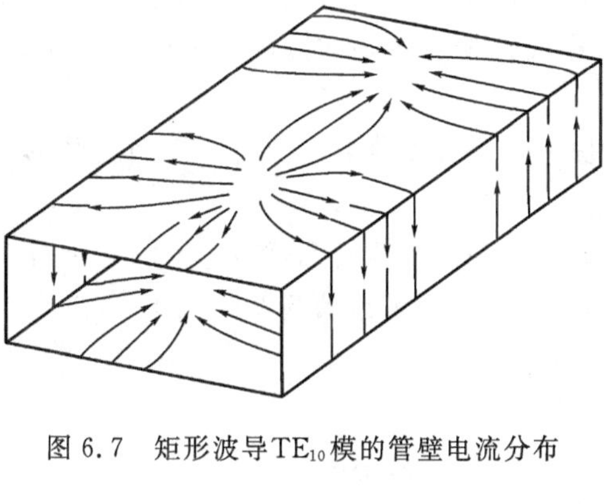

图 6.7　矩形波导TE_{10}模的管壁电流分布

在工程实际中，有时波导与波导之间需要连接，而在连接处应保证管壁电流畅通，不至于引起波导内电磁波的反射。在波导的测量装置中，需要在波导壁上开槽的，槽口应尽可能不破坏管壁电流，否则会引起波导内电磁场的改变，因此槽口应开在不切断管壁电流的位置，例如3 cm 微波测量线的槽口位置。若需要从一个波导中耦合出一定能量激励另一个波导时，或将波导开口作为天线使用时，则槽口应开在最大限度切断管壁电流的位置。

2. 矩形波导的单模传输

由矩形波导的传输特性分析可知，矩形波导内存在简并模，即截止波长相同的模式的导波。如TM_{11}模和TE_{11}模，它们的截止波长相同，是一对简并模。为比较不同模式导波的截止波长，根据式(6-61)可计算出各模式的截止波长，并在同一坐标轴上绘出截止波长的分布图，图6.8为BJ-32矩形波导($a\times b=72.14\ \text{mm}\times 34.04\ \text{mm}$)各模式的截止波长。

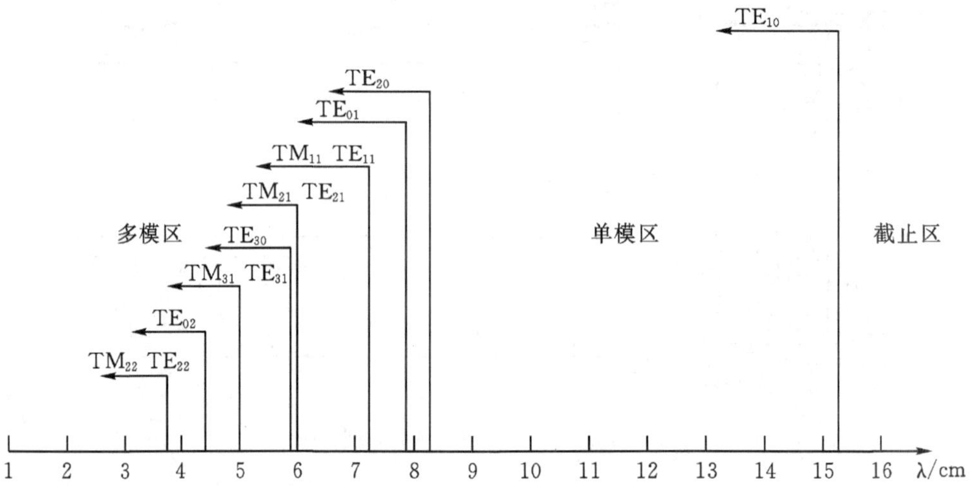

图6.8 BJ-32矩形波导各模式截止波长分布图

这种各模式的截止波长分布图称为模式分布图，截止波长最长的模式称为主模，矩形波导的主模式是TE_{10}模，其余模式称为高次模。在图中有3个区，分别为全部截止区、单模区和多模区。

(1)截止区：矩形波导的主模TE_{10}的截止波长$\lambda_c=2a$，当工作波长$\lambda\geqslant 2a$时，电磁波就不能在波导中传输，所以把$\lambda=2a\sim\infty$的区域称为截止区。

(2)单模区：矩形波导中主模TE_{10}的截止波长最大，接下来是TE_{20}模的截止波长，TE_{20}模的截止波长为a，因此当工作波长$\lambda=a\sim 2a$时，仅有主模TE_{10}模能传播，所以把$\lambda=a\sim 2a$的区域称为单模区。

(3)多模区：当工作波长$\lambda<a$时，波导中至少会出现两种波形，所以把$\lambda=0\sim a$的区域称为多模区。

为保证矩形波导中只有主模TE_{10}模传播，即单模传播，在波导尺寸给定的情况下，电磁波的波长应满足$2a>\lambda>a$，波导的窄边b的取值为$b=(0.4\sim 0.5)a$。

6.2.4 矩形波导的传输功率

矩形波导的传输功率可由式(6-35)得出

$$P_{TM,TE}=\frac{1}{2Z}\int_s|E_t|^2 ds=\frac{Z}{2}\int_s|H_t|^2 ds \tag{6-81}$$

式中，对于 TM_{mn} 模，$Z=Z_{TM}$；对于 TE_{mn} 模，$Z=Z_{TE}$。

若矩形波导中传输的是TE_{10}模电磁波，其传输功率为

$$P_{TE_{10}}=\frac{1}{2Z_{TE_{10}}}\int_0^a\int_0^b|E_y|^2 dxdy=\frac{abE_{10}^2}{4Z_{TE_{10}}} \tag{6-82}$$

式中，$E_{10}=\eta\left(\frac{2a}{\lambda}\right)$，$H_m$ 是 E_y 分量在波导宽边中心处的振幅值。若以波导的击穿电场 E_{br}代替式 (6-82)中的 E_{10}，可得到波导传输TE_{10}模时的最大传输功率(功率容量)P_{br}为

$$P_{br}=\frac{abE_{br}^2}{4Z_{TE_{10}}}=\frac{abE_{br}^2}{4\eta}\sqrt{1-\left(\frac{\lambda}{2a}\right)^2} \tag{6-83}$$

当矩形波导中填充空气介质时，空气的击穿场强为 30 kV/cm，则

$$P_{br}=0.6ab\sqrt{1-\left(\frac{\lambda}{2a}\right)^2}\ \text{MW} \tag{6-84}$$

由式 (6-83)可知，对于TE_{10}模，波导截面尺寸越大，频率越高，功率容量就越大。实际应用中不能采用极限功率传输，由于波导中可能存在反射波和局部电场不均匀等问题，因此容许功率为功率容量的$\frac{1}{5}\sim\frac{1}{3}$。

【例 6-2】 在 BJ-100 矩形波导中传输TE_{10}模的主模，电磁波的工作频率为 10 GHz。试求：(1) λ_c、λ_g、波阻抗 $Z_{TE_{10}}$、传输功率 P；(2) 若波导窄边尺寸增加到原来的 2 倍，计算上述各参量；(3) 如果波导尺寸不变，工作波长变为 2 cm，上述各参量如何变化。

解：(1)对于矩形波导 BJ-100，其横截面尺寸为 $a\times b=22.86\ \text{mm}\times10.16\ \text{mm}$，由工作频率可知其工作波长为 $\lambda=30$ mm。

TE_{10}模的截止波长为 $\lambda_c=2a=2\times22.86\ \text{mm}=45.72\ \text{mm}$

TE_{10}模的波导波长为 $\lambda_g=\dfrac{\lambda}{\sqrt{1-\left(\frac{\lambda}{2a}\right)^2}}=39.76\ \text{mm}$

TE_{10}模的波阻抗 $Z_{TE_{10}}=\dfrac{E_y}{H_x}$，$E_y$ 和 H_x 分别由式(6-69)和式(6-70)给出，即

$$Z_{TE_{10}}=\frac{E_y}{H_x}=\frac{\omega\mu}{\beta}$$

由于 $\beta=\dfrac{2\pi}{\lambda_g}$，$\lambda_g=\dfrac{\lambda}{\sqrt{1-\left(\frac{\lambda}{2a}\right)^2}}$，$\omega=2\pi f$，$v=\dfrac{1}{\sqrt{\mu\varepsilon}}$，所以当空气填充时

$$Z_{TE_{10}}=\frac{\sqrt{\frac{\mu}{\varepsilon}}}{\sqrt{1-\left(\frac{\lambda}{2a}\right)^2}}=499.58\ \Omega$$

传输功率　$$P_{TE_{10}}=\frac{1}{2Z_{TE_{10}}}\int_0^a\int_0^b|E_y|^2 dxdy=\frac{abE_{10}^2}{4Z_{TE_{10}}}=0.116E_{10}^2$$

(2)如果波导窄边尺寸增大到原来的 2 倍，则根据第 1 步的计算可知 λ_c、λ_g、$Z_{TE_{10}}$ 不变，传

输功率为 $P=0.232E_{10}^2$。

(3)若波导尺寸不变,工作波长变为 2 cm,则除 λ_c 外,其余各参量均发生变化,其中

波导波长
$$\lambda_g=\frac{\lambda}{\sqrt{1-\left(\frac{\lambda}{2a}\right)^2}}=22.24\ \text{mm}$$

传输功率 $P=0.1385E_{10}^2$,波阻抗 $Z_{TE_{10}}=419.23\ \Omega$。

6.3 均匀传输线

传输线是以 TEM 模的方式传输电磁波能量或信号的导行系统,特点是其横向尺寸远小于其上的工作波长。传输线的主要结构形式有平行双导线、同轴线、带状线及工作于准 TEM 模的微带线等。而各种 TE 模、TM 模或其混合模的波导可以认为是广义的传输线。

前面几节通过在给定边界条件下求解波动方程,得到矩形波导中电磁场的分布及其电磁波的传输特性。这是用"场"的方法分析导波系统。而对于传输 TEM 波的平行双线、同轴线等双导体传输线也可以用"场"的方法分析,但"场"的方法复杂,涉及三个空间变量和一个时间变量的求解。分析传输线的简单方法是"路"的方法,"路"的方法仅涉及一个空间变量和一个时间变量,这种方法也称"等效电路"法,即将传输线作为分布参数电路处理,得到由传输线单位长度电阻、电感、电容和电导构成的等效电路,根据基尔霍夫定律导出传输线上电压和电流满足的方程,即传输线方程。求解该方程得到电压和电流的解,进而分析波的传输特性。

本节采用"路"的方法,以平行双导线为例,建立单位长度传输线模型,借助基尔霍夫定律建立传输线方程,通过求解传输线方程分析传输线的基本参数和三种工作状态。

6.3.1 传输线的分布参数及其等效电路

根据传输线几何长度 l 和其上传输的导波波长 λ 的比值,把传输线划分为"长线"和"短线"。长线是指将传输线的几何长度和线上传输的导波的波长相比,一般认为几何长度为导波波长的 1/10 以上为"长线"。短线是指传输线的几何长度和导波波长相比可忽略不计的线。例如,对于 50 Hz 的市电,传输线上传输的导波波长为 6000 km,当传输线的几何长度为10 km 时,可看作"短线";若频率为 3 GHz,传输线上传输的导波波长为 10 cm,当传输线的几何长度为 1 m 时,就要看作"长线"。所以"短线"对应于低频传输线,在低频电路仅起连接导线作用,可以认为沿线的电压和电流只与时间有关,其幅度和相位均与空间距离无关;"长线"对应于微波传输系统,其上电压和电流不仅是时间的函数,还是空间距离的函数。对于"长线"可以采用分布参数理论进行分析。

传输线根据分布参数的特点,分为均匀传输线和非均匀传输线。当传输线的分布参数沿线均匀分布,即与距离无关,则该传输线称为均匀传输线。反之,若传输线的分布参数沿线非均匀分布,则该传输线为非均匀传输线。本小节只讨论均匀传输线。下面以平行双导线为例分析传输线的分布参数及其等效电路。

传输线的单位长度分布参数包括:分布电阻 R、分布电感 L、分布电容 C 和分布电导 G。低频电路时,传输线的分布参数对电路的影响很小;而当高频信号通过传输线时,传输线的有效横截面积减小,电流增大,同时由于导体材料的非理想性,导线发热,引起导线的分布电阻效

应，必须对传输线的分布效应进行定量分析。传输线的分布电感和分布电容的电抗 X_L 和 X_C 分别为

$$X_L = \omega L \tag{6-85}$$

$$X_C = -\frac{1}{\omega C} \tag{6-86}$$

随着频率的升高，X_L 增大、X_C 减小，所以当高频信号通过传输线时，必须考虑传输线的分布电感和分布电容；若导线周围的介质非理想绝缘，存在漏电流，则导线间有并联电导存在，对于同轴线、平行双导线、带状线和微带线等 TEM 波传输线，其分布电导与传输线上导波的频率成正比，所以当高频信号通过传输线时，必须考虑传输线的分布电导。

由于均匀传输线的分布参数沿线均匀分布，与距离无关，因此在平行双导线上取一个线元 Δz 进行分析，如图 6.9 (a)。对线元 Δz 可利用集总参数理论进行分析，线元 Δz 的电阻、电感、电容和电导可分别表示为：$R\Delta z$、$L\Delta z$、$C\Delta z$ 和 $G\Delta z$，其中 R、L、C 和 G 分别为传输线单位长度的分布电阻、分布电感、分布电容和分布电导，如图 6.9(b)。传输线可看作由许多 Δz 连接而成，所以可得到均匀平行双导线的等效电路，如图 6.9(c)。如果不考虑传输线的分布电阻和分布电导，即认为传输线是无耗传输线，可得到均匀平行无耗双导线的等效电路，如图 6.9(d)。

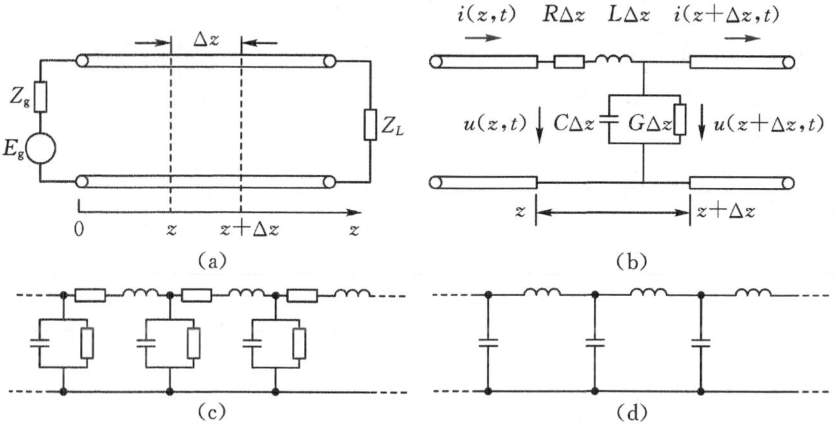

图 6.9　均匀传输线及其等效电路

6.3.2　传输线方程及其解

1. 传输线方程

传输线方程又称“电报方程”，是在研究电报线上瞬时电压和瞬时电流的变化规律时导出的。该方程是表征传输线上电压、电流本身以及二者之间相互关系的方程。求解传输线方程，可得到传输线上导波的传输特性。以图 6.9(a)给出的均匀平行双导线传输系统为例，传输线始端接信号源，终端接负载，传输线的轴向坐标为 z，终端为坐标起点，向负载端为坐标正向，来自信号源的导波沿 $+z$ 方向传输。设信号源的瞬时电动势为 E_g，内阻抗为 Z_g，负载阻抗为 Z_L。传输线上 z 处的瞬时电压和瞬时电流分别为 $u(z,t)$ 和 $i(z,t)$，在 $z+\Delta z$ 处的瞬时电压和瞬时电流分别为 $u(z+\Delta z,t)$ 和 $i(z+\Delta z,t)$。图 6.9(a)中 Δz 段的等效电路如图 6.9(b)所示，

根据该电路，由基尔霍夫电压定律可得

$$u(z,t)-R\Delta z i(z,t)-L\Delta z\frac{\partial i(z,t)}{\partial t}-u(z+\Delta z,t)=0 \tag{6-87a}$$

同理，由基尔霍夫电流定律可得

$$i(z,t)-G\Delta z u(z+\Delta z,t)-C\Delta z\frac{\partial u(z+\Delta z,t)}{\partial t}-i(z+\Delta z,t)=0 \tag{6-87b}$$

令式 (6－87a)、式 (6－87b)中的 $\Delta z\to 0$，则

$$\frac{\partial u(z,t)}{\partial t}=-Ri(z,t)-L\frac{\partial i(z,t)}{\partial t} \tag{6-88a}$$

$$\frac{\partial i(z,t)}{\partial t}=-Gu(z,t)-C\frac{\partial u(z,t)}{\partial t} \tag{6-88b}$$

这就是传输线方程，也称电报方程。

工程中应用最多的是时谐函数，同时任意的时变信号在一定的条件下都可通过傅里叶分析方法展开为不同频率的时谐信号的叠加。此外，采用复数形式表示会给传输线的分析带来方便。事实上，传输线上的电压和电流一般作时谐变化，时谐信号 $u(z,t)$ 和 $i(z,t)$ 用复数表示为

$$u(z,t)=\mathrm{Re}[U(z)\mathrm{e}^{\mathrm{j}\omega t}] \tag{6-89a}$$

$$i(z,t)=\mathrm{Re}[I(z)\mathrm{e}^{\mathrm{j}\omega t}] \tag{6-89b}$$

式中，$U(z)$、$I(z)$分别是传输线上 z 处的复电压和复电流，或称为瞬时电压和瞬时电流的复数形式，它们仅是坐标 z 的函数。将式 (6－88a)、式(6－88b)中的瞬时电压和瞬时电流用其复数形式表示为

$$\frac{\mathrm{d}U(z)}{\mathrm{d}z}=-(R+\mathrm{j}\omega L)I(z)=-ZI(z) \tag{6-90a}$$

$$\frac{\mathrm{d}I(z)}{\mathrm{d}z}=-(G+\mathrm{j}\omega C)U(z)=-YI(z) \tag{6-90b}$$

式中，$Z=R+\mathrm{j}\omega L$ 为传输线单位长度的串联阻抗；$Y=G+\mathrm{j}\omega C$ 为传输线单位长度的并联导纳。

2. 均匀传输线方程的解

将式 (6－90a)两端对 z 求导，并将式 (6－90b)代入得

$$\frac{\mathrm{d}^2U(z)}{\mathrm{d}z^2}-\gamma^2U(z)=0 \tag{6-91a}$$

同理可得

$$\frac{\mathrm{d}^2I(z)}{\mathrm{d}z^2}-\gamma^2I(z)=0 \tag{6-91b}$$

式中，$\gamma=\sqrt{ZY}=\sqrt{(R+\mathrm{j}\omega L)(G+\mathrm{j}\omega C)}=\alpha+\mathrm{j}\beta$，$\gamma$ 为传播常数，其实部 α 为衰减常数，单位为 Np/m，虚部 β 为相位常数，单位为 rad/m。

式 (6－91a) 和式 (6－91b) 是二阶线性齐次常微分方程，式(6－91a)的通解为

$$U(z)=U^+\mathrm{e}^{-\gamma z}+U^-\mathrm{e}^{\gamma z}=U^+(z)+U^-(z) \tag{6-92a}$$

将式 (6－92a)代入式(6－90a)，得

$$I(z)=\frac{1}{Z_0}(U^+\mathrm{e}^{-\gamma z}-U^-\mathrm{e}^{\gamma z})=I^+(z)+I^-(z) \tag{6-92b}$$

式中，U^+、U^-是待定系数，由传输线的端接条件决定；$U^+(z)$、$U^-(z)$分别为传输线入射波电压和反射波电压；$I^+(z)$、$I^-(z)$分别为传输线入射波电流和反射波电流，而

$$Z_0=\frac{1}{Y_0}=\sqrt{\frac{Z}{Y}}=\sqrt{\frac{R+\mathrm{j}\omega L}{G+\mathrm{j}\omega C}} \tag{6-93}$$

因为 Z_0 具有阻抗的量纲，所以 Z_0 称为传输线的特性阻抗，Y_0 称为传输线的特性导纳。

令式 (6-92a)、式 (6-92b)中的 $U^+=|U^+|\mathrm{e}^{\mathrm{j}\varphi_+}$，$U^-=|U^-|\mathrm{e}^{\mathrm{j}\varphi_-}$ 且 Z_0 为正实数，则传输线上电压和电流的瞬时值表达式为

$$u(z,t)=|U^+|\mathrm{e}^{-\alpha z}\cos(\omega t-\beta z+\varphi_+)+|U^-|\mathrm{e}^{-\alpha z}\cos(\omega t-\beta z+\varphi_-) \tag{6-94a}$$

$$i(z,t)=\frac{1}{Z_0}[|U^+|\mathrm{e}^{-\alpha z}\cos(\omega t-\beta z+\varphi_+)-|U^-|\mathrm{e}^{-\alpha z}\cos(\omega t-\beta z+\varphi_-)] \tag{6-94b}$$

由式(6-94a)、式(6-94b)可知，传输线上电压、电流以波的形式传播，其上任意点 z 处的电压、电流均包含两部分，第一项表示由信源向负载方向传输的行波，称为入射波，其振幅沿 $+z$ 方向按指数规律减小，且相位连续滞后；第二项表示由负载向信源方向传播的行波，称为反射波，它的振幅沿 $-z$ 方向按指数规律减小，相位也连续滞后。所以传输线上任意点的电压波、电流波通常都是由入射波和反射波的电压、电流叠加而成的。

根据传输线的端接条件确定待定系数 U^+、U^-，即可得到传输线方程的定解。下面讨论已知终端电压和电流以及已知始端电压和电流条件下方程的定解。

1)已知终端电压和电流

这是最常见的情况，已知终端的电压 U_L 和电流 I_L，代入式 (6-92a)和式(6-92b)可得

$$U(l)=U_\mathrm{L}=U^+\mathrm{e}^{-\gamma l}+U^-\mathrm{e}^{\gamma l} \tag{6-95a}$$

$$I(l)=I_\mathrm{L}=\frac{(U^+\mathrm{e}^{-\gamma l}-U^-\mathrm{e}^{\gamma l})}{Z_0} \tag{6-95b}$$

由式 (6-95a)、式(6-95b)解得

$$U^+=\frac{1}{2}(U_\mathrm{L}+I_\mathrm{L}Z_0)\mathrm{e}^{\gamma l},\qquad U^-=\frac{1}{2}(U_\mathrm{L}-I_\mathrm{L}Z_0)\mathrm{e}^{-\gamma l} \tag{6-96}$$

将式(6-96)代入式 (6-95a)和式 (6-95b)可得

$$U(z)=\frac{1}{2}(U_\mathrm{L}+I_\mathrm{L}Z_0)\mathrm{e}^{\gamma(l-z)}+\frac{1}{2}(U_\mathrm{L}-I_\mathrm{L}Z_0)\mathrm{e}^{-\gamma(l-z)} \tag{6-97a}$$

$$I(z)=\frac{1}{2Z_0}(U_\mathrm{L}+I_\mathrm{L}Z_0)\mathrm{e}^{\gamma(l-z)}-\frac{1}{2Z_0}(U_\mathrm{L}-I_\mathrm{L}Z_0)\mathrm{e}^{-\gamma(l-z)} \tag{6-97b}$$

令 $d=l-z$，d 为负载终端到传输线上点 z 的距离。则解为

$$U(d)=\frac{1}{2}(U_\mathrm{L}+I_\mathrm{L}Z_0)\mathrm{e}^{\gamma d}+\frac{1}{2}(U_\mathrm{L}-I_\mathrm{L}Z_0)\mathrm{e}^{-\gamma d}=U^+(d)+U^-(d) \tag{6-98a}$$

$$I(d)=\frac{1}{2Z_0}(U_\mathrm{L}+I_\mathrm{L}Z_0)\mathrm{e}^{\gamma d}-\frac{1}{2Z_0}(U_\mathrm{L}-I_\mathrm{L}Z_0)\mathrm{e}^{-\gamma d}=I^+(d)+I^-(d) \tag{6-98b}$$

式中，$U^+(d)$、$I^+(d)$分别为入射波电压和电流；$U^-(d)$、$I^-(d)$分别为反射波电压和电流。用双曲函数表示，则式(6-98a)和式(6-98b)可表示为

$$U(d)=U_\mathrm{L}\cosh\gamma d+I_\mathrm{L}Z_0\sinh\gamma d \tag{6-99a}$$

$$I(d)=I_\mathrm{L}\cosh\gamma d+\left(\frac{U_\mathrm{L}}{Z_0}\right)\sinh\gamma d \tag{6-99b}$$

若传输线为无耗传输线，则 $\gamma=\mathrm{j}\beta$，将其代入式(6－98a)、式(6－98b)可得

$$U(d)=U_{\mathrm{L}}\cos\beta d+\mathrm{j}I_{\mathrm{L}}Z_0\sin\beta d \tag{6-100a}$$

$$I(d)=I_{\mathrm{L}}\cos\beta d+\mathrm{j}\left(\frac{U_{\mathrm{L}}}{Z_0}\right)\sin\beta d \tag{6-100b}$$

2)已知始端电压和电流

已知始端的电压 U_0 和电流 I_0，即在 $z=0$ 处，$U(z)|_{z=0}=U_0$、$I(z)|_{z=0}=I_0$，将其代入式(6－92a)、式(6－92b)，可得

$$U^{+}=\frac{1}{2}(U_0+I_0Z_0),\quad U^{-}=\frac{1}{2}(U_0-I_0Z_0) \tag{6-101}$$

将式(6－101)代入式(6－92a)、式(6－92b)，可得

$$U(z)=U_0\cosh\gamma z-I_0Z_0\sinh\gamma z \tag{6-102a}$$

$$I(z)=I_0\cosh\gamma z-\left(\frac{U_0}{Z_0}\right)\sinh\gamma z \tag{6-102b}$$

6.3.3 传输线的特性参数

传输线的特性参数包括特性阻抗、传播常数、相速度和波导波长。传输线的特性参数是由传输线的尺寸、填充的媒质及工作频率决定的。

1. 特性阻抗 Z_0

传输线的特性阻抗 Z_0 指传输线上入射波电压和电流之比，或反射波电压和电流比值的负值。根据式(6－92a)和式(6－92b)可得

$$Z_0=\frac{U^{+}(z)}{I^{+}(z)}=-\frac{U^{-}(z)}{I^{-}(z)}=\sqrt{\frac{R+\mathrm{j}\omega L}{G+\mathrm{j}\omega C}} \tag{6-103}$$

对于无耗传输线，$R=0$，$G=0$，则无耗传输线的特性阻抗为

$$Z_0=\sqrt{\frac{L}{C}} \tag{6-104}$$

2. 传播常数 γ

$$\gamma=\sqrt{ZY}=\sqrt{(R+\mathrm{j}\omega L)(G+\mathrm{j}\omega C)}=\alpha+\mathrm{j}\beta \tag{6-105}$$

式中，α 为衰减常数；β 为相位常数。

对于无耗传输线，$R=0$，$G=0$，则衰减常数 $\alpha=0$，相位传输 $\beta=\omega\sqrt{LC}$。

3. 相速 v_{p}

传输线上导波的相速 v_{p} 为入射波电压(或电流)等相位面移动的速度。根据式(6－94)可知沿 $+z$ 方向传播的导波的等相位面方程为

$$\omega t-\beta z=C \tag{6-106}$$

式中，C 为常数。将式(6－106)两边对 t 取微分，可得

$$v_{\mathrm{p}}=\frac{\mathrm{d}z}{\mathrm{d}t}=\frac{\omega}{\beta} \tag{6-107}$$

由式(6－107)可知，对于均匀无耗传输线，相速与工作频率无关，是一个常数，此时传输线上传输的 TEM 波为非色散波，信号在此传输线中传输时，不会产生波形失真。而事实上，传

输线都存在损耗，相速与频率有关，因此色散总是存在的，在传输过程中波形失真是不可避免的。

4. 波长 λ

波长指传输线上电压（或电流）波的空间相位差为 2π 的两观察点之间的距离，记为 λ，即 $\beta\lambda=2\pi$，所以

$$\lambda=\frac{2\pi}{\beta}=\frac{v_p}{f}=\frac{\lambda_0}{\sqrt{\varepsilon_r}} \tag{6-108}$$

式中，假设传输线周围填充的介质为理想介质，λ_0 为真空中的波长，则 $\lambda_0=\frac{c}{f}$。

6.3.4　传输线的工作参数

传输线的工作参数是指随传输线所接负载的不同而变化的量，主要包括传输线的输入阻抗、反射系数和驻波系数。

1. 输入阻抗

传输线上任意点的电压和电流的比值为该点向负载方向看去的输入阻抗。已知终端电压和电流分别为 U_L、I_L，则由式(6-105)可得

$$Z_{in}(d)=\frac{U(d)}{I(d)}=\frac{U_L\cosh(\gamma d)+I_LZ_0\sinh(\gamma d)}{I_L\cosh(\gamma d)+\left(\frac{U_L}{Z_0}\right)\sinh(\gamma d)}=Z_0\frac{Z_L+Z_0\tanh(\gamma d)}{Z_0+Z_L\tanh(\gamma d)} \tag{6-109}$$

式中，d 是以终端为坐标起点，到观察点的距离；$Z_L=\frac{U_L}{I_L}$，为终端负载阻抗。

对于无耗传输线，$\alpha=0$，$\gamma=j\beta$，则式(6-109)可写为

$$Z_{in}(d)=Z_0\frac{Z_L+jZ_0\tan(\beta d)}{Z_0+jZ_L\tan(\beta d)} \tag{6-110}$$

式(6-110)表明，无耗传输线上观察点处的输入阻抗与观察点的位置、传输线的特性阻抗、负载阻抗和工作频率有关，且为复数。而且传输线上的输入阻抗在传输线上周期性变化。

2. 反射系数

传输线上任意点的反射系数为该点处的反射波电压（或电流）与入射波电压（或电流）的比值，记为 $\Gamma_U(d)$（或 $\Gamma_I(d)$），$\Gamma_U(d)$ 称为电压反射系数，$\Gamma_I(d)$ 为电流反射系数，则

$$\Gamma_U(d)=\frac{U^-(d)}{U^+(d)} \tag{6-111a}$$

$$\Gamma_I(d)=\frac{I^-(d)}{I^+(d)} \tag{6-111b}$$

式中，$U^+(d)$、$I^+(d)$ 分别表示传输线 d 处的入射波电压和入射波电流；$U^-(d)$、$I^-(d)$ 分别表示反射波电压和反射波电流。根据终端条件解，即式(6-100a)和式(6-100b)可得

$$\Gamma_U(d)=-\Gamma_I(d) \tag{6-112}$$

式(6-112)表明，电流反射系数与电压反射系数在数值上相等，相位相差 180°。通常用便于测量的电压反射系数表示反射系数，记为 $\Gamma(d)$，即

$$\Gamma(d)=\frac{U_L-I_LZ_0}{U_L+I_LZ_0}e^{-2\gamma d}=\frac{Z_L-Z_0}{Z_L+Z_0}e^{-2\gamma d}=\Gamma_L e^{-2\gamma d}$$

$$\Gamma(d)=|\Gamma_L|e^{j\varphi_L}e^{-2\gamma d}=|\Gamma_L|e^{-2\alpha d}e^{j(\varphi_L-2\beta d)} \tag{6-113}$$

式中，Z_L 为终端负载阻抗；Γ_L 为负载端反射系数，反射系数为复数，随着 d 的增加(即向信号源方向)反射系数的大小和相位均在单位圆内向内的螺旋轨道上变化。其中

$$\Gamma_L=\frac{Z_L-Z_0}{Z_L+Z_0}=\left|\frac{Z_L-Z_0}{Z_L+Z_0}\right|e^{j\varphi_L}=|\Gamma_L|e^{j\varphi_L} \tag{6-114}$$

对于无耗传输线，衰减常数 $\alpha=0$，则其反射系数为

$$\Gamma(d)=|\Gamma_L|e^{j(\varphi_L-\beta d)} \tag{6-115}$$

由式(6-115)可知，对于无耗传输线，其反射系数在半径为 $|\Gamma_L|$ 的圆上移动。

引入反射系数后，根据式(6-98)和式(6-111)可得

$$U(d)=U^+(d)+U^-(d)=U^+(d)[1+\Gamma(d)] \tag{6-116a}$$

$$I(d)=I^+(d)+I^-(d)=I^+(d)[1+\Gamma(d)] \tag{6-116b}$$

根据式(6-116a)和式(6-116b)可得

$$Z_{in}(d)=\frac{U^+(d)[1+\Gamma(d)]}{I^+(d)[1-\Gamma(d)]}=Z_0\frac{[1+\Gamma(d)]}{[1-\Gamma(d)]} \tag{6-117}$$

用输入阻抗表示反射系数，可得

$$\Gamma(d)=\frac{Z_{in}(d)-Z_0}{Z_{in}(d)+Z_0} \tag{6-118}$$

由式(6-118)可知，传输线上任意点的输入阻抗和该点的反射系数一一对应。传输线的输入阻抗 $Z_{in}(d)$ 可通过测量 $\Gamma(d)$ 确定。

均匀平面波对无限大介质平面的垂直入射的反射系数为

$$\Gamma=\frac{\eta_2-\eta_1}{\eta_2+\eta_1} \tag{6-119}$$

式中，η_2、η_1 为媒质 2 和媒质 1 的本征阻抗。分析式(6-118)和式(6-119)可知，传输线问题与均匀平面波的垂直入射问题满足以下类比关系

$$\eta_1\Leftrightarrow Z_0,\ \eta_2\Leftrightarrow Z_{in}(d),\ E\Leftrightarrow U,\ H\Leftrightarrow I \tag{6-120}$$

即传输线的特性阻抗 Z_0 类比于媒质 1 的本征阻抗 η_1，输入阻抗 $Z_{in}(d)$ 类比于媒质 2 的本征阻抗 η_2，电压波类比于电场，电流波类比于磁场。因此，均匀平面波对无限大介质平面的垂直入射的分析结果可移植到传输线的问题中。

传输线的输入阻抗和反射系数还可以利用图解法进行计算，即利用史密斯圆图进行计算，但本书限于篇幅，未给出详细论述，可以参阅《微波技术》等书。

3. 驻波系数

反射系数是复数，不便于测量，而驻波比便于测量。下面分析讨论驻波比及其与阻抗之间的关系。

传输线上各点的电压和电流是电压入射波及其反射波和电流入射波及反射波的叠加，结果是在传输线上形成驻波，驻波上各点的电压和电流振幅不同，以 $\frac{\lambda}{2}$ 周期变化。将电压(或电流)振幅具有最大值的点称为电压(或电流)驻波的波腹点，电压(或电流)振幅具有最小值的点

称为电压(或电流)驻波的波谷点,电压(或电流)振幅值等于零的点称为波节点。

电压驻波比为传输线上相邻的波腹点和波节点的电压振幅之比,用 VSWR 或 ρ 表示,即

$$\text{VSWR(或}\ \rho) = \frac{|U(d)|_{\max}}{|U(d)|_{\min}} \tag{6-121}$$

其倒数称为行波系数,用 k 表示,即

$$k = \frac{1}{\rho} = \frac{|U(d)|_{\min}}{|U(d)|_{\max}} \tag{6-122}$$

根据式(6-116)可得 $|U(d)|_{\max}$ 和 $|U(d)|_{\min}$ 分别为

$$|U(d)|_{\max} = |U^{+}(d)|[1 + |\Gamma(d)|] \tag{6-123a}$$

$$|U(d)|_{\min} = |U^{+}(d)|[1 - |\Gamma(d)|] \tag{6-123b}$$

按照驻波比的定义式(6-121)可得

$$\text{VSWR(或}\ \rho) = \frac{|U(d)|_{\max}}{|U(d)|_{\min}} = \frac{1 + |\Gamma(d)|}{1 - |\Gamma(d)|} \tag{6-124}$$

对于无耗传输线,衰减常数 $\alpha=0$,根据式(6-115)可得 $|\Gamma(d)| = |\Gamma_L|$,则对于无耗传输线,驻波比为

$$\text{VSWR(或}\ \rho) = \frac{1 + |\Gamma_L|}{1 - |\Gamma_L|} \tag{6-125}$$

用驻波比表示反射系数模值 $|\Gamma_L|$ 可得

$$|\Gamma_L| = \frac{\rho - 1}{\rho + 1} \tag{6-126}$$

由式(6-126)可知,当 $|\Gamma_L|=0$ 时,VSWR$=1$;当 $|\Gamma_L|=1$ 时,VSWR$=\infty$。驻波比和反射系数一样,可用来描述传输线的工作状态。

【例 6-3】 特性阻抗为 50 Ω 的无耗传输线,终端负载阻抗为 100+j100 Ω,计算终端反射系数 Γ_L 和距离终端 $\frac{\lambda}{3}$ 处的输入阻抗、反射系数及驻波比。

解:终端反射系数为

$$\Gamma_L = \frac{Z_L - Z_0}{Z_L + Z_0} = \frac{50 + \mathrm{j}100}{150 + \mathrm{j}100} = 0.62\mathrm{e}^{\mathrm{j}29.75^\circ}$$

则距离终端 $\frac{\lambda}{3}$ 处的反射系数为 $\Gamma(d) = |\Gamma_L|\mathrm{e}^{\mathrm{j}(\varphi_L - 2\beta d)} = 0.62\mathrm{e}^{-\mathrm{j}210.25^\circ}$

距离终端 $\frac{\lambda}{3}$ 处的输入阻抗为

$$Z_{in}(d) = Z_0 \frac{Z_L + \mathrm{j}Z_0 \tan(\beta d)}{Z_0 + \mathrm{j}Z_L \tan(\beta d)} = \frac{500 + \mathrm{j}670}{67.3 - \mathrm{j}17.3}$$

传输线上的驻波比为

$$\rho = \frac{1 + |\Gamma_L|}{1 - |\Gamma_L|} = 4.3$$

6.3.5 均匀无耗传输线工作状态分析

对于均匀无耗传输线,当终端接不同负载时,有三种不同的工作状态,即行波状态、纯驻波状态和行驻波状态。下面分别讨论在这三种工作状态下,传输线上的电压、电流分布及其阻抗特性。

1. 行波工作状态

行波工作状态又称无反射工作状态，即传输线上反射系数 $\Gamma(d)=0$。因此由式(6－114)可知，传输线工作在行波状态的条件是 $Z_L=Z_0$，此时 $\Gamma_L=0$，驻波比 VSWR=1，行波系数 $k=1$。

将 $\Gamma(d)=0$、$\gamma=j\beta$ 代入式(6－116)，并利用式(6－98)可得无耗传输线工作在行波状态下时，传输线上电压和电流的复数表达式为

$$U(d)=U^{+}d=\frac{1}{2}(U_L+I_LZ_0)e^{\gamma d}=U^{+}e^{j\beta d} \tag{6-127a}$$

$$I(d)=I^{+}(d)=\frac{1}{2Z_0}(U_L+I_LZ_0)e^{\gamma d}=\frac{U^{+}}{Z_0}e^{j\beta d} \tag{6-127b}$$

瞬时表达式为

$$u(d,t)=|U^{+}|\cos(\omega t-\beta d+\varphi_{+}) \tag{6-128a}$$

$$i(d,t)=\left(\frac{|U^{+}|}{Z_0}\right)\cos(\omega t-\beta d+\varphi_{+}) \tag{6-128b}$$

式(6－127a)可知，传输线工作在行波状态时，传输线上任意点的输入阻抗为

$$Z_{in}(d)=\frac{U(d)}{I(d)}=Z_0 \tag{6-129}$$

由分析可知，行波状态的特点是：沿线电压和电流振幅不变；电压和电流沿线各点均同相，且电压和电流的相位随 d 增加连续滞后；沿线各点的阻抗等于传输线的特性阻抗。

2. 纯驻波工作状态

纯驻波工作状态又称全反射工作状态，即传输线上反射系数 $|\Gamma(d)|=1$。由式(6－114)可知，传输线工作在纯驻波状态的条件是传输线终端短路、或者开路、或者接纯电抗性负载三种情况。当无耗传输线终端短路时，$Z_L=0$，$\Gamma_L=-1$，$|\Gamma(d)|=1$；当无耗传输线终端开路时，$Z_L=\infty$，$\Gamma_L=1$，$|\Gamma(d)|=1$；当无耗传输线终端接纯电抗负载时，$Z_L=\pm jX_L$，$|\Gamma(d)|=1$。在上述三种情况下，传输线终端的入射波被全部反射，在传输线上入射波与反射波叠加形成纯驻波。下面分别讨论这三种情况。

1)传输线终端短路

当无耗传输线终端短路时，$Z_L=0$，$\Gamma_L=-1$，$|\Gamma(d)|=1$。将 $\Gamma_L=-1$，$\gamma=j\beta$ 代入式(6－116)，并利用式(6－98)，可得到传输线上电压和电流的复数表达式为

$$\begin{cases}U(d)=U^{+}(e^{j\beta d}-e^{-j\beta d})=2jU^{+}\sin\beta d\\ I(d)=\left(\dfrac{U^{+}}{Z_0}\right)(e^{j\beta d}+e^{-j\beta d})=2\left(\dfrac{U^{+}}{Z_0}\right)\cos\beta d\end{cases} \tag{6-130}$$

其瞬时表达式为

$$\begin{cases}u(d,t)=2|U^{+}|\sin\beta d\cos\left(\omega t+\varphi_{+}+\dfrac{\pi}{2}\right)\\ i(d,t)=2\left(\dfrac{|U^{+}|}{Z_0}\right)\cos\beta d\cos(\omega t+\varphi_{+})\end{cases} \tag{6-131}$$

由式(6－130)和式(6－131)可知，传输线终端短路时，驻波状态的特点是：传输线上各点电压、电流随时间作余弦变化，电压与电流相位差为 $\frac{\pi}{2}$；传输线上各点电压、电流的振幅分别按

正弦和余弦分布，在 $d=\frac{n\lambda}{2}$，$(n=0,1,2,\cdots)$处电压振幅值为零，电流振幅值达到极大值，这些位置即为电压波节点（电流波腹点）；在 $d=\frac{(2n+1)\lambda}{4}$，$(n=0,1,2,\cdots)$处电压振幅达到极大值，电流振幅值为零，这些位置即为电压波腹点（电流波节点）。图 6.10 是无耗终端短路的驻波特性。由图 6.10 可见，电压、电流的时间和空间相位各相差 $\frac{\pi}{2}$，表明在驻波所携带的电磁能量中，当电场能量达到极大值时，磁场能量为零；而当磁场能量达到极大值时，电场能量为零。即驻波所携带的电磁能量相互转换，形成电磁振荡，电磁能量没有沿线传播。

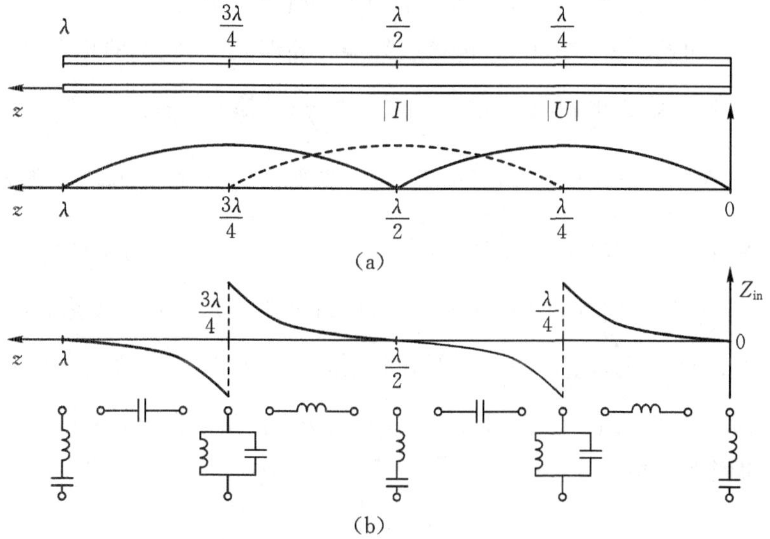

图 6.10　无耗终端短路线的驻波特性

由式(6－130)可得无耗传输线终端短路时，传输线上任意点的输入阻抗为

$$Z_{\text{in}}(d)=\frac{U(d)}{I(d)}=\text{j}Z_0\tan\beta d \tag{6-132}$$

也可将 $Z_L=0$ 代入无耗传输线输入阻抗计算式(6－110)，计算无耗传输线终端短路时，传输线任意点的输入阻抗，所得计算结果与式(6－132)相同。由式(6－132)可知，无耗终端短路传输线上任意点的输入阻抗为一纯电抗，电抗随频率和距离终端负载的距离 d 变化。输入阻抗沿线分布如图 6.10 所示，由图 6.10 可知：在 $d=\frac{n\lambda}{2}$，$(n=0,1,2,\cdots)$处，$Z_{\text{in}}(d)=0$，相当于串联谐振；在 $d=\frac{(2n+1)\lambda}{4}$，$(n=0,1,2,\cdots)$处，$Z_{\text{in}}(d)\to\infty$，相当于并联谐振；当 $0<d<\frac{\lambda}{4}$ 时，$Z_{\text{in}}(d)=\text{j}X$，相当于一个纯电感；当 $\frac{\lambda}{4}<d<\frac{\lambda}{2}$ 时，$Z_{\text{in}}(d)=-\text{j}X$，相当于一个纯电容。从终端短路点算起，每隔 $\frac{\lambda}{4}$ 长度，阻抗的性质就改变一次，此特性表明 $\lambda/4$ 传输线具有阻抗变换作用；每隔 $\frac{\lambda}{2}$ 长度，阻抗重复一次，此特性称为传输线的 $\frac{\lambda}{2}$ 阻抗重复特性。

2)传输线终端开路

当无耗传输线终端开路时，$Z_L=\infty$，$\Gamma_L=1$，$|\Gamma(d)|=1$。将 $\Gamma_L=1$，$\gamma=j\beta$ 代入式(6-112)，并利用式(6-104)可得传输线终端开路时，传输线上电压和电流的复数表达式为

$$\begin{cases}U(d)=U^+\left(e^{j\beta d}+e^{-j\beta d}\right)=2U^+\cos\beta d\\ I(d)=\left(\dfrac{U^+}{Z_0}\right)\left(e^{j\beta d}-e^{-j\beta d}\right)=j2\left(\dfrac{U^+}{Z_0}\right)\sin\beta d\end{cases}\tag{6-133}$$

其瞬时表达式为

$$\begin{cases}u(d,t)=2|U^+|\cos\beta d\cos(\omega t+\varphi_+)\\ i(d,t)=2\left(\dfrac{|U^+|}{Z_0}\right)\sin\beta d\cos\left(\omega t+\varphi_++\dfrac{\pi}{2}\right)\end{cases}\tag{6-134}$$

由式(6-134)和式(6-133)可知，传输线终端开路时，驻波状态的特点是：传输线上各点电压、电流随时间作余弦变化，电压与电流相位差为$\frac{\pi}{2}$；传输线上各点电压、电流的振幅分别按正弦和余弦分布，在 $d=\frac{n\lambda}{2}$，$(n=0,1,2,\cdots)$处电压振幅值达到极大值，电流振幅值为零，这些位置即为电压波腹点(电流波节点)；在 $d=\frac{(2n+1)\lambda}{4}$，$(n=0,1,2\cdots)$是处电流振幅达到极大值，电压振幅值为零，这些位置即为电压波节点(电流波腹点)。图 6.11 是无耗终端开路线的驻波特性。由图 6.11 可见，电压、电流的时间和空间相位各相差$\frac{\pi}{2}$，表明在驻波所携带的电磁能量中，电场能量达到极大值时磁场能量为零；而当磁场能量达到极大值时电场能量为零。即驻波所携带的电磁能量相互转换，形成电磁振荡，电磁能量没有沿线传播。

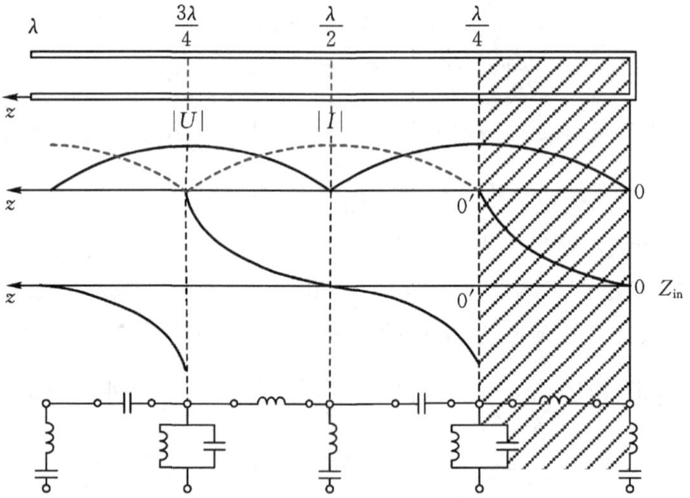

图 6.11 无耗终端开路线的驻波特性

由式(6-133)可得无耗传输线终端短路时，传输线上任意点的输入阻抗为

$$Z_{in}(d)=\frac{U(d)}{I(d)}=-jZ_0\cot\beta d\tag{6-135}$$

也可将 $Z_L=\infty$代入无耗传输线输入阻抗计算式(6-110)，计算无耗传输线终端开路时，传输线任意点的输入阻抗，所得计算结果与式(6-135)相同。由式(6-135)可知，无耗终端开

路传输线上任意点的输入阻抗为一纯电抗，电抗随频率和距离终端负载的距离 d 变化。输入阻抗沿线分布如图 6.11 所示，由图 6.11 可知，在 $d=\frac{n\lambda}{2}$，$(n=0,1,2,\cdots)$ 处，$Z_{in}(d)\to\infty$，相当于并联谐振；在 $d=\frac{(2n+1)\lambda}{4}$，$(n=0,1,2,\cdots)$ 处，$Z_{in}(d)=0$，相当于串联谐振；当 $0<d<\frac{\lambda}{4}$ 时，$Z_{in}(d)=-jX$，相当于一个纯电容；当 $\frac{\lambda}{4}<d<2$ 时，$Z_{in}(d)=jX$，相当于一个纯电感。与终端短路情况相同，从终端开路点算起，每隔 $\frac{\lambda}{4}$ 长度，阻抗的性质就改变一次，此特性表明 $\frac{\lambda}{4}$ 传输线具有阻抗变换作用；每隔 $\frac{\lambda}{2}$ 长度，阻抗重复一次，此特性称为传输线的 $\frac{\lambda}{2}$ 阻抗重复特性。

【例 6-4】 均匀无耗传输线的特性阻抗为 50 Ω，当线长分别为 $\frac{\lambda}{6}$ 和 $\frac{\lambda}{2}$ 时，计算传输线终端短路和开路条件下的输入阻抗。

解：终端短路时，传输线上的输入阻抗 $Z_{in}=jZ_0\tan\beta d$；终端开路时，传输线输入阻抗 $Z_{in}=-jZ_0\cot\beta d$，则终端短路时，线长为 $\frac{\lambda}{6}$ 和 $\frac{\lambda}{2}$ 处的输入阻抗分别为

$$Z_{in}\left(\frac{\lambda}{6}\right)=jZ_0\tan\beta d=jZ_0\tan 60^\circ=j86.6\ \Omega$$

$$Z_{in}\left(\frac{\lambda}{2}\right)=jZ_0\tan\beta d=jZ_0\tan\pi=0\ \Omega$$

终端开路时，线长为 $\frac{\lambda}{6}$ 和 $\frac{\lambda}{2}$ 处的输入阻抗分别为

$$Z_{in}\left(\frac{\lambda}{6}\right)=-jZ_0\cot\beta d=-j28.9\ \Omega$$

$$Z_{in}\left(\frac{\lambda}{2}\right)=-jZ_0\cot\beta d=\infty\ \Omega$$

3）传输线终端接纯电抗负载

无耗传输线终端接纯电抗负载时，$Z_L=jX_L d$，$\Gamma_L=|\Gamma_L|e^{j\varphi_L}$，其中 $|\Gamma_L|=1$，φ_L 不为 0 和 π。此时传输线终端产生全反射，传输线工作在纯驻波状态。由于 φ_L 不为 0 和 π，所以终端不是电压、电流的波腹点或波节点。下面分别讨论终端接纯电感性和纯电容性负载时，传输线上电压、电流及阻抗的分布。

当终端接纯电感性负载时，$X_L>0$，则 $|\Gamma_L|=1$，$0<\varphi_L<\pi$。由于终端短路传输线的输入阻抗 $Z_{in}(d)=jZ_0\tan\beta d=jX_L$，当 $d<\frac{\lambda}{4}$ 时，$X_L>0$，所以传输线终端接的纯电感性负载可用一段长度为 $l\left(l<\frac{\lambda}{4}\right)$ 的短路线代替，l 的值由 $Z_0\tan\beta d=X_L$ 可得

$$l=\frac{\lambda}{2\pi}\arctan\left(\frac{X_L}{Z_0}\right) \tag{6-136}$$

此时，终端接纯电感性负载的传输线上的电压、电流和阻抗分布可由终端短路线的电压、电流和阻抗分布截去 l 长得到，如图 6.12 (a)所示。此时的终端既不是波腹点，也不是波节点，但离开终端第一个出现的必是电压波腹、电流波节。

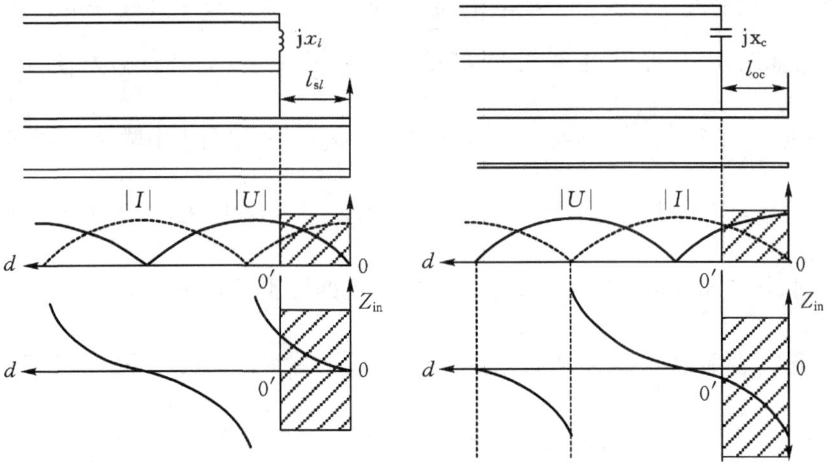

(a)　　　　　　　　(b)

图 6.12　终端接电抗性负载时驻波分布

当终端接纯电容性负载时，$X_L<0$，则$|\Gamma_L|=1$，$\pi<\varphi_L<2\pi$。由于终端开路传输线的输入阻抗 $Z_{in}(d)=-jZ_0\cot\beta d=jX_L$，当 $d<\frac{\lambda}{4}$时，$X_L<0$，所以传输线终端接的纯电容性负载可用一段长度为 $l\left(l<\frac{\lambda}{4}\right)$的开路线代替，$l$ 的值由 $Z_0\cot\beta d=X_L$ 可得

$$l=\frac{\lambda}{2\pi}\arctan\left(\frac{Z_0}{X_l}\right) \tag{6-137}$$

此时，终端接纯电容性负载的传输线上的电压、电流和阻抗分布可由终端开路线的电压、电流和阻抗分布截去 l 长得到，如图 6.12(b)所示。此时的终端既不是波腹点，也不是波节点，但离开终端第一个出现的必是电压波节、电流波腹。

综上，均匀无耗传输线在终端短路、开路、接纯电抗负载三种情况下，终端均产生全反射，沿线电压、电流呈驻波分布，其特点如下：

(1)传输线上电压、电流的振幅是位置的函数，且波腹点和波节点的位置固定不变，两相邻波腹(或波节)点的距离为$\frac{\lambda}{2}$，相邻的波腹点和波节点之间的距离为$\frac{\lambda}{4}$。终端短路时，终端为电压波节点、电流波腹点；终端开路时，终端为电压波腹点、电流波节点；终端接纯电感负载时，从终端向源方向，第一个出现的是电压波腹点；终端接纯电容性负载时，从终端向源方向，第一个出现的是电压波节点。

(2)传输线上同一位置的电压和电流之间相位相差$\frac{\pi}{2}$，即在驻波状态下，电磁能量相互转换，形成电磁振荡，电磁能量没有沿线传播。

(3)电压或电流波节点两侧各点的相位相反，相邻两波节点之间各点的相位相同。

(4) 传输线的输入阻抗为纯电抗，随频率和长度变化。

3. 行驻波工作状态

行驻波又称混合波，即在传输线上既有行波又有驻波，反射系数的模小于 1，因此行驻波工作状态也称部分反射工作状态。当均匀无耗传输线终端接任意负载 $Z_L = R_L \pm jX_L$ 时，终端电压反射系数为

$$\Gamma_L = \frac{Z_L - Z_0}{Z_L + Z_0} = \frac{R_L - Z_0 \pm jX_L}{R_L + Z_0 \pm jX_L} = \frac{R_L^2 - Z_0^2 + X_L^2}{(R_L + Z_0)^2 + X_L^2} + j\frac{2Z_0 X_L}{(R_L + Z_0)^2 + X_L^2} = |\Gamma_L| e^{j\varphi_L} \tag{6-138}$$

式中

$$|\Gamma_L| = \sqrt{\frac{(R_L - Z_0)^2 + X_L^2}{(R_L + Z_0)^2 + X_L^2}}, \quad \varphi_L = \arctan\left(\frac{\pm 2Z_0 X_L}{R_L^2 - Z_0^2 + X_L^2}\right) \tag{6-139}$$

由式(6-139)可知，$|\Gamma_L| < 1$，表明在终端产生部分反射，此时传输线工作于行驻波状态，传输线上电压、电流为

$$\begin{cases} U(d) = U^+ (e^{j\beta d} + \Gamma(d) e^{-j\beta d}) \\ I(d) = \dfrac{U^+}{Z_0} (e^{j\beta d} - \Gamma(d) e^{-j\beta d}) \end{cases} \tag{6-140}$$

则传输线上电压、电流的模值分别为

$$\begin{cases} |U(d)| = |U^+| [1 + |\Gamma_L|^2 + 2|\Gamma_L| \cos(2\beta d - \varphi_L)]^{\frac{1}{2}} \\ |I(d)| = \dfrac{|U^+|}{Z_0} [1 + |\Gamma_L|^2 - 2|\Gamma_L| \cos(2\beta d - \varphi_L)]^{\frac{1}{2}} \end{cases} \tag{6-141}$$

根据式(6-141)可知，传输线工作在行驻波状态时，沿线电压、电流及阻抗分布有如下特点：

(1)沿线电压、电流呈非正弦的周期分布。

(2)当 $\cos(2\beta d - \varphi_L) = 1$，即 $d = \frac{n}{2}\lambda + \frac{\varphi_L}{4\pi}\lambda$，$(n = 0, 1, 2, \cdots)$时，电压取得最大值，电流取得最小值，即该点为电压波腹点，电流波节点；当 $\cos(2\beta d - \varphi_L) = -1$ 即 $d = \frac{2n+1}{4}\lambda + \frac{\varphi_L}{4\pi}\lambda$，$(n = 0, 1, 2, \cdots)$时，电压取得最小值，电流取得最小值，即该点为电压波节点，电流波腹点。由式(6-141)可知电压最大值、最小值和电流最大值、最小值分别为

$$|U|_{max} = |U^+|(1 + |\Gamma_L|), \quad |U|_{min} = |U^+|(1 - |\Gamma_L|) \tag{6-142}$$

$$|I|_{max} = (|U^+|/Z_0)(1 + |\Gamma_L|), \quad |I|_{min} = (|U^+|/Z_0)(1 - |\Gamma_L|) \tag{6-143}$$

由此可知，当终端负载为复阻抗时，传输线上电压、电流的最大值小于入射波振幅的 2 倍，最小值也不为零，与纯驻波工作状态不同。

(3)距离负载端最近的第一个电压波腹点或电流波节点位置为

$$d_{max1} = \frac{\varphi_L}{4\pi}\lambda \tag{6-144}$$

(4)距离负载端最近的第一个电压波节点或电流波腹点位置为

$$d_{min1} = \frac{\varphi_L}{4\pi}\lambda + \frac{\lambda}{4} \tag{6-145}$$

由式(6-144)和式(6-145)可知，相邻电压(或电流)波腹点和波节点之间的距离为 $\frac{\lambda}{4}$，两相邻电压(或电流)波腹点(或波节点)之间的距离为 $\frac{\lambda}{2}$，表明传输线上电压、电流振幅以半波长为变化周期。

(5)由式(6-110)可知，传输线工作在行驻波状态时沿线各点的输入阻抗一般为复数，但在电压驻波最大点处和最小点处输入阻抗为纯电阻，由式(6-142)和式(6-143)可得

电压驻波最大点处的输入阻抗为

$$Z_{in}\big|_{波腹点} = Z_0\rho \tag{6-146}$$

电压驻波最小点处的输入阻抗为

$$Z_{in}\big|_{波节点} = \frac{Z_0}{\rho} \tag{6-147}$$

由以上分析可知，传输线上电压、电流的波腹和波节点位置取决于终端反射系数的相位 φ_L，即取决于负载阻抗的性质。对于不同的负载情况，传输线上电压、电流的分布如图 6.13 所示。由式(6-138)、式(6-144)和式(6-145)可知

(1)当 $Z_L=R_L>Z_0$ 时，$\varphi_L=0, 0<\Gamma_L<1, d_{max1}=0, d_{min1}=\frac{\lambda}{4}$。表明传输线终端接大于特性阻抗的纯电阻负载时，终端处为电压波腹点，电流波节点。

(1)当 $Z_L=R_L<Z_0$ 时，$\varphi_L=\pi, -1<\Gamma_L<0, d_{max1}=\frac{\lambda}{4}, d_{min1}=0$。表明传输线终端接小于特性阻抗的纯电阻负载时，终端处为电压波节点，电流波腹点。

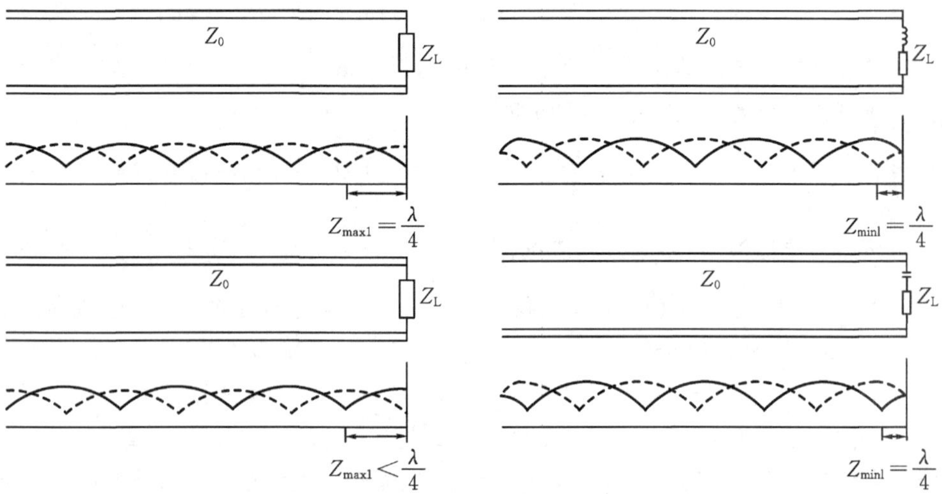

图 6.13 行驻波状态下线上电压电流的分布

(3)当 $Z_L=R_L+jX_L(X_L>0)$时，$0<\varphi_L<\pi, 0<\Gamma_L<1, 0<d_{max1}<\frac{\lambda}{4}, \frac{\lambda}{4}<d_{min1}<\frac{\lambda}{2}$。表明传输线终端接电感性负载时，终端既不是电压的波腹点，也不是电压的波节点，但距离终端最近的是电压波腹点、电流波节点。

(4)当 $Z_L=R_L-jX_L(X_L>0)$时，$\pi<\varphi_L<2\pi, -1<\Gamma_L<0, \frac{\lambda}{4}<d_{max1}<\frac{\lambda}{2}, 0<d_{min1}<\frac{\lambda}{4}$。表明传输线终端接电容性负载时，终端既不是电压的波腹点，也不是电压的波节点，但距离终端最近的是电压波节点、电流波腹点。

【例 6-5】 均匀无耗传输线的特性阻抗为 50 Ω，距离负载最近的电流驻波腹点 $d_{min}=10$ cm，驻波比为 3，工作波长为 60 cm，求负载阻抗。

解：第一个电流驻波腹点就是电压驻波节点，即

$$\beta d_{\min}=\frac{2\pi d_{\min}}{\lambda}=\frac{\pi}{3}$$

由驻波比可得反射系数的模为

$$|\Gamma_L|=\frac{\rho-1}{\rho+1}=0.5$$

在电压驻波节点处的电压反射系数为

$$\Gamma(d_{\min})=-|\Gamma_L|=-0.5$$

又由于 $\Gamma(d_{\min})=|\Gamma_L|e^{j(\varphi_L-2\beta d_{\min})}$，即 $e^{j(\varphi_L-2\beta d_{\min})}=-1$，所以有

$$\varphi_L-2\beta d_{\min}=-\pi,\varphi_L=2\beta d_{\min}-\pi=-\frac{\pi}{3}$$

终端反射系数为

$$\Gamma_L=0.5e^{-\frac{j\pi}{3}}$$

负载阻抗

$$Z_L=Z_0\frac{1+\Gamma_L}{1-\Gamma_L}=50\left(1-\frac{j2\sqrt{3}}{3}\right)\ \Omega$$

【例 6-6】 一均匀无耗传输线的特性阻抗为 50 Ω，负载 $Z_L=30+j40\ \Omega$，工作波长为 3 cm，传输线的长度为 $l=1.25\lambda$。试求：(1)负载端的反射系数 Γ_L 和传输线的驻波比 ρ；(2)第一个电压波节点 $d_{\min}$ 和第一个电压波腹点 $d_{\max}$ 距离终端的距离及波节点和波腹点的输入阻抗；(3)传输线的输入阻抗和输入导纳。

解：(1)负载端的反射系数、驻波比分别为

$$\Gamma_L=\frac{Z_L-Z_0}{Z_L+Z_0}=j0.5,\ \rho=\frac{1+|\Gamma_L|}{1-|\Gamma_L|}=3$$

(2)由于 $\Gamma_L=|\Gamma_L|e^{j\varphi_L}=j0.5$，所以 $\varphi_L=\frac{\pi}{2}$，故第一个电压波腹点和该点的阻抗为

$$d_{\max}=\frac{\varphi_L}{4\pi}\lambda=0.125\lambda,\quad R_{\max}=Z_0\rho=150\ \Omega$$

第一个电压波节点和该点的阻抗为

$$d_{\min}=\frac{\varphi_L}{4\pi}\lambda+\frac{\lambda}{4}=0.375\lambda,\quad R_{\min}=\frac{Z_0}{\rho}=\frac{50}{3}\ \Omega$$

(3)由 $\frac{\lambda}{4}$ 阻抗变换性可知，该传输线的输入阻抗和输入导纳分别为

$$Z_{in}=\frac{Z_0^2}{Z_L}=30-j40\ \Omega,\quad Y_{in}=\frac{1}{Z_{in}}=\frac{30+j40}{250}\mathrm{S}$$

6.4 沿其他导波装置传播导波的特性

前面讨论了矩形波导和传输线中导波的特性及其传输特点，下面分析圆柱形波导和同轴线中导波及其传输特性。

6.4.1 圆柱形波导

圆柱形波导也称圆波导，是内半径为 a 的圆形金属管，如图 6.14 所示。圆柱形波导应用

比较广泛，可用在天线馈线、远距离多路通信系统中，也可用在圆柱形谐振腔中。与分析矩形波导的方法类似，下面分析圆柱形波导中的场分布及其传输特性。

1. 圆柱形波导中的场分布

圆柱形波导是单导体导波装置，不能传输 TEM 波，只能传输 TE 波和 TM 波。考虑到圆柱形波导对称的结构特点，选用圆柱坐标系进行分系析。其分析方法与矩形波导的分析方法一样，先根据圆柱形波导中纵向场分量满足的波动方程和边界条件，确定纵向场分量，再利用纵向场分量结合麦克斯韦方程求解其横向场分量。

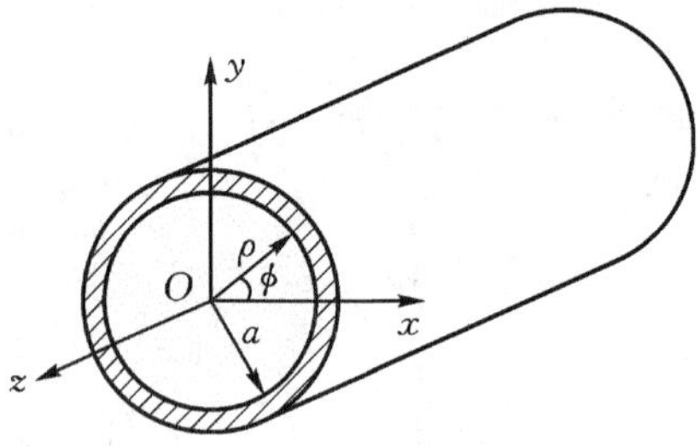

图 6.14　圆柱形波导

1)圆柱形波导中 TM 波的场

对于 TM 波，$H_z=0$，则 E_z 满足的方程和边界条件为

$$\nabla^2 E_z + k^2 E_z = 0 \tag{6-148}$$

$$E_z \big|_{\rho=a} = 0 \tag{6-149}$$

在圆柱坐标系中，将式(6-148)展开为

$$\frac{\partial^2 E_z}{\partial \rho^2} + \frac{1}{\rho}\frac{\partial E_z}{\partial \rho} + \frac{1}{\rho^2}\frac{\partial^2 E_z}{\partial \phi^2} + \frac{\partial^2 E_z}{\partial z^2} + k^2 E_z = 0 \tag{6-150}$$

由均匀波导系统的假设式(6-1)可知，$E_z(\rho,\phi,z)=E(\rho,\phi)\mathrm{e}^{-\gamma z}$，则式(6-150)可写为

$$\frac{\partial^2 E_z}{\partial \rho^2} + \frac{1}{\rho}\frac{\partial E_z}{\partial \rho} + \frac{1}{\rho^2}\frac{\partial^2 E_z}{\partial \phi^2} + \gamma^2 E_z + k^2 E_z = 0 \tag{6-151}$$

令 $k_c^2=\gamma^2+k^2$，则式(6-151)可写为

$$\frac{\partial^2 E_z}{\partial \rho^2} + \frac{1}{\rho}\frac{\partial E_z}{\partial \rho} + \frac{1}{\rho^2}\frac{\partial^2 E_z}{\partial \phi^2} + k_c^2 E_z = 0 \tag{6-152}$$

利用分离变量法求解式(6-152)，令 $E_z(\rho,\phi)=R(\rho)\Phi(\phi)$，并将其代入式(6-152)，两边同乘以$\frac{\rho^2}{(R\Phi)}$，并移项得

$$\frac{\rho^2}{R}\frac{\mathrm{d}^2 R}{\mathrm{d}\rho^2} + \frac{\rho}{R}\frac{\mathrm{d}R}{\mathrm{d}\rho} + k_c^2\rho^2 = -\frac{1}{\Phi}\frac{\mathrm{d}^2\Phi}{\mathrm{d}\phi^2} \tag{6-153}$$

式(6-153)左端是 ρ 的函数，右端是 ϕ 的函数。要使上式在圆柱形波导横截面的任意点得到满足，只有两端同等于一个常数。设此常数为 m^2，则得到以下两个常微分方程为

$$\rho^2\frac{\mathrm{d}^2 R}{\mathrm{d}\rho^2} + \rho\frac{\mathrm{d}R}{\mathrm{d}\rho} + [(k_c\rho)^2 - m^2]R = 0 \tag{6-154}$$

$$\frac{\mathrm{d}^2\Phi}{\mathrm{d}\phi^2} + m^2\Phi = 0 \tag{6-155}$$

式(6－154)是带参数 k_c 的贝塞尔方程，其通解为

$$R(\rho)=A_1J_m(k_c\rho)+A_2N_m(k_c\rho) \tag{6-156}$$

式(6－156)中，$J_m(k_c\rho)$为第一类 m 阶贝塞尔函数，$N_m(k_c\rho)$为第二类 m 阶贝塞尔函数(诺伊曼函数)。式(6－155)的通解为

$$\Phi(\phi)=B_1\cos m\phi+B_2\sin m\phi \quad 或 \quad \Phi(\phi)=B\cos(m\phi-\phi_0) \tag{6-157}$$

式(6－157)中，$B=\sqrt{B_1^2+B_2^2}$，$\phi_0=\arctan\left(\dfrac{B_2}{B_1}\right)$，$\phi_0$ 是场结构的初始角。则

$$E_z(\rho,\phi)=R(\rho)\Phi(\phi)=[A_1J_m(k_c\rho)+A_2N_m(k_c\rho)](B_1\cos m\phi+B_2\sin m\phi) \tag{6-158}$$

结合均匀波导的假设式(6－1)可得

$$E_z(\rho,\phi,z)=[A_1J_m(k_c\rho)+A_2N_m(k_c\rho)](B_1\cos m\phi+B_2\sin m\phi)\mathrm{e}^{-\gamma z} \tag{6-159}$$

对于无耗圆柱形波导，式(6－165)可写为

$$E_z(\rho,\phi,z)=[A_1J_m(k_c\rho)+A_2N_m(k_c\rho)](B_1\cos m\phi+B_2\sin m\phi)\mathrm{e}^{-\mathrm{j}\beta z} \tag{6-160}$$

根据圆柱形波导中场的特点，可对式(6－160) 进行如下简化：

(1)在圆柱形波导内，E_z 应为有限值，但当 $\rho\to0$ 时，$N_m(k_cr)\to-\infty$，因此圆柱形波导中场的径向分布函数不能包含 $N_m(k_cr)$，否则场量趋于无穷大，所以应取 $A_2=0$。

(2)由于圆柱形波导具有轴对称性，因此初始角 ϕ_0 可以任意选取，即场的极化面是任意的，也即无法确定 B_1 和 B_2 的比值。但任何极化方向的场都可由偶对称场 $\cos m\phi$ 和奇对称场 $\sin m\phi$(即 $\phi_0=0$ 和 $\phi_0=\dfrac{\pi}{2}$)叠加而成，因此将圆柱形波导中场的轴向关系写成偶对称和奇对称两种基本形式，记为

$$\begin{Bmatrix}\cos m\phi\\ \sin m\phi\end{Bmatrix}$$

(3)当 ρ 和 z 一定时，坐标 ϕ 旋转一周后，圆柱形波导中电磁场的大小和方向不变，因此 m 必须取零或正整数。综上，圆柱形波导中 E_z 的表达式可简化为

$$E_z(\rho,\phi,z)=E_0J_m(k_c\rho)\begin{Bmatrix}\cos m\phi\\ \sin m\phi\end{Bmatrix}\mathrm{e}^{-\mathrm{j}\beta z} \tag{6-161}$$

式(6－161)中，$E_0=A_1B_1$，是与圆柱形波导中场的激励有关的待定常数。下面利用圆柱形波导中电场、磁场满足的麦克斯韦方程求解其他场分量。

设在圆柱形波导内，媒质为无耗、均匀、各向同性、媒质中无源且波导内的电场和磁场为时谐场，则波导内的电磁场满足的复数形式麦克斯韦方程为：$\nabla\times\boldsymbol{E}=\mathrm{j}\omega\varepsilon\boldsymbol{E}$、$\nabla\times\boldsymbol{E}=-\mathrm{j}\omega\mu\boldsymbol{H}$、$\nabla\cdot\boldsymbol{H}=0$ 和 $\nabla\cdot\boldsymbol{E}=0$。为了分析方便，采用广义柱坐标系$(u,v,z)$，设导波沿 z 向传播，坐标 z 与横向坐标 u、v 无关，则微分算符∇和电场强度 $\boldsymbol{E}$ 和磁场强度 $\boldsymbol{H}$ 可以表示为

$$\nabla=\nabla_t+\boldsymbol{e}_z\times\frac{\partial}{\partial z} \tag{6-162}$$

$$\boldsymbol{E}(u,v,z)=\boldsymbol{E}_t(u,v,z)+\boldsymbol{e}_zE_z(u,v,z) \tag{6-163}$$

$$\boldsymbol{H}(u,v,z)=\boldsymbol{H}_t(u,v,z)+\boldsymbol{e}_zH_z(u,v,z) \tag{6-164}$$

式中，下标 t 表示横向分量。将式(6－162)、式(6－163)和式(6－164)代入复数形式麦克斯韦方程，展开后令方程两边的横向分量和纵向分量分别相等，则

$$\nabla_t\times \boldsymbol{H}_t = \mathrm{j}\omega\varepsilon\, \boldsymbol{e}_z E_z \tag{6-165}$$

$$\nabla_t\times \boldsymbol{e}_z H_z + \boldsymbol{e}_z \times \frac{\partial \boldsymbol{H}_t}{\partial z} = \mathrm{j}\omega\varepsilon \boldsymbol{E}_t \tag{6-166}$$

$$\nabla_t\times \boldsymbol{E}_t = -\mathrm{j}\omega\mu\, \boldsymbol{e}_z H_z \tag{6-167}$$

$$\nabla_t\times \boldsymbol{e}_z E_z + \boldsymbol{e}_z \times \frac{\partial \boldsymbol{E}_t}{\partial z} = -\mathrm{j}\omega\mu \boldsymbol{H}_t \tag{6-168}$$

将式(6－166)两边乘以 $\mathrm{j}\omega\mu$，式(6－168)两边作$\boldsymbol{e}_z\times\frac{\partial}{\partial z}$运算，可得

$$\mathrm{j}\omega\mu \boldsymbol{e}_z \times \frac{\partial \boldsymbol{H}_t}{\partial z} = -\mathrm{j}\omega\mu\ \nabla_t\times \boldsymbol{e}_z H_z - \omega^2\mu\varepsilon \boldsymbol{E}_t \tag{6-169}$$

$$-\mathrm{j}\omega\mu \boldsymbol{e}_t \times \frac{\partial \boldsymbol{H}_t}{\partial z} = \boldsymbol{e}_z \times \frac{\partial}{\partial z}(\nabla_t\times \boldsymbol{e}_z E_z) + \boldsymbol{e}_z \times \frac{\partial}{\partial z}\left(\boldsymbol{e}_z \times \frac{\partial \boldsymbol{E}_t}{\partial z}\right) \tag{6-170}$$

令 $k^2=\omega^2\mu\varepsilon$，则由式(6－169)和式(6－170)可得

$$\left(k^2+\frac{\partial^2}{\partial z^2}\right)\boldsymbol{E}_t = \frac{\partial}{\partial z}\ \nabla_t E_z + \mathrm{j}\omega\mu \boldsymbol{e}_z \times \nabla_t H_z \tag{6-171}$$

同理可得

$$\left(k^2+\frac{\partial^2}{\partial z^2}\right)\boldsymbol{H}_t = \frac{\partial}{\partial z}\ \nabla_t H_z + \mathrm{j}\omega\mu \boldsymbol{e}_z \times \nabla_t E_z \tag{6-172}$$

式(6－171)和式(6－172)表明：规则导行系统中，导波场的横向分量可由其纵向分量完全确定。在矩形波导的分析中，也可用该方法在求解其纵向分量满足的波动方程的基础上，利用式(6－171)和式(6－172)计算矩形波导的横向场。同理对圆柱形波导也可以此方法，将式(6－171)和式(6－172)在圆柱坐标系中展开，可得到其横向场的解为

$$E_\rho = -\frac{1}{\gamma^2+k^2}\left(\gamma\frac{\partial E_z}{\partial \rho}+\mathrm{j}\,\frac{\omega\mu}{\rho}\,\frac{\partial H_z}{\partial \phi}\right) = -\frac{1}{k_c^2}\left(\gamma\frac{\partial E_z}{\partial \rho}+\mathrm{j}\,\frac{\omega\mu}{\rho}\,\frac{\partial H_z}{\partial \phi}\right) \tag{6-173}$$

$$E_\phi = \frac{1}{\gamma^2+k^2}\left(-\frac{\gamma}{\rho}\,\frac{\partial E_z}{\partial \phi}+\mathrm{j}\omega\mu\,\frac{\partial H_z}{\partial \rho}\right) = \frac{1}{k_c^2}\left(-\frac{\gamma}{\rho}\,\frac{\partial E_z}{\partial \phi}+\mathrm{j}\omega\mu\,\frac{\partial H_z}{\partial \rho}\right) \tag{6-174}$$

$$H_\rho = \frac{1}{\gamma^2+k^2}\left(\mathrm{j}\,\frac{\omega\varepsilon}{\rho}\,\frac{\partial E_z}{\partial \phi}-\gamma\,\frac{\partial H_z}{\partial \rho}\right) = \frac{1}{k_c^2}\left(\mathrm{j}\,\frac{\omega\varepsilon}{\rho}\,\frac{\partial E_z}{\partial \phi}-\gamma\,\frac{\partial H_z}{\partial \rho}\right) \tag{6-175}$$

$$E_\phi = -\frac{1}{\gamma^2+k^2}\left(\mathrm{j}\omega\varepsilon\,\frac{\partial E_z}{\partial \rho}+\frac{\gamma}{\rho}\,\frac{\partial H_z}{\partial \phi}\right) = -\frac{1}{k_c^2}\left(\mathrm{j}\omega\varepsilon\,\frac{\partial E_z}{\partial \rho}+\frac{\gamma}{\rho}\,\frac{\omega\mu}{\rho}\,\frac{\partial H_z}{\partial \phi}\right) \tag{6-176}$$

对于 TM 波，将 $H_z=0$ 和式(6－161)代入式(6－173)到式(6－176)可得圆柱形波导中 TM 波的横向场为

$$E_\rho(\rho,\phi,z) = -\mathrm{j}\left(\frac{\beta}{k_c}\right)E_0 J_m{}'(k_c\rho)\begin{Bmatrix}\cos(m\phi)\\ \sin(m\phi)\end{Bmatrix}\mathrm{e}^{-\mathrm{j}\beta z} \tag{6-177}$$

$$E_\phi(\rho,\phi,z) = \mathrm{j}\left(\frac{m\beta}{\rho k_c^2}\right)E_0 J_m(k_c\rho)\begin{Bmatrix}\sin(m\phi)\\ -\cos(ml)\end{Bmatrix}\mathrm{e}^{-\mathrm{j}\beta z} \tag{6-178}$$

$$H_\rho(\rho,\phi,z) = -\mathrm{j}\left(\frac{m\omega\varepsilon}{\rho k_c^2}\right)E_0 J_m(k_c\rho)\begin{Bmatrix}\sin(m\phi)\\ -\cos(ml)\end{Bmatrix}\mathrm{e}^{-\mathrm{j}\beta z} \tag{6-179}$$

$$H_\phi(\rho,\phi,z) = -\mathrm{j}\left(\frac{\omega\varepsilon}{k_c}\right)E_0 J_m{}'(k_c\rho)\begin{Bmatrix}\cos(m\phi)\\ \sin(m\phi)\end{Bmatrix}\mathrm{e}^{-\mathrm{j}\beta z} \tag{6-180}$$

式中，k_c 由边界条件确定。当 $\rho=a$(a 为圆柱形波导的半径)时，$E_z=0$，$E_\phi=0$，因此有 $J_m(k_c a)=0$，

而第一类 m 阶贝塞尔函数 $J_m(k_c a)=0$ 的根有无穷多个,设 P_{mn} 为第一类 m 阶贝塞尔函数的第 n 个根,则

$$k_c a = P_{mn} \quad \text{或} \quad k_c = \frac{P_{mn}}{a} \tag{6-181}$$

表 6.1 给出了 P_{mn} 的前几个值,由此可知,对于贝塞尔函数的每一个根 P_{mn},都有一个固定的 TM 模存在,不同的 m,n 值代表不同的模式。由于贝塞尔函数的根 P_{mn} 有无穷多个,所以圆柱形波导中存在的 TM 模式也有无穷多个。在这些模式中,m 可以为零,而 n 不能为零。即TM_{m0}模不存在,而TM_{0n}模存在。TM_{01}模是 TM 模的最低次模式。

表 6.1　第一类贝塞尔函数的根

m \ n	1	2	3	4	5
0	2.405	5.520	8.654	11.792	14.931
1	3.832	7.016	10.173	13.324	16.471
3	5.135	8.417	11.620	14.796	17.960
4	6.379	9.761	13.017	16.224	19.410
5	7.586	11.064	14.373	17.616	20.827

由 TM 模的场量表达式可知,场量沿圆周方向和径向呈驻波分布,而且沿周向按三角函数分布,沿径向按贝塞尔函数或其导数分布。

2)圆柱形波导中 TE 波的场

对于 TE 波,$E_z=0$,则 H_z 满足的方程和边界条件为

$$\nabla^2 H_z + k^2 H_z = 0 \tag{6-182}$$

$$\frac{\partial H_z}{\partial \rho}\Big|_{\rho=a} = 0 \tag{6-183}$$

与讨论 TM 波的方法类似,可得到圆柱形波导中 TE 波的场分量为

$$H_z(\rho,\phi,z) = H_0 J_m(k_c\rho)\begin{Bmatrix}\cos m\phi \\ \sin m\phi\end{Bmatrix}e^{-j\beta z} \tag{6-184}$$

$$H_\rho(\rho,\phi,z) = -j\left(\frac{\beta}{k_c}\right)H_0 J'_m(k_c\rho)\begin{Bmatrix}\cos(m\phi) \\ \sin(m\phi)\end{Bmatrix}e^{-j\beta z} \tag{6-185}$$

$$H_\phi(\rho,\phi,z) = j\left(\frac{m\beta}{\rho k_c^2}\right)H_0 J_m(k_c\rho)\begin{Bmatrix}\sin(m\phi) \\ -\cos(m\phi)\end{Bmatrix}e^{-j\beta z} \tag{6-186}$$

$$E_\rho(\rho,\phi,z) = j\left(\frac{m\omega\mu}{\rho k_c^2}\right)H_0 J_m(k_c\rho)\begin{Bmatrix}\sin(m\phi) \\ -\cos(m\iota)\end{Bmatrix}e^{-j\beta z} \tag{6-187}$$

$$E_\phi(\rho,\phi,z) = j\left(\frac{\omega\mu}{k_c}\right)H_0 J'_m(k_c\rho)\begin{Bmatrix}\cos(m\phi) \\ \sin(m\phi)\end{Bmatrix}e^{-j\beta z} \tag{6-188}$$

$$E_z(\rho,\phi,z) = 0 \tag{6-189}$$

式中,k_c 由边界条件确定。当 $\rho=a$(a 为圆柱形波导的半径)时,$E_\phi=0$,由式(6-188)可知 $J_m{}'(k_c a)=0$,设 u_{mn} 为第一类 m 阶贝塞尔函数导数的第 n 个根,则

$$k_c a = u_{mn} \quad \text{或} \quad k_c = \frac{u_{mn}}{a} \tag{6-190}$$

式中，$n=1,2,3,\cdots$。表 6.2 给出了 u_{mn} 的前几个值。由此可知，由于贝塞尔函数导数的根 u_{mn} 有无穷多个，所以圆柱形波导中存在的 TE 模式也有无穷多个，不同的 m,n 值代表不同的模式。这些模式中，m 可以为零，而 n 不能为零。即TE_{m0}模不存在，而TE_{0n}模存在。TE_{11}模是 TE 模的最低次模式。

表 6.2　贝塞尔函数导数的根

m \ n	1	2	3	4
0	3.832	7.016	10.173	13.324
1	1.841	5.332	8.536	11.706
2	3.054	6.705	9.965	11.334
3	4.201	8.015	11.334	—

2. 圆柱形波导中波的传播特性

与矩形波导的情况一样，圆柱形波导中 TM 模和 TE 模的传播特性由相应的传播常数 γ 确定。传播常数 γ、波数 k 和截止波数 k_c 满足的关系式为 $k_c^2=\gamma^2+k^2$。对于半径为 a 的圆柱形波导中 TM 模和 TE 模的截止频率和截止波长由式(6－186)和式(6－195)确定，相应的截止频率为

$$(f_c)_{TM_{mn}}=\frac{k_c}{2\pi\sqrt{\mu\varepsilon}}=\frac{P_{mn}}{2\pi a\sqrt{\mu\varepsilon}} \tag{6-191}$$

$$(f_c)_{TE_{mn}}=\frac{k_c}{2\pi\sqrt{\mu\varepsilon}}=\frac{u_{mn}}{2\pi a\sqrt{\mu\varepsilon}} \tag{6-192}$$

截止波长为

$$(\lambda_c)_{TM_{mn}}=\frac{2\pi}{k_c}=\frac{2\pi a}{P_{mn}} \tag{6-193}$$

$$(\lambda_c)_{TE_{mn}}=\frac{2\pi}{k_c}=\frac{2\pi a}{u_{mn}} \tag{6-194}$$

当电磁波的工作频率 f 大于相应模式的截止频率 f_c(或工作波长 λ 小于相应模式的截止波长 λ_c)时，波导中就可以传播该模式的电磁波。相应的传播特性参数为

相位常数

$$\beta=\sqrt{k^2-k_c^2}=k\sqrt{1-\left(\frac{f_c}{f}\right)^2} \tag{6-195}$$

相速度

$$v_p=\frac{\omega}{\beta}=\frac{v}{\sqrt{1-\left(\frac{f_c}{f}\right)^2}} \tag{6-196}$$

波导波长

$$\lambda_g=\frac{v_p}{f}=\frac{\lambda}{\sqrt{1-\left(\frac{f_c}{f}\right)^2}} \tag{6-197}$$

波阻抗

$$Z_{\mathrm{TM}}=\frac{E_\rho}{H_\phi}=-\frac{E_\phi}{H_\rho}=\eta\sqrt{1-\left(\frac{f_c}{f}\right)^2} \tag{6-198}$$

$$Z_{\mathrm{TE}}=\frac{E_\rho}{H_\phi}=-\frac{E_\phi}{H_\rho}=\frac{\eta}{\sqrt{1-\left(\frac{f_c}{f}\right)}} \tag{6-199}$$

由式(6-193)和式(6-194)可知，截止波长 λ_c 随圆柱形波导的半径 a 和波指数 m、n 的变化而变化。图 6.15 显示了圆柱形波导中几个低次模式的截止波长的分布情况。在所有的模式中，TE_{11}模的截止波长最长，其截止波长为$(\lambda_c)_{\mathrm{TE}_{11}}=3.41a$，$\mathrm{TE}_{11}$模是圆波导中的最低次模式，其次是$\mathrm{TM}_{01}$模，截止波长为$(\lambda_c)_{\mathrm{TM}_{01}}=2.61a$。所以当工作波长满足 $2.61a<\lambda<3.41a$ 时，圆波导中只传输TE_{11}模。

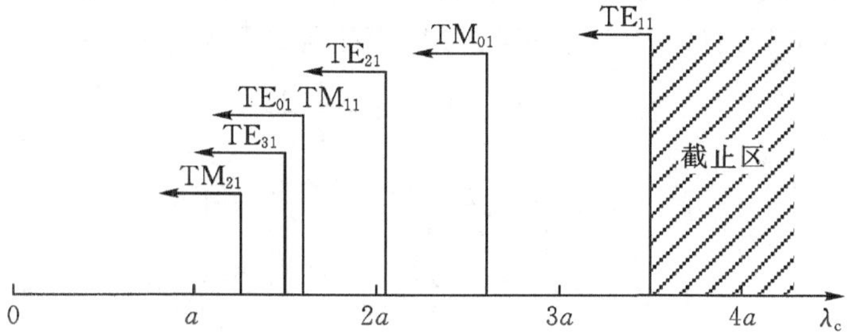

图 6.15　圆柱形波导中各模式截止波长分布图

从以上分析可得出结论：①圆柱形波导中存在无穷多个可能的传播模式——TM_{mn}模和TE_{mn}模；②圆柱形波导的主模是TE_{11}模，其截止波长为 $3.41a$；③圆柱形波导中的传播模式存在双重简并现象：一种是TE_{0n}模和TM_{1n}模简并，这两种模式的 m 值不同，场结构不同，但它们的截止波长相同，这种简并称为 $E-H$ 简并；另一种称为极化简并，这是因为场分量沿周向分布存在 $\cos m\phi$ 和 $\sin m\phi$ 两种可能性，这两种分布模式的 m、n 值即场结构完全相同，只是极化面旋转了 90°，所以称为极化简并，圆柱形波导中TM_{mn}模和TE_{mn}模均存在极化简并。

3. 圆柱形波导的三种常用模式

和矩形波导不同，在圆柱形波导中除应用最低次模TE_{11}外，还应用其他高次模式，圆波导中应用最多的是TE_{11}、TM_{01}和TE_{01}三种模式，利用这三种模式的场结构和面电流分布特点可构成特殊用途的波导元件，下面分别讨论这三种模式。

1)TE_{11}模

TE_{11}模是圆柱形波导的最低次模式，其截止波长最长，但与矩形波导不同，当工作波长满足 $2.61a<\lambda<3.41a$ 时，由于极化简并的存在，并不能单模传输TE_{11}模，因此圆波导不存在单模工作区。将 $m=1$，$n=1$ 以及 $u_{11}=1.841$ 代入式(6-189)到式(6-194)可得到TE_{11}模的各场量表达式，其场分布如图 6.16 所示。由图 6.16 可见，TE_{11}模的场分布与矩形波导的主模TE_{10}的场分布相似，工程上根据这个原理制作矩形波导到圆柱形波导的转换器，即方-圆变换器。与矩形波导的主模TE_{10}相比，圆柱形波导的TE_{11}模存在极化简并，使圆柱形波导中场的极化方向不稳定，因此中、远距离传输电磁能量时一般不用圆柱形波导，而采用矩形波导。TE_{11}模极化简并的特点可以用来制作一些有特殊作用的微波元器件，如极化衰减器、极化变

换器和铁氧体环行器等。

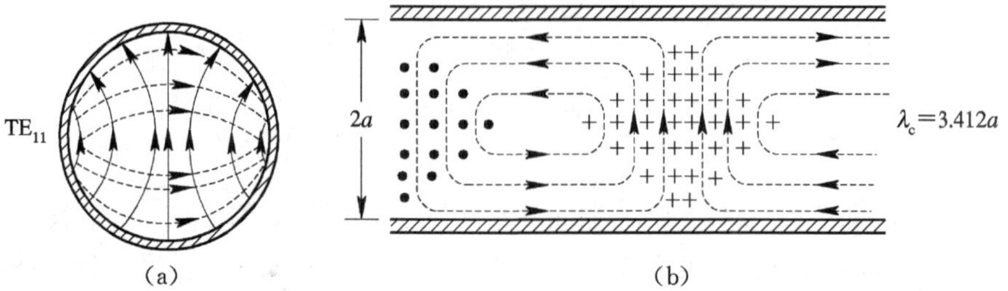

图 6.16　圆柱形波导TE_{11}模的场结构

2)TM_{01}模

TM_{01}模是圆柱形波导的第一个高次模。将 $m=0, n=1$ 以及 $P_{mn}=2.405$ 代入式(6-166)、式(6-182)到式(6-185)可得到TM_{01}模的各场量表达式为

$$E_z(\rho,\phi,z)=E_0J_0\left(\frac{2.405\rho}{a}\right)e^{-j\beta z} \tag{6-200}$$

$$E_\rho(\rho,\phi,z)=\frac{j\beta a}{2.405}E_0J_1'\left(\frac{2.405\rho}{a}\right)e^{-j\beta z} \tag{6-201}$$

$$H_\phi(\rho,\phi,z)=\frac{j\varepsilon\omega a}{2.405}E_0J_1'\left(\frac{2.405\rho}{a}\right)e^{-j\beta z} \tag{6-202}$$

$$E_\phi=H_\rho=H_z=0 \tag{6-203}$$

由式(6-200)到式(6-203)可知,该模式的磁场只有周向分量,最大值出现在 $\rho\approx0.77a$,电场在波导轴线上最强,不存在极化简并,也不存在 $E-H$ 简并,其场分布具有轴对称性,如图6.17 所示。TM_{01}模的这一特点适合于用作天线机械扫描装置中的旋转关节的工作模式,但由于TM_{01}模不是圆柱形波导的主模,所以在使用过程中应设法抑制主模TE_{11}模。

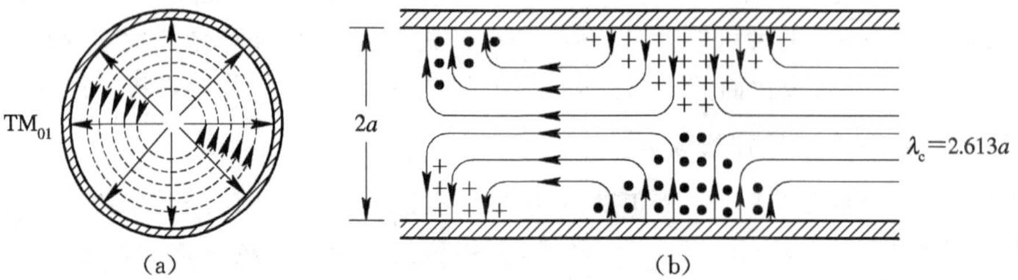

图 6.17　圆柱形波导TM_{01}模的场结构

3)TE_{01}模

TE_{01}模是圆柱形波导中的高次模。将 $m=0, n=1$ 以及 $u_{mn}=3.832$ 代入式(6-184)到式(6-189)可得到TE_{01}模的各场量表达式为

$$E_\phi(\rho,\phi,z)=-\frac{j\omega\mu a}{3.832}H_0J_1\left(\frac{3.832\rho}{a}\right)e^{-j\beta z} \tag{6-204}$$

$$H_\rho(\rho,\phi,z)=\frac{j\beta a}{3.832}H_0J_1\left(\frac{3.832\rho}{a}\right)e^{-j\beta z} \tag{6-205}$$

$$H_z(\rho,\phi,z)=H_0J_1\left(\frac{3.832\rho}{a}\right)e^{-j\beta z} \tag{6-206}$$

$$E_\rho = E_z = H_\phi = 0 \tag{6-207}$$

由式(6-204)到式(6-207)可知，TE_{01}模有如下特点：电磁场沿 ϕ 方向不变化，即具有轴对称性，不存在极化简并，但存在 $E-H$ 简并；电场在中心和管壁附近为零；在管壁附近只有磁场分量 H_z，根据边界条件 $\boldsymbol{J}=-\boldsymbol{e}_\rho\times\boldsymbol{H}$ 可知，管壁电流只有 J_ϕ 分量，无纵向分量电流存在，因此当传输功率一定时，随着工作频率增高，管壁热损耗将下降，其损耗相对于其他模式而言是最低的。TE_{01}模的低损耗特性适用于毫米波长距离低损耗传输，也可用于高 Q 值谐振腔的工作模式。TE_{01}模的简并模是TM_{11}模，这两种模式具有相同的传输条件，两者相互转换极为容易，因此应设法抑制TM_{11}模。工程上采用介质模波导或涂一层低损耗介质后再涂一层损耗较大的介质来抑制TM_{11}模。

【例 6-7】 一填充空气的圆柱形波导中的 TE_{01}模，工作频率为 3 GHz，工作波长与截止波长的比为 0.7，求波导波长。

解：TE_{01}模相位常数为

$$\beta=\sqrt{k^2-k_c^2}=k\sqrt{1-\left(\frac{\lambda}{\lambda_c}\right)^2}=2\pi f\sqrt{\mu_0\varepsilon_0}\sqrt{1-0.7^2}=44.9\ \text{rad/m}$$

波导波长为
$$\lambda_g=\frac{2\pi}{\beta}=0.14\ \text{m}$$

【例 6-8】 一填充空气的圆柱形波导，其周长为 25.1 cm，工作频率为 3.0 GHz，求该波导内可能传播的模式。

解：工作波长小于截止波长的模式都可以在波导内传播，该波导的工作波长为

$$\lambda=\frac{c}{f}=0.1\ \text{m}$$

该波导的半径 $a=\frac{l}{2}\pi\approx 4\ \text{cm}$，$TE_{11}$模的截止波长

$$\lambda_{cTE_{11}}=3.13a\approx 13.6\ \text{cm}$$

TE_{01}模和TM_{11}模的截止波长　$\lambda_{cTE_{01}}=\lambda_{cTM_{11}}=1.64a\approx 6.56\ \text{cm}$

TM_{01}模的截止波长　$\lambda_{cTM_{01}}=2.62a\approx 10.48\ \text{cm}$

TE_{21}模的截止波长　$\lambda_{cTE_{21}}=2.06a\approx 8.24\ \text{cm}$

其余模式的截止波长都小于 10 cm，所以该圆柱形波导中可能传播的模式为TE_{11}模和TM_{01}模。

6.4.2 同轴波导

同轴波导也称同轴线，是射频/微波技术中最常用的 TEM 模传输线，常用于微波波段的低频端作为传输线或用来制作宽频带的射频/微波元器件。同轴波导是一种由内、外导体构成的双导体导波系统，其形状如图 6.18 所示。内导体半径为 a，外导体的内半径为 b，内外导体之间填充电参数为 ε、μ 的理想介质，内外导体为理想导体。同轴波导的主模是 TEM 模，也可以传播 TE 波和 TM 波。

设电磁波沿 $+z$ 方向传播，相应的场为时谐场，波导内的电磁场的复数形式为

$$\boldsymbol{E}(\rho,\phi,z)=\boldsymbol{E}(\rho,\phi)e^{-\gamma z} \tag{6-208}$$

$$\boldsymbol{H}(\rho,\phi,z)=\boldsymbol{H}(\rho,\phi)e^{-\gamma z} \tag{6-209}$$

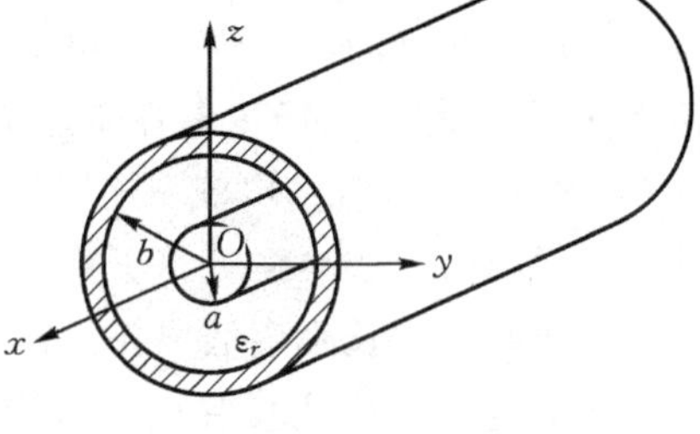

图 6.18 同轴线的结构

下面分别讨论同轴线的主模、传输功率以及衰减。

1. 同轴波导中的 TEM 波

同轴波导是双导体波导，波导内可以传输 TEM 波。对于 TEM 波，$E_z=0$，$H_z=0$。由于磁场线是闭合曲线，电场和磁场都在横截面内，则电场和磁场分别为 $\boldsymbol{H}=\boldsymbol{e}_\varphi H_\varphi$，$\boldsymbol{E}=\boldsymbol{e}_\rho E_\rho$。将复数形式麦克斯韦方程 $\nabla\times\boldsymbol{E}=\mathrm{j}\omega\varepsilon\boldsymbol{E}$ 在圆柱坐标系中展开，得

$$\frac{1}{\rho}\frac{\partial}{\partial\rho}(\rho H_\phi)=0 \tag{6-210}$$

$$\gamma H_\phi=\mathrm{j}\omega\varepsilon\boldsymbol{E}_\rho \tag{6-211}$$

同轴波导中 TEM 波沿 $+z$ 方向传播，传播因子为 $\mathrm{e}^{-\gamma z}$，则式(6-210)的解为

$$H_\phi(\rho,\phi,z)=\frac{H_0}{\rho}\mathrm{e}^{-\gamma z} \tag{6-212}$$

同轴波导中传输 TEM 波时的电磁场分布如图 6.19 所示。将式(6-212)代入式(6-211)可得

$$E_\rho(\rho,\phi,z)=\frac{\gamma}{\mathrm{j}\omega\varepsilon}H_\phi(\rho,\phi,z)=\frac{\gamma}{\mathrm{j}\omega\varepsilon}\frac{H_0}{\rho}\mathrm{e}^{-\gamma z}=\frac{\eta H_0}{\rho}\mathrm{e}^{-\gamma z} \tag{6-213}$$

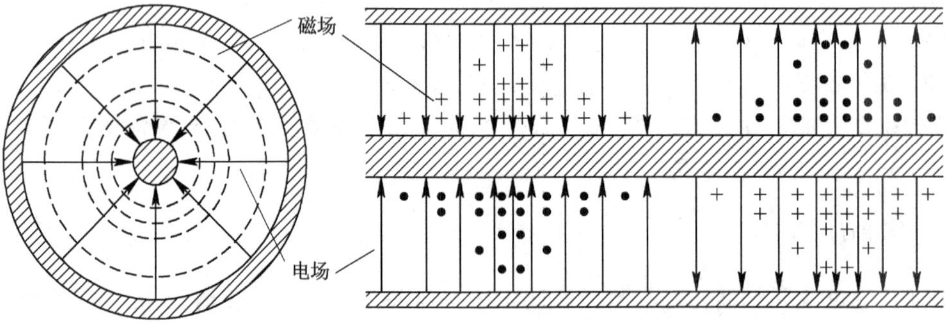

图 6.19 同轴线 TEM 模场结构

由图 6.19 可知，越靠近内导体表面，电场和磁场越强，表明内导体表面的电流密度比外导体内表面的电流密度大得多，因此同轴线的导体损耗主要发生在内导体表面上。根据 TEM 波的磁场分布和理想导体边界条件可知，同轴波导外导体的管壁电流($\boldsymbol{J}=-\boldsymbol{e}_\rho\times\boldsymbol{H}$)沿同轴线的轴线方向。

由式(6-15)可得同轴波导中传输 TEM 波时，其传播常数为

$$\gamma = \mathrm{j}k = \mathrm{j}\omega\sqrt{\mu\varepsilon} = \mathrm{j}\beta \tag{6-214}$$

式中，$\beta=\omega\sqrt{\mu\varepsilon}$ 为相位常数。其余传播特性参数分别为

相速度

$$v_{\mathrm{p}} = \frac{\omega}{\beta} = \frac{1}{\sqrt{\mu\varepsilon}} \tag{6-215}$$

波阻抗

$$Z_{\mathrm{TEM}} = \frac{E_\rho}{H_\phi} = \frac{\gamma}{\mathrm{j}\omega\varepsilon} = \frac{\mathrm{j}\beta}{\mathrm{j}\omega\varepsilon} = \sqrt{\frac{\mu}{\varepsilon}} = \eta \tag{6-216}$$

由式(6－214)可知，同轴波导中 TEM 模的截止波数 $k_{\mathrm{c}}=\sqrt{\gamma^2+k^2}=0$，即 $\lambda_{\mathrm{c}}=\infty$。由式(6－215)可知，同轴波导中的 TEM 波是无色散波。

2. 同轴波导中的传输功率

同轴波导中传输 TEM 模时，由式(6－212)和式(6－213)可得其传输功率为

$$\begin{aligned} P &= \int_S \boldsymbol{S}_{\mathrm{av}} \cdot \mathrm{d}\boldsymbol{S} = \frac{1}{2}\int_S \mathrm{Re}\,(\boldsymbol{E}_\rho \times H_\phi^*) \cdot \boldsymbol{e}_z \mathrm{d}S \\ &= \frac{1}{2}\int_a^b (E_\rho H_\phi^*) 2\pi\rho\mathrm{d}\rho = \pi\sqrt{\frac{\mu}{\varepsilon}}\;|H_0|^2 \ln\frac{b}{a} = \frac{\pi}{\eta}\,|E_0|^2 \ln\frac{b}{a} \end{aligned} \tag{6-217}$$

式中，a、b 分别为同轴波导内导体的半径和外导体的内半径，$E_0=\eta H_0$。

由式(6－213)可知，同轴波导中传输 TEM 波时，在 $\rho=a$ 处电场最大，其电场强度为

$$|E|_{\max} = \sqrt{\frac{\mu}{\varepsilon}}\,\frac{H_0}{a} = \frac{\eta H_0}{a} = \frac{E_0}{a} \tag{6-218}$$

假设 $\rho=a$ 处的电场强度 $|E|_{\max}$ 等于同轴波导中所填充媒质的击穿电场强度 E_{br}，则击穿时 $|E|_{\max}=E_{\mathrm{br}}$，将其代入式(6－217)可得同轴波导中传输 TEM 波时的功率容量 P_{br} 为

$$P_{\mathrm{br}} = \frac{\pi a^2 E_{\mathrm{br}}^2}{\eta}\ln\frac{b}{a} \tag{6-219}$$

由式(6－219)可知，同轴波导的功率容量不仅与比值 $\frac{b}{a}$ 有关，还与 a 和 b 的值有关。当 $\frac{b}{a}$ 一定时，a 或 b 的值越大，P_{br} 就越大；当 b 一定时，由 $\frac{\partial P_{\mathrm{br}}}{\partial a}=0$ 可导出，当 $\frac{b}{a}\approx 1.65$ 时，P_{br} 值达到最大，此时同轴波导的特性阻抗 $Z_{\mathrm{TEM}}=\frac{30}{\sqrt{\varepsilon_{\mathrm{r}}}}\Omega$。

3. 同轴波导中的高次模

同轴波导的主模是 TEM 模，但当工作频率过高，即当同轴波导的横截面尺寸与工作波长相近时，同轴波导中将出现高次模，即 TE 模和 TM 模。同轴波导中 TE 模和 TM 模的分析方法和圆柱形波导中 TE 模和 TM 模的分析方法向似，即在给定边界条件下求解 E_z 或 H_z 满足的亥姆霍兹方程。但由于同轴波导在中心轴线上出现内导体，所以在圆柱坐标系中求解 E_z 或 H_z 满足的亥姆霍兹方程时，通解中应保留第二类贝塞尔函数，将求得的 E_z 和 H_z 的解代入横向场分量和纵向场分量的关系式，即可得到同轴波导中 TE 模和 TM 模的横向场分量的解。但同轴波导一般不用高次模式传输功率，因此着重分析同轴波导中高次模的截止波长与横截

面尺寸之间的关系，通过合理选择横截面尺寸，抑制高次模式。

1)TM 模

对于同轴波导中的 TM 模，假设其沿 $+z$ 方向传播，则由圆柱形波导中 TM 模的解可知，TM 模的 E_z 的通解为

$$E_z(\rho,\phi,z)=[A_1J_m(k_c\rho)+A_2N_m(k_c\rho)]\begin{Bmatrix}\cos m\phi\\ \sin m\phi\end{Bmatrix}e^{-j\beta z} \tag{6-220}$$

对同轴波导，E_z 满足的边界条件为 $E_z|_{\rho=a,b}=0$，则将式(6-220)代入边界条件可得

$$A_1J_m(k_ca)+A_2N_m(k_ca)=0,\quad A_1J_m(k_cb)+A_2N_m(k_cb)=0 \tag{6-221}$$

由式(6-221)可得

$$\frac{J_m(k_ca)}{N_m(k_ca)}=\frac{J_m(k_cb)}{N_m(k_cb)} \tag{6-222}$$

式(6-222)是一个超越方程，此方程的解有无穷多个，每一个解对应一个模式，因此同轴波导中的 TM 模也有无穷多个，记为 TM_{mn}。由于这个方程没有解析解，用数值法求解式(6-226)的近似解为

$$k_c\approx\frac{n\pi}{(b-a)}\quad(n=1,2,3,\cdots) \tag{6-223}$$

由此得到 TM_{mn} 模的截止波长近似为

$$\lambda_{cTM_{mn}}=\frac{2\pi}{k_c}\approx\frac{2(b-a)}{n} \tag{6-224}$$

最低次 TM_{01} 模的截止波长近似为

$$\lambda_{cTM_{01}}=\frac{2\pi}{k_c}\approx 2(b-a) \tag{6-225}$$

2)TE 模

对于同轴波导中的 TE 模，假设其沿 $+z$ 方向传播，则由圆柱形波导中 TE 模的解可知，TE 模的 E_z 的通解为

$$H_z(\rho,\phi,z)=[A_3J_m(k_c\rho)+A_4N_m(k_c\rho)]\begin{Bmatrix}\cos m\phi\\ \sin m\phi\end{Bmatrix}e^{-j\beta z} \tag{6-226}$$

由式(6-182)可知，H_z 满足的边界条件为

$$\frac{\partial H_z}{\partial\rho}\Big|_{\rho=a,b}=0 \tag{6-227}$$

由边界条件式(6-227)可得

$$A_3J'_m(k_ca)+A_4N'_m(k_ca)=0,\quad A_3J'_m(k_cb)+A_4N'_m(k_cb)=0 \tag{6-228}$$

由式(6-228)可得

$$\frac{J'_m(k_ca)}{N'_m(k_ca)}=\frac{J'_m(k_cb)}{N'_m(k_cb)} \tag{6-229}$$

式(6-229)是一个超越方程，此方程的解也有无穷多个，每一个解对应一个模式，因此同轴波导中的 TE 模也有无穷多个，记为 TE_{mn}。由于这个方程没有解析解，用数值法求解式(6-229)可得 TE 模的最低次模 TE_{11} 模的近似解为

$$k_{cTE_{11}}\approx\frac{2}{(b-a)} \tag{6-230}$$

最低次TE_{11}模的截止波长近似为

$$\lambda_{cTE_{11}} = \frac{2\pi}{k_{cTE_{11}}} \approx \pi(b-a) \tag{6-231}$$

要保证同轴波导中只传输 TEM 模，则需使TE_{11}模处于截止状态，即工作波长满足的条件为

$$\lambda > \lambda_{cTE_{11}} = \pi(a+b) \tag{6-232}$$

或者选择同轴波导的尺寸 a,b,使其满足 $a+b<\dfrac{\lambda}{\pi}$,这是选择同轴线尺寸时必须考虑的一个因素。在实际应用中还要考虑同轴线的功率容量和损耗，若要求功率容量最大，取$\dfrac{b}{a}\approx 1.65$;若要求损耗最小，取$\dfrac{b}{a}\approx 3.59$。若折中考虑，通常取$\dfrac{b}{a}\approx 2.303$,与此尺寸相应的空气同轴线的特性阻抗为 50 Ω。

6.5　谐振腔

谐振腔是常用于 UHF 波段以及更高频段的谐振元件。在 UHF 波段以及更高的频段，由于分布参数效应，制造一般的由集中参数元件构成的谐振器非常困难。而谐振腔是用金属导体壁完全密闭的空腔，可以将电磁波全部约束在空腔内，同时整个大面积的金属表面又为电流提供通路。谐振腔具有固定的谐振频率和很高的 Q 值。常见的谐振腔有矩形波导谐振腔、圆柱形波导谐振腔、同轴波导谐振腔等，本节主要讨论矩形谐振腔的性质。

矩形波导谐振腔又称矩形谐振腔，是将一段长度为 l 的矩形波导两端用金属板封闭起来构成的谐振腔，电场和磁场能量被储存在腔体内，功率损耗由腔体的金属壁与腔内填充的介质引起，谐振腔可用小孔、探针或者环与外电路耦合，其结构如图 6.20 所示。设该矩形谐振腔的长为 l,宽为 a,高为 b。由于矩形波导可以传输 TM 模和 TE 模电磁波，因此在矩形谐振腔内同样存在 TM 模和 TE 模。

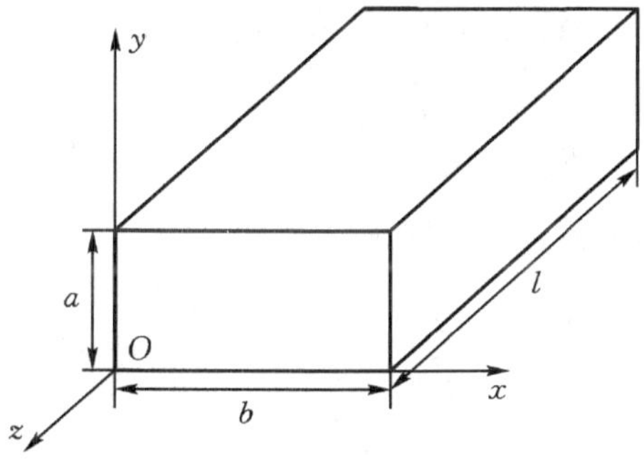

图 6.20　矩形波导谐振腔

假设 z 轴为参考的传播方向，由于在 $z=0$ 和 $z=l$ 处存在导体壁，电磁波沿 z 方向来回反射形成驻波，所以腔内不可能有波的传播。与矩形波导的模式相对应，矩形谐振腔内可以存在无穷多TM_{mnp}模和TE_{mnp}模，其中下标 m、n、p 分别表示沿 a、b、l 分布的半驻波数。下面分别讨论TM_{mnp}模和TE_{mnp}模的场分量及其相应谐振频率和矩形谐振腔的品质因数 Q。

1. TM_{mnp} 模

在矩形波导中，沿 $+z$ 方向传播的 TM_{mnp} 模的电磁波被位于 $z=l$ 处的端面反射，沿 $-z$ 方向传播，相应的传播因子为 $e^{j\beta z}$，这时入射波和反射波叠加形成以 $\sin\beta z$ 或 $\cos\beta z$ 表示的驻波分布。由边界条件可知，电场分量 E_x、E_y 在 $z=0$ 和 $z=l$ 平面上应等于零。于是电场分量 E_x 和 E_y 沿 z 方向的驻波分布应为 $\sin\beta z$，且 $\beta=\dfrac{p\pi}{l}$，$(p=1,2,3\cdots)$。在 $z=0$ 和 $z=l$ 平面上，E_z 为法向分量，由边界条件可知，该法向分量在 $z=0$ 和 $z=l$ 平面上不为零，而是决定于该面的感应电荷面密度，所以 E_z 沿 z 的驻波分布应为 $\cos\beta z$，且 $\beta=\dfrac{p\pi}{l}$，$(p=1,2,3\cdots)$。同理可得 H_x、H_y 沿 z 的驻波分布应为 $\cos\beta z$，且 $\beta=\dfrac{p\pi}{l}$，$(p=1,2,3\cdots)$。于是得到矩形谐振腔内 TM_{mnp} 模的场分布为

$$E_z(x,y,z) = E_m\sin(\frac{m\pi}{a}x)\sin(\frac{n\pi}{b}y)\cos(\frac{p\pi}{l}) \tag{6-233}$$

$$E_x(x,y,z) = -\frac{1}{k_c^2}\left(\frac{m\pi}{a}\right)\left(\frac{p\pi}{l}\right)E_m\cos(\frac{m\pi}{a}x)\sin(\frac{n\pi}{b}y)\sin(\frac{p\pi}{l}z) \tag{6-234}$$

$$E_y(x,y,z) = -\frac{1}{k_c^2}\left(\frac{n\pi}{b}\right)\left(\frac{p\pi}{l}\right)E_m\sin(\frac{m\pi}{a}x)\cos(\frac{n\pi}{b}y)\sin(\frac{p\pi}{l}z) \tag{6-235}$$

$$H_x(x,y,z) = \frac{j\omega\varepsilon}{k_c^2}\left(\frac{n\pi}{b}\right)E_m\sin(\frac{m\pi}{a}x)\cos(\frac{n\pi}{b}y)\cos(\frac{p\pi}{l}z) \tag{6-236}$$

$$H_y(x,y,z) = -\frac{j\omega\varepsilon}{k_c^2}\left(\frac{m\pi}{a}\right)E_m\cos(\frac{m\pi}{a}x)\sin(\frac{n\pi}{b}y)\cos(\frac{p\pi}{l}z) \tag{6-237}$$

$$H_z(x,y,z) = 0 \tag{6-238}$$

矩形波导中 TM 模和 TE 模满足的相位关系为

$$\beta = \sqrt{k^2-k_c^2} = \sqrt{k^2-\left(\frac{m\pi}{a}\right)^2-\left(\frac{n\pi}{b}\right)^2} \tag{6-239}$$

将前面分析矩形谐振腔时给出的条件 $\beta=\dfrac{p\pi}{l}$，$(p=1,2,3\cdots)$ 代入式(6-239)可得

$$k = k_{mnp} = \sqrt{\left(\frac{m\pi}{a}\right)^2+\left(\frac{n\pi}{b}\right)^2+\left(\frac{p\pi}{l}\right)^2} \tag{6-240}$$

由式(6-240)可得矩形谐振腔的谐振频率为

$$f_{mnp} = \frac{\omega_{mnp}}{2\pi} = \frac{k_{mnp}}{2\pi\sqrt{\mu\varepsilon}} = \frac{1}{\sqrt{\mu\varepsilon}}\sqrt{\left(\frac{m}{2a}\right)^2+\left(\frac{n}{2b}\right)^2+\left(\frac{p}{2l}\right)^2} \tag{6-241}$$

2. TE_{mnp} 模

同理在矩形波导中，沿 $+z$ 方向传播的 TE_{mn} 模的电磁波被位于 $z=l$ 处的端面反射，沿 $-z$ 方向传播，相应的传播因子为 $e^{j\beta z}$，这时入射波和反射波叠加形成以 $\sin\beta z$ 或 $\cos\beta z$ 表示的驻波分布。由边界条件可知，电场分量 E_x、E_y 在 $z=0$ 和 $z=l$ 平面上应等于零。于是电场分量 E_x 和 E_y 沿 z 方向的驻波分布应为 $\sin\beta z$，且 $\beta=\dfrac{p\pi}{l}$，$(p=1,2,3,\cdots)$。在 $z=0$ 和 $z=l$ 平面上，H_z 为法向分量，由边界条件可知，该法向分量在 $z=0$ 和 $z=l$ 平面上为零，所以 E_z 沿 z 的驻

波分布应为 $\sin\beta z$，且 $\beta=\frac{p\pi}{l}$，$(p=1,2,3,\cdots)$。同理可得 H_x、H_y 沿 z 的驻波分布应为 $\cos\beta z$，且 $\beta=\frac{p\pi}{l}$，$(p=1,2,3,\cdots)$。于是得到矩形谐振腔内 TE_{mnp} 模的场分布为

$$H_z(x,y,z)=H_m\cos\left(\frac{m\pi}{a}x\right)\cos\left(\frac{n\pi}{b}y\right)\sin\left(\frac{p\pi}{l}\right) \tag{6-242}$$

$$H_x(x,y,z)=-\frac{1}{k_c^2}\left(\frac{m\pi}{a}\right)\left(\frac{p\pi}{l}\right)H_m\sin\left(\frac{m\pi}{a}x\right)\cos\left(\frac{n\pi}{b}y\right)\cos\left(\frac{p\pi}{l}z\right) \tag{6-243}$$

$$H_y(x,y,z)=-\frac{1}{k_c^2}\left(\frac{n\pi}{b}\right)\left(\frac{p\pi}{l}\right)H_m\cos\left(\frac{m\pi}{a}x\right)\sin\left(\frac{n\pi}{b}y\right)\cos\left(\frac{p\pi}{l}z\right) \tag{6-244}$$

$$E_x(x,y,z)=\frac{j\omega\mu}{k_c^2}\left(\frac{n\pi}{b}\right)H_m\cos\left(\frac{m\pi}{a}x\right)\sin\left(\frac{n\pi}{b}y\right)\sin\left(\frac{p\pi}{l}z\right) \tag{6-245}$$

$$E_y(x,y,z)=-\frac{j\omega\mu}{k_c^2}\left(\frac{m\pi}{a}\right)H_m\sin\left(\frac{m\pi}{a}x\right)\cos\left(\frac{n\pi}{b}y\right)\sin\left(\frac{p\pi}{l}z\right) \tag{6-246}$$

$$E_z(x,y,z)=0 \tag{6-247}$$

对于 TE_{mnp} 模，截止波数 k_c、谐振频率 f_{mnp} 与 TM_{mnp} 模相同。具有相同谐振频率的不同模式称为简并模。谐振频率最低或谐振波长最长的模式为微波谐振器的主模，矩形谐振器的主模是 TE_{101} 模。

3. 矩形谐振腔的品质因数

谐振腔可以储存电场和磁场能量，而在实际应用中，由于谐振腔壁的电导率是有限的，它的表面电阻不为零，这将导致能量损耗。与低频谐振电路一样，品质因数 Q 定义为

$$Q=2\pi\frac{W}{W_T} \tag{6-248}$$

式中，W 为谐振腔中的储能；W_T 为一个周期内谐振腔中损耗的能量。设 P_L 为谐振腔内的时间平均功率损耗，则一个周期内谐振腔损耗的能量为 $W_T=P_L\left(\frac{2\pi}{\omega}\right)$，由式(6-248)可得

$$Q=\omega\frac{W}{P_L} \tag{6-249}$$

确定谐振腔在谐振频率的 Q 值时，通常假设其损耗足够小，可以用无损耗时的场分布进行计算。

【例 6-9】 一填充空气的矩形谐振腔，沿 x、y、z 方向的尺寸分别为：(1)$a>b>l$；(2)$a>l>b$；(3)$a=b=l$。求其相应的主模和谐振频率。

解：选择 z 轴作为参考的传播方向，对于矩形谐振腔的 TM_{mnp} 模，由其场分量的表达式可知，m 和 n 不能为零，p 可以为零。而对于 TE_{mnp} 模，m 和 n 能为零(不能同时为零)，p 不可以为零。因此可能的最低阶模式为：TM_{110}、TE_{011}、TE_{101}。

(1) 当 $a>b>l$ 时，由式(6-241)可知最低谐振频率为

$$f_{110}=\frac{c}{2}\sqrt{\frac{1}{a^2}+\frac{1}{b^2}}$$

式中，c 为自由空间的波速，所以 TM_{110} 模为主模。

(2) 当 $a>l>b$ 时，由式(6-241)可知最低谐振频率为

$$f_{101}=\frac{c}{2}\sqrt{\frac{1}{a^2}+\frac{1}{l^2}}$$

TE_{101}模为主模。

(3)当 $a=b=l$ 时,由式(6-241)可知TM_{110}、TE_{011}、TE_{101}模的谐振频率相同,即

$$f_{110}=f_{101}=f_{011}=\frac{c}{\sqrt{2}a}$$

小结 6

本章讨论了矩形波导、双导线传输线、圆柱形波导和同轴线导行系统中导行电磁波的传播问题,以及矩形谐振器中的场分布和相关参数。均匀规则波导中的横向场分量可由纵向场分量确定,要求解波导中的场,只需要求解波导中的纵向场分量。这种求解导波系统的方法称为纵向场分量法。导波系统中 TEM 波的传播特性与无界空间中均匀平面波的传播特性相同。单导体波导内因没有纵向传导电流而无法维持 TEM 波,只能传播 TE 波或 TM 波。

1. 矩形波导

$$\gamma=\sqrt{k_c^2-k^2}=\alpha+j\beta$$

$$k_c=\sqrt{k_x^2+k_y^2}=\sqrt{\left(\frac{m\pi}{a}\right)^2+\left(\frac{n\pi}{b}\right)^2}$$

$$f_c=\frac{k_c}{2\pi\sqrt{\mu\varepsilon}}=\frac{1}{2\pi\sqrt{\mu\varepsilon}}\sqrt{\left(\frac{m\pi}{a}\right)^2+\left(\frac{n\pi}{b}\right)^2}$$

$$\lambda_c=\frac{2\pi}{k_c}=\frac{2}{\sqrt{(m/a)^2+(n/b)^2}}$$

1) 矩形波导的传输条件

工作频率大于截止频率,即 $f>f_c$;工作波长小于截止波长,即 $\lambda<\lambda_c$。当 $f<f_c$ 或 $\lambda>\lambda_c$ 时,所有场分量的振幅将按指数规律衰减,相应的导波模式称为消失模或截止模。

2) 简并模

导行系统中不同模式导波的截止频率 f_c 相同的现象称为模式简并,相应的导模称为简并模。从式(6-65)可知相同波型指数 m 和 n 的 TM_{mn} 和 TE_{mn} 模的 λ_c 相同,所以除 TE_{m0} 和 TE_{0n} 模外,矩形波导的导模都具有简并模。

3) TE_{10} 波是矩形波导的主模

$$\lambda_c=\frac{2\pi}{k_c}=2af_c=\frac{k_c}{2\pi\sqrt{\mu\varepsilon}}=\frac{1}{2a\sqrt{\mu\varepsilon}}$$

$$\lambda_g=\frac{\lambda}{\sqrt{1-\left(\frac{\lambda}{2a}\right)^2}}$$

$$Z_{TE}=\frac{\eta}{\sqrt{1-\left(\frac{\lambda}{2a}\right)^2}}$$

为保证矩形波导中只有主模 TE_{10} 模传播,即单模传播,在波导尺寸给定情况下,电磁波的

波长应满足 $2a>\lambda>a$，波导的窄边 b 的取值范围为 $0.4a\sim0.5a$。

2. 均匀传输线基础

1）传输线方程及其解

$$\frac{d^2U(z)}{dz^2}-\gamma^2U(z)=0$$

$$\frac{d^2I(z)}{dz^2}-\gamma^2I(z)=0$$

$$\gamma=\sqrt{ZY}=\sqrt{(R+j\omega L)(G+j\omega C)}=\alpha+j\beta$$

$$u(z,t)=|U^+|e^{-\alpha z}\cos(\omega t-\beta z+\varphi_+)+|U^-|e^{-\alpha z}\cos(\omega t-\beta z+\varphi_-)$$

$$i(z,t)=\frac{1}{Z_0}[|U^+|e^{-\alpha z}\cos(\omega t-\beta z+\varphi_+)-|U^-|e^{-\alpha z}\cos(\omega t-\beta z+\varphi_-)]$$

2）传输线的工作参量

$$Z_0=\frac{U^+(z)}{I^+(z)}=-\frac{U^-(z)}{I^-(z)}=\sqrt{\frac{R+j\omega L}{G+j\omega C}},\quad \lambda=\frac{2\pi}{\beta}=\frac{v_p}{f}=\frac{\lambda_0}{\sqrt{\varepsilon_r}}$$

$$Z_{in}(d)=Z_0\frac{Z_L+jZ_0\tan(\beta d)}{Z_0+jZ_L\tan(\beta d)}\text{（无耗线）}\qquad \text{VSWR（或 }\rho\text{）}=\frac{1+|\Gamma(d)|}{1-|\Gamma(d)|}$$

$$\Gamma(d)=\frac{U_L-I_LZ_0}{U_L+I_LZ_0}e^{-2\gamma d}=\frac{Z_L-Z_0}{Z_L+Z_0}e^{-2\gamma d}=\Gamma_Le^{-2\gamma d}$$

3）传输线的工作状态

对于均匀无耗传输线，当终端接不同负载时，有三种不同工作状态，即行波状态、纯驻波状态和行驻波状态。

3. 圆柱形波导

圆柱形波导中存在无穷多个可能的传播模式——TM_{mn} 模和 TE_{mn} 模；主模是 TE_{11} 模，其截止波长为 $3.41a$。传播模式存在双重简并现——TE_{0n} 模和 TM_{1n} 模简并传播模式这两种模式的 m 值不同，场结构不同，但它们的截止波长相同，这种简并称为 $E-H$ 简并。传播模式存在极化简并，这是因为场分量沿周向分布存在 $\cos m\phi$ 和 $\sin m\phi$ 两种可能性，这两种分布模式的 m、n 值即场结构完全相同，只是极化面旋转了 $90°$，称为极化简并，圆柱形波导中 TM_{mn} 模和 TE_{mn} 模均存在极化简并。

4. 同轴波导

同轴波导是双导体波导，主模是 TEM 波，具有低通特性，主模传输无色散。

$$P_{br}=\frac{\pi a^2E_{br}^2}{\eta}\ln\frac{b}{a},\qquad \lambda>\lambda_{cTE_{11}}=\pi(a+b)$$

在实际应用中，若要求功率容量最大，取 $\frac{b}{a}\approx1.65$；若要求损耗最小，取 $\frac{b}{a}\approx3.59$。若折中考虑，通常取 $\frac{b}{a}\approx2.303$，与此尺寸相应的空气同轴线的特性阻抗为 50 Ω。

5. 谐振腔

矩形谐振腔内可以存在无穷多 TM_{mnp} 模和 TE_{mnp} 模，其中下标 m、n、p 分别表示沿 a、b、l 分布的半驻波数。

$$f_{mnp}=\frac{k_{mnp}}{2\pi\sqrt{\mu\varepsilon}}=\frac{1}{\sqrt{\mu\varepsilon}}\sqrt{\left(\frac{m}{2a}\right)^2+\left(\frac{n}{2b}\right)^2+\left(\frac{p}{2l}\right)^2}$$

习题 6

6.1 试说明为什么单导体的空心或填充电介质的波导管不能传播 TEM 波？

6.2 沿均匀波导传播的电磁波有哪三种基本模式？

6.3 什么是波导的主模？矩形波导、圆柱形波导和同轴波导的主模各是什么模式？相应的截止波长各是多少？

6.4 矩形波导中的模式简并和圆柱形波导中的模式简并有何异同？

6.5 空气填充的矩形波导中，只传输 TE_{10} 波形的条件是什么？若波导尺寸不变，若填充 $\mu_r=1,\varepsilon_r>1$ 的介质，只传输 TE_{10} 波形的条件是什么？

6.6 一空气填充的矩形波导，要求只传播主模，信号的中心工作频率为 10 GHz，试确定波导尺寸。

6.7 设一矩形波导传输主模，求填充媒质（介电常数为 ε、磁导率为 μ）时的截止波长、截止频率和波导波长。

6.8 已知矩形波导的横截面尺寸为 $a\times b=22.86\times10.16\ \text{mm}^2$，当工作频率为30 GHz时，波导中能传输哪些波型？工作频率为 10 GHz 呢？

6.9 一空气填充的矩形波导 BJ－100，传输主模，工作频率为 9.375 GHz。已知空气的击穿场强为 $E_{br}=30$ kv/cm，求波导传输的最大功率。

6.10 均匀无耗线的特性阻抗 $Z_0=50\ \Omega$，终端接负载阻抗 Z_L，已知终端电压入射波复振幅为 $U_{i2}=20$ V，终端电压反射波复振幅为 $U_{r2}=2$ V。求距离终端 $d=\frac{3\lambda}{4}$处合成电压复振幅及合成电流复振幅。

6.11 均匀无耗长线终端接负载阻抗 $Z_L=100\ \Omega$，信号频率为 1 GHz 时测得终端电压反射系数相角 $\varphi_L=180°$，电压驻波比 $\rho=2$，计算终端电压反射系数 Γ_L，传输线特性阻抗 Z_0，及距离终端最近的第一个电流波节点的距离 d。

6.12 一无耗传输线特性阻抗为 50 Ω，终端接负载时测得反射系数大小为 0.3，求线上的驻波比、电压波腹和电压波节点的输入阻抗。

6.13 均匀无耗传输线终端接负载阻抗 Z_L 时电压呈行驻波分布，相邻波节点之间的距离为 2.0 cm，靠近终端的第一个波节点距离终端 0.5 cm，驻波比为 1.5，求终端反射系数。

6.14 证明无耗传输线的负载阻抗为

$$Z_L=Z_0\frac{1-\mathrm{j}\rho\tan\beta d_{\min1}}{\rho-\mathrm{j}\tan\beta d_{\min1}}$$

其中，ρ 为驻波比；$d_{\min1}$ 为负载端到第一个电压波节点的距离。

6.15 均匀无耗传输线终端负载阻抗为传输线的特性阻抗，已知线上坐标为 $d=\frac{3\lambda}{4}$处电压瞬时值表达式为 $U(d,t)=100\cos(\omega t-\beta d)=100\cos(\omega t-\frac{2\pi}{3})$，求向负载端与 d 相距$\frac{\lambda}{4}$处的电

压复振幅和电压瞬时值表达式。

6.16 一无耗均匀传输线，(1)当负载阻抗 $Z_L = 80 + j60\ \Omega$ 时，要使传输线上的驻波比最小，则应选择传输线的特性阻抗为多少？(2)求出与该最小的驻波比相应的电压反射系数；(3)确定距离负载最近的电压波腹点与负载的距离。

6.17 一空气填充的圆柱形波导，其内半径为 $R = 3$ mm，求 TE_{01}、TE_{11}、TM_{01} 和 TM_{11} 模的截止波长。

6.18 一空气填充的圆柱形波导，其内半径为 2 mm，工作频率 $f = 6$ GHz，求该波导中可能存在哪些波型？

6.19 工作频率为 10 GHz 的通信机，用圆柱形波导传输主模，选取 $\dfrac{\lambda}{\lambda_c} = 0.9$，试计算圆柱形波导的直径、工作波长、相速。

6.20 将传输 TE_{10} 模的矩形波导 BJ－100 转换为传输 TE_{01} 模的圆柱形波导，若工作频率为 10 GHz，要求波的相速不变，求圆柱形波导的直径 D，若转换为传输 TE_{11} 模的圆柱形波导，其直径 D 等于多少？

6.21 空气填充的同轴线，其内导体外半径为 $a = 2.22$ mm，外导体的内半径为 $b = 8$ mm，电磁波的频率为 20 GHz，问同轴线中可能出现哪些波型？

6.22 在同轴线中只传输 4 TEM 模，其条件是什么？若同轴线空气填充，内导体外半径 $a = 3$ cm，外导体内半径 $b = 5.6a$，求该同轴线只传输 TEM 波型时，最短的工作波长。

6.23 一空气填充的同轴线，，其内导体外半径为 $a = 6$ mm，外导体的内半径为 $b = 15$ mm，只传输 TEM 波，工作频率为 9.375 GHz，空气的击穿场强为 $E_{br} = 30$ kV/cm，求该同轴线传输的最大功率。

6.24 一空气填充的矩形谐振腔，其尺寸为 $a = 25$ mm、$b = 12.5$ mm、$l = 50$ mm，该谐振器谐振于 TE_{102} 模式，求其谐振波长。若改变腔内的填充介质，使其谐振于 TE_{104} 模式，则介质的相对介电常数为多少？

6.25 一空气填充的矩形谐振腔，当 $\lambda_0 = 80$ mm 时，谐振于 TE_{102} 模，当 $\lambda_0 = 60$ mm 时，谐振于 TE_{103} 模，求该矩形谐振腔的尺寸。

第 7 章　电磁辐射

时变电磁场的能量可以脱离场源，以电磁波的形式在空间传播，这种现象称为电磁波的辐射。时变的电荷和电流是激发电磁波的源。天线上的电流和由此电流激发的电磁场相互作用，即天线上的电流激发电磁场，电磁场又作用于天线，影响天线上的电流分布。所以求解电磁辐射问题本质上是求解边值问题，即根据天线满足的边界条件求解麦克斯韦方程，该方法在数学求解中比较困难，甚至无法求解。实际上采用近似解法，把天线辐射问题处理成分布型问题，即先近似求出天线上的场源分布（或等效场源分布），再根据场源分布求外场的分布。

本章在分析滞后位、电偶极子和磁偶极子辐射场的基础上，介绍天线电参数、常见基本天线的辐射特性。

7.1　滞后位

在时变电磁场中，标量电位 φ 和矢量磁位 $\mathbf{A}$ 满足的达朗贝尔方程为

$$\nabla^2\varphi-\mu\varepsilon\frac{\partial^2\varphi}{\partial t^2}=-\frac{\rho}{\varepsilon} \tag{7-1}$$

$$\nabla^2\mathbf{A}-\mu\varepsilon\frac{\partial^2\mathbf{A}}{\partial t^2}=-\mu 0 \tag{7-2}$$

先求解标量电位 φ 满足的式(7-1)，该式为线性方程，其解满足叠加原理。设标量电位 φ 是由体积元 $\Delta V'$，电荷元 $\Delta q=\rho\Delta V'$ 产生的，在体积元 $\Delta V'$ 之外不存在电荷，则 $\Delta V'$ 之外标量电位 φ 满足的方程为

$$\nabla^2\varphi-\mu\varepsilon\frac{\partial^2\varphi}{\partial t^2}=0 \tag{7-3}$$

将电荷元 Δq 看作点电荷，则它所产生的场具有球对称性。标量电位 φ 仅与 r,t 有关，与 θ,φ 无关。在球坐标系下，式 (7-3)可简化为

$$\frac{1}{r^2}\frac{\partial}{\partial r}\left(r^2\frac{\partial\varphi}{\partial r}\right)-\mu\varepsilon\frac{\partial^2\varphi}{\partial t^2}=0 \tag{7-4}$$

设 $\varphi(r,t)=\dfrac{u(r,t)}{r}$，代入式 (7-4)可得

$$\frac{\partial^2 u}{\partial r^2}-\frac{1}{v}\frac{\partial^2 u}{\partial t^2}=0 \tag{7-5}$$

式中，$v=\dfrac{1}{\sqrt{\mu\varepsilon}}$，该方程的通解为

$$u(r,t)=f_+\left(t-\frac{r}{v}\right)+f_-\left(t+\frac{r}{v}\right) \tag{7-6}$$

则电荷元 Δq 周围的标量电位为

$$\varphi(r,t)=\frac{1}{r}f_+\left(t-\frac{r}{v}\right)+\frac{1}{r}f_-\left(t+\frac{r}{v}\right) \tag{7-7}$$

式 (7-7)中第一项表示由原点沿径向向外传播的球面波，即向外辐射的电磁波；第二项表示沿径向向原点传播的球面波，即向内汇聚的电磁波。f_+ 和 f_- 具体形式由具体的定解条件决定，对于电磁辐射问题，第二项没有实际意义，取第一项。此时有

$$\varphi(r,t)=\frac{1}{r}f_+\left(t-\frac{r}{v}\right) \tag{7-8}$$

利用类比方法，由静电场电位函数解推导 f 具体形式。位于原点的准静态电荷元 $\Delta q=\rho\Delta V'$ 产生的标量位为

$$\Delta\varphi(r)=\frac{\rho(0,t)\Delta V'}{4\pi\varepsilon r} \tag{7-9}$$

与式 (7-8)比较可得

$$\Delta\varphi(r,t)=\frac{1}{r}\Delta f_+\left(t-\frac{r}{v}\right)=\frac{\rho\left(0,t-\frac{r}{v}\right)\Delta V'}{4\pi\varepsilon r} \tag{7-10}$$

若电荷元不位于原点，而位于 $\boldsymbol{r}'$ 处，则在场点 $\boldsymbol{r}$ 处产生的标量位为

$$\Delta\varphi(r,t)=\frac{1}{4\pi\varepsilon}\frac{\rho(\boldsymbol{r}',t-|\boldsymbol{r}-\boldsymbol{r}'|/v)}{|\boldsymbol{r}-\boldsymbol{r}'|}\Delta V' \tag{7-11}$$

当源电荷连续分布时，由场的叠加性可得 V 内电荷产生的标量位为

$$\varphi(\boldsymbol{r},t)=\frac{1}{4\pi\varepsilon}\int_V\frac{\rho(\boldsymbol{r}',t-|\boldsymbol{r}-\boldsymbol{r}'|/v)}{|\boldsymbol{r}-\boldsymbol{r}'|}\mathrm{d}V' \tag{7-12}$$

式 (7-12)表明：t 时刻场点 r 处的标量位不是取决于 t 时刻原点的电荷分布，而是取决于较早时刻 $t'=t-\frac{|\boldsymbol{r}-\boldsymbol{r}'|}{v}$ 的电荷分布。也就是说，观察点位场变化滞后于源的变化，所推迟的时间恰好是源的变化以速度 $v=\frac{1}{\sqrt{\mu\varepsilon}}$ 传播到观察点所需的时间，这种现象称为滞后现象。将式 (7-12)表示的标量位 $\varphi(r,t)$ 称为滞后位。

比较式 (7-1)和式 (7-2)可知，标量位 φ 和矢量位 $\boldsymbol{A}$ 的解具有相同的形式，所以矢量滞后位可表示为

$$\boldsymbol{A}(\boldsymbol{r},t)=\frac{\mu}{4\pi}\int_V\frac{\boldsymbol{J}(\boldsymbol{r}',t-|\boldsymbol{r}-\boldsymbol{r}'|/v)}{|\boldsymbol{r}-\boldsymbol{r}'|}\mathrm{d}V' \tag{7-13}$$

对于正弦时谐电磁场，式 (7-12)和式 (7-13)的复数形式为

$$\varphi(\boldsymbol{r})=\frac{1}{4\pi\varepsilon}\int_V\frac{\rho(\boldsymbol{r}')\mathrm{e}^{-\mathrm{j}k|\boldsymbol{r}-\boldsymbol{r}'|}}{|\boldsymbol{r}-\boldsymbol{r}'|}\mathrm{d}V' \tag{7-14}$$

$$\boldsymbol{A}(\boldsymbol{r})=\frac{\mu}{4\pi}\int_V\frac{\boldsymbol{J}(\boldsymbol{r}')\mathrm{e}^{-\mathrm{j}k|\boldsymbol{r}-\boldsymbol{r}'|}}{|\boldsymbol{r}-\boldsymbol{r}'|}\mathrm{d}V' \tag{7-15}$$

式中，$k=\omega\sqrt{\mu\varepsilon}$。

从式(7-15)可知，根据天线上的电流分布 $\boldsymbol{J}(\boldsymbol{r}')$ 求出矢量磁位 $\boldsymbol{A}$，再根据 $\boldsymbol{B}=\nabla\times\boldsymbol{A}$ 求出 $\boldsymbol{B}$，最后利用 $\nabla\times\boldsymbol{H}=\mathrm{j}\omega\varepsilon\boldsymbol{E}$，可以求出电场强度 $\boldsymbol{E}$。

7.2　电偶极子和磁偶极子的辐射

电偶极子和磁偶极子作为最基本的电磁辐射单元，在天线辐射场的研究中具有重要意义。

本节主要讨论电偶极子和磁偶极子的辐射场及其特性。

7.2.1 电偶极子的辐射

电偶极子也称为电基本振子，是一段理想的载有高频电流的线元，其长度远小于工作波长（$dl \ll \lambda$），且导线上各点的电流振幅相等、相位相同。

设线元上的电流随时间作正弦变化，可表示为

$$i(t) = I\cos\omega t = \mathrm{Re}[I\mathrm{e}^{\mathrm{j}\omega t}] \tag{7-16}$$

考虑到电偶极子的长度很小，选用球坐标系，如图 7.1 所示，电偶极子沿 z 轴放置，其中心在坐标原点，长度为 l，横截面积为 Δs，因为电偶极子是一短导线，可看作线元，仅占很小的体积，所以 $\mathrm{d}V' = \mathrm{d}\boldsymbol{l} \cdot \Delta s$，由图可知，$\mathrm{d}V' = \mathrm{d}l\Delta s = \Delta s\mathrm{d}z'$，故有

$$\boldsymbol{J}\mathrm{d}V' = \boldsymbol{e}_z \frac{I}{\Delta s}\Delta s\mathrm{d}z = \boldsymbol{e}_z I\,\mathrm{d}z' \tag{7-17}$$

由于电偶极子很短，即 $\mathrm{d}l$ 很小，因此可取 $r'=0$，从而有 $|\boldsymbol{r}-\boldsymbol{r}'|=r$，则根据式 (7-15) 可得电偶极子在场点 P 产生的矢量磁位为

$$\boldsymbol{A}(r) = \frac{\mu_0}{4\pi}\int_l \frac{\boldsymbol{e}_z I}{r}\mathrm{e}^{-\mathrm{j}kr}\mathrm{d}z' \tag{7-18}$$

积分得

$$\boldsymbol{A}(r) = \boldsymbol{e}_z \frac{\mu_0 Il}{4\pi r}\mathrm{e}^{-\mathrm{j}kr} \tag{7-19}$$

如图 7.2 所示，在球坐标中它的三个坐标分量为

$$A_r = A_z\cos\theta = \frac{\mu_0 Il}{4\pi r}\cos\theta\mathrm{e}^{-\mathrm{j}kr} \tag{7-20}$$

$$A_\theta = -A_z\sin\theta = -\frac{\mu_0 Il}{4\pi r}\sin\theta\mathrm{e}^{-\mathrm{j}kr} \tag{7-21}$$

$$A_\varphi = 0 \tag{7-22}$$

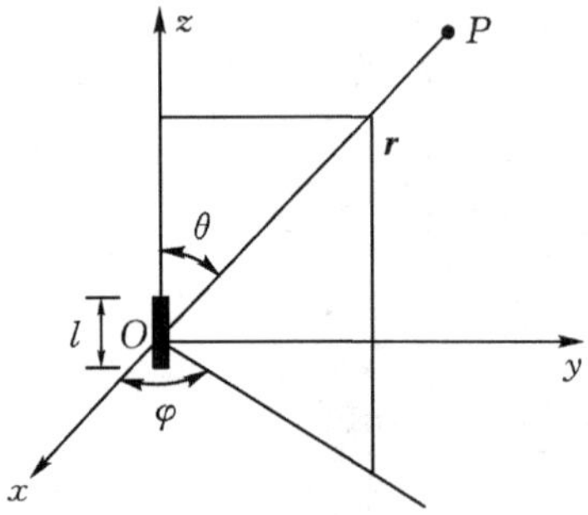

图 7.1　电偶极子

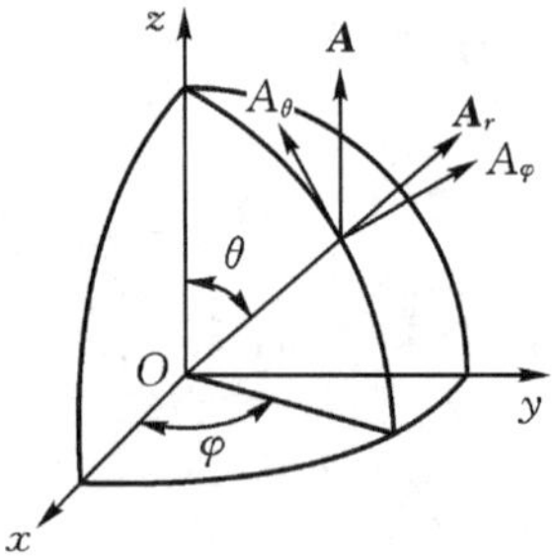

图 7.2　球坐标系

由式 $\boldsymbol{B}=\nabla\times\boldsymbol{A}$ 及 $\boldsymbol{B}=\mu\boldsymbol{H}$，得 P 点的磁场强度为

$$\boldsymbol{H} = \frac{1}{\mu_0}\nabla\times\boldsymbol{A} = \begin{vmatrix} \dfrac{\boldsymbol{e}_r}{r^2\sin\theta} & \dfrac{\boldsymbol{e}_\theta}{r\sin\theta} & \dfrac{\boldsymbol{e}_\varphi}{r} \\ \dfrac{\partial}{\partial r} & \dfrac{\partial}{\partial\theta} & \dfrac{\partial}{\partial\varphi} \\ A_r & rA_\theta & r\sin\theta A_\varphi \end{vmatrix} \tag{7-23}$$

将式 (7－20)到式 (7－22)代入式 (7－23)得

$$H_r = 0 \tag{7-24}$$

$$H_\theta = 0 \tag{7-25}$$

$$H_\varphi = \frac{k^2 Il\sin\theta}{4\pi}\left[\frac{\mathrm{j}}{kr}+\frac{1}{(kr)^2}\right]\mathrm{e}^{-\mathrm{j}kr} \tag{7-26}$$

将式(7－24)到式(7－26)代入无源区中的麦克斯韦方程$\nabla\times\boldsymbol{H}=\mathrm{j}\omega\varepsilon\boldsymbol{E}$，得 P 点电场强度的三个分量为

$$E_r = \frac{2k^3 Il\cos\theta}{4\pi\omega\varepsilon_0}\left[\frac{1}{(kr)^2}-\frac{\mathrm{j}}{(kr)^3}\right]\mathrm{e}^{-\mathrm{j}kr} \tag{7-27}$$

$$E_\theta = \frac{k^3 Il\sin\theta}{4\pi\omega\varepsilon_0}\left[\frac{j}{kr}+\frac{1}{(kr)^2}-\frac{\mathrm{j}}{(kr)^3}\right]\mathrm{e}^{-\mathrm{j}kr} \tag{7-28}$$

$$E_\varphi = 0 \tag{7-29}$$

由电场强度 $\boldsymbol{E}$ 和磁场强度 $\boldsymbol{H}$ 的解可看出，$\boldsymbol{E}$ 和 $\boldsymbol{H}$ 互相垂直，磁场强度只有一个分量 H_φ，电场强度有两个分量 E_r 和 E_θ。这三个分量都随着距离 r 的增加而减小，只是它们减小的快慢不同。此外，在源点的近区和远区，占优势的成分不同。

7.2.2　电偶极子的电磁场分析

1. 电偶极子的近区场

当 $kr\ll 1$ 时，$r\ll\frac{\lambda}{2\pi}$，即场点 P 与源点的距离 r 远小于波长 λ 的区域称为近区。在近区有

$$\frac{1}{kr}\ll\frac{1}{(kr)^2}\ll\frac{1}{(kr)^3},\ \mathrm{e}^{-\mathrm{j}kr}\approx 1$$

在式 (7－26)、式 (7－27)和式 (7－28)中，主要是$\frac{1}{kr}$的高次幂项起作用，其余项可忽略，故得

$$E_r = -\mathrm{j}\,\frac{Il\cos\theta}{2\pi\omega\varepsilon_0 r^3} \tag{7-30}$$

$$E_\theta = -\mathrm{j}\,\frac{Il\sin\theta}{4\pi\omega\varepsilon_0 r^3} \tag{7-31}$$

$$H_\varphi = \frac{Il\sin\theta}{4\pi r^2} \tag{7-32}$$

由于电偶极子两端的电荷与电流的关系 $i(t)=\frac{\mathrm{d}q(t)}{\mathrm{d}t}$，即 $I=\mathrm{j}\omega q$，则式 (7－30)和式(7－31)可表示为

$$E_r = \frac{ql\cos\theta}{2\pi\varepsilon_0 r^3} = \frac{p_\mathrm{e}\cos\theta}{2\pi\varepsilon_0 r^3} \tag{7-33}$$

$$E_\theta = \frac{ql\sin\theta}{4\pi\varepsilon_0 r^3} = \frac{p_\mathrm{e}\sin\theta}{4\pi\varepsilon_0 r^3} \tag{7-34}$$

式中，$p_\mathrm{e}=ql$ 是电偶极矩的复振幅。

从以上结果可看出，在近区场内，时变电偶极子的电场强度表达式与静电场电偶极子的电场强度表达式相同；磁场强度表达式与恒定磁场中用毕奥-沙伐定律计算出的恒定电流元的磁

场强度表达式相同。所以将时变电偶极子的近区场称为准静态场或似稳场。

在时变电偶极子的近区场中,平均坡印亭矢量为

$$\boldsymbol{S}_{av} = \frac{1}{2}\mathrm{Re}[\boldsymbol{E} \times \boldsymbol{H}^*] = 0 \tag{7-35}$$

由式 (7－35)可知,时变电偶极子的近区场没有电磁功率向外辐射,电磁能量被束缚在电偶极子附近,所以近区场又称束缚场或感应场。应该指出,这是忽略了场表达式中$\frac{1}{kr}$和$\frac{1}{kr^2}$项后得出的结论。实际上正是这些被忽略的项构成了远区场中电磁波的辐射功率。

2. 电偶极子的远区场

当 $kr \gg 1$ 时,$r \gg \frac{\lambda}{2\pi}$,即场点 P 与源点的距离 r 远大于波长 λ 的区域称为远区。在远区有

$$\frac{1}{kr} \gg \frac{1}{(kr)^2} \gg \frac{1}{(kr)^3}$$

在式 (7－26)和式 (7－28)中,主要是含$\frac{1}{kr}$的项起作用,且相位因子 e^{-jkr} 必须考虑,故远区电磁场表达式为

$$E_\theta = \mathrm{j}\,\frac{Ilk^2\sin\theta}{4\pi\omega\varepsilon_0 r}e^{-jkr} \tag{7-36}$$

$$H_\varphi = \mathrm{j}\,\frac{Ilk\sin\theta}{4\pi r}e^{-jkr} \tag{7-37}$$

将 $k=\omega\sqrt{\mu_0\varepsilon_0}$,$k=\frac{2\pi}{\lambda}$和 $\eta_0=\sqrt{\frac{\mu_0}{\varepsilon_0}}$代入式 (7－36)和式 (7－37)得

$$E_\theta = \mathrm{j}\,\frac{Il\eta_0}{2\lambda r}\sin\theta e^{-jkr} \tag{7-38}$$

$$H_\varphi = \mathrm{j}\,\frac{Il}{2\lambda r}\sin\theta e^{-jkr} \tag{7-39}$$

从式 (7－38)和式 (7－39)可看出,电场和磁场在时间上同相,所以平均坡印亭矢量不等于零,表明有电磁能量向外辐射,辐射方向沿径向,故把远区场称为辐射场。

从式 (7－38)和式 (7－39)可得出电偶极子远区场有以下特点:

(1)远区场是辐射场,电磁波沿径向辐射。远区场中的平均坡印亭矢量为

$$\boldsymbol{S}_{av}=\frac{1}{2}\mathrm{Re}[\boldsymbol{E}\times\boldsymbol{H}^*]=\boldsymbol{e}_r\,\frac{1}{2}\frac{|E_\theta|^2}{\eta_0}$$

(2)远区场是横电磁波(TEM 波)。远区场中,电场 E_θ 与磁场 H_φ 互相垂直,且垂直于传播方向。E_θ 与 H_φ 的比值为媒质的波阻抗,即

$$\frac{E_\theta}{H_\varphi}=\eta_0=120\pi$$

(3)远区场是非均匀球面波。由相位因子 e^{-jkr} 可知,波的等相位面是半径为 r 的球面,而在该球面上,由于 $\sin\theta$ 的影响,电场或磁场的振幅不处处相等,所以为非均匀球面波。

(4)场的振幅与 r 成反比,这是由于电偶极子由源点向外辐射,能量逐渐扩散。场的振幅与 I、电偶极子电长度$\frac{l}{\lambda}$成正比。

(5)远区场分布具有方向性。远区场的振幅正比于 $\sin\theta$，在垂直于天线轴的方向($\theta=90°$)，辐射场最大；沿着天线轴的方向($\theta=0°$)，辐射场为零。这说明电偶极子的辐射场具有方向性。方向性也是天线的一个重要特征，通常用方向图形象描述天线的这种方向性，图 7.3(a)是用极坐标绘制的 $\boldsymbol{E}$ 面方向图(电场 $\boldsymbol{E}$ 所在并包含最大辐射方向的平面)，图 7.3(b)是 $\boldsymbol{H}$ 面方向图(磁场 $\boldsymbol{H}$ 所在并包含最大辐射方向的平面)，图 7.3(c)是根据方向性函数绘制的三维立体方向图。

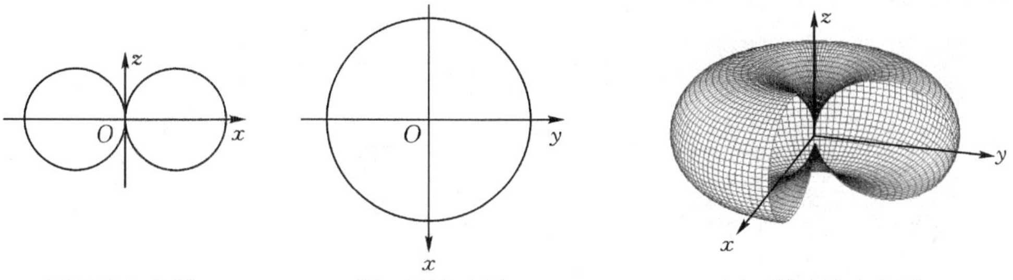

(a)$\boldsymbol{E}$ 面方向图　　(b)$\boldsymbol{H}$ 面方向图　　(c)三维立体方向图

图 7.3　电偶极子方向图

下面分析电偶极子的辐射功率和辐射电阻。辐射功率等于平均坡印亭矢量在任意包围电偶极子的球面上的积分，由图 7.4 可知，$\mathrm{d}\boldsymbol{S}=R^2\sin\theta\mathrm{d}\theta\mathrm{d}\varphi\boldsymbol{e}_r$，则

$$P_r=\oint_s \boldsymbol{S}_{\mathrm{av}}\cdot\mathrm{d}\boldsymbol{S}=\oint_s \frac{1}{2}\frac{|E_\theta|^2}{\eta_0}\boldsymbol{e}_r\cdot\boldsymbol{e}_r\mathrm{d}S=40\pi^2 I^2\left(\frac{l}{\lambda}\right)^2 \tag{7-40}$$

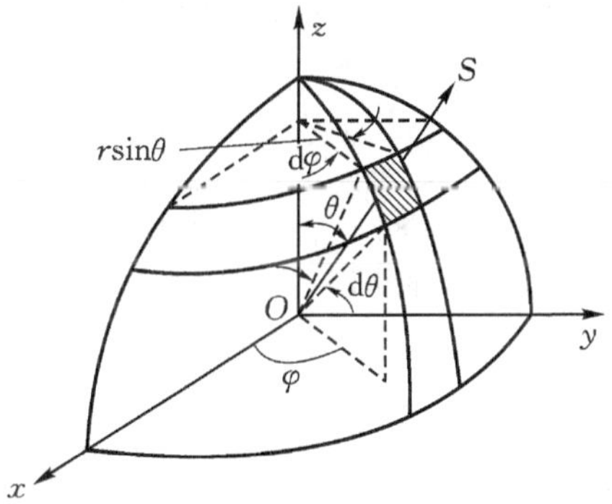

图 7.4　电偶极子辐射功率计算

电偶极子辐射出去的电磁能量相对于波源而言，也是一种损耗，为分析方便，可以将辐射出去的功率用在一个电阻上消耗的功率来模拟，此电阻称为辐射电阻。辐射电阻上消耗的功率为

$$P_r=\frac{1}{2}I^2R_r$$

式中，R_r 为辐射电阻，由式(7-40)可得电偶极子的辐射电阻为

$$R_r=\frac{2P_r}{I^2}=80\pi^2\left(\frac{l}{\lambda}\right)^2 \tag{7-41}$$

显然，辐射电阻可以衡量天线的辐射能力，它和天线的电长度有关，也是天线的一个重要参数。

【例 7 - 1】 假设一电基本振子的辐射功率为 20 W，功率源馈送给该电基本振子的电流为10 A。(1)试计算 $r=10$ km 处，$\theta=0°$、45°、90°的场强；(2)计算 $\theta=90°$，$r=10$ km 处的平均功率密度；(3)计算该电基本振子的辐射电阻。

解：(1)电基本振子的远区辐射场为

$$E_\theta=\mathrm{j}\,\frac{Il\eta_0}{2\lambda r}\sin\theta\mathrm{e}^{-\mathrm{j}kr},\quad H_\varphi=\mathrm{j}\,\frac{Il}{2\lambda r}\sin\theta\mathrm{e}^{-\mathrm{j}kr}$$

电基本振子向自由空间辐射的总功率为

$$P_r=\oint_s \boldsymbol{S}_{\mathrm{av}}.\,\mathrm{d}\boldsymbol{s}=\oint_s \frac{1}{2}\,\frac{|E_\theta|^2}{\eta_0}\,\boldsymbol{e}_r.\,\boldsymbol{e}_r\mathrm{d}s=40\pi^2\boldsymbol{I}^2\left(\frac{l}{\lambda}\right)^2$$

即

$$\left(\frac{l}{\lambda}\right)^2=\frac{P_r}{40\pi^2 I^2}=\frac{1}{200\pi^2}$$

由此求得

$$E_\theta=\mathrm{j}\,\frac{30\sqrt{2}}{r}\sin\theta\mathrm{e}^{-\mathrm{j}kr},H_\varphi=\mathrm{j}\,\frac{\sqrt{2}}{4\pi r}\sin\theta\mathrm{e}^{-\mathrm{j}kr}$$

因此在 $r=10$ km 球面上：在 $\theta=0°$处，$E_\theta=0$ V/m，$H_\varphi=0$ A/m；在 $\theta=45°$处，$E_\theta=\mathrm{j}3\times10^{-3}\mathrm{e}^{-\mathrm{j}10000k}$ V/m，$H_\varphi=\mathrm{j}0.8\times10^{-5}\mathrm{e}^{-\mathrm{j}10000k}$ A/m；在 $\theta=90°$处，$E_\theta=\mathrm{j}4.2\times10^{-3}\mathrm{e}^{-\mathrm{j}10000k}$ V/m，$H_\varphi=\mathrm{j}0.13\times10^{-4}\mathrm{e}^{-\mathrm{j}10000k}$ A/m。

(2)在 $\theta=90°$、$r=10$ km 处的平均功率密度为

$$\boldsymbol{S}_{\mathrm{av}}=\frac{1}{2}\mathrm{Re}[\boldsymbol{E}\times\boldsymbol{H}^*]=\boldsymbol{e}_r 2.38\times10^{-8}\,\frac{\mathrm{W}}{\mathrm{m}^2}$$

(3)辐射电阻

$$R_r=\frac{2P_r}{I^2}=80\pi^2\left(\frac{l}{\lambda}\right)^2=0.4\ \Omega$$

7.2.3 磁偶极子的辐射

磁偶极子可看作是一个半径为 $a(a\ll\lambda)$ 的细导线小圆环，其上载有高频均匀时谐电流 i，$i(t)=I_{\mathrm{m}}\cos\omega t$，如图 7.5 所示。当小圆环的周长远小于波长时，认为圆环上的电流处处等幅同相。下面求磁偶极子的辐射场。

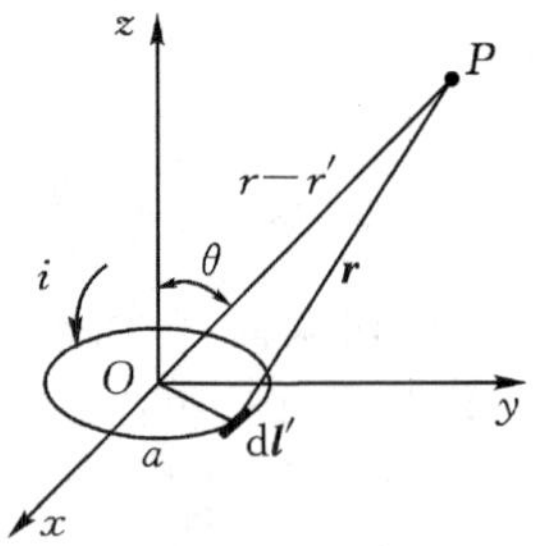

图 7.5 磁偶极子

考虑到 $a\ll\lambda$，选取球坐标系，则根据式 (7 - 15)可得磁偶极子在场点 P 处的矢量磁位为

$$\boldsymbol{A}(\boldsymbol{r})=\frac{\mu I}{4\pi}\oint_l \frac{\mathrm{e}^{-\mathrm{j}k|\boldsymbol{r}-\boldsymbol{r}'|}}{|\boldsymbol{r}-\boldsymbol{r}'|}\mathrm{d}\,\boldsymbol{l}' \tag{7-42}$$

式(7－42)的积分严格计算比较困难，但由于 $\boldsymbol{r}'=a\ll\lambda$，所以其中的指数因子可近似为

$$\mathrm{e}^{-\mathrm{j}k|r-r'|}=\mathrm{e}^{-\mathrm{j}kR}=\mathrm{e}^{-\mathrm{j}k(R-r+r)}=\mathrm{e}^{-\mathrm{j}kr}\cdot\mathrm{e}^{-\mathrm{j}k(R-r)}$$

$$\approx\mathrm{e}^{-\mathrm{j}kr}[1-\mathrm{j}k(R-r)]$$

代入式 (7－42)，可得矢量磁位的近似表达式为

$$\boldsymbol{A}(\boldsymbol{r})=\frac{\mu I}{4\pi}\oint_l\frac{1}{R}(1+\mathrm{j}kr-\mathrm{j}kR)\mathrm{e}^{-\mathrm{j}kr}\mathrm{d}\boldsymbol{l}'$$

该式积分是对源点进行积分，r(场点坐标)是常量，所以可改写为

$$\boldsymbol{A}(\boldsymbol{r})=(1+\mathrm{j}kr)\mathrm{e}^{-\mathrm{j}kr}\left[\frac{\mu I}{4\pi}\oint_l\frac{d\boldsymbol{l}'}{|\boldsymbol{r}-\boldsymbol{r}'|}\right]-\frac{\mathrm{j}k\mu I}{4\pi}\mathrm{e}^{-\mathrm{j}kr}\oint_l\mathrm{d}\boldsymbol{l}' \tag{7-43}$$

显然式(7－43)中第二项的线积分为零，第一项方括号中的因子与恒定磁场中电流环的矢量磁位表达式相同，运算结果为

$$\frac{\mu I}{4\pi}\oint_l\frac{\mathrm{d}l'}{|r-r'|}\approx\mathrm{e}_\varphi\frac{\mu SI}{4\pi r^2}\sin\theta \tag{7-44}$$

将式 (7－44)代入式 (7－43)可得

$$\boldsymbol{A}(\boldsymbol{r})=\boldsymbol{e}_\varphi\frac{\mu SI}{4\pi r^2}(1+\mathrm{j}kr)\mathrm{e}^{-\mathrm{j}kr}\sin\theta \tag{7-45}$$

将式 (7－45)代入$\nabla\times\boldsymbol{A}=\boldsymbol{B}$，可得磁偶极子的磁场为

$$H_r=\frac{IS}{2\pi}\cos\theta\left(\frac{1}{r^3}+\frac{\mathrm{j}k}{r^2}\right)\mathrm{e}^{-\mathrm{j}kr} \tag{7-46}$$

$$H_\theta=\frac{IS}{4\pi}\sin\theta\left(\frac{1}{r^3}+\frac{\mathrm{j}k}{r^2}-\frac{k^2}{r}\right)\mathrm{e}^{-\mathrm{j}kr} \tag{7-47}$$

$$H_\varphi=0 \tag{7-48}$$

将式 (7－46)到式 (7－48)代入式$\nabla\times\boldsymbol{H}=\mathrm{j}\omega\varepsilon\boldsymbol{E}$，可得磁偶极子的电场为

$$E_r=0 \tag{7-49}$$

$$E_\theta=0 \tag{7-50}$$

$$E_\varphi=-\mathrm{j}\frac{ISk}{4\pi}\eta_0\sin\theta\left(\frac{\mathrm{j}k}{r}+\frac{1}{r^2}\right)\mathrm{e}^{-\mathrm{j}kr} \tag{7-51}$$

由磁偶极子磁场和电场的解可知，电场强度和磁场强度互相垂直，这与电偶极子的电磁场相同。但 $\boldsymbol{E}$ 和 $\boldsymbol{H}$ 取向互换，与电偶极子的电磁场取向比较，正好相反。

磁偶极子的电磁场也分为近区场和远区场。当 $kr\gg1$ 时，$r\gg\lambda/2\pi$，即场点 P 与源点的距离 r 远大于波长 λ 的区域称为远区。在远区场只保留 $1/r$ 项，根据式 (7－46)到式 (7－51)可得磁偶极子的远区场为

$$H_\theta=-\frac{ISk^2}{4\pi r}\sin\theta\mathrm{e}^{-\mathrm{j}kr}=-\frac{kIS}{2\lambda r}\sin\theta\mathrm{e}^{-\mathrm{j}kr} \tag{7-52}$$

$$E_\varphi=\frac{ISk^2}{4\pi r}\eta_0\sin\theta\mathrm{e}^{-\mathrm{j}kr}=\frac{kIS}{2\lambda r}\eta_0\sin\theta\mathrm{e}^{-\mathrm{j}kr}=-\eta_0H_\theta \tag{7-53}$$

比较式 (7－38)、式 (7－39)与式(7－52)、式(7－53)可知，磁偶极子的 $\boldsymbol{E}$ 面方向图与电偶极子的 $\boldsymbol{H}$ 面方向图相同，而 $\boldsymbol{H}$ 面方向图与电偶极子的 $\boldsymbol{E}$ 面方向图相同。

由式 (7－52)、式 (7－53)可以看出，磁偶极子的远区辐射场有以下特点：

(1)远区场是辐射场,电磁波沿径向辐射;

(2)远区场是 TEM 非均匀球面波;

(3)电磁场与$\frac{1}{r}$成正比;

(4)远区场分布具有方向性。

磁偶极子的辐射功率为

$$P_r = \oint_s S_{av} \cdot \mathrm{d}\boldsymbol{s} = \oint_s \frac{1}{2}\frac{|E_\theta|^2}{\eta_0}\boldsymbol{e}_r \cdot \boldsymbol{e}_r \mathrm{d}s \tag{7-54}$$

辐射电阻为

$$R_r = \frac{2P_r}{I^2} = 80\pi^2\left(\frac{l}{\lambda}\right)^2 \tag{7-55}$$

7.3 电与磁的对偶性

7.3.1 电磁对偶性原理

电荷和电流能够产生电磁场,电磁场和电磁波的场源只有电荷和电流。那么是否存在磁荷和磁流,磁荷产生磁场,磁流产生电场呢?迄今为止还不能肯定自然界中是否存在磁荷和磁流,因此电荷和电流是产生电磁场唯一的源。但在电磁场理论中,为了求解某些问题方便,特别是天线问题,通常人为引入等效磁荷和等效磁流的概念。

在无界的简单媒质中,若只存在电荷和电流,则其产生的电磁场满足的限定性麦克斯韦方程组为

$$\nabla\times \boldsymbol{H}_e = \boldsymbol{J} + \mathrm{j}\omega\varepsilon \boldsymbol{E}_e \tag{7-56a}$$

$$\nabla\times \boldsymbol{E}_e = -\mathrm{j}\omega\varepsilon \boldsymbol{H}_e \tag{7-56b}$$

$$\nabla\cdot \boldsymbol{H}_e = 0 \tag{7-56c}$$

$$\nabla\cdot \boldsymbol{E}_e = \frac{\rho}{\varepsilon} \tag{7-56d}$$

式中,$\boldsymbol{H}_e$,$\boldsymbol{E}_e$ 仅由 $\boldsymbol{J}$ 和 ρ 产生,而在自由空间中,$\varepsilon=\varepsilon_0$,$\mu=\mu_0$。

在无界的简单媒质中,若只存在磁荷和磁流,则其产生的电磁场满足的限定性麦克斯韦方程组为

$$\nabla\times \boldsymbol{H}_m = \mathrm{j}\omega\varepsilon \boldsymbol{E}_m \tag{7-57a}$$

$$\nabla\times \boldsymbol{E}_m = -\boldsymbol{J}_m - \mathrm{j}\omega\varepsilon \boldsymbol{H}_m \tag{7-57b}$$

$$\nabla\cdot \boldsymbol{H}_m = \frac{\rho_m}{\mu} \tag{7-57c}$$

$$\nabla\cdot \boldsymbol{E}_m = 0 \tag{7-57d}$$

式中,$\boldsymbol{H}_m$、$\boldsymbol{E}_m$ 仅由$\boldsymbol{J}_m$ 和 ρ_m 产生。

根据矢量场的叠加原理,当场源既有电荷和电流,又有磁荷和磁流时,则其产生的电磁场具有对偶形式的麦克斯韦方程组为

$$\nabla\times \boldsymbol{H} = \boldsymbol{J}_e + \mathrm{j}\omega\varepsilon\boldsymbol{E} \tag{7-58a}$$

$$\nabla\times\boldsymbol{E}=-\boldsymbol{J}_{\mathrm{m}}-\mathrm{j}\omega\mu\boldsymbol{H} \tag{7-58b}$$

$$\nabla\cdot\boldsymbol{H}=\frac{\rho_{\mathrm{m}}}{\mu} \tag{7-58c}$$

$$\nabla\cdot\boldsymbol{E}=\frac{\rho}{\varepsilon} \tag{7-58d}$$

式中，$\boldsymbol{H}=\boldsymbol{H}_{\mathrm{e}}+\boldsymbol{H}_{\mathrm{m}}$，$\boldsymbol{E}=\boldsymbol{E}_{\mathrm{e}}+\boldsymbol{E}_{\mathrm{m}}$。

比较电荷、电流产生的电磁场满足的麦克斯韦方程组和磁荷、磁流产生的电磁场满足的麦克斯韦方程组，即式 (7-56)和式 (7-57)可知，如果作如下代换：

$$\boldsymbol{E}_{\mathrm{e}}\leftrightarrow\boldsymbol{H}_{\mathrm{m}}、\boldsymbol{H}_{\mathrm{e}}\leftrightarrow-\boldsymbol{E}_{\mathrm{m}}、\boldsymbol{J}\leftrightarrow\boldsymbol{J}_{\mathrm{m}}、\rho\leftrightarrow\rho_{\mathrm{m}}、\varepsilon\leftrightarrow\mu、\mu\leftrightarrow\varepsilon \tag{7-59}$$

则可由方程组 (7-56)得到方程组 (7-57)，反之亦然。这说明电与磁之间存在对偶性，即电荷和电流产生的场与磁荷和磁流产生的场在形式上对偶，这就是电磁对偶性原理。通过式 (7-59)的对偶量代换，就可以由一种源产生的电磁场直接得到另一种源产生的电磁场。

利用电与磁的对偶性原理，根据矢量磁位 $\boldsymbol{A}$ 和标量电位 φ 满足的关系式和亥姆霍兹方程，可引出磁荷和磁流对应的矢量电位 $\boldsymbol{A}_{\mathrm{m}}$ 和标量磁位 φ_{m} 满足的关系。根据时变电磁场的分析可知，矢量磁位 $\boldsymbol{A}$ 和标量电位 φ 满足的关系式为

$$\boldsymbol{H}_{\mathrm{e}}=\frac{1}{\mu}\nabla\times\boldsymbol{A} \tag{7-60a}$$

$$\boldsymbol{E}_{\mathrm{e}}=-\nabla\varphi-\frac{\partial\boldsymbol{A}}{\partial t} \tag{7-60b}$$

利用对偶性原理，可得磁荷和磁流对应的矢量电位 $\boldsymbol{A}_{\mathrm{m}}$ 和标量磁位 φ_{m} 满足的关系式为

$$\boldsymbol{E}_{\mathrm{m}}=-\frac{1}{\varepsilon}\nabla\times\boldsymbol{A}_{\mathrm{m}} \tag{7-61a}$$

$$\boldsymbol{H}_{\mathrm{m}}=-\nabla\varphi_{\mathrm{m}}-\frac{\partial\boldsymbol{A}_{\mathrm{m}}}{\partial t} \tag{7-61b}$$

当电源量和磁源量同时存在时，总场量应为它们分别产生的场量之和，即

$$\boldsymbol{E}=\boldsymbol{E}_{\mathrm{e}}+\boldsymbol{E}_{\mathrm{m}}=-\nabla\varphi-\frac{\partial\boldsymbol{A}}{\partial t}-\frac{1}{\varepsilon}\nabla\times\boldsymbol{A}_{\mathrm{m}} \tag{7-62a}$$

$$\boldsymbol{H}=\boldsymbol{H}_{\mathrm{m}}+\boldsymbol{H}_{\mathrm{e}}=-\nabla\varphi_{\mathrm{m}}-\frac{\partial\boldsymbol{A}_{\mathrm{m}}}{\partial t}-\frac{1}{\varepsilon}\nabla\times\boldsymbol{A} \tag{7-62b}$$

根据矢量磁位 $\boldsymbol{A}$ 和标量电位 φ 满足的亥姆霍兹方程，可知矢量电位 $\boldsymbol{A}_{\mathrm{m}}$ 和标量磁位 φ_{m} 满足的亥姆霍兹方程为

$$\nabla^2\boldsymbol{A}_{\mathrm{m}}+k^2\boldsymbol{A}_{\mathrm{m}}=-\varepsilon\boldsymbol{J}_{\mathrm{m}} \tag{7-63a}$$

$$\nabla^2\varphi_{\mathrm{m}}+k^2\varphi_{\mathrm{m}}=-\frac{\rho_{\mathrm{m}}}{\mu} \tag{7-63b}$$

式中，矢量电位 $\boldsymbol{A}_{\mathrm{m}}$ 和标量磁位 φ_{m} 的积分解可根据对偶性原理由式 (7-14)和式 (7-15)直接写出，即

$$\varphi_{\mathrm{m}}=\frac{\mu}{4\pi}\int_{V'}\frac{\rho_{\mathrm{m}}(\boldsymbol{r}')\mathrm{e}^{-\mathrm{j}k|\boldsymbol{r}-\boldsymbol{r}'|}}{|\boldsymbol{r}-\boldsymbol{r}'|}\mathrm{d}V' \tag{7-64}$$

$$\boldsymbol{A}_{\mathrm{m}}=\frac{1}{4\pi\varepsilon}\int_{V'}\frac{\boldsymbol{J}_{\mathrm{m}}(\boldsymbol{r}')\mathrm{e}^{-\mathrm{j}kR}}{R}\mathrm{d}V'\ ,\ R=|\boldsymbol{r}-\boldsymbol{r}'| \tag{7-65}$$

根据式(7-64)和式(7-65)可知，利用磁源量的分布可求出矢量电位 $\boldsymbol{A}_{\mathrm{m}}$ 和标量磁位 φ_{m}，再结合式(7-61)可求出磁源量产生的电磁场。

利用电磁对偶性可求出磁偶极子的远区辐射场。引入假想的磁荷和磁流概念后，载流细导线小圆环可等效为相距 l，两端磁荷分别为 $+q_{\mathrm{m}}$ 和 $-q_{\mathrm{m}}$ 的磁偶极子，如图7.6所示。其磁偶极矩为

$$\boldsymbol{p}_{\mathrm{m}} = q_{\mathrm{m}}\boldsymbol{l} = \boldsymbol{e}_z q_{\mathrm{m}} l \tag{7-66}$$

磁偶极子的磁偶极矩 $\boldsymbol{p}_{\mathrm{m}}$ 与小环上电流的关系为 $\boldsymbol{p}_{\mathrm{m}}=\boldsymbol{S}\mu_0 i$，则磁荷 q_{m} 为

$$q_{\mathrm{m}} = \frac{\mu_0 iS}{l} \tag{7-67}$$

则磁荷间的假想磁流为

$$I_{\mathrm{m}} = \frac{\mathrm{d}q_{\mathrm{m}}}{\mathrm{d}t} = \frac{\mu_0 S}{l}\frac{\mathrm{d}i}{\mathrm{d}t} \tag{7-68}$$

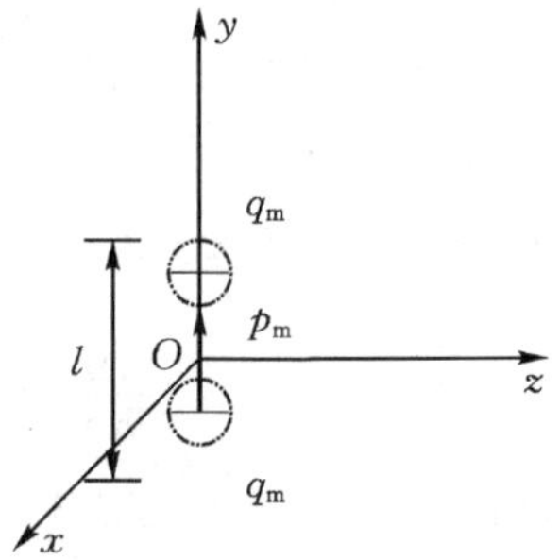

图 7.6　磁偶极子的等效磁矩

写成复数形式为

$$I_{\mathrm{m}} = \mathrm{j}\,\frac{\omega\mu_0 S}{l}I \tag{7-69}$$

由式(7-69)可得

$$SI = -\mathrm{j}\,\frac{I_{\mathrm{m}}l}{\omega\mu_0} \tag{7-70}$$

将式(7-70)代入式(7-52)和式(7-53)可得磁偶极子远区场为

$$H_\theta = -\frac{kIS}{2\lambda r}\sin\theta \mathrm{e}^{-\mathrm{j}kr} = \mathrm{j}\,\frac{I_{\mathrm{m}}l}{2\lambda r}\sqrt{\frac{\varepsilon_0}{\mu_0}}\sin\theta \mathrm{e}^{-\mathrm{j}kr} = \mathrm{j}\,\frac{I_{\mathrm{m}}l}{2\lambda r\eta_0}\sin\theta \mathrm{e}^{-\mathrm{j}kr} \tag{7-71}$$

$$E_\varphi = \frac{kIS}{2\lambda r}\eta_0 \sin\theta \mathrm{e}^{-\mathrm{j}kr} = -\mathrm{j}\,\frac{I_{\mathrm{m}}l}{2\lambda r}\sin\theta \mathrm{e}^{-\mathrm{j}kr} \tag{7-72}$$

将 $\eta_0=\sqrt{\frac{\mu_0}{\varepsilon_0}}=120\pi$ 代入式(7-38)可得电偶极子远区辐射场为

$$E_\theta = \mathrm{j}\,\frac{Il}{2\lambda r}\sqrt{\frac{\mu_0}{\varepsilon_0}}\sin\theta \mathrm{e}^{-\mathrm{j}kr} = \mathrm{j}\,\frac{60\pi Il}{\lambda r}\sin\theta \mathrm{e}^{-\mathrm{j}kr} \tag{7-73}$$

$$H_\varphi = \mathrm{j}\,\frac{Il}{2\lambda r}\sin\theta \mathrm{e}^{-\mathrm{j}kr} \tag{7-74}$$

根据式 (7-59)可得自由空间的磁偶极子和电偶极子存在如下对偶关系

$$H_\theta|_m = E_\theta|_e, -E_\varphi|_m = H_\varphi|_e, I_m \leftrightarrow I, q_m \leftrightarrow q, \varepsilon_0 \leftrightarrow \mu_0, \mu_0 \leftrightarrow \varepsilon_0 \tag{7-75}$$

利用式(7-75)中磁偶极子和电偶极子的对偶关系可得磁偶极子的远区辐射场为

$$H_\theta = \mathrm{j}\frac{I_m l}{2\lambda r}\sqrt{\frac{\varepsilon_0}{\mu_0}}\sin\theta \mathrm{e}^{-\mathrm{j}kr} = \mathrm{j}\frac{I_m l}{2\lambda r\eta_0}\sin\theta \mathrm{e}^{-\mathrm{j}kr} \tag{7-76}$$

$$E_\varphi = -\mathrm{j}\frac{I_m l}{2\lambda r}\sin\theta \mathrm{e}^{-\mathrm{j}kr} \tag{7-77}$$

比较上述结果,可知利用电磁对偶关系容易得到磁偶极子的远区辐射场。因此,利用电磁对偶关系可对电磁辐射问题的求解带来便利。

7.4　天线基本参数

天线的技术性能直接影响无线电设备的质量,而天线的技术性能是用若干参数描述的,了解这些参数有助于天线的设计和选用。同一副天线用作发射和接收时,其特性参数是相同的,只是具体含义不同,通常用发射天线定义天线的基本参数。天线的基本参数可以描述天线把高频电流能量转换成高频电磁波能量并按要求辐射出去的能力,主要包括主瓣宽度、副瓣电平、前后比、方向性系数、辐射效率、增益系数、工作频带、极化、输入阻抗、有效长度等。下面分别介绍这些参数。

7.4.1　方向性函数和方向图

天线的辐射具有方向性,即天线主要沿某一方向辐射。通常把描述天线辐射的电磁场强度在空间相对分布的数学表达式称为天线的方向性函数,即天线的辐射特性与空间坐标的函数关系式。根据方向性函数绘制的图形称为天线方向图。

天线的方向性函数指,在离开天线一定距离处,描述天线辐射场的相对值与空间方向关系的函数,表示为 $f(\theta,\varphi)$。为了便于比较不同天线的方向特性,通常采用归一化方向性函数 $F(\theta,\varphi)$表示,写为

$$F(\theta,\varphi) = \frac{|E(\theta,\varphi)|}{|E_{max}|} = \frac{f(\theta,\varphi)}{f(\theta,\varphi)_{max}} \tag{7-78}$$

式中,$|E(\theta,\varphi)|$为指定距离上某方向(θ,φ)的电场强度值;$|E_{max}|$为同一距离上电场强度最大值;$f(\theta,\varphi)_{max}$为方向性函数最大值。

由式 (7-38)及式(7-78)可得电偶极子的归一化方向性函数为

$$F(\theta,\varphi) = |\sin\theta| \tag{7-79}$$

同理,由式 (7-38)及式 (7-72)可得磁偶极子的归一化方向性函数为 $F(\theta,\varphi)=|\sin\theta|$。

根据电偶极子的归一化方向性函数可以绘制其方向图,如图 7.7 所示。虽然利用计算机可以较容易地绘制复杂天线的立体方向图,但常用的仍是主平面上的方向图。对于线天线,主平面是指包含天线导线轴的平面(称为 **E** 面)和垂直于天线导线轴的平面(称为 **H** 面);对于面天线,主平面指与天线口面上电场矢量相平行的平面(**E** 面)和与天线口面上磁场矢量相平行的平面(**H** 面)。这两个平面上的方向图分别称为 **E** 面方向图和 **H** 面方向图。根据这两个主

平面的方向图，就可以想象出整个三维立体方向图。

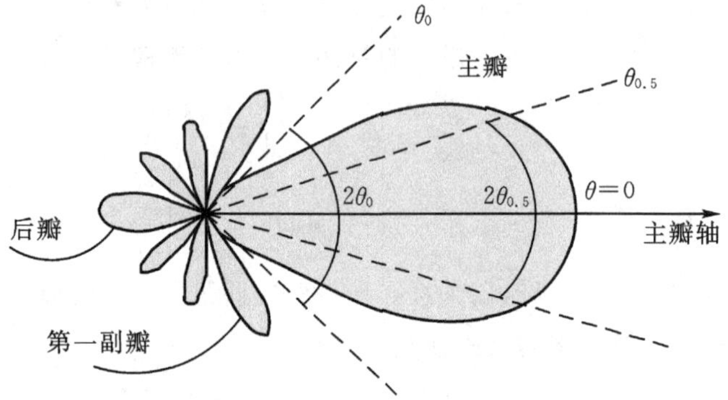

图 7.7　典型的功率方向图

然而，实际天线的方向图要比电偶极子的方向图复杂。方向图可能包含多个波瓣，分别称为主瓣、副瓣和后瓣，图 7.7 就包含了主瓣、副瓣和后瓣。主瓣是包含有最大辐射方向的波瓣，除主瓣外的其他波瓣统称为副瓣。而位于主瓣正后方的波瓣(副瓣)称为后瓣。波瓣通常包含下列电参数：

(1)主瓣宽度：主瓣最大辐射方向两侧的两个半功率点(即功率密度下降为最大值的一半，或场强下降为最大值的$\frac{1}{\sqrt{2}}$)的矢径之间的夹角称为主瓣宽度，记为 $2\theta_{0.5}$。主瓣宽度越小，天线辐射的电磁能量越集中，天线方向性越好。

(2)副瓣电平：副瓣最大辐射方向上的功率密度 S_1 与主瓣最大辐射方向上的功率密度 S_0 之比的对数值，称为副瓣电平，即

$$P_{\text{sub}}(\text{dB}) = 10\lg\left(\frac{S_1}{S_0}\right) \tag{7-80}$$

天线方向图的副瓣是不需要辐射的区域，所以副瓣电平应尽可能低，一般离主瓣较远的副瓣电平要比离主瓣较近的副瓣电平低，因此，副瓣电平指第一副瓣的电平。

(3)前后比：主瓣最大辐射方向上的功率密度 S_0 与后瓣最大辐射方向上的功率密度 S_b 之比的对数值，称为前后比，表示为

$$P_{ab}(\text{dB}) = 10\lg\left(\frac{S_0}{S_b}\right) \tag{7-81}$$

通常要求前后比尽可能大。

【例 7-2】 已知某天线的方向性函数为 $f(\theta)=0.5+\cos^2\theta$，求其归一化方向性函数和主瓣宽度。

解：由式(7-78)求得归一化方向性函数为

$$F(\theta,\varphi)=\frac{(0.5+\cos^2\theta)}{1.5}$$

根据主瓣宽度的定义有

$$F^2(\theta,\varphi)=0.5$$

求解上式得 $\theta=41.5°$，所以该天线的主瓣宽度为

$$2\theta_{0.5}=2(90°-\theta)=97°$$

7.4.2　方向性系数

为了定量描述天线方向性的强弱，引入方向性系数。其定义为：在相等辐射功率下，被研究天线在其最大辐射方向上某点的功率密度与一理想的无方向性天线在同一点产生的功率密度的比值，称为天线的方向性系数，表示为

$$D=\left.\frac{S_{\max}}{S_0}\right|_{P_r=P_{r0}}=\left.\frac{|E_{\max}|^2}{|E_0|^2}\right|_{P_r=P_{r0}} \tag{7-82}$$

式中，P_r 和 P_{r0} 分别为被研究天线和理想的无方向性天线的辐射功率，方向性系数是无量纲的量。

方向性系数也可定义为：在天线最大辐射方向上某点产生相等电场强度的条件下，理想的无方向性天线的辐射功率 P_{r0} 与被研究天线辐射功率 P_r 的比值，即

$$D=\left.\frac{P_{r0}}{P_r}\right|_{E_{r0}=E_r} \tag{7-83}$$

式中，E_r 和 E_{r0} 分别为被研究天线和理想的无方向性天线的电场强度。

被研究天线的辐射功率等于在半径为 r 的球面上对功率密度进行面积分，即

$$P_r=\oint_S \boldsymbol{S}_{av}\cdot d\boldsymbol{S}=\frac{1}{2}\oint_S\frac{|E(\theta,\varphi)|^2}{\eta_0}dS \tag{7-84}$$

利用归一化方向函数的表达式 (7-78)，则式 (7-84) 可整理为

$$P_r=\frac{1}{2}\oint_S\frac{|E(\theta,\varphi)|^2}{\eta_0}dS=\frac{|E_{\max}|^2r^2}{2\eta_0}\int_0^{2\pi}\int_0^{\pi}F^2(\theta,\varphi)\sin\theta d\theta d\varphi \tag{7-85}$$

对理想的无方向性天线，在半径为 r 的球面上各处的功率密度相同，故辐射功率为

$$P_{r0}=4\pi r^2S_0=4\pi r^2\times\frac{|E_0|^2}{2\eta_0} \tag{7-86}$$

由 (7-85) 和式 (7-86)，再结合辐射功率相等条件，可得天线的方向性系数为

$$D=\left.\frac{|E_{\max}|^2}{|E_0|^2}\right|_{P_r=P_{r0}}=\frac{4\pi}{\int_0^{2\pi}\int_0^{\pi}F^2(\theta,\varphi)\sin\theta d\theta d\varphi} \tag{7-87}$$

若天线方向图轴对称，与 φ 无关，即 $F(\theta,\varphi)=F(\theta)$，则

$$D=\left.\frac{|E_{\max}|^2}{|E_0|^2}\right|_{P_r=P_{r0}}=\frac{2}{\int_0^{\pi}F^2(\theta)\sin\theta d\theta} \tag{7-88}$$

对于理想的无方向性天线，其归一化方向性函数为 $F(\theta,\varphi)=1$，则其方向性系数为 1。

根据式 (7-82) 可得 $|E_{\max}|^2=D|E_0|^2=D\times\frac{60P_{r0}}{r^2}$，　即

$$|E_{\max}|=\left.\frac{\sqrt{60DP_r}}{r}\right|_{P_r=P_{r0}} \tag{7-89}$$

对于无方向性天线，$D=1$，则

$$|E_{max}| = \left.\frac{\sqrt{60P_r}}{r}\right|_{P_r=P_{r0}} \tag{7-90}$$

比较式（7－89）和式（7－90）可知，被研究天线的方向性系数表征该天线在其最大辐射方向上相比于无方向性天线将辐射功率增大的倍数。

7.4.3 辐射效率和增益系数

天线的辐射效率表征天线能量转换的效率，定义为天线的辐射功率 P_r 与输入功率 P_{in} 的比值，表示为

$$\eta_r = \frac{P_r}{P_{in}} = \frac{P_r}{P_r + P_L} \tag{7-91}$$

式中，P_L 为天线总损耗功率，天线的损耗功率包括天线导体中的热损耗、介质材料的损耗和天线附近物体的感应损耗。

与引入辐射电阻 R_r 一样，天线的总损耗功率也可看作电阻上的损耗功率，该电阻称为损耗电阻 R_L，则天线辐射功率和损耗功率可表示为

$$P_r = \frac{1}{2}I^2R_r,\quad P_L = \frac{1}{2}I^2R_L$$

故天线效率也可表示为

$$\eta_r = \frac{P_r}{P_r + P_L} = \frac{R_r}{R_r + R_L} \tag{7-92}$$

从式（7－92）可知，要提高天线效率，应增大辐射电阻，降低损耗电阻。

对于频率很低的中长波天线，天线工作波长长，电长度$\frac{l}{\lambda}$较小，辐射功率较低，天线的效率也较低。而大多数超高频微波天线的损耗小，其辐射效率接近 1。

天线方向性系数表征天线辐射能量集中的程度，辐射效率表征天线在能量转换上的效能。下面讨论天线的另一个参数，增益系数，其定义为在相同输入功率下，受试天线在其最大辐射方向上某点产生的功率密度与一理想的无方向性天线在同一点产生的功率密度的比值，表示为

$$G = \left.\frac{S_{max}}{S_0}\right|_{P_{in}=P_{in0}} = \left.\frac{|E_{max}|^2}{|E_0|^2}\right|_{P_{in}=P_{in0}} \tag{7-93}$$

式中，P_{in} 和 P_{in0} 分别是受试天线和理想无方向性天线的输入功率。

增益系数也可定义为：在天线最大辐射方向上某点产生相等电场强度的条件下，理想的无方向性天线所需要的输入功率 P_{in0} 与被研究天线所需要的输入功率 P_{in} 的比值，即

$$G = \left.\frac{P_{in0}}{P_{in}}\right|_{E_{r0}=E_r} \tag{7-94}$$

考虑到辐射效率的定义关系式，以及理想无方向性天线的效率 η_r 一般被认为是 1，故

$$G = \left.\frac{P_{in0}}{P_{in}}\right|_{E_{r0}=E_r} = \left.\frac{\dfrac{P_{r0}}{\eta_{r0}}}{\dfrac{P_r}{\eta_r}}\right|_{E_{r0}=E_r} = \eta_r D \tag{7-95}$$

由此可知，当天线的方向性系数 D 越大，辐射效率 η_r 也大时，天线增益也就越大，因此增益系数可以比较全面的表征天线的性能。通常用分贝表示增益系数，即

$$G(\mathrm{dB})=10\lg G$$

【例 7.3】 某天线的辐射电阻和损耗电阻分别为 $R_r=10\ \Omega$，$R_d=2\ \Omega$，天线的方向性系数 $D=3$，试求该天线的输入电阻 R_{in} 和增益 G。

解：天线的输入电阻 $R_{in}=R_r+R_d=10\ \Omega+2\ \Omega=12\ \Omega$

由式(7－92)求得天线效率为

$$\eta_r=\frac{10\ \Omega}{12\ \Omega}=0.83$$

由式(7－95)求得天线的增益系数为 $G=3\times0.83=2.49$，用分贝数表示为 3.96 dB。

7.4.4　输入阻抗和频带宽度

天线的输入阻抗是天线的一个重要参数，它与天线的几何形状、激励方式及其与周围物体的距离等因素有关。而实际上只有少数简单的天线才能准确计算其输入阻抗，多数天线的输入阻抗需要通过实验测定，或进行近似计算。天线的输入阻抗指天线输入端电压与电流的比值，即

$$Z_{in}=\frac{U_{in}}{I_{in}}=R_{in}+\mathrm{j}X_{in} \tag{7-96}$$

天线的输入端是指天线与馈线的连接处。要使天线从馈线获得最大功率，就必须使天线和馈线良好匹配，使天线的输入阻抗和馈线的特性阻抗相等。

天线的频带宽度定义为：当频率改变时，天线的电参数能保持在规定的技术要求范围内，将对应的频率变化范围称为天线的频带宽度。

天线的所有电参数都与工作频率有关，当工作频率偏离设计的中心频率时，往往要引起电参数的变化。工作频率改变时，将会引起方向图畸变、增益降低、输入阻抗改变等。由于不同用途的电子设备对天线各个电参数的要求不同，有时也根据电参数定义天线带宽，如阻抗带宽、增益带宽等。

7.4.5　天线的极化

天线的极化指天线辐射的电磁波在最大辐射方向上电场强度矢量端点随时间的变化轨迹，按照轨迹的形状分为线极化、圆极化和椭圆极化。在实际应用中，将电场强度矢量垂直于地球表面的线极化称为垂直极化，将电场强度矢量平行于地球表面的线极化称为平行极化；将椭圆极化情况下的椭圆长轴($2a$)与椭圆短轴($2b$)之比定义为圆极化天线的轴比，记为 AR，即

$$AR=\frac{a}{b} \tag{7-97}$$

轴比通常也用 dB 表示($20\lg AR$)。根据天线轴比的定义式(7－79)可知，线极化天线的轴比 $AR=\infty$，圆极化天线的轴比为 1，在圆极化天线的设计中，通常对 $AR=3$ dB 的圆极化天线的频带宽度给出要求。

若接收天线的极化方式与入射波的极化方式不同，称为极化失配。发生极化失配时，接收天线不能获得最大的接收功率，这是由极化损耗引起的。

描述天线的极化特性也可用极化效率 p_e 表示，极化效率也称极化损失因子。极化效率定义为：接收状态下，天线接收来自任意极化方向的平面波的功率与处于最大功率接收极化方式下接收的同样功率密度的平面波功率之比。其数学表达式为

$$p_e = \frac{|\boldsymbol{l}_e \cdot \boldsymbol{E}_i|^2}{|\boldsymbol{l}_e|^2 \ |\boldsymbol{E}_i|^2} \tag{7-98}$$

式中，$\boldsymbol{l}_e$ 是天线的有效长度矢量；$\boldsymbol{E}_i$ 为入射波电场。该式也适用于圆极化波天线。

为了衡量天线的辐射能力，通常引入天线有效长度，其定义为在保持实际天线最大辐射方向上的场强不变的条件下，假设天线上的电流为均匀分布，电流大小等于输入端电流，此假想天线的长度$\boldsymbol{l}_e$ 称为实际天线的有效长度。

7.5 对称阵子天线

电流元与磁流元的辐射电阻低，一般不能作为实际天线使用。本节将介绍中心馈电、长度和波长相近的对称阵子天线，简称对称阵子，这是一种最基本最常见的实用型天线，它既可单独使用，也可作为天线阵的组成单元。

对称阵子天线由两臂长各为 l、半径为 a 的直导线或金属管构成，如图 7.8 所示，它的两个内端点为馈电点。

7.5.1 对称阵子天线的电流分布和远区辐射场

如图 7.8 所示，当在对称阵子的中间馈电点接上高频电动势时，对称阵子的两臂上将产生高频电流，该电流将产生辐射场。由于对称阵子的长度和波长相近，其上电流的幅度和相位不能看作处处相同，所以对称阵子的辐射场不同于电流元的辐射场。但可将对称阵子分成无数小段 $\mathrm{d}z$，每个小段看作电流元 $I\mathrm{d}z$，将每个电流元的辐射场叠加可得到对称阵子辐射场，也就是说对称阵子的辐射场就等于电流元辐射场沿整个导线长度的积分，因此要求解对称阵子的辐射场，首先应确定对称阵子上的电流分布。

对称振子上的电流分布可近似采用传输线理论分析，将对称振子看作一段长为 l，终端开路的传输线分别向上向下展开 180°而成。如图 7.8 所示，选取对称振子的轴线与 z 轴重合，其中心馈电点位于坐标原点，用终端开路传输线上的电流分布近似对称振子天线上的电流分布，根据式(6-139)可得

$$I(z) = I_m \sin[k(l - |z|)], \qquad |z| < l \tag{7-99}$$

式中，$k = 2\pi/\lambda$ 是相位常数。图 7.9 给出了三种不同长度的对称阵子天线上的电流分布，箭头表示电流方向。

当 $z = \pm l$ 时，对称振子两端电流为零，即 $I(\pm l) = 0$。

当 $z = 0$，$l = \lambda/4$ 时，$I(0) = I_m$，即对称振子馈电点处电流最大，此时天线上的电流为半波，称为半波对称振子，其上电流分布如图 7.9(a)所示。

当 $z=0, l=\lambda/2$ 时，$I(0)=0$，即对称振子馈电点处电流最小；当 $z=\pm\lambda/4, l=\lambda/2$ 时，$I(z)=I_m$，即 $z=\pm\lambda/4$ 处，电流最大，此时天线上的电流为全波，称为全波对称振子，其上电流分布如图 7.9(b)所示。

当 $z=0, l=3\lambda/4$ 时，$I(0)=-I_m$，即对称振子馈电点处电流最大；当 $z=\pm\lambda/4, l=3\lambda/4$ 时，$I(z)=0$，即 $z=\pm\lambda/4$ 处，电流最小；当 $z=\pm\lambda/2, l=3\lambda/4$ 时，$I(z)=I_m$，即 $z=\pm\lambda/2$ 处，电流最大，其上电流分布如图 7.9(c)所示。

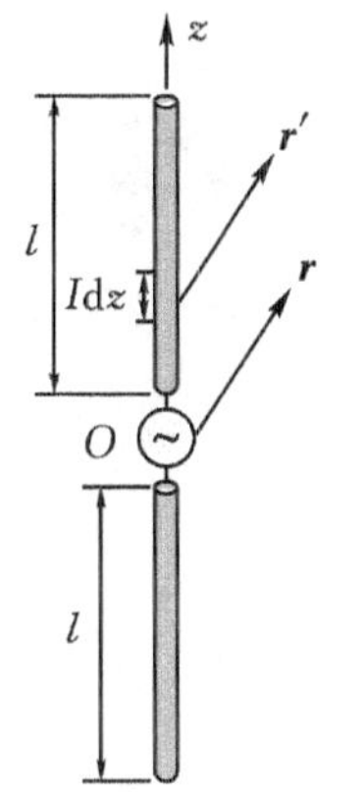

图 7.8　对称振子天线

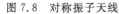

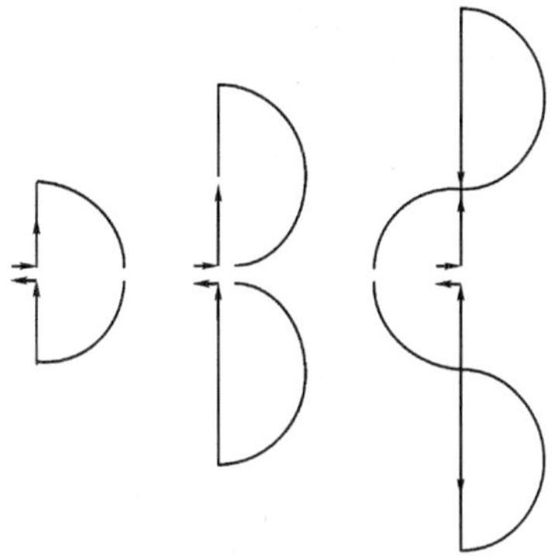

(a)　(b)　(c)

图 7.9　对称振子天线上的电流分布

由电偶极子的远区辐射场可知，图 7.8 中对称阵子上电流元 $I(z)\mathrm{d}z$ 在远区观察点产生的辐射电场为

$$\mathrm{d}E'_\theta=\mathrm{j}\,\frac{60\pi I\sin[k(l-|z|)]}{\lambda r'}\sin\theta\mathrm{e}^{-\mathrm{j}kr'} \tag{7-100}$$

由于观察点在远区，可将 r 与 r' 视为平行，上式振幅项中的 r' 近似等于 r，即 $r'\approx r$，相位项 $\mathrm{e}^{-\mathrm{j}kr'}$ 中的 $r'\approx r-z\cos\theta$，则对称阵子天线的辐射场为

$$\begin{aligned}E_\theta&=\int_{-l}^{l}\mathrm{d}E'_\theta=\mathrm{j}\,\frac{60\pi I\mathrm{e}^{-\mathrm{j}kr}}{\lambda r}\sin\theta\int_{-l}^{l}\sin[k(l-|z|)]\mathrm{e}^{\mathrm{j}kz\cos\theta}\mathrm{d}z\\&=\mathrm{j}\,\frac{60\pi I}{r}\left[\frac{\cos(kl\cos\theta)-\cos(kl)}{\sin\theta}\right]\mathrm{e}^{-\mathrm{j}kr}\end{aligned} \tag{7-101}$$

其远区磁场与电场的关系仍为

$$H_\varphi=\frac{E_\theta}{\eta_0} \tag{7-102}$$

由此可知，对称阵子天线的远区辐射场只有 E_θ 和 H_φ 两个分量，所以远区场沿径向传播 TEM 波，而且电场与磁场同相，辐射的电磁波是球面波；辐射场在不同的 θ 方向有不同的辐射场强值，即辐射场具有方向性。

根据方向性函数的定义可知，对称阵子天线的归一化方向性函数为

$$f(\theta,\varphi)=\frac{\cos(kl\cos\theta)-\cos(kl)}{\sin\theta} \tag{7-103}$$

图 7.10 给出了不同长度对称阵子的归一化方向图(E 面)。由其方向性函数可知，方向图与 φ 无关，即 H 面方向图是圆。由图 7.10 (a)、(b)可见，当 $2l/\lambda\leqslant 1$ 时，方向图只有两个主波

瓣，没有副瓣，在垂直于阵子轴线方向上辐射最强，随着阵子臂加长，方向图变得尖锐，即天线方向性越强；由图 7.10 (c)、(d)可见，当 $2l/\lambda>1$ 时，方向图出现副波瓣，随着阵子臂长的增加，主波瓣逐渐变小，副瓣逐渐变大，当 $2l/\lambda=2$ 时，主波瓣消失。

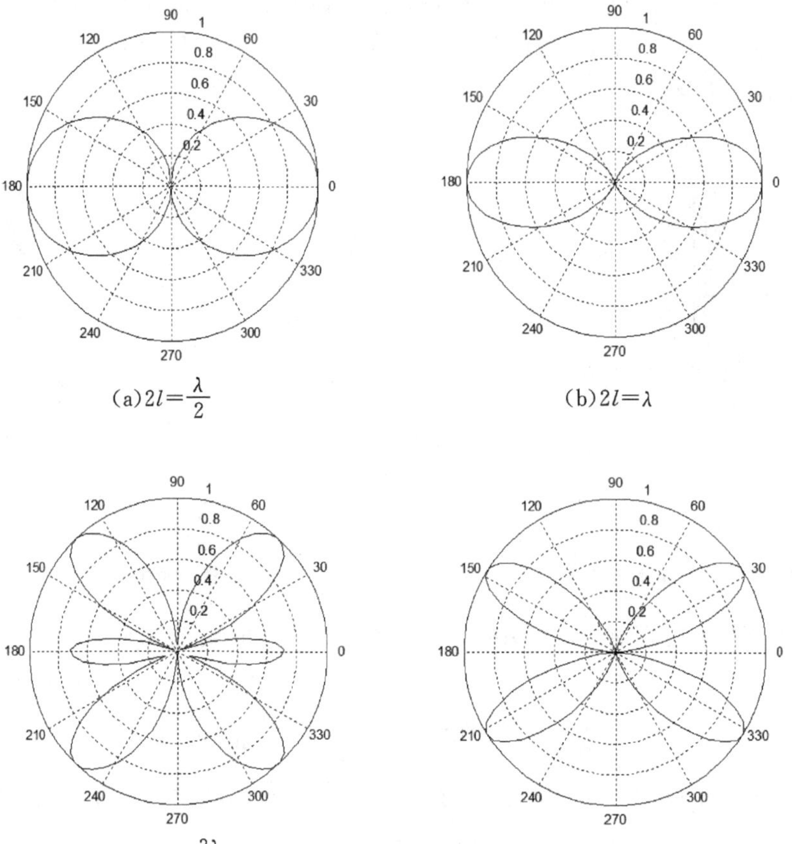

(a) $2l=\dfrac{\lambda}{2}$　　(b) $2l=\lambda$

(c) $2l=\dfrac{3\lambda}{2}$　　(d) $2l=2\lambda$

图 7.10　对称阵子天线的 E 面方向图

7.5.2　半波对称阵子天线

半波对称阵子天线是应用最广的对称天线，将 $2l=\lambda/2$ 代入式(7-102)和式(7-103)，可得半波阵子的归一化方向性函数为

$$f(\theta,\varphi)=\frac{\cos(0.5\pi\cos\theta)}{\sin\theta} \tag{7-104}$$

方向性如图 7.10(b)所示。

由式 (7-101)和式 (7-102)可得半波阵子天线的辐射场为

$$E_\theta=\mathrm{j}\,\frac{60\pi I}{r}\,\frac{\cos(0.5\pi\cos\theta)}{\sin\theta}\mathrm{e}^{-\mathrm{j}kr} \tag{7-105}$$

$$H_\varphi=\frac{E_\theta}{\eta_0}=\mathrm{j}\,\frac{I}{2r}\,\frac{\cos(0.5\pi\cos\theta)}{\sin\theta}\mathrm{e}^{-\mathrm{j}kr} \tag{7-106}$$

根据式 (7-105)和式 (7-106)可得半波阵子天线的平均功率流密度矢量为

$$\boldsymbol{S}_{\mathrm{av}}=\frac{1}{2}\mathrm{Re}[\boldsymbol{E}\times\boldsymbol{H}^*]=\frac{|E_\theta|^2}{2\eta_0}\boldsymbol{e}_r=\frac{15I^2}{\pi r^2}\left[\frac{\cos(0.5\pi\cos\theta)}{\sin\theta}\right]^2\boldsymbol{e}_r \tag{7-107}$$

根据式 (7－107)可得半波天线的辐射功率为

$$P_{\mathrm{r}}=\oint_S\boldsymbol{S}_{\mathrm{av}}\cdot\mathrm{d}\boldsymbol{S}=\frac{1}{2\times120\pi}\int_0^{2\pi}\int_0^{\pi}|E_\theta|^2r^2\sin\theta\mathrm{d}\theta\mathrm{d}\varphi=36.54I^2\ \mathrm{W}$$

故得半波阵子天线的辐射电阻为

$$R_{\mathrm{r}}=\frac{2P_{\mathrm{r}}}{I^2}=73.1\ \Omega$$

根据式(7－87)可得半波天线的方向性系数为

$$D=\frac{4\pi}{\int_0^{2\pi}\int_0^{\pi}\left[\frac{\cos(0.5\pi\cos\theta)}{\sin\theta}\right]^2\sin\theta\mathrm{d}\theta\mathrm{d}\varphi}=\frac{2}{\int_0^{\pi}\frac{\cos^2(0.5\pi\cos\theta)}{\sin\theta}\mathrm{d}\theta}=1.64$$

用分贝表示则 $D=10\lg1.64\ \mathrm{dB}=2.15\ \mathrm{dB}$。

【例 7－4】　求半波振子的主瓣宽度。

解:半波振子的归一化方向性函数为

$$f(\theta,\varphi)=\frac{\cos(0.5\pi\cos\theta)}{\sin\theta}$$

当 $F(\theta,\varphi)=0.707$ 时,解得 $\theta=51°$,主瓣宽度为 $2\theta_{0.5}=2\times(90°-51°)=78°$。

7.6　天线阵

从前几节的分析可知,电偶极子和对称阵子天线的主瓣宽度较宽,即方向性比较弱,因此一般难以单独用作实用的天线。为了提高天线的方向性,通常将若干个单元天线(也称为阵元)按某种方式排列成天线阵。根据阵元的排列方式,天线阵可分为直线阵、平面阵和立体阵。

天线阵的辐射特性取决于阵元的形式、数目、排列方式、间距以及阵元上电流的振幅和相位等。本节首先讨论二元阵及方向图相乘原理,随后讨论导体对天线的影响。

7.6.1　二元阵及方向图相乘原理

由两个相距较近、取向一致的阵元组成的二元阵是最简单的天线阵。如图 7.11 所示是两个形式相同取向沿 z 轴,沿 x 轴排列的对称天线构成的二元阵,阵元间距为 d,两阵元的激励电流分别为 I_1 和 I_2, 且 $I_2=mI_1\mathrm{e}^{\mathrm{j}\xi}$,其中 m 为两阵元激励电流的振幅比,ξ 是两阵元激励电流的相位差。由于观察点 P 远离阵中心,可近似认为矢径 $\boldsymbol{r}_1$ 和 $\boldsymbol{r}_2$ 相互平行。

根据对称阵子的辐射场可知,两个阵元在观察点 P 产生的电场都是沿 $\boldsymbol{e}_\theta$ 方向,即

$$\boldsymbol{E}_1=\boldsymbol{e}_\theta\mathrm{j}\frac{60I_1}{r_1}F_1(\theta,\varphi)\mathrm{e}^{-\mathrm{j}kr_1} \tag{7-108}$$

$$\boldsymbol{E}_2=\boldsymbol{e}_\theta\mathrm{j}\frac{60I_2}{r_2}F_2(\theta,\varphi)\mathrm{e}^{-\mathrm{j}kr_2} \tag{7-109}$$

式中,$F_1(\theta,\varphi)$和 $F_2(\theta,\varphi)$分别为两个阵元的归一化方向性函数,表示为

$$F_1(\theta,\varphi)=F_2(\theta,\varphi)=\frac{\cos(kl\cos\theta)-\cos(kl)}{\sin\theta}$$

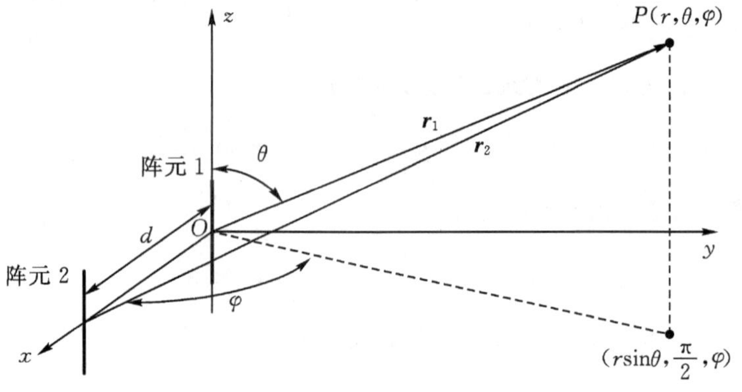

图 7.11　二元天线阵

由于观察点远离天线阵，如图 7.11 所示，可对两个阵元辐射场的振幅项和相位项作如下近似

$$\frac{1}{r_1} \approx \frac{1}{r_2} \qquad (\text{振幅项}) \tag{7-110}$$

$$r_2 = r_1 - d\sin\theta\cos\varphi \quad (\text{相位项}) \tag{7-111}$$

将式 (7－110)和式 (7－111)代入式 (7－109)可得阵元 2 的辐射场为

$$\boldsymbol{E}_2 = \boldsymbol{e}_\theta \mathrm{j}\,\frac{60mI_1\mathrm{e}^{\mathrm{j}\xi}}{r_1}F_1(\theta,\varphi)\,\mathrm{e}^{-\mathrm{j}kr_1}\,\mathrm{e}^{\mathrm{j}kd\sin\theta\cos\varphi} = m\,\boldsymbol{E}_1\,\mathrm{e}^{\mathrm{j}\Psi} \tag{7-112}$$

式中，$\Psi=\xi+kd\sin\theta\cos\varphi$，表示 P 点电场 $\boldsymbol{E}_1$ 和 $\boldsymbol{E}_2$ 之间的相位差，其中包括两个阵元激励电流的相位差 ξ，以及由两个阵元辐射的波程差引起的相位差 $kd\sin\theta\cos\varphi$。

观察点 P 处的合成电场为

$$\boldsymbol{E} = \boldsymbol{E}_1 + \boldsymbol{E}_2 = \boldsymbol{E}_1(1+m\mathrm{e}^{\mathrm{j}\Psi}) = \boldsymbol{e}_\theta \mathrm{j}\,\frac{60I_1}{r_1}F_1(\theta,\varphi)\,\mathrm{e}^{-\mathrm{j}kr_1}(1+m\mathrm{e}^{\mathrm{j}\Psi}) \tag{7-113}$$

对观察点 P 处的合成电场取模得

$$|\boldsymbol{E}| = \frac{60I_1}{r_1}F_1(\theta,\varphi)\left[1+m^2+2m\cos\Psi\right]^{\frac{1}{2}} = \frac{60I_1}{r_1}F_1(\theta,\varphi)F_{\mathrm{a}}(\theta,\varphi) \tag{7-114}$$

式中，$F_{\mathrm{a}}(\theta,\varphi)=\left[1+m^2+2m\cos\Psi\right]^{\frac{1}{2}}=\left[1+m^2+2m\cos(\xi+kd\sin\theta\cos\varphi)\right]^{\frac{1}{2}}$称为阵因子，它仅与各阵元的排列方式，激励电流的振幅和相位有关，而与阵元无关。$F_1(\theta,\varphi)$称为元因子，它与阵元本身的结构和取向有关。

式 (7－114)表明，$F_1(\theta,\varphi)F_{\mathrm{a}}(\theta,\varphi)$是二元阵的归一化方向性函数，即二元阵的归一化方向性函数等于阵因子和元因子的乘积，这就是方向图相乘原理，这一原理也适用于 N 元相似天线阵，即 N 元相似天线阵的归一化方向性函数等于其阵因子与元因子的乘积。

对于均匀二元阵天线，当阵元为半波对称振子，两阵元同相激励，阵元间距为 λ，图 7.12(a)给出了其元因子归一化方向图，图 7.12(b)给出了阵因子归一化方向图，根据阵列天线方向图相乘原理，元因子方向图乘阵因子方向图，可得到阵列天线的方向图如图 7.12(c)所示。

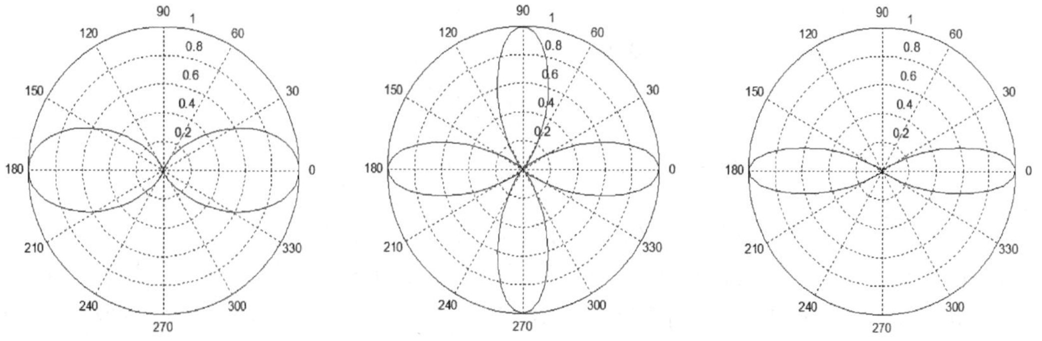

(a)元因子归一化方向图　(b)阵因子归一化方向图　(c)二元阵归一化方向图

图 7.12　阵列天线方向图相乘原理图

7.6.2　均匀直线阵

均匀直线阵是指天线阵各阵元的结构相同，并以相同的间距和相同的取向排列成直线，各阵元的激励电流振幅相等，各阵元激励电流的相位沿阵的轴线以相同的比例递增或递减的天线阵。如图 7.13 所示是沿 z 轴取向，沿 x 轴排列的均匀直线阵。

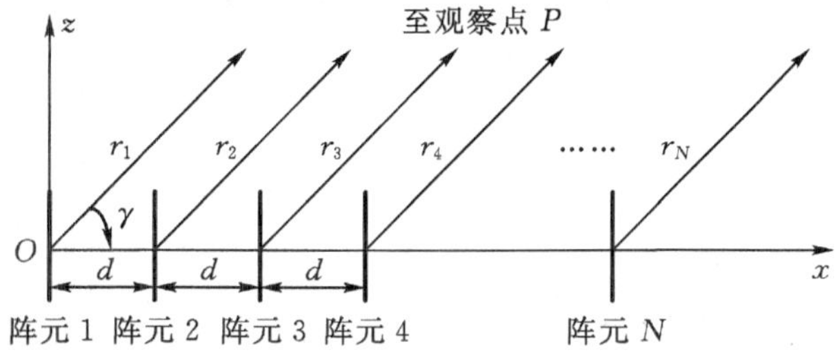

图 7.13　沿 x 轴均匀排列直线阵

设各阵元间距为 d，激励电流相位差为 ξ，电波射线与天线阵轴线之间的夹角为 γ，则相邻两阵元辐射场的相位差为

$$\Psi = \xi + kd\cos\gamma \tag{7-115}$$

以阵元 1 为参考，则阵元 2 的辐射场与阵元 1 的辐射场相位差为 Ψ，阵元 3 的辐射场与阵元 1 的辐射场相位差为 2ψ，依次类推，则天线阵的总辐射场为

$$\boldsymbol{E} = \boldsymbol{E}_1 + \boldsymbol{E}_2 + \boldsymbol{E}_3 + \cdots + \boldsymbol{E}_N = \boldsymbol{E}_1\left[1 + \mathrm{e}^{\mathrm{j}\Psi} + \mathrm{e}^{\mathrm{j}2\Psi} + \mathrm{e}^{\mathrm{j}3\Psi} + \cdots + \mathrm{e}^{\mathrm{j}(N-1)\Psi}\right] \tag{7-116}$$

利用等比级数求和公式，式(7 - 116)可表示为

$$|\boldsymbol{E}| = |\boldsymbol{E}_1|\left|\frac{1-\mathrm{e}^{\mathrm{j}N\Psi}}{1-\mathrm{e}^{\mathrm{j}\Psi}}\right| = |\boldsymbol{E}_1| F_{\mathrm{a}}(\Psi) \tag{7-117}$$

$$F_{\mathrm{a}}(\Psi) = \left|\frac{\sin\left(\frac{N\Psi}{2}\right)}{\sin\left(\frac{\Psi}{2}\right)}\right| \tag{7-118}$$

F_{a} 称为 N 元均匀直线阵的阵因子。当 $\Psi=0$ 时，各阵元在场点 P 处产生的辐射场同相，此时天线阵方向图函数达到最大值，则由式(7 - 118)可得

$$F_{\text{amax}}(\Psi)=\lim_{\Psi\to 0}F_{\text{a}}(\Psi)=N$$

所以 N 元均匀直线阵的归一化阵因子为

$$f_{\text{a}}(\Psi)=\frac{1}{N}\left|\frac{\sin\left(\frac{N\Psi}{2}\right)}{\sin\left(\frac{\Psi}{2}\right)}\right| \tag{7-119}$$

由式(7-119)可知，$f_{\text{a}}(\Psi)$是 Ψ 的周期函数，周期为 2π。在 $0\sim2\pi$ 的区间内，阵因子的方向图将出现主瓣和多个副瓣。由于 $f_{\text{a}}(\Psi)$的周期性，$f_{\text{a}}(\Psi)$除在 $\Psi=0$ 时获得最大值外，在 $\Psi=\pm2m\pi(m=1,2,\cdots)$时也取得最大值。因此，除与 $\Psi=0$ 对应的主瓣外，还存在与 $\Psi=\pm2m\pi$对应的波瓣，该波瓣通常称为栅瓣。为了避免栅瓣的出现，必须限制阵元间距 d 的大小，使 Ψ 被限定在$(-2\pi\sim2\pi)$范围内。图 7.14 给出了阵元数分别为 $N=5$、10、20 时的均匀阵列天线的阵因子归一化方向图，可看出随着阵元数的增多，天线的方向性变好。

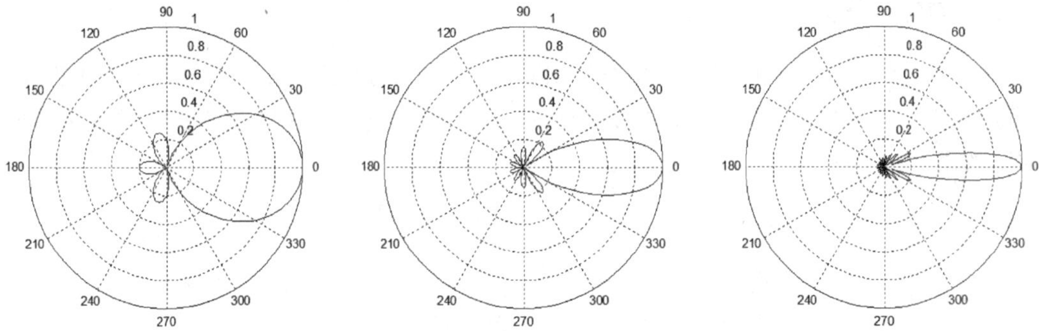

(a)$N=5$　　(b)$N=10$　　(c)$N=20$

图 7.14　均匀直线阵的阵因子归一化方向图

【例 7-5】　由两个半波对称振子构成的二元阵列天线如图 7.15 放置，两个半波对称振子等幅同相激励，间距 λ。求该二元阵的方向函数。

解：当两个半波对称振子等幅同相激励时，$m=1,\xi=0$，且振子之间的间距 $d=\lambda$。

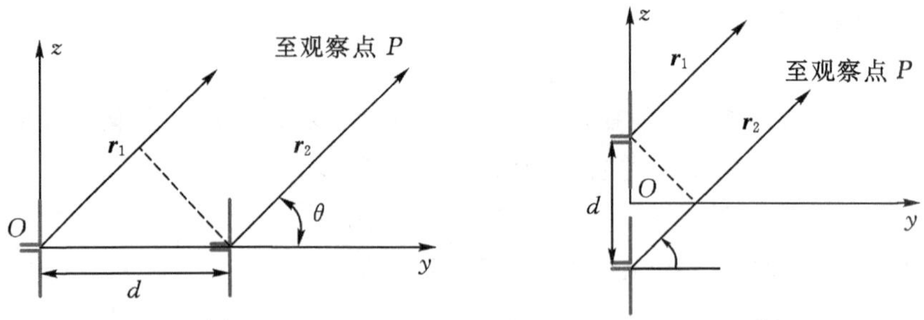

(a)　　(b)

图 7.15　二半波对称阵子阵列天线

(1)当两振子如图 7.15(a)放置，两阵元沿 z 轴取向，沿 y 轴排列，其 $\boldsymbol{E}$ 面为包含两个振子的 yOz 平面，$\boldsymbol{H}$ 面为与两个阵元垂直的 xOy 平面。

在 $\boldsymbol{E}$ 面，两个半波振子到场点的波程差为 $\Delta r=r_1-r_2=d\cos\theta$，相位差为

$$\Psi=\xi-k\Delta r=kd\cos\theta$$

则该二元阵的阵因子为　$F_a(\theta)=\left|2\cos\left(\frac{\Psi}{2}\right)\right|=|2\cos(\pi\cos\theta)|$

元因子为　$F_1(\theta)=\left|\frac{\cos(0.5\pi\sin\theta)}{\cos\theta}\right|$

根据方向图相乘原理，可得到 **E** 面的方向函数为

$$F_E(\theta)=F_1(\theta)\times F_a(\theta)=\left|\frac{\cos(0.5\pi\sin\theta)}{\cos\theta}\right|\times|2\cos(\pi\cos\theta)|$$

(2)当两振子如图 7.15(b)放置，两阵元沿 z 轴取向，沿 z 轴排列，其 **E** 面为包含两个振子的 yOz 平面，**H** 面为与两个阵元垂直的 xOy 平面。

在 **E** 面，两个半波振子到场点的波程差为 $\Delta r=r_1-r_2=-d\sin\theta$，相位差为

$$\Psi=\xi-k\Delta r=-kd\sin\theta$$

则该二元阵的阵因子为

$$F_a(\theta)=|2\cos(0.5\Psi)|=|2\cos(\pi\sin\theta)|$$

元因子为

$$F_1(\theta)=\left|\frac{\cos(0.5\pi\sin\theta)}{\cos\theta}\right|$$

根据方向图相乘原理，可得到 **E** 面方向函数为

$$F_E(\theta)=F_1(\theta)\times F_a(\theta)=\left|\frac{\cos(0.5\pi\sin\theta)}{\cos\theta}\right|\times|2\cos(\pi\sin\theta)|$$

7.6.3　导电体对天线的影响

前面对电流元、对称阵子和天线阵的分析均是假设天线处于自由空间，而实际天线均架设在地球表面或靠近接地的金属物体附近。因此，地球或金属物体必然影响天线的辐射和阻抗特性。下面采用静电场的镜像法分析放置于地球表面或接地金属体附近的天线。

1. 垂直、水平放置的电流元的镜像

电流元垂直放置于无限大接地导电平面上方，如图 7.16(a)所示。可将电流元看作带正负电荷的电偶极子，可以用镜像电荷代替接地导电平面的影响，根据镜像法的基本原理，在接地导电平面的下方对称位置处应有电偶极子的镜像电偶极子，如图 7.16(b)所示。如果将镜像电偶极子的电流由正电荷指向负电荷，则镜像电荷对应的电流元方向与原电流元方向相同，这样移去接地导电平面，则原电流元与镜像电流元构成一等幅同相的二元阵。分析垂直放置于接地导电平面上方的电流元的辐射，等效为分析自由空间中等幅同相的二元阵的辐射。

同样利用镜像法也可以分析水平放置于无限大理想接地导电平面上方的电流元的辐射，如图 7.16(b)所示。则根据镜像法的基本原理可知，镜像电流元与原电流元的相位差为 180°，所以水平放置在无限大理想接地导电平面上方电流元的辐射可等效为自由空间中等幅反相二元阵的辐射。

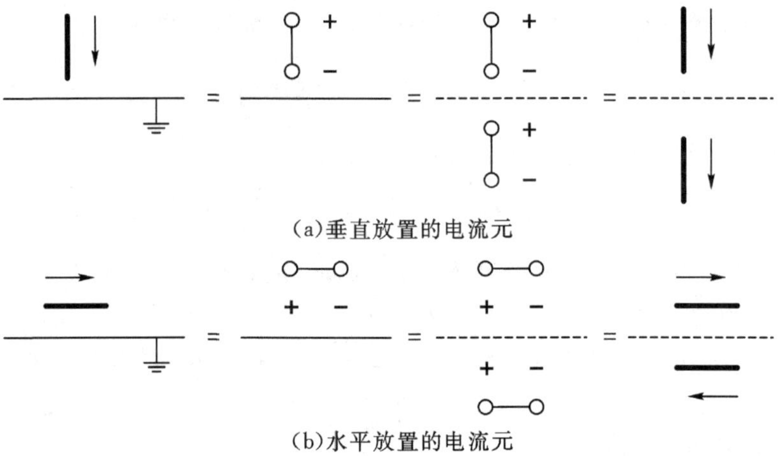

(a)垂直放置的电流元

(b)水平放置的电流元

图 7.16　垂直、水平放置的电流元的镜像

2. 倾斜放置的电流元的镜像

如图 7.17 所示倾斜放置的电流元，只要将倾斜放置的电流元关于接地导电平面分解为水平放置和垂直放置的电流元，然后根据水平放置和垂直放置的电流元的镜像即可得到其镜像电流元。

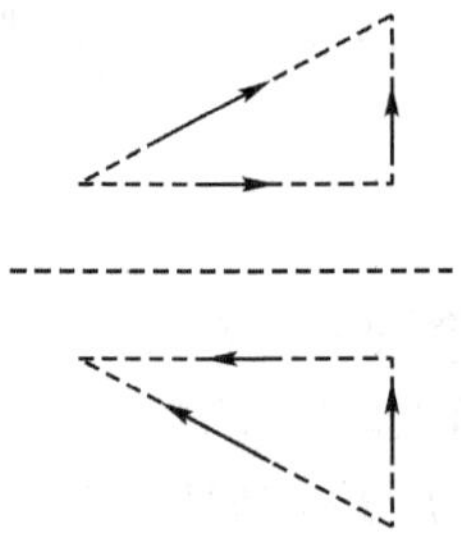

图 7.17　倾斜放置的电流元镜像

3. 对称振子镜像

通过类似的原理可知，水平架设于无限大接地理想导电平面上方的对称阵子，不管长度如何，其镜像恒为负像；垂直架设于无限大接地理想导电平面上方的对称阵子，不管长度如何，其镜像恒为正像。这与电流元的情况相同，图 7.18 给出了水平架设和垂直架设的对称振子及其镜像。

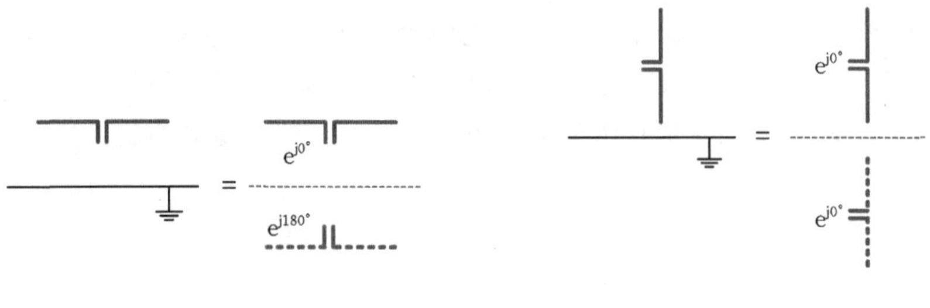

(a)　　(b)

图 7.18　水平架设和垂直架设的对称振子镜像

对于由理想接地导电平面构成的角形域，对置于角形域内天线的辐射场问题也可采用镜像法，确定多重镜像天线，从而角形域内天线的辐射场为原天线和多重镜像天线辐射场的叠加。

4. 直立阵子天线

对处于地面上的直立振子天线(或称单极天线)，如图 7.19(a)所示，根据镜像法，长为$\frac{\lambda}{4}$的直立振子天线可等效为半波对称振子，如图 7.19(b)所示。则直立振子天线在接地平面上方的远区辐射场与对称阵子的远区辐射场相同。

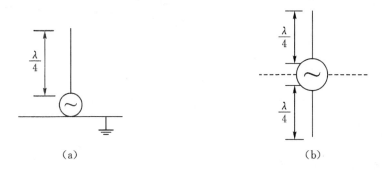

图 7.19　地面上臂长为$\frac{\lambda}{4}$的单极天线及其等效的半波对称振子

【例 7-6】　已知一半波对称振子，如图 7.20 所示，该对称阵子水平放置在无限大接地导电平面的上方，距离无限大接地导电平面$\frac{\lambda}{4}$。试求：(1)该天线的远区辐射场；(2)该天线在 **E** 面和 **H** 面的归一化方向性函数。

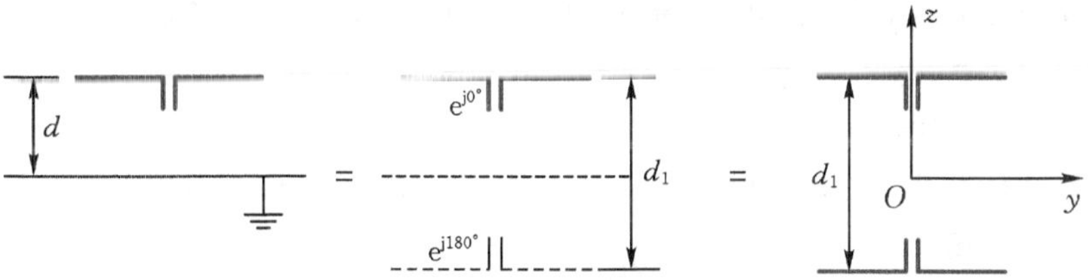

图 7.20　水平放置的半波对称振子及其镜像$\frac{\lambda}{4}$的单极天线及其等效的半波对称振子

解：(1)采用镜像法求解。半波对称振子和它的镜像构成一等幅反相的二元阵，如图7.20所示。两阵元间距为$d_1=\frac{\lambda}{2}$，设半波对称振子上的激励电流为I，则其镜像电流为$Ie^{j\pi}$，因此其远区辐射场为

$$\boldsymbol{E}=\boldsymbol{E}_1+\boldsymbol{E}_2=\boldsymbol{E}_1(1+me^{j\Psi})=\boldsymbol{e}_\theta j\frac{60I_1}{r_1}F_1(\theta,\varphi)e^{-jkr_1}(1+me^{j\Psi})$$

其中，$\boldsymbol{\Psi}=\pi+kd\sin\theta=\pi+\pi\sin\theta$，表示在观察点 P 处，电场$\boldsymbol{E}_1$ 和$\boldsymbol{E}_2$ 之间的相位差，$F_1(\theta,\varphi)$是半波对称振子的归一化方向性函数，表示为

$$F_1(\theta,\varphi)=\frac{\cos(0.5\pi\cos\theta)}{\sin\theta}$$

(2)如图 7.20 所示，其 **E** 面为包含半波振子及其镜像的 yOz 平面，**H** 面为 xOz 平面。在

$\boldsymbol{E}$ 面，半波振子及其镜像到场点的波程差为 $\Delta r=r_1-r_2=-d\sin\theta$，相位差为

$$\Psi=\xi-k\Delta r=\pi-\pi\sin\theta$$

则该二元阵的阵因子为

$$F_a(\theta)=|2\cos(0.5\Psi)|=|2\sin(0.5\pi\sin\theta)|$$

元因子为

$$F_1(\theta)=\left|\frac{\cos(0.5\pi\cos\theta)}{\sin\theta}\right|$$

根据方向图相乘原理，可得到 $\boldsymbol{E}$ 面方向函数为

$$F_E(\theta)=F_1(\theta)\times F_a(\theta)=\left|\frac{\cos(0.5\pi\cos\theta)}{\sin\theta}\right|\times|2\sin(0.5\pi\sin\theta)|$$

在 $\boldsymbol{H}$ 面，半波振子及其镜像到场点的波程差为 $\Delta r=r_1-r_2=-d\sin\varphi$，相位差为

$$\Psi=\xi-k\Delta r=\pi-kd\sin\varphi$$

则该二元阵的阵因子为

$$F_a(\varphi)=|2\cos(0.5\Psi)|=|2\sin(0.5\pi\sin\varphi)|$$

在 $\boldsymbol{H}$ 面，$\theta=90°$，则元因子为

$$F_1(\varphi)=1$$

根据方向图相乘原理，可得到 $\boldsymbol{H}$ 面方向函数为

$$F_H(\varphi)=F_1(\varphi)\times F_a(\varphi)=|2\sin(0.5\pi\sin\varphi)|$$

7.7 面天线的辐射

面天线在微波及毫米波波段的雷达、导航、卫星通信等无线电设备中得到广泛应用，最常见的是喇叭天线、旋转抛物面天线、缝隙天线以及微带天线等。与线形天线不同，面天线所载的电流分布在构成天线的金属导体表面上，且天线的口径尺寸远大于波长。分析面天线辐射场的严格求解方法是求解满足麦克斯韦方程组和边界条件的解，但求解过程复杂，故通常采用感应电流法和口径场法两种近似方法。

感应电流法是先求出在馈源照射下反射面上的感应电流分布，然后计算此电流分布在外部空间产生的辐射场。

口径场法是先作一个包围馈源的封闭面，由给定的馈源求出此封闭面上的场分布，然后利用该封闭面上的场分布求出外部空间的辐射场。如图 7.21 所示是面天线示意图，给该面天线做一包围馈源的封闭面，封闭面包括金属反射面 S' 和虚线表示的口径面 S''，由于金属面 S' 的外表面上电场为零，因此求解外场时，就可由 S'' 面上的场量进行计算，为了便于计算，一般用平面口径面 S 代替 S''。先根据惠更斯原理求出平面口径面上面元的辐射，即惠更斯元的辐射，把每个面元看作新的波源，再根据菲涅尔原理将各波源在场点产生的场叠加，就可求得面天线的辐射场。下面分析惠更斯元的辐射和平面口径面的辐射。

7.7.1 惠更斯元的辐射

惠更斯原理：波在传播过程中，等相位面上各点都可视为新的次级波源。在任意时刻，这些次级波源的子波包络面就是新的波阵面。也就是说，可以不知道源的分布，只要知道某一等相位面的场分布，仍然可求出空间任意点的场分布。

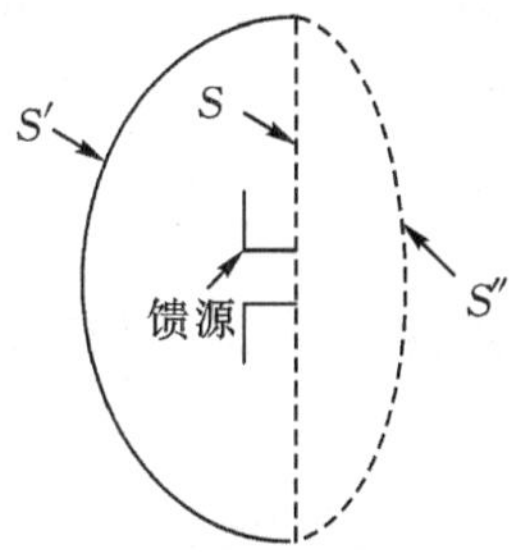

图 7.21　面天线示意图

电偶极子和磁偶极子是分析线天线辐射的基本辐射单元，而惠更斯元是分析面天线的基本辐射元。根据惠更斯原理将口径面 S 分割成许多面元，这些面元就是惠更斯元，如图 7.22 所示，面元 $\mathrm{d}\boldsymbol{S}=\boldsymbol{e}_n\mathrm{d}x\mathrm{d}y$ 位于 xOy 平面，设面元上有切向电场 E_y 和切向磁场 H_x。根据电磁场的等效原理，要维持面元上的切向电场 E_y 和切向磁场 H_x，必存在等效源面磁流 $\boldsymbol{J}_{\mathrm{ms}}$ 和面电流 $\boldsymbol{J}_{\mathrm{s}}$。在实际应用中，近似认为等效源仅分布在面天线电磁波的出口处，略去实际存在的围绕口径边缘上的电流和电荷的影响，这对口径尺寸远大于波长的面天线，具有足够精度。则结合边界条件有

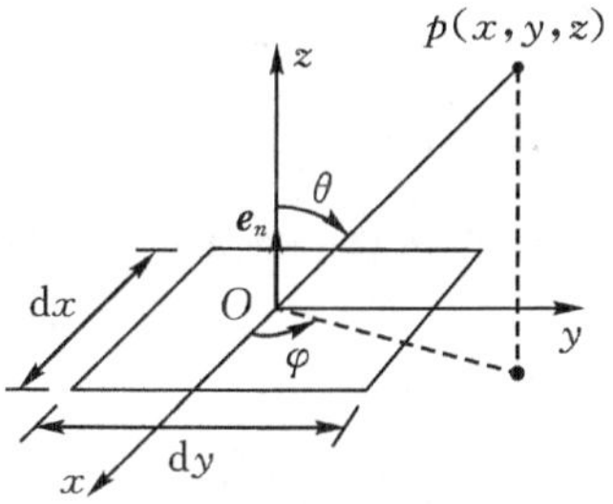

图 7.22　惠更斯元及其坐标

$$\boldsymbol{J}_{\mathrm{s}} = \boldsymbol{e}_n \times \boldsymbol{H} = \boldsymbol{e}_z \times \boldsymbol{e}_x H_x = \boldsymbol{e}_y H_x \tag{7-120}$$

$$\boldsymbol{J}_{\mathrm{ms}} = -\boldsymbol{e}_n \times \boldsymbol{E} = -\boldsymbol{e}_z \times \boldsymbol{e}_y E_y = \boldsymbol{e}_x E_y \tag{7-121}$$

与面电流 $\boldsymbol{J}_{\mathrm{s}}$ 对应的电偶极子的电流为 $I=H_x\mathrm{d}x$，与面磁流 $\boldsymbol{J}_{\mathrm{ms}}$ 对应的磁偶极子的磁流为 $I_{\mathrm{m}}=E_y\mathrm{d}y$，口径面 S 上的惠更斯元可看作相互垂直的电偶极子和磁偶极子的相互组合。其中，电偶极子沿 y 轴，长度为 $\mathrm{d}y$，电流大小为 $H_x\mathrm{d}x$；磁偶极子沿 x 轴，长度为 $\mathrm{d}x$，磁流大小为 $E_y\mathrm{d}y$。因此，惠更斯元的辐射场即为相互正交放置的等效电偶极子和磁偶极子辐射场的叠加。为简化分析，先考虑惠更斯元在球坐标系下 $\boldsymbol{E}$ 面（yOz 面）、$\boldsymbol{H}$ 面（xOz 面）的辐射。

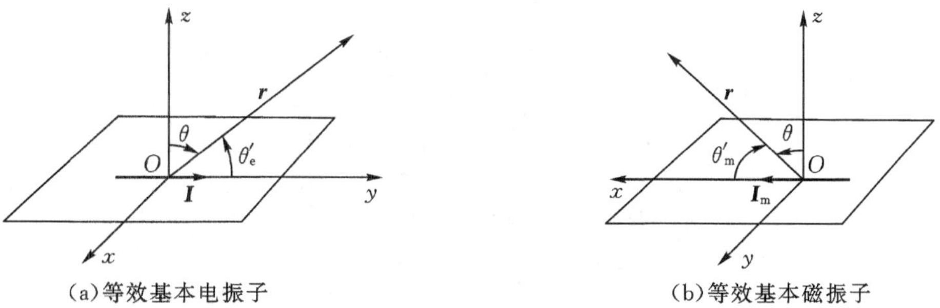

图 7.23　等效基本电、磁振子在 $\boldsymbol{E}$ 面的几何关系

在 $\boldsymbol{E}$ 面上，$\varphi=90°$，即 yOz 面上，如图 7.23(a)，假设从等效电偶极子轴线(即 y 轴)起的夹角为 θ'_{e}，则等效电偶极子的辐射场为

$$\mathrm{d}\boldsymbol{E}'_{\mathrm{e}}=\mathrm{j}\,\frac{\eta_0(H_x\mathrm{d}x)\mathrm{d}y}{2\lambda r}\sin\theta'_{\mathrm{e}}\mathrm{e}^{-\mathrm{j}kr}\,\boldsymbol{e}_{\theta'_{\mathrm{e}}} \tag{7-122}$$

如图 7.23(b)所示，假设等效磁偶极子(即 x 轴)起的夹角为 θ'_{m}，根据电磁对偶性原理可知，等效磁偶极子的辐射电场为

$$\mathrm{d}\boldsymbol{E}'_{\mathrm{m}}=-\mathrm{j}\,\frac{\eta_0(E_y\mathrm{d}y)\mathrm{d}x}{2\lambda r}\sin\theta'_{\mathrm{m}}\mathrm{e}^{-\mathrm{j}kr}\,\boldsymbol{e}_{\theta'_{\mathrm{m}}} \tag{7-123}$$

考虑到 $H_x=-\dfrac{E_y}{\eta_0}$，$\theta'_{\mathrm{e}}=90°-\theta$，在 yOz 面上，$\theta'_{\mathrm{m}}=90°$，$\boldsymbol{e}_{\theta'_{\mathrm{e}}}=-\boldsymbol{e}_\theta$，以及将式 (7-122)及式(7-123)叠加可得惠更斯元在 $\boldsymbol{E}$ 面上的辐射电场为

$$\mathrm{d}\boldsymbol{E}_E=\mathrm{j}\,\frac{1}{2\lambda r}(1+\cos\theta)E_y\mathrm{e}^{-\mathrm{j}kr}\mathrm{d}x\mathrm{d}y\boldsymbol{e}_\theta \tag{7-124}$$

同理可得，在 $\boldsymbol{H}$ 面上，$\varphi=0°$，即 xOz 面上，等效电偶极子和等效磁偶极子的辐射电场为

$$\mathrm{d}\boldsymbol{E}_H=\mathrm{j}\,\frac{1}{2\lambda r}(1+\cos\theta)E_y\mathrm{e}^{-\mathrm{j}kr}\mathrm{d}x\mathrm{d}y\,\boldsymbol{e}_\varphi \tag{7-125}$$

由式(7-124)和式(7-125)看出，惠更斯元的两个主平面上的归一化方向性函数均为

$$f(\theta)=\frac{1}{2}(1+\cos\theta) \tag{7-126}$$

根据式 (7-126)可画出归一化方向性图，可知惠更斯元的最大辐射方向与面元相垂直。

7.7.2 平面口径天线的辐射

实际应用中的面天线的口径面多为平面，如喇叭天线、抛物面天线等，在此讨论平面口径的辐射。

如图 7.24 所示，平面口径面位于 xOy 平面上，口径面积为 S，远区观察点为 P，P 点坐标为 $P(r,\theta,\varphi)$，面元至观察点 P 的距离为 r'。将惠更斯元 $\mathrm{d}S$ 在 $\boldsymbol{E}$ 面和 $\boldsymbol{H}$ 面的辐射场沿整个口径面积分，即得到平面口径面远区辐射场。根据式 (7-124)和式 (7-125)得平面口径面远区辐射场为

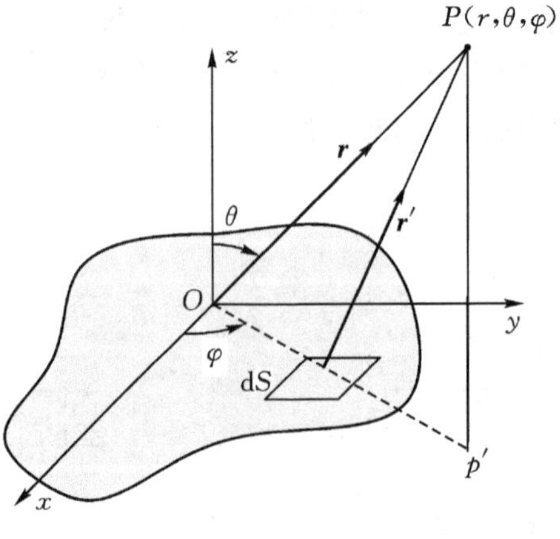

图 7.24 平面口径面的辐射

$$E_p = \mathrm{j}\frac{1}{2\lambda r}(1+\cos\theta)\int_S E_y \mathrm{e}^{-\mathrm{j}kr'}\mathrm{d}x'\mathrm{d}y' \tag{7-127}$$

对于远区的观察点 P,可近似认为 r 与 r'平行,所以有

$$r' \approx r - x'\sin\theta\cos\varphi - y'\sin\theta\sin\varphi \tag{7-128}$$

由式 (7 - 127)和式 (7 - 128)可得平面口径面的远区辐射场表示为

$$E_p = \mathrm{j}\frac{1}{2\lambda r}(1+\cos\theta)\mathrm{e}^{-\mathrm{j}kr}\int_S E_y \mathrm{e}^{-\mathrm{j}k(x'\sin\theta\cos\varphi + y'\sin\theta\sin\varphi)}\mathrm{d}x'\mathrm{d}y' \tag{7-129}$$

下面分别给出平面口径面在 **E** 面和 **H** 面的辐射场,在 **E** 面,即 yOz 平面上,$\varphi=90°$,则由式(7 - 128)和式(7 - 129)可得 E 面辐射场为

$$\boldsymbol{E}_P\big|_E = \mathrm{j}\frac{1}{2\lambda r}(1+\cos\theta)\mathrm{e}^{-\mathrm{j}kr}\int_S E_y \mathrm{e}^{\mathrm{j}ky'\sin\theta}\mathrm{d}x'\mathrm{d}y'\,\boldsymbol{e}_\theta \tag{7-130}$$

在 **H** 面,即 xOz 平面上,$\varphi=0°$,则由式(7—129)可得 **H** 面辐射场为

$$\boldsymbol{E}_P\big|_H = \mathrm{j}\frac{1}{2\lambda r}(1+\cos\theta)\mathrm{e}^{-\mathrm{j}kr}\int_S E_y \mathrm{e}^{\mathrm{j}kx'\sin\theta}\mathrm{d}x'\mathrm{d}y'\,\boldsymbol{e}_\varphi \tag{7-131}$$

对同相平面口径,其最大辐射方向在 $\theta=0°$处,远区最大辐射的电场的模为

$$|E|_{\max} = \left|\frac{1}{\lambda r}\int_S E_y\mathrm{d}x'\mathrm{d}y'\right| \tag{7-132}$$

又因为整个口径面向空间辐射的功率为

$$P_r = \frac{1}{240\pi}\int_S |E_y|^2\mathrm{d}x'\mathrm{d}y' \tag{7-133}$$

将式(7 - 132)和式(7 - 133)代入天线方向性系数的计算公式(7 - 82),可得同相平面口径方向性系数的计算公式为

$$D_0 = \frac{4\pi}{\lambda^2}\frac{\left|\int_S E_y\mathrm{d}x'\mathrm{d}y'\right|^2}{\int_S |E_y|^2\mathrm{d}x'\mathrm{d}y'} \tag{7-134}$$

通过式(7 - 130)和式(7 - 131),就可根据给定的口径面的形状和口径面上的场分布求出远区辐射场。下面分别讨论矩形口径面天线和圆形口径面天线的辐射场。

1. 矩形口径面

如图 7.25 所示,矩形口径面的尺寸为 $a\times b$,设口径面上的电场沿 y 轴方向均匀分布,即 $E_y=E_0$,则根据式(7 - 130)和式 (7 - 131)可得矩形口径面 **E** 面和 **H** 面辐射场为

$$\begin{aligned}\boldsymbol{E}_P\big|_E &= \mathrm{j}\frac{E_0}{2\lambda r}(1+\cos\theta)\mathrm{e}^{-\mathrm{j}kr}\int_{-\frac{a}{2}}^{\frac{a}{2}}\mathrm{d}x'\int_{-\frac{b}{2}}^{\frac{b}{2}}\mathrm{e}^{\mathrm{j}ky'}\mathrm{d}y'\,\boldsymbol{e}_\theta \\ &= \mathrm{j}\frac{aE_0}{2\lambda r}(1+\cos\theta)\mathrm{e}^{-\mathrm{j}kr}\int_{-\frac{b}{2}}^{\frac{b}{2}}\mathrm{e}^{\mathrm{j}ky'\sin\theta}\mathrm{d}y'\,\boldsymbol{e}_\theta\end{aligned} \tag{7-135}$$

$$\begin{aligned}\boldsymbol{E}_P\big|_H &= \mathrm{j}\frac{E_0}{2\lambda r}(1+\cos\theta)\mathrm{e}^{-\mathrm{j}kr}\int_{-\frac{b}{2}}^{\frac{b}{2}}\mathrm{d}y'\int_{-\frac{a}{2}}^{\frac{a}{2}}\mathrm{e}^{\mathrm{j}kx'}\mathrm{d}x'\,\boldsymbol{e}_\varphi \\ &= \mathrm{j}\frac{bE_0}{2\lambda r}(1+\cos\theta)\mathrm{e}^{-\mathrm{j}kr}\int_{-\frac{a}{2}}^{\frac{a}{2}}\mathrm{e}^{\mathrm{j}kx'\sin\theta}\mathrm{d}x'\,\boldsymbol{e}_\varphi\end{aligned} \tag{7-136}$$

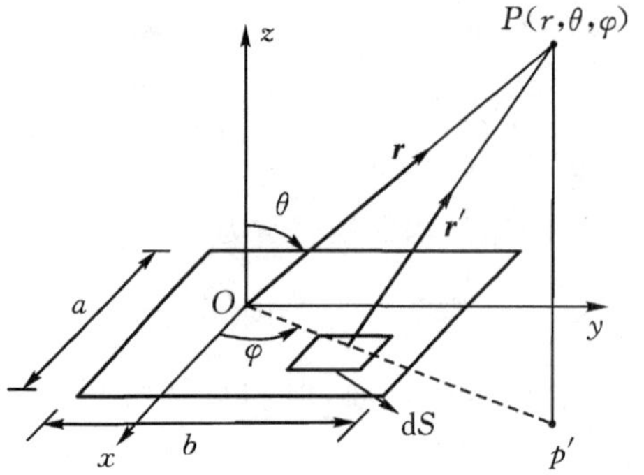

图 7.25 矩形口径面

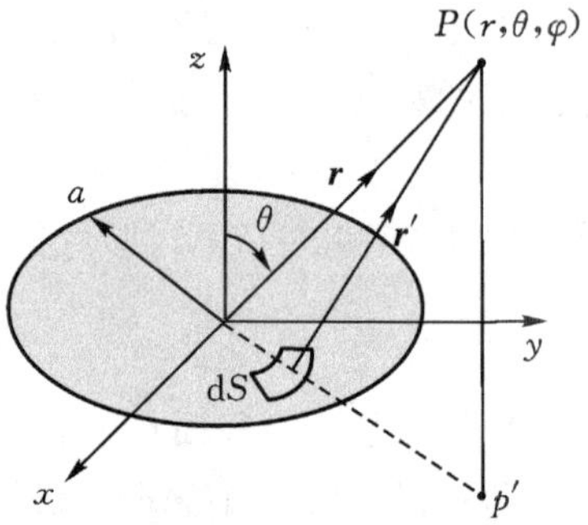

图 7.26 圆形口径面

由式 (7-135)和式 (7-136)可得均匀矩形口径面辐射场的归一化方向性函数分别为

$$F_E(\theta)=\frac{(1+\cos\theta)}{2}\frac{\sin\Psi_1}{\Psi_1} \tag{7-137}$$

$$F_H(\theta)=\frac{(1+\cos\theta)}{2}\frac{\sin\Psi_2}{\Psi_2} \tag{7-138}$$

式中，$\Psi_1=0.5kb\sin\theta$，$\Psi_2=0.5ka\sin\theta$。

由式 (7-137)和式 (7-138)可知，最大辐射方向在 $\theta=0°$处。也可以证明当矩形口径面尺寸与波长相比较大时，即$\frac{a}{\lambda}$和$\frac{b}{\lambda}$都较大时，均匀矩形口径面辐射场能量集中在 θ 角较小的圆锥形区域内。

2. 圆形口径面

根据圆形口径面的特点，选用极坐标系分析圆形口径面辐射场。如图 7.26，将面元 dS 的坐标在极坐标系中表示为

$$x'=\rho'\cos\varphi',y'=\rho'\sin\varphi',\mathrm{d}S'=\mathrm{d}x'\mathrm{d}y'=\rho'\mathrm{d}\rho'\mathrm{d}\varphi' \tag{7-139}$$

将式 (7-139)代入式 (7-128)得 $r'=r-\rho'\sin\theta(\cos\varphi\cos\varphi'+\sin\varphi\sin\varphi')$，对于 $\boldsymbol{E}$ 面，$\varphi=90°$，此时 $r'\approx r-\rho'\sin\theta\sin\varphi'$，对于 $\boldsymbol{H}$ 面，$\varphi=0°$，此时 $r'\approx r-\rho'\sin\theta\cos\varphi'$。

根据式 (7-130)和式 (7-131)可得圆形口径面的辐射场为

$$\boldsymbol{E}_P\big|_E=\mathrm{j}\,\frac{1}{2\lambda r}(1+\cos\theta)\mathrm{e}^{-\mathrm{j}kr}\int_S E_y\mathrm{e}^{\mathrm{j}k\rho\sin\theta\sin\varphi'}\rho'\mathrm{d}\rho'\mathrm{d}\varphi'\,\boldsymbol{e}_\theta \tag{7-140}$$

$$\boldsymbol{E}_P\big|_H=\mathrm{j}\,\frac{1}{2\lambda r}(1+\cos\theta)\mathrm{e}^{-\mathrm{j}kr}\int_S E_y\mathrm{e}^{\mathrm{j}k\rho\sin\theta\cos\varphi'}\rho'\mathrm{d}\rho'\mathrm{d}\varphi'\,\boldsymbol{e}_\varphi \tag{7-141}$$

假设口径面上的电场沿 y 轴方向，圆面的半径为 a，圆面上的场均匀分布，即 $E_y=E_0$。利用关系式

$$\int_0^{2\pi}\mathrm{e}^{-\mathrm{j}k\rho\sin\theta\sin\varphi'}\mathrm{d}\rho'=2\pi J_0(k\rho'\sin\theta),\int_0^a tJ_0(t)\mathrm{d}t=aJ_1(a)$$

式中，$J_0(t)$和 $J_0(a)$分别为零阶和一阶贝塞尔函数，并做代换 $t=k\rho'\sin\theta$。则由式 (7-140)和式 (7-141)可得到均匀圆形口径面辐射场的归一化方向性函数为

$$F_E(\theta)=F_H(\theta)=\frac{(1+\cos\theta)}{2}\frac{2J_1(\Psi_3)}{\Psi_3} \tag{7-142}$$

式中，$\Psi_3=ka\sin\theta$。

7.8　互易定理和接收天线理论

7.8.1　互易定理

互易定理是电磁场理论的重要定理之一，该定理反映了两种不同场源之间的响应关系，联系着两个场源及场源在空间区域和封闭面上产生的场。利用互易定理可以证明同一副天线具有相同的收发特性。

假设空间区域 V_1 中的电流源 J_1 产生的电磁场为 $\boldsymbol{E}_1$、$\boldsymbol{H}_1$，空间区域 V_2 中的电流源 $\boldsymbol{J}_2$ 产生的电磁场为 $\boldsymbol{E}_2$、$\boldsymbol{H}_2$，而且两电流源的振荡频率相同，整个空间区域的是线性的。根据矢量恒等式

$$\nabla\cdot(\boldsymbol{A}\times\boldsymbol{B})=\boldsymbol{B}\cdot(\nabla\times\boldsymbol{A})-\boldsymbol{A}\cdot(\nabla\times\boldsymbol{B})$$

有

$$\nabla\cdot(\boldsymbol{E}_1\times\boldsymbol{H}_2)=\boldsymbol{H}_2\cdot(\nabla\times\boldsymbol{E}_1)-\boldsymbol{E}_1\cdot(\nabla\times\boldsymbol{H}_2) \tag{7-143}$$

将复数形式的麦克斯韦两个旋度方程代入式 (7-143)，可得

$$\begin{aligned}\nabla\cdot(\boldsymbol{E}_1\times\boldsymbol{H}_2)&=\boldsymbol{H}_2\cdot(-\mathrm{j}\omega\mu\boldsymbol{H}_1)-\boldsymbol{E}_1\cdot(\boldsymbol{J}_2+\mathrm{j}\omega\varepsilon\boldsymbol{E}_2)\\&=-\mathrm{j}\omega(\mu\boldsymbol{H}_1\cdot\boldsymbol{H}_2+\varepsilon\boldsymbol{E}_1\cdot\boldsymbol{E}_2)-\boldsymbol{E}_1\cdot\boldsymbol{J}_2\end{aligned} \tag{7-144}$$

同理，将式(7-144)的下标 1、2 对调，可得

$$\begin{aligned}\nabla\cdot(\boldsymbol{E}_2\times\boldsymbol{H}_1)&=\boldsymbol{H}_1\cdot(-\mathrm{j}\omega\mu\boldsymbol{H}_2)-\boldsymbol{E}_2\cdot(\boldsymbol{J}_1+\mathrm{j}\omega\varepsilon\boldsymbol{E}_1)\\&=-\mathrm{j}\omega(\mu\boldsymbol{H}_2\cdot\boldsymbol{H}_1+\varepsilon\boldsymbol{E}_2\cdot\boldsymbol{E}_1)-\boldsymbol{E}_2\cdot\boldsymbol{J}_1\end{aligned} \tag{7-145}$$

用式 (7-144)减去式 (7-145)得

$$\nabla\cdot[(\boldsymbol{E}_1\times\boldsymbol{H}_2)-(\boldsymbol{E}_2\times\boldsymbol{H}_1)]=\boldsymbol{E}_2\cdot\boldsymbol{J}_1-\boldsymbol{E}_1\cdot\boldsymbol{J}_2 \tag{7-146}$$

这就是洛伦兹互易定理的微分形式。将上式两端取体积分，积分区域为空间 V，并应用散度定理可得

$$\oint_S[(\boldsymbol{E}_1\times\boldsymbol{H}_2)-(\boldsymbol{E}_2\times\boldsymbol{H}_1)]\cdot\boldsymbol{e}_\mathrm{n}\mathrm{d}S=\int_V(\boldsymbol{E}_2\cdot\boldsymbol{J}_1-\boldsymbol{E}_1\cdot\boldsymbol{J}_2)\mathrm{d}V \tag{7-147}$$

式中，S 为包围空间 V 的封闭面；$\boldsymbol{e}_\mathrm{n}$ 为封闭面 S 的外法向单位矢量。该式是洛伦兹互易定理的积分形式。下面分别讨论电流源 $\boldsymbol{J}_1$、$\boldsymbol{J}_2$ 分别在空间区域 V 内和 V 外两种情况下，互易定理的表达式。

设电流源 $\boldsymbol{J}_1$、$\boldsymbol{J}_2$ 在空间区域 V 外，则空间区域 V 为无源空间，式(7-147)右端的体积分为零，所以左端积分也为零，即

$$\oint_S[(\boldsymbol{E}_1\times\boldsymbol{H}_2)-(\boldsymbol{E}_2\times\boldsymbol{H}_1)]\cdot\boldsymbol{e}_\mathrm{n}\mathrm{d}S=0 \tag{7-148}$$

这是洛伦兹互易定理的简化形式。

设电流源 $\boldsymbol{J}_1$、$\boldsymbol{J}_2$ 在空间区域 V 内，V 包含整个空间，S 为围绕区域 V 的无限大封闭面，则电流源在无限大封闭面 S 上产生的电磁场趋于零，故式(7-147)左端的面积分为零，从而得

$$\int_{V_1}\boldsymbol{E}_2\cdot\boldsymbol{J}_1\mathrm{d}V=\int_{V_2}\boldsymbol{E}_1\cdot\boldsymbol{J}_2\mathrm{d}V \tag{7-149}$$

这是卡森形式的互易定理，是最有用的互易定理形式，其反映了两个场源与其场之间的互易关

系。天线用作发射和接收时，其方向图、增益和输入阻抗是相同的。下面应用卡森形式的互易定理分析发射和接收天线方向图的互易性。

假设空间中有两天线 1 和 2，两天线的距离足够远，两天线间没有其他场源，周围介质是理想介质，如图 7.27 所示。首先，天线 1 作为发射天线，如图 7.27(a)所示，其输入端的激励电压源为 U_1，电流为 I_{11}；天线 2 作为接收天线，且其输入端短路，开路端引起的感应电压为 U_{21}，相应的感应电流为 I_{21}，则 I_{11} 和 I_{21} 产生的电磁场为 $\boldsymbol{E}_1$ 和 $\boldsymbol{H}_1$。若天线 2 作为发射天线，如图 7.27(b)所示天线 2 的输入端的激励电压为 U_2，电流为 I_{22}；天线 1 作为接收天线，输入端短路，其开路端引起的感应电压为 U_{12}，感应电流为 I_{12}，则 I_{11} 和 I_{22} 产生的电磁场为 $\boldsymbol{E}_2$ 和 $\boldsymbol{H}_2$。当天线为细导线时，对线电流有 $\boldsymbol{J}\mathrm{d}V = I\mathrm{d}\boldsymbol{l}$，则根据卡森互易定理有

$$\int_V \boldsymbol{E}_2 \cdot \boldsymbol{J}_1 \mathrm{d}V = \int_{l_1+l_2} I_1\, \boldsymbol{E}_2 \cdot \mathrm{d}\boldsymbol{l} = \int_{l_1} I_{11}\, \boldsymbol{E}_2 \cdot \mathrm{d}\,\boldsymbol{l}_1 + \int_{l_2} I_{21}\, \boldsymbol{E}_2 \cdot \mathrm{d}\,\boldsymbol{l}_2 \tag{7-150}$$

$$\int_V \boldsymbol{E}_1 \cdot \boldsymbol{J}_2 \mathrm{d}V = \int_{l_1+l_2} I_2\, \boldsymbol{E}_1 \cdot \mathrm{d}\boldsymbol{l} = \int_{l_1} I_{12}\, \boldsymbol{E}_1 \cdot \mathrm{d}\,\boldsymbol{l}_1 + \int_{l_2} I_{22}\, \boldsymbol{E}_1 \cdot \mathrm{d}\,\boldsymbol{l}_2 \tag{7-151}$$

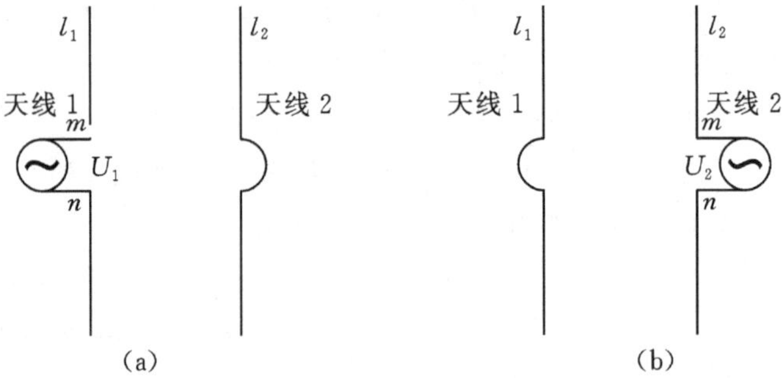

图 7.27　天线互易性说明图

如果天线为理想导体，其上电场切向分量为零，则式 (7-150)的积分项 $\int_{l_1} I_{11}\, \boldsymbol{E}_2 \cdot \mathrm{d}\,\boldsymbol{l}_1$ 的积分为零，式 (7-151)的积分项 $\int_{l_2} I_{22}\, \boldsymbol{E}_1 \cdot \mathrm{d}\,\boldsymbol{l}_2$ 的积分为零。在图 7.27(a)中，l_1 上除激励 mn 处满足 $\int_n^m \boldsymbol{E}_1 \cdot \mathrm{d}\,\boldsymbol{l}_1 = U_1$ 外，其余处电场切向分量仍为零；同理在图 7.27(b)，l_2 上除激励 mn 处满足 $\int_n^m \boldsymbol{E}_2 \cdot \mathrm{d}\,\boldsymbol{l}_2 = U_2$ 外，其余处电场切向分量仍为零。则利用卡森互易定理有

$$I_{12}U_1 = I_{21}U_2 \tag{7-152}$$

令天线 1 对天线 2 的互导纳为 $Y_{12} = \dfrac{I_{12}}{U_2}$，天线 2 对天线 1 的互导纳为 $Y_{21} = \dfrac{I_{21}}{U_1}$，则式(7-152)可写为

$$Y_{12} = Y_{21} \tag{7-153}$$

假设天线 1 为发射天线，天线 2 为接收天线，当天线 2 在以天线 1 为中心的球面上移动时，天线 2 上测得的感应电流 I_{21} 的大小应正比于天线 1 的方向性函数，即

$$I_{21}(\theta,\phi) = Y_{21}U_1 = k_1 f_1(\theta,\phi) \tag{7-154}$$

同理，假设天线 2 为发射天线，天线 1 为接收天线，当天线 1 在以天线 2 为中心的球面上移动时，天线 1 上测得的感应电流 I_{12} 的大小应正比于天线 2 的方向性函数，即

$$I_{12}(\theta,\phi)=Y_{12}U_2=k_2f_2(\theta,\phi) \tag{7-155}$$

由于 $Y_{12}=Y_{21}$，且取 $U_1=U_2$，则

$$f_1(\theta,\varphi)=f_2(\theta,\phi) \tag{7-156}$$

式(7-156)表明，天线1用作发射和用作接收天线时的方向性函数相同，此外，用卡森互易定理证明同一天线用作发射和接收时，其增益和输入阻抗也相同。

7.8.2 接收天线理论

事实上，不论发射天线还是接收天线，它们都是电磁能量转换器，只是两者能量转换过程互逆。而且应用卡森互易定理可以证明：同一副天线用作发射和接收时其方向图、增益和输入阻抗相同。但是由于接收天线获取的电磁能量是整个天线的结构而不是天线的输入端，且只获取发射功率中很小的一部分，因此除了发射天线具有的基本参数外，接收天线还有特殊的电参数。

1. 天线接收电磁波的基本原理

假设空间中有一来自发射天线的电磁波入射到一接收天线上，且接收天线处于远区，即入射到接收天线处的电磁波为平面电磁波，如图7.28所示。其中入射波的传播方向与接收天线的轴线之间的夹角为 θ，在入射波的作用下，接收天线上有高频感应电压即高频面电流，该高频面电流被端接的负载接收进入接收机。根据电磁场理论，入射波的复电场 $\boldsymbol{E}_i$ 可分解为垂直于入射面的分量 $\boldsymbol{E}_{i\perp}$ 和平行于入射面分量 $\boldsymbol{E}_{i/\!/}$，根据电磁场量的边界条件可知，只有沿接收天线表面相切的电场分量 $\boldsymbol{E}_{i/\!/}\sin\theta$ 才能在天线上感应出表面电流，而与接收天线表面相垂直的电场分量 $\boldsymbol{E}_{i/\!/}\cos\theta$ 及 $E_{i\perp}$ 均不能在接收天线上感应出表面电流。在接收天线上任选一线元 $\mathrm{d}z$，则线元 $\mathrm{d}z$ 上的感应电动势为

$$\mathrm{d}\varepsilon=-\boldsymbol{E}_{i/\!/}\sin\theta\mathrm{d}z \tag{7-157}$$

若该电动势在负载上产生的电流元为 $\mathrm{d}I$，则各线元上的感应电动势在负载上产生的总电流为 $I=\int_{-l}^{l}\mathrm{d}I$。这种求解接收天线上负载电流的方法称为感应电动势法。该方法适用于线天线的分析，而实际上到达天线上各点的平面波具有波程差，所以天线上各点的电场切向分量具有不同的相位。理论上可以利用感应电动势法确定天线导体表面的电流分布及负载输入端的电流，但该方法在数学处理上十分困难，因此常用互易原理法进行分析。

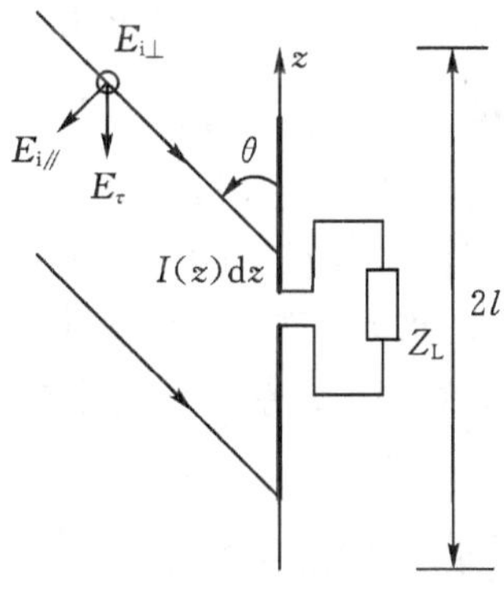

图7.28　天线接收电磁波示意图

2. 天线的有效面积

当天线用于接收电磁波时，能从辐射来的电磁波中获取的功率的多少是人们关心的一个重要问题。为了描述该问题，引入了有效面积参量，该参量表示接收天线吸收辐射来的电磁波的能力。定义天线的有效面积 A_e 为天线最大可接收功率 P_{RM} 与辐射到接收天线的电磁波的平均功率流密度 S_i 的比值，即

$$A_e = P_{RM}/S_i \tag{7-158}$$

式中，A_e 具有面积的量纲，因此称为有效面积，其单位为 m^2。

图 7.29 为接收天线的等效电路，下面利用该等效电路分析天线有效面积的计算公式。在图 7.29 中，U_r 为接收电动势，$Z_{in}=R_{in}+jX_{in}$ 为接收天线的内阻抗，$Z_L=R_L+jX_L$ 为接收天线所接负载阻抗，当接收天线的内阻抗与接收天线所接负载阻抗共轭匹配时，即 $Z_L=Z_{in}^*$ 时，负载获得最大接收功率。由图 7.29 可知，负载端的输入电流为

$$I_{in} = \frac{U_r}{Z_{in}+Z_L} = \frac{U_r}{2R_{in}} \tag{7-159}$$

天线接收的最大功率等效为 $Z_L=Z_{in}^*$ 时，天线所接负载所得的功率，即

$$P_{RM} = \frac{1}{2}I_{in}^2 R_L = \frac{1}{2}\frac{U_r^2}{4R_{in}^2}R_{in} = \frac{U_r^2}{8R_{in}} \tag{7-160}$$

从而得天线有效面积

$$A_e = \frac{P_{RM}}{S_i} = \frac{U_r^2}{8R_{in}S_i} \tag{7-161}$$

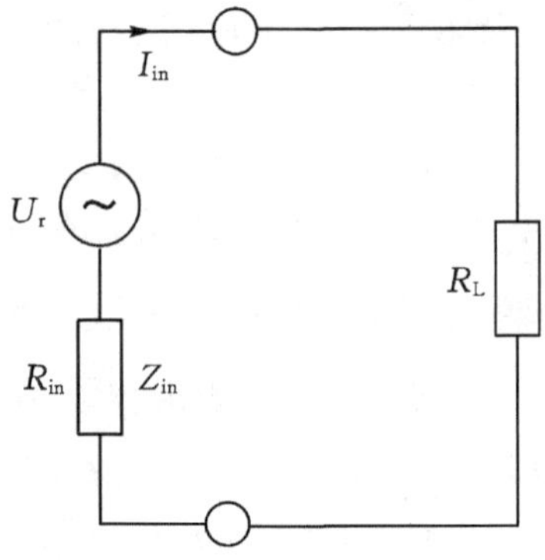

图 7.29 接收天线等效电路

下面以电偶极子为例分析天线增益与有效面积的关系。令长为 l 的电偶极子为接收天线，当电偶极子接收的电磁波的电场强度为 E_i 时，接收天线上所感应的最大接收电动势为

$$U_r = E_i l\sin\theta = E_i l \tag{7-162}$$

由电偶极子的方向性函数可知，当 $\theta=90°$ 时，电场最强，所以最大接收电动势值对应于 $\theta=90°$。由互易定理可知，同一副天线用作发射时和用作接收时输入阻抗相同，所以其输入阻抗为

$$R_{in} = R_r = 80\pi^2\left(\frac{l}{\lambda}\right)^2 \tag{7-163}$$

根据式 (7-161)、式(7-162)及式 (7-163)可得电偶极子的有效面积为

$$A_e = \frac{(E_i l)^2}{8 \times 80\pi^2 \left(\frac{l}{\lambda}\right)^2 \times \left(\frac{E_i^2}{240\pi}\right)} = \frac{3}{8\pi}\lambda^2 \tag{7-164}$$

假设电偶极子的辐射效率为 $\eta_r = 1$，那么电偶极子的增益为

$$G = D\eta_r = 1.5 \tag{7-165}$$

比较式 (7－164)和式 (7－165)可得天线增益与有效面积的关系为

$$\frac{G}{A_e} = \frac{4\pi}{\lambda^2} \tag{7-166}$$

可以证明，这一关系对任何天线都成立。

7.8.3　天线传输方程

天线通过馈线系统和发射机或者接收机相连。发射电磁波时，天线通过馈线从发射机得到功率并辐射至空间，因此发射天线相对于发射机是负载。接收电磁波时，天线把从空间接收到的电磁能量通过馈线输送给接收机，接收天线相对于接收机是一个信号源。

设发射机馈送给发射天线的功率为 P_t，若发射天线把功率均匀、无方向地辐射出去，则在距离发射天线为 r 的地方，其平均功率密度为

$$S_0 = \frac{P_t}{4\pi r^2} \tag{7-167}$$

如果发射天线的增益为 G_t，则由增益的定义可知，同一距离最大方向上的功率密度为

$$S_{max} = G \times S_0 = \frac{G_t P_t}{4\pi r^2} \tag{7-168}$$

如果接收天线的增益的 G_r，其最大接收方向也指向发射天线，所以能接收到的最大功率为

$$P_{RM} = A_e S_{max} = \frac{G_r}{\frac{4\pi}{\lambda^2}} \times \frac{G_t P_t}{4\pi r^2} = \left(\frac{\lambda}{4\pi r}\right)^2 P_t G_t G_r \tag{7-169}$$

式 (7－169)称佛莱斯传输方程。

工程上常用分贝表示接收天线的最大接收功率，式(7－169)所示为

$P_{RM}(\mathrm{dBm}) = P_t(\mathrm{dBm}) + G_t(\mathrm{dB}) + G_r(\mathrm{dB}) - 20\lg r(\mathrm{km}) - 20\lg f(\mathrm{MHz}) - 32.44$

式中，$P(\mathrm{dBm})$是相对于 1 mW 的功率分贝数，可表示为

$$P(\mathrm{dBm}) = 10\lg\frac{P(\mathrm{mW})}{1\ \mathrm{mW}}$$

小结 7

1. 时变电磁场的能量可以脱离场源，以电磁波的形式在空间传播，这种现象称为电磁波的辐射。时变的电荷和电流是激发电磁波的源，根据标量电位和矢量磁位满足的方程可求得标量电位和矢量磁位的表达式为

$$\varphi(\boldsymbol{r},t) = \frac{1}{4\pi\varepsilon}\int_V \frac{\rho\left(\boldsymbol{r}',t - \frac{|\boldsymbol{r}-\boldsymbol{r}'|}{v}\right)}{|\boldsymbol{r}-\boldsymbol{r}'|}\mathrm{d}V',\ \boldsymbol{A}(\boldsymbol{r},t) = \frac{\mu}{4\pi}\int_V \frac{\boldsymbol{J}\left(\boldsymbol{r}',t - \frac{|\boldsymbol{r}-\boldsymbol{r}'|}{v}\right)}{|\boldsymbol{r}-\boldsymbol{r}'|}\mathrm{d}V'$$

标量电位 φ 和矢量磁位 $\boldsymbol{A}$ 的变化均滞后于变化的电荷和电流，因此标量电位 φ 和矢量磁位 $\boldsymbol{A}$ 称为滞后位。它们的值是由时间提前的源决定的，而滞后的时间是电磁波传播所需要的时间。

2. 利用滞后位计算电偶极子和磁偶极子的辐射场，其辐射场分为近区场和远区场。根据远区场的表达式推导出其辐射功率和辐射电阻，总结了电偶极子和磁偶极子远区辐射场的特点。

3. 利用假想的磁荷和磁流，并结合麦克斯韦方程组推导出电与磁的对偶关系。根据矢量磁位 $\boldsymbol{A}$ 和标量电位 φ 满足的亥姆霍兹方程，可知矢量电位 $\boldsymbol{A}_{\mathrm{m}}$ 和标量磁位 φ_{m} 满足的亥姆霍兹方程。根据电与磁的对偶性原理可以直接写出矢量电位 A_{m} 和标量磁位 φ_{m} 的积分解。

4. 讨论了天线的基本参数。天线的基本参数为主瓣宽度、副瓣电平、前后比、方向性系数、辐射效率、增益系数、工作频带、极化、输入阻抗、有效长度等。

5. 对称阵子天线是一种最基本最常见的实用型天线，它既可单独使用，也可作为天线阵的组成单元。根据电偶极子远区辐射场的解推导出对称阵子天线的辐射场和归一化方向性函数。

天线阵是将若干个单元天线（或称为阵元）按某种方式构成的天线组合。根据阵元的排列方式，天线阵可分为直线阵、平面阵和立体阵。天线阵的辐射特性取决于阵元的形式、数目、排列方式、间距以及各阵元上电流的振幅和相位等。根据二元阵的辐射场，推导出天线阵的方向图相乘原理。

6. 面天线在微波及毫米波波段的雷达、导航、卫星通信等无线电设备中得到广泛应用，最常见的是喇叭天线、旋转抛物面天线、缝隙天线以及微带天线等。利用惠更斯原理分析推导了面天线的辐射场。

7. 互易定理是电磁场理论的重要定理之一，该定理反映了两种不同场源之间的响应关系，联系着两个场源及场源在空间区域和封闭面上产生的场。利用互易定理可以证明同一副天线具有相同的收发特性。

8. 天线通过馈线系统和发射机或者接收机相连。发射电磁波时天线通过馈线从发射机得到功率并辐射至空间，因此发射天线相对于发射机是负载。接收时，天线把从空间接收到的电磁能量通过馈线输送给接收机，接收天线相对于接收机是一个信号源。

习题 7

7.1 频率为 100 MHz 的功率源馈送给电偶极子的电流为 20 A，电偶极子的长度为50 cm，(1)计算 $\theta=45°$，$r=10$ km 处的辐射场；(2)计算 $\theta=90°$，$r=10$ km 处的辐射场；(3)计算辐射电阻。

7.2 一电偶极子的辐射功率为 10 W，工作频率为 10 MHz。试求 $r=100$ km，$\theta=0°$，30°、90°处的辐射场。

7.3 求长度为 l 的电偶极子和半径为 a 的磁偶极子的辐射电阻之比。

7.4 求电偶极子的方向性系数 D。

7.5 一电偶极子位于坐标原点，沿 z 轴放置，试求：(1)该天线的归一化方向性函数；(2)该天线的半功率波瓣宽度。

7.6 已知一天线的辐射效率为 85%，其归一化方向性函数为

$$F(\theta)=\begin{cases}1, & 0\leqslant\theta<45^\circ\\ 0.5, & 45^\circ\leqslant\theta<120^\circ\\ 0, & 120^\circ\leqslant\theta\leqslant180^\circ\end{cases}$$

计算该天线的增益。

7.7 求半波对称阵子的半功率波瓣宽度。

7.8 求对称半波阵子的辐射电阻和方向性系数 D。

7.9 两个半波对称阵子如图 7.30 所示放置，间距 $d=\frac{\lambda}{4}$，等幅同相相激励，计算其 $\boldsymbol{E}$ 面和 $\boldsymbol{H}$ 面的归一化方向性函数。

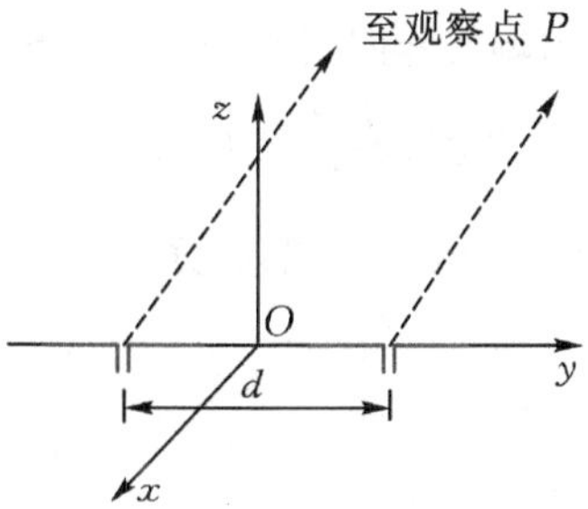

图 7.30　题 7.9 图

7.10 两个半波对称阵子如图 7.31 放置，间距 $d=\frac{\lambda}{2}$，等幅反相相激励，计算其 $\boldsymbol{E}$ 面和 $\boldsymbol{H}$ 面归一化方向性函数。

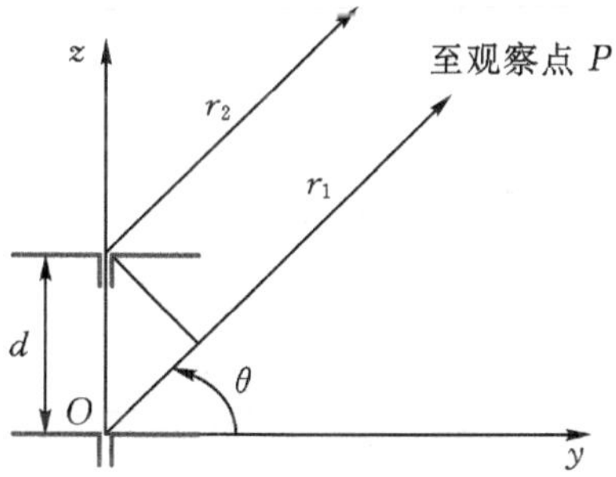

图 7.31　题 7.10 图

7.11 如图 7.32 所示，一半波对称阵子垂直放置在无限大理想导体平面的上方，其距离导体平面 $d=\frac{\lambda}{4}$，求该半波对称阵子的辐射场和归一化方向性函数。

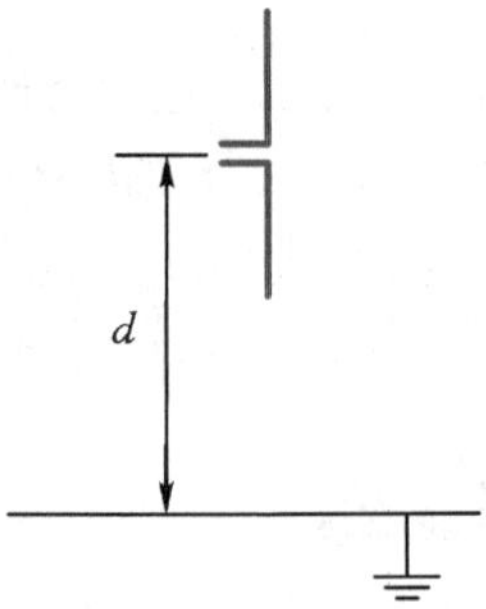

图 7.32　题 7.11 图

7.12 利用方向图相乘原理，求由半波阵子组成的四元边射阵，在垂直于半波阵子轴平面内的方向性函数。

7.13 由 4 个电基本振子组成的端射阵如图 7.33 所示，各阵元辐射功率相同，均为 0.1 W，阵元间距为 $d=\frac{\lambda}{4}$，各振子上激励电流等幅，相位差 90°，工作频率为 10 MHz。(1)求其面和面方向函数；(2)求 $r=10$ km，$\alpha=45°$ 方向上观察点的场强。

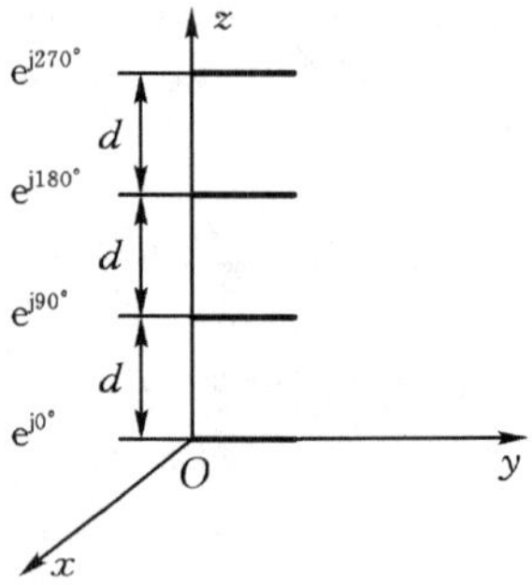

图 7.33　题 7.13 图

第 8 章　静态电磁场的解

静态场包括第 2 章讨论过的静电场、恒定电场和稳恒磁场。静态场的求解问题可归结为求解场的边值问题，即求满足给定边界条件的泊松方程或拉普拉斯方程解的问题。边值问题一般分三类，三类边值问题的求解方法基本相同。本章重点介绍镜像法、分离变量法和有限差分法。镜像法适合求直线边界和圆形边界的特殊边值问题；分离变量法是求解二维偏微分方程的基本解析方法；有限差分法适用于利用计算机求解边值问题。

8.1　静态电磁场的边值问题及其唯一性定理

在第 2 章的讨论中，我们分析求解了一些简单的静态场问题，它们的共同特征是电荷或电流分布已知，特殊的源分布可以使用高斯定理或安培环路定理求出场矢量，一般情况需要使用场的叠加原理积分求得，这种问题属于静态场的分布型问题。但是，更多、更有实际意义的却是另一类问题，称为静态场的边值问题，是在边界（如导体表面、介质分界面等）上的位函数或者位函数的法向导数已知的条件下，求解位函数的特解。处理工程中遇到的复杂问题，需要建立对应边值问题的数学模型，再结合边界条件选择合适的求解方法，才可求出问题的特解，得到特定区域的场分布。

8.1.1　边值问题

静电场、恒定电流的电场和没有传导电流的空间的磁场都是位场，因此场的求解问题可总结为在给定边界条件下，标量位函数和矢量位函数所满足的泊松方程或拉普拉斯方程的求解问题，即所谓的边值问题。

根据实际情况，通常把边值问题分为以下三类。

(1)整个场域边界上的位函数已知，即

$$\varphi = f(s) \tag{8-1}$$

式中，$f(s)$为边界点 s 的位函数，对于不同的点 s，$f(s)$可以有不同或相同的值。这类问题称为第一类边值问题，也称狄利赫利问题。

(2)待求位函数在整个场域边界上的法向导数值已知，即

$$\frac{\partial \varphi}{\partial n} = f(s) \tag{8-2}$$

式中，$f(s)$的意义同前。例如静电场中，若已知带电导体的电荷面密度 ρ，则

$$\rho = D_n = -\varepsilon \frac{\partial \varphi}{\partial n}$$

这类问题称为第二类边值问题，或称诺依曼问题。

(3)部分场域边界上的位函数值和其余场域边界上的位函数的法向导数值已知，即

$$\varphi + f_1(s)\frac{\partial \varphi}{\partial n} = f_2(s) \tag{8-3}$$

这类问题称为第三类边值问题，或称混合边值问题。

一般我们要求解的边值问题都可归属于三类边值问题中的某一类。确定边值问题的类型，关键在于正确提出场域的边界条件。

在实际工程中，遇到的大多是第一类边值问题，所以我们主要研究第一类边值问题的求解方法，其他类型的边值问题，只是介绍给大家作一般性了解。

各类边值问题的分析方法有很多，可分为理论计算与实验研究两个方面。表 8.1 列出了常用的求解方法。

表 8.1　常用边值问题的求解方法

<table>
<tr><td rowspan="10">理论计算方法</td><td rowspan="3">直接求解法</td><td>直接积分法</td></tr>
<tr><td>分离变量法</td></tr>
<tr><td>格林函数法</td></tr>
<tr><td rowspan="3">间接求解法</td><td>复变函数法</td></tr>
<tr><td>保角变换法</td></tr>
<tr><td>镜像法</td></tr>
<tr><td rowspan="4">数值计算法</td><td>有限差分法</td></tr>
<tr><td>有限元法</td></tr>
<tr><td>矩量法</td></tr>
<tr><td>模拟电荷法</td></tr>
<tr><td>实验研究方法</td><td colspan="2">数学模拟法</td></tr>
</table>

严格说来，所有的电磁场都属于三维场，对应的泊松方程和拉普拉斯方程是三维空间的偏微分方程，不仅计算量大，而且很难获得精确解。在实际工程中，很多场量沿某一方向的变化很小，可以忽略，从而使很多三维问题可以理想化为二维问题，这样不仅简化了求解过程，同时具有实际应用价值。

8.1.2　格林定理

静电场的求解有很多方法，并且有一些间接的方法，用于求解非常方便。使用各种不同的方法，其解的形式可能也不相同。根据唯一性定理，只要它们满足相同的边界条件，这些不同形式的解就是有效的，而且彼此相等。在说明唯一性定理之前，先讨论格林定理。

格林定理是场理论中的一个重要定理，可以由高斯散度定理得出。散度定理指从一个闭合面穿出的矢量的通量（矢量沿此闭合面的面积分）等于矢量的散度对闭合面所包围的空间的体积分，即

$$\int_V \nabla\cdot \boldsymbol{F}\mathrm{d}V = \oint_S \boldsymbol{F}\cdot \mathrm{d}\boldsymbol{S}$$

令 $\boldsymbol{F}$ 等于一个标量函数 Φ 和一个矢量函数 $\nabla\Psi$ 的乘积，即 $\boldsymbol{F}=\Phi\nabla\Psi$，则

$$\nabla\cdot\boldsymbol{F}=\nabla\cdot(\Phi\nabla\Psi)=\Phi\nabla^2\Psi+\nabla\Phi\cdot\nabla\Psi$$

$$\int_V\nabla\cdot\boldsymbol{F}\mathrm{d}V=\int_V(\Phi\nabla^2\Psi+\nabla\Phi\cdot\nabla\Psi)\mathrm{d}V=\oint_S\Phi\nabla\Psi\cdot\mathrm{d}\boldsymbol{S}=\oint_S\Phi\frac{\partial\Psi}{\partial n}\mathrm{d}S$$

即

$$\int_V(\Phi\nabla^2\Psi+\nabla\Phi\cdot\nabla\Psi)\mathrm{d}V=\oint_S\Phi\frac{\partial\Psi}{\partial n}\mathrm{d}S \tag{8-4}$$

式(8-4)称为格林第一定理，或格林第一恒等式。其中 n 是面元的正法线。由于 Φ 和 Ψ 均为标量函数，所以上式中的 Φ 和 Ψ 互换，等式仍然成立，即

$$\int_V(\Psi\nabla^2\Phi+\nabla\Psi\cdot\nabla\Phi)\mathrm{d}V=\oint_S\Psi\frac{\partial\Phi}{\partial n}\mathrm{d}S \tag{8-5}$$

将式(8-4)与式(8-5)相减，可得

$$\int_V(\Phi\nabla^2\Psi-\Psi\nabla^2\Phi)\mathrm{d}V=\oint_S\left(\Phi\frac{\partial\Psi}{\partial n}-\Psi\frac{\partial\Phi}{\partial n}\right)\mathrm{d}S \tag{8-6}$$

式(8-6)称为格林第二定理，或格林第二恒等式。格林定理是场理论中的一个重要定理，利用格林定理可以推导出求解边值问题的一个方法——格林函数法。

8.1.3　唯一性定理

唯一性定理表明：对于任意静电场，当场域的边界条件已知时，空间各部分的场就被唯一确定了，与求解它的方法无关，即拉普拉斯方程(后简称拉氏方程)有唯一的解。唯一性定理是使用各种方法求解电磁场边值问题的理论依据。下面我们用反证法证明第一类边值问题的解具有唯一性。

设在体积 V 内，电荷分布密度为 ρ，在 V 的边界面 s 上，位函数为 φ。现有两个解 φ_1 和 φ_2 同时满足该给定边界的泊松方程，即

$$\nabla^2\varphi_1=-\frac{\rho}{\varepsilon} \tag{8-7}$$

$$\nabla^2\varphi_2=-\frac{\rho}{\varepsilon} \tag{8-8}$$

在边界面 s 上，满足 $\varphi_1|_s=\varphi_0$，$\varphi_2|_s=\varphi_0$，令 $\varphi'=\varphi_1-\varphi_2$，则 φ' 在 V 内也应满足泊松方程，即

$$\nabla^2\varphi'=0$$

且在边界面上有 $\varphi'|_s=0$。

利用格林第一恒等式(8-4)，令 $\Phi=\Psi=\varphi'$，则有

$$\int_V(\varphi'\nabla^2\varphi'+\nabla\varphi\cdot\nabla\varphi')\mathrm{d}V=\oint_s\varphi'\frac{\partial\varphi'}{\partial n}\mathrm{d}S \tag{8-9}$$

由于 $\varphi'|_s=0$，$\nabla^2\varphi'=0$，式(8-9)可变为

$$\int_V(\nabla\varphi'\cdot\nabla\varphi')\mathrm{d}V=\int_V|\nabla\varphi'|^2\mathrm{d}V=0 \tag{8-10}$$

对于任意函数 $|\nabla\varphi'|\geqslant 0$，即 $\nabla\varphi'=0$，$\varphi'=C$(C 为常数)，又因 $\varphi'|_s=0$，则有 $C=0$，即 $\varphi'=0$，因此

$$\varphi' = \varphi_1 - \varphi_2 = 0 \tag{8-11}$$

即 $\varphi_1 = \varphi_2$，这说明满足场域边界条件的拉氏方程的解是唯一的。

同样方法，可以证明第二类、第三类边值问题的唯一性定理，这里不再一一赘述。

唯一性定理是求解边值问题的理论依据，更是间接求解边值问题的基础依据。利用唯一性定理，在求解复杂场域问题时，可以采用灵活的方法，甚至从直觉或经验出发猜测解的形式，只要对应的解满足给定的边界条件和泊松方程或拉氏方程，这个解就是正确的。

8.2 镜像法

镜像法是求解边值问题的一种特殊方法，属于间接方法之一，用于求解某些涉及直线边界或圆形边界的重要问题，它巧妙地运用唯一性定理，以非常简单的形式解决了看似非常棘手的问题，而不需正规地求解泊松方程或拉普拉斯方程。

所谓镜像法，是指在实际应用中，把分区均匀媒质看作是均匀的，对于所研究的场域，用闭合边界外虚设的较简单的电荷分布代替实际边界上复杂的感应电荷分布来进行计算，根据唯一性定理，只要虚设的电荷与边界内的实际电荷一起所产生的电场能满足给定的边界条件，这个结果就是正确的。通常称虚设的电荷为镜像电荷。镜像法不仅可用于计算场强和电位，也可用于计算静电力及感应电荷的分布等。

8.2.1 静电场中的镜像法

在实际工程中，许多问题可近似为无限大导体平面、导体球、无限长导体等静电场的边值问题，这类问题由于分界面电荷分布比较复杂，直接求解比较困难，此时使用镜像法可使求解过程简单明了，但它只能用于相当局限的一类问题中，并且使用时应该注意应用区域。下面我们以实例来说明镜像法的应用。

1. 导体平面镜像法

【例 8-1】 如图 8.1 所示，距一接地无限大导体平面 h 远处有电荷 q，周围介质的介电常数为 ε，求介质中的电位和导体平面上的感应电荷面密度的分布。

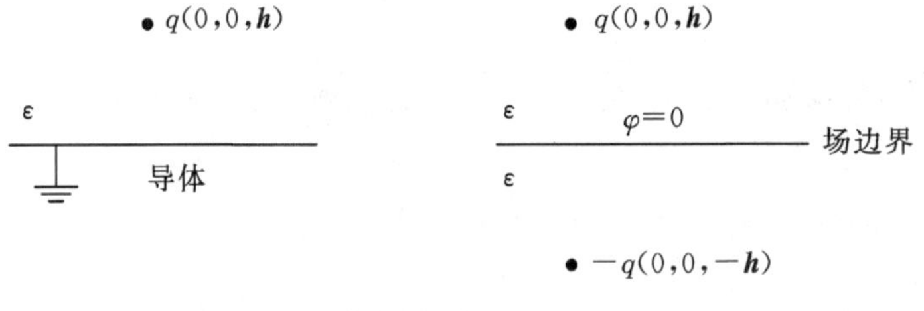

图 8.1 点电荷对接地平面导体的镜像

解：点电荷 q 会在导体表面感应出电荷，介质中的电场除了由点电荷 q 引起外，还应考虑感应电荷的作用，而感应电荷的分布在整个导体平面不容易确定。在介质中，除点电荷所在处外，电位应满足拉普拉斯方程；在导体平面上，电位 $\varphi=0$；以无穷远处为参考点，电位 $\varphi=0$。

设想将无限大导体平面撤去，整个空间充满介电常数为 ε 的介质，且在 q 的镜像位置处放置一点电荷 $-q$，如图 8.1 右图所示，则在上半区域，除点电荷所在位置，其余各处电位均满足拉普拉斯方程，且原分界面处的电位为 0。即电荷 q 和镜像电荷 $-q$ 在上半区域形成的电场与

点电荷 q 与无限大导体平面在上半区域形成的电场是相同的，也就是说，$-q$ 可以等效导体表面的感应电荷，称 $-q$ 为镜像电荷。所以可用镜像电荷 $-q$ 代替感应电荷来进行分析。

则在上半区域有

$$\varphi = \varphi_q + \varphi_{-q} = \frac{1}{4\pi\varepsilon_0}\left(\frac{q}{R_0} - \frac{q}{R'}\right) \tag{8-12}$$

式中，$R_0 = [x^2 + y^2 + (z-h)^2]^{\frac{1}{2}}$，$R' = [x^2 + y^2 + (z+h)^2]^{\frac{1}{2}}$。所求场域（上半空间）的电场强度

$$\boldsymbol{E} = \boldsymbol{E}_q + \boldsymbol{E}_{q'} = -\nabla\varphi_q - \nabla\varphi_{-q}$$

由此可以求得导体表面的感应电荷面密度

$$\rho_S = D_n = \varepsilon E_n = \varepsilon\left(-\frac{\partial\varphi}{\partial n}\right) = -\varepsilon\frac{\partial\varphi}{\partial n}\Big|_{z=0} = -\frac{qh}{2\pi}(x^2 + y^2 + h^2)^{-\frac{3}{2}} \tag{8-13}$$

式(8-13)说明，导体表面的电荷分布是不均匀的，靠近点电荷的位置感应电荷的密度大，远离点电荷的位置感应电荷的密度小。

图 8.2 中导体上方的实线表示点电荷与无限大接地导体平面之间的电力线与等位线的分布规律。而导体平面下方的虚线则是虚构的镜像电场及电位，它们并不存在。若绕 x 轴旋转，则可得到三维的等位面图。

点电荷与无限大导体板上感应电荷间的力即静电引力，其大小等于点电荷与镜像电荷之间作用力的大小。应特别注意，在此问题中，适用区域是导体平面以上的电介质内，而在下半区域，因无电荷分布，所以不存在电场。

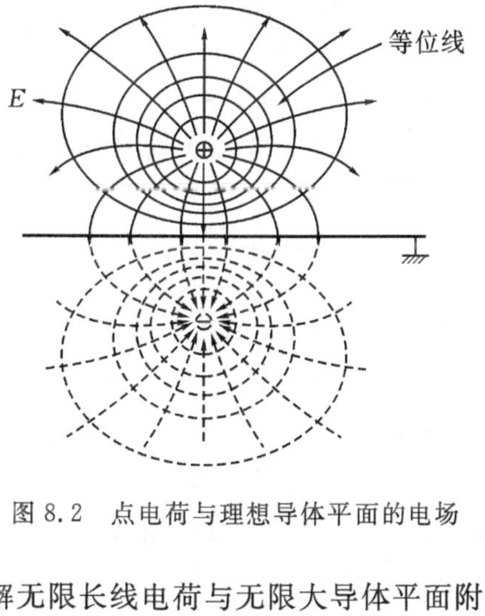

图 8.2　点电荷与理想导体平面的电场

这种方法同样适用于求解无限长线电荷与无限大导体平面附近的情形，两个相交成 $\frac{180°}{n}$，($n=2,3,4,\cdots$)的平面都可用有限个镜像电荷来满足所有的边界条件。

2. 导体球面镜像法

当点电荷位于球形导体附近时，导体球面同样会出现分布不均匀的感应电荷。在导体球外的区域内，也可用镜像法求解。

【例 8-2】　设在真空中有一半径为 a 的接地导体球，点电荷 $+q$ 在距球心 $d\,(d>a)$ 处，如图 8.3 所示，求导体球外空间的电位分布。

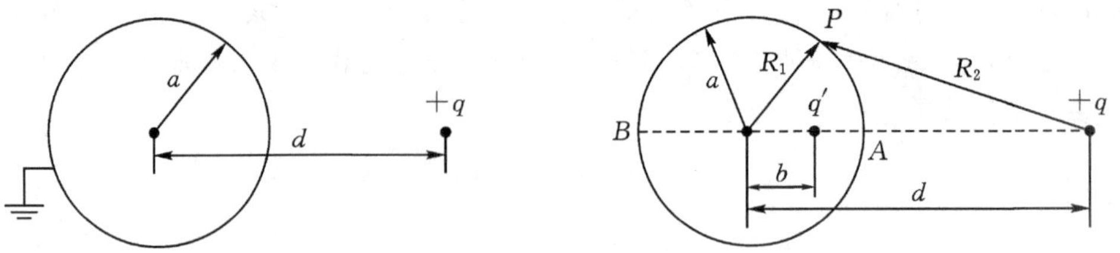

图 8.3　点电荷对接地导体球的镜像

解：利用镜像法，用球内镜像电荷 q' 来等效球面上的感应电荷，考虑到感应电荷的分布情况，q' 应在 $+q$ 与球心的连线上，如图 8.3 中右图所示。设 q' 距球心距离为 b，那么 q 与 q' 构成的系统应使球面保持零电位，则在 P 点处

$$\varphi=\frac{q}{4\pi\varepsilon_0 R_1}+\frac{q'}{4\pi\varepsilon_0 R_2}=0$$

为方便计算，在球面上取两个特殊点 A 和 B。在 A 点：$R_1=d-a$，$R_2=a-b$；在 B 点：$R_1=d+a$，$R_2=a+b$。分别代入上式，可得

$$\frac{q}{4\pi\varepsilon_0(d-a)}+\frac{q'}{4\pi\varepsilon_0(a-b)}=0$$

$$\frac{q}{4\pi\varepsilon_0(d+a)}+\frac{q'}{4\pi\varepsilon_0(a+b)}=0$$

解得

$$q'=-\frac{a}{d}q \tag{8-14}$$

$$b=\frac{a^2}{d} \tag{8-15}$$

可以验证，在点电荷 q 和 q' 的共同作用下，原导体球面上任一点处的电位均为零。由此可推得空间任意点的电位

$$\varphi=\frac{q}{4\pi\varepsilon_0 R}-\frac{1}{4\pi\varepsilon_0 Rq'}\frac{a}{d}q \tag{8-16}$$

由以上分析可以看出，当距离 d 一定时，导体球的半径越大则镜像电荷 q' 亦越大。这是因为半径越大，球面离点电荷 q 就越近，所受的电场力也会增大，所以球面上的感应电荷就越多。另外，导体球半径越大，靠近点电荷 q 一侧的导体球面的感应电荷越密集，远离点电荷 q 一侧的感应电荷越稀疏，所以等效的镜像电荷越靠近 q，即 b 越大；相应地，当点电荷 q 远离导体球时，球面感应电荷的密集程度削弱，整个球面上感应电荷的面密度越来越均匀，镜像电荷越靠近导体球心，即 b 相应减小。

若导体球不接地，且球面上不带电，则导体球表面的电位不为零，为了满足导体表面净电荷为零的边界条件，需再加入一个镜像电荷 q''，其大小应等于 q'；为保证球面为等位面，q'' 必须放在球心，则球外任意点的电位为

$$\varphi=\varphi_q+\varphi_{q'}+\varphi_{q''} \tag{8-17}$$

若导体球不接地，且球面带电荷 $+Q$，为保持球面等位面，q'' 仍须在球心，大小应为

$$q''=Q-q'$$

球外任意点的电位仍可表示为

$$\varphi = \varphi_q + \varphi_{q'} + \varphi_{q''}$$

圆柱导体面的镜像问题的分析方法与球面完全相同,其结构也是相似的,读者可试着自行分析。

3. 介质平面镜像法

前面讨论的镜像问题均是导体表面,边界条件容易给出,分析起来比较简单。若介质平面附近有点电荷,同样可以使用镜像法。

【例 8-3】 如图 8.4(a)所示,点电荷 q 位于距两种电介质分界面 d 处,两种电介质的介电常数分别为 ε_1、ε_2,求空间各点的电位。

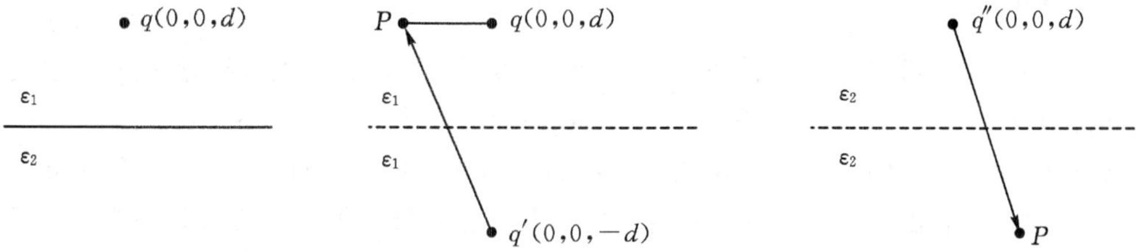

(a)镜像问题 (b)介质 1 等效 (c)介质 2 等效

图 8.4 介质平面镜像

解:虽然点电荷 q 只存在于介质 1 中,但在点电荷 q 的电场作用下,电介质会被极化,在介质分界面上形成极化电荷,则空间电位由点电荷与极化电荷共同产生。利用镜像法,求介质 1 中的电位时,把整个空间看作均匀介质 1,用镜像电荷 q' 来代替极化电荷,q' 与 q 按分界面对称分布,则介质 1 中任一点的电位应为

$$\varphi_1 = \frac{1}{4\pi\varepsilon_1}\left[\frac{q}{R_1} + \frac{q'}{R_2}\right]$$

其中,R_1、R_2 分别为 q、q' 与场点 P 之间的距离。求介质 2 中的电位时,用镜像电荷 q'' 代替极化电荷,把整个空间看作均匀介质 2,镜像电荷应位于介质 1 所在区域。则介质 2 中的电位为

$$\varphi_2 = \frac{q''}{4\pi\varepsilon_2 R}$$

式中,R 为 q'' 与场点 P 之间的距离。要求解场分布,需要先确定 q' 和 q''。

在分界面(设为 $z=0$)上,应满足边界条件

$$E_{1t} = E_{2t}, \quad D_{1n} = D_{2n}$$

即在分界面($z=0$)处,应满足

$$\varphi_1 = \varphi_2, \quad \varepsilon_1 \frac{\partial \varphi_1}{\partial z} = \varepsilon_2 \frac{\partial \varphi_2}{\partial z}$$

将 φ_1、φ_2 的表达式代入边界条件,可得

$$\frac{(q+q')}{\varepsilon_1} = \frac{q''}{\varepsilon_2} \quad q - q' = q''$$

由此可解得

$$q' = \frac{\varepsilon_1 - \varepsilon_2}{\varepsilon_1 + \varepsilon_2} q \tag{8-18}$$

$$q'' = \frac{2\varepsilon_2}{\varepsilon_1 + \varepsilon_2} q \tag{8-19}$$

利用所求得的镜像电荷,可解得整个空间的电场。线电荷与介质分界面的情况也可用相同的思路。

利用上述的分析方法,借助叠加定理可以研究电荷作任意分布时的介质平面镜像问题。

从以上分析可知,镜像法的特点是,镜像电荷必须在所研究的场域边界之外,镜像电荷所带的电量与边界面原来所具有的电荷总量相等,包括符号与数量,且只对被研究的场域有效,而对被研究场域以外的其他场域是无效的。

8.2.2 电轴法

电力工程中经常遇到平行双传输线,平行双传输线是两平行带电圆柱导体,分析它的电场具有实际意义。如果运用直接方法分析有困难,我们可以使用间接方法加以解决。

实际工程中,双传输线为有限长度,若导线很长,在导线的中间部分,可以忽略其边缘效应,认为其每单位长度上的电荷分布是均匀的。即将有限长的带电双传输线理想化为无限长均匀带电的双传输线。虽然导线横截面圆周上的电荷不均匀,但在与横截面平行的各个平面上,电场的分布应该是相同的。这类电场称为平行平面电场。

如图 8.5 所示,我们先讨论两根等量异号线电荷的电场,它形成的电场也是一个平行平面场。

设真空中两根平行的无限长直线电荷相距为 $2b$,电荷密度分别为 $+\tau$ 和 $-\tau$。

根据高斯定理,两根线电荷在场点 P 处引起的电场强度分别为

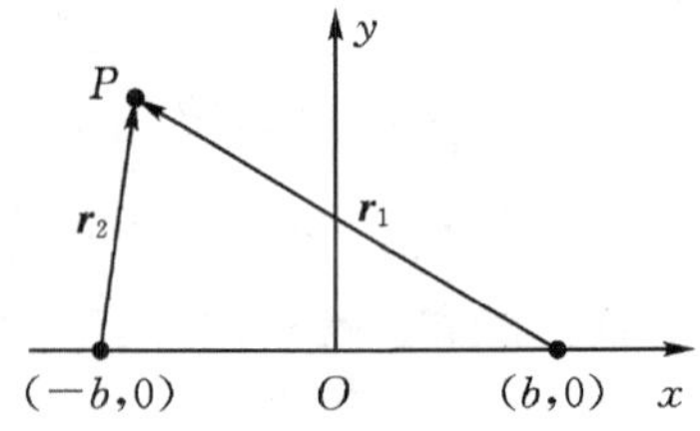

图 8.5 两平行传输线的电场

$$\boldsymbol{E}_1 = \frac{\tau}{2\pi\varepsilon_0 r_1}\boldsymbol{e}_{r_1}, \quad \boldsymbol{E}_2 = \frac{-\tau}{2\pi\varepsilon_0 r_2}\boldsymbol{e}_{r_2}$$

若选取坐标原点为零电位点,则正、负线电荷在场点 P 处引起的电位可表示为

$$\varphi_+ = \int_{r_1}^{b} E_1 \mathrm{d}r = \frac{\tau}{2\pi\varepsilon_0}\ln\frac{b}{r_1}$$

$$\varphi_- = \int_{r_2}^{b} E_2 \mathrm{d}r = \frac{-\tau}{2\pi\varepsilon_0}\ln\frac{b}{r_2} = \frac{-\tau}{2\pi\varepsilon_0}\ln\frac{r_2}{b}$$

利用叠加原理,空间 P 点的电位为

$$\varphi = \varphi_+ + \varphi_- = \frac{\tau}{2\pi\varepsilon_0}\ln\frac{r_2}{r_1} = \frac{\tau}{2\pi\varepsilon_0}\ln\left[\frac{(x+b)^2+y^2}{(x-b)^2+y^2}\right]^{\frac{1}{2}} \tag{8-20}$$

由上式可知,若等位线方程 $\varphi = k'$,$\frac{r_2}{r_1} = k$,即

$$\frac{(x+b)^2+y^2}{(x-b)^2+y^2}=\left(\frac{r_2}{r_1}\right)^2=k^2$$

整理上式，可得

$$\left(x-\frac{k^2+1}{k^2-1}b\right)^2+y^2=\left(\frac{2kb}{k^2-1}\right)^2 \tag{8-21}$$

这是圆的方程，式(8-21)表明在 xOy 平面上，等位线是一族圆，圆心在 x 轴线上。设圆心到原点的距离为 h，圆心半径为 a，则

$$h=\frac{k^2+1}{k^2-1}, \quad a=\left|\frac{2bk}{k^2-1}\right|$$

式(8-21)表明，圆的半径 a 及圆心的位置 $(h,0)$ 都随 k 而变，等位线是一族偏心圆。当 $k>1$ 时，等位圆在 y 轴右侧，圆上各点电位均为正；当 $k<1$ 时，等位圆在 y 轴左侧，圆上各点电位均为负；当 $k=1$ 时，等位圆圆心在无穷远处，等位圆扩展成一条直线，直线上各点电位均为零。所以在双电轴的电场中，等位面是一组偏心的圆柱族面。通常称包含零等位线的等位面为零电位面或中性面。

等位圆的半径 a 及圆心到原点的距离 h 与导线所在位置 b 之间的关系为

$$a^2+b^2=h^2 \text{或} \ a^2=h^2-b^2=(h+b)(h-b) \tag{8-22}$$

由上式可知，已知 h、a、b 中的任意两个参数可求出第三个参数。

根据 $\boldsymbol{E}=-\nabla\varphi$，可求得电场强度

$$\boldsymbol{E}=\frac{\tau}{2\pi\varepsilon_0}\,\frac{2b(y^2+b^2-x^2)\boldsymbol{e}_x-4bxy\,\boldsymbol{e}_y}{[y^2+(x+b^2)][y^2+(x-b^2)]} \tag{8-23}$$

电力线也是圆弧，圆心在 y 轴上。

若有两平行的半径为 a 且带等值异号电荷的长直导线 A 和 B，如图 8.6 所示，则导体内无电场，导线表面上的电荷分布不均匀，但沿轴向每单位长度上的电荷仍相等，导体表面仍是一个等位面。这样，对于导线以外区域中的电场来说，如果将圆柱导线撤去，用两根带电细直线代替，所带电荷与原粗圆线相等，线电荷所在位置如满足式(8-22)所示关系，则原来的边界条件不变，根据唯一性定理，该区域的电场应不变。所以，可以把带电细线理解成原来导线上电荷的对外作用中心线，即等效电轴。如果能够确定等效电轴的位置，就可确定两带电的平行圆导线的电场，这种方法即称为电轴法。

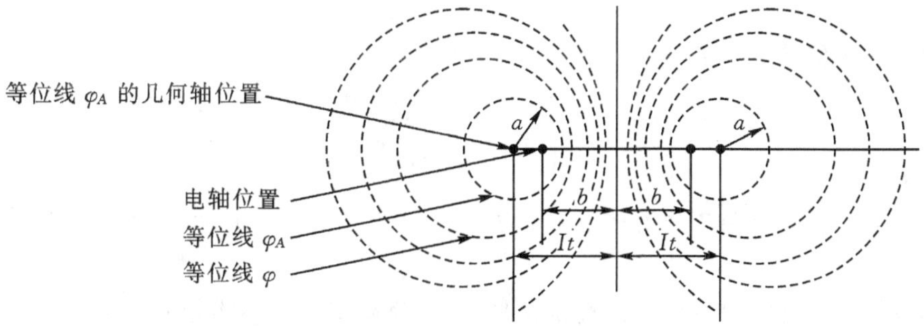

图 8.6　电轴几何轴及等位线分布

由于电荷分布不均匀，电轴应向电荷密度较大的一侧偏移，最大场强出现在两导体相距最近处，即两导体内侧表面处。

当两导体半径不相同时，半径较小的导体表面电荷密度大，所以其内侧表面处电场强度也最大。

【例 8-4】 设两根无限长平行导体圆柱的半径均为 a，轴线间距离为 $2d$，求两导体间的电容。

解：建立如图 8.7 所示的坐标系，两圆柱的轴心坐标分别为 $(-b,0)$ 和 $(b,0)$，设其表面分别携带 $\pm\rho_l$ 的电荷。

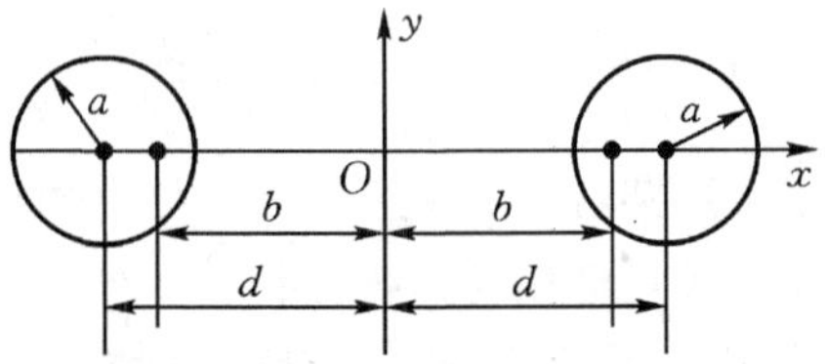

图 8.7　两圆柱导体的电轴

将两圆柱用电轴等效，两电轴的位置可以由式(8-22)推出

$$b=\sqrt{d^2-a^2}$$

即两等效电轴所在位置的坐标分别为 $(-b,0)$ 和 $(b,0)$，根据式(8-20)，携带 ρ_l 电荷的圆柱表面的电位为

$$\varphi_1=\frac{\rho_l}{2\pi\varepsilon_0}\ln\frac{r_2}{r_1}$$

式中，r_1 和 r_2 分别为两等效电轴到圆柱表面的距离。因为圆柱表面为等位面，所以我们可取圆柱表面内侧与坐标轴相交的特殊点来计算电位。在该点处

$$r_1=b-(d-a)$$

$$r_2=b+(d-a)$$

对应地，另一圆柱表面的电位为

$$\varphi_2=-\varphi_1=\frac{-\rho_l}{2\pi\varepsilon_0}\ln\frac{r_2}{r_1}$$

两导体间的电压为

$$U=\varphi_1-\varphi_2=\frac{\rho_l}{\pi\varepsilon_0}\ln\frac{r_2}{r_1}$$

两圆柱导体间单位长度的电容为

$$C=\frac{\rho_l}{U}=\frac{\pi\varepsilon_0}{\ln\left(\frac{r_2}{r_1}\right)}=\frac{\pi\varepsilon_0}{\ln[(d+\frac{\sqrt{d^2-a^2})}{a}]}$$

对于相互平行但半径不同的带电圆柱导体或偏心圆柱套筒的电场，可以按照相同的思路进行研究。

【例 8-5】 如图 8.8 所示，两根相互平行，轴线距离为 d 的长直圆柱导体带等量异号电荷，半径分别为 a_1 和 a_2，试确定其等效电轴的位置。

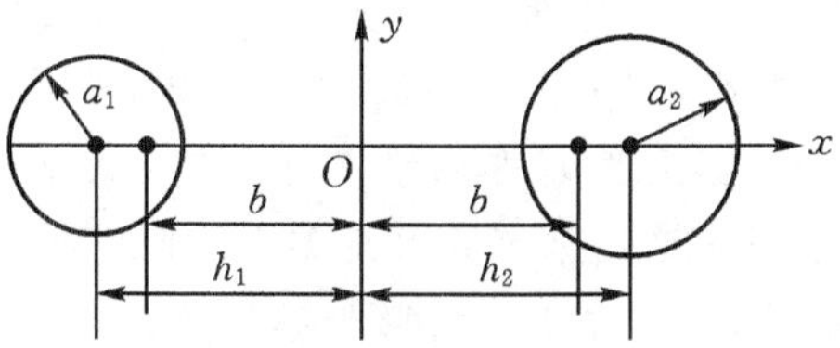

图 8.8　不同半径圆柱导体的电轴

解：建立如图 8.8 所示的坐标系，根据式(8-22)，要确定等效电轴的位置，应先确定圆柱轴心到坐标原点的距离 h，设两轴心到坐标原点的距离分别为 h_1 和 h_2，等效电轴到坐标原点的距离为 b，则有

$$b^2=h_1{}^2-a_1{}^2=h_2{}^2-a_2{}^2$$

又

$$h_1+h_2=d$$

由以上两式可解得

$$h_1=\frac{d^2+a_1{}^2-a_2{}^2}{2d},\quad h_2=\frac{d^2+a_2{}^2-a_1{}^2}{2d}$$

将上述结果代入式(8-22)可解出 b，即可确定等效电轴的位置。

由以上几个例子可知，等效电轴位于两导体圆柱的内侧，在电场力的作用下，导体圆柱表面的电荷分布是不均匀的，两导体圆柱内侧，电荷分布较多，而外侧电荷分布较少。

电轴法被广泛运用于求解双传输线电容及偏心圆柱套筒的电容问题，使用时应该注意其有效区域是导体表面以外的区域，求解的关键在于确定等效电轴的几何位置。

8.2.3　稳恒磁场的镜像法

稳恒磁场的一些特殊问题，可以根据毕奥-沙伐定律和安培环路定律来求解。但是很多恒定磁场的问题比较复杂，需要借助其他方法来解决，这些问题可归结为求解满足给定边值的泊松方程或拉普拉斯方程，根据唯一性定理，只要所得的解能够满足给定的边值，这个解就是正确的。因此，可以用与静电场中相似的镜像法。

稳恒磁场的镜像法与静电场的镜像法相似，即把非均匀媒质看作是均匀媒质，把复杂的电流分布用相对简单的镜像电流分布来代替，使用时同样应注意有效区域。

【例 8-6】　设交接面为无限大的两种媒质的磁导率分别为 μ_1 和 μ_2，媒质 1 中置有平行于分界面的电流为 I 的无限长直导线，如图 8.9(a)所示，求解两种媒质中的磁场。

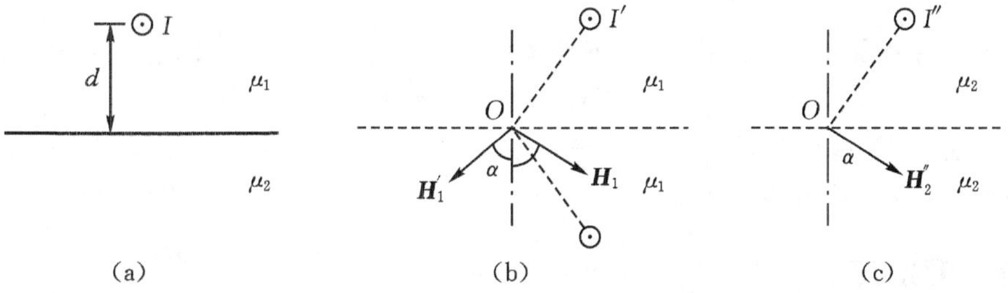

图 8.9　稳恒电流的磁场镜像

解：利用镜像法，要求解媒质1中的场，可认为整个空间都充满媒质1，其中的场由线电流 I 和镜像电流 I' 共同产生，如图8.8(b)所示；媒质2中的场，可等效为由位于上半空间的镜像电流 I'' 所产生，如图8.8(c)所示。I' 和 I'' 的参考方向应与 I 的参考方向一致。如果能够求出两个镜像电流的大小，即可根据安培环路定律求出整个空间的磁场。

设媒质1中的磁场强度为 $\boldsymbol{H}_1$，媒质2中的磁场强度为 $\boldsymbol{H}_2$，则在两种媒质中除长直导线所在处外，向量磁位 $\boldsymbol{A}_1$ 和 $\boldsymbol{A}_2$ 均满足 $\nabla^2\boldsymbol{A}=0$，如果在两种媒质分界面上满足边界条件，则原来场中的一切条件都能得到满足。

根据边界条件 $H_{1t}=H_{2t}$，则

$$\frac{I}{2\pi r}\sin\alpha-\frac{I'}{2\pi r}\sin\alpha=\frac{I''}{2\pi r}\sin\alpha$$

即
$$I-I'=I''$$

由 $B_{1n}=B_{2n}$，可得

$$\mu_1\frac{I}{2\pi r}\cos\alpha+\mu_1\frac{I'}{2\pi r}\cos\alpha=\mu_2\frac{I''}{2\pi r}\cos\alpha$$

即
$$\mu_1(I+I')=\mu_2 I''$$

将以上两式联立求解，得到

$$I'=\frac{\mu_2-\mu_1}{\mu_2+\mu_1}I \tag{8-24}$$

$$I''=\frac{2\mu_1}{\mu_2+\mu_1}I \tag{8-25}$$

实际上，利用稳恒磁场与静电场的比拟，我们可以将静电场中的镜像法所求得的有关问题的结果进行相应量的替换，即将 $\frac{1}{\varepsilon_1}$ 换作 μ_1，$\frac{1}{\varepsilon_2}$ 换作 μ_2，就可得到稳恒磁场镜像法向应问题的求解。

在该问题中，若媒质2为铁磁媒质（$\mu_2\to\infty$），载流导线仍置于媒质1中，根据式(8-24)和式(8-25)可知

$$I'=I,\quad I''=0$$

因此，媒质1中的磁场仍可按原来的方式求解，而铁磁媒质中的磁场强度为零，所以整个铁磁体是一个等磁位体。由于铁的磁导率为无穷大，所以 $B_2=\mu_2 H_2$ 为一不定式，即媒质2中的磁感应强度并不等于零。

$$B_2=\mu_2 H_2=\mu_2\frac{I''}{2\pi r}=\mu_2\left(\frac{2\mu_1}{\mu_2+\mu_1}I\right)\frac{1}{2\pi r}=\frac{\mu_1 I}{\pi r}\frac{1}{1+\frac{\mu_1}{\mu_2}}=\frac{\mu_1 I}{\pi r} \tag{8-26}$$

若将载流导线置于铁磁媒质中，则对于式(8-24)和式(8-25)，有 $\mu_1\to\infty$，则

$$I'=-I,\quad I''=2I$$

据此可得，在媒质分界面处，磁场仅具有切线方向分量；在媒质2中，即上半空间，磁场强度与媒质均匀时相比增加了一倍。

8.3 分离变量法

在实际工程问题中，在满足一定的边界条件下，可以采用分离变量法来求解泊松方程或拉

普拉斯方程的函数解。分离变量法是直接求解数理方程的一个基本方法。所谓分离变量法就是把一个多变量的函数表示成几个单变量函数的乘积，使该函数的偏微分方程可分解为几个单变量的常微分方程的方法。使用分离变量法的条件是：先所给边界面能够与一个适当的坐标系统的坐标面结合，或者分段地与坐标面结合；再在此坐标系中，所求的偏微分方程的解可以表示为三个函数的乘积，且每个函数分别仅是一个坐标的函数。

利用分离变量法的一般步骤是：

(1)按照边界面的形状，选择适合的坐标系。

(2) 将待求位函数用三个含一个坐标变量的函数的乘积表示，即将偏积分方程分离为几个常微分方程。

(3) 求出常微分方程的通解，然后根据给定边界条件，选择通解的形式，并确定通解中的待定系数。

作为入门知识，为避免过于繁杂的数学推演，下面我们以二维场为例讨论分离变量法。

8.3.1　直角坐标系中的分离变量法

在直角坐标系中，电场的位函数的拉普拉斯方程可表示为

$$\frac{\partial^2 \varphi}{\partial x^2}+\frac{\partial^2 \varphi}{\partial y^2}+\frac{\partial^2 \varphi}{\partial z^2}=0 \tag{8-27}$$

令

$$\varphi(x,y)=X(x)Y(y)Z(z) \tag{8-28}$$

式中，$X(x)$仅是 x 的函数；$Y(y)$仅是 y 的函数；$Z(z)$仅是 z 的函数。下面将它们分别简写为 X、Y、Z，把式(8－27)代入式(8－28)，得

$$YZX''+XZY''+XYZ''=0 \tag{8-29}$$

将式(8－29)两边同除 XYZ，得

$$\frac{Z''}{Z}+\frac{X''}{X}+\frac{Y''}{Y}=0 \tag{8-30}$$

令

$$\frac{X''}{X}=K_x^2,\quad \frac{Y''}{Y}=K_y^2,\quad \frac{Z''}{Z}=K_z^2$$

则

$$K_x^2+K_y^2+K_z^2=0$$

式中，K_x、K_y、K_z 称为分离常数。

K_x、K_y、K_z 的取值不同，方程的解也不同，一般有三种情况：

(1)$K_x=0$，则方程中 X 的解为：$X=A_1x+B_1$；

(2)若 $K_x^2>0$，则 X 的解为：$X=A_2\sin K_xx+B_2\cos K_xx$；

(3)若 $K_x^2<0$，则 X 的解为：$X=A_3\operatorname{sh}K_xx+B_3\operatorname{ch}K_xx$。

由式(8－30)可知，$Y(y)$和 $Z(z)$的解和 $X(x)$有相同的三种形式。

由于拉普拉斯方程是线性的，满足条件的分离常数有无穷多个，记作 K_n，因此解中的相应系数也有无穷多个，根据叠加定理，可用上述 X、Y、Z 的解的线性组合来作为式(8－27)的解。因此在二维场中，若位函数是 x、y 的函数，与变量 z 无关，必有 $K_x^2=-K_y^2$，则位函数 φ 的通解

可记作

$$\varphi=\sum_{n=1}^{\infty}(A_n\sin K_{xn}x+B_n\cos K_{xn}x)(C_n\text{sh}K_{xn}y+D_n\text{ch}K_{xn}y)$$
$$+\sum_{n=1}^{\infty}(A_n'\text{sh}K_{xn}x+B_n'\text{ch}K_{xn}x)(C_n'\sin K_{xn}y+D_n'\cos K_{xn}y) \tag{8-31}$$
$$+(A_0x+B)(C_0y+D_0)$$

由于第(2)和第(3)种情况只能出现一种,式(8-31)中的第一项和第二项只能取一项。选择的方法是:如果某一坐标对应的边界条件具有周期性,则该坐标的分离常数一定是实数,其解只能具有三角函数形式,而不可能是双曲函数。

确定解的通式后,根据给定的边界条件,通过确定系数和取舍函数,即可得到位函数的特定解。

【例8-7】 如图8.10所示,横截面为矩形的长直接地导体槽,在其顶盖加电位 $\varphi=u_0$,求导体槽内的电位分布函数。

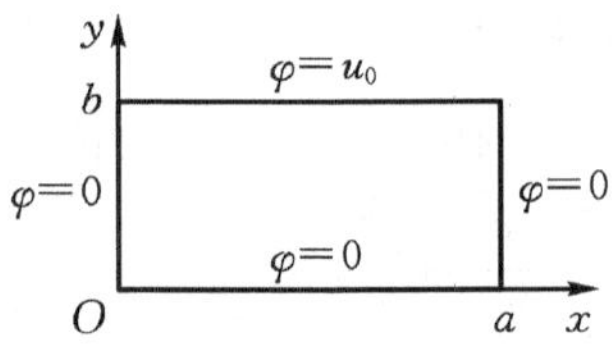

图8.10 矩形截面长直导体槽

解:设导体槽的长度远大于横截面尺寸,则中间区域的电场可近似为一个二维场,建立如图8.10所示坐标系,可得边界条件为

①$\varphi(x,0)=0,(0\leqslant x\leqslant a)$;

②$\varphi(0,y)=0,(0\leqslant y\leqslant b)$;

③$\varphi(a,y)=0,(0\leqslant y\leqslant b)$;

④$\varphi(x,b)=u_0,(0\leqslant x\leqslant a)$。

根据边界条件,在 $x=0$ 和 $x=a$ 处,电位相同,分离变量 $K_x^2>0$,由式(8-31)可写出通解

$$\varphi=\sum_{n=1}^{\infty}(A_n\sin K_{xn}x+B_n\cos K_{xn}x)(C_n\text{sh}K_{xn}y+D_n\text{ch}K_{xn}y)$$
$$+(A_0x+B)(C_0y+D_0)$$

下面我们根据边界条件来确定通解中的系数和分离常数。

由边界条件①可知,$D_0=0,D_n=0$;

由边界条件②可知,$B_0=0,B_n=0$;

则上式可简化为

$$\varphi=\sum_{n=1}^{\infty}A_n\sin K_{xn}x\cdot C_n\text{sh}K_{xn}y+A_0x\cdot C_0y$$

由边界条件③可得,$A_0C_0=0,K_{xn}a=n\pi$,即 $K_{xn}=\dfrac{n\pi}{a}$,所以

$$\varphi=\sum_{n=1}^{\infty}A_n\sin\frac{n\pi}{a}x\cdot C_n\text{sh}\frac{n\pi}{a}y \tag{8-32}$$

这时，如果能求出系数 A_nC_n，即得解。由边界条件④可知

$$u_0 = \sum_{n=1}^{\infty} A_n \sin\frac{n\pi}{a}x \cdot C_n \operatorname{sh}\frac{n\pi}{a}b = \sum_{n=1}^{\infty} G_n \sin\frac{n\pi}{a}x \tag{8-33}$$

式中，$G_n = A_nC_n \operatorname{sh}\frac{n\pi}{a}b$。

使用三角函数的正交归一性来解 G_n，在式(8-33)两边同乘以 $\sin\left(\frac{m\pi x}{a}\right)$，然后从 $x=0$ 到 $x=a$ 进行积分得

$$\int_0^a u_0 \sin\frac{m\pi}{a}x\,\mathrm{d}x = \int_0^a \sum_{n=1}^{\infty} G_n \sin\frac{n\pi x}{a}\sin\frac{m\pi x}{a}\mathrm{d}x \tag{8-34}$$

左边积分结果为 $\frac{2au_0}{m\pi}$(m 为奇数)，或 0(m 为偶数)；而右边积分的结果为 $\frac{aG_n}{2}$ ($m=n$)，或 0($m\neq n$)。由左右两边相等，可得 G_n 的解是 $\frac{4u_0}{n\pi}$(n 为偶数)或为 0(n 为奇数)。由此，A_nC_n 的解为

$$A_nC_n = \frac{G_n}{\operatorname{sh}\left(\frac{n\pi}{a}b\right)} = \frac{\frac{4u_0}{n\pi}}{\operatorname{sh}\left(\frac{n\pi}{a}b\right)} \quad (n\text{ 为奇数})$$

由此可得到 φ 的最终解为

$$\varphi = \sum_{n=1}^{\infty} \frac{4u_0}{(2n+1)\pi}\sin\left[\frac{(2n+1)\pi}{a}x\right]\operatorname{sh}\left[\frac{(2n+1)\pi}{a}y\right]/\operatorname{sh}\left[\frac{(2n+1)\pi}{a}b\right] \tag{8-35}$$

由式(8-35)可知，该例的解是一列无穷级数，要想得到精确解，n 需取到无穷大，这显然是不可能的，不过，从上式可以发现，n 的取值越大，第 n 项的值就越小，通常认为取前 2～4 项的和就能达到足够的精确度。

8.3.2 圆柱坐标系中的分离变量法

实际工程中的同轴线、圆波导等具有圆柱形边界，对应场域也具有圆柱形边界，适合应用圆柱坐标系。圆柱坐标系中的分离变量法同直角坐标系中的分离变量法思路一致。

在圆柱坐标中，位函数的拉普拉斯方程可表示为

$$\frac{1}{r}\frac{\partial}{\partial r}\left(r\frac{\partial\varphi}{\partial r}\right) + \frac{1}{r^2}\frac{\partial^2\varphi}{\partial^2\phi} + \frac{\partial^2\varphi}{\partial z^2} = 0 \tag{8-36}$$

令 $\varphi = R(r)\Phi(\phi)Z(z)$，代入式(8-36)得

$$\Phi Z\frac{1}{r}\frac{\mathrm{d}}{\mathrm{d}r}\left(r\frac{\mathrm{d}R}{\mathrm{d}r}\right) + \frac{RZ}{r^2}\frac{\mathrm{d}^2\Phi}{\mathrm{d}\phi^2} + R\Phi\frac{\mathrm{d}^2 Z}{\mathrm{d}z^2} = 0$$

用 $\frac{r^2}{R\Phi Z}$ 乘以上式得

$$\frac{r}{R}\frac{\mathrm{d}}{\mathrm{d}r}\left(r\frac{\mathrm{d}R}{\mathrm{d}r}\right) + \frac{1}{\Phi}\frac{\mathrm{d}^2\Phi}{\mathrm{d}\phi^2} + r^2\frac{1}{z}\frac{\mathrm{d}^2 Z}{\mathrm{d}z^2} = 0 \tag{8-37}$$

现在我们来依次分析式(8-37)中的三项。第二项只是 ϕ 的函数，要使所有的 r、ϕ、z 都满足上式，第二项只能等于一个常数。设 $\Phi''/\Phi = -K_\phi^2$，即

$$\frac{\mathrm{d}^2\Phi}{\mathrm{d}\phi^2}+K_\phi^2\Phi=0$$

K_ϕ 为分离常数，其解为

$$\Phi=B_1\sin K_\phi\phi+B_2\cos K_\phi\phi$$

式中，ϕ 的取值范围为 $[0,2\pi]$，而 Φ 取值为单值，需满足

$$\Phi(\phi+2\pi)=\Phi(\phi)$$

即

$$\Phi=A\sin(K_\phi\phi+2K_\phi\pi)+B\cos(K_\phi\phi+2K_\phi\pi)=A\sin K_\phi\phi+B\cos K_\phi\Phi$$

所以 K_ϕ 只能为整数，令 $K_\phi=n$，则

$$\Phi = B_1\sin n\phi + B_2\cos n\phi \tag{8-38}$$

将 $\Phi''/\Phi=-n^2$ 代入式(8－37)，并除以 r^2 可得

$$\left[\frac{1}{rR}\frac{\mathrm{d}}{\mathrm{d}r}\left(r\frac{\mathrm{d}R}{\mathrm{d}r}\right)-\frac{n^2}{r^2}\right]+\frac{1}{z}\frac{\mathrm{d}^2Z}{\mathrm{d}z^2}=0 \tag{8-39}$$

式(8－39)中的两项都只是一个变量的函数，成立的条件是每项只能等于一个常量。令

$$\frac{\mathrm{d}^2Z}{\mathrm{d}z^2}+k_z^2Z=0,\quad 即\frac{Z''}{Z}=-K_z^2$$

则 $Z(z)$ 的解同直角坐标系：

当 $K_z^2>0$ 时

$$Z=C\sin K_zz+D\cos K_zz$$

当 $K_z^2<0$ 时

$$Z=C'\mathrm{sh}K_zz+D'\mathrm{ch}K_zz$$

令

$$\frac{1}{rR}\frac{\mathrm{d}}{\mathrm{d}r}\left(r\frac{\mathrm{d}R}{\mathrm{d}r}\right)-\frac{n^2}{r^2}=-\frac{z''}{z}=K_z^2$$

即

$$\frac{1}{r}\frac{\mathrm{d}}{\mathrm{d}r}\left(r\frac{\mathrm{d}R}{\mathrm{d}r}\right)-\left(\frac{n^2}{r^2}+K_z^2\right)R=0 \tag{8-40}$$

式(8－40)所示为贝塞尔方程，方程的解为 n 阶第一类和第二类贝塞尔函数。

实际工程中见到的多是二维场，位函数多与 z 无关，即 $K_z=0$，则式(8－40)可简化为

$$\frac{1}{r}\frac{\mathrm{d}}{\mathrm{d}r}\left(r\frac{\mathrm{d}R}{\mathrm{d}r}\right)-\frac{n^2}{r^2}R=0$$

即

$$\frac{\mathrm{d}^2R}{\mathrm{d}r}+\frac{1}{r}\frac{\mathrm{d}R}{\mathrm{d}r}-\frac{n^2}{r^2}R=0 \tag{8-41}$$

设 $R=r^\alpha$，代入式(8－41)得

$$\alpha(\alpha-1)r^{\alpha-2}+\alpha r^{\alpha-2}-n^2r^{\alpha-2}=(\alpha^2-n^2)r^{\alpha-2}=0$$

所以 $\alpha=\pm n$，即

$$R=A_1r^n+A_2r^{-n} \tag{8-42}$$

同直角坐标系一样，分离常数也有无穷多个。考虑到分离常数也可为 0 的情形，圆柱坐标

系中位函数的通解为

$$\varphi = R\Phi = \sum_{n=1}^{\infty}(A_{1n}r^{n} + A_{2n}r^{-n})(B_{1n}\sin n\phi + B_{2n}\cos n\phi) + (A_{10} + B_{20}\ln r) \qquad (8-43)$$

式中的所有系数由边界条件决定。

【例 8-8】 如图 8.11 所示，一无限长直介质圆柱体半径为 a，介电常数为 ε_1，被放置于均匀电场 $\boldsymbol{E}_0$ 中，圆柱体轴向与 $\boldsymbol{E}_0$ 方向垂直，圆柱体外的介质的介电常数为 ε_0。求整个空间的电位及电场强度。

解：若直圆柱体的长度远大于其横截面半径，对于中间区段，可以认为是二维场，场的大小只与 r、φ 有关，而与 z 无关。

因为在圆柱内、外均无自由电荷分布，所以柱内外电位均满足拉普拉斯方程，即

$$\nabla^2\varphi = \frac{1}{r}\frac{\partial}{\partial r}\left(r\frac{\partial\varphi}{\partial r}\right) + \frac{1}{r^2}\frac{\partial^2\varphi}{\partial\phi^2} = 0$$

所以电位函数应具有式(8-43)所示的通解形式。设圆柱体内外的电位分别为 φ_1、φ_2，电场强度分别为 $\boldsymbol{E}_1$、$\boldsymbol{E}_2$，取坐标原点为电位参考点。

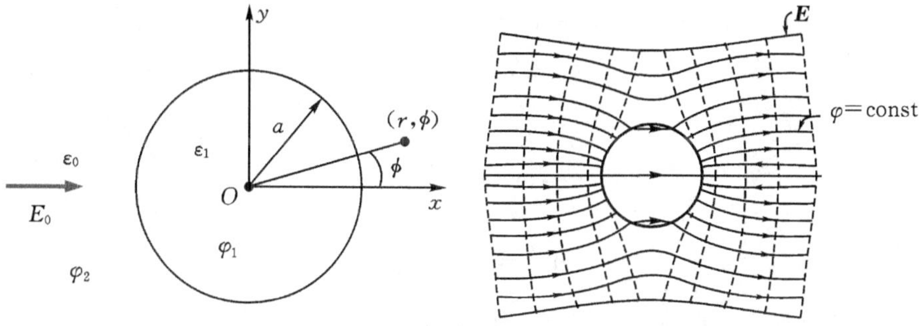

、　(a)　(b)

图 8.11　均匀电场中的介质柱及其场分布

首先来分析圆柱体外的电位分布。介质圆柱体表面的电荷会使原来的场发生畸变，但在无穷远处仍是均匀的，即在无限远处，电场满足

$$-\frac{\partial\varphi_2}{\partial x}\bigg|_{r\to\infty} = E_0$$

则在无限远处

$$\varphi_2 = -E_0x = -E_0r\cdot\cos\alpha$$

与式(8-43)相比，n 只能取 1，且 $B_{1n}=0$，则式(8-43)可简化为

$$\varphi_2 = (A_1r + A_2r^{-1})\cos\phi$$

对应边界条件 $\varphi_2 = -E_0x = -E_0r\cos\alpha$，可知 $A_1 = -E_0$，所以圆柱体外的电位为

$$\varphi_2 = (-E_0r + A_2r^{-1})\cos\phi \qquad (8-44)$$

再来讨论圆柱体内的电位。在圆柱体表面，即 $r=a$ 处，应满足分界面的边界条件

$$\varphi_1 = \varphi_2 (r=a)$$

可得，$r=a$ 时

$$\varphi_1 = \varphi_2 = \left(-E_0a + \frac{A_2}{a}\right)\cos\phi$$

所以 φ_1 也仅含 $n=1$ 项，且 $B_{1n}=0$，即

$$\varphi_1=\left(A_1{}'r+\frac{A_2{}'}{r}\right)\cos\phi$$

由于在 $r=0$ 处，φ_1 不可能为无穷大，因此 $A'_2=0$，得

$$\varphi_1 = A_1{}'r\cos\phi \tag{8-45}$$

则在 $r=a$ 处

$$\varphi_1 = \varphi_2 = \left(-E_0 a+\frac{A_2}{a}\right)\cos\phi = A_1{}'a\cos\phi \tag{8-46}$$

再根据分界面边界条件可知，$r=a$ 处

$$\varepsilon_0\frac{\partial\varphi_2}{\partial r}=\varepsilon_1\frac{\partial\varphi_1}{\partial r}$$

即

$$\varepsilon_1 A_1{}'\cos\phi = \varepsilon_0\cos\phi(-E_0-\frac{A_2}{r^2}) \tag{8-47}$$

可得

$$A_2-A_1{}'a^2=E_0a^2$$
$$A_2\varepsilon_0+A_1{}'\varepsilon_1 a^2=-\varepsilon_0 a^2 E_0$$

解得

$$\begin{aligned}A_2 &= \frac{\varepsilon_1-\varepsilon_0}{\varepsilon_1+\varepsilon_0}a^2E_0\\ A_1{}' &=-\frac{2\varepsilon_0}{\varepsilon_1+\varepsilon_0}E_0\end{aligned} \tag{8-48}$$

将上述结果分别代入式(8-44)和式(8-45)，得到

$$\begin{aligned}\varphi_2 &= (-r+\frac{\varepsilon_1-\varepsilon_0}{\varepsilon_1+\varepsilon_0}a^2r^{-1})E_0\cos\phi\\ \varphi_1 &=-\frac{2\varepsilon_0}{\varepsilon_1+\varepsilon_0}E_0r\cos\phi\end{aligned} \tag{8-49}$$

$$\begin{aligned}\boldsymbol{E}_1 &= \frac{2\varepsilon_0}{\varepsilon_1+\varepsilon_0}E_0(\boldsymbol{e}_r\cos\varphi-\boldsymbol{e}_\phi\sin\phi) = \boldsymbol{e}_x\frac{2\varepsilon_0}{\varepsilon_1+\varepsilon_0}E_0\\ \boldsymbol{E}_2 &= (1+\frac{\varepsilon_1-\varepsilon_0}{\varepsilon_1+\varepsilon_0}\frac{a^2}{r^2})E_0(\boldsymbol{e}_r\cos\phi-\boldsymbol{e}_\varphi\sin\phi)\end{aligned} \tag{8-50}$$

式(8-50)说明圆柱体内的电场是均匀场，场强的大小受到极化电荷的影响。因为 $\varepsilon_0<\varepsilon_1$，所以 $E_1<E_0$，圆柱体内的电场因极化被削弱。

在实际工程中，常使用这种原理用铁磁材料制成外壳来进行磁屏蔽。设在均匀磁场中放置一磁导率为 μ 的无限长金属圆柱体，半径为 b，圆柱体外介质的磁导率为 μ_0。在磁场中，设有传导电流的空间的场是位场，可用标量磁位 φ_m 来表示，设圆柱体内外的标量磁位分别为 φ_{m1}、φ_{m2}，则二者满足

$$\nabla^2\varphi_{m1}=0\quad \nabla^2\varphi_{m2}=0$$

当 $r\to\infty$ 时

$$\varphi_{m1}=-H_0r\cos\phi$$

当 $r=b$ 时

$$\varphi_{m1}=\varphi_{m2}, \quad \mu\frac{\partial\varphi_{m1}}{\partial r}=\mu_0\frac{\partial\varphi_{m2}}{\partial r}$$

情况与例 8.8 完全相同。所以可以直接把此例的结果代入，即

$$\begin{aligned}\varphi_{m1}&=-\frac{2\mu_0}{\mu+\mu_0}H_0 r\cos\phi\\ \varphi_{m2}&=-H_0 r\cos\phi+\frac{\mu-\mu_0}{\mu+\mu_0}b^2H_0r^{-1}\cos\phi\end{aligned} \tag{8-51}$$

圆柱体内的磁场强度为

$$H_1=\frac{2\mu_0}{\mu+\mu_0}H_0<H_0$$

所以，圆柱体内的磁场被削弱。材料的磁性越强，μ 就越大，屏蔽效果越好。在此前提下，屏蔽腔的厚度越大，屏蔽效果越好。工程上也常采用多层铁壳屏蔽，以进一步把进入腔内的残余磁场进行多次屏蔽。

8.3.3　球坐标系中的分离变量法

在求解空间场分布时，如果场域为球形空间或边界为球面，采用球坐标可以求出位函数的解析解。球坐标系中电位的拉普拉斯方程为

$$\nabla^2\varphi=\frac{1}{r^2}\frac{\partial}{\partial r}\left(r^2\frac{\partial\varphi}{\partial r}\right)+\frac{1}{r^2\sin\theta}\frac{\partial}{\partial\theta}\left(\sin\theta\frac{\partial\varphi}{\partial\theta}\right)+\frac{1}{r^2\sin^2\theta}\frac{\partial^2\varphi}{\partial\phi^2}=0 \tag{8-52}$$

同样设 $\varphi=R(r)\Theta(\theta)\Phi(\phi)$，将式(8-52)乘以 $r^2\sin^2\theta$，再除以 $R\Theta\Phi$，得

$$\frac{\sin^2\theta}{R}\frac{\partial}{\partial r}\left(r^2\frac{\partial R}{\partial r}\right)+\frac{\sin\theta}{\Theta}\frac{\partial}{\partial\theta}\left(\sin\theta\frac{\partial\Theta}{\partial\theta}\right)+\frac{1}{\Phi}\frac{\partial^2\Phi}{\partial\phi^2}=0 \tag{8-53}$$

对于式(8-53)中的第三项，要使所有的 r、θ 都满足上式，必有

$$\frac{\Phi''}{\Phi}=-n^2$$

即

$$\Phi=C_{1n}\sin n\varphi+C_{2n}\cos n\phi \quad (n\text{ 为整数}) \tag{8-54}$$

将 $\frac{\Phi''}{\Phi}=-n^2$ 代入式(8-53)，并除以 $\sin^2\theta$，得

$$\frac{1}{R}\frac{\partial}{\partial r}\left(r^2\frac{\partial R}{\partial r}\right)+\frac{1}{\Theta\sin\theta}\frac{\partial}{\partial\theta}\left(\frac{\partial\Theta}{\partial\theta}\right)-\frac{n^2}{\sin^2\theta}=0 \tag{8-55}$$

实际工程中，电场多是与坐标 φ 无关的二维场，即 $n^2=0$，则令

$$\frac{1}{\Theta\sin\theta}\frac{\partial}{\partial\theta}\left(\sin\theta\frac{\partial\Theta}{\partial\theta}\right)=-K^2$$

改写为

$$\frac{d}{d\theta}\left(\sin\theta\frac{d\Theta}{d\theta}\right)+K^2\Theta\sin\theta=0 \tag{8-56a}$$

其解在 $0\leqslant\theta\leqslant\pi$ 的条件下为有界函数的条件是

$$K^2=n(n+1)$$

则式(8－56a)可记作

$$\frac{\mathrm{d}}{\mathrm{d}\theta}\left(\sin\theta\frac{\mathrm{d}\Theta}{\mathrm{d}\theta}\right)+n(n+1)\Theta\sin\theta=0 \tag{8-56b}$$

该式称为勒让德方程，具有幂级数解，其解为勒让德多项式，记作 $P_n(\cos\theta)$。

若 n 为偶数，勒让德多项式只有偶次项；若 n 为奇数，勒让德多项式只有奇次项。前几个勒让德多项式的值为

$$P_0\cos\theta=1,\qquad P_1\cos\theta=\cos\theta$$

$$P_2\cos\theta=\frac{3\cos^2\theta-1}{2},\quad P_3\cos\theta=\frac{5\cos^3\theta-3\cos\theta}{2}$$

所以

$$\Theta(\theta)=B_nP_n\cos\theta \tag{8-57}$$

最后由式(8－54)，得出

$$\frac{1}{R}\frac{\mathrm{d}}{\mathrm{d}r}\left(r^2\frac{\mathrm{d}R}{\mathrm{d}r}\right)=K^2=n(n+1) \tag{8-58}$$

利用圆柱坐标系的分离变量法的结论可知，R 的解为

$$R=A_{1n}r^n+A_{2n}r^{-(n+1)} \tag{8-59}$$

所以，在二维场中，电位函数的通解为

$$\varphi=R\Theta=\sum_{n=0}^{\infty}[A_{1n}r^n+A_{2n}r^{-(n+1)}]P_n\cos\theta \tag{8-60}$$

【例 8－9】 如图 8.12 所示，在均匀电场E_0 中，放置一半径为 a 的介质球，其介电常数为 ε，球外为空气，求空间各处的电位。

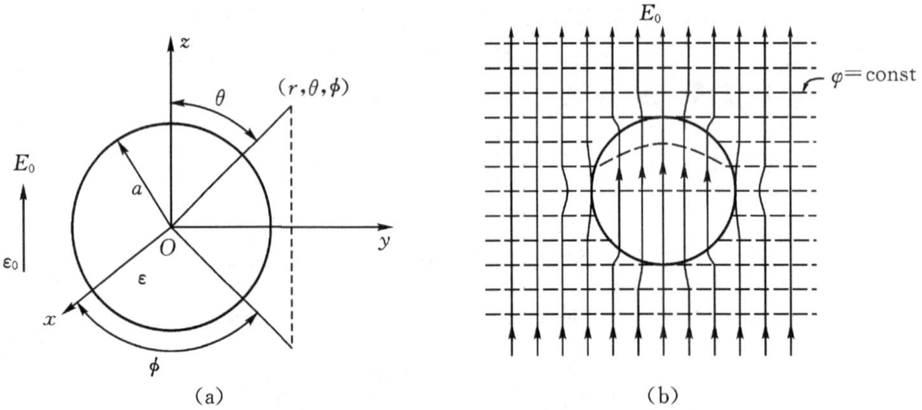

图 8.12 均匀场中的介质球及球内外的场分布

解：如图 8.12(a)所示，以介质球心为坐标原点，使用球坐标系。空间各点的电位满足

$$\nabla^2\varphi=0$$

由于$\boldsymbol{E}_0$ 均匀分布，所以 φ 与 ϕ 无关，φ 应有式(8－60)所示的通解形式。设球内外的电位分别为 φ_1 和 φ_2，当 $r\to\infty$ 时

$$\varphi_2 = -Er\cos\theta = \sum_{n=0}^{\infty}[(A_{1n}r^n + A_{2n}r^{-(n+1)})P_n\cos\theta]|_{r\to\infty}$$

$$= \sum_{n=0}^{\infty}A_{1n}r^nP_n\cos\theta = -E_0rP_1\cos\theta$$

可推出

$$n=1,\quad A_{11}=-E_0$$

则

$$\varphi_2 = (A_{11}r + A_{21}r^{-2})\cos\theta = (-E_0r + A_{21}r^{-2})\cos\theta \tag{8-61}$$

在球面上，即 $r=a$ 时，一方面 $\varphi_1=\varphi_2$，所以，两电位的形式应相同，即

$$\varphi_1 = (B_{11}r+B_{21}r^{-2})\cos\theta$$

由于 $r=0$ 时，球内电位为有限值，所以 $B_{21}=0$，即

$$\varphi_1 = B_{11}r\cos\theta \tag{8-62}$$

在球面上，式(8－61)与式(8－62)相等，即

$$B_{11}r\cos\theta|_{r=a} = (-E_0r+A_{21}r^{-2})\cos\theta|_{r=a}$$

得

$$B_{11}a = -E_0a + A_{21}a^{-2} \tag{8-63}$$

另一方面

$$\varepsilon\frac{\partial\phi_2}{\partial r} = \varepsilon_0\frac{\partial\phi_1}{\partial r}$$

即

$$\varepsilon B_{11}\cos\theta = -\varepsilon_0E_0\cos\theta - 2\varepsilon_0A_{21}a^{-3}\cos\theta$$

得

$$\varepsilon B_{11} = -\varepsilon_0E_0 - 2\varepsilon_0A_{21}a^{-3} \tag{8-64}$$

将式(8－63)和式(8－64)联立，解得

$$A_{21} = \frac{\varepsilon-\varepsilon_0}{\varepsilon+2\varepsilon_0}E_0a^3$$

$$B_{11} = \frac{-3\varepsilon_0}{\varepsilon+2\varepsilon_0}E_0$$

由此得到空间各点电位

$$\varphi_1 = \frac{-3\varepsilon_0}{\varepsilon+2\varepsilon_0}r\cos\theta$$

$$\varphi_2 = \left(-E_0r+\frac{\varepsilon-\varepsilon_0}{\varepsilon+2\varepsilon_0}a^3E_0r^{-2}\right)\cos\theta$$

球内的电场强度

$$\boldsymbol{E}_1 = \frac{3\varepsilon_0}{\varepsilon+2\varepsilon_0}E_0(\boldsymbol{e}_r\cos\theta-\boldsymbol{e}_\theta\sin\theta)$$

即

$$\boldsymbol{E}_1 = \boldsymbol{e}_z\frac{3\varepsilon_0}{\varepsilon+2\varepsilon_0}E_0$$

如图 8.12(b)所示，球内的电场强度比球外的小，这是因为介质被极化后，球表面出现束缚电荷的结果。

【例 8-10】 将上题中的介质球换成一个携带电荷 Q 的导体球，求球内外的电场。

解：因为无穷远处的电位不为零，而导体球内部无电荷，所以 $\boldsymbol{E}_1=0,\varphi_1=0$。

对于导体球外部，$r\to\infty$ 处

$$\varphi=-E_0 r\cos\theta=\sum_{n=0}^{\infty}A_n r^n P_n\cos\theta=-E_0 rP_1\cos\theta$$

可得 $A_1=-E_0$，即

$$\varphi=-E_0 r\cos\theta+\sum_{n=0}^{\infty}A_{2n}r^{-(n+1)}P_n\cos\theta \tag{8-65}$$

在球面上，即 $r=a$ 时，球面为等位面，设球面上的电位为 φ_0，则 $\varphi|_{r=a}=\varphi_0$，即

$$\begin{aligned}\varphi&=-E_0 a\cos\theta+\sum_{n=0}^{\infty}A_{2n}a^{-(n+1)}P_n\cos\theta\\&=-E_0 a\cos\theta+\frac{A_{20}}{a}P_0\cos\theta+\frac{A_{21}}{a^2}P_1\cos\theta+\cdots\\&=\frac{A_{20}}{a}+\left(\frac{A_{21}}{a^2}-E_0 a\right)\cos\theta+\cdots\\&=\varphi_0\end{aligned}$$

所以

$$\frac{A_{20}}{a}=\varphi_0\quad 即\quad A_{20}=a\varphi_0$$

$$\frac{A_{21}}{a^2}-E_0 a=0\quad 即\quad A_{21}=E_0 a^3,A_{2n}=0\quad (n\geqslant 2)$$

则

$$\varphi=-E_0 r\cos\theta+\frac{E_0 a^3}{r^2}\cos\theta+\frac{\varphi_0 a}{r} \tag{8-66}$$

另一方面，根据高斯定理 $-\oint_S\varepsilon_0\frac{\partial\varphi}{\partial n}\mathrm{d}S=Q$，则在球面上有

$$\begin{aligned}-\oint_S\varepsilon_0\frac{\partial\varphi}{\partial n}\bigg|_{r=a}\mathrm{d}S&=\oint_S\varepsilon_0\left(E_0\cos\theta+\frac{\varphi_0 a}{r^2}+\frac{2E_0 a^3}{r^3}\cos\theta\right)\bigg|_{r=a}\mathrm{d}S\\&=\varepsilon_0\oint_S\left(E_0\cos\theta+\frac{\varphi_0}{a}+2E_0\cos\theta\right)\mathrm{d}S\\&=\varepsilon_0\int_0^{2\pi}\mathrm{d}\alpha\int_0^{\pi}\left(E_0\cos\theta+\frac{\varphi_0}{a}+2E_0\cos\theta\right)a^2\sin\theta\mathrm{d}\theta\\&=-2\pi\varepsilon_0 a^2\int_0^{\pi}\left(E_0\cos\theta+\frac{\varphi_0}{a}+2E_0\cos\theta\right)\mathrm{d}\cos\theta\\&=-2\pi\varepsilon_0 a^2\left(\frac{1}{2}E_0\cos^2\theta+\frac{\varphi_0}{a}\cos\theta+E_0\cos^2\theta\right)\bigg|_0^{\pi}\\&=4\pi\varepsilon_0 a\varphi_0=Q\end{aligned}$$

解得 $\varphi_0=\dfrac{Q}{4\pi\varepsilon_0 a}$，代入式(8-66)，得到球外的电位为

$$\varphi = -E_0 r\cos\theta + \frac{Q}{4\pi\varepsilon_0 r} + \frac{E_0 a^3}{r^2}\cos\theta \tag{8-67}$$

由以上三种坐标系的分离标量法的分析可见，使用分离变量法的前提是场域的边界形状能与坐标曲面相吻合，否则问题会变得很复杂。在运用分离变量法时，注意观察场的边界形状，选取适当的坐标系。分离变量法是求解电磁场边值问题的一种解析方法，不仅能用于分析二维及三维的恒定场和似稳场问题，同样可用来分析时变电磁场问题。使用分离时，通解的形式是确定的，基本思路是利用边界条件来取舍函数和确定通解中的常数。

8.4　有限差分法

前面讨论的几种方法，都可以利用解析法得到精确的函数解，但需满足一定的边界条件才能使用。而在许多工程实际问题中，或者方程比较复杂或者场域并不规则或者兼而有之，使得求解时会遇到数学上的困难，甚至无法求出位函数的解析解。在这种情况下，可以采用数值计算法求出位函数的近似解，只要近似度满足实际要求，问题就可得以解决。电磁场量所满足的方程通常可以表示成微分方程的形式或积分方程的形式，据此可以将求解电磁场问题的数值方法划分为微分方程法和积分方程法。在常用的各种数值方法中，有限差分法、有限元法和时域有限差分法是微分方程法的典型代表，而矩量法则是最常用的积分方程法。有限差分法是应用最早的一种数值计算方法，适用于场域边界的几何形状比较复杂的情形。其特点是概念清晰，方法简单直观。

8.4.1　有限差分法的基本思想

设函数 $f(x)$，当其独立变量 x 有一很小的增量 h 时，相应的函数 $f(x)$ 的增量 $\Delta f(x) = f(x+h) - f(x)$ 被称为函数 $f(x)$ 的一阶差分。因为差分是有限量的差，所以通常被称为有限差分。

有限差分法即是基于差分原理的应用，将所求场域离散化为网格离散节点的集合，以各离散点上函数的差商近似代替该点的偏导数，将偏微分方程的求解问题转化为相应差分方程组的求解问题。

应用有限差分法主要包括以下三个步骤：

首先将场域按一定方式离散化。如图 8.13 所示，确定离散点的分布方式，也称场域的网格剖分方式。为简化所得差分方程，一般离散点采用完全有规则分布的网格节点，以便在每个离散点上可以得到相同形式的差分方程。其中，正方形网格剖分是最常用的剖分方法，根据实际问题，也可以采用矩形、正三角形等网格形式。网格线的交点称为网格节点，线间的距离 h 称为步距。

第二步是构造差分方程，即根据差分原理，对场域内的偏微分方程和定解条件进行差分离散化。

最后根据差分方程，选择合适的代数方程的解法，求解离散解，更多的是通过编制程序由计算机来完成。

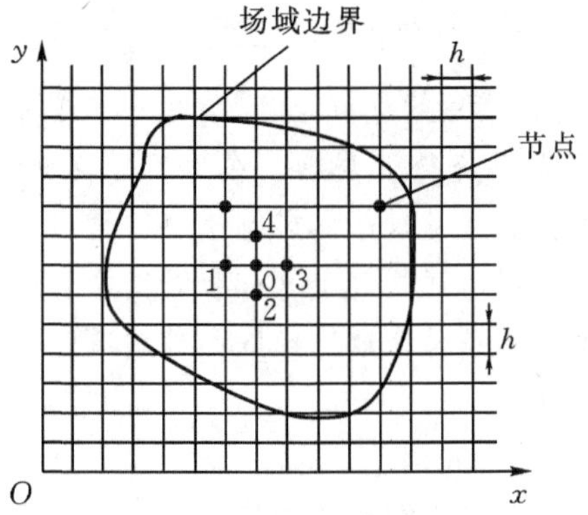

图 8.13　场域的网格部分

8.4.2　二维泊松方程的差分离散化

泊松方程实际上是偏微分方程，边值问题的实质是偏微分方程的定解问题。很多实际工程中的场域可以近似为二维场域进行处理。下面根据正方形网格剖分方法，说明如何将二维泊松方程离散化，即与二维泊松方程和拉普拉斯方程对应的差分方程的建立过程。

1. 一维函数微分的有限差分法

对于函数 $f(x)$ 的一阶差分

$$\Delta f(x) = f(x+h) - f(x)$$

当 h 足够小时有

$$\frac{\Delta f(x)}{\Delta x} = \frac{f(x+h) - f(x)}{h} \approx \frac{\mathrm{d}f}{\mathrm{d}x} \tag{8-68}$$

式(8－68)称为一阶向前差商。即一阶差商与一阶微分近似相等，也可将一阶微分表示为

$$\frac{\mathrm{d}f}{\mathrm{d}x} \approx \frac{\Delta f(x)}{\Delta x} = \frac{f(x) - f(x-h)}{h} \tag{8-69}$$

式(8－69)称为一阶向后差商，还可表示为

$$\frac{\mathrm{d}f}{\mathrm{d}x} \approx \frac{\Delta f(x)}{\Delta x} = \frac{f(x+h) - f(x-h)}{2h} \tag{8-70}$$

式(8－70)称为一阶中心差商。相应地二阶导数可用二阶差商表示为

$$\begin{aligned} \frac{\mathrm{d}^2 f(x)}{\mathrm{d}x^2} &= \frac{[f(x+h) - f(x)] - [f(x) - f(x-h)]}{h^2} \\ &= \frac{f(x+h) - 2f(x) + f(x-h)}{h^2} \end{aligned} \tag{8-71}$$

对应地，偏导数也可用相同的方式。这样，给定的偏微分方程就可以转化为差分方程。这就是有限差分法的实质。显然，步距越小，用差商替代偏导数的准确度就越高。

2. 二维泊松方程的离散化

下面以二维静态场第一类边值问题为例来说明有限差分法的应用过程。

设在以正方形网格剖分的二维场域内，如图 8.13 所示，电位函数 φ 满足拉普拉斯方程，各边界上的电位已知。由图可知，除场域边界附近的节点外，位于场域内的其他正方形网格的节

点对于与其相邻的节点都具有相同的特征，这种特征称为对称星形。设在对称星形节点 0 上的位函数为 $\varphi_0=\varphi(x_i,y_j)$，则周围相邻节点 1、2、3、4 的位函数可表示为

$$\varphi_1=\varphi(x_{i-1},y_j),\quad \varphi_2=\varphi(x_i,y_{j-1}),\quad \varphi_3=\varphi(x_{i+1},y_j),\quad \varphi_4=\varphi(x_i,y_{j+1})$$

由式(8-71)可得

$$\frac{\partial^2\varphi}{\partial x^2}=\frac{\varphi_1-2\varphi_0+\varphi_3}{h^2}$$

$$\frac{\partial^2\varphi}{\partial y^2}=\frac{\varphi_2-2\varphi_0+\varphi_4}{h^2}$$

这样，场域内的二维拉普拉斯方程可近似离散化为

$$\nabla^2\varphi=\frac{\partial^2\varphi}{\partial x^2}+\frac{\partial^2\varphi}{\partial y^2}=\frac{1}{h^2}(\varphi_1-2\varphi_0+\varphi_3)+\frac{1}{h^2}(\varphi_2-2\varphi_0+\varphi_4)=0$$

整理得

$$\varphi_1+\varphi_2+\varphi_3+\varphi_4=4\varphi_0 \tag{8-72}$$

式(8-72)说明，节点 0 处的位函数值等于它周围 4 个相邻节点的位函数值的平均值，常称为五点差分格式。

若二维泊松方程表示为

$$\nabla^2\varphi=F,\quad F=-\frac{\rho(x,y)}{\varepsilon}$$

即

$$\nabla^2\varphi=\frac{\partial^2\varphi}{\partial x^2}+\frac{\partial^2\varphi}{\partial y^2}=\frac{1}{h^2}(\varphi_1-2\varphi_0+\varphi_3)+\frac{1}{h^2}(\varphi_2-2\varphi_0+\varphi_4)=F$$

可得二维泊松方程的差分离散化结果为

$$\varphi_1+\varphi_2+\varphi_3+\varphi_4-4\varphi_0=h^2F \tag{8-73}$$

8.4.3　边界条件的离散化

求解边值问题，对泊松方程离散差分化后，需要对边界条件进行差分离散化处理，包括不同媒质分界面上的边界条件。在三类边值问题中，场域边界上给定的边界条件有两种，一是直接给出位函数值，二是给出边界上位函数的法向导数值，即表面电流密度。

1. 与第一类边值问题对应边界条件的差分离散化

这种情况下，场域边界上的位函数已知，即 $\varphi(s)=f(s)$，具体可分为两种情况。

1)网格节点落在边界上

若划分网格时有网格节点正好落在边界上，如图 8.13 所示的节点 4，则只需把已知的位函数赋值给相应的边界节点，即 $\varphi_4=\varphi_4(s)=f_4(s)$，满足

$$-\varphi_4=-\varphi_4(s)=-f_4(s)=\varphi_1+\varphi_2+\varphi_3-4\varphi_0 \tag{8-74}$$

这是最简单的情形。

2)网格节点不在边界上

若场域边界不规则，大部分边界与网格线的交点不在网格节点上，如图 8.14 所示的节点 5 和节点 6，对于相邻的典型节点 3 来说，由于 $h_1\neq h_2\neq h$，节点 0、5、6、7 构成一个不对称的星形。此时，可采用泰勒公式进行差分离散化，精确导出节点 3 的差分计算格式。

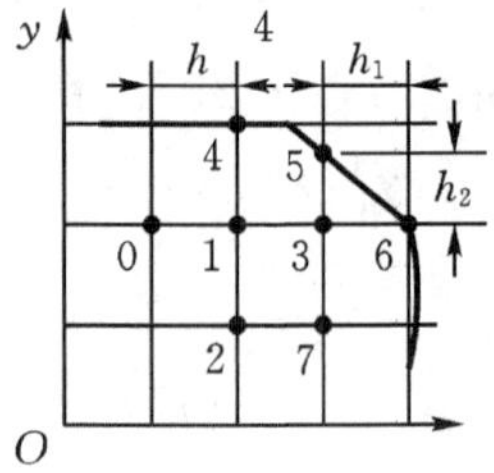

图 8.14　场域边界上的节点

根据二元函数的泰勒公式，节点 0 的电位为

$$\varphi_0=\varphi_3-h\left(\frac{\partial\varphi}{\partial x}\right)_3+\frac{1}{2!}h^2\left(\frac{\partial^2\varphi}{\partial x^2}\right)_3-\frac{1}{3!}h^3\left(\frac{\partial^3\varphi}{\partial x^3}\right)_3+\frac{1}{4!}h^2\left(\frac{\partial^4\varphi}{\partial x^4}\right)_3+\cdots\cdots$$

节点 6 的电位为

$$\varphi_6=\varphi_3+h_1\left(\frac{\partial\varphi}{\partial x}\right)_3+\frac{1}{2!}h_1^2\left(\frac{\partial^2\varphi}{\partial x^2}\right)_3+\frac{1}{3!}h_1^3\left(\frac{\partial^3\varphi}{\partial x^3}\right)_3+\frac{1}{4!}h_1^2\left(\frac{\partial^4\varphi}{\partial x^4}\right)_3+\cdots\cdots$$

分别用 h_1 和 h 与以上两式相乘，再相加，去掉其二次以上的高次项，整理得

$$hh_1\left(\frac{\partial^2\varphi}{\partial x^2}\right)_3\approx\frac{2h}{h+h_1}\varphi_6+\frac{2h_1}{h+h_1}\varphi_0-2\varphi_3 \tag{8-75}$$

同理可得

$$hh_2\left(\frac{\partial^2\varphi}{\partial y^2}\right)_3\approx\frac{2h}{h+h_2}\varphi_5+\frac{2h_2}{h+h_2}\varphi_7-2\varphi_3 \tag{8-76}$$

令 $h_1=ah$，$h_2=bh$，代入式(8－75)和式(8－76)，得

$$ah^2\left(\frac{\partial^2\varphi}{\partial x^2}\right)_3\approx\frac{2}{1+a}\varphi_6+\frac{2a}{1+a}\varphi_0-2\varphi_3 \tag{8-77}$$

$$bh^2\left(\frac{\partial^2\varphi}{\partial y^2}\right)_3\approx\frac{2}{1+b}\varphi_5+\frac{2b}{1+b}\varphi_7-2\varphi_3 \tag{8-78}$$

将式(8－77)和式(8－78)整理后代入泊松方程，在节点 3 处

$$\begin{aligned}\nabla^2\varphi&=\frac{\partial^2\varphi}{\partial x^2}+\frac{\partial^2\varphi}{\partial y^2}\\&\approx\frac{1}{1+a}\varphi_0+\frac{1}{1+b}\varphi_5+\frac{1}{a(1+a)}\varphi_6+\frac{1}{b(1+b)}\varphi_7-\left(\frac{1}{a}+\frac{1}{b}\right)\varphi_3\\&=\frac{1}{2}h^2F\end{aligned} \tag{8-79}$$

再稍作整理，即得节点 3 的差分格式。

2. 第二类边值问题的边界条件的差分离散化

第二类边值问题给出的边界条件是所有场域边界的位函数的法向导数值，即 $\frac{\partial\varphi}{\partial n}=f(s)$。同样可分两种情况进行讨论。

1)网格节点落在边界上

若网格节点正好落在边界上，差分离散化结果与边界在该节点的外法线方向和网格线是否重合有关。

若边界在节点处的外法线与网格线重合，如图 8.15 所示，则法向导数$\frac{\partial \varphi}{\partial n}$可用差商来近似表示，即

$$\frac{\varphi_0 - \varphi_1}{h} = f(s) \tag{8-80}$$

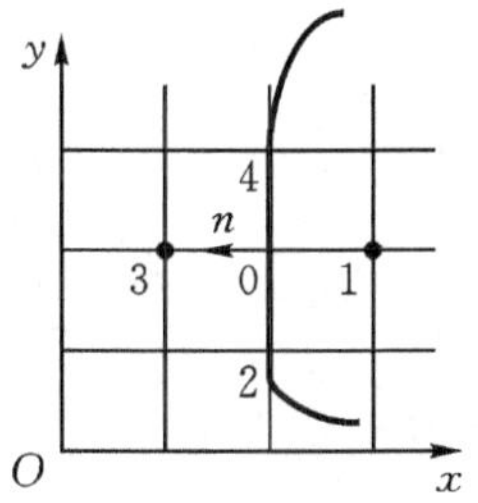

图 8.15　外法向与网格线重合

借助虚设节点 3，用相同的思路可以确定节点 0 的差分格式

$$\frac{\varphi_3 - \varphi_1}{2h} = f(s), \quad \varphi_3 = \varphi_1 + 2hf(s) \tag{8-81}$$

根据式(8－72)，节点 0 的差分格式为

$$\varphi_0 = \frac{1}{4}(\varphi_1 + \varphi_2 + \varphi_3 + \varphi_4) = \frac{1}{4}(2\varphi_1 + \varphi_2 + \varphi_4 + 2hf(s)) \tag{8-82}$$

若边界在节点处的外法线与网格线不重合，如图 8.16(a)所示，则有

$$\left(\frac{\partial \varphi}{\partial n}\right)_0 = \left[\frac{\partial \varphi}{\partial x}\cos(\boldsymbol{n}, \boldsymbol{e}_x) + \frac{\partial \varphi}{\partial y}\cos(\boldsymbol{n}, \boldsymbol{e}_y)\right]_0$$

$$= \frac{\varphi_1 - \varphi_0}{h}\cos(\pi + \alpha) + \frac{\varphi_2 - \varphi_0}{h}\cos(\pi - \beta) = f(s)$$

由此可建立边界节点 0 与相邻节点 1、2 之间的差分格式。

2)网格节点不落在边界上

若网格节点没有落在边界上，如图 8.16 所示。对于边界节点 0′可以用与其邻近的节点 0 来近似表示，取节点 0′处的外法向作为节点 0 处的外法向，节点 0 仍按上式所示的方法列出差分格式即可。

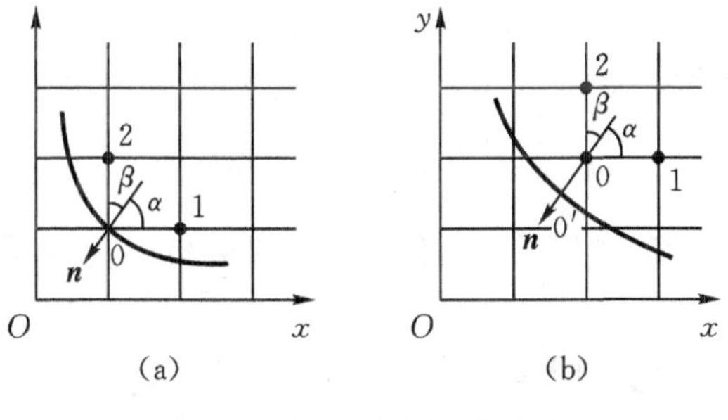

图 8.16　外法向与网格线不重合

3. 第三类边值问题的边界条件的差分离散化

第三类边值问题给出的边界条件是部分场域边界的位函数和其余场域边界的位函数的法

向导数值，即

$$\varphi + f_1(s)\frac{\partial \varphi}{\partial n} = f_2(s)$$

可直接参照第二类边值问题得到边界节点的差分格式。

(1)若边界节点的外法向与网格线重合，可表示为

$$\varphi_0 + f_1(s)\frac{\varphi_0 - \varphi_1}{h} = f_2(s) \tag{8-83}$$

(2)若边界节点的外法向与网格线不重合，可表示为

$$\varphi_0 + f_1(s)\left[\frac{\varphi_0 - \varphi_1}{h}\cos\alpha + \frac{\varphi_0 - \varphi_2}{h}\cos\beta\right] = f_2(s) \tag{8-84}$$

4. 不同媒质分界面上边界条件的差分离散化

在实际工程中，常会出现不同媒质分界面上边界条件差分离散化问题。这里仍然以二维场的情况说明其差分格式的构造。

1)媒质分界面与网格线相重合

如图 8.17 所示，设节点 0、2、4 位于介电常数分别为 ε_1 和 ε_2 的两种媒质分界面上，两种媒质中的电位分别用 φ_a、φ_b 表示，且在媒质 1 中均匀分布有面密度为 ρ 的电荷，令 $F=-\frac{\rho}{\varepsilon_1}$，即

$$\nabla^2\varphi_a = F, \quad \nabla^2\varphi_b = 0$$

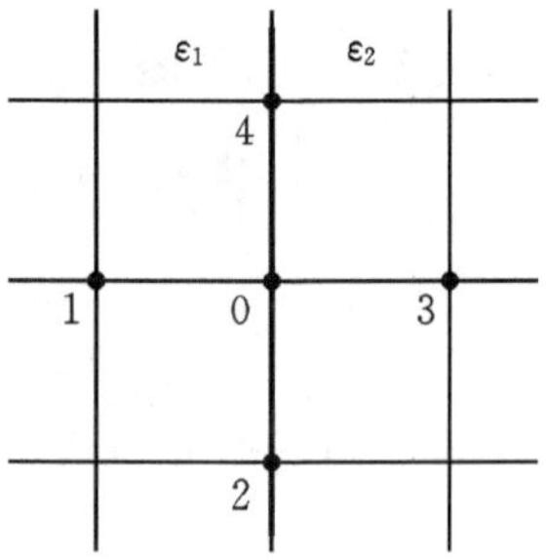

图 8.17　媒质分界面与网格线重合

为了便于分析，若将媒质 ε_2 换作媒质 ε_1，则 0 点的位函数 φ_{a0} 可表示为

$$\varphi_{a0} = \frac{(\varphi_{a1} + \varphi_{a2} + \varphi_{a3} + \varphi_{a4} - h^2 F)}{4} \tag{8-85}$$

同理，若将媒质 ε_1 换作媒质 ε_2，则 0 点的位函数 φ_{b0} 可表示为

$$\varphi_{b0} = \frac{(\varphi_{b1} + \varphi_{b2} + \varphi_{b3} + \varphi_{b4})}{4} \tag{8-86}$$

这里的 φ_{a0}、φ_{b0} 并不是实际的电位，而是为了便于分析虚设的，利用分界面上的边界条件可以将二者消去。

根据边界条件，一方面分界面上的电位是连续的，即

$$\varphi_{an} = \varphi_{bn} = \varphi_n \quad (n = 0,2,4) \tag{8-87}$$

另一方面，设分界面上无电荷，电位移的法线分量是连续的，即

$$\varepsilon_1\frac{\partial \varphi_a}{\partial x} = \varepsilon_2\frac{\partial \varphi_b}{\partial x}$$

用差分格式可表示为

$$\varepsilon_1(\varphi_{a1}-\varphi_{a3})=\varepsilon_2(\varphi_{b1}-\varphi_{b3})$$

或写作

$$\varepsilon_1\varphi_{a1}+\varepsilon_2\varphi_{b3}=\varepsilon_2\varphi_{b1}+\varepsilon_1\varphi_{a3} \tag{8-88}$$

将式(8-85)和式(8-86)分别乘以 ε_1 和 ε_2 后相加，再代入式(8-87)和(8-88)，整理得

$$4(1+k)\varphi_0=2k\varphi_{a1}+(1+k)\varphi_2+2\varphi_{b3}+(1+k)\varphi_4-kh^2F$$

式中，$k=\frac{\varepsilon_1}{\varepsilon_2}$。由此得到节点 0 的差分离散化结果为

$$\varphi_0=\frac{1}{4}(\frac{2k}{1+k}\varphi_{a1}+\varphi_2+\frac{2}{1+k}\varphi_{b3}+\varphi_4-\frac{k}{1+k}h^2F) \tag{8-89}$$

2)媒质分界面与网格对角线相重合

若媒质分界面能与网格对角线相重合，如图 8.18 所示。最简单的方法是将网格线旋转 45°，并将步距延长为$\sqrt{2}h$，就可直接套用式(8-89)，即

$$\varphi_0=\frac{1}{4}(\frac{2k}{1+k}\varphi_{a5}+\varphi_6+\frac{2}{1+k}\varphi_{b7}+\varphi_8-\frac{k}{1+k}2h^2F) \tag{8-90}$$

引入辅助节点 M、N，用 φ_1、φ_2、φ_3、φ_4 表示，在分界面上

$$\varphi_{an}=\varphi_{bn}=\varphi_n,\quad (n=0) \tag{8-91}$$

$$\varepsilon_1(\varphi_{aM}-\varphi_{aN})=\varepsilon_2(\varphi_{bM}-\varphi_{bN}) \tag{8-92}$$

$$\varphi_{aM}=\frac{1}{2}(\varphi_{a1}+\varphi_{a4}),\quad \varphi_{bN}=\frac{1}{2}(\varphi_{b2}+\varphi_{b3}) \tag{8-93}$$

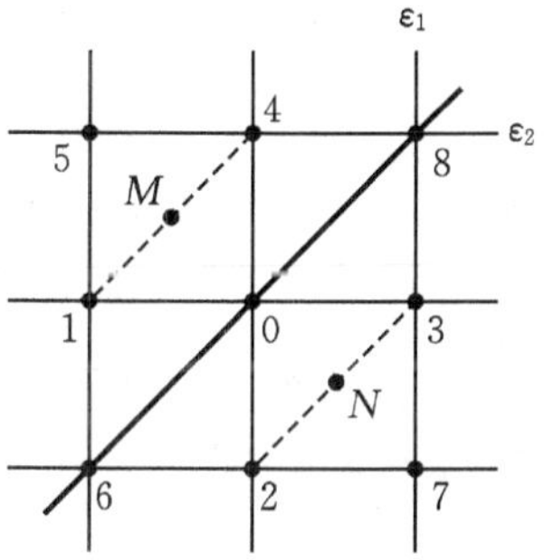

图 8.18　媒质分界面与网格对角线重合 其中虚设值

实际值

$$\varphi_{bM}=\frac{1}{2}(\varphi_{b1}+\varphi_{b4}),\quad \varphi_{aN}=\frac{1}{2}(\varphi_{a2}+\varphi_{a3}) \tag{8-94}$$

将式(8-93)和式(8-94)代入式(8-92)得

$$\varepsilon_1(\varphi_{a1}+\varphi_{a4}-\varphi_{a2}-\varphi_{a3})=\varepsilon_2(\varphi_{b1}+\varphi_{b4}-\varphi_{b2}-\varphi_{b3})$$

整理为

$$\varepsilon_1(\varphi_{a1}+\varphi_{a4})+\varepsilon_2(\varphi_{b2}+\varphi_{b3})=\varepsilon_1(\varphi_{a2}+\varphi_{a3})+\varepsilon_2(\varphi_{b1}+\varphi_{b4}) \tag{8-95}$$

假设整个场域为单一媒质，有

$$\varepsilon_1(\varphi_{a1}+\varphi_{a2}+\varphi_{a3}+\varphi_{a4}-4\varphi_0)=\varepsilon_1 h^2F \tag{8-96}$$

$$\varepsilon_2(\varphi_{b1}+\varphi_{b2}+\varphi_{b3}+\varphi_{b4}-4\varphi_0)=0 \tag{8-97}$$

将式(8-96)、式(8-97)相加,并将式(8-95)带入,消去虚设值,得

$$2[\varepsilon_1(\varphi_{a1}+\varphi_{a4})+\varepsilon_2(\varphi_{b2}+\varphi_{b3})]-4(\varepsilon_1+\varepsilon_2)\varphi_0=\varepsilon_1 h^2 F$$

整理得到的差分格式为

$$\varphi_0=\frac{1}{4}\left[\frac{2k}{1+k}(\varphi_{a1}+\varphi_{a4})+\frac{2}{1+k}(\varphi_{b2}+\varphi_{b3})-\frac{k}{1+k}h^2F\right],\ \left(k=\frac{\varepsilon_1}{\varepsilon_2}\right) \tag{8-98}$$

由以上分析可见,边界条件离散化虽然分很多种,但其基本思想是一致的,不论情况有多复杂,使用差分理论和分界面边界条件总可以确定任意点的差分格式。

8.4.4 差分方程组的求解

当原始的偏微分方程近似地用差分方程代替后,就可以通过解差分方程组来求解场域中任意点的位函数。下面以第一类边值问题来说明求解的过程。

在具体求解时,由于数值解的精度要求,希望选取的步距 h 越小越好,而步距的减小,会使网格内节点数迅速增加,所以对于大型代数方程组,应该根据其特点寻求合适的代数解法。

1. 同步迭代法

同步迭代法是最简单的迭代方式。因差分格式有较高的规律性和重复性,因此用迭代法编制的程序比较简单,存储量和运算量都比较节省。同步迭代法的步骤是:

(1)给指定的场域内的每一节点设定一初始值,作为零次近似值,记为 $\varphi^{(0)}$,初始值是任意设置的。在具体操作时,应根据实际情况设定一个最佳值,可以减少迭代次数。

(2)根据式(8-72),用周围相邻节点的电位算出中心节点的新的电位值,作为1次近似值 $\varphi^{(1)}$,若遇到边界节点上的值,就用已知量代替,再将 $\varphi^{(1)}$ 代入得到二次近似值 $\varphi^{(2)}$。逐代迭代下去,即

$$\varphi_{i,j}^{(n+1)}=\frac{1}{4}[\varphi_{i+1,j}^{(n)}+\varphi_{i-1,j}^{(n)}+\varphi_{i,j+1}^{(n)}+\varphi_{i,j-1}^{(n)}-h^2F] \tag{8-99}$$

一般迭代从场域的左下角开始。

(3)当相邻两次迭代解 $\varphi_{i,j}^{(n+1)}$ 与 $\varphi_{i,j}^{(n)}$ 间的误差满足精度要求时,迭代过程可以结束。

同步迭代法的特点是收敛速度慢,在每个节点产生新值时不能立刻冲掉旧值,而是下次迭代才会用到。

2. 松弛迭代法

松弛迭代法又叫塞德尔迭代法,是对简单迭代法的改进,在计算每个节点电位时充分利用已经得到的新值,每个节点得到新值后就立刻冲掉旧值。迭代方程可表示为

$$\varphi_{i,j}^{(n+1)}=\frac{1}{4}[\varphi_{i+1,j}^{(n)}+\varphi_{i-1,j}^{(n+1)}+\varphi_{i,j+1}^{(n)}+\varphi_{i,j-1}^{(n+1)}-h^2F] \tag{8-100}$$

由于提前使用了更新值,松弛迭代法的收敛速度比简单迭代法快一倍,而且实现程序更方便,对存储空间的要求更低。

3. 超松弛迭代法

超松弛迭代法是加速迭代收敛的一种有效方法。它的计算原则是把式所算得结果不作为 $\varphi_{i,j}$ 的第$(n+1)$次近似值,而是作为一个中间结果,然后作加权平均处理。$\varphi_{i,j}$ 的第$(n+1)$次近似值表示为

$$\varphi_{i,j}^{(n+1)} = \varphi_{i,j}^{(n)} + \frac{\alpha}{4}[\varphi_{i+1,j}^{(n)} + \varphi_{i-1,j}^{(n+1)} + \varphi_{i,j+1}^{(n)} + \varphi_{i,j-1}^{(n+1)} - h^2F - 4\varphi_{i,j}^{(n)}] \quad (8-101)$$

式中，α 称为加速收敛因子，α 的大小决定了超松弛的程度，从而影响迭代解收敛的速度，α 的取值范围为[1,2]。当 $\alpha=1$ 时，即为松弛迭代法，当 $\alpha>2$ 时，迭代方程会发散。对于第一类边值问题，若采用正方形网格划分，场域为长方形边界，若其两边长分别(p,h)和(q,h)，且 p、q 都很大(至少大于 15)，则最佳 α 可按下式计算

$$\alpha_0 = 2 - \sqrt{2}\pi\sqrt{\frac{1}{p^2} + \frac{1}{q^2}} \quad (8-102)$$

一般情况下，α_0 是凭经验取值的。在所有迭代法中，给出恰当的初值可以使迭代计算加速收敛，这样可以提高程序的运行效率，节省计算机内存。

【例 8-11】 如图 8.19 所示的长直接地金属槽，顶板的电位为 100 V，侧壁与底板均接地，求槽内的电位分布。

解：这个问题属于二维场的第一类边值问题，且边界条件简单。使用正方形网格将场域划分为 16 个网格，如图 8.19 所示。下面分别使用同步迭代法和超松弛迭代法来计算节点的电位。

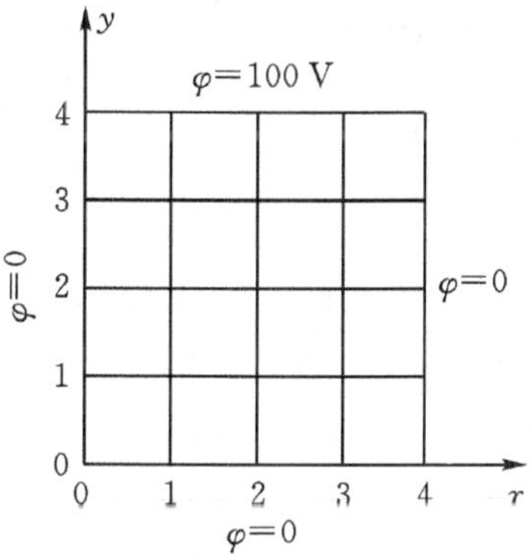

图 8.19　长直接地金属槽

(1)使用同步迭代法，直接采用式(8-98)

$$\varphi_{i,j}^{(n+1)} = \frac{1}{4}[\varphi_{i+1,j}^{(n)} + \varphi_{i-1,j}^{(n)} + \varphi_{i,j+1}^{(n)} + \varphi_{i,j-1}^{(n)} - h^2F]$$

设内部节点上电位的零次近似值为

$$\varphi_{1,1}^{(0)} = \varphi_{2,1}^{(0)} = \varphi_{3,1}^{(0)} = 25$$
$$\varphi_{1,2}^{(0)} = \varphi_{2,2}^{(0)} = \varphi_{3,2}^{(0)} = 50$$
$$\varphi_{1,3}^{(0)} = \varphi_{2,3}^{(0)} = \varphi_{3,3}^{(0)} = 75$$

依次迭代，得到结果见表 8.2。如果只取小数点后三位，迭代到第 28 次时，与第 27 次的迭代结果是一致的，即达到精度要求。

表 8.2 同步迭代法结果(设定合理初值)

n \ $\varphi_{i,j}$	$\varphi_{1,1}$	$\varphi_{2,1}$	$\varphi_{3,1}$	$\varphi_{1,2}$	$\varphi_{2,2}$	$\varphi_{3,2}$	$\varphi_{1,3}$	$\varphi_{2,3}$	$\varphi_{3,3}$
0	25	25	25	50	50	50	75	75	75
1	18.75	25	18.75	37.5	50	37.5	56.25	75	56.25
2	15.625	21.875	15.625	31.25	43.75	31.25	53.125	65.625	53.125
…	…	…	…	…	…	…	…	…	…
27	7.144	9.823	7.144	18.751	25.002	18.751	42.857	52.680	42.857
28	7.144	9.823	7.144	18.751	25.002	18.751	42.857	52.680	42.857

(2)使用超松弛迭代法,采用式(8-100)

$$\varphi_{i,j}^{(n+1)}=\varphi_{i,j}^{(n)}+\frac{\alpha}{4}[\varphi_{i+1,j}^{(n)}+\varphi_{i-1,j}^{(n+1)}+\varphi_{i,j+1}^{(n)}+\varphi_{i,j-1}^{(n+1)}-h^2F-4\varphi_{i,j}^{(n)}]$$

根据式(8-101),取加速收敛因子 $\alpha=1.17$,设内部节点上电位的零次近似值均为 0,得到迭代结果见表 8.3。

表 8.3 超松弛迭代法结果(初值为 0)

n \ $\varphi_{i,j}$	$\varphi_{1,1}$	$\varphi_{2,1}$	$\varphi_{3,1}$	$\varphi_{1,2}$	$\varphi_{2,2}$	$\varphi_{3,2}$	$\varphi_{1,3}$	$\varphi_{2,3}$	$\varphi_{3,3}$
0	0	0	0	0	0	0	0	0	
1	0	0	0	0	0	0	29.25	37.81	40.31
2	0	0	0	8.56	13.56	15.76	37.84	49.65	41.53
3	2.50	4.70	5.98	14.31	22.39	17.77	41.53	51.65	42.49
4	5.14	9.0	6.81	17.76	24.33	18.52	42.5	52.44	42.78
…	…	…	…	…	…	…	…	…	…
13	7.144	9.823	7.144	18.751	25.002	18.751	42.857	52.680	42.857

(3)仍使用超松弛迭代法,仍取加速收敛因子 $\alpha=1.17$,但将初值设为

$$\varphi_{1,1}^{(0)}=\varphi_{2,1}^{(0)}=\varphi_{3,1}^{(0)}=25$$

$$\varphi_{1,2}^{(0)}=\varphi_{2,2}^{(0)}=\varphi_{3,2}^{(0)}=50$$

$$\varphi_{1,3}^{(0)}=\varphi_{2,3}^{(0)}=\varphi_{3,3}^{(0)}=75$$

得到迭代结果见表 8.4。

表 8.4 超松弛迭代法结果(设定合适初值)

n \ $\varphi_{i,j}$	$\varphi_{1,1}$	$\varphi_{2,1}$	$\varphi_{3,1}$	$\varphi_{1,2}$	$\varphi_{2,2}$	$\varphi_{3,2}$	$\varphi_{1,3}$	$\varphi_{2,3}$	$\varphi_{3,3}$
0	25	25	25	50	50	50	75	75	75
1	17.687	22.862	17.062	33.240	44.472	31.436	48.160	65.534	44.864
2	13.403	18.033	11.569	25.364	32.760	20.530	47.650	54.967	43.831
…	…	…	…	…	…	…	…	…	…
10	7.144	9.823	7.144	18.751	25.002	18.751	42.857	52.680	42.857

从三次迭代的结果可以看出，超松弛迭代法的收敛速度比同步迭代法快很多，设定合适的初值同样可以加快收敛速度。

有限差分法的应用范围很广，不仅能够求解均匀和不均匀线性媒质中的位场，还能求解非线性媒质中的场；既能求解恒定场和似稳场，又能求解时变场。在计算机存储容量允许的情况下，可采取较精细的网格，使离散化模型能够精确地逼近真实问题，获得具有足够精度的数值解。

磁场的磁矢位与电场的电位是一对对偶量，所以以上的分析均适用于求解磁矢位。而且只需将对偶量直接代入即可。

小结 8

本章从位函数着手分析静态场的求解问题，可总结为给定边值条件下的泊松方程或拉普拉斯方程的特解确定问题，即边值问题。边值问题按所给边界条件分为三类。

根据唯一性定理，满足所给的边界条件的泊松方程或拉普拉斯方程的解是唯一的。

1. 镜像法

镜像法是用场域外虚拟的少数电荷代替场域边界上复杂的分布电荷，保持场的边界条件不变的求解方法。主要步骤是确定镜像电荷的位置和大小，镜像电荷必须配置在被研究的场域边界以外。镜像电荷与原电荷须保持场域边界条件不变，以满足唯一性定理。

镜像法适用于以下三种情况：无限大平面附近的点电荷、线电荷或线电流的场；无限长导体圆柱体附近平行的线电荷、线电流或平行圆柱体的场（电轴法）；导体球附近的点电荷的场。

2. 分离变量法

分离变量法是求解边值问题的普遍方法。它的基本思想是：根据场与边界面的形状，选择合适的坐标系，用简单的关系式列出给定的边界条件，然后把所求的位函数写为三个函数的乘积，利用分离变量，将偏微分方程变为三个常微分方程，最后通过给定的边界条件确定最后解。关键在于用边界条件取舍通解中的函数和任意常数。

分离变量法要求边界面与所选取的坐标系的坐标面相吻合，所以使用范围受到一定的限制。用分离变量法得到的解一般是无穷级数，分析具体问题时须根据精度要求取其前几项。

3. 有限差分法

有限差分法是泊松方程数值解法的基本方法，通过把场域离散化，用各离散点上位函数的差商来近似替代该点的偏导数，把拉普拉斯方程用每点电位的有限差分方程来表示。通过求解差分方程来求解各点的位函数。

为了缩短求解过程，加速收敛，一般要用松弛迭代法或超松弛迭代法来进行求解。给出各离散点一个合适的初值也是加速收敛的有效手段。

习题 8

8.1 填空题

(1) 镜像法的理论根据是______________，镜像法的基本思想是用集中的镜像电荷代替______________的分布。

(2) 一个不接地的导体球，球外有一个点电荷，则用镜像法计算球外的电位分布时，镜像电荷有________个。

(3) 分离变量法在直角坐标系中求解三维偏微分方程$\frac{\partial^2\varphi}{\partial x^2}+\frac{\partial^2\varphi}{\partial y^2}+\frac{\partial^2\varphi}{\partial z^2}=0$时，其第一步是令$\varphi(x,y,z)=$________，代入方程后将得到________个________方程。

(4) 有限差分法可以求解出场域离散解。使用有限差分法主要包括四个步骤，在对所求场域建立数学模型（泊松方程或拉普拉斯方程及边界条件）的基础上，对场域进行________，建立差分方程，再对边界条件进行________，最后________。

8.2 在均匀外电场$\boldsymbol{E}=\boldsymbol{e}_z E_0$中，有一点电荷$q$如图 8.20 所示。欲使$q$所受的电场力正好为零，求$q$与导体平面的距离$z$。

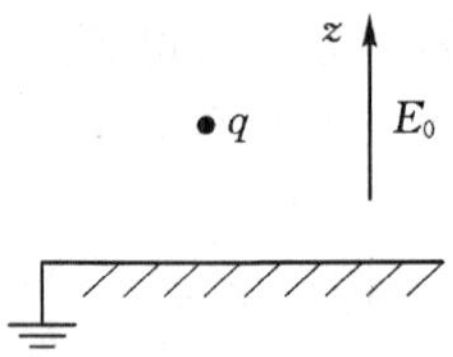

图 8.20　题 8.2 图

8.3 如图 8.21 所示，点电荷q与导体平面位于接地的直角形导体域内的点(d,d)处，求点电荷q受到导体板的作用力以及场域内的电位分布。

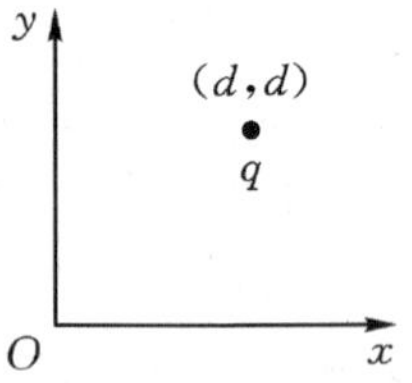

图 8.21　题 8.3 图

8.4 如图 8.22 所示，一接地的无限大导体平面上有一半径为a的半球形凸起部分，在凸起部分上方，距平面d处有一点电荷q，且$d>a$，求导体上半空间的电位分布。

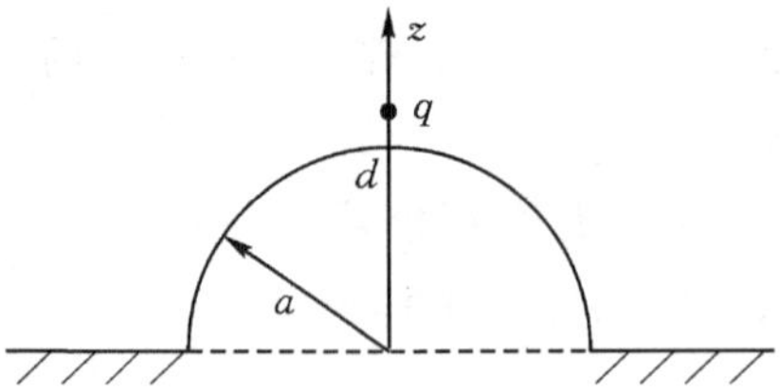

图 8.22　题 8.4 图

8.5 空气中有一内外半径分别为R_1和R_2的导体球壳，此球壳原不带电，内腔内介质的介电常数为ε，若在壳内距球心b处放置一点电荷q，如图 8.23 所示。求球壳内外的电场强度和电位。

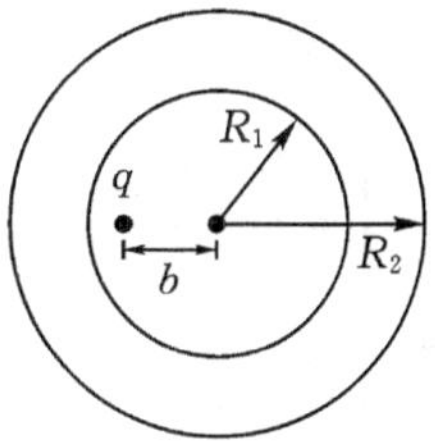

图 8.23　题 8.5 图

8.6 一半径为 R 的圆柱导线位于均匀介质中，其轴线离墙壁的距离为 b，如图 9.24 所示。请确定其镜像电荷的位置。

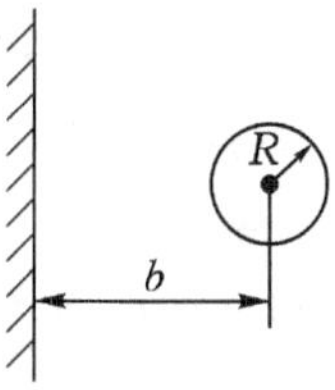

8.24　题 8.6 图

8.7 一个矩形导体槽由两部分构成，如图 8.25 所示，两个导体板的电位分别是 U_0 和 0，求槽内的电位分布。

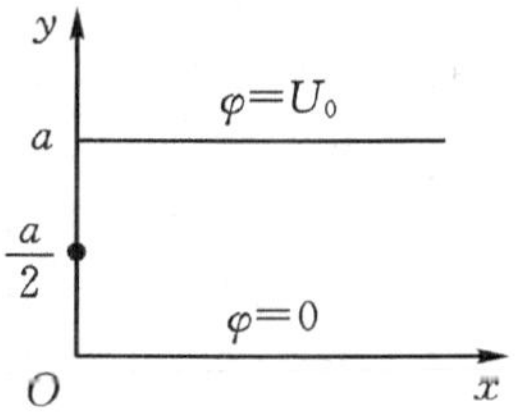

图 8.25　题 8.7 图

8.8 横截面为矩形的长金属管由 4 块相互绝缘的导体平板组成，表面电位如图 8.26 所示。求管内的电位分布。

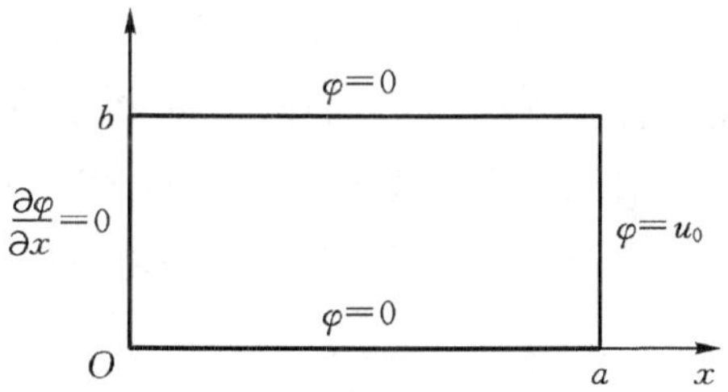

图 8.26　题 8.8 图

8.9 一个截面如图 8.27 所示的长槽，向 x 方向无限延伸，槽两侧的电位为 0，槽内 $x\to\infty$ 处，$\varphi\to 0$，左侧电位为

$$\varphi=u_0\sin\frac{5\pi}{a}y$$

求槽内的电位分布。

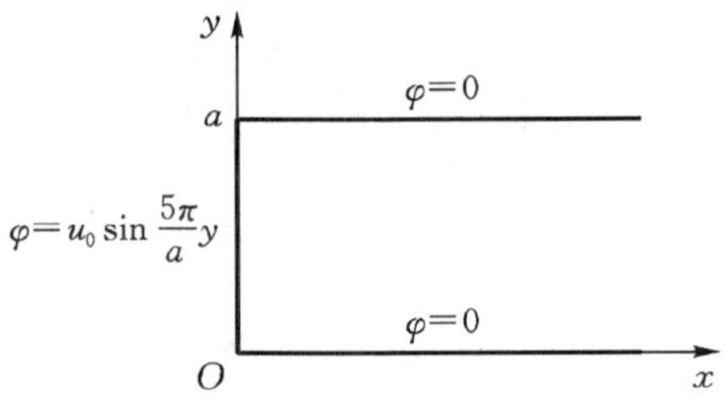

图 8.27　题 8.9 图

8.10 在一个半径为 a 的圆柱面上，给定其电位分布为

$$\varphi=\begin{cases}u_0\,, & 0<\phi<\pi\\ 0\,, & -\pi<\phi<0\end{cases}$$

求圆柱内外的电位分布。

8.11 均匀外加电场$\boldsymbol{E}_0$ 中，垂直于电场方向放置一半径为 a，接地的无限长直导体圆柱，导体内介电常数为 ε。试求导体圆柱表面电荷的最大值。

8.12 空气中有均匀电场$\boldsymbol{E}_0$，在其中放入一半径为 a 的介质球，介质球的介电常数为 ε，求介质球内、外的电场和电位。

8.13 已知一半径为 a 的球面上的电位为 $\varphi=u_0\cos\theta$，求球外的电位及电场。

8.14 一个二维拉普拉斯场中的电位函数的数值解如图 8.28 所示，若要求数值解的绝对误差小于 0.02，请确定 M、N 两点的值是否满足求解要求。

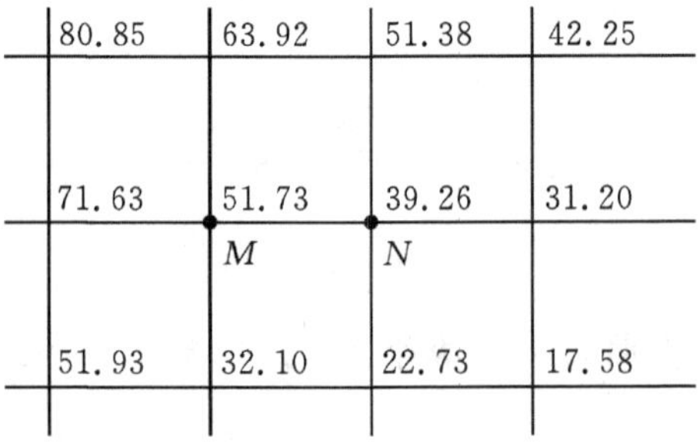

图 8.28　题 8.14 图

8.15 设有一接地的正方形截面的长导体槽如图 8.29 所示，盖板的电位为 100 V，若用有限差分法求解槽内电位，采用何种网格进行区域划分更为合理？为加速收敛，收敛因子如何确定？场域内各节点的初值设为多少最佳？求场域中心的电位。

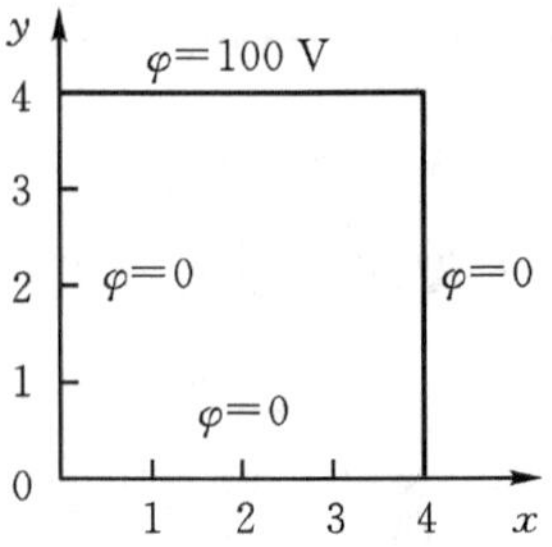

图 8.29　题 8.15 图

参考文献

[1]谢处方,饶克谨,杨显清,等. 电磁场与电磁波[M]. 5 版. 杨显清,王园,等修订. 北京:高等教育出版社,2019.

[2]毕德显. 电磁场理论[M]. 北京:电子工业出版社,1985.

[3]焦其祥. 电磁场与电磁波[M]. 北京:科学出版社,2004.

[4]路宏敏,赵永久,朱满座. 电磁场与电磁波基础[M]. 北京:科学出版社,2007.

[5] GURU B S, Hiziroǧlu H R. 电磁场与电磁波[M]. 周克定,等译. 北京:机械工业出版社,2004.

[6]钟顺时,钮茂德. 电磁场理论基础[M]. 西安:西安电子科技大学出版社,1995.

[7]杨显清,赵家升,王园. 电磁场与电磁波[M]. 北京:国防工业出版社,2003.

[8]海特,巴克. 工程电磁场:第 8 版[M]. 赵彦珍,杨黎晖,陈锋,等译. 马西奎,审校. 西安:西安交通大学出版社,2004.

[9]HARRINGTON R F. 正弦电磁场[M]. 孟侃,译. 上海:上海科学技术出版社,1964.

[10]杨儒贵. 电磁场与电磁波[M]. 2 版. 北京:高等教育出版社,2007.

[11]POZAR D M. 微波工程[M]. 张肇仪,周乐柱,吴德明,等译. 徐承和,审校. 北京:电子工业出版社,2006.

[12]LUDWIG R,BRETCHKO P. 射频电路设计:理论与应用[M]. 王子宇,张肇仪,徐承和,等译,徐承和,审校. 北京:电了工业出版社,2002.

[13]廖承恩. 微波技术基础[M]. 西安:西安电子科技大学出版社,1994.

[14]王泽忠,全玉生,卢斌先. 工程电磁场[M]. 北京:清华大学出版社,2004.

[15]丁君. 工程电磁场与电磁波[M]. 北京:高等教育出版社,2005.

[16]冯恩信. 电磁场与电磁[M]. 4 版. 西安:西安交通大学出版社,2016.

[17]朱磊,题原,陈晚. 电磁场与微波技术[M]. 哈尔滨:哈尔滨工业大学出版社,2019.

[18]李宗谦,佘京兆,高葆新. 微波工程基础[M]. 北京:清华大学出版社 2004 .

[19]KRAUS J D,MARHEFKA R J. 天线:第 3 版. 上册[M]. 章文勋,译. 北京:电子工业出版社,2011.

[20]彭沛夫. 微波技术与实验[M]. 北京:清华大学出版社,2007.

附录 A

电磁场常用物理量及其量纲(SI)

量的名称	符号	SI 单位名称	单位符号	SI 基本单位
导纳(Admittance)	Y	西[门子]	S	$1S=1A/V=1\Omega^{-1}$
电容(Capacitance)	C	法[拉]	F	$1F=1C/V$
电荷(Charge)	Q,q	库[仑]	C	$1C=1A\cdot s$
电荷密度(Volume Charge Density)	ρ_v	库[仑]/立方米	C/m^3	
电荷面密度(surface Charge Density)	ρ_s	库[仑]/平方米	C/m^2	
电荷线密度(Linear Charge Density)	ρ_l	库[仑]/米	C/m	
电导(Conductance)	G	西[门子]	S	$1S=1A/V=1\Omega^{-1}$
电导率(Conductivity)	σ	西[门子]/米	S/m	$1S/m=1\Omega^{-1}\cdot m^{-1}$
电流(Current)	I	安[培]	A	$1A=1C/s$
电流密度(Current Density)	$\boldsymbol{J}$	安[培]/平方米	A/m^2	
电流面密度(surface Current Density)	$\boldsymbol{J}_s$	安[培]/米	A/m	
电偶极矩(Dipole Moment)	$\boldsymbol{P}$	库[仑]米	$C\cdot m$	
电动势(Electromotive Force)	$\mathscr{E}$	伏[特]	V	
电能密度(Electric Energy Density)	w_e	焦[耳]/立方米	J/m^3	
电场强度(Electric Field Intensity)	$\boldsymbol{E}$	伏(特)/米	V/m	$1V/m=1N/C$
电通量(Electric Flux)	$\boldsymbol{\Psi}$	库[仑]	C	
电通量密度(Electric Flux Density)	$\boldsymbol{D}$	库[仑]/平方米	C/m^2	
阻抗(Impedance)	Z	欧(姆)	Ω	$1\Omega=1V/A$
介电常数(Permittivity)	ε	法[拉]/米	F/m	$1F/m=1C/V\cdot m$
相对介电常数(Relative Permittivity)	ε_r			
极化强度(Polarization)	$\boldsymbol{P}$	库[仑]/平方米	C/m2	
电位(Potential)	V,φ	伏[特]	V	$1V=1W/A$

量的名称	符号	SI 单位名称	单位符号	SI 基本单位
坡印亭矢量(Poynting Vector)	$\boldsymbol{S}$	瓦[特]/平方米	W/m^2	$1W/m^2=1J/s\cdot m^2$
电抗(Reactance)	X	欧[姆]	Ω	1Ω=1V/A
电阻(Resistance)	R	欧(姆)	Ω	1Ω=1V/A
电阻率(Resistivity)	ρ	欧[姆]/米	Ω/m	
电感(Inductance)	L	亨[利]	H	1H=1Wb/A
电纳(Susceptance)	B	西[门子]	S	
波长(Wavelength)	λ	米	m	
磁偶极矩(Magnetic Dipole Moment)	$\boldsymbol{m}$	安[培]平方米	$A\cdot m^2$	
磁能密度(Magnetic Energy Density)	w_m	焦[耳]/立方米	J/m^3	
磁通量(Magnetic Flux)	Ψ	韦[伯]	Wb	
磁通量密度(Magnetic Flux Density)	B	特[斯拉]	T	$1T=1Wb/m^2$
磁场强度(Magnetic Field Intensity)	$\boldsymbol{H}$	安[培]/米	A/m	
磁化强度(Magnetic Polarization)	$\boldsymbol{M}$	安[培]/米	A/m	
磁导率(Permeability)	μ	亨[利]/米	H/m	$1H/m=1Wb/A\cdot m$
相对磁导率(Relative Permeability)	μ_r	安[培]	A	
标量磁位(Scalar Magnetic Potential)	ϕ_m	韦[伯]/米	Wb/m	
矢量磁位(Vector Magnetic Potential)	$\boldsymbol{A}$	韦[伯]/米	Wb/m	

附录 B

电磁场常用矢量公式

1. 三种坐标系下梯度、散度、旋度和拉普拉斯运算公式

(1)直角坐标系

$$\nabla\varphi = \frac{\partial\varphi}{\partial x}\boldsymbol{e}_x + \frac{\partial\varphi}{\partial y}\boldsymbol{e}_y + \frac{\partial\varphi}{\partial z}\boldsymbol{e}_z$$

$$\nabla\cdot\boldsymbol{A} = \frac{\partial A_x}{\partial x} + \frac{\partial A_y}{\partial y} + \frac{\partial A_z}{\partial z}$$

$$\nabla\times A \begin{vmatrix} \boldsymbol{e}_x & \boldsymbol{e}_y & \boldsymbol{e}_z \\ \frac{\partial}{\partial x} & \frac{\partial}{\partial y} & \frac{\partial}{\partial z} \\ A_x & A_y & A_z \end{vmatrix}$$

$$\nabla^2\varphi = \frac{\partial^2\varphi}{\partial x^2} + \frac{\partial^2\varphi}{\partial y^2} + \frac{\partial^2\varphi}{\partial z^2}$$

(2)圆柱坐标系

$$\text{grad}\varphi = \nabla\varphi = \frac{\partial\varphi}{\partial\rho}\boldsymbol{e}_\rho + \frac{1}{\rho}\frac{\partial\varphi}{\partial\phi}\boldsymbol{e}_\phi + \frac{\partial\phi}{\partial z}\boldsymbol{e}_z$$

$$\nabla\cdot\boldsymbol{A} = \frac{1}{\rho}\frac{\partial}{\partial\rho}(\rho A_\rho) + \frac{1}{\rho}\frac{\partial A_\phi}{\partial_\phi} + \frac{\partial A_z}{\partial z}$$

$$\nabla\times\boldsymbol{A} = \frac{1}{\rho}\begin{vmatrix} \boldsymbol{e}_\rho & \rho\boldsymbol{e}_\phi & \boldsymbol{e}_z \\ \frac{\partial}{\partial\rho} & \frac{\partial}{\partial\phi} & \frac{\partial}{\partial z} \\ A_\rho & \rho A_\phi & A_z \end{vmatrix}$$

$$\nabla^2\varphi = \frac{1}{\rho}\frac{\partial}{\partial\rho}\left(\rho\frac{\partial\phi}{\partial\rho}\right) + \frac{1}{\rho^2}\frac{\partial^2\varphi}{\partial\phi^2} + \frac{\partial^2\varphi}{\partial z^2} = 0$$

(2)球坐标系

$$\text{grad}\varphi = \nabla\varphi = \frac{\partial\varphi}{\partial r}\boldsymbol{e}_r + \frac{1}{r}\frac{\partial\varphi}{\partial\theta}\boldsymbol{e}_\theta + \frac{1}{r\sin\theta}\frac{\partial\varphi}{\partial\phi}\boldsymbol{e}_\varphi$$

$$\nabla\cdot\boldsymbol{A} = \frac{1}{r^2}\frac{\partial}{\partial r}(r^2 A_r) + \frac{1}{r\sin\theta}\frac{\partial}{\partial\theta}(\sin\theta A_\theta) + \frac{1}{r\sin\theta}\frac{\partial A_\phi}{\partial\phi}$$

$$\nabla\times\boldsymbol{A}\ \frac{1}{r^2\sin\theta}\begin{vmatrix} \boldsymbol{e}_r & r\boldsymbol{e}_\theta & r\sin\theta\boldsymbol{e}_\phi \\ \frac{\partial}{\partial r} & \frac{\partial}{\partial\theta} & \frac{\partial}{\partial\phi} \\ A_r & rA_\theta & r\sin\theta A_\phi \end{vmatrix}$$

$$\nabla^2 \varphi = \frac{1}{r^2}\frac{\partial}{\partial r}\left(r^2 \frac{\partial \varphi}{\partial r}\right) + \frac{1}{r^2 \sin\theta}\frac{\partial}{\partial \theta} + \left(\sin\theta \frac{\partial \varphi}{\partial \theta}\right) + \frac{1}{r^2 \sin^2\theta}\frac{\partial^2 \varphi}{\partial \phi^2}$$

2. 矢量恒等式

$$\boldsymbol{A} \cdot (\boldsymbol{B} \times \boldsymbol{C}) = \boldsymbol{B} \cdot (\boldsymbol{C} \times \boldsymbol{A}) = \boldsymbol{C} \cdot (\boldsymbol{A} \times \boldsymbol{B})$$

$$\boldsymbol{A} \times (\boldsymbol{B} \times \boldsymbol{C}) = \boldsymbol{B}(\boldsymbol{A} \cdot \boldsymbol{C}) - \boldsymbol{C}(\boldsymbol{A} \cdot \boldsymbol{B})$$

$$\nabla(\varphi \Psi) = \varphi \nabla \Psi + \Psi \nabla \varphi$$

$$\nabla\left(\frac{\Psi}{\varphi}\right) = \frac{\varphi \nabla \Psi + \Psi \nabla \varphi}{\varphi^2}$$

$$\nabla \cdot (\varphi \boldsymbol{A}) = \varphi \nabla \cdot \boldsymbol{A} + \boldsymbol{A} \cdot \nabla \varphi$$

$$\nabla \cdot (\boldsymbol{A} \times \boldsymbol{B}) = \boldsymbol{B} \cdot \nabla \times \boldsymbol{A} - \boldsymbol{A} \cdot \nabla \times \boldsymbol{B}$$

$$\nabla(\boldsymbol{A} \cdot \boldsymbol{B}) = (\boldsymbol{A} \cdot \nabla)\boldsymbol{B} + (\boldsymbol{B} \cdot \nabla)\boldsymbol{A} + \boldsymbol{A} \times (\nabla \times \boldsymbol{B}) + \boldsymbol{B} \times \nabla \times \boldsymbol{A}$$

$$\nabla \times (\boldsymbol{A} \times \boldsymbol{B}) = \boldsymbol{A}\, \nabla \cdot \boldsymbol{B} - \boldsymbol{B}\, \nabla \cdot \boldsymbol{A} + (\boldsymbol{B} \cdot \nabla)\boldsymbol{A} - (\boldsymbol{A} \cdot \nabla)\boldsymbol{B}$$

$$\nabla \cdot \nabla \varphi = \nabla^2 \varphi$$

$$\nabla \times (\nabla \varphi) = 0$$

$$\nabla \cdot (\nabla \times \boldsymbol{A}) = 0$$

$$\nabla \times \nabla \times \boldsymbol{A} = \nabla(\nabla \cdot \boldsymbol{A}) - \nabla^2 \boldsymbol{A}$$

$$\int_V \nabla \times \boldsymbol{A}\, \mathrm{d}V = \oint_S \boldsymbol{e}_n \times \boldsymbol{A}\, \mathrm{d}S$$

$$\int_V (\Phi \nabla^2 \Psi + \nabla \Phi \cdot \nabla \Psi)\, \mathrm{d}V = \oint_S \Phi \frac{\partial \Psi}{\partial n} \mathrm{d}S$$

$$\int_V (\Phi \nabla^2 \Psi - \Psi \nabla^2 \Phi)\, \mathrm{d}V = \oint_S \left(\Phi \frac{\partial \Psi}{\partial n} - \Psi \frac{\partial \Phi}{\partial n}\right) \mathrm{d}S$$

附录 C

部分习题和习题答案

第 1 章

1.1 $\cos\alpha=\dfrac{x}{\sqrt{x^2+y^2+z^2}}$；$\cos\beta=\dfrac{y}{\sqrt{x^2+y^2+z^2}}$；$\cos\gamma=\dfrac{z}{\sqrt{x^2+y^2+z^2}}$。

1.2 (1) $\boldsymbol{e}_A=\dfrac{(\boldsymbol{e}_x+2\boldsymbol{e}_y-3\boldsymbol{e}_z)}{\sqrt{14}}$；$\boldsymbol{e}_B=\dfrac{(3\boldsymbol{e}_x+\boldsymbol{e}_y+2\boldsymbol{e}_z)}{\sqrt{14}}$；$\boldsymbol{e}_c=\dfrac{(2\boldsymbol{e}_x-\boldsymbol{e}_z)}{\sqrt{5}}$；

(2) $\boldsymbol{A}+\boldsymbol{B}=4\boldsymbol{e}_x+3\boldsymbol{e}_y+5\boldsymbol{e}_z$；(3) $\boldsymbol{A}-\boldsymbol{B}=-2\boldsymbol{e}_x+\boldsymbol{e}_y+\boldsymbol{e}_z$；(4) $\boldsymbol{A}\cdot\boldsymbol{B}=-1$；

(5) $\boldsymbol{A}\times\boldsymbol{B}=7\boldsymbol{e}_x-11\boldsymbol{e}_y-5\boldsymbol{e}_z$；

(6) $(\boldsymbol{A}\times\boldsymbol{B})\times\boldsymbol{C}=11\boldsymbol{e}_x-3\boldsymbol{e}_y+22\boldsymbol{e}_z$，$(\boldsymbol{A}\times\boldsymbol{C})\times\boldsymbol{B}=-6\boldsymbol{e}_x-8\boldsymbol{e}_y+13\boldsymbol{e}_z$；

(7) $(\boldsymbol{A}\times\boldsymbol{C})\cdot\boldsymbol{B}=15$，$(\boldsymbol{A}\times\boldsymbol{B})\cdot\boldsymbol{C}=19$。

1.3 若 $\boldsymbol{A}\perp\boldsymbol{B}$：$b=(1-8c)/3$；若 $\boldsymbol{A}\parallel\boldsymbol{B}$：$b=-3,c=-8$。

1.4 $a=\pm1/\sqrt{37}$，$b=\pm6/\sqrt{37}$。

1.5 1。

1.6 −1。

1.7 $2\boldsymbol{e}_x-\boldsymbol{e}_y$，$8\boldsymbol{e}_x+4\boldsymbol{e}_y+8\boldsymbol{e}_z$。

1.8 $z=-x\ln c_1 y$，$y=-z\ln c_2 x$，c_1、c_2 为常数。

1.12 直角坐标下的位置为$(-2,2\sqrt{3},3)$；球坐标下的位置为$(5,53^\circ,120^\circ)$。

1.13 (1) $\nabla\cdot(\boldsymbol{r}/r^3)=0$；(2) $\nabla\cdot(r^n\boldsymbol{r})=(n+3)r^n$。

1.14 $75\pi^2$。

1.15 $-\pi$。

1.16 $\nabla\cdot\boldsymbol{A}=3\rho+2$。

1.17 当 $r>a$ 时 $\rho=0$，当 $r<a$ 时 $\rho=3\varepsilon_0E_0/a$。

1.19 当 $r>a$ 时，$\oint_C\boldsymbol{B}\cdot\mathrm{d}\boldsymbol{l}=\mu_0I$，当 $r<a$ 时 $\oint_C\boldsymbol{B}\cdot\mathrm{d}\boldsymbol{l}=\mu_0J\pi r^2$。

1.20 (1) 矢量 $\boldsymbol{A}$ 既可以由一个标量函数的梯度表示，又可以由一个矢量函数的旋度表示；

(2) 矢量 $\boldsymbol{B}$ 可以用一个标量函数的梯度表示；

(3) 矢量 $\boldsymbol{C}$ 可以用一个矢量函数的旋度表示。

1.21 $\boldsymbol{E}(r,\theta,\varphi)=\dfrac{p}{4\pi\varepsilon_0r^3}(\boldsymbol{e}_r2\cos\theta+\boldsymbol{e}_\theta\sin\theta)$。

第 2 章

2.1　当 $r<a$ 时，$\boldsymbol{E}=\dfrac{q}{4\pi\varepsilon_0}\dfrac{r}{a^3}\boldsymbol{e}_r$，$\varphi=\dfrac{q}{4\pi\varepsilon_0}\left(\dfrac{3}{2a}-\dfrac{r^2}{2a^3}\right)$；　当 $r\geqslant a$ 时，$\boldsymbol{E}=\dfrac{q}{4\pi\varepsilon_0}\dfrac{1}{r^2}\boldsymbol{e}_r$，$\varphi=\dfrac{q}{4\pi\varepsilon_0 r}$。

2.2　当 $r<a$ 时，$\boldsymbol{E}=\dfrac{\rho}{2\varepsilon_0}r\boldsymbol{e}_r$，$\varphi=\dfrac{\rho}{2\varepsilon_0}\dfrac{1}{2}(a^2-r^2)+\dfrac{\rho a^2}{2\varepsilon_0}\ln\dfrac{r_0}{a}$；

当 $r\geqslant a$ 时，$\boldsymbol{E}=\dfrac{\rho a^2}{2\varepsilon_0}\dfrac{1}{r}\boldsymbol{e}_r$，$\varphi=\dfrac{\rho a^2}{2\varepsilon_0}\ln\dfrac{r_0}{r}$。

2.3　$\boldsymbol{J}=\dfrac{3q}{4\pi a^3}r\omega\sin\theta\boldsymbol{e}_\varphi$；$I=\dfrac{q\omega}{2\pi}$。

2.4　$P=\dfrac{4\pi\sigma U_0^2 ab}{(b-a)}$；$R=\dfrac{1}{4\pi\sigma}\left(\dfrac{1}{a}-\dfrac{1}{b}\right)$。

2.5　$\rho_P=0$；侧 $\rho_{SP}=0$；上底 $\rho_{SP}=P$；下底 $\rho_{SP}=-P$。

2.6　$\boldsymbol{E}_2=0.75\boldsymbol{e}_x+4\boldsymbol{e}_y+5\boldsymbol{e}_z$。

2.7　电位分布，当 $r>b$ 时，$\varphi=\dfrac{q}{4\pi\varepsilon_0 r}$；当 $a<r<b$ 时，$\varphi=\dfrac{q}{4\pi\varepsilon_0 b}+\dfrac{q}{4\pi\varepsilon}\left(\dfrac{1}{r}-\dfrac{1}{b}\right)$；当 $r\leqslant a$ 时，

$\varphi=\dfrac{q}{4\pi\varepsilon_0 b}+\dfrac{q}{4\pi\varepsilon}\left(\dfrac{1}{a}-\dfrac{1}{b}\right)$；介质层中的电场能量 $W_e=\dfrac{q^2}{8\pi\varepsilon}\left(\dfrac{1}{a}-\dfrac{1}{b}\right)$。

2.10　$\rho_S=\left(\dfrac{\varepsilon_2}{\sigma_2}-\dfrac{\varepsilon_1}{\sigma_1}\right)\dfrac{U_0}{d_1/\sigma_1+d_2/\sigma_2}$。

2.11　当 $r<a$ 时，$\boldsymbol{B}=0$；当 $a<r<b$ 时，$\boldsymbol{B}=\dfrac{\mu_0 I(r^2-a^2)}{2\pi r(b^2-a^2)}\boldsymbol{e}_\varphi$；当 $r>b$ 时，$\boldsymbol{B}=\dfrac{\mu_0 I}{2\pi r}\boldsymbol{e}_\varphi$。

2.12　$\boldsymbol{B}=\dfrac{\mu_0 J}{2}d\boldsymbol{e}_y$。

2.13　$\boldsymbol{B}=\boldsymbol{e}_z\mu_0 J_S$（圆周方向）；$\boldsymbol{B}=\boldsymbol{e}_\varphi\mu_0 J_S\dfrac{a}{r}$。

2.14　$\boldsymbol{A}=\boldsymbol{e}_z\dfrac{\mu_0 I}{4\pi}\ln\dfrac{(x+a)^2+y^2}{(x-a)^2+y^2}$；

$\boldsymbol{B}=\boldsymbol{e}_x\dfrac{\mu_0 I}{2\pi}\left[\dfrac{y}{(x+a)^2+y^2}-\dfrac{y}{(x-a)^2+y^2}\right]-\boldsymbol{e}_y\dfrac{\mu_0 I}{2\pi}\left[\dfrac{x+a}{(x+a)^2+y^2}-\dfrac{x-a}{(x-a)^2+y^2}\right]$。

2.15　$\boldsymbol{A}=-\boldsymbol{e}_z\dfrac{\mu_0 I}{2\pi}\ln\dfrac{r}{r_0}$。

2.16　$\boldsymbol{m}=M_0 L\pi a^2\boldsymbol{e}_z$。

2.17　$\boldsymbol{J}_{\mathrm{m}}=0$；$\boldsymbol{J}_{\mathrm{mS}}=M_0\cos^2\theta\sin\theta\boldsymbol{e}_\varphi$。

2.18　当 $r\leqslant a$ 时，$\boldsymbol{H}=\boldsymbol{e}_\varphi\dfrac{Ir}{2\pi a^2}$，$\boldsymbol{B}=\boldsymbol{e}_\varphi\dfrac{\mu_1 Ir}{2\pi a^2}$，$\boldsymbol{J}_{\mathrm{m}}=-\boldsymbol{e}_z\left(\dfrac{\mu_1}{\mu_0}-1\right)\dfrac{I}{\pi a^2}$；

当 $r>a$ 时，$\boldsymbol{H}=\boldsymbol{e}_\varphi\dfrac{I}{2\pi r}$，$\boldsymbol{B}=\mu_2\boldsymbol{H}=\boldsymbol{e}_\varphi\dfrac{\mu_2 I}{2\pi r}$，$\boldsymbol{J}_{\mathrm{m}}=0$，$\boldsymbol{J}_{\mathrm{mS}}=\boldsymbol{e}_z\left(\dfrac{\mu_2}{\mu_0}-\dfrac{\mu_1}{\mu_0}\right)\dfrac{I}{2\pi a}$；

$W_{\mathrm{m}}=\dfrac{\mu_2 LI^2}{2\pi}\ln\dfrac{a+d}{a}$ 2.21 $U=2^{2/3}U_0$。

2.22　$C=\dfrac{2\pi\varepsilon_0 ad}{d-a}$。

2.23 $W_m=\frac{\mu_0 I^2}{16\pi}+\frac{\mu_0 I^2}{4\pi}\ln\frac{b}{a}, L=\frac{\mu_0}{8\pi}+\frac{\mu_0}{2\pi}\ln\frac{b}{a}$。

2.24 $M=\mu_0(d-\sqrt{d^2-a^2})$。

2.25 $h=\frac{1}{2\rho g}(\varepsilon-\varepsilon_0)\frac{U^2}{d^2}$。

2.26 $f=\frac{Q^2}{32\pi^2\varepsilon_0 a^4}\boldsymbol{e}_r$。

2.27 $\boldsymbol{F}=\boldsymbol{e}_z\frac{1}{2}\mu_0 \boldsymbol{J}_S^2 lb$。

第3章

3.1 $\varepsilon=B\omega a^2/2$。

3.2 $I_d=\frac{qva^2}{2(d^2+a^2)^{3/2}}$。

3.3 海水：1.125×10^{-3}；铜中：9.6×10^{-13}。

3.4 $i_d=\frac{2\pi\varepsilon l}{r\ln(b/a)}\omega U_m\cos\omega t=i_c$。

3.5 $-\boldsymbol{e}_x(2\pi/\mu_0)\sin(6\pi\times10^8 t-2\pi z)\ \mathrm{mA/m^2}$。

3.6 $-\boldsymbol{e}_y 100\mathrm{e}^{-\alpha z}[(\beta/\omega\mu_0)\cos(\omega t-\beta z)+(\alpha/\omega\mu_0)\sin(\omega t-\beta z)]$。

3.8 (1) $(\boldsymbol{e}_y E_{ym}\mathrm{e}^{-\mathrm{j}kx}+\mathrm{j}\boldsymbol{e}_z E_{zm}\mathrm{e}^{-\mathrm{j}kx})\mathrm{e}^{\mathrm{j}\alpha}$；

(2) $\boldsymbol{e}_x H_m k(a/\pi)\sin(\pi x/a)\mathrm{e}^{\mathrm{j}(-kz+\pi/2)}+\boldsymbol{e}_z H_m\cos(\pi x/a)\mathrm{e}^{-\mathrm{j}kz}$；

(3) $\boldsymbol{e}_x 2E_0\sin\theta\cos(k_x x\cos\theta)\cos(\omega t-kz\sin\theta+\pi/2)$；

(4) $\boldsymbol{e}_x E_0\sin(k_x x)\sin(k_y y)\cos(\omega t-kz)$。

3.9 $\boldsymbol{H}_1=\boldsymbol{e}_y 0.03\sqrt{\varepsilon/\mu}\sin(10^8\pi t-kz)$；$\boldsymbol{H}=\boldsymbol{e}_y\sqrt{\varepsilon/2\mu}(0.03+0.04\mathrm{e}^{\mathrm{j}\frac{\pi}{6}})\mathrm{e}^{-\mathrm{j}kz}$

$H_2(z,t)=\boldsymbol{e}_y 0.04\sqrt{\varepsilon/\mu}\cos(10^8\pi t-kz-\pi/3)$。

3.11 $\boldsymbol{e}_x(E_0\pi/d\omega\mu_0)\cos(\pi z/d)\sin(\omega t-k_x x)+\boldsymbol{e}_z(E_0 k_x/\omega\mu_0)\sin(\pi z/d)\cos(\omega t-k_x x)$；

(2) $z=0$，$\boldsymbol{e}_y(E_0\pi/d\omega\mu_0)\sin(\omega t-k_x x)$；(3) $z=d$，$\boldsymbol{e}_y(E_0\pi/d\omega\mu_0)\sin(\omega t-k_x x)$。

3.12 (1) 在 $x=0$ 处 $\boldsymbol{J}_S=-\boldsymbol{e}_y H_0\cos(kz-\omega t)$，$\rho_S=0$，$\boldsymbol{n}\times\boldsymbol{E}=0$，$\boldsymbol{n}\cdot\boldsymbol{B}=0$，$\boldsymbol{n}\cdot\boldsymbol{D}=0$

$\boldsymbol{n}\times\boldsymbol{H}=-\boldsymbol{e}_y H_0\cos(kz-\omega t)$；

(2) 在 $x=a$ 处 $\boldsymbol{J}_S=-\boldsymbol{e}_y H_0\cos(kz-\omega t)$，$\rho_S=0$，

$\boldsymbol{n}\times\boldsymbol{H}=-\boldsymbol{e}_y H_0\cos(kz-\omega t)$，$\boldsymbol{n}\times\boldsymbol{E}=0$，$\boldsymbol{n}\cdot\boldsymbol{B}=0$，$\boldsymbol{n}\cdot\boldsymbol{D}=0$。

3.13 (1) $A/B=-\mathrm{j}\omega\mu/k$；(2) $k=\omega\sqrt{\varepsilon\mu}$；(3) $r=a$：$\boldsymbol{J}_S=\boldsymbol{e}_z(B/a)\cos(kz)$，

$\rho_S=(\varepsilon A/a)\sin(kz)$；$r=b$：$\boldsymbol{J}_S=-\boldsymbol{e}_z(B/b)\cos(kz)$，$\rho_S=-(\varepsilon A/b)\sin(kz)$。

3.14 $\boldsymbol{S}=-\boldsymbol{e}_r I^2/(2\sigma\pi^2 a^3)$；$P=I^2 l/(\sigma\pi a^2)$。

3.15 $P=0.174\ \mathrm{W/m^2}$。

3.16 (1) $\boldsymbol{H}=-\boldsymbol{e}_x(kE_m/\mu_0\omega)\sin(\omega t-kz)$；(2) $1/\sqrt{\varepsilon_0\mu_0}=c$；(3) $\boldsymbol{S}_{\mathrm{av}}=\boldsymbol{e}_z kE_m^2/(2\mu_0\omega)$。

3.17 $\boldsymbol{E}=\boldsymbol{e}_z 120\pi\cos20x\mathrm{e}^{-\mathrm{j}k_y y}$；$w_{\mathrm{av}}=4\pi\times10^{-7}\cos^2 20x$；$\boldsymbol{S}_{\mathrm{av}}=\boldsymbol{e}_y 60\pi\cos^2 20x$。

3.18 (1) $\boldsymbol{H}=\boldsymbol{e}_x\frac{E_0}{\mu_0 c}\sin\frac{2\pi}{\lambda_0}(z-ct)-\boldsymbol{e}_y\frac{E_0}{\mu_0 c}\cos\frac{2\pi}{\lambda_0}(z-ct)$，$\boldsymbol{S}=-\boldsymbol{e}_z\frac{E_0^2}{\mu_0 c}$；

(2)圆极化；(3) $w_{av,e}=\frac{1}{2}\varepsilon_0 E_0^2$，$w_{av,m}=\frac{1}{2}\varepsilon_0 E_0^2$，$\boldsymbol{S}_{av}=-\boldsymbol{e}_z\frac{E_0^2}{2\mu_0 c}$。

3.19 $\boldsymbol{S}_{av1}=\boldsymbol{e}_z\frac{k_1E_{10}^2}{2\mu_0\omega}$，$\boldsymbol{S}_{av2}=\boldsymbol{e}_z\frac{k_2E_{20}^2}{2\mu_0\omega}$，$\boldsymbol{S}_{av}=\boldsymbol{e}_z\frac{1}{2}\left(\frac{k_1E_{10}^2}{\mu_0\omega}+\frac{k_2E_{20}^2}{\mu_0\omega}\right)=\boldsymbol{S}_{av1}+\boldsymbol{S}_{av2}$。

第 4 章

4.1 B;A;B;C。

4.2 $f=3.0\times10^8$ Hz，$\lambda=1.0$ m，$v_p=3\times10^8$ m/s；
$\boldsymbol{E}(z)=\boldsymbol{e}_x 20\mathrm{e}^{-\mathrm{j}2\pi z}$ mV/m，$\boldsymbol{H}(z)=\boldsymbol{e}_y\mathrm{e}^{-\mathrm{j}2\pi z}/6\pi$mA/m；$\boldsymbol{S}_c=\boldsymbol{e}_z 10/3\pi$ W/m^2。

4.3 $\boldsymbol{E}(z,t)=\boldsymbol{e}_x 10^{-4}\cos(2\pi\times10^8t-4\pi z/3+\pi/6)$ V/m；$\boldsymbol{H}=\boldsymbol{e}_y(5/3\pi)\mathrm{e}^{-\mathrm{j}4\pi z/3}$ μA/m；
$\boldsymbol{S}_{av}=\boldsymbol{e}_z 10^{-8}/(120\pi)$ W/m^2。

4.4 $\varepsilon_r=2.25$；$v_p=2.0\times10^8$ m/s；$\eta=251.33\Omega$；
$\lambda=1.257$m；$\boldsymbol{S}_{av}=\boldsymbol{e}_y 282.75$ μW/m^2；$\boldsymbol{H}(y,t)=\boldsymbol{e}_x 1.5\times10^{-3}\cos(10^9t-5y)$ V/m
$\boldsymbol{E}(y)=\boldsymbol{e}_z 0.377\mathrm{e}^{-\mathrm{j}5y}$ V/m，$\boldsymbol{H}(y)=\boldsymbol{e}_x 1.5\times10^{-3}\mathrm{e}^{-\mathrm{j}5y}$ A/m。

4.5 $v_p=10^8$ m/s，$\lambda=1$m，$k=2\pi$ rad/m，$\eta=40\pi\ \Omega$；$\boldsymbol{S}_{av}=\boldsymbol{e}_z 5/(16\pi)$ μW/m^2
$\boldsymbol{H}=-\boldsymbol{e}_x(3/40\pi)\cos(2\pi\times10^8t-2\pi z+\pi/3)+\boldsymbol{e}_y(1/10\pi)\cos(2\pi\times10^8t-2\pi z)$ mA/m
$\boldsymbol{E}(z,t)=\boldsymbol{e}_x 4\cos(2\pi\times10^8t-2\pi z)+\boldsymbol{e}_y 3\cos(2\pi\times10^8t-2\pi z+\pi/3)$ mV/m。

4.6 $S_{av}=2.21\times10^{-13}$ W/m^2；$E_0=1.29\times10^{-5}$ V/m，$H_0=3.42\times10^{-8}$ A/m；
$t\geqslant0.254$s$E(r,t)=\boldsymbol{e}_\theta 1.29\times10^{-5}\cos(2.47\times10^{10}t-82.3r+\varphi_0)$ V/m。

4.7 右旋圆极化;线极化;左旋椭圆极化;右旋椭圆极化。

4.8 右旋椭圆极化，80.9 $\boldsymbol{e}_z$ mW/m^2。

4.9 $\boldsymbol{E}(z,t)=\boldsymbol{e}_xE_1\cos(2\pi\times10^{10}t-66.7z)+\boldsymbol{e}_yE_2\cos(2\pi\times10^{10}t-66.7z+\pi/2)$；
左旋椭圆极化波；$(E_1\boldsymbol{e}_y-\mathrm{j}E_2\boldsymbol{e}_x)\mathrm{e}^{-\mathrm{j}kz}/\eta_0$；$\boldsymbol{e}_z(E_1^2+E_2^2)/2\eta_0$ W/m^2。

4.10 $\boldsymbol{e}_z$、0.1 m、3 GHz；左旋圆；$\boldsymbol{H}=2.65\times10^{-7}(\boldsymbol{e}_y-\mathrm{j}\,\boldsymbol{e}_x)\mathrm{e}^{-\mathrm{j}20\pi z}$；$\boldsymbol{e}_z 2.65\times10^{-11}$ W/m^2；
$\boldsymbol{H}=2.65\times10^{-7}[\boldsymbol{e}_x\cos(6\pi\times10^9t-20\pi z-\pi/2)+\boldsymbol{e}_y\cos(6\pi\times10^9t-20\pi z)]$ V/m。

4.11 $\boldsymbol{E}(r,t)=\sqrt{2}(-\mathrm{j}\,\boldsymbol{e}_x-2\,\boldsymbol{e}_y+\mathrm{j}\sqrt{3}\boldsymbol{e}_z)\sin[9.42\times10^7t-0.05\pi(\sqrt{3}x+z)]$；右旋圆极化波；
$\boldsymbol{B}(z)=(\pi/10\omega)(\boldsymbol{e}_x-2\mathrm{j}\,\boldsymbol{e}_y-\sqrt{3}\boldsymbol{e}_z)\mathrm{e}^{-\mathrm{j}0.05\pi(\sqrt{3}x+z)}$；$\boldsymbol{S}_c=2\pi(\sqrt{3}\boldsymbol{e}_x+\boldsymbol{e}_z)/(5\omega\mu_0)$

4.12 非均匀平面波;110 MHz、1.73 m;右旋椭圆;0.75。

4.13 0.33 mm。

4.14 20.8 mm;68%。

第 5 章

5.1 (1)800 MHz；$16\pi/3$ rad/m；$12.5\varepsilon_0$ J/m^3；33.16 mW/m^2；(2)$-1/3$；2/3 V/m；(3)30°；
35.26°；左旋椭圆极化；60°；(4)TE、TM、TEM；TEM；TM；TE。

5.2 C;B;B;C;A;D。

5.3 3.68 或 0.269;1.92 或 0.52。

5.4 $\boldsymbol{E}_1=\boldsymbol{e}_y 100\mathrm{e}^{-\mathrm{j}209.3z}-\boldsymbol{e}_y 16.7\mathrm{e}^{\mathrm{j}209.3z}$ V/m；
$\boldsymbol{H}_1=-\boldsymbol{e}_x 0.265\mathrm{e}^{-\mathrm{j}209.3z}-\boldsymbol{e}_x 0.044\mathrm{e}^{\mathrm{j}209.3z}$ A/m；

$\boldsymbol{E}_2=\boldsymbol{E}_{2t}=\boldsymbol{e}_y 83.3\cos(2\pi\times10^{10}t-296.1z)$ V/m；

$\boldsymbol{H}_2=\boldsymbol{H}_{2t}=-\boldsymbol{e}_x 0.31\cos(2\pi\times10^{10}t-296.1z)$ A/m，$\gamma_2=\mathrm{j}296.1$ 1/m。

5.5 $\boldsymbol{E}_r=\dfrac{\eta_2-\eta_0}{\eta_2+\eta_0}E_{i0}(\boldsymbol{e}_x+\mathrm{j}\boldsymbol{e}_y)\mathrm{e}^{\mathrm{j}kz}$ V/m，$\eta_2=\eta_0\sqrt{\dfrac{\mu_r}{\varepsilon_r}}$，右旋圆极化。

$\boldsymbol{E}_t=\dfrac{2\eta_2}{\eta_2+\eta_0}E_{i0}(\boldsymbol{e}_x+\mathrm{j}\boldsymbol{e}_y)\mathrm{e}^{-\mathrm{j}kz}$ V/m 左旋圆极化

5.6 $\boldsymbol{E}_i=\boldsymbol{e}_x 6\mathrm{e}^{-\mathrm{j}2\pi z/3}$ mV/m；$\boldsymbol{H}_i=-\boldsymbol{e}_y\mathrm{e}^{-\mathrm{j}2\pi z/3}/(20\pi)$ mA/m；

$\boldsymbol{H}_r=-\boldsymbol{e}_y(1/20\pi)\cos(2\pi\times10^8t+2\pi z/3)$ mA/m；

$\boldsymbol{J}_s=\boldsymbol{e}_x(1/10\pi)\cos(2\pi\times10^8t)$ mA

5.7 3；9，3。

5.8 −0.54，28.9%；0.204，4%。

5.9 $\boldsymbol{E}_r(x,z)=5(-\boldsymbol{e}_x+\boldsymbol{e}_z\sqrt{3})\mathrm{e}^{\mathrm{j}6(\sqrt{3}x+z)}$ V/m，$\boldsymbol{H}_r(x,z)=\boldsymbol{e}_y(10/\eta_0)\mathrm{e}^{\mathrm{j}6(\sqrt{3}x+z)}$ A/m；

0，$\boldsymbol{J}_s=\boldsymbol{e}_x 20/\eta_0$ A/m²。

5.10 $\boldsymbol{H}_1(x,z)=-(1/6\pi)[\boldsymbol{e}_x\cos\theta_i\cos(kz\cos\theta_i)+\mathrm{j}\,\boldsymbol{e}_x\sin\theta_i\sin(kz\cos\theta_i)]\mathrm{e}^{-\mathrm{j}kx\sin\theta_i}$ A/m

$\boldsymbol{E}_1(x,z)=-\boldsymbol{e}_y\mathrm{j}20\sin(kz\cos\theta_i)\mathrm{e}^{-\mathrm{j}kx\sin\theta_i}$ V/m；$\boldsymbol{J}_s=\boldsymbol{e}_y(1/6\pi)\cos\theta_i\mathrm{e}^{-\mathrm{j}kx\sin\theta_i}$ A/m；

$\boldsymbol{S}_{av}=\boldsymbol{e}_x(5/3\pi)\sin\theta_i\sin^2(kz\cos\theta_i)$。

第6章

6.5 $a<\lambda<2a$；或 $\lambda>2b$，$a<\lambda/\sqrt{\varepsilon_r}<2a$；或 $\lambda/\sqrt{\varepsilon_r}>2b$。

6.6 $a\times b=22.86\times10.16$ mm。

6.7 $\lambda_c=2a$，$f_c=\dfrac{1}{2a\sqrt{\mu\varepsilon}}$，$\lambda_g=\dfrac{\lambda}{\sqrt{(1-f_c^2)/f^2}}$。

6.8 当 $f=30$ GHz 时，可传播的波型为 TE_{01}，TE_{10}，TE_{11}，TM_{11}，TE_{20}，TE_{21}，TM_{21}，TE_{30}，TE_{31}，TM_{31}，TE_{40}；当 $f=10$GHz 时，可传播的波型为 TE_{10}。

6.9 $P_{br}=997.4$ kW。

6.10 $U(d=3\lambda/4)=-\mathrm{j}18$V，$I(d=3\lambda/4)=-\mathrm{j}0.44$ A。

6.11 $\Gamma_L=0.33\mathrm{e}^{\mathrm{j}\pi}$，$Z_0=\rho Z_L=200\ \Omega$，$d_{min}=d'_{min1}+\lambda/4=7.5$ cm。

6.12 $\rho=1.86$，$Z_{max}=\rho Z_0=93\ \Omega$，$Z_{min}=Z_0/\rho=26.9\ \Omega$。

6.13 $\Gamma_L=0.2\mathrm{e}^{-\mathrm{j}\pi/2}$。

6.15 $U(d)=100\mathrm{e}^{-\mathrm{j}\pi/6}$ V，$U(d,t)=100\cos(\omega t-\pi/6)$ V

6.16 (1)100 Ω；(2)$\rho=2$，$\Gamma=0.33\mathrm{e}^{\mathrm{j}90^\circ}$ (3)$d_{max}=0.125\lambda$。

6.17 $\lambda_{cTE_{01}}=4.92$ cm，$\lambda_{cTE_{11}}=10.23$ cm，$\lambda_{cTM_{01}}=7.86$ cm，$\lambda_{cTM_{11}}=4.92$ cm。

6.18 TE11，TM01。

6.19 $D=19.55$ mm，$\lambda_g=68.83$ mm，$v_p=6.88\times10^8$ m/s。

6.20 $D=55.76$ mm，$D=29.12$ mm。

6.21 TEM；TE_{11}；；TE_{21}。

6.22 62.172 cm。

6.23 $P_{br}=2.47\times10^6$ W 。

6.24 $\lambda_0=5\frac{\sqrt{2}}{2}$ cm，$\varepsilon_r=2.5$。

6.25 $a=12\frac{\sqrt{85}}{17}$ cm，$b=6\frac{\sqrt{85}}{17}$ cm，$l=12\frac{\sqrt{35}}{7}$ cm。

第7章

7.1 (1)$E_\theta=\frac{\sqrt{2}\pi}{100}e^{-j\left(\frac{2\pi}{3}\times10^4-\frac{\pi}{2}\right)}$，$H_\varphi=\frac{\sqrt{2}}{12}\times10^{-3}e^{-j\left(\frac{2\pi}{3}\times10^4-\frac{\pi}{2}\right)}$。

(2)$E_\theta=2\pi\times10^{-3}e^{-j\left(\frac{2\pi}{3}\times10^5-\frac{\pi}{2}\right)}$，$H_\varphi=0.17\times10^{-4}e^{-j\left(\frac{2\pi}{3}\times10^5-\frac{\pi}{2}\right)}$；(3)$\frac{40}{3}\pi^2$。

7.2 $\theta=0°$，$E_\theta=0$，$H_\varphi=0$；

$\theta=30°$，$E_\theta=1.5\times10^{-4}e^{-j\left(\frac{2\pi}{3}\times10^4-\frac{\pi}{2}\right)}$，$H_\varphi=\frac{1}{8\pi}\times10^{-5}e^{-j\left(\frac{2\pi}{3}\times10^4-\frac{\pi}{2}\right)}$；

$\theta=90°$，$E_\theta=3\times10^{-4}e^{-j\left(\frac{2\pi}{3}\times10^4-\frac{\pi}{2}\right)}$，$H_\varphi=\frac{1}{4\pi}\times10^{-5}e^{-j\left(\frac{2\pi}{3}\times10^4-\frac{\pi}{2}\right)}$。

7.3 $\frac{1}{4\pi^4}\left(\frac{l}{a^2}\right)^2$。

7.4 $D=1.5$。

7.5 (1)$\sin\theta$；(2)90°。

7.6 9.37。

7.7 78°。

7.8 (1)73.1 Ω；(2)1.64。

7.9 (1)$F_E(\theta)=\left|\frac{\cos(0.5\pi\sin\theta)}{\cos\theta}\right|\left|2\cos(0.25\pi\sin\theta)\right|$，$F_H(\varphi)=\left|2\cos\left(\frac{\pi}{4}\cos\varphi\right)\right|$；

(2)$F_E(\theta)=\left|\frac{\cos(0.5\pi\cos\theta)}{\sin\theta}\right|\left|2\cos(0.25\pi\cos\theta)\right|$，$F_H(\varphi)=2$。

7.10 $F_E(\theta)=\left|\frac{\cos(0.5\pi\sin\theta)}{\cos\theta}\right|\left|2\sin(0.25\pi\cos\theta)\right|$，$F_H(\varphi)=\left|2\sin(0.25\pi\cos\varphi)\right|$。

7.11 $F_E(\theta)=\left|\frac{\cos(0.5\pi\sin\theta)}{\cos\theta}\right|\left|2\sin(0.25\pi\sin\theta)\right|$，$F_H(\varphi)=0$。

7.12 $F(\theta,\varphi)=\frac{\sin(2kd\cos\varphi)}{\sin(0.5kd\cos\varphi)}$。

7.13 (1)$F_E(\theta)=\left|\sin\theta\right|\left|\frac{\sin[2\Psi(\theta)]}{4\sin[0.5\Psi(\theta)]}\right|$，$F_H(\varphi)=\frac{1}{4}\left|\frac{\sin[2\Psi(\varphi)]}{\sin[0.5\Psi(\theta)]}\right|$；

(2) $E=1.75\times10^{-4}e^{-j\left(2.26+\frac{\pi}{15}\times10^4-\frac{\pi}{2}\right)}$。

第8章

8.1 唯一性定理，边界未知电荷；2；$\varphi(x,y,z)=X(x)Y(y)Z(z)$，3，常微分方程；网格剖分，差分离散，编程求解。

8.2 $z=\frac{1}{4}\sqrt{\frac{q}{\pi\varepsilon_0 E_0}}$。

8.3 $\boldsymbol{F}=\frac{q^2}{16\pi\varepsilon_0 d^2}\left[\boldsymbol{e}_x(\frac{1}{2\sqrt{2}}-1)+\boldsymbol{e}_y(\frac{1}{2\sqrt{2}}-1)\right]$；$\varphi=\frac{1}{4\pi\varepsilon_0}\left(\frac{q}{R_1}-\frac{q}{R_2}-\frac{q}{R_3}+\frac{q}{R_4}\right)$。

8.4 $\varphi=\frac{1}{4\pi\varepsilon_0}\left(\frac{q}{R_1}+\frac{q_1}{R_2}-\frac{q_1}{R_3}-\frac{q}{R_4}\right)$，$q_1=-\frac{aq}{d}$。

8.5 $r>R_2$，$\boldsymbol{E}=\boldsymbol{e}_r\frac{q}{4\pi\varepsilon_0 r^2}$，$\varphi=\frac{q}{4\pi\varepsilon_0 r}$；

$r<R_1$，$\boldsymbol{E}=\frac{q}{4\pi\varepsilon_0}(\boldsymbol{e}_{r_1}\frac{1}{{r_1}^2}-\boldsymbol{e}_{r_2}\frac{R_1}{b{r_2}^2})$，$\varphi=\frac{q}{4\pi\varepsilon_0 r_1}-\frac{q}{4\pi\varepsilon_0 r_2}\frac{R_1}{b}+\frac{q}{4\pi\varepsilon_0 R_2}$。

8.6 距墙 $\sqrt{b^2-R^2}$。

8.7 $\varphi=\frac{U_0 y}{a}+\sum_{n=2,4,\cdots}^{\infty}\frac{2U_0}{n\pi}\cos\frac{n\pi}{2}\sin\frac{n\pi y}{a}\mathrm{e}^{-n\pi x/a}$。

8.8 $\varphi=\frac{4u_0}{\pi}\sum_{n=1,3\cdots}\frac{1}{n\mathrm{ch}(n\pi a/b)}\mathrm{ch}\frac{n\pi}{b}\sin\frac{n\pi y}{b}$。

8.9 $\varphi=u_0\sin(5\pi y/a)\mathrm{e}^{-5\pi x/a}$

8.10 $\varphi=\frac{u_0}{2}+\frac{2u_0}{\pi}\sum_{n=1,3\cdots}^{\infty}\frac{1}{n}\left(\frac{r}{a}\right)^n\sin n\varphi$。

8.11 $\rho_{s\max}=\pm 2\varepsilon E_0$。

8.12 $r<a$，$\varphi_1=-E_0\frac{3\varepsilon_0}{\varepsilon+2\varepsilon_0}r\cos\theta$；$r>a$，$\varphi_2=-E_0 r\cos\theta+E_0\frac{\varepsilon-\varepsilon_0}{\varepsilon+\varepsilon_0}\frac{a^3}{r^2}\cos\theta$。

8.13 $\varphi=u_0\frac{a^2}{r^2}\cos\theta$。